中国华电
CHINA HUADIAN
CORPORATION LTD.

发电企业
供热管理与技术应用

中国华电集团有限公司　编

U0246560

中国电力出版社
CHINA ELECTRIC POWER PRESS

内 容 提 要

本书是一本全面介绍发电企业供热管理及供热节能技术应用的专著，内容涵盖采暖供热、工业供热和分布式能源冷热电三联供的技术理论、节能技术和工程实际操作等方面内容。共有六章，技术内容包括供热发展现状和政策、供热基础不同类型的供热热源、供热管网、热力站以及热用户，供热设备管理，供热调节、供热系统的实验和调试、供热节能管理，供热市场开拓、供热经营、热费回收和品牌建设，热源侧和热网侧的主流供热节能技术、"互联网+"智能供热技术、热电解耦技术以及供热生产和经营方面的典型案例。此外还有绪论和附录。全书内容深入浅出、通俗易懂。

本书可供热电联产从事供热前期、生产、运行、经营等工作的人员阅读参考，同时也可作为热能工程相关专业师生及相关设计、施工、研究人员的参考书。

图书在版编目（CIP）数据

发电企业供热管理与技术应用/中国华电集团有限公司编. —北京：中国电力出版社，2018.12
（2019.2重印）
ISBN 978-7-5198-2401-3

Ⅰ．①发…　Ⅱ．①中…　Ⅲ．①发电厂－供热管理　Ⅳ．①TM621.4

中国版本图书馆 CIP 数据核字（2018）第 208018 号

出版发行：中国电力出版社
地　　址：北京市东城区北京站西街 19 号（邮政编码 100005）
网　　址：http://www.cepp.sgcc.com.cn
责任编辑：畅　舒（010-63412312，13552974812）
责任校对：黄　蓓　常燕昆
装帧设计：赵丽媛
责任印制：蔺义舟

印　　刷：三河市百盛印装有限公司
版　　次：2018 年 12 月第一版
印　　次：2019 年 2 月北京第二次印刷
开　　本：787 毫米×1092 毫米　16 开本
印　　张：30.75
字　　数：718 千字
印　　数：2501—4000 册
定　　价：142.00 元

《发电企业供热管理与技术应用》
编委会

前 言

随着我国城镇化进程的加快，北方城市集中供热率普遍提高，南方也逐渐发展了以公共建筑和工业企业为主的集中供热，非采暖地区供热量增长迅速，用能结构和供热热源呈现多样性，目前已初步形成了以燃煤热电联产和大型锅炉房集中供热为主、分散燃煤锅炉和其他清洁（或可再生）能源供热为辅的供热格局。

城市集中供热热源中，热电联产机组是当前最重要的热源形式。近年来，全国火电机组装机容量稳步增长，热电联产机组装机容量占火电机组总装机的比例也逐年提高，从2006年的17.1%增加到2016年的37%，装机容量及增速均处于世界领先水平。在当前国家能源结构亟待调整的大背景下，新能源和可再生能源比重将逐年提高，火电机组比重将逐渐下降，利用小时数不断降低，生存空间受限，电力市场竞争激烈。热电联产是城镇供热的主要热源，解决了国计民生的基本用热需求，也是火电企业新的利润增长点之一，作用日趋重要。

截至2017年底，中国华电集团有限公司的供热装机容量为6069.5万kW，占全集团火电总装机容量的58%，远高于全国平均水平。供热企业共99家，分布于全国25个省市（区），涉及煤机、燃机、分布式能源等多种供热类型。自2013年起，供热板块化工作稳步推进，供热生产精细化和供热经营精益化工作取得了显著成效，但仍需继续努力。为提高供热企业在设备管理、运行管理、经营管理等方面的专业水平，了解当前各种类型的供热节能技术，培养一大批供热专业人才，我们组织集团内供热专业的优势力量和集团外供热专家，编写了《发电企业供热管理与技术应用》一书。本书为供热企业的前期规划、生产技术、运维管理、经营管理和技术人员提供系统的数据资料、技术介绍、供热管理规范和典型案例。

本书内容涵盖采暖供热、工业供热和分布式能源冷热电三联供的技术理论、节能技术和工程实际操作等方面内容，主要用于发电企业供热业务的供热管理、生产服务和技术咨询等。全书共六章，每一章后面还设置了相应的思考题及答案。绪论部分介绍我国供热发展现状和前景、国家和地方供热相关政策、供热常用参数、供热基础知识和发电厂基础知识；第一章介绍供热负荷与系统构成的基础知识，包括供热负荷的类型及调研、不同类型的供热热源、供热管网、供热首站、配汽站、热力站、中继泵站以及热用户等；第二章介绍不同类型的热源设备管理、热网设备管理和供热辅助系统管理；第三章介绍采暖供热调节、工业供汽调节、分布式能源供热（冷）调节、供热系统的实验、调试、投入与退出、供热系统故障处理、供热节能管理；第四章介绍供热市场开拓、供热价格管理、供热经营成本分析、热费回收、用户服务及品牌建设；第五章介绍能量梯级利用原理、热源侧供热节能技术、热网侧供热节能技术、"互联网+"智能供热技术、热电解耦技术，对主要的供热节能技术及应用情况进行介绍；第六章为供热典型案例，包括综合性案例、运行事故处理案例、设备故障案例；附录 A 为供热技术监督实施细则，附录 B 为供热技术经济指标体系。

本书由华电集团市场营销部主任赵晓东担任主编，刘华、何晓红、冯云、郑立军、康慧担任副主编。绪论由冯云、何晓红编写；第一章由巩丽波、康慧、吴文华、何晓红、朱文堃、刘帅、王红编写；第二章由司文伟、郭轶、赖贤斌、邓晓伟、冯阳阳编写；第三章由王昕、刘江、郑立军、陈建忠、幺翔、陈辉煌编写；第四章由刘华、冯云、徐芳、上官新刚、汤联生编写；第五章由何晓红、郑立军、高新勇、俞聪编写；第六章由巩丽波、康慧、司文伟、吴文华编写。附录 A 和附录 B 由华电电力科学研究院有限公司供热技术部团队负责编写。全书由何晓红统稿。

本书由中国华电集团有限公司市场营销部组织编写，华电电力科学研究院有限公司牵头，联合华电能源股份有限公司、中国华电集团有限公司上海公司、中国华电集团有限公司福建分公司、华电分布式能源工程技术有限公司等单位共同编写，并得到了李善化、康慧、孙刚、杨杰等供热专家的大力支持，本书还参考了许多专家学者、同行的研究成果和资料，在此一并表示感谢。

本书的编写综合了供热行业基础知识、中国华电集团有限公司多家单位的供热技术研究、工程实践、设备及运行管理等工作积累的一手资料、数据、案例，以及经验总结。

我国的发电企业供热管理处于快速发展阶段，热源种类多，研究涉及面广，难度大。编写组虽然投入大量精力，但受时间和研究水平所限，本书不足之处在所难免，恳请读者不吝赐教，以便再版时更正。

编　者

2018 年 8 月

目 录

绪　　论

第一节　供热发展概况

一、供热发展现状

我国供热事业从建国时期开始起步。1953～1965 年，新增单机 6MW 以上的热电机组容量 2.4GW；1965 年底，全国供热机组容量占火电机组总容量的比重达 20%。改革开放以来，随着国家经济社会发展、城镇化进程的加快和人民生活水平的提高，城市集中供热得以进一步发展。供热面积和供热管网飞速增长，用能结构和供热热源呈现多样性。

1990 年全国集中供热面积仅为 2.1 亿 m^2，2011～2016 年间，城市集中供热面积由 47.4 亿 m^2 增至 73.9 亿 m^2；热水管道长度从 13.4 万 km 增至 20.1 万 km，增幅均达到或超过 50%。供热能力和供热面积总体增长高于"十二五"期间经济增长水平。住房和城乡建设部 2016 年城乡建设统计公报公布的 2011～2016 年我国城市集中供热发展情况见表 0-1。

表 0-1　　　　　　　　　2011～2016 年我国城市集中供热发展情况

年份	供热能力		管道长度（万 km）		集中供热面积
	蒸汽（万 t/h）	热水（万 MW）	蒸汽	热水	（亿 m^2）
2011	8.5	33.9	1.3	13.4	47.4
2012	8.6	36.5	1.3	14.7	51.8
2013	8.4	40.4	1.2	16.6	57.2
2014	8.5	44.7	1.2	17.5	61.1
2015	8.1	47.3	1.2	19.3	67.2
2016	7.8	49.3	1.2	20.1	73.9

此外，在城市供热中，形成了以燃煤热电联产和大型锅炉房集中供热为主、分散燃煤锅炉和其他清洁（或可再生）能源供热为辅的供热格局。2016 年底，我国热电联产机组容量在火电装机容量中的比例达 37% 左右，装机容量及增速均已处于世界领先水平。根据中电联电力工业统计年报对单机 6000kW 及以上电厂供热情况的统计，得出近十年全国供热机组发展情况如图 0-1 所示。可知火电机组装机和供热机组装机容量一直在稳步增长中，供热机组占火电装机的比例也逐年提高，热电联产在火电装机中的作用日趋重要。

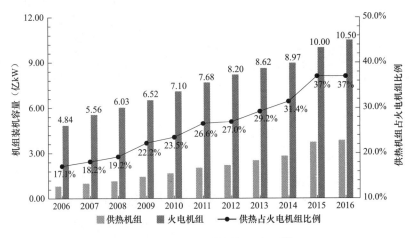

图 0-1　近十年全国供热机组发展情况

随着城市集中供热向过渡区发展，江苏、福建、上海、浙江等南方省市也开展了集中供热工作，主要以公共建筑和工业企业为主，配套城市供热管网建设也有较大发展。"十二五"期间非采暖地区供热量累计达到 15 亿 GJ，较"十二五"初期增长 26%。

我国集中供热取得了较大进步，供热普及率大大提高，但与发达国家如丹麦、瑞典、芬兰等国家相比，还存在较大的差距。主要体现在：清洁供热比例较低，供热布局不科学，建筑节能水平较低，取暖消费方式落后，部分集中供热管网老化腐蚀严重，供热系统安全与供热质量难以保证，供热收费困难等。今后应加大技术改造，进一步提高供热城市覆盖率，提高清洁供热比例，促进我国供热系统得到快速升级。

二、供热发展前景

未来我国集中供热还将保持稳速增长态势，发展潜力巨大。供热发展主要体现在如下方面：

（1）清洁供暖将得到长足发展。在坚持"节约、清洁、安全"的能源发展转型方针下，未来将加快构建清洁低碳、安全高效的现代能源体系，通过高效用能系统实现低排放、低能耗的供暖方式，促进整个供暖体系全面清洁高效升级。

（2）智能供热将成为重要发展方向。随着科技不断进步，"互联网+"概念深入各行业，智能供热系统将热源的"产—输—配—售"各环节和各种供热设施连接在一起，通过智能控制将能源利用效率和供热安全提高到全新高度。

（3）供热计量改革将实现突破性进展。"十三五"期间，供热计量改革将深入推进，充分利用供热计量用户终端数据，在促进建筑领域节能减排的同时，发挥智能热网整体自动调节功能，实现终端热用户和供热企业热源双调节、双节能。

（4）热电联产企业利润水平优势在电力市场化改革形势下日益明显。供热业务的开展，提升了电厂能源利用效率，降低了整体能耗，同时在电力产能过剩的形势下，保证了机组一定周期内较为稳定的发电利用小时数，有助于热电企业的经营改善。尤其对于采用直供到户方式和承担稳定工业热负荷的热力企业，电、热综合利润水平优势越发明显。

第二节　我国供热相关政策

一、国家相关政策

2003 年，随着城镇用热商品化、供热社会化的推进，我国热力市场开始发展。之后，在国家能源结构调整、节能环保升级、电力体制改革深入推进等多重因素影响下，热力市场发展步入快车道，国家也出台了一系列供热相关的政策。这些政策推动了我国热力市场由散烧到集中供热，由民用采暖扩展到工商业用热，由燃煤为主到清洁供热等方面的进步，今后一段时期还必将对我国供热行业的可持续发展产生深远影响。

这些政策总结起来，体现在如下方面：

（1）供热体制、供热价格和计量收费方面。下发了《关于进一步推进城镇供热体制改革的意见》（建城〔2005〕220 号）、《城市供热价格管理暂行办法》（发改价格〔2007〕1195 号）、《关于进一步推进供热计量改革工作的意见》（建城〔2010〕14 号）等文件，规定供热价格原则实行政府定价或政府指导价，按照"保本微利"原则定价，具备条件的地区，热价可由热力企业（单位）与用户协商确定；完善供热价格形成机制，建立热价与燃料价格联动机制；积极推行按用热量分户计量，暂不具备两部制热价计费条件的建筑，过渡期内可实行按供热面积计收热费。

（2）财税优惠政策方面。下发了《关于供热企业增值税　房产税　城镇土地使用税　优惠政策的通知》（财税〔2016〕94 号）等文件，规定"三北地区"供热企业在供暖期期间，向居民收取的采暖收入免征收增值税；对向居民供热而收取采暖费的供热企业，为居民供热所使用的生产厂房免征收房产税，生产占地免征收城镇土地使用税。

（3）煤电节能减排升级与改造行动方面。出台了《煤电节能减排升级与改造行动计划（2014—2020 年）》（发改能源〔2014〕2093 号）、《关于促进我国煤电有序发展的通知》（发改能源〔2016〕565 号）、《关于进一步做好煤电行业淘汰落后产能工作的通知》（发改能源〔2016〕855 号）等文件，要求积极发展热电联产，坚持"以热定电"，严格落实热负荷，科学制定热电联产规划，建设高效燃煤热电机组，同步完善配套供热管网，对集中供热范围内的分散燃煤小锅炉实施替代和限期淘汰；鼓励具备条件的地区通过建设背压式热电机组、高效清洁大型热电机组等方式，对能耗高、污染重的落后燃煤小热电机组实施替代。

（4）热电联产、清洁取暖方面。出台了《热电联产管理办法》（发改能源〔2016〕617 号）、《关于开展风电清洁供暖工作的通知》（国能综新能〔2015〕306 号）、《关于印发北方地区清洁供暖价格政策意见的通知》（发改价格〔2017〕1684 号）、《关于印发北方地区冬季清洁取暖规划（2017—2021 年）的通知》（发改能源〔2017〕2100 号）、《国务院关于印发打赢蓝天保卫战三年行动计划的通知》（国发〔2018〕22 号）、《关于扩大中央财政支持北方地区冬季清洁取暖城市试点的通知》（财建〔2018〕397 号）等，积极推进清洁取暖，减少弃风限电等问题，构建清洁取暖机制，综合运用多种价格支持政策，促进北方地区加快实现清洁供暖，改善环境空气质量，打赢蓝天保卫战。

二、地方相关政策

有关供热方面的地方政策，主要集中在北方采暖区域，如黑龙江、辽宁、新疆、河北、山东、内蒙古、天津等，北方采暖区域热力市场发展较早，各方面关于供热用热办法、城市供热条例及配合国家关停、替代政策出台的相关文件较为完善。近年来，随着南方工业供热的兴起，江苏、浙江、上海、广东、广西等南方省份从淘汰落后产能、大气污染治理、鼓励天然气分布式发展等方面也相继出台相关文件，有力地推动了热电联产的快速发展。一些典型省份出台的供热相关政策如下：

（1）河北省。《河北省供热用热办法》（河北省人民政府令〔2013〕第7号）、《关于市区居民供热价格的通知》（石价〔2013〕135号）、《2016年农村清洁能源开发利用工程建设推进方案》等。

（2）山东省。《关于尽快制定现役燃煤机组节能减排升级与改造计划的通知》（鲁发改能交〔2014〕1147号）、《关于印发山东省煤炭消费减量替代工作方案的通知》（鲁发改环资〔2015〕791号）、《关于加快推进全省煤炭清洁高效利用工作的意见》（鲁政办发〔2016〕16号）等。

（3）辽宁省。《辽宁省城市供热条例》、《辽宁省大气污染防止行动计划实施方案》（辽政发〔2014〕8号）等。

（4）浙江省。《浙江省大气污染防治行动计划（2013—2017年）》、《浙江省地方燃煤热电联产行业综合改造升级行动计划》（浙经信电力〔2015〕371号）等。

（5）广东省。《广东省大气污染防治行动方案（2014—2017年）》、《广东省工业园区和产业集聚区集中供热实施方案（2015—2017年）》等。

三、重点政策解读

（一）《热电联产管理办法》

为推进大气污染防治，提高能源利用效率，促进热电产业健康发展，解决我国北方地区冬季供暖期空气污染严重、热电联产发展滞后、区域性用电用热矛盾突出等问题，2016年3月，国家发改委、能源局等联合发布了《热电联产管理办法》（发改能源〔2016〕617号）（以下简称《办法》）。《办法》适用于全国范围内热电联产项目（含企业自备热电联产项目）的规划建设及相关监督管理。

《办法》提出，热电联产发展应遵循"统一规划、以热定电、立足存量、结构优化、提高能效、环保优先"的原则。以集中供热为基础，以热电联产规划为必要条件、以优先利用已有热源且最大限度地发挥其供热能力为前提，统筹协调总体规划、供热规划、环境治理规划和电力规划，综合考虑电力、热力需求和外部条件，科学合理确定热负荷和供热方式。要点如下：

1. 热电联产规划方面

热电联产规划应纳入本省（区、市）五年电力发展规划并开展规划环评工作，规划期限原则上与电力发展规划相一致。

规划建设时，应严格调查核实现状热负荷，科学合理预测近期和远期规划热负荷。

根据地区气候条件，合理确定供热方式，具体地区划分方式按照《民用建筑热工设计规范》（GB 50176—2016）等国家有关规定执行。

规划建设热电联产应以集中供热为前提，对不具备集中供热条件的地区，暂不考虑规划建设热电联产项目。以工业热负荷为主的工业园区，应尽可能集中规划建设用热工业项目，通过规划建设公用热电联产项目实现集中供热。

鼓励热电联产机组在技术经济合理前提下，扩大供热范围。以热水为供热介质的热电联产机组，供热半径一般按 20km 考虑，供热范围内原则上不再另行规划建设抽凝热电联产机组。以蒸汽为供热介质的热电联产机组，供热半径一般按 10km 考虑，供热范围内原则上不再另行规划建设其他热源点。

2. 机组改造与替代方面

优先对城市或工业园区周边具备改造条件且运行未满 15 年的现役纯凝发电机组实施供热改造，以实现兼顾供热。

优先对现有热电机组实施技术改造，最大限度地发挥其供热能力，如实施低真空供热改造、增设热泵等，充分回收利用余热。

鼓励因地制宜利用余热、余压、生物质能、地热能、太阳能、燃气等多种形式的清洁能源和可再生能源供热方式。

鼓励有条件的地区通过替代建设高效清洁供热热源等方式，逐步淘汰单机容量小、能耗高、污染重的燃煤小热电机组。

新建抽凝燃煤热电联产项目与替代关停燃煤锅炉和小热电机组挂钩。

3. 机组选型方面

对于城区常住人口 50 万人以下的城市，采暖型热电项目原则上采用单机 5 万 kW 及以下背压热电联产机组。

对于城区常住人口 50 万人及以上的城市，采暖型热电联产项目优先采用 5 万 kW 及以上背压热电联产机组。

工业热电联产项目优先采用高压及以上参数的背压热电联产机组。

规划建设燃气-蒸汽联合循环热电联产项目，应坚持以热定电，统筹考虑电网调峰需求、其他热源点的关停和规划建设情况，采暖型联合循环项目供热期热电比不低于 60%，工业型联合循环项目全年热电比不低于 40%。

在役热电厂扩建热电联产机组时，原则上采用背压热电联产机组。

4. 网源协调方面

热电联产项目配套热网应与热电联产项目同步规划、同步建设、同步投产，对于存在安全隐患的老旧热网，应根据有关要求进行改造。

积极推进热电联产机组与供热锅炉协调规划、联合运行，热电联产机组承担基本热负荷，调峰锅炉承担尖峰热负荷，在热电联产机组能够满足供热需求时调峰锅炉原则上不得投入运行。

地方政府应积极探索供热管理体制改革，尽早实现各类热源联网运行，优先利用热电联产机组供热，充分发挥热电联产机组供热能力。

5. 环境保护方面

热电联产项目规划建设应与燃煤锅炉治理同步推进，各地区因地制宜实施燃煤锅炉和落后的热电机组替代关停。

对于热电联产集中供热管网覆盖区域内的燃煤锅炉（调峰锅炉除外），原则上应予以关停或者拆除，应关停而未关停的，要达到燃气锅炉污染物排放限值，安装污染物在线监测。

严格热电联产机组环保准入门槛，新建燃煤热电联产机组原则上达到超低排放水平，现役燃煤热电联产机组也要实施超低排放改造。

大气污染防治重点区域新建燃煤热电联产项目，要严格实施煤炭减量替代等。

6. 政策措施方面

各级地方政府要加大供热支持力度，鼓励各地建设背压热电联产机组和各种全部利用汽轮机乏汽热量的热电联产。

热电联产机组所发电量按"以热定电"原则由电网企业优先收购，机组的热力出厂价格，由政府价格主管部门在考虑其发电收益的基础上，按照合理补偿成本、合理确定收益的原则，依据供热成本及合理利润率或净资产收益率统一核定，鼓励各地根据本地实际情况探索建立市场化煤热联动机制。

推动热力市场改革，对于工业供热，鼓励供热企业与用户直接交易，供热价格由企业与用户协商确定等。

7. 监督管理方面

省级能源主管部门应会同经济运行、环保等部门对本地区热电联产机组的前期、建设、运营、退出等环节实施闭环管理。

定期对热电联产项目的煤炭等量替代、关停燃煤锅炉和小热电机组、热价执行和计量收费等进行检查核验。

对热电联产机组接入电网、优先调度、以热定电等情况进行实施监管，发现问题及时汇报及处理。

（二）北方地区冬季清洁取暖规划（2017—2021 年）

2017 年 12 月，国家发改委、能源局、财政部、环保部、住建部等 10 部委联合发布了《北方地区冬季清洁取暖规划（2017—2021 年）》（以下简称《规划》），对清洁取暖进行了全方位系统部署。

1. 规划目标

《规划》针对北方地区的 14 个省（区、市）和河南省部分地区，涵盖京津冀大气污染传输通道的"2+26"个重点城市（含雄安新区），提出：

到 2019 年，北方地区清洁取暖率达到 50%，替代散烧煤（含低效小锅炉用煤）7400万 t。到 2021 年，北方地区清洁取暖率达到 70%，替代散烧煤（含低效小锅炉用煤）1.5亿 t。供热系统平均综合能耗降低至标煤 $15kg/m^2$ 以下。热网系统失水率、综合热损失明显降低，高效末端散热设备广泛应用，北方城镇地区既有节能居住建筑占比达到 80%。力争用 5 年左右时间，基本实现雾霾严重城市化地区的散煤供暖清洁化，形成公平开放、多元经营、服务水平较高的清洁供暖市场。

根据《规划》，截至 2021 年，在京津冀大气污染传输通道上的"2+26"重点城市和北方其他采暖地区的发展目标见表 0-2。

表 0-2　　　　　　　　　我国北方地区清洁供热目标（截至 2021 年）

序号	不同地区	"2+26"重点城市	其他采暖地区
1	城市城区	全部实现清洁取暖，35t/h（蒸吨）以下燃煤锅炉全部拆除	优先发展集中供暖，清洁取暖率达到 80% 以上，20t/h（蒸吨）以下燃煤锅炉全部拆除
2	县城和城乡结合部	清洁取暖率达到 80% 以上，20t/h（蒸吨）以下燃煤锅炉全部拆除	集中采暖为主、分散供暖为辅。清洁取暖率达到 70% 以上，10t/h（蒸吨）以下燃煤锅炉全部拆除
3	农村地区	清洁取暖率达 60% 以上	优先发展分散供暖，适当利用集中供暖覆盖。清洁取暖率达到 40% 以上

2. 政策要点

（1）首次明确了清洁取暖的概念和范围。清洁取暖是指利用天然气、电、地热、生物质、太阳能、工业余热、清洁化燃煤（超低排放）、核能等清洁化能源，通过高效用能系统实现低排放、低能耗的取暖方式，包含以降低污染物排放和能源消耗为目标的取暖全过程，涉及清洁热源、高效输配管网（热网）、节能建筑（热用户）等环节。

清洁取暖绝非简单的"一刀切"去煤化，更不能简单局限于可再生能源取暖，而是对煤炭、天然气、电、可再生能源等多种能源形式统筹谋划。清洁取暖的概念，从传统单一的热力生产和使用，拓展到全方位的"多能互补"，再进一步延伸至能源生产和消费方式革命。

（2）系统总结了清洁取暖的推进策略。从"因地制宜选择供暖热源""全面提升热网系统效率""有效降低用户取暖能耗"三个方面系统总结了清洁取暖的推进策略。热源方面，全面梳理了各种清洁取暖类型，对每种类型的特点、适宜条件、发展路线、关键问题等进行了重点阐述；热网方面，明确有条件的城镇地区优先采用清洁集中供暖，加大供热系统优化升级力度；用户方面，强调了提升建筑用能效率，完善高效供暖末端系统，推广按热计量收费方式。此外，对热源、热网和用户侧的重点任务也设立了相应的发展目标。

（3）全面提出了清洁取暖的保障措施。清洁取暖作为一项系统性工程，要在能源供应与利用、管网线路建设改造与维护、技术装备、项目运行、建筑节能、环保要求、体制机制改革、舆论宣传等各个环节细化措施，保障规划落实。通过上下联动落实任务分工，多种渠道提供资金支持、完善价格与市场化机制、保障清洁取暖能源供应、加快集中供暖方式改革、加强取暖领域排放监管、推动技术装备创新升级、构建清洁取暖产业体系、做好清洁取暖示范推广、加大农村清洁取暖力度等方面，保障清洁取暖规划顺利实施。

总之，清洁取暖的推进策略必须突出一个"宜"字，宜气则气，宜电则电，宜煤则煤，宜可再生则可再生，宜余热则余热，宜集中供暖则管网提效，宜建筑节能则保温改造。即使农村偏远山区等暂时不能通过清洁供暖替代散烧煤供暖的，也要重点利用"洁净型煤+环保炉具""生物质成型燃料+专用炉具"等模式替代散烧煤。清洁取暖涉及面广、路线多样，无法简单复制。各地方必须从自身实际出发，制定科学合理、经济可行、环保高效的多元化清洁取暖策略。

（三）打赢蓝天保卫战三年行动计划

文件中明确了大气污染防治工作的总体思路、基本目标、主要任务和保障措施，提出了打赢蓝天保卫战的时间表和路线图。

（1）提高能源利用效率。继续实施能源消耗总量和强度双控行动，健全节能标准体系，大力开发、推广节能高效技术和产品，实现重点用能行业、设备节能标准全覆盖。重点区域新建高耗能项目单位产品（产值）能耗要达到国际先进水平。因地制宜提高建筑节能标准，加大绿色建筑推广力度。进一步健全能源计量体系，持续推进供热计量改革，推进既有居住建筑节能改造，重点推动北方采暖地区有改造价值的城镇居住建筑节能改造。鼓励开展农村住房节能改造。

（2）加快发展清洁能源和新能源。到 2020 年，非化石能源占能源消费总量比重达到 15%。有序发展水电，安全高效发展核电，优化风能、太阳能开发布局，因地制宜发展生物质能、地热能等。在具备资源条件的地方，鼓励发展县域生物质热电联产、生物质成型燃料锅炉及生物天然气。加大可再生能源消纳力度，基本解决弃水、弃风、弃光问题。

（3）加快调整能源结构，构建清洁低碳高效能源体系。有效推进北方地区清洁取暖，重点区域继续实施煤炭消费总量控制，开展燃煤锅炉综合整治，提高能源利用效率，加快发展清洁能源和新能源。

（4）大幅减少主要大气污染物排放总量。协同减少温室气体排放，进一步明显降低细颗粒物（PM2.5）浓度，明显减少重污染天数，明显改善环境空气质量，明显增强人民的蓝天幸福感。

到 2020 年，二氧化硫、氮氧化物排放总量分别比 2015 年下降 15% 以上；PM2.5 未达标地级及以上城市浓度比 2015 年下降 18% 以上，地级及以上城市空气质量优良天数比率达到 80%，重度及以上污染天数比率比 2015 年下降 25% 以上。

（5）有效推进北方地区清洁取暖。坚持从实际出发，宜电则电、宜气则气、宜煤则煤、宜热则热，确保北方地区群众安全取暖过冬。集中资源推进京津冀及周边地区、汾渭平原等区域散煤治理，优先以乡镇或区县为单元整体推进。

（6）关停不达标的 30 万 kW 以下燃煤机组。大力淘汰关停环保、能耗、安全等不达标的 30 万 kW 以下燃煤机组。对于关停机组的装机容量、煤炭消费量和污染物排放量指标，允许进行交易或置换，可统筹安排建设等容量超低排放燃煤机组。重点区域严格控制燃煤机组新增装机规模，新增用电量主要依靠区域内非化石能源发电和外送电满足。

（7）开展燃煤锅炉综合整治。加大燃煤小锅炉淘汰力度。县级及以上城市建成区基本淘汰 10t/h（蒸吨）及以下燃煤锅炉及其他燃煤设施，原则上不再新建 35t/h（蒸吨）以下的燃煤锅炉，其他地区原则上不再新建 10t/h（蒸吨）以下的燃煤锅炉。环境空气质量未达标城市应进一步加大淘汰力度。重点区域基本淘汰 35t/h（蒸吨）以下燃煤锅炉，65t/h（蒸吨）及以上燃煤锅炉全部完成节能和超低排放改造；燃气锅炉基本完成低氮改造；城市建成区生物质锅炉实施超低排放改造。

第三节　供热常用参数

热力过程常见的状态参数有温度 T、压力 p、体积 V、流量 Q、焓 H 和熵 S。其中温度 T、压力 p、体积 V 可用仪器直接测量，称为基本状态参数。其余状态参数可在此基础上间接算得。下面对供热相关的常用参数进行简要介绍。

一、温度

温度是物体冷热程度的标志。两个温度不同的物体之间存在着热量传递。传递的方向总是从温度高的物体传向温度低的物体。从微观看，温度标志着物质分子热运动的激烈程度。

国际上规定热力学温标作为测量温度的最基本温标，它的温度单位是开尔文。摄氏温度 t 与热力学温度 T 的关系为

$$t=T-273.15K \tag{0-1}$$

式中　t——摄氏温度，℃；

T——热力学温度，K。

二、压力

单位面积上所受的垂直作用力称为压力（即压强）。分子运动学说指出气体的压力是大量气体分子撞击器壁的平均结果。

测量工质压力的仪器称为压力计，它所测得的压力是工质的真实压力（或绝对压力）与环境介质压力之差，称为表压力或真空度。作为工质状态参数的压力应该是绝对压力。

我国法定的压力单位是帕斯卡（简称帕，符号为 Pa）

$$1Pa=1N/m^2 \tag{0-2}$$

即 1Pa 等于每平方米面积上作用 1N 的力。工程上因 Pa 的单位太小，常采用 MPa（兆帕），$1MPa=10^6Pa$。

常用的压力单位换算有

$$1bar=1\times10^5Pa$$
$$1atm=1.01325bar=101325Pa$$
$$1mmH_2O=9.80665Pa$$

三、比体积及密度

单位质量物质所占的体积称为比体积，即

$$v=\frac{V}{m} \tag{0-3}$$

式中　v——比体积，m^3/kg；

m——物质的质量，kg；

V——物质的体积，m^3。

单位体积物质的质量称为密度，单位为 kg/m^3，它与比体积互为倒数。工程热力学中

通常用作为独立参数。

四、流量

流量有体积流量和质量流量两种。

体积流量是单位时间里通过过流断面的流体体积，简称流量，一般用 Q 表示，单位为 m^3/s。

质量流量是单位时间内流经一横断面的流体质量，一般为 Q_m 表示，单位为 t/h。

质量流量与体积流量的关系为：质量流量=体积流量×流体密度

五、焓

焓用符号 H 表示，单位为 J，即

$$H = U + pV \tag{0-4}$$

式中　U——热力学能，J。

1kg 工质的焓称为比焓，用 h 表示，单位为 J/kg，即

$$h = u + pv \tag{0-5}$$

式中　u——1kg 工质的热力学能，即比热力学能，J/kg。

比焓是系统中引进 1kg 工质而获得的总能量，是热力学能与推动功之和。在热力设备中，工质总是不断地从一处流到另一处，随着工质的移动而转移的能量称为焓，因而在热力工程的计算中焓有更为广泛的应用。

六、熵

熵用符号 S 表示，单位为 J/K 即

$$dS = \frac{\delta Q_{rev}}{T} \tag{0-6}$$

式中　δQ_{rev}——可逆过程换热量，J；

　　　T——热源温度，也就是工质温度，K。

熵是与热力学第二定律紧密相关的状态参数。它为判别实际过程的方向、过程能否实现、是否可逆提供了判据。

孤立系统的熵增原理：凡是使孤立系统总熵减小的过程都是不可能发生的，理想可逆情况也只能实现总熵不变，实际热力过程总是朝着使孤立系统总熵增大的方向进行。

第四节　供热基础知识

一、供热基本概念

1. 供热

供热是向热用户供给热能的技术。热能是人类利用最早、最多的一种能源。

2. 集中供热

集中供热是指一个或多个热源通过供热管网向城市或城市部分地区热用户供给热能的技术。热电厂供热系统是最重要的集中供热系统。

二、供热的重要性

（1）供热可解决城镇居民基本生活需求。供热是解决城镇居民采暖、热水供应等基本热能需求的最佳方法。

（2）供热可解决工矿企业生产、生活用热能需求。供热是对工矿企业提供高质量的生产、生活用蒸汽、热水需求的最节能减排方式。

（3）供热是利用低品位的热能技术。供热是节约能源，减少污染物排放的重要途径之一，是提高能源利用效率的重要手段。

（4）集中供热最适合于中国国情。中国人口众多，并集中在城镇住宅区，人口密度大，热负荷密度也大，尤其适合热电厂为主的集中供热方式。

（5）供热是实现小康和谐社会的重要内容。供热牵涉到千家万户，它可为居民提供稳定、高质量的热能，提高人民生活水平和幸福感，改善城市环境，为建设小康和谐的文明社会做出贡献。

（6）供热是实现低碳经济社会有效手段。中国未来发展方向是低碳经济，低碳经济实质是能源高效利用、清洁能源开发。追求绿色 GDP 的问题，核心是能源技术和节能减排技术的创新，以及人类生存发展观念的根本性转变。

三、供热基本系统

1. 供热系统

供热系统是指由热源通过供热管网向热用户供应热能的设施统称。供热系统可分为：以热电厂为主要热源的热电厂供热系统、以供热锅炉房为主要热源的锅炉房供热系统、以利用工业余热为主要热源的工业余热供热系统、以可再生能源为主要热源的可再生能源供热系统等。

供热基本系统主要由热源、热力站、热用户、输送管网（一次网、二次网）组成。以热电厂为热源的供热系统示意如图 0-2 所示。

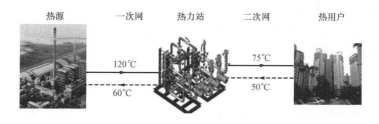

图 0-2　热电厂热源供热系统示意图

2. 热源（供热首站）

以热电厂为热源的集中供热系统的供热首站由蒸汽系统、热网水系统、疏水系统、定压补给水系统等组成。典型的供热首站系统如图 0-3 所示。

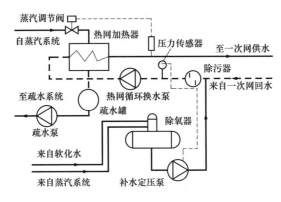

图 0-3 供热首站系统图

3. 热力站

热力站利用一次管网的高温热水，通过换热器，交换成低温热水（二次供热管网），送入各建筑物，实现小区建筑物供暖。热力站系统示意如图 0-4 所示。

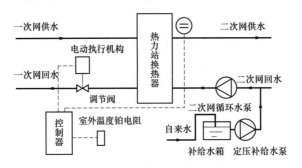

图 0-4 热力站系统示意图

热力站的主要设备由一次网调节阀、二次网换热器、循环水泵、补给水箱及定压补水泵、控制设备等组成。

4. 供热管网

供热管网是指由热源向热用户输送和分配供热介质的管道系统。供热管网一般分为热水供热管网和蒸汽供热管网。

（1）热水供热管网。热水供热管网是指介质为热水的供暖、空调、热水供应用热水输送管道系统。热水管网一般分为一次管网和二次管网。

一次管网是指由热源至热力站的供热管网，二次管网（二级管网）是指由热力站至热用户的供热管网。热水供热管网一次管网示意如图 0-5 所示。

（2）蒸汽供热管网。蒸汽供热管网是指供热介质为蒸汽的供热管网，一般用于生产工艺用汽管网。

5. 热用户

热用户是指从供热系统中获得热能的用热系统。热用户可分为供暖热用户、热水供应热用户、空调热用户、生产工艺热用户等。

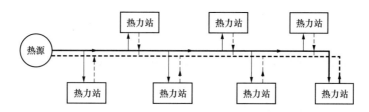

图 0-5 热水供热管网一次管网示意（一级网）图

（1）供暖热用户。供暖热用户是指供暖期为保持一定的室内温度而消耗热量的供暖系统。最简单的供暖热用户示意如图 0-6 所示。

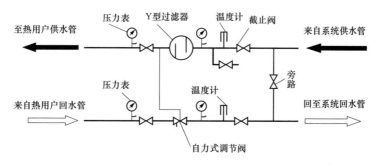

图 0-6 供暖热用户示意图

（2）空调热用户。空调热用户是指为了创建空调建筑物的室内环境（温度、湿度、清洁度等），直接或间接地消耗热量的空调系统。

（3）热水供应热用户。热水供应热用户是指满足生产和生活所需热水而消耗热量的热水供应系统。

（4）生产工艺热用户。生产工艺热用户是指生产工艺过程中消耗热能的系统。

第五节 发电厂基础知识

一、发电厂的热力循环

（一）朗肯循环

发电厂基本热力循环由四个主要设备组成，即蒸汽锅炉、汽轮机、凝汽器和给水泵。工质在热力过程中连续进行吸热、膨胀、放热和压缩四个过程，使热能不断地转变为机械能。这就是火力发电厂广泛采用的基本循环，称为朗肯循环，如图 0-7 所示。各项热力设备及其作用分别是：

（1）锅炉（包括省煤器、炉膛、水冷壁和过热器）。锅炉的作用是将给水定压加热，产生过热蒸汽，通过管道把过热蒸汽送入汽轮机。

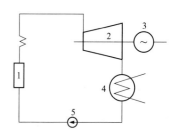

图 0-7 朗肯循环

1—锅炉；2—汽轮机；3—发电机；

4—凝汽器；5—给水泵

13

（2）汽轮机。蒸汽进入汽轮机绝热膨胀做功，将热能转变为机械能。

（3）发电机。将汽轮机的机械能转变为电能。

（4）凝汽器。将汽轮机做完功的乏汽排入凝汽器，用冷却水加以冷却，使乏汽在定压下凝结成饱和水（凝结水）。

（5）给水泵。将凝结水在给水泵中进行绝热压缩，提升压力后送回锅炉。经给水泵升压后的凝结水称为给水。

朗肯循环的 p–V 图和 T–S 图分别如图 0-8 和图 0-9 所示。

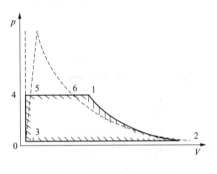

图 0-8　朗肯循环 p–V 图

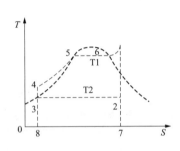

图 0-9　朗肯循环 T–S 图

由图 0-8、图 0-9 可知：

4-1 线——水在锅炉中定压加热的过程。其中，4-5 表明把水定压加热到饱和水；5-6 表示把饱和水定压加热成饱和蒸汽（汽化）；6-1 则表示饱和蒸汽定压加热成过热蒸汽（过热）。

1-2 线——过热蒸汽在汽轮机中的绝热膨胀过程。

2-3 线——排汽在凝汽器中的定压放热凝结过程。

3-4 线——水在给水泵内的绝热压缩过程。由于水的压缩性很小，在 p–V 图上 3-4 线又可看作是定容线；T–S 图中，因温度升高很小，3 和 4 两点可认为重合在一起。

（二）回热循环

1. 回热循环的定义

在朗肯循环中，有很大一部分热量在凝汽器中被冷却水带走而浪费掉，因此，进一步提高循环热效率的关键是如何利用这部分热量。给水回热是减少凝汽器损失的有效办法。

回热循环是现代蒸汽动力循环所普遍采用的循环，它是在朗肯循环的基础上加以改进得到的。所谓回热就是指利用一部分在汽轮机做过功的蒸汽来加热给水，使得进入锅炉（或蒸汽发生器）的给水温度升高，以提高循环的平均吸热温度，从而提高循环效率。具有给水回热的热力循环称为回热循环。

2. 回热循环的工作原理

图 0-10 为具有一级抽汽的回热循环装置系统图。它与朗肯循环的区别在于：从凝汽器出来的凝结水不是由水泵直接送入锅炉，而是先经过一个混合式加热器。在加热器内，凝

结水与自汽轮机内抽出的一部分蒸汽混合后，在较高的温度下由给水泵送入锅炉。

在回热循环中，可以把进入汽轮机的蒸汽看成两部分：一部分蒸汽经汽轮机各级膨胀做功后排入凝汽器；另一部分蒸汽在流至某中间级后从汽轮机中抽出，用于加热由凝汽器来的凝结水或锅炉给水，以提高给水温度。第一部分蒸汽的循环效率等于郎肯循环效率；第二部分蒸汽的热量重新回到锅炉，没有了在凝汽器中被冷却水带走的热量损失，其循环热效率可视为100%。整个机组的循环由上述两部分组成，总的热效率必定大于同参数下纯凝汽式循环的效率。

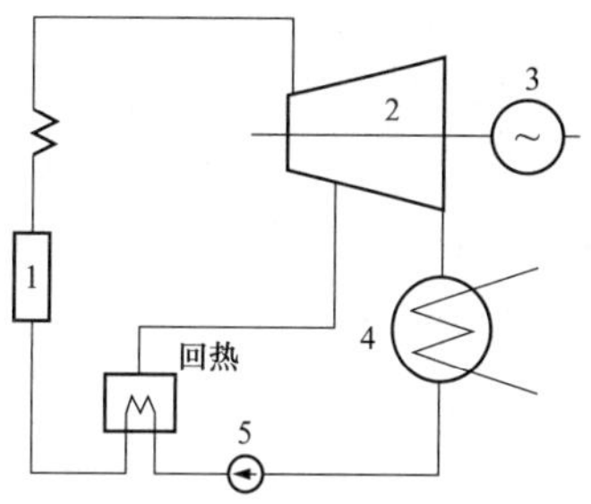

给水回热循环是提高火电厂循环效率的重要措施之一，目前，凝汽式汽轮机几乎都采用了给水回热系统。给水回热系统可减少过大的温差传热所造成的蒸汽做功能力损失。从理论上讲，回热抽汽级数越多，热效率越高，但随着抽汽级数的增多，热效率的增加趋缓，设备投资费用增加，系统复杂，安装、运行等都较为困难。目前，大容量单元制机组都采用八级抽汽回热（三高四低一除氧）。

图 0-10　回热循环

1—锅炉；2—汽轮机；3—发电机；

4—凝汽器；5—给水泵

（三）再热循环

再热循环原理如图 0-11 所示，再热循环就是把汽轮机高压缸已经做了部分功的蒸汽再引入锅炉的再热器，重新加热，使蒸汽温度又提高到初温度，然后再引回汽轮机中、低压缸内继续做功，最后的乏汽排入凝汽器的一种循环。

采用中间再热循环的目的有：

（1）降低终湿度：由于大型机组初压的提高，使排汽湿度增加，对汽轮机的末几级叶片侵蚀增大。虽然提高初温度可以降低终湿度，但提高初温度受金属材料耐温性能的限制，因此对终湿度改善较少。采用中间再热循环有利于终湿度的改善，使得终湿度降到允许的范围内，减轻湿蒸汽对叶片的冲蚀，提高低压部分的内效率。

（2）提高热效率：采用中间再热循环，正确的选择再热压力后，循环效率可以提高 4%～5%。

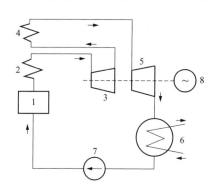

图 0-11　再热循环

1—锅炉；2—过热器；3—汽轮机高压缸；

4—再热器；5—汽轮机低压缸；6—凝汽器；

7—凝结水泵；8—发电机

二、发电厂原则性热力系统图

热力系统是火电厂实现热功转换的工艺系统。它通过热力管道及阀门将各主、辅热力设备有机地联系起来，在各种工况下能安全、经济、连续地将燃料的能量转换成机械能，最终转变为电能。用来反映火电厂热力系统的图，称为热力系统图。热力系统图广泛用于设计、研究和运行管理中。

按范围划分，热力系统可分为全厂和局部两类。局部的系统图又可分主要热力设备的系统（如汽轮机本体、锅炉本体等）和各种局部功能系统（如主蒸汽系统、给水系统、主凝结水系统、回热系统、供热系统、抽空气系统和冷却水系统等）两种。发电厂全厂热力系统则是以汽轮机回热系统为核心，将锅炉、汽轮机和其他所有局部热力系统有机组合而成的。图 0-12 所示为 NC300/22016.7-537-537 型机组发电厂原则性热力系统图（冬季采暖最大供热工况）。

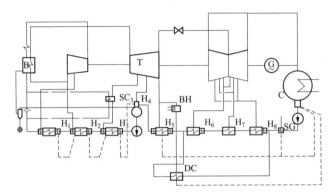

图 0-12　NC300/22016.7-537-537 型机组发电厂原则性热力系统图

按用途来划分，热力系统可分为原则性和全面性两类。

（一）原则性热力系统

原则性热力系统是一种原理性图。对机组而言，有汽轮机（或回热）的原则性热力系统；对全厂而言，有发电厂的原则性热力系统。它们主要用来反映在某一工况下系统的安全经济性。对不同功能的各种热力系统，有主蒸汽、给水、主凝结水等系统，其原则性热力系统则是用来反映该系统的主要特征以及采用的主辅热力设备、系统形式。

发电厂或汽轮机的原则性热力系统是工质完成热力循环所必需的热力设备之间的线路图，它们的作用是：

（1）表明能量转换和能量利用的过程，反映发电厂热功转换的技术完善程度。

（2）作为定性分析发电厂热经济性的依据。

（3）作为定量计算发电厂热经济指标的依据。

（二）全面性热力系统

全面性热力系统图是实际热力系统的反映，它包括不同运行工况下的所有系统，以反映该系统的安全可靠性、经济性和灵活性。全面性热力系统图是施工和运行的主要依据。

对不同范围的热力系统，都有其相应的原则性和全面性热力系统图。如回热的原则性和全面性热力系统图，主蒸汽的原则性和全面性热力系统图等。

（1）发电厂原则性热力系统只涉及电厂的能量转换及热量利用的过程，并未反映发电厂的能量转换是如何操作的。实际上，电厂能量转换不仅要考虑任一设备或管道发生事故或检修时，不影响主机乃至整个电厂的运行，并为此装设相应的备用设备或管路。还要考虑启动、低负荷运行、正常工况或变工况运行、事故以及停机等各种操作方式。根据这些运行方式变化的需要，装设作用各不相同的管道及其附件。这就构成了发电厂全面性热力系统。它是用规定的符号，表明全厂性的所有热力设备及其汽水管道的总系统图。

（2）发电厂全面性热力系统图应明确地反映电厂的各种工况及事故、检修时的运行方式。它是按设备的实际数量（包括运行的和备用的全部主、辅热力设备及其系统）来绘制，并标明一切必需的连接管路及其附件。通过它，可了解全厂热力设备的配置情况，各种运行工况时的切换方式，既考虑热力系统中设备或管道及其附件的顺序连接，也考虑同类设备或管道及其附件的平行连接。

（3）根据发电厂全面性热力系统图，汇总主、辅热力设备、各类管子（不同管材、不同公称压力、管径和壁厚）及其附件的数量和规格，提出订货用清单，并据以进行主厂房布置和各类管道的施工设计，是发电厂设计、施工和运行工作中非常重要的一项技术资料。总的来说，在设计中全面性热力系统会影响投资和钢材的耗量，在施工中会影响施工的工作量和施工周期，在运行中会影响热力系统的运行调度的灵活性、可靠性和经济性，以及到各种运行方式的切换及备用设备投入的可能性。这些影响的程度是各不相同，有的是决定性影响。

一般发电厂全面性热力系统由下列各局部系统组成：主蒸汽和再热蒸汽系统、旁路系统、回热加热（即回热抽汽及其疏水、空气管路）系统、除氧给水系统（包括减温水系统）、主凝结水系统、补充水系统、供热系统、厂内循环水系统和锅炉启动系统等。

第一章

供热负荷与系统构成

第一节 供 热 负 荷

供热系统热负荷是确定供热方案、选择供热系统设备和设计供热系统的重要依据。供热系统的热负荷，包含采暖、通风、热水供应、生产工艺等类型。在确定各项热负荷时，不仅要考虑各种热负荷的性质和同时使用时间，还要考虑因各种热用户的扩建规划而新增的热负荷。

按照用途的不同，热负荷可分为三种：采暖通风热负荷（包含空调、制冷热负荷）、生活用热水供应热负荷及生产工艺热负荷等。

按照热负荷的性质，可以分为季节性热负荷和常年性热负荷。

供暖、通风及空调热负荷是季节性热负荷，与室外空气温度、湿度、风速、风向、太阳辐射等气象条件有关，而且室外空气温度是确定季节性热负荷的决定因素。

生产工艺、生活用热水供应热负荷为常年性热负荷。生产工艺热负荷主要与生产的性质、工艺过程、规模和用热设备的情况有关。生活用热水供应热负荷主要由使用热水的人数、卫生设备的完善程度和人们的生活习惯来决定。

此外，居民住宅和公共建筑的供暖、空调通风和生活用热水供应热负荷属于民用热负荷。生产工艺、厂房的供暖、通风和厂区的生活用热水供应热负荷属于工业热负荷。

一、热负荷类型及确定

（一）供暖热负荷

供暖热负荷的估算有体积热指标法和面积热指标法，一般采用面积热指标法进行估算。面积热指标法是以供暖建筑物的面积为基准，按式（1-1）估算供暖热负荷的方法。

$$Q_{js} = q_{fn}F \qquad (1-1)$$

式中　　Q_{js}——建筑物的供暖热负荷，W；

　　　　q_{fn}——建筑物的供暖面积热指标，W/m^2；

　　　　F——建筑物的建筑面积，m^2。

表 1-1 给出了规范中规定的建筑物的供暖面积热指标值。

表 1-1				供 暖 热 指 标 推 荐 值					W/m²
建筑物类型	住宅	居住区综合	学校、办公	旅馆	商店	食堂餐厅	影剧院展览馆	医院幼托	大礼堂体育馆
未采取节能措施	58～64	60～67	60～80	60～70	65～80	115～140	95～115	65～80	115～165
采取节能措施	40～45	45～55	50～70	55～60	55～70	100～130	80～105	55～70	100～150

注 1. 表中数值适用于我国东北、华北、西北地区。
　　2. 供暖面积热指标中已包含约 5%的管网热损失。

建筑物供暖面积热指标值 q_{fn} 的大小与建筑物的种类、用途,建筑物外围护结构的形式、建筑物的外形和所处地区的气象条件等因素有关。必须指出,随着建筑技术的进步,这一指标值会逐渐降低。

（二）通风热负荷

为了保证室内空气具有一定清洁度及温度等要求,就要对生产厂房、公用建筑及居住房间进行通风或空调。在供热季节中,加热从室外进入的新鲜空气所耗的热量,称为通风热负荷。通风热负荷也是季节性热负荷,但由于通风系统的使用情况和工作班次不同,一般公用建筑和工业厂房的通风热负荷,在一昼夜间的波动也较大。

一般住宅不设置进气通风设备,只是经外门、外窗的缝隙通风换气,其热负荷已包括在供暖计算热负荷内。公共建筑物的通风热负荷,通常是根据有关的设计文件计算求得。没有必要的设计文件可供计算时,同样采用热指标法进行估算。根据建筑物的性质和外围体积,通风设计热负荷的估算多采用体积热指标法。可按下式计算,即

$$Q_t = q_{v,t} V_w (t_{js} - t_{wj}) \tag{1-2}$$

式中　Q_t ——建筑物的通风热负荷,W;

　　　　$q_{v,t}$ ——建筑物的通风热指标,W/(m³·℃);

　　　　V_w ——建筑物的外围体积,m³;

　　　　t_{js} ——采暖室内计算温度,℃;

　　　　t_{wj} ——通风室外计算温度,℃。

建筑物的通风热指标是指各类建筑物,在室内、外温差为 1℃时,每 1m³ 建筑物外围体积的通风计算热负荷。

公共建筑物的通风热指标一般可以由相关设计手册查得。

在制定区域供热规划时,公共建筑物的通风计算热负荷,可根据公共建筑物的供暖热负荷按下式进行估算,即

$$Q_{t,g} = K_t Q_{js,g} \tag{1-3}$$

式中　$Q_{t,g}$ ——公共建筑物的通风计算热负荷,W;

　　　　$Q_{js,g}$ ——公共建筑物的供暖计算热负荷,W;

　　　　K_t ——公共建筑物的通风热负荷系数,一般采用 0.3～0.5。

（三）空调冬（夏）季热（冷）负荷

空调（即空气调节）是使室内的空气温度、湿度、清洁度、气流速度和空气压力梯度等参数达到给定要求的技术。空调负荷属于季节性热负荷，分为空调冬季热负荷和空调夏季冷负荷两类。

1. 空调热指标、冷指标

空调热、冷负荷可采用指标法进行估算。空调热指标、冷指标是针对不同建筑单位建筑面积的平均指标。可根据规范中的推荐值选取，见表 1-2。

表 1-2 空调热指标、冷指标推荐值 W/m²

建筑物类型	空调热指标、冷指标	
	热指标	冷指标
办公	80～100	80～110
医院	90～120	70～100
旅馆、宾馆	90～120	80～100
商店、展览馆	100～120	125～180
影剧院	115～140	150～200
体育馆	130～190	140～200

注 1. 表中数值适用于我国东北、华北、西北地区，南方地区可根据当地的气象条件及相同类型建筑物的冷指标资料确定。
　　2. 寒冷地区热指标取较小值，冷指标取较大值；严寒地区热指标取较大值，冷指标取较小值。
　　3. 体形系数大，使用过程中换气次数多的建筑取上限。

2. 空调冬季热负荷

空调冬季热负荷可根据规范计算，公式如下

$$Q_a = q_a A_a \times 10^{-3} \tag{1-4}$$

式中　Q_a——空调冬季热负荷，kW；

　　　q_a——空调热指标，W/m²；

　　　A_a——空调建筑物的建筑面积，m²。

3. 空调夏季冷负荷及空调夏季平均热负荷

（1）空调夏季冷负荷。空调冷负荷计算中，利用空调冷指标及空调建筑物建筑面积计算出的空调冷负荷，还应考虑同时使用系数。

空调夏季冷负荷计算公式如下

$$Q_c = \frac{\sum q_c A_a \times 10^{-3}}{COP} \tag{1-5}$$

式中　Q_c——空调夏季冷负荷，kW；

　　　q_c——空调冷指标，W/m²；

　　　COP——吸收式制冷机的制冷系数，可取 0.7～1.3，单效溴化锂取下限。

（2）空调夏季平均热负荷。空调夏季平均热负荷由空调设计冷负荷与空调平均负荷系数得出，计算公式如下

$$Q_c^{av} = Q_c \eta_c^{av}$$

（1-6）

式中　Q_c^{av}——空调夏季平均热负荷，MW；

　　　η_c^{av}——空调平均负荷系数。

（四）生活用热水供应热负荷

热水供应热负荷为日常生活中用于洗脸、洗澡、洗衣服以及洗刷器皿等所消耗的热量。热水供应的热负荷取决于热水用量。住宅建筑的热水用量，取决于住宅内卫生设备的完善程度和人们的生活习惯。公用建筑（如浴池、食堂、医院等）和工厂的热水用量，还与其生产性质和工作制度有关。

热水供应系统的工作特点是热水用量具有昼夜的周期性。每天的热水用量变化不大，但小时热水用量变化较大。因此，通常根据用热水的单位数（如人数、每日人次数、床位数等）和相应的热水用水量标准，先确定全天的热水用量和耗热量，然后再进一步计算热水供应系统的设计小时热负荷。

生活热水耗热量 Q_r 可按式（1-7）进行计算

$$Q_r = G_r c \Delta t$$

（1-7）

式中　c——比热，J/（kg·℃）；

　　　Δt——供回水温度差，℃；

　　　G_r——生活热水流量，kg。

G_r 可以按式（1-8）进行设计计算

$$G_r = \Sigma qnb$$

（1-8）

式中　q——热水器具的一次或 1h 的标准热水量，kg；

　　　n——同类热水器具的数量；

　　　b——同时使用系数；

　　　Σ——各类热水器具热水用量叠加之和，kg。

（五）生产工艺热负荷

生产工艺热负荷是为了满足生产过程中加热、烘干、蒸煮、清洗、溶化等的用热，或作为动力用于拖动机械设备。

生产工艺热负荷属于全年性热负荷。生产工艺热负荷的大小以及需要的热媒种类和参数，主要取决于生产工艺过程的性质、用热设备的形式以及生产企业的工作制度。由于用热设备多种多样，工艺过程对热媒要求的参数不一致，工作制度也不尽相同，因此，由不同生产类型的热用户组合起来的供热系统，其热负荷的特性也不会相同，它们很难用一个通用公式来确定，一般只能根据生产工艺提供的计算数据、用热设备制造厂家提供的设计资料或已有设备的运行记录等来估算确定，规划设计人员在处理和运用这些资料时，应该注意把它们和同类型企业的耗热量指标相比较，检查所采用的指标、选用的热媒参数等是

否合理。如用户提不出确切的热负荷资料，则可通过实测或对历年用热量（或耗煤量）的统计来确定，也可根据企业生产的产品品种、产量，按照核定的单位热耗率进行计算。

在有较多生产工艺用热设备或热用户的场合，它们的最大负荷往往不会同时出现。考虑集中供热系统生产工艺总的设计热负荷或管线承担的热负荷时，应考虑各设备或各用户的同时使用系数。同时使用系数是用热设备运行的实际最大热负荷与全部用热设备的最大热负荷之和的比值。利用同时使用系数使总热负荷适当降低，有利于提高供热的经济效果。在考虑同时使用系数的情况下，每小时平均蒸汽的热负荷可按照式（1-9）进行计算

$$D = KD_{max} \qquad (1-9)$$

式中　D_{max}——工艺设备的最大耗汽量，t/h；

　　　K——同时使用系数，一般为 0.75～0.9。

如果考虑管网中的压力损失和温降，供热参数可以按照式（1-10）、式（1-11）确定，即

$$p' = p + \Delta p \qquad (1-10)$$

$$t' = t + \Delta t \qquad (1-11)$$

式中　p——工艺设备备用蒸汽压力，MPa；

　　　t——工艺设备备用蒸汽温度，℃；

　　　Δp——汽网压力损失，一般不超过 0.07～1.0MPa/km；

　　　Δt——汽网温度损失，一般不超过 10℃/km。

二、热负荷图

对于生产热负荷而言，热负荷曲线可按用汽量及耗热量绘制。按用汽量绘制的热负荷曲线的目的是保证用户用汽量，从而决定热源的运行方式；而按耗热量绘制的热负荷曲线是为了计算热源的总耗热量。它包含典型日负荷曲线、月负荷曲线、年生产热负荷曲线等。

对于生活热水供应热负荷而言，它是稳定的热负荷，只在冬季时略大，但它在每天的变化很大。卫生热水热负荷高峰在下午 18～22 时，早晨 6～9 时，其余时间用水量较小。这样在设计时，可采用蓄热槽之类的设备，在用热低谷时制备热水，在用热高峰时使用热水，这样即可减少热水供应设备的容量，又可以避开采暖、空调用热高峰。

对于采暖、空调热负荷而言，它们的负荷是随着室外气候条件的变化而变化的，一日之内的每一小时都在变化。采暖负荷高峰在早晨 5～6 时，低谷则出现在下午 14～15 时。空调负荷的高峰在下午 14～15 时，低谷则在早晨 5～6 时，平均负荷率均在 50%～60% 之间。这样就可以利用相应的技术措施（如蓄热设备）降低设备容量。

进行城市集中供热规划，特别是对热电厂供热方案进行技术经济分析时，往往需要绘制热负荷图。热负荷图是用来表示用户系统热负荷变化情况的图。按照热用户的用热情况来确定集中供热方案，选定供热设备的规模，制定集中供热系统的工作制度和设备检修计划，都需要绘制热负荷图。

常用的热负荷图有全日热负荷图、月热负荷图、年度热负荷图和连续性热负荷图。

全日热负荷图是表示用户系统热负荷在一昼夜中小时热负荷变化情况的图。全日热负荷图是以小时为横坐标，以小时热负荷为纵坐标，从零时开始依次绘制的。其图形的面积

则为全日耗热量。全日热负荷图的形状与热负荷的性质和用户系统的用热情况有关。

月热负荷图是在全日热负荷图的基础上，以日为横坐标，以日热负荷为纵坐标绘制的。热负荷曲线下的面积为月耗热量。月热负荷图表明每月热负荷的均衡情况，是确定供热方案、选定供热设备的重要依据。

年总耗热图是表明全年总耗热量的图，它是在月热负荷图的基础上，以月为横坐标，以月热负荷为纵坐标绘制的。热负荷曲线下的面积为年耗热量。

连续性热负荷图是表示随室外温度变化而变化的热负荷的总耗热量图。连续性热负荷图能表示出各个不同大小的供热热负荷与其延续时间的乘积，能够很清楚地显示出不同大小的供热热负荷在整个采暖季中的累计耗热量，以及它在整个采暖季总耗热量中所占的比重。

在采暖期间，采暖、通风热负荷随室外温度的变化而变化，其变化关系通常表达为室内、外温差的线性函数关系式

$$Q = Q_j \cdot \frac{t_{js} - t_w}{t_{js} - t_{wj}} \tag{1-12}$$

式中　Q——任一室外温度 t_w 下的采暖或通风的热负荷，W；

　　　Q_j——在室外计算温度 t_{wj} 下的采暖或通风热负荷，W；

　　　t_{js}——室内温度，℃；

　　　t_w——采暖或通风的室外实际温度，℃；

　　　t_{wj}——采暖或通风的室外计算温度，℃。

随室外温度变化的小时耗热曲线是一条直线。因此，只要求得在室外计算温度时的最大小时耗热量和采暖期间室外最高温度时的最小小时耗热量，连接这两点的直线，就可以得到随室外温度变化的小时耗热曲线。由该直线可获得任意室外温度下的小时耗热量。

如图 1-1 所示，连续性热负荷图是以采暖期的时数为横坐标，以小时耗热量为纵坐标，根据地区气象局所提供的气象资料统计所得的。从采暖室外计算温度开始，依次将各室外温度 t_{wj}、t_{w1}、t_{w2}、…、t_{wk} 的连续小时数画在横坐标轴上，如图右半部分横坐标轴上的 b_j、b_1、b_2、…、b_k。然后，在左半图随室外温度变化的小时耗热曲线上查得与各室外温度 t_{wj}、t_{w1}、t_{w2}、…、t_{wk} 相对应的小时耗热量，得到右半图 a_j、a_1、a_2、…、a_k 各点。连接各点，则得到连续性热负荷曲线。该曲线和坐标轴围成的面积，就是采暖期间的总耗热量。

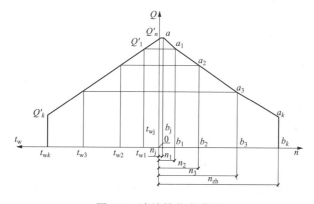

图 1-1　连续性热负荷图

三、热负荷调研

（一）热负荷调研报告

热负荷资料的收集是获得可靠、准确热负荷的基础。在开展热网项目的可行性研究时，一般应开展热负荷调查，认真编制热负荷调查报告，热负荷调研报告主要应包含如下内容：

1. 项目概况

（1）项目背景。项目所在城市概况，地理条件和自然条件等；最新的省及地方层面的能源政策背景；项目区域建设情况；项目区域当前供热情况。

（2）项目建设必要性。从环保节能、供热安全性、相关政策法规、供热经济性、供热市场开发等方面分析该项目建设的必要性。

（3）热负荷调研范围。供热区域范围、热负荷需求类型、热负荷调研工作内容和方法介绍。

（4）报告编制依据。列举集中供热项目相关的国家、地方等层面的政策及法规、相关规范及标准，以及拟建项目热（冷）负荷相关的其他编制依据。

2. 供热现状

（1）热源现状。

1）现有集中供热热源现状。调研项目区域范围内现有或规划集中供热热源（采暖、工业供热、生活热水、制冷等）装机容量、供热对象（清单）、供热数据和运行状况等，对其供热能力、供热范围、燃料消耗情况及运行的历史数据进行统计，及对拟建项目是否存在影响（竞争性、可被替代性）进行分析。

2）分散式热源现状。项目区域内分散式供热（采暖、工业供热、生活热水、制冷等）锅炉的台数及容量、燃料种类及来源、建设年代、环保设施、移交方案、关停计划等情况。

（2）热网现状。明确供热（采暖、工业供热、生活热水、制冷等）管网对外联络情况、敷设方式、供热能力、供热半径、运行年限和热用户分布情况，对新增热负荷的接入方式进行分析。

（3）当地能源价格现状。当地煤价、气价、电价等情况，现有供热企业趸售或直供热价、冷价、成本等相关信息，热用户热（冷）负荷生产成本，当地政府供热优惠政策。

（4）存在的问题及分析。从环保节能、供热安全性、相关政策法规、供热经济性等方面分析现有供热方式存在的问题。

3. 热（冷）负荷调研

（1）采暖、热水热负荷。包含现状热负荷、近期热负荷和规划热负荷。其中规划热负荷按人年均增长面积不超过 5% 考虑。如调研区域内已有供热规划或者热电联产发展规划，可根据规划确定热负荷情况。

（2）工业热负荷。包含现状热负荷、近期热负荷和规划热负荷。规划热负荷应综合考虑供热区域的热用户规模、特性、发展特点和国家产业政策要求等因素进行预测；如调研区域内已有供热规划或者热电联产发展规划，可根据规划确定热负荷情况。

工业热负荷调查表和采暖热负荷调查表见表 1-3 和表 1-4。

表1-3

工业热负荷调查表

用热单位名称：_____

用热地点：_____市_____区（县）_____街道　　用户所在行业：_____

一、现状热负荷							
热用户类型				用热工艺/生产班次			
用热量X（t/h）	时间	最大	月至　月				负荷率（%）
		平均	月至　月				
		最小	月至　月				
供热方式（自供/区域热源）	热源规模	台数		建设时间	供汽参数	压力（MPa）	温度（℃）
		容量（t/h）		压力（MPa）			温度（℃）
热源建设时间							
到户热价（元/GJ）	距离热源距离（m）					集中供热同时率（%）	投产时间

二、近期增热负荷						
用热量Z（t/h）	时间	最大	月至　月	热用户类型		投产时间
		平均	月至　月	负荷率（%）		
		最小	月至　月			
供热方式（自供/区域热源）	距离热源直线距离（m）			用热工艺/生产班次		

三、近期热负荷						
近期热负荷（X+Z）（t/h）	时间	最大	月至　月		供汽参数	压力（MPa）
		平均	月至　月			温度（℃）
		最小	月至　月			

四、规划热负荷						
规划热负荷（t/h）		最大			供汽参数	压力（MPa）
		平均				温度（℃）
		最小				
热用户类型						
投产时间	时间	月至　月				负荷率（%）
		月至　月				
		月至　月				

调查人：　　　　　调查日期：　　　　　复核人：　　　　　复核日期：

用热单位名称：＿＿＿＿＿＿

用热地点：＿＿＿＿ 市 ＿＿＿＿ 区（县）＿＿＿＿ 街道 ＿＿＿＿

用户类型：□居民，□非居民（所在行业：＿＿＿＿）

表 1-4　采暖热负荷调查表

				采暖热指标（W/m²）
一、现状热负荷	建筑物类型	建筑面积（M_X）（m²）	小计 X（kW）	采暖热指标（W/m²）
	供热方式（自供/区域热源）	热源方式（煤炉/气炉）	建设时间	采暖设施（地热/散热）
		热源规模 台数	容量（MW）	热源建设时间
	到户热价（元/m²或元/GJ）	热源零售热价（元/m²或元/GJ）	人均建筑面积（J/m^2）	集中供热普及率（%）
二、近期新增热负荷	建筑物类型	建筑面积（M_Z）（m²）	小计 Z（kW）	采暖热指标（W/m²）
	供热方式（自供/区域热源）	热源方式（煤炉/气炉）	投产时间	采暖设施（地热/散热）
			距热源直线距离（m）	
三、近期热负荷		近期热负荷（$X+Z$）（kW）		
		建筑面积（M_X+M_Z）（m²）		
四、规划热负荷	建筑物类型	建筑面积（m²）	建设/投产时间	采暖热指标（W/m²）

调查人：＿＿＿＿　　　复核人：＿＿＿＿

调查日期：＿＿＿＿　　　复核日期：＿＿＿＿

（3）热（冷）负荷汇总分析。包含设计热（冷）负荷和热（冷）负荷汇总。对于采暖、热水热负荷，按《城镇供热管网设计规范》（CJJ 34—2010）中所列的各类建筑物的热指标选取综合采暖热指标，选取时应考虑热源连续供热、建筑物建设时间、建筑节能、热网保温以及我国目前生活水平现状等因素，绘制年热负荷延续时间曲线。

对于工业热（冷）负荷，应绘制典型日热（冷）负荷变化曲线，按照《城镇供热管网设计规范》（CJJ 34—2010）、《小型火力发电厂设计规范》（GB 50049—2011）等国家有关规范，合理选择同时使用率，确定设计热（冷）负荷，并分析各季节/月份典型日逐时热（冷）负荷、月热（冷）负荷和年热（冷）负荷变化特点。

（4）结论与建议。总结项目热负荷调研情况、负荷平衡及缺口情况；明确项目热（冷）负荷的设计值。

从政策角度、负荷特性、建设时序和风险防控等方面给出合理性建议。

（二）热负荷调研内容及要求

热负荷调查内容包括：

（1）地区（热源周边 30km 范围内）现有热源和热网企业、供热锅炉、管网对外联络情况等，包括区域内供热锅炉的台数及容量、燃料种类及来源、建设年代、环保设施、移交方案、关停计划等情况；

（2）本项目采暖和工业热负荷、冷负荷及生活热水等负荷现状；

（3）本项目供热范围内的热用户构成，包括民用与公建、替代与新增热用户情况，以及趸售与直供热用户情况等。

热负荷有关要求如下：

1. 工业热负荷

（1）现状热负荷。在非采暖期平均蒸汽用量大于或等于 1.0t/h 的工业热用户应逐个调查核实，包括用热项目的企业性质、工艺流程、生产班次、产值、用热量、用热单耗、煤（气）耗、热介质参数、负荷率、各季节典型日（典型月）的逐时用能曲线、年用能曲线，以及各用热项目的同时率等。对现有工业热负荷分析时，应根据用户产业特点，用户现状产能合理确定现有用户的最大、平均、最小热负荷需求，以此确定的可靠热负荷作为现状热负荷。

（2）近期和规划热负荷。近期热负荷是指热源建成投产后能正常供热时各工业热用户的热负荷。其中，近期新增热负荷包括有市场需求的新增现有热负荷、在建和经审批的在热网项目建成后 3～5 年内投产的工业热负荷。近期新增热负荷不考虑自然增长率。

规划热负荷应综合考虑供热区域的热用户规模、特性、发展特点和国家产业政策要求等因素进行预测；拟扩建或新建用热项目在规划阶段的热负荷不作为近期热负荷。

2. 供暖、热水热负荷

（1）现状热负荷。现状热负荷应按不同建筑物类型统计现有建筑面积，从供热分区、建筑类别、建筑年代等方面调查核实，宜选择建筑密度较大，适宜集中供热和热水供应的建筑物，以此确定拟供热和热水供应的建筑面积。

（2）近期和规划热负荷。近期和规划热负荷应综合考虑拟供热区域常住人口、建筑建设年代、人均建筑面积、集中供热普及率、综合供暖指标等因素进行合理预测。其中，近期新增热负荷包括有采暖需求的新增现有热负荷、供热范围内在热网项目建成后 3～5 年内投产的在建和经审批的用热项目热负荷。规划热负荷按人年均增长面积不超过 5% 考虑。

供热具体指标的确定按《城镇供热管网设计规范》（CJJ 34—2010）中所列的各类建筑物的热指标选取，在热指标选取时应考虑热源连续供热、建筑物建设时间、建筑节能、热网保温以及我国目前生活水平现状等因素。

3. 设计热负荷

设计热负荷应结合区域热电联产规划、供热规划和评审后的热负荷调查报告等依据确定，原则上为项目供热区域内工业和供暖近期热负荷之和。设计热负荷一般不考虑规划热负荷。

项目设计中应绘制工业、供暖、生活热水供应的年热负荷曲线，以及项目年热负荷的持续曲线。

第二节　供　热　热　源

一、燃煤热电厂供热热源

（一）燃煤热电联产供热热源

热电联产，是一种建立在能量梯级利用概念的基础上，将供热（包括供暖和供热水）及发电过程一体化的总能系统。其最大的特点是对不同品质的能量进行梯级利用，温度比较高的、高品位的热能用来发电，而低品位热能则被用来供热或制冷。这样不仅提高了能源利用效率，而且减少了二氧化碳和有害气体排放，具有良好的经济效益和社会效益。

供热机组在机组发电的同时，还可提供一定参数的蒸汽对外供热。抽汽是从汽轮机的某中间级抽出，或者通过排汽排出送往热用户。蒸汽在热用户放热后，其凝结水又被部分或全部回收至电厂的回热系统中，再由水泵重新送往锅炉循环使用。如果在运行中热负荷增大，汽轮机则根据热负荷的需要增大进汽量，满足外界热负荷增加的需要。当外界热负荷变动时，可以同时调节汽轮机的抽汽量和进汽量，以使发电量保持不变。

燃煤热电联产是既生产电能，又能对用户供热的生产方式。它包括以蒸汽为热媒和以热水为热媒的集中供热系统。其中以热水为热媒的集中供热系统如图 1-2 所示。

热电联产集中供热是公认的节能环保措施之一，在解决供热、节能和环保等方面具有突出优势。用于热电联产的汽轮机主要有背压式、抽汽凝汽式、抽汽背压式、凝汽式机组的供热改造（如打孔抽汽、低真空供热）等多种类型。

（二）区域锅炉房供热热源

以热水为热媒的区域锅炉房集中供热系统如图 1-3 所示。

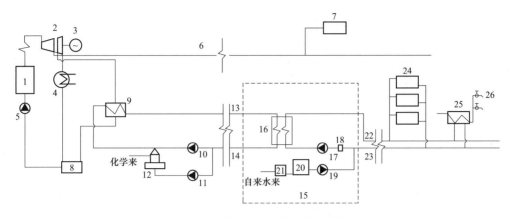

图 1-2 燃煤热电联产集中供热系统

1—锅炉；2—汽轮机；3—发电机；4—凝汽器；5—给水泵；6—蒸汽管道；7—生产热用户；8—凝结水箱；

9—首站加热器；10—首站循环水泵；11—首站补水泵；12—首站除氧器；13—一级网热水供水管道；

14—一级网热水回水管道；15—换热站；16—换热器；17—循环水泵；18—除污器；19—补水泵；

20—补水箱；21—软水器；22—二级网供水管道；23—二级网回水管道；

24—供暖散热器；25—生活热水换热器；26—热水用水装置

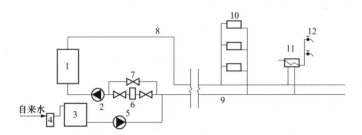

图 1-3 区域热水锅炉房集中供热系统

1—锅炉；2—循环水泵；3—补水箱；4—软水器；5—补水泵；6—除污器；7—阀门；8—热水供水管道；

9—热水回水管道；10—供暖散热器；11—生活热水换热器；12—热水供应装置

利用热水循环水泵 2 使水在系统中循环，水在锅炉 1 中被加热到需要的温度后，通过热水供水管道 8 输送到各热用户，满足各热用户供暖或生活用热水供应。循环水在各热用户冷却降温后，再经回水管道流回锅炉重新被加热。系统中的热水供、回水管道即为热水城市供热管道。

二、燃气热电联产供热热源

（一）定义

燃气-蒸汽联合循环可对外供应电力和热力。

燃气热电联产把具有较高平均吸热温度的燃气轮机与具有较低平均放热温度的蒸汽轮机结合起来，使燃气轮机的高温尾气进入余热锅炉产生蒸汽，并使蒸汽在汽轮机中继续做功发电，其抽汽或背压排汽用于供热和制冷，这种系统的发电效率较简单循环大幅提高，联合循环发电的净效率已达 48%～58%，并且正向着 60% 的目标迈进。

对于纯凝发电系统，除了部分用于发电，大部分燃料的能量以余热的形式排入大气。热电联产系统则根据能量梯级利用的原则，利用这部分余热用于供热，从而使系统的能源综合利用效率达到 80% 以上，这是一种先进的供热形式。

（二）分类及特点

燃气轮机热电联产系统分为单循环和联合循环两种形式。

单循环的工作原理是：空气经压气机与燃气在燃烧室混合燃烧后温度达 1000℃ 以上、压力在 1.0～1.6MPa 的范围内，进入燃气轮机推动叶轮，将燃料的热能转变为机械能，并推动发电机发电。从燃气轮机排出的烟气温度一般为 450～600℃，通过余热锅炉将热量回收用于供热。燃气轮机启停调节灵活，具有良好的变工况特性。

除了单循环形式外，还有联合循环的形式，上述单循环中余热锅炉可产生高参数蒸汽，若增设供热汽轮机，将这部分蒸汽在汽轮机中继续用于做功发电，而抽汽或背压排汽用于供热，便形成了燃气-蒸汽联合循环系统。

国外主要的大型燃气轮机厂家包括美国 GE、德国 SIEMENS、法国 ALSTOM 和日本三菱等。国内大型燃气轮机的主要厂家有哈动（GE 公司 9F 技术）、南汽（GE 公司 9E 技术）、东汽（三菱技术）、上汽（SIEMENS 技术）。

成熟的大型燃气轮机主要包括"B"级燃气轮机、"E"级燃气轮机、"F"级燃气轮机和"H"级燃气轮机。典型的 9E、9F、9H 燃气轮机特点如下：

9E 级燃气轮机工业供热（抽凝式机组）的最大供热量一般为 190～200t/h，满足热电比为 40% 的供热量为 100～110t/h。采暖供热时抽凝机最大供热能力为 90～100MW，可供热面积约为 200 万 m^2，背压机最大供热能力为 140～150MW，可供热面积约为 300 万 m^2。供热工况发电气耗约为 0.16m^3/kWh，供热气耗率约为 36m^3/GJ。

9F 级燃气轮机工业供热（抽凝式机组）的最大供热量一般为 290～300t/h，满足热电比为 40% 的供热量为 200～210t/h，采暖供热时抽凝机最大供热能力为 230～240MW，可供热面积约为 480 万 m^2，背压机最大供热能力为 285～300MW，可供热面积约为 600 万 m^2。供热工况发电气耗率约为 0.145m^3/kWh，供热气耗率约为 33m^3/GJ。

9H 级燃气轮机工业供热（抽凝式机组）的最大供热量一般为 400～420t/h，满足热电比为 40% 的供热量为 290～300t/h。采暖供热时抽凝机最大供热能力约为 290～300MW，可供热面积约为 600 万 m^2，背压机最大供热能力为 356～360MW，可供热面积约为 720 万 m^2。供热工况发电气耗率约为 0.138m^3/kWh，供热气耗率约为 32m^3/GJ。

燃气轮机分为重型与轻型，各有优缺点，以 25MW 级的燃气轮机为例，有五种机型可供选择，见表 1-5。

表 1-5　　　　　　　　　　　　25MW 级的燃气轮机机型

制造厂	机型	类别	ISO 工况功率简单循环效率（kW）	燃气轮机效率（%）
GE	LM2500+G4	轻型	31740	37.78
日立	H25	重型	31000	34.80

续表

制造厂	机型	类别	ISO 工况功率简单循环效率（kW）	燃气轮机效率（%）
P&G	FT8 swift PAC30	轻型	30112	36.23
西门子	SGT-600	重型	23577	33.26
索拉	Titan 250	轻型	21745	38.88

三、天然气分布式能源

（一）定义

分布式能源系统，是相对于传统的集中能源系统而言的，是指将发电系统以小规模（数千瓦至数兆瓦的小型模块式）、分散式的方式布置在用户附近，可独立或同时输出热、电、冷二次能源的系统。分布式能源采用了 20 世纪 70 年代在国外发展起来的第二代能源技术，其主要特征是分散化、小型化、多元化。

天然气分布式能源是分布式能源的主要形式之一，一般以天然气作为燃料，采用燃气轮机或燃气内燃机为发电设备，在发电的同时，利用发电产生的烟气余热生产冷热产品就近满足用户冷热需求。国家发改委《关于发展天然气分布式能源的指导意见》中指出，天然气分布式能源是指利用天然气为燃料，通过冷热电三联供等方式实现能源的梯级利用，综合能源利用效率在 70%以上，并在负荷中心就近实现能源供应的现代能源供应方式，是天然气高效利用的重要方式。国内外有关天然气分布式能源的定义或标准见表 1-6。

表 1-6　　　　　　　　　　　天然气分布式能源国内外标准

国　　　内	
《燃气冷热电联供工程技术规范》（GB 51131—2016）	布置在用户附近，以燃气为一次能源进行发电，并利用发电余热制冷、供热，同时向用户输出电能、热（冷）的分布式能源供应系统，简称"联供系统"。 本规范以燃气为一次能源，通过发电机单机容量小于或等于 25MW 的简单循环，直接向用户供应冷、热、电能的燃气冷热电联供工程的设计、施工、验收和运行管理。 系统的年平均能源综合利用率应大于 70%
《燃气分布式供能系统工程技术规程》（DG/TJ 08-115—2016）	在用户内部或靠近用户，联合供应电、热（冷）能的系统。系统输入的能源可以是燃气、轻柴油、生物质能、氢能或太阳能、风能等。 本规程适用于单机容量 6.0MW（含）以下的分布式供能系统。 系统年平均总效率不应小于 70%，年平均热电比不应小于 75%
《燃气冷热电三联供工程技术规程》（CJJ 145—2010）	布置在用户附近，以燃气为一次能源用于发电，并利用发电余热制冷、供热，同时向用户输出电能、热（冷）的分布式能源供应系统。 本规程适用于发电机总容量小于或等于 15MW 的燃气分布式能源系统。 系统年平均能源综合利用效率大于 70%
《关于发展天然气能源的指导意见》（发改能源〔2011〕2196 号）	天然气分布式能源是指利用天然气为原料，通过冷热电三联供等方式实现能源的梯级利用，综合能源利用效率在 70%以上，并在负荷中心就近实现能源供应的现代能源供应方式
《分布式电源接入配电网设计规范》（Q/GDW 11147—2013）	分布式电源指接入 35kV 及以下电压等级的小型电源，包括同步发电机、感应发电机、变流器等类型
《燃气分布式供能站设计规范》（DLT 5508—2015）	楼宇式供能站原动机单机容量不应大于 10MW，区域式供能站原动机单机容量不应大于 50MW。 分布式供能站的年均综合能源利用效率不应小于 70%

国　　外	
国际能源署（IEA）	分布式电源是指接入配电网、直接供应用户或为局域电网提供支撑的发电装置，通常包括内燃机、燃气轮机、燃料电池和光伏等
美国能源部（DOE）	就近用户侧布置、小型、模块化的发电装置，能够减少配电网升级改造投资，并能为用户提供高可靠性、高品质能源供应的发电系统，其容量通常为几千瓦至50MW
国际分布式能源联盟	分布式能源是分布在用户端的独立的各种产品和技术，包括功率在 3kW～40MW 的高效的热电联产系统，如燃气轮机、斯特林机，以及分布式可再生能源技术，包括光伏发电系统、小水电和生物质能发电以及风力发电

综合上述分析，结合近年来天然气分布式能源在我国发展经验，可认为天然气分布式能源是以天然气为燃料，通过对天然气的高效利用，在负荷中心按用户个性化需求，就地、就近为用户提供冷、热、电等产品和增值服务。由于系统采用了温度对口、梯级利用的原则，在系统效率方面，年均综合效率可达 70%以上；在能源可靠性和备用方面，由于靠近用户端，提高了系统安全性，甚至可保证电网事故情况下重要区域能源的供应；在环境保护方面，通过系统效率的提高、可再生能源的互补利用等，实现了环保最低值排放的目标。总之，天然气分布式能源具有的清洁高效、削电峰、填气谷、安全可靠、与电网形成友好互补关系等诸多优势，符合国家能源发展战略，符合天然气利用政策，符合低碳、高效的能源发展方向。

（二）特点

天然气分布式能源在提高能源利用效率、提高供电安全及促进节能减排等方面具有优势。归纳总结主要有以下几个方面的优点。

1. 能源综合利用效率高

燃气分布式供能系统采用能源梯级利用方式大幅度提升能源利用率，将余热进一步用于发电或制冷和供热服务，能源综合利用率可达 70%～90%；能源利用不但要考虑量的问题，还要考虑质的问题。常规燃气锅炉的热效率达到 90%，甚至是 95%以上，但是燃气锅炉的产品是低品位的蒸汽或者热水，对于优质的天然气资源来说是巨大的浪费。而燃气分布式供能系统规模小，能源可以就近消化，克服了冷能和热能无法远距离传输的困难，实现电、冷、热三联供，为能源的综合梯级利用提供了可能，实现了能源的高效节能利用。

2. 输配成本大大降低

传统的集中发电供能方式必须通过输配电网，才能将生产的电能供给用户。随着电网规模扩大，电能输配成本在总成本中占的比例越来越大。但是燃气分布式供能系统由于分布在用户附近，几乎不需要或只需要很短的输送线路，电能的输配成本几乎为零。因此，燃气分布式供能系统不仅避免了输配线路的线损，而且减少了输配线路的建造成本。

3. 电网运行稳定性和供电安全性提高

各种形式的小型燃气分布式供能系统的发展，成为国民经济、国家安全至关重要的纽带，因此大电网不再孤立。安置在用户近旁的燃气分布式能源相互独立，用户可自行控制，可大大提高供电可靠性，在电网事故和意外灾害（例如地震、暴风雪、战争）情况下，可维持重要用户的供电，保障供电的可靠性。

4. 建设周期短，节约投资

大型电厂和大电网需要大量的资金和较长的建设周期，建设周期长容易出现需求与供应脱节、不同步问题。而小型化、模块化的燃气分布式供能系统建设周期短，不会出现需求与供应脱节不同步的问题。另外，燃气分布式供能系统实现能源就地转换、就地供应，大大减少变电站、热力管网、换热站等的投资，节约了资金。

5. 具有良好的环保性能

燃气分布式供能系统由于采用液体或气体燃料，减少了粉尘、SO_2、CO_2、废水废渣等废弃物的排放；同时减少了输变电线路和设备，电磁污染和噪声污染极低，因而具有良好的环保性能。

6. 为可再生能源的利用开辟了新的方向

相对于化石能源而言，可再生能源能流密度较低、供能不稳定。燃气分布式供能系统为可再生能源的发展提供了新的机遇和技术保障。我国可再生能源资源丰富，发展可再生能源是减少环境污染及替代化石能源的必然要求，因此为充分利用量多面广的可再生能源发电，推动能源产业深度融合，构建多能互补的智慧能源体系，建设燃气分布式能源融合可再生能源系统是理想选择之一。

7. 有助于推动微电网和能源互联网的形成

微电网由分布式电源、储能装置、能量转换装置、相关负荷和监控、保护装置汇集而成小型发配电系统。微电网中的电源多为容量较小的分布式电源，即含有电力电子接口的小型机组，包括微型燃气轮机、燃料电池、光伏电池、小型风力发电机组以及超级电容、飞轮及蓄电池等储能装置。它们接在用户侧，具有成本低、电压低以及污染小等特点。

互联网技术与天然气分布式能源系统相结合，在能源开采、配送和利用上从传统的集中式转变为智能化的分散式，从而将全球的电网变为能源共享网络。建设多能互补集成优化示范工程是构建"互联网+"智慧能源系统的重要任务之一，有利于提高能源供需协调能力，推动能源清洁生产和就近消纳，减少弃风、弃光、弃水限电，促进可再生能源消纳，是提高能源系统综合效率的重要抓手，对于建设清洁低碳、安全高效现代能源体系具有重要的现实意义和深远的战略意义。

（三）分布式能源项目类型

分布式能源项目类型主要有酒店、医院、数据中心、办公建筑、车站机场、工业企业、园区等，各种分布式能源项目的特点如下：

1. 酒店

酒店用户以空调冷热及生活水为主，全年用能时间相对较长，基本为全天负荷，负荷相对稳定。高档酒店对供能安全性要求较高，需要有应急电源，适合采用内燃机方式。

2. 医院

医院用户以空调冷热及生活水为主，还会有蒸汽需求，全年用能时间相对较长，基本为全天负荷，负荷相对稳定，对供能安全性要求较高，需要有备用电源。适合采用内燃机或微型燃气轮机。

3. 数据中心

数据中心具有常年 24h 的电负荷、冷负荷需求，对供电供冷的安全性要求很高，从负荷角度看是最好的分布式能源项目源。多采用内燃机方式。

4. 办公建筑

办公建筑是以空调冷热为主，冷热电用能集中，但用能时间相对较短，一般集中在上午 8 点到下午 6 点，且需考虑节假日因素，生活热水负荷较低且波动较大，夜间的冷热电负荷均较低。适合采用内燃机方式。

5. 车站机场

车站及机场用户供能对象是火车站、机场等交通枢纽建筑，人流集中，单位冷热负荷高，是具有集中冷热负荷典型的公共建筑。多采用内燃机方式。

6. 工业企业

工业企业具有持续的生产热负荷或者冷负荷，比常规的空调冷热负荷用能时间长。同时具有生产的电力需求，适合采用分布式能源点对点直供。适合采用燃气轮机或内燃机方式。

7. 园区

在较大的工业园区、建筑园区，或综合类园区内有很多相同或者不同的用户，需要采用规模较大的分布式能源站。通常工业园区适合采用燃气轮机，建筑园区多采用燃气内燃机。

（四）主要系统和设备

1. 燃气分布式供能系统方案

燃气分布式供能系统的主要设备由原动机、余热利用设备及相关调峰和蓄能设备组成。目前分布式供能系统中应用较多的原动机以燃气轮机、燃气内燃机和微型燃气轮机为主，余热利用设备包括余热锅炉、烟气热水溴化锂冷水机组等，调峰设备包括燃气锅炉、电制冷机组、热泵机组等，蓄能设备包括蓄热水（冷水）罐、蓄冰罐、蓄蒸汽罐等。

燃气分布式供能系统应根据工程的特点采用不同的原动机，以便获得更好的经济效益和社会效益。通常楼宇式分布式供能系统原动机主要采用内燃机和微燃机，区域式分布式供能系统原动机主要采用燃气轮机。典型的系统组成如图 1-4、图 1-5 所示。

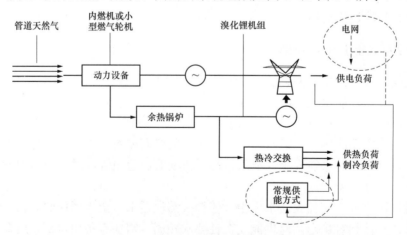

图 1-4　楼宇式分布式供能流程图

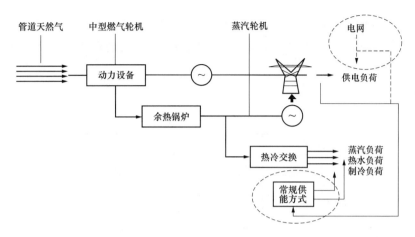

图 1-5　区域式分布式供能流程图

2. 燃气分布式发电设备

适用于燃气分布式的主要设备厂家有索拉、P&W、川崎工业株式会社、三菱、罗尔斯·罗伊斯等。微型燃气轮机具有代表性的厂家主要是英国的宝曼公司、美国的卡伯斯逦和霍尼韦尔（GE）公司。国内的沈阳黎明发动机厂正在自主开发 95kW 微型燃气轮机。

对于分布式能源站，可以选用燃气轮机（联合循环或单循环）、内燃机或微型燃气轮机（单循环），其特点比较见表 1-7。

表 1-7　　　　　　　　　　　　　　燃 气 发 电 设 备 比 较

		燃气轮机	内燃机	微燃机
余热回收形态		废气：蒸汽	废气：热水或蒸汽；冷却水：热水或蒸汽	废气：热水
发电效率（%）		20～36	25～45	15～30
系统总效率（%）		75～85	75～85	75～85
余热温度（℃）	450～650	450～650	350～450	200～300
	～36	160～200	150～200	100～140
燃气压力（MPa）		≥1.0	≤0.5	0.5～0.6
单机功率（kW）		500～≥5000	5～7000	20～300
噪声 dB（A）		罩外：80	电厂外1m：70	罩外：80
振动		振动小，没有必要设置特殊的防振设施	振动小，没有必要设置特殊的防振设施	振动小，没有必要设置特殊的防振设施
氮氧化物对策	燃烧改善	水喷射、蒸汽喷射、预混合稀薄燃烧	稀薄燃烧	
	废气处理	氨脱硫、尿素脱硫	三元催化、SCR 脱硝	
特点		发电效率低，余热量大，排气温度高，余热容易回收，振动小，罩外噪声小，不用冷却水或需少量冷却水，输出功率受环境温度影响	发电功率高，余热梯级利用大，地面振动小，裸机噪声较大，电厂外噪声可降至 50dB（A），对较高海拔，较高环境温度，其输出功率变化很小	输出功率受环境温度影响，振动小，罩外噪声小，发电效率低，发电功率小，100kW 以下可切网运行。

此外还有一种燃气外燃机,又称斯特林发动机或热气机,是一种外燃的闭式循环往复式发动机,单机功率 1～25kW,发电效率 12%～30%,所需燃气压力小于 0.6MPa,NO_x 排放水平极低,现极少使用。

三类发电设备技术比较见表 1-8。

表 1-8 分布式燃气发电技术比较表

项目	燃气内燃机	燃气轮机	蒸汽轮机	微型燃气轮机
技术程度	市场商业化	市场商业化	市场商业化	市场早期进入
马力（MW）	0.01～8	0.5～50	0.05～50	0.03～0.25
发电效率	30%～43%	22%～37%	5%～15%	23%～26%
总热电联产效率	69%～85%	65%～75%	80%	61%～67%
纯发电建造成本（USD/kW）	700～1000	600～1400	300～900	1500～2300
热电联建造成本（USD/kW）	900～1400	700～1900	300～900	1700～2600
运转和保养费用（USD/kW）	0.008～0.018	0.004～0.01	<0.004	0.013～0.02
设备生命周期（年）	20	20	>25	10
使用燃料	天然气、生物质气体、液体燃料	天然气、生物质气体、柴油	所有液体、气体燃料	天然气、生物质气体
NO_x 排放量（kg/MWh）	0.9～2.7	0.36～1.08	仅锅炉有排放物	0.23～0.56
热能回收用途	热水、低压蒸汽、区域供热	直接供热、热水、高低压蒸汽、区域供热	高低压蒸汽、区域供热	直接供热、热水、低压蒸汽
热能输出（kW/kWh）	10.9～19.1	10.9～23.2	3.4～170.6	15.3～22.2

四、调峰和备用热源

（一）定义

1. 调峰热源

在供热系统中,调峰热源的原意是主热源承担基本热负荷,调峰热源承担尖峰热负荷,基本热负荷可以从基本热负荷系数来计算。

$$基本热负荷系数=（室内供暖计算温度－室外供暖期平均温度）/$$
$$（室内供暖计算温度－室外供暖计算温度）$$

其中室内供暖计算温度一般采用 18℃,各地区主要城市的室外供暖计算温度及供暖期平均温度可以在《民用建筑供暖与空气调节设计规范》（GB 50019—2015）中查到。经过计算,东北地区基本热负荷系数 0.65,华北、西北地区为 0.70～0.75。

所以,热电厂供热系统承担基本热负荷（65%～75%）,调峰热源承担尖峰热负荷（25%～35%）的供热负荷。如果有效地利用调峰热源,则热电厂可以提高供热能力 30%～35%。

利用调峰热源可以增加供热面积,减少热电装机容量,提高热电机组循环热效率,实现能源利用效率最大化。同时可以减少热电厂建设投资，因此应大力推广调峰热源与热电联产基本热源联网运行的高效运行模式。

城市集中供热系统往往采用热电厂与外置一个乃至多个区域锅炉房联合供热方案，形成多热源联合供热系统。区域锅炉房可提前建设，也可与热电厂同期建设，而热电厂投运后，区域锅炉房转为调峰锅炉房（也含有备用热源作用）。

2. 备用热源

备用热源顾名思义作为城市集中供热系统中的备用手段，在热电联产机组运行出现影响供热的故障时，能够保证供热区域内供热可靠性的供热热源。

3. 调峰热源与备用热源的关系

调峰热源与备用热源是两个不同的概念：有的备用热源，只有备用作用，难以进行调峰；有的调峰热源只有调峰作用，不起备用作用；有的调峰热源，兼有备用和调峰作用。

热水炉、电锅炉、蓄热水罐既可以做调峰热源又可以作为备用热源。在严寒期投入满足供热区域内热负荷时是调峰热源作用，在热电联产项目中一台锅炉出现故障时投入满足供热区域内 50%～65% 负荷时为备用热源作用。

对于调峰热网加热器，由于热电联产项目中的锅炉出现故障，在没有汽源的情况下，就不能具备备用的功能。

在实际工程中，备用热源与调峰热源的建设并不严格区分，往往调峰热源可以同时作为备用热源使用。

（二）主要系统和设备

1. 调峰热水锅炉

调峰热水锅炉作为常规的供热调峰方案，将区域调峰锅炉房建在热电厂内。在热负荷超出热电机组最大供热能力的严寒期，启动调峰热水锅炉将加热后的热网循环水补充到供水母管中以满足区域热负荷的要求。

热电厂内设置调峰热水锅炉如图 1-6 所示：热网水经过基本热网加热器加热后送入热网，热电厂带基荷运行。如室外温度继续降低达到高峰热负荷时，把热网水通过旁路送入尖峰热水锅炉加热至设计温度，再送回热网系统。当室外气温回升，调峰热水锅炉停运。

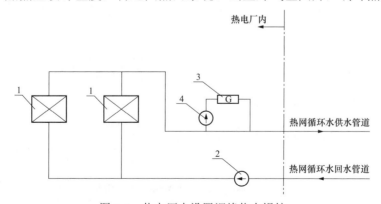

图 1-6　热电厂内设置调峰热水锅炉

1—基本热网加热器；2—热网循环水泵；3—尖峰热水锅炉；4—尖峰旁路循环水泵

热水锅炉供热系统如图 1-7 所示。

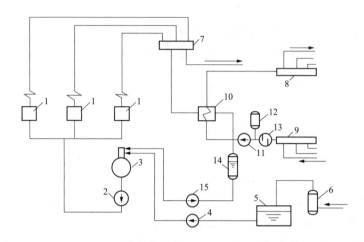

图 1-7　热水锅炉供热系统示意图

1—锅炉；2—给水泵；3—除氧器；4—补给水泵；5—补给水箱；6—软水器；7—分汽缸；

8—分水器；9—集水器；10—热网加热器；11—热网水泵；12—定压装置；

13—除污器；14—疏水罐；15—疏水泵

2. 调峰热网加热器

采用热电机组除供暖抽汽外的蒸汽（例如高加抽汽等）加热调峰热网加热器来满足常规热电厂最大供热负荷与区域最大热负荷之间负荷的要求，通过牺牲少部分时间段内热电机组的热效率来满足供热需求，而不额外增加大量的初投资。

如图 1-8 所示：热网水经过基本热网加热器经旁通管进入城市供热主管网。如室外温度降低，机组供暖抽汽量不能满足外界热负荷需要的时候，通过启闭切换阀 4，使热网水流经调峰热网加热器加热至设计温度，再送入主热网。当室外气温回升，调峰热网加热器停运。调峰热网加热器可以是单台或多台，其加热源来自汽轮机蒸汽，不设独立的热源，只有调峰功能不具有备用功能。

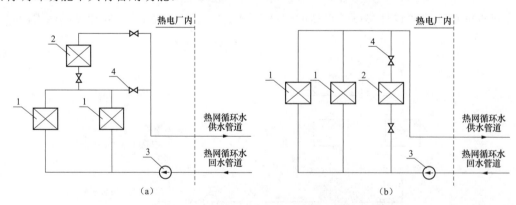

图 1-8　热电厂内设置调峰热网加热器

（a）尖峰热网加热器（质调节）；（b）尖峰热网加热器（量调节）

1—基本热网加热器；2—尖峰热网加热器；3—热网循环水泵；4—切换阀

调峰热网加热器系统包括加热蒸汽系统、加热器疏水放气系统、热网循环水系统。

调峰热网加热器加热系统设计方案的拟定取决于机组的容量、回热系统的配置、加热器安装位置、供热热化系数的取值等因素。

（1）调峰热网加热器的加热蒸汽汽源可以选择主蒸汽、再热热段蒸汽、再热冷段蒸汽及各级汽轮机回热抽汽。

由于主蒸汽是高品位的蒸汽，作为调峰热网加热器的汽源需要减温减压的幅度较大，在经济性上损失较大，只有在工业供热等对供热可靠性必须严格保证的情况下才推荐使用。

供热汽轮发电机组最大抽汽能力是考虑低压缸最小冷却流量以及抽汽口的尺寸以确保缸体的强度，各主机厂不同容量的抽汽能力各不相同，低压缸最小冷却流量是确保低压汽缸得到充分的冷却，低压缸内的转子不会产生压缩空气的效应而导致设备零部件发热，是保证机组运行的强制性条件。因此在机组最大抽汽供热工况下，再热热段和再热冷段不能作为调峰加热器汽源。再热热段或再热冷段汽源可以与其他低参数蒸汽通过压力匹配器调整到合适参数的蒸汽作为工业热负荷的备用热源。

汽轮机回热系统的低压抽汽不能作为调峰热网加热器的加热热源，其原因是抽汽压力过低，不能达到需要的供热温度。汽轮机回热系统的高压抽汽可以作为调峰热网加热器的加热热源，既不会出现给水温度过低而导致的省煤器低温腐蚀，也不会出现由于省煤器出口烟气温度低而无法投入脱硝的情况。各汽轮机高压回热抽汽参数及流量见表1-9。

图1-9为调峰热网加热器系统原理图，在机组正常对外供热时，机组回热系统投入使用，阀门2关闭，阀门1开启，当需要采用调峰供热时，可根据机组的特性将相应的高加抽汽管道上的阀门1关闭，开启阀门2，将回热系统中的给水加热汽源用于加热热网循环水。

表1-9　　　　　　　　　　　　　各汽轮机高压回热抽汽参数及流量

	200MW 超高压供热机组			300MW 亚临界供热机组			350MW 超临界供热机组		
	压力［MPa（绝对压力）］	温度（℃）	流量（t/h）	压力［MPa（绝对压力）］	温度（℃）	流量（t/h）	压力［MPa（绝对压力）］	温度（℃）	流量（t/h）
一抽	4.0	373	35	6.53	395	87	6.99	376	76
二抽	2.63	320	40	4.0	327	84.5	4.68	324	92
三抽	1.33	457	28	1.85	430	47	2.3	473	67

（2）调峰热网加热器的加热蒸汽疏水系统。调峰热网加热器的加热蒸汽疏水系统可以参考正常热网加热蒸汽的疏水系统，其疏水系统的设备设置可以和正常热网加热器疏水系统合并统一考虑。

（3）调峰热网加热器的热网循环水系统。调峰热网加热器热网循环水系统设计可以分为串联和并联两种。

《城镇供热管网设计规范》（CJJ 34—2010）中规定"以热电厂或大型区域锅炉房为热源时，设计供水温度可取110～150℃，回水温度不应高于70℃。热电厂采用一级加热时，供水温度取较小值；采用二级加热（包括串联尖峰锅炉）时，供热温度取较大值。"当热网循环水供水温度取较大值时，调峰热网加热器可以采用串联连接方式，如图1-10所示。

当热网循环水供水温度取较小值时，调峰热网加热器可以采用并联连接方式，见图1-11。

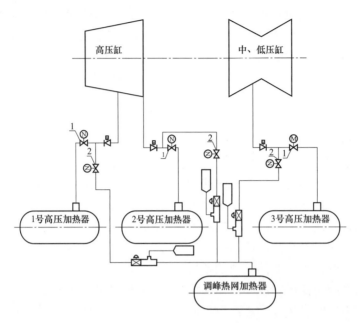

图 1-9　调峰热网加热器原理图

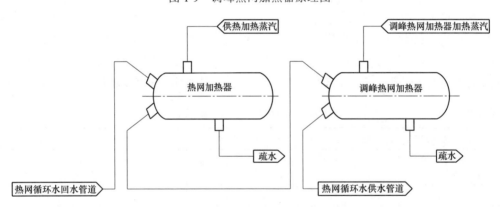

图 1-10　调峰热网加热器热网循环水串联方式

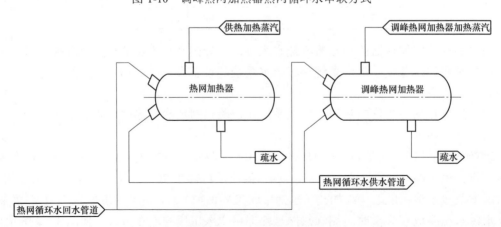

图 1-11　调峰热网加热器热网循环水并联方式

3. 热电厂内电锅炉调峰

在原热电厂内增加电锅炉，用以补充在严寒期区域内热电机组最大供热能力不足部分的热负荷，电费是厂用电价，有优势。

在有些窝电（即不缺电）的地区，冬季热电厂运行时，发电量不容易消纳，可采用电锅炉进行调峰，或可采用蒸汽、电热分级调峰的方案。

4. 热电厂外调峰及备用热源

按照调峰热源在供热系统中的位置分类，热电厂外的调峰热源类型可以分为三类，如图 1-12 所示。

（1）主干管网上设置尖峰锅炉房。如图 1-13 所示：热网水经过基本热网加热器从热电厂送出，进入城市供热主管网。当室外气温降低，达到高峰热负荷时，关闭阀门 5，使热网水流经尖峰锅炉加热至设计温度，送入城市供热主管网。当室外气温回升，尖峰锅炉停运。这种类型调峰热源的投资方和运营方均是热力公司。显然，该调峰热源加热的是主干管线上的水，调峰锅炉可以是单台或多台，在供热系统上，类似的尖峰锅炉房可以设置多处，可以烧煤或燃气，并兼有备用和调峰的双重作用。

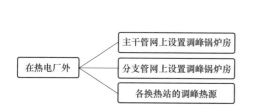

图 1-12　热电厂外调峰热源种类

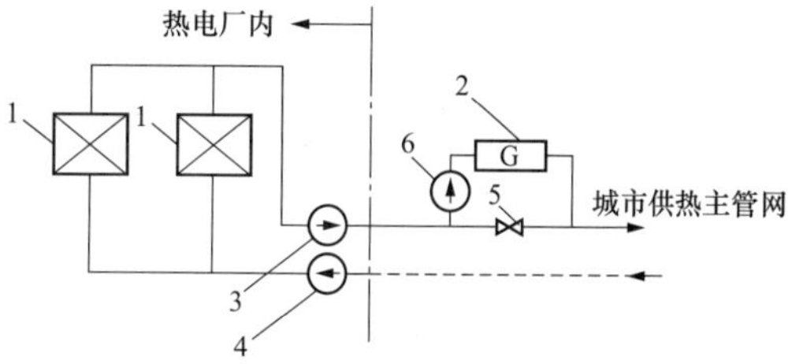

图 1-13　热电厂外主干管网上设置调峰热源

1—基本热网加热器；2—尖峰锅炉；3、4—热网循环水泵；5—阀门；6—旁路尖峰循环水泵

（2）分支管网上设置尖峰锅炉房。如图 1-14 所示：热网水经过基本热网加热器从热电

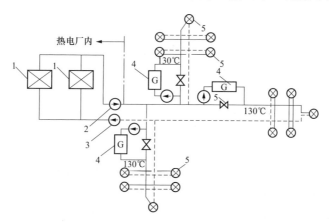

图 1-14　热电厂外分支管网上设置调峰热源

1—基本热网加热器；2、3—热网循环水泵；

4—调峰锅炉；5—换热站

厂送出进入城市供热管网。城市供热管网分几个分支管网区域，每个分支管网上设置一个尖峰锅炉房，当室外气温降低，达到高峰热负荷时，开启分支管网上设置的 3 个尖峰锅炉房，把热水加热至设计温度送入各分支管网。当室外气温回升，3 个尖峰锅炉房停运。这种类型调峰热源的投资和运营方均是热力公司。调峰热源加热的是流向某一区域的分支管网上的水。调峰锅炉房可以新建，也可以利用原有小区的供暖锅炉。调峰锅炉可以与主热网联网运行，也可以在必要时与主热源切断，单独脱网运行。此类型调峰热源可燃煤或燃气，并有备用和调峰的双重作用。

（3）各换热站的调峰锅炉。设置在各个换热站的调峰锅炉位置与图 1-14 类似，可以是燃煤或燃气，但是调峰热源加热的是二级管网的水。可以新建也可以采用原有的锅炉房。

根据调峰及备用热源的类型，热水锅炉、蓄热水罐、调峰热网加热器，其中热水锅炉可以是燃煤热水锅炉、燃油热水锅炉、燃气热水锅炉、电锅炉。蓄热水罐可以分为常压蓄热水罐和有压蓄热水罐，调峰热网加热器的型式可以是板式热网加热器或管式热网加热器。

影响在主热源内部或外部设置调峰热源的因素主要有以下几点：

（1）新建电厂周围是否有已经建成的可供调峰用的热源。在热电厂建成以前，一些城市为满足区域供热需要已建成一定数量和容量的锅炉房，建设热电厂时，应适当考虑保留一些容量较大，锅炉效率高，布局合理的锅炉房（交通运输方便，风向合理，局部地区如医院、国家机关对供热可靠性要求较高）作为供热系统的调峰锅炉。此时调峰热源的布局受到原有热源情况的影响。

（2）新建电厂周围没有可供调峰用的热源时，主要是从调峰热源与主热源综合经济效益和环境效益的角度考虑。对于经济效益占主要因素的城市，调峰热源的设置主要考虑如何使得总费用最低，某些学者提出，在一次网侧设置燃煤调峰热源的方案最佳；在经济性与安全性相等的基础上，考虑环保效益的时，在一次网侧设置燃气调峰热源的方案最佳。

（三）供热系统安全性

供热系统安全性可以从热源和热网两方面考虑。

1. 集中供热系统热源的安全性

集中供热系统热源备用系数。集中供热系统热源备用系数（又称热源安全可靠性系数、最低供热量保证率）是指：在集中供热系统中，当一个容量最大的热源故障时，其余热源所提供热量占总热量的比值。热源备用系数是影响热电厂所担负供热面积的一个重要参数，并与热电厂的能源利用效率有较大关系。

《大中型火力发电厂设计规范》（GB 50660—2011）第 5.3.1 条：

锅炉的台数及容量与汽轮机的台数及容量的匹配应符合下列规定：

对于纯凝式汽轮机应一机配一炉。锅炉的最大连续蒸发量宜与汽轮机调节阀全开时的进汽量相匹配。

对于供热式汽轮机宜一机配一炉。当 1 台容量最大的蒸汽锅炉停用时，其余锅炉的对外供汽能力若不能满足热力用户连续生产所需的 100%生产用汽量和 60%～75%（严寒地区取上限）的冬季采暖、通风及生活用热量要求时，可由其他热源供给。

2. 供热管网的安全性

《城镇供热管网设计规范》（CJJ 34—2010）第5.0.8、5.0.9条：

供热建筑面积大于$1000 \times 10^4 m^2$的供热系统应采用多热源供热，且各热源热力干线应连通。在技术经济合理时，热力网干线宜连接成环状管网。

供热系统的主环线或多热源供热系统中热源间的连通干线设计时，各种事故工况下的最低供热量保证率应符合表1-10的规定。并应考虑不同事故工况下的切换手段。

表1-10　　　　　　　　事故工况下的最低供热量保证率

供暖室外计算温度（℃）	最低供热量保证率（%）
$t > -10$	40
$-10 \leqslant t \leqslant -20$	55
$t < -20$	65

3. 根据地区安全性要求

热源备用系数选择。在选择集中供热系统的热源备用系数时，可参考《城镇供热管网设计规范》（CJJ 34—2010）第5.0.9条，两个原则如下：

可根据各城市冬季室外采暖计算温度划分热源备用系数的取值范围。

对于北纬40°及以南的地区，尽量选择较低的热源备用系数，使北京及以南地区的热源备用系数不高于55%。

我国集中供暖区主要城市的集中供热系统热源备用系数的推荐方案见表1-11。

表1-11　　　　　　我国集中供暖区主要城市热源备用系数的推荐方案

城市分区及代表性城市名称	分区内各城市冬季室外采暖计算温度 t 的范围（℃）	热源备用系数
A区：呼伦贝尔、哈尔滨、牡丹江、长春	$t < -20$	65%～60%
B区：沈阳、呼和浩特、太原、西宁、银川、乌鲁木齐	$-10 \leqslant t \leqslant -20$	60%～55%
C区：北京、天津、石家庄、西安、兰州、郑州、济南、大连	$t > -10$	55%～50%

五、其他热源形式

（一）热泵供暖

热泵是一种将低位热源的热能转移到高位热源的装置。通过热泵系统可将不能直接使用的低品位热能如空气能、土壤（水）低温浅热、工业废热等提升为可用于供暖的热能。

热泵按工作原理分为蒸汽压缩式热泵、吸收式热泵和化学热泵等；按低温热源种类可分为空气源、土壤源、地表水源、地下水源、海水源、城市污水源、废热及太阳能热泵等；按载热介质可分为：空气-水、空气-空气、水-水、水-空气、土壤-水、土壤-空气热泵。本小节主要对空气源热泵、地源热泵、水源热泵等热源形式进行简要介绍。

1. 空气源热泵

空气源热泵是一种利用高位能使热量从空气流向高位热源的节能装置。按照热源与供热介质组合可划分为空气-空气和空气-水两种。其中：空气-空气换热空气源热泵相当于户用空调，本节主要介绍空气-水换热空气源热泵系统。

空气源热泵供暖系统包括热泵机组、热网、循环及补水系统、电气控制系统及末端供暖装置。供暖末端设备可采用地板、风机盘管或暖热器供暖。图 1-15 所示为空气源热泵的供暖系统图。

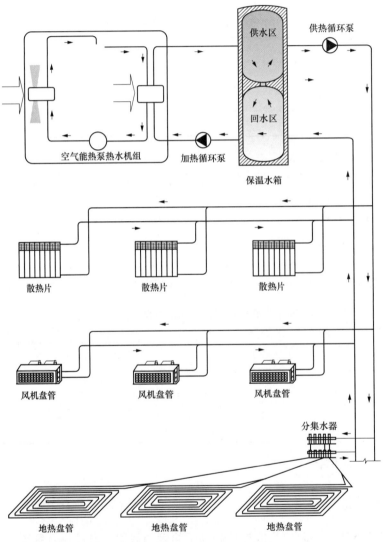

图 1-15　空气源热泵供暖系统图

空气源热泵系统的优点主要有：适应地区范围较广，热泵机组灵活方便，可用于单户，也可用于几万到几十万平方米的小区区域供暖；机组出水温度一般在 40～50℃，应用范围广，可满足居住、公建采暖和生活热水使用等。

空气源热泵系统的缺点主要有：室外气温过低时，空气源热泵运行能耗较高且可能无法可靠、稳定运行；空气源热泵机组体积大，需要布置在相对空旷和通风良好的地方，建筑密集区域布置时容易造成空气流通不畅，影响供暖效果；空气源热泵必须布置在室外，风机噪声较大，对周边环境影响较大。

2．地源（土壤源）热泵

土壤源热泵以土壤为低温热源，电能作为驱动能源。土壤源热泵供暖系统由室外管路系统、热泵机组、室内管路系统和末端散热系统组成。室外管路系统由埋设于土壤中的聚乙烯塑料盘管构成，该盘管实现土壤和热泵工质换热，提取土壤中热量。

根据埋管方式的不同，土壤源热泵主要分为水平埋管和垂直埋管两类。当可利用地表面积较大，浅层岩土体的温度及热物性受气候、雨水、埋设深度影响较小时，无坚硬岩石，宜采用水平埋管。否则，宜采用竖直埋管。土壤源热泵供暖系统如图 1-16 所示。

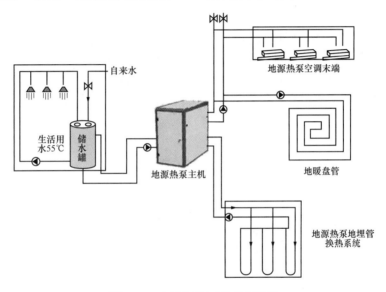

图 1-16　土壤源热泵供暖系统图

土壤源热泵系统的优点主要有：适应区域范围最广，基本不受地域限制，有足够的地下空间便可使用；土壤源热泵 COP 一般为 3.5～5，相对较高；土壤温度四季相对稳定，冬季比外界环境空气温度高；土壤源热泵机组运行相对稳定、可靠，冬季蒸发器无结霜问题；利用土壤的蓄热特性，可一定程度实现冬夏能量互补；土壤源热泵一般布置在建筑内，对周边噪声影响较小。

土壤源热泵系统的缺点主要有：初投资及施工难度较大，同等规模供热量时投资高于空气源及地表水源热泵；土壤导热系数小，埋地换热器面积大；土壤源热泵连续运行时，热泵效率可能会下降；土壤热失衡可能影响土壤源热泵系统长期高效运行等。

3．水源热泵

水源热泵是以水或添加防冻剂的水溶液为低温热源的热泵，分为水-水热泵和水-空气热泵。水源热泵分为地下水源热泵和地表水源热泵，本节特指地表水源热泵。水源热泵供暖系统由地表热能采集系统、水源热泵机组、室内采暖系统和控制系统四部分组成。

地表水源热泵低位热源为江河、湖泊、水库、海水等地表水以及污水处理厂原生水、中水。其系统可分为开式系统和闭式系统。开式地表水源热泵系统就是地表水通过取水口,经过处理后进入地面上的热泵机组或中间换热器(水质较差时),经换热后在离取水口一定距离的地点排入地表水体。开式系统对水质有较高的要求,否则换热器容易产生结垢、腐蚀、藻类或微生物滋长等现象。闭式系统将换热盘管放置在地表水体中,通过盘管内的循环介质与地表水进行换热。在冬季气候寒冷的地区,为了防止制热时循环介质冷冻,需要采用防冻液作为循环介质。

由于我国北方地区特别是东北和西北严寒地区冬季气温较低,加之水资源相对匮乏,可利用的江河和水库资源有限,地表水源热泵的推广和使用受到一定的限制。污水源热泵供暖可作为一个重要发展方向。

污水源热泵供热是指通过热泵技术从污水、再生水中提取低位热能,为用户端进行供暖、制冷的一种供热方式。主要适用于污水-再生水主干线、污水处理厂周边有供暖和供冷需求的建筑。根据利用的水源水质不同,可以分为:污水源热泵系统和再生水源热泵系统;根据系统方式不同可以分为:直接式污水源热泵系统和间接式污水源热泵系统。污水源热泵系统目前已较少采用,通常采用再生水源热泵系统;直接式和间接式系统均有应用,目前技术上比较成熟、工程上普遍采用的是间接式系统,直接式系统目前应用较少。污水源热泵供暖系统原理图如图 1-17 所示。

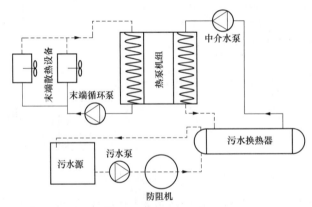

图 1-17 污水源热泵供暖系统图

水源热泵供暖系统的优点主要有:属于清洁可再生能源。高效节能,运行费用低,机组运行更稳定、可靠,水源热泵的 COP 一般在 3.2～5.5;工艺相对简单,一机多用,使用灵活,实现冷热联供等。

水源热泵供暖系统缺点主要有:受到可利用水资源条件限制,使用范围有一定局限性;地表水如果温度过低或者结冰时,机组保护停机,无法正常制热(污水源热泵除外);地表水质差异较大,会引起换热管结垢、腐蚀、生物污泥等问题,带来管道堵塞、能耗增加等问题;水处理不当,引发二次污染;水源热泵系统较复杂,水泵功耗较高等。

(二)地热供暖

1. 地热资源的定义及分类

地热资源是能够经济的被人类所利用的地球内部的地热能、地热流体及其有用组分。

地热资源按照地质构造、热流体传输方式、温度以及开发利用方式等进行综合分类，可分为浅层地温能资源、水热型地热资源（高温地热资源、中温地热资源和低温地热资源）和干热岩型地热资源。

（1）浅层地温能资源。浅层地温能资源，又指浅层地热能资源，是指地表以下一定深度范围内（一般为恒温带至 200m 埋深），温度低于 25℃，在当前技术经济条件下具备开发利用价值的地球内部的热能资源。

浅层地温能资源通过土壤源热泵系统、地下水源热泵系统的方式进行开采，用于建筑供暖、洗浴、养殖等，是目前我国地热资源中利用量最多最广的能源类型。具体如图 1-18 所示。

（2）水热型地热资源。水热型地热资源，即传统的地热资源。按照温度，又可以分为高温地热资源、中温地热资源和低温地热资源三类。

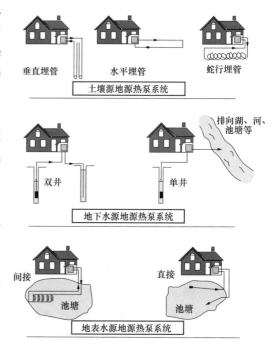

图 1-18　浅层地温能资源的开发利用方式

高温地热资源，温度一般大于 150℃，主要以蒸汽形式存在，分布在地质活动性强的板块边界，如西藏羊八井地热田、云南腾冲地热田等。

中温地热资源，温度一般在 90～150℃之间，主要以水和蒸汽的混合物形式存在。

低温地热资源，温度一般在 25～90℃之间，主要以温水、温热水、热水等形式存在。

中低温地热资源分布在板块内部，我国京津地区地热田多为此种。

（3）干热岩型地热资源。干热岩型地热资源，也称工程型地热系统或是增强型地热系统，一般温度大于 200℃，埋深数千米，内部不存在流体或仅有少量地下流体的高温岩体。干热岩主要被用来提取其内部的热量。

干热岩型地热资源开发存在较多技术难题，研究还处于起步阶段。

2．地热能的利用方式

地热能的利用方式主要包括热利用和发电两类。高温地热资源主要用于发电；中温和低温地热资源则以直接利用为主；对于 25℃以下的浅层地温，可利用地源热泵进行供暖和制冷。地热热利用包括直接热利用、地源热泵等方式。具体如图 1-19 所示。

截至 2015 年底，全国地热供热建筑面积约 5 亿 m²，其中浅层低温能应用面积达 3.92 亿 m²，中深层地热供暖面积达到 1.02 亿 m²。地热能的主要应用领域包括浅层低温能、中深层地热、中低温地热热水直接利用。其中：①浅层低温能是地热供热的主要方式，但同时也存在着回灌困难、系统能效系数偏低等问题，影响了系统的功能、能效和寿命，增加了项目的不确定性。②中低温地热直接利用，通常是指采用人工钻井的方式开采热储中的地热水，通过供热系统将地热水蕴含的热量传输到用户端的一种供热方式。主要应用于医疗保健、洗浴和旅游度假等方面。中深层地热能已形成以津、冀和陕为代表的地热供暖示范。

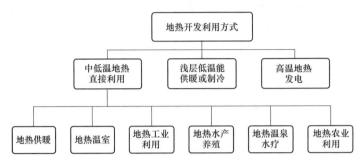

图 1-19　不同类型地热的开发利用方式

在地热能热利用技术领域，地源热泵供热是目前最主流的地热能应用技术，市场潜力较大；中深层地热能供暖是最近新开展的技术应用方向，在条件良好的地区，可作为一个城市的主要供热来源，市场潜力大。

（1）浅层地热能供热。浅层地热能供热是指通过热泵技术从浅层岩土体、地下水、地表水中提取低位热量，为用户端进行供暖、制冷的一种供热方式。主要适于有供暖和供冷需求的城镇地区。主要技术类型有：地埋管地源热泵系统、地下水地源热泵系统、地表水地源热泵系统等。目前这三类浅层地热能供热技术均已基本成熟，实现了大规模商业化应用。

浅层地热能供热技术目前已基本成熟并进入大规模商业化应用阶段，项目应用以公共建筑为主，建筑类型既包括办公楼、住宅、学校、医院、宾馆，也包括工业厂房、游泳馆、温室大棚和景观水池等。项目的经济性受建筑物冷热需求、项目所在地地质及水文地质条件、电价、项目操作模式影响较大。

（2）中深层地热能供热。中深层地热能供热是指通过人工钻井的方式开采热储中的地热水，通过供热系统将地热水蕴含的热量传输到用户端的一种供热方式。主要适于地热资源条件良好、冬季寒冷有供热需求或夏季炎热有制冷需求的地区。主要技术类型有：直接供热、间接供热、调峰供热、地热制冷等；其中直接供热对地热水质要求较高，易对供热系统及末端装置产生腐蚀、结垢堵塞等影响，目前已很少采用；间接供热和调峰供热已经实现大规模商业化；地热制冷目前尚处于研发阶段。

目前，中深层地热能供热的应用技术已经基本成熟，尤其是间接供热和调峰供热方式已进入规模化应用阶段，从技术角度可以推广，地热能制冷技术目前尚处于研发阶段，技术成熟后可在有供冷需求地区进行推广应用。中深层地热能供热的经济性风险在于一次性投资较大、投资回收期长，地热尾水量大、回灌和处理成本较高，其经济性一般，需要国家、地方政府给予一定的支持。

3. 地热能开发利用技术举例

根据"品位对口，梯级利用"的能量梯级利用思想，实现地热发电、建筑物供热制冷、工农业生产和温泉沐浴的梯级利用，大幅度提高地热能的转化和利用效率。具体的技术原理如图 1-20 所示。

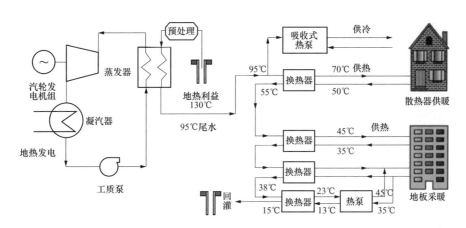

图 1-20　地热能梯级利用技术

（三）生物质供热

生物质供热以生物质原料作为燃料,以生物质热电联产和生物质锅炉供热为主,应用规模不断扩大。2015 年生物质热电联产规模约为 170 万 kW,生物质锅炉的规模达到 6000t/h（蒸吨）。

生物质热电联产又分为生物质直燃、生物质混燃、垃圾焚烧、垃圾填埋气和沼气等多种热电联产形式。我国的生物质热电联产尚处于起步发展阶段,已有的项目普遍存在热需求用户不足、热力价格偏低等问题。现有的生物质热电联产项目大部分为生物质直燃热电联产和垃圾焚烧发电热电联产项目;生物质-煤混燃和沼气热电联产在欧洲发达国家应用较为普遍,在我国则属于起步阶段,尚未实现规模化应用。

生物质锅炉供热通常以生物质固体燃料为主要燃料进行供热,生物质固体燃料包括成型压块燃料、成型颗粒燃料、碎木燃料以及农业秸秆。我国的生物质锅炉供热以成型压块燃料和成型颗粒燃料为主,国外生物质锅炉供热多以成型颗粒燃料、碎木燃料和农业秸秆为原料供热。

1. 生物质热电联产

生物质热电联产是指采用生物质为燃料的热电联供技术,即在发电的同时将发电系统余热用于供热的技术,能源利用形式取决于生物质燃料类型和终端用户需求。生物质热电联供技术成熟,为最大限度地减少改造费用,实现能源经济高效利用,可选择周边有稳定热力需求的工业生产企业、商业或居民用户的生物质发电项目进行热电联产改造。对于新建热电联产项目,需充分考虑当地资源条件和热力需求的供给平衡,根据资源特性开发不同技术类型的生物质热电联产项目。

根据生物质燃料转化过程的不同,生物质热电联产可分为直接燃烧型和气化型。

生物质燃烧热电联产是指生物质燃料经专用生物质成型燃料锅炉燃烧后产生热能,用于发电与供热的过程。与燃煤热电联产系统相比,增加了生物质准备工场、生物质处理设备、捕集大颗粒粉尘的旋风分离器、干式筛分系统等。

生物质气化热电联产是指生物质不直接燃烧,而是通过高温分解或厌氧发酵产生中、低热值的合成气,利用合成气推动燃气轮机等燃气设备发电,同时增加余热锅炉和蒸汽轮机进行发电和供热，也称为生物天然气热电联产。生物质气化热电联产在技术上具有充分的灵活性，可以很好地满足生物质分散利用的特点；同时，还可以保证在小规模下能有较好的经济性。

对于新建生物质热电联产项目而言，考虑到资源可持续性供给，保障项目正常运行，新建生物质热电联产及生物质直燃发电改造生物质热电联产项目，周边 50km 范围内生物质资源量应充足，热负荷距电厂距离在 15km 以内。表 1-12 可作为对于新建生物质热电联产项目及改造项目规模、所需资源量及最大供暖面积（居民供暖）的初步参考。

表 1-12 新建生物质热电联产供热项目

供热类型	装机 （万 kW）	年发电量 （万 kWh）	最大供暖面积 （万 m²）	所需农林剩余物量 （万 t/a）
集中供热	1.2	7200	60	15
集中供热	2.5	15000	125	21
集中供热	3.0	18000	178	29

注 年利用小时数 6000h。

2. 生物质锅炉供热

生物质锅炉是指以生物质燃料为原料的供热锅炉，其用途较为广泛，布局灵活，适用范围广，主要用于替代城市燃煤锅炉供暖，也可用作农产品加工业（粮食烘干、蔬菜、烟叶等）、设施农业（温室）、养殖业等不同规模的区域供热，或应用于医院、学校等公共建筑设施的热力供应，还可用于居民采暖、洗浴、生活用水等生活用能。它包含新建和对已有燃煤锅炉改造两种。

生物质锅炉供热分为成型压块燃料锅炉供热、成型颗粒燃料供热和农林剩余物直燃供热三类。国内主要采用成型压块锅炉燃料和成型颗粒燃料供热，欧洲则以成型颗粒燃料供热为主，在丹麦等北欧国家更多采用的是农林剩余物直燃供热技术。在我国，农林生物质直燃供热锅炉技术尚未成熟，有待在原料收储运、标准制定和设备制造等全产业链进一步提升技术水平。

生物质锅炉供热技术的大规模推广主要取决于原料和锅炉的经济性。生物质锅炉技术成熟，锅炉效率可达到燃煤锅炉指标，烟气排放指标明显好于燃煤锅炉，具有良好的环境效益。在清洁能源应用要求较高的地区，禁止或限制煤炭使用，成型压块燃料成为替代的最佳清洁燃料，具有良好的经济性。在煤炭价格相对较低的地区，成型压块燃料不具备价格竞争力，难以推广，仍需政府给予政策支持。

在我国经济较发达、蒸汽价格较高、大气污染治理任务较重、对燃煤锅炉控制较严格的地区，如珠三角、长三角等地区，开展以合同能源管理模式运营的企业自备生物质锅炉供热替代燃煤、重油锅炉项目，可实现较好的环境效益及经济效益，具有经济可行性。

在我国三北地区，居民住宅/非居民住宅取暖费较高的地区，生物质锅炉供热具有一定的可行性。而在取暖费较低的地区，仍需国家给予一定财政扶持，非居民住宅取暖费较居民取暖费高，生物质锅炉供热供暖具有较好的可行性。

总之，生物质锅炉是替代燃煤锅炉的重要补充。生物质原料具有收集困难、原料成本高、生物质锅炉初始投资成本较高等缺点，但它属于可再生能源，能够解决农民秸秆焚烧问题，充分实现废弃资源综合利用。生物质能清洁供暖布局灵活，适应性强，适宜就近收集原料、就地加工转换、就近消费、分布式开发利用，可用于北方生物质资源丰富地区的县城及农村供暖，在用户侧直接替代煤炭。

当前环境污染日益严峻，采用以天然气为主的清洁燃料供热已经成为发展趋势。生物质供热是解决供热用天然气紧张的有效途径，同时生物质锅炉供热的成本低于天然气供热，在我国未来供热领域将发挥重要作用。

（四）风光储供暖

1. 风电供暖

风电供暖是指在冬季供暖期，在我国北方风电"弃风"严重地区，为缓解电力负荷低谷时段风电并网运行困难、减少大气空气污染，采用风电供热以替代传统燃煤锅炉供热的一种电力供暖方式。

风电供暖应用主要包括风力发电、电网及电力调度和电蓄热热力站供热三部分。其基本原理是风电场通过风轮机将风能转化为机械能，机械能利用切割磁感线原理转化为电能，电蓄热热力站将电能转化为热能，通过热力交换系统，将热力传送到供暖终端用户。在电力低谷期，风电场出力比较大的情况下，电力调度中心依据电力平衡原理，通过电力调度手段，使采用电蓄热供暖的热力站将"弃风"的那部分电力消纳。图 1-21 为风电供暖工作原理示意图。

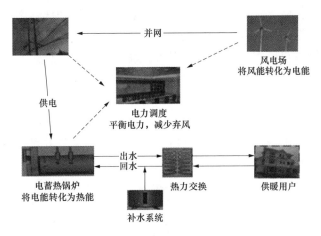

图 1-21　风电供暖工作原理示意图

风电供暖示范核心是热力站建设运行技术和设计与电网协调运行方式等，热力站建设工程主要由电加热系统、蓄热系统、换热设备及输配电系统四个部分组成。换热和输配电系统都是常规技术，电加热锅炉和蓄热设备一般是一体化建设，目前有两种方式，一种是电加热水，通过高温承压的蓄热水罐蓄积热量；另一种是电加热固体氧化镁合金材料，热量储存在高比热容的固体材料中。

国家能源局从 2011 年开始探索清洁电力供热技术路线和模式,通过采用蓄热水罐及固体蓄热装置两种技术,在内蒙古和吉林两地组织实施了若干个示范项目。截至 2014 年年底,已建成 8 个示范项目,总供暖面积约 186 万 m^2。从几个示范项目运行情况来看,热力站在可靠性、稳定性、灵活性方面都能满足实际供热需要,在技术上基本满足供热需求。

从目前的示范项目来看,风电供暖技术成熟、运行安全可靠,可满足居民冬季供暖需要,在风能资源富集区,利用风电供暖不仅能改变当地过度依赖燃煤供热的局面,改善居民的生活环境,还能充分利用清洁的电力,实现节能减排。但作为一种新生事物,风电供暖经济性还较差,风电供暖投资积极性仍然不高,存在供热项目与风电场在对应电量执行上存在一定困难,项目不确定性因素较多,经济性难以保障等问题。当前我国正处于电力体制改革初始阶段,还缺乏一定的激励政策,需要进一步探索高效风电供热技术、建设运营模式和相关政策体系,落实相关补贴政策。未来随着电力市场充分建立,可通过市场手段实现可再生能源的电力供暖。

2. 风光储供暖

在"三北"弃风、弃光严重的地区,还可以在风电供暖的基础上,积极发展风光储供热技术,盘活发电企业存量资产,促进风能、太阳能消纳,满足周边企业和居民的供热及生活热水需求,实行清洁供热。

风光储供热技术主要有以下两种基本形式:一是将风电、光伏发电调峰电量储存于蓄电池组,根据用户需求利用风电、光伏发电及蓄电池组多能互补的形式驱动电热锅炉,保证热量平稳输出,并通过供热管网将热量输送到用户侧;二是利用风电、光伏发电调峰电量驱动电热锅炉,或者利用太阳能集热器将太阳能转化为热能,通过熔盐、水、固体蓄热材料等介质进行热能存储,根据用户需求通过供热管网直接输送到用户侧。风、光、储供热的具体技术路线介绍如下:

(1)蓄电池组储供热技术。在风、光出力波动频繁时,通过投入适量储能装置,不仅可削弱风光出力"毛刺",实现多时间尺度的出力平滑,保证电源输出的稳定,还可以利用弃风、弃光电量,将电能储存于蓄电池组中,连接电热锅炉做好供热备用。蓄电池储能系统具有调频、移峰填谷、平滑功率曲线、改善电能质量等多种功能。

储能系统主要由储能电池、变流器(PCS)及升压变压器组成。变流器可实现电能的双向转换:在充电状态时,变流器作为整流器将风电、光伏发电所发电力从交流变成直流储存到储能装置中;在放电状态时,变流器作为逆变器将储能装置储存的电能从直流变为交流。

(2)熔盐储供热技术。熔盐储热系统主要由熔盐储罐、熔盐泵、熔盐、相关管道、阀门及仪表组成。熔盐热源主要由太阳能集热系统或风电、光伏发电所驱动的电热锅炉产生。

按集热方式不同划分,目前比较具有代表性的太阳能集热系统有槽式太阳能集热系统、塔式太阳能集热系统和线性菲涅尔式太阳能集热系统等。利用太阳能集热系统或者弃风、弃光交易电量加热熔盐,可以实现发电功率平稳和可控输出。利用熔盐储热装置及熔盐/水换热器获得高品质供暖热源,提供给现有集中供暖系统,即使在出云天气及非正常工况条件下,依然可以通过调整风、光、储转换比例,实现持续平稳出力加热暖气用户。

(3)水蓄热电锅炉。水蓄热锅炉是以普通电锅炉为热源,利用风、光调峰电量,电锅炉将水加热,并储存在水池内,在白天峰电或平电时段以热水的形式进行输出,热水温度可以在一定范围内任意设定。

水蓄热电锅炉系统，由传统电锅炉配以蓄热水箱及附属设备构成。水电蓄热机组和传统电锅炉区别不大，只是在锅炉运行系统中添加了一个保温效果比较好的蓄热水箱，占地面积很大，易受环境制约。

（4）固体蓄能电供暖装置。固体蓄热系统由电蓄热热水机组和电蓄热暖风机组两大部分组成，设备本体是由蓄热池、绝热保温层、电热器、内循环系统及软化水系统和板换系统组成。

固体电蓄热供热机组可按照预先设定好的程序，按设定的温度和供暖量，由自动变频风机提供的循环高温空气，通过汽-水换热器对负载循环水进行热交换，由负载水泵将热水提供至末端设备中。输出热量可根据系统指令调节，实现计划蓄热，计划供热。

（五）太阳能供暖

太阳能热利用技术成熟、应用广泛，主要有太阳能热水系统、太阳能供暖、太阳能制冷等，用于生活及工业热水、取暖及制冷等的热能供应。我国的太阳能热利用应用领域主要是生活热水的供应，约占市场累积安装量的98%，其余为太阳能与其他能源结合，实现太阳能热水、供暖复合系统的应用。

1. 太阳能热水

太阳能供热水在我国技术成熟，已经实现了产业化和市场化发展，应用广泛。我国太阳能民用热水的供应主要是户用太阳能热水器的应用，其次是宾馆、浴室等集中供热水的应用。太阳能热水器在我国具有完全自主知识产权技术，我国已成为世界上太阳能热水器的生产和应用大国。

2. 太阳能工业热利用

太阳能工业热利用是指利用太阳能集热系统为工业生产和工艺供热提供热水、热力需求，多数项目是太阳能系统与常规化石能源系统相结合，太阳能系统提供预热，再由常规能源将热水或空气加热到工艺所需要温度。

太阳能工业热利用主要应用在印染、食品加工、干燥等行业，为工艺用热提供预热热源。工业热力用户对热水和热力的品质要求较高，目前太阳能热利用系统从材料、集热器性能、工艺水平、系统设计集成水平等很难满足太阳能工业供热的要求，而工业用热的热计量问题技术也是制约太阳能工业热利用进一步发展的因素。尽管太阳能工业供热项目多数需与常规能源系统结合，只是提供预热、备热，但太阳能热水系统能够提供70%～80%的工业热力需求，市场规模很大。

3. 太阳能供暖

太阳能供暖主要用太阳能替代常规能源用于建筑冷暖负荷的用能需求。我国的太阳能供热和取暖正处于试点、推广阶段，已经在新农村建设和城镇新建建筑上应用，在建筑节能中发挥的作用日益增强。

太阳能供热、采暖系统本身技术很成熟，但初投资费用较高，若无国家政策支持，投资回报期较长，与其他集中供暖相比竞争性较差；非供暖季时存在热量过剩问题，这需要寻求与先进的蓄热技术相结合，开展全年太阳能综合利用系统等方式来解决。

4. 太阳能空调

太阳能空调技术是利用太阳能集热系统为不同的制冷方式（如吸收或吸附式制冷机、除湿式制冷等）提供热源，从而达到制冷的目的。目前太阳能空调技术在欧洲处于推广阶段，而在我国太阳能空调还处于示范阶段。主要存在投资较高，经济性较差，太阳能中高温集热器技术、小功率制冷机设备技术及不同设备之间结合的系统集成技术还无实质性突破，无法规模化发展等问题。

近年来我国面临的减排压力日趋严峻，太阳能热水器产业作为目前可再生能源领域发展比较成熟的行业，为我国节能减排作出重要贡献。太阳能热利用是目前可再生能源技术中较为成熟的技术，应用普及率高，作为节能、经济性好又具有产业基础的行业，未来面临较大的发展机遇。但太阳能热利用在工业热利用和供暖方面的大规模商业应用还需努力，系统集成技术水平有待提高，技术创新亟待加强。

（六）电供暖

电力属于二次能源，具有高效、清洁、安全、易于控制等特点。采用电供暖，不仅可以增加清洁能源消纳，有效缓解弃风、弃光、弃水等问题，还能使终端能源利用效率得到提升。随着特高压网络建设，清洁电的比例不断提升，电供暖作为将清洁的电能转换为热能的一种优质舒适环保的采暖方式，已经逐步得到社会各界认可。

电供暖是将电能转化成热能直接放热，或者通过热媒介质在采暖管道中循环来满足供暖需求的采暖方式或设备。居民电供暖可分为分户（散）采暖和集中电供暖两种形式。

1. 分散电供暖

分散电供暖是指将小容量的电供暖设备，分散安装在建筑室内的墙面、顶棚或地面部位，通电后将电能向热能转换并辐射热量的采暖技术，主要包含电暖气、空调、碳晶采暖、发热电缆采暖和电热膜采暖等几种，可在住宅小区、宾馆、写字楼、商场、学校、医院、库房、蔬菜大棚等场所应用。

2. 电暖气

电暖器多用于房屋局部取暖，如电热丝取暖器、油汀电暖器、PTC暖风机、电热膜电暖器、踢脚线取暖器等。

3. 碳晶供暖

碳晶电热板是以碳纤维改性后进行球磨处理制成碳素晶体颗粒，将碳晶颗粒与高分子树脂材料以特殊工艺合成制作的发热材料。碳分子的作用使碳晶电热板表面温度迅速升高，将电热板安装在墙面上，热能就会源源不断地均匀传递到房间的每一个角落。碳晶电热板能对空间起到迅速升温的作用，其100%的电能输入可有效地转换成超过65%的远红外辐射热能和33%的对流热能。

4. 发热电缆供暖

发热电缆通电后，热线发热，并在40～60℃的温度区间运行，埋设在填充层内的发热电缆，将热能通过热传导（对流）的方式和发出远红外线辐射方式向室内空间传递。

5. 电热膜供暖

电热膜供暖的主要材料是一种通电后能发热的半透明聚酯薄膜，工作时电热膜发热，将热量以辐射的形式送入房间，属于低温辐射方式采暖，人体感觉温暖舒适，相比传统供热方式，没有干燥和闷热的感觉，可以实现智能化控制。

（七）电锅炉供暖

电锅炉是使用电阻式和电磁感应式加热器，将电能转化为热能的设备，电锅炉分为直热式电锅炉和蓄热式电锅炉两种。直热式电锅炉没有蓄热装置，占地面积小，没有污染物排放，但运行费用较高。

蓄热式电锅炉采暖是在夜间谷电时段，利用电加热锅炉产生热量，然后将热量蓄积在蓄热装置中（目前蓄热技术主要有热水蓄热和镁砂固体蓄热），在白天用电高峰时段，通常停止电锅炉运行，利用蓄热装置向外供热。其中，热水蓄热电锅炉由电锅炉、蓄热水槽、水泵等主要部件组成，还包括板换、布水器、软化水装置等附件。固体蓄热电锅炉由电阻加热丝（管）、氧化镁蓄热砖、汽-水换热器、水泵等主要部件组成，还包括高低压配电设施、自动化仪表、软化水装置等附件。

电供暖中的蓄热锅炉，可起到帮助电网削峰填谷、帮助用户降低能源成本的作用。售电企业利用蓄热电锅炉的移峰填谷能力，可促进消纳可再生能源，具有突出的环保效益。

电锅炉和燃煤锅炉相比，具有成本低、占地少、零污染、噪声小等优点。同时，电锅炉具有稳定性高、便于操作的特点，随时启用停用，大大提升了能源利用效率。其中，蓄热锅炉还起到帮助电网削峰填谷、平衡电网负荷，帮助用户降低能源成本的作用。售电企业利用蓄热电锅炉的移峰填谷能力，可促进消纳可再生能源，具有突出的环保效益。

第三节　供　热　管　网

根据供热介质的不同，可将热力管网分为热水供热管网和蒸汽供热管网。下面分别对热网的基础知识，如热力管道的布置原则、敷设方式、补偿器、供热管材及其附件等内容进行简要介绍。

一、供热管网基本情况

（一）供热管道的布置原则

热力管道布置总的原则是技术上可靠、经济上合理和施工维修方便。其具体要求如下：

（1）热力管道的布置力求短直，主干线应通过热用户密集区，并靠近热负荷大的用户。

（2）管道的走向宜平行于厂区或建筑区域的干道或建筑物。

（3）管道布置不应穿越电石库等由于汽、水泄漏会引起事故的场所，也不宜穿越建筑扩建地和物料堆场。并尽量减少与公路、铁路、沟谷和河流的交叉，以减少交叉时必须采取的特殊措施。当热力管道穿越主要的交通线、沟谷和河流时，可采用拱形管道。

（4）管道布置时，应尽量利用管道的自然弯角作为管道受热膨胀时的自然补偿。如采用方形伸缩器时，则方形伸缩器应尽可能布置在两固定支架之间的中心点上。如因地方限制不可能把方形伸缩器布置在两固定支架之间的中心点上，应保证较短的一边直线管道的长度不宜小于该段全长的 1/3。

（5）一般在热力地沟分支处都应设置检查井或人孔，当直线管段长度在 100～150m 的距离内时，虽无地沟分支，也宜设置检查井或人孔。所有管道上必须设置的阀门，都应安装在设置检查井或人孔内。

（6）在从主干线分出的支管上，一般情况下都应设置截断阀门。

（7）在下列地方，蒸汽管道上必须设置疏水阀：

1）蒸汽管道上最低点；

2）被阀门截断的各蒸汽管道之最低点；

3）垂直升高管段前的最低点。

蒸汽管道的低点和垂直升高的管段前应设启动疏水和经常疏水装置同一坡向的管段，顺坡情况下每隔 400～500m，逆坡时每隔 200～300m 应设启动疏水和经常疏水装置。

热水管道及凝结水管道应在最低点放水，在最高点放气。

（二）热力管道的敷设方式

因为室外供热管网是供热系统中投资最多、施工最繁重的部分。所以合理的选择供热管道的敷设方式对节省投资、保证供热系统安全可靠的运行和施工维修方面都具有重要的意义。

供热管道的敷设方式应考虑工程所在地区的气候、水文地质、地形特征、建筑物（构筑物）和交通线路的密集程度，还要兼顾技术经济合理、维修管理方便等因素。

供热管道的敷设方式可分为地上和地下敷设两种。地上敷设，又称为架空敷设，是指将供热管道敷设在地面一些独立的或桁架式的支架上。地下敷设是指将供热管道敷设在地面以下，不裸露在地表外的位置。

1．供热管道的地上敷设

供热管道地上敷设形式按其支撑结构的高度不同可分为低支架敷设、中支架敷设和高支架敷设三种：

（1）低支架敷设。为了避免地面雨水对管道的浸蚀，低支架敷设的管道保温层外表面至地面的净距离一般不小于 0.3m，低支架通常用毛石砌筑或混凝土浇筑，如图 1-22 所示。

（2）中支架敷设。如图 1-23 所示。中支架敷设的管道保温结构底部距离地面净距离高为 2.5～4.0m。中支架敷设通常采用钢筋混凝土注浇或（或）预制或钢结构。

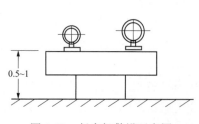

图 1-22　低支架敷设示意图

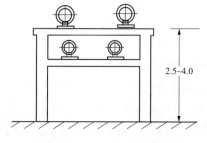

图 1-23　中支架敷设示意图

（3）高支架敷设。此种敷设方式中供热管道保温层外壳底部距地面净高为 4.5～6.0m，如图 1-24 所示。高支架通常采用钢结构或钢筋混凝土结构。与低支架敷设相比较，采用中支架和高支架敷设，耗费材料较多，施工维修不方便。管道上有附件（如阀门等）处必须预留操作平台。在行人交通频繁地段、需要跨越公路或铁路的地方宜采用高支架敷设。地上敷设的供热管道与地面之间应有足够的距离，根据不同的运输工具所需要的高度来决定。

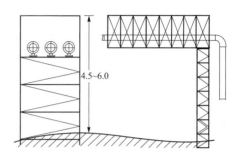

图 1-24　高支架敷设示意图

2. 供热管道的地下敷设

供热管道地下敷设是供热管道最常采用的一种敷设方式，可以分为地沟敷设和直埋敷设两种。

（1）地沟敷设。为使供热管道保温结构不承受外界土壤的荷载，不受雨雪的侵袭，供热管道能自由胀缩，将供热管道敷设在特制地沟内，这种敷设方式称为地沟敷设。如图 1-25 所示。

供热管道地沟按照其功用和结构尺寸分为通行地沟、半通行地沟和不通行地沟三种。

1）通行地沟敷设。在下列条件下，可以考虑采用通行地沟敷设：

a．当热力管道通过不允许挖开的路面处时。

b．当热力管道数量多或管径较大，管道垂直排列高度大于或等于 1.5m 时。

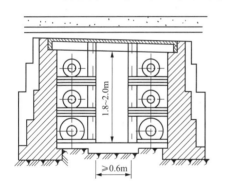

图 1-25　通行地沟

通行地沟敷设方法的优点是维护管道方便，缺点是基建投资大、占地面积大。

2）半通行地沟敷设。当热力管道通过的地面不允许挖开，且采用架空敷设不合理时，或当管子数量较多，采用不通行地沟敷设由于管道单排水平布置地沟宽度受到限制时，可采用半通行地沟敷设。如图 1-26 所示。

3）不通行地沟敷设。不通行地沟是应用广泛的一种地沟敷设形式。它适用于下列情况：土壤干燥、地下水位低、管道根数不多且管径小、维修工作量不大。在地下直接埋设热力管道时，在管道转弯及补偿器处宜采用不通行地沟。如图 1-27 所示。

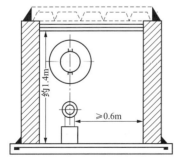

图 1-26　半通行地沟

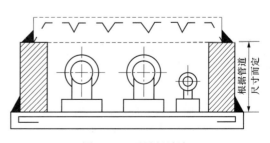

图 1-27　不通行地沟

（2）直埋敷设。直埋敷设和地沟敷设相比，直埋敷设不砌筑地沟，土方量和土建工程量小，节省供热管网的建设投资；直埋敷设可以采用预应力无不补偿直埋敷设方式，使供热管道简化；预制保温管使用寿命长，大大延长了供热管道的更换周期；占用空间小，易于与其他地下管道和地下设施相协调；预制保温管所采用的保温材料导热系数很小，保温性能好。但采用直埋敷设方式时，难于发现管道运行及管道损坏等事故，一旦发生管道损坏进行检修时，需开挖的土方量也大。同时，直埋敷设也存在着管道容易被腐蚀的可能性，因此，必须从设计上选择防腐性能更好的保温材料和保温结构，从施工上强调保证保温、防水结构的施工质量。

直埋管道的敷设方式有两种：无补偿方式和有补偿方式。

1）无补偿方式。无补偿直埋管道敷设不设补偿器，周围土壤锚固管道，由管壁吸收管道热应力，一般供水温度不高于 120～130℃，完全足够满足无补偿条件。

2）有补偿方式。当管道温度过高或难以找到热源时，即供热管网不具备采用无补偿方式的条件，则需要采用有补偿的方式。有补偿方式可分为两种：有固定点方式和无固定点方式。

直埋管道敷设方式的选择。在直埋管道的各种敷设方式中，无补偿方式优于有补偿方式。而在无补偿方式中，敞开式预热优于覆盖式预热。所以，在供热管道设计时，应优先考虑选用无补偿敞开式预热敷设方式。在有补偿敷设方式中，虽然无固定点敷设方式计算工作量大，但是，它具有投资少、占地面积小、运行安全等优点。

（三）补偿器

供热管网的可靠性对于整个供热系统安全运行具有重要影响。对于管道补偿方式，管道的保温、防腐以及疏水方式的确定本节将作详细介绍。

为了保证管道在热状态下的稳定和安全，减少管道热胀冷缩时所产生的应力，除利用管道本身的柔性进行自然补偿之外，在管道上每隔一定的距离需要安装各种补偿器，用来吸收管道的热伸长。

1. 管道的热应力

由物体的物理特性可知，当温度发生变化时，物体相应发生胀缩。当物体的各部分温度均匀且可以自由胀缩时，温度的变化仅使得物体发生形变，而不是产生应力。但是，对于不能自由胀缩的物体，温度变化时，由于不能发生变形，在物体内部将产生应力。这种由于温度的变化而产生的应力称为热应力。

供热管道两端被固定支座固定，当温度升高时，供热管道因膨胀而伸长，企图把两端固定支座推开。因此，在供热管道两端受到固定支座的反力 F 的作用。由于这两个反力 F 的作用，在供热管道内将产生压应力。

若供热管道的温度由 t_1 升至 t_2，当供热管道两端（或另一端）未被固定支座固定，且能自由伸长时，其伸长量为

$$\Delta L_t = \alpha L (t_2 - t_1) = \alpha L \Delta t \qquad (1\text{-}13)$$

式中　α——管道的线膨胀系数，m/（m·℃），通常取 $\alpha=1.2×10^{-5}$m/（m·℃）；

　　　L——两固定支座间的管道长度，m；

　　　Δt——供热管道的温度变化，℃。

2. 温度变化对管路系统的影响

管道内的蒸汽温度以及周围的环境温度发生变化时，管道将会随着温度的变化而热胀冷缩，此时管道壁将会承受巨大的应力，如果应力超出了管子材料所允许的范围，就会引起管道破裂，造成破坏。管道温度升高或者降低时，管道的自身增加或者减少的数值可以按照式（1-14）计算，即

$$\Delta L = \alpha L \ (t_2 - t_1) \tag{1-14}$$

式中　ΔL ——管道的热伸长量，m；

　　　α ——管材的线膨胀系数，m/（m·℃）；

　　　L ——两固定支架间的距离，m；

　　　t_1 ——管道的安装温度，℃；

　　　t_2 ——管道内输送蒸汽的最高温度，℃。

由式（1-14）可以看出，当管道材料和固定支架位置确定后，影响管道热伸长量的因素是管道内蒸汽的温度与管道的安装温度，当管道的安装温度确定后，管道内蒸汽温度越高，则管道的热伸长量越大，管道膨胀现象越明显。管道工作时若其长度变化不妥善解决，将会引起热应力。热应力的产生会引起管道变形、管道接口或者管道与设备器具连接处漏水，严重时甚至会破坏管道系统。因此，供热管道设计施工时必须考虑热补偿。

3. 管道的自然补偿

自然补偿就是利用管道敷设上的自然弯曲管段（通常为 L 型和 Z 型等）所具有的弹性来吸收管道的热伸长变形。自然补偿不必特设补偿器，因此考虑管道补偿时，应当尽量利用自然弯曲的补偿能力。其优点是装置简单、可靠，不需要特殊的检查和维护。另外，固定支架不承受内压作用。但是，它的缺点是管道变形时产生横向位移，而且补偿的管段不能很长。

4. 管道的热补偿器

供热管道上采用的补偿器的种类有很多，除了自然补偿器之外，主要还有方型补偿器、波纹补偿器、套管补偿器、球形补偿器以及旋转补偿器等。

（1）方型补偿器。方型补偿器是供热管道设计中采用最为广泛的一种补偿器。方型补偿器不需要购买，通常是由四个 90°无缝钢管煨弯或者机制弯头构成的 Ω 型补偿器，依靠弯管的变形来补偿管段的热伸长。方型补偿器制造安装简单，运行可靠，维修方便，可应用于各种压力和温度条件。但是，其缺点是补偿器外形尺寸较大，单向外伸臂较长，占地面积多，需要增设管架，而且增加流动阻力。

（2）套管补偿器。套管补偿器是通过芯管与外壳之间的相对位移来吸收管道的热膨胀的，可以分为单向式和双向式两种。套管与外壳之间用填料圈密封，填料被紧压在端环和压盖之间，从而保证封口的严密性，填料采用石棉夹铜丝盘根。更换填料时需要松开压盖，维修比较方便。

套管补偿器的补偿能力大，一般可达 250～400mm，占地面积小，介质流动阻力小，结构简单，安装方便，适用于工作压力小于或等于 1.6MPa，工作温度低于 300℃的管路，补偿器与管道采用焊接连接。但由于密封填料的磨损或者失去弹性，会导致补偿器泄漏，因而需要经常检修和更换填料，维护工作量大。

（3）波纹补偿器。波纹补偿器是用多层或单层薄壁金属管制成的具有波纹的管状补偿

设备。工作时，它利用波纹变形进行管道补偿。波纹补偿器具有补偿量大，补偿方式灵活，结构紧凑，工作可靠的优点。在安装波纹补偿器的时候，应该预先冷紧，冷紧值通常为热伸长量的一半。根据吸收热位移的方式，波纹补偿器可以分成轴向型、横向型和角向型三大类。在选用时应该综合考虑管线形状、长度和蒸汽参数等各种因素。

1）轴向型波纹补偿器。常用的有单式、复式和外压式，用于吸收直管道的轴向位移。它的结构简单，价格较低。但是补偿能力小，轴向推力较大。

2）横向型波纹补偿器。常用的有大拉杆式和铰链式两种，横向型波纹补偿器通过波纹管的角偏转可以吸收管道的横向位移，具有补偿能力大，且对固定支座无内压推力等优点，因此，在 L 型和 Z 型管段上被广泛使用。

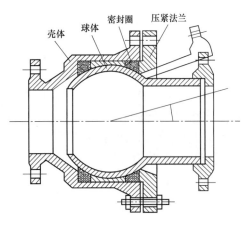

图 1-28　球型补偿器结构图

3）角向型波纹补偿器。常用的角向型波纹补偿器有铰链式和万向式两种。它只能作角向偏转，因此不能单独使用。一般由两个或者三个组成一组，借助每个补偿器的角位移来吸收管道的热膨胀。

（4）球型补偿器。球型补偿器是利用球型管接头的随机弯转来解决管道的热胀冷缩问题，它由壳体、球体和密封结构组成，如图 1-28 所示。球体可以绕自身的轴线旋转，也可以向任意方向做角折曲运动。可以将两个或者三个球型补偿器组成一组，利用其折曲吸收管道的热伸长，吸收量一般为 0°～15°，最大可达 23°。单个球型补偿器不能吸收热伸长，但是可以做万向接头使用。这种补偿器供热介质可以从任意一端进入，适宜在三向位移的蒸汽和热水管道以及在架空管道上使用。

球型补偿器的优点是补偿能力大，占地面积小，安装简便，节省材料，不存在内压推力。其缺点是存在侧向位移，容易漏水、漏汽，要求加强维修。

（5）旋转补偿器。上述介绍的几种补偿器是传统补偿器，虽然各有优点，但也存在一定缺陷。例如，方型补偿器流体阻力大、占地面积多、管道支架多、不美观、投资较大；套筒补偿器容易泄漏、检修频繁、推力大，不能用于对流体纯度要求高的场合；波纹补偿器的使用寿命低、推力大，容易受水击而损坏；球型补偿器存在易泄漏和侧向位移问题，维修频繁。

基于以上原因，衍生出了另一种新型补偿器——旋转补偿器（见图 1-29），旋转补偿器在长距离管道运输方面具有优势，选用得当不但可以节约资金，施工简便，而且

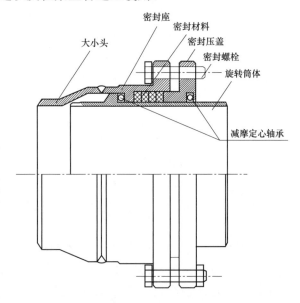

图 1-29　旋转补偿器结构图

具有极大的优越性和灵活性，管网的安全性也得到了极大的提高，是长距离管道设计时的首选，已成为国内供热管道敷设采用的主要补偿器元件之一。

1）旋转补偿器的原理。旋转补偿器的构造主要由整体密封座、密封压盖、大小头、减磨定心轴承、密封材料、旋转筒体等构件组成，安装在热力管道上需要 2 个以上组队成组，形成相对旋转吸收管道热位移，从而减少管道间的应力，其工作原理如图 1-30 所示。

旋转补偿器的补偿原理，是通过成双旋转筒和 L 力臂形成力偶，产生大小相等、方向相反的一对力，由力臂环绕着 Z 轴中心旋转，吸收力偶两侧直管段上产生的热膨胀量。Π型组合旋转式补偿器的补偿原理如图 1-31 所示。

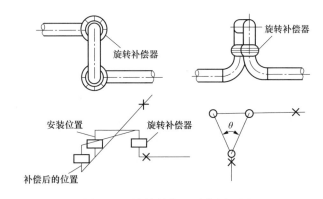

图 1-30 旋转补偿器动作原理图

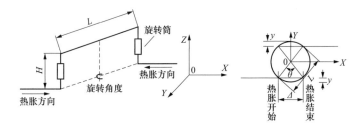

图 1-31 Π 型组合旋转式补偿器的补偿原理图

2）旋转补偿器的形式和布置原则。旋转补偿器的型式有两种：直线型和错位型。其中，直线型又分为三种主要类型：上翻式、高差式和倒挂式，且三种形式都是根据同一直线为准则的；错位式旋转补偿器则有五种类型：直线型上翻错位式、直线型下翻错位式、直角型错位式、直角型高差错位式和直线型高差错位式。这些是实际供热管道中常见的旋转补偿器型式。

旋转补偿器具有密封性好、安全性高、维护保养便捷、补偿距离长、压力损失小、补偿能力强等特点。

（四）供热管材及其附件

1. 氰聚塑直埋保温管

（1）保温管结构。氰聚塑直埋保温管是由钢管、防腐层、保温层和保护层四部分组成。

1）钢管。钢管用于输送热介质，一般采用无缝钢管，大口径钢管可用螺旋焊接管，常用管道规格为 DN25～DN800。

2）防腐层。在钢管外表面上涂一层氰凝。氰凝是一种高效防腐防水材料，具有较强的附着力和渗透力，能与钢管外表面牢固结合，甚至透过钢材表面浮锈，把浮锈和钢材牢固结成一个整体。氰凝在室温下能够吸收空气中水分而固化，固化后的氰凝具有很强的防水、防腐能力。由于氰凝又具有强极性，能和聚氨酯泡沫牢固结合，从而将钢管和聚氨酯泡沫塑料牢固的结合成一个完整的保温体。

3）保温层。保温层材料用硬质聚氨酯泡沫塑料。它是一种热固性泡沫塑料，在化学反应过程中能形成无数微孔，体积膨胀几十倍，同时固化成硬块。硬质聚氨酯泡沫塑料具有密度小，热导率小，闭孔率高，抗压强度比其他泡沫塑料高，耐温性能比其他泡沫塑料强等优点，并具有良好的耐水、耐化学腐蚀、耐老化等性能。在化学反应过程中还具有很强的粘合力，能与钢管牢固结合成一体。

聚氨酯泡沫塑料根据原料不同和不同配方可制成软质、半硬质、硬质、开孔、闭孔、高弹性等多种不同性质的泡沫塑料。同一种配方在不同气候条件下质量差异也较大。

4）保护层。保护层的材料有两种：氰聚塑形式的预制保温管的保护层为玻璃钢，近年来用高密度聚乙烯为原料采用"一步法"及"热缠绕"方法直接在保温层外做成保护层。

玻璃钢是一种纤细增强复合材料，它具有强度高、密度小、热导率低、耐水耐腐蚀等优点。同时，玻璃钢尚具有良好的电绝缘性能及较高的机械性能。当预制保温管受外力作用时，玻璃钢保护层可将应力均匀分散地传递到聚氨酯泡沫塑料上，使局部受力转换为均匀受力，从而保证了保温管在运输、施工和使用过程中不受损伤。尤其在地下水位较高地区敷设预制保温管时，由于玻璃钢能够承受地下水的浸蚀，从而使保温管能正常工作。

（2）保温管的性能。

1）使用温度。通用型的保温管的使用温度不超过 120℃，高温型的保温管的使用温度不超过 150℃。适用介质有热水、低压蒸汽或其他热介质，也可用于保冷工程。为了提高使用温度，开始采用复合保温，内保温层用耐高温的材料，在其外面再用聚氨酯泡沫塑料和保护层。

2）使用寿命。经六年实物解剖分析和人工老化试验，推测保温管的使用寿命在 15 年以上。

3）每千米温降。经北京、天津、西安等地冬季采暖运行期多次实地监测，每千米保温管中介质温降不超过 1℃。

2. "管中管" 预制保温管

"管中管" 预制保温管是由钢管、导线、保温层和保护层等四部分构成。保温层采用聚氨酯硬质泡沫塑料，保护层为高密度聚乙烯外套管。导线又称报警线，可使检测渗漏自动化，确保热网正常运行。

（1）钢管。常用钢管为无缝钢管和螺旋焊接管两种。常用钢管直径为 DN50～DN500。

（2）导线。导线又称报警线，国外引进的直埋保温预制管结构内均设有导线，国内产品根据用户要求而定。报警线可使检测渗漏自动化，用于检测管道渗漏的导线共两根：一根为裸铜线，另一根为镀锌铜线。保温管上的报警线与报警显示器连接，当城市供热网中某段直埋管发生泄漏时，立即在报警显示器上清晰地显示出发生故障的地点，其结构如图 1-32

和图 1-33 所示。对于重要的城市供热管网工程，应设置直埋管道的事故报警系统，而对一些小型城市供热管网工程，限于投资可不设报警系统，可采用超声波检漏仪等设备进行检漏。

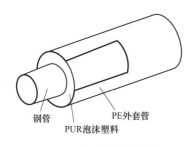

图 1-32　整体预制保温管

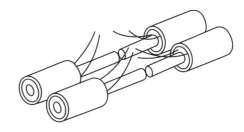

图 1-33　带导线的整体预制保温管

（3）保温层。"管中管"预制保温管由外套管、保温层和钢管三部分黏结成一个整体。正常情况下，由于钢管外表面有保温层和保护层两道防水防腐保护，所以在钢管除锈后无须再涂氰凝进行防腐处理。

保温材料同样是聚氨酯硬质泡沫塑料，耐温在 120℃以下。

预制直埋管分为单一型和复合型，单一型适用于温度为−50～150℃的供热、制冷管道，复合型管（中间有两种保温材料复合而成）适用于温度 310℃以下的高温供热管道。

（4）保护层。"管中管"的保护层是高密度聚乙烯管，高密度聚乙烯具有较高的机械性能，耐磨损抗冲击性能好，化学稳定性好，具有良好的耐腐蚀和抗老化性能，可以采用焊接，施工方便，如图 1-34 和图 1-35 所示。

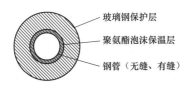

图 1-34　单一型保温管

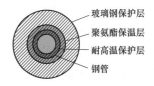

图 1-35　复合型保温管

3. 设置空气层的钢套钢预制保温管

设置空气层的钢套钢预制保温管由工作钢管、保温材料层、空气层、钢外护管和防腐层等组成，保温材料常采用离心玻璃棉，其结构如图 1-36 所示。

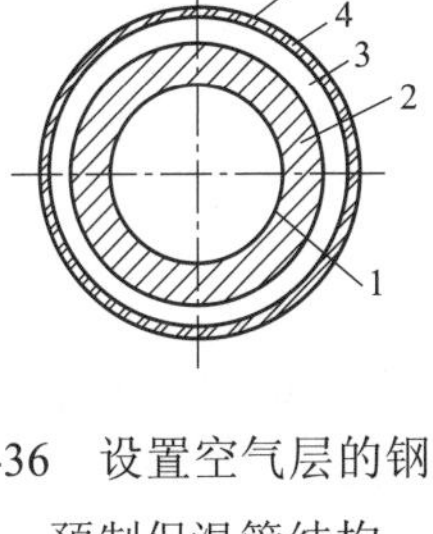

在设空气层的钢套钢预制城市供热管道中，设置空气层或将空气层抽成真空形成真空层，其作用表现在：

（1）利用空气较好的绝热性能减少直埋城市供热管道的热损失；

（2）提高直埋城市供热管道的防腐性能；

（3）监视管道运行过程中泄漏情况。

4. 直埋热力管道泄漏监测报警系统

国内一些公司和生产厂家生产的预制保温管带自动监测报警系统。

图 1-36　设置空气层的钢套钢
预制保温管结构

1—工作钢管；2—保温材料层；3—空气层；

4—钢外护管；5—防腐层

产品在设计时充分考虑用户的各种使用环境，如高温、高湿、电磁、噪声干扰、留有足够的性能裕度，有较高的可靠性，适用于树枝状或环形热力管网。产品采用模块化方式配置，用户可根据投资多少，需求情况进行不同的组合选择，均能保证监测测量准确，安装使用方便。

5. 管道中的管件

管件是管道安装中的连接配件，用于管道变径，引出分支，改变管道走向，管道末端封堵等。有的管件则是为了安装维修时拆卸方便，或为管道与设备的连接而设置。

管件的种类和规格随管子材质、管件用途和加工制作方法而变化。本节只介绍低压流体输送用焊接钢管上用的螺纹连接管件，铸铁燃气管道上用的铸铁管件，元缝钢制管件和塑料管件。

可锻铸铁管件外观上的特点是较厚，端部有加厚边；钢制管件的管壁较薄，端部平整无加厚边。

经常使用的螺纹连接管件有管箍飞活接头、外螺纹接头、内外螺母、锁紧螺母、弯头、三通、四通和丝堵等。根据管件端部直径是否相等可分为等径管件和异径管件，异径管件可连接不同管径的管子。螺纹连接弯头有90°和45°两种规格。

管件应该具有规则的外形、平滑的内外表面、没有裂纹、砂眼等缺陷。管件端面应平整，并垂直于连接中心线。管件的内外螺纹应根据管件连接中心线精确加工，螺纹不应有偏扣或损伤。

（五）供热工程常用阀门

阀门是用以控制管道介质流动的具有可动机构的机械产品的总称。

用来开启和关闭管路的阀门称为闭路阀门。常用的闭路阀门有闸阀、截止阀、节流阀、旋塞阀、球阀、蝶阀、隔膜阀、止回阀、减压阀、疏水阀、安全阀等。

1. 闸阀

启闭件为闸板，由阀杆带动沿阀座封面做升降运动的阀门称为闸阀，又称为闸板阀，是广泛使用的一种阀门。

闸阀按连接方式分螺纹闸阀、法兰闸阀。按阀杆的不同分明杆式和暗杆式，按闸板构造不同分平行式和楔式，还有单闸板、双闸板之分。供热工程中，常用的是明杆楔式单闸板闸阀（Z41H-16C）和暗杆楔式单闸板闸阀（Z45T-10），前者装在热力站内一次侧，后者装在热力站内二次侧。它一般起两个作用：作为主设备起开关作用，作为辅设备安在主设备前后作检修用。闸阀安装时，不要使手轮处在水平线以下（倒装），否则会使介质长期留存在阀盖中，容易腐蚀阀杆。在供热工程中，闸阀曾经是阀门中的主力军。现在随着蝶阀的广泛采用，闸阀已被蝶阀取而代之。

2. 截止阀

启动件为阀瓣，由阀杆带动，沿阀座（密封面）轴线作升降运动的阀门称为截止阀。它的工作原理与闸阀相近，只是关闭件（阀瓣）沿阀座中心线移动。它在管路中起关断作用，亦可粗略调节流量。

截止阀是最常用的阀门之一，可用于各种参数的蒸汽、空气、氮、油路以及腐蚀性介质的管路上。

截止阀只允许介质单向流动，安装时有方向性。阀体上的箭头方向代表介质的流动方向，若阀体上无流动标志，安装时按低进高出进行安装。

截止阀按结构形式分为直通式、直角式、直流式、平衡式。按连接方式分内螺纹截止阀、外螺纹截止阀、法兰截止阀、卡套式截止阀。工程中一般使用法兰直通式（J41H）和内螺纹直通式（J11H）。截止阀有方向性，不可按反。也不宜倒安。

在我们的生产、生活中，过去常用直通式、小口径截止阀，现在已渐渐被球阀所取代。

3. 节流阀

通过启闭件（阀瓣）来改变阀门的通路截面积，以调节流量、压力的阀门称为节流阀。节流阀起节流降压作用，使介质膨胀，因此，也称膨胀阀。从结构特征看，节流阀也属截止阀之类，阀体结构与截止阀相似，阀瓣有窗形、塞形和针形，窗形通常用于大通径，塞形通常用于中通径，针形通常用于小通径。

4. 旋塞阀

启闭件呈塞状，绕其轴线转动的阀门称为旋塞阀，旋塞阀的塞子中部有一孔道，旋转90°即可全开或全关。旋塞阀具有结构简单、启闭迅速、操作方便、流动阻力小等优点，缺点是密封面维修困难，在参数较高时密封性及旋转的灵活性较差些，适用于低压、小通径和介质不高的条件。

5. 球阀

启动件为球体，绕垂直于通路的轴线转动的阀门称为球阀。相比闸阀、截止阀，球阀是一种新型的、逐渐被广泛采用的阀门。它的工作原理是：球体中部有一圆形孔道，操纵手柄旋转90°即可全开或全关。它在管路中起关断作用。

球阀有两种形式：浮动球式和固定球式。在供热工程中，一些关键位置，如重要的分支、热力站的接入口，DN250以下，常采用进口球阀。它与国产球阀的结构不同：国产球阀的阀体一般是二块式、三块式，法兰连接；而进口球阀的阀体是一体式，焊接连接，故障点要少。它的原产地是北欧如芬兰、丹麦等供热技术比较发达的国家。如芬兰的NAVAL、VEXVE，丹麦的DAFOSS等。由于其极佳的密封性，操作的可靠性，长期以来颇受用户的青睐。球阀无方向性，可以任意角度安装。焊接球阀水平安装时，阀门必须打开，避免焊接时的电火花伤及球体表面；当在垂直管道上安装时，如果焊接上接口，阀门必须打开，如果焊接下接口，阀门必须关闭，以免阀门内部被高热灼伤。

6. 蝶阀

启闭件为蝶板，绕固定轴转动的阀门为蝶阀。

在供热系统中，目前是使用最广泛，种类也最多的一种阀门，适用于低压常温的水煤气管道。

工作原理：阀瓣是一个圆盘，通过阀杆旋转，阀瓣在阀座范围内作90℃转动，实现阀门的开关。它在管路中起关断作用。亦可调节流量。

在供热工程中，用到的蝶阀有三偏心金属密封蝶阀，橡胶软密封蝶阀。

7. 隔膜阀

启闭件为隔膜，由阀杆带动沿阀杆轴线作升降运动并将使动作机构与介质隔开的阀门，隔膜阀用橡胶、塑料、搪瓷等耐腐蚀材料做衬里。

优点：结构简单，便于维修，流动阻力小。

隔膜阀多用于输送酸类介质和带悬浮物的工业管路上,其适用范围为:PN≤0.6MPa,DN≤300mm。

8. 止回阀

启闭件为阀瓣,能自动阻止介质逆流的阀门为止回阀。止回阀根据其连接方式的不同分为螺纹止回阀、法兰止回阀。根据结构的不同,有升降式和旋启式两大类。升降式止回阀,介质从阀瓣从下方往上流为开启,反之为关闭;旋启式止回阀,介质向阀瓣旋启方向流动为开启,反之为关闭。也称逆止阀、单流门。一种常用的起辅助作用的阀门。

(1)升降式止回阀。升降式止回阀分无弹簧式和有弹簧式两种。无弹簧升降式(又称重力升降式)止回阀靠自重回落,只能安装在水平管道上,其密封性较好,噪声小,但介质流动阻力大。

(2)旋启式止回阀。阀瓣绕阀座外的销轴旋转,按其口径的大小可分为单瓣或多瓣,单瓣一般用于 DN≤500mm,DN>500mm 者为双瓣或多瓣,以减少阀门运行时的冲击力。旋启式止回阀介质的流动方向基本没有发生变化,介质的流通面积也大,因此阻力比升降式小,但密封性能不如升降式。旋启式止回阀安装时,仅要求阀瓣的销轴保持水平,因此可装于水平和垂直管道。当安装在垂直管道上时,介质的流向必须是由下向上流动,否则阀瓣会因自重而起不到止回的作用。

(3)底阀。底阀也是止回阀的一种,其类型有升降式和旋启式两种,它专门用于水泵吸水管端,保证水泵启动,并防止杂质流入泵内,底阀的开启靠水泵工作的吸引力将阀瓣打开。

9. 减压阀、疏水阀、安全阀

(1)减压阀。减压阀是通过启闭件(阀瓣)的节流,将介质的压力降低,并依靠介质本身的能量,使出口压力自动保持稳定的阀门。

减压阀的种类和工作原理。减压阀根据敏感元件及结构不同可分为:薄膜式、弹簧薄膜式、活塞式、波纹管式等。上述阀门只适用于空气、蒸汽等介质,而不适用于液体介质及含有固体颗粒的介质。用于不洁净的气体应加设过滤器。

减压阀的安装。减压阀前后设截止阀、压力表、旁通管,为防止减压阀失灵且又保证减压阀后管道在安全工作状态下工作,减压阀后还设置安全阀。由这些组件构成的减压装置称为减压阀组。不论何种减压阀,均应垂直安装在水平管道上。

(2)疏水阀。自动排放凝结水并阻止蒸汽通过的阀门是疏水阀。在蒸汽管道系统中,疏水阀是一个自动调节阀门,它能排除凝结水,但却可阻止蒸汽通过。

(3)安全阀。当管道或设备内的介质的压力超过规定值时,启闭件(阀瓣)自动开启排放,低于规定值时,自动关闭,对管道或设备起保护作用的阀门是安全阀。

安全阀的种类。安全阀按其构造分为杠杆重锤式安全阀、弹簧式安全阀、脉冲式安全阀。

安全阀的安装。安全阀必须垂直安装,并应装设有足够截面的排汽管,其管路应畅通,并通至安全地点;排汽管底部装有疏水管;锅炉省煤器的安全阀应装排水管。安全阀安装前应逐个进行严密性实验。

10. 阀门使用中的共性问题

要保持阀门内的清洁。起吊时,绳子不要系在手轮或阀杆上。安装前要确认阀门工作正常。焊接时,焊机地线必须搭在同侧焊口的钢管上,防止电流击伤阀门。中、小口径阀门焊接过程中宜对阀门采取冷却措施。管路中不经常启闭的阀门要定期转动。另外，使用中还有环境对阀门的腐蚀及防护问题、介质对阀门内部的腐蚀及防护问题、温度压力问题以及密封与泄漏问题等。

二、热水供热管网

（一）热水供热管道水力计算一般要求

（1）设计热负荷时应按近期热负荷设计，当近期发展热负荷和发展位置已明确时，可计入发展热负荷，对分期建设或远期建设的热负荷，可以在设计中留有余量或考虑增设新管网的可能性。

（2）根据热网规范，热水管网确定应按比摩阻选择，即热水管网确定主干线管径时，宜采用经济比摩阻，主干线比摩阻可采用 30～70Pa/m；热水管网支干线、支线按允许压力确定管径，但供热介质流速不应大于 3.5m/s，支干线比摩阻不应大于 300Pa/m，连接一个热力站的支线比摩阻可大于 300Pa/m。

（3）供热管网水力计算目的是按设计流量和所选的管径计算压力损失，按已确定的管径和管道始终点压力校核管道计算流量是否合适，检查及校核各用户的入口压力。

（二）供热管网水力计算目的

（1）按设计流量和允许压降选择管径。
（2）按设计流量和所选的管径计算压力损失，确定或分配各用户的入口压力。
（3）按已确定的管径和管道始终点压力校核管道计算流量是否合适。
（4）当输送过热蒸汽时，尚应校核计算热用户入口管道的蒸汽温度是否符合设计要求。
（5）当输送饱和蒸汽时，尚应校核计算热用户入口管道的蒸汽压力是否符合设计要求。

（三）供热管道设计流速及粗糙度

蒸汽、热水及凝结水等常用供热管道中的热介质允许最大流速和表面粗糙度按表 1-13 选取。

当计算管径时，若考虑将来发展需增加流量的可能性，则宜选取较低流速；若管道的允许压力损失较大时，宜选用较高流速。但流速过大时，不仅会导致压力损失增大，而且有可能出现管道振动现象。

表 1-13　　　　　　　　　　　常用管道允许最大流速及粗糙度

介质	公称直径（mm）	允许最大流速（m/s）	表面粗糙度 K 值（m）
过热蒸汽	32～40 50～100 100～150 ≥200	30～35 35～40 40～50 50～60	0.0002～0.0001
饱和蒸汽	32～40 50～80 100～150 ≥200	20～25 25～30 30～35 35～40	0.0002

续表

介质	公称直径（mm）	允许最大流速（m/s）	表面粗糙度 K 值（m）
热水	32～40 50～100 ≥150	0.5～1.0 1.0～2.0 2.0～3.0	0.005
废汽	≤150 ≥200	20 30	0.001
凝结水：热水供应	有压 自流	0.5～2.0 0.2～0.5	0.001
给水	水泵进口管 水泵出口管	0.5～1.5 1.5～2.5	0.0005

三、蒸汽供热管网

（一）蒸汽供热管网水力计算

蒸汽管网水力计算的任务，是在保证各热用户要求的蒸汽流量和用汽参数前提下，选定蒸汽管网各段管径。蒸汽供热管道蒸汽压力高、流速大、管线长，蒸汽在流动中因压力损失和管壁沿途散热引起的蒸汽密度的变化已不能忽略。在设计中，为简化计算，蒸汽管道采用分段取蒸汽平均密度进行水力计算的方法，即取计算管段的始点和终点蒸汽密度的平均值作为该计算管段蒸汽的计算密度，逐段进行水力计算的方法。

蒸汽供热管网的损失包括沿程损失、局部损失，具体计算方法不再赘述。

按《城镇供热管网设计规范》（CJJ 34—2010），蒸汽在管道的最大允许流速应满足下列规定：

过热蒸汽：公称直径 DN＞200mm 时，最大允许流速为 80m/s；公称直径 DN≤200mm 时，最大允许流速为 50m/s。

饱和蒸汽：公称直径 DN＞200mm 时，最大允许流速为 60m/s；公称直径 DN≤200mm 时，最大允许流速为 35m/s。

为了保证热网正常运行，在计算中，通常根据经验限制蒸汽流速为表 1-14 中的值。

表 1-14   限 制 蒸 汽 流 速 表

蒸汽性质	管径（mm）		
	＞200	100～200	＜100
饱和蒸汽	30～40	25～35	15～30
过热蒸汽	40～60	30～50	20～30

（二）蒸汽供热管道的疏水

疏水是蒸汽供热系统运行中因温差而致使蒸汽凝结成的水。及时排除蒸汽管道内的凝结水，对于蒸汽供热管道的安全运行具有重要意义。

1. 产生原因

蒸汽在供汽管道中输送，当经过某些温度较低管道处，或在管道最末端，蒸汽管壁与外界产生温差，或蒸汽本身过热度减小，接近零，管道内的蒸汽就会发生凝结，产生凝结水。

2．疏水的重要意义

当蒸汽管道中存在凝结水时，凝结水积存在管道下部，这会造成管道下部的温度逐渐降低，而管道上部蒸汽的温度很高，这样就会造成管道"上热下冷"的现象，管道发生热胀冷缩，上部膨胀拱起，造成保温层破裂，管道严重变形；另外，管道中存在凝结水，高速流动的蒸汽通过积水处会携带水滴流动，使水滴具有很大动能，撞击在管壁上，造成水击。水击现象一旦出现，会产生很大噪声，使管道振动，严重时还会造成管道破裂，供汽中断，停机检修。

3．疏水方式

疏水包括经常疏水和定期疏水两种。

（1）经常疏水。经常疏水是指在疏水管道上安装自动疏水阀，当管段内产生凝结水时，自动疏水阀会自动启动，排出凝结水，保证管道安全。经常疏水一般应用于管道易于产生凝结水的位置。

（2）定期疏水。定期疏水是指在疏水管道上安装闸阀，每隔一定时间，检修人员手动开启进行疏水。定期疏水通常安装在管道不易产生凝结水管道，但必须保证管道安全处。

4．特殊位置处的疏水处理

（1）直埋管道的疏水。蒸汽管道直埋敷设时，管道在地下与土壤接触，管道与土壤存在温差，蒸汽会凝结，长时间会在管道的最低点汇集，形成凝结水。但是，由于直埋管道处于地下，疏水无法正常排出，这就需要特殊设计，将疏水引至地表排放。从蒸汽管道最低点接出一根支管，由于管道内蒸汽的压力远高于大气压，就可将集水槽内的凝结水压出地面排出。

（2）供汽管网末端疏水。在整个供汽系统中，处于管网最远端管段也极易积存凝结水，为了有利于管道投入时的暖管，末端宜采用较大的疏水管径。根据管道的长度选择不同管径，通常选用 DN50～DN80 的管道，可缩短暖管时间。

（3）死管段疏水。在蒸汽系统中，有的位置原本并不需要设置疏水装置，但由于特殊原因会造成凝结水积存，需要加设疏水装置，其中最主要的就是管道死管段处的疏水。由于存在压力差，蒸汽在管网中产生流动，但是当运行条件发生变化时，某段支管两侧的压力趋向平衡，压力差趋向零，这时，该位置的蒸汽就会停止流动，长时间静止，管壁与外界进行换热，蒸汽会逐步凝结，形成凝结水，凝结水越存越多，当管道重新产生压差，蒸汽重新流动时，会造成水击事故，严重影响系统运行安全。所以，要及时将死管段处的凝结水排除，避免发生事故。

第四节　供热首站、配汽站、热力站、中继泵站

一、供热首站

随着我国采暖城市集中供热规模不断扩大，供热对系统的可靠性和经济性要求越来越高，供热系统与热力系统相连紧密，供热对机组的安全运行及热经济性影响变大。

供热首站的主要设备有：热网加热器、热网疏水泵、热网补水除氧器、热网循环水泵、热网循环水泵驱动汽轮机、热网疏水冷却器、热网补水泵、热网事故疏水扩容器、电动滤水器等。涉及的主要系统有：

（一）热网加热蒸汽系统

（1）从供热汽轮机采暖抽汽或背压机排汽口至热网加热器蒸汽接口的管道；

（2）汽轮机采暖抽汽或背压机排汽管道上安全阀压力保护管道；

（3）从采暖抽汽或背压机排汽管道至补水除氧器加热蒸汽管道；

（4）从采暖抽汽或背压机排汽管道或加热器本体至疏水箱蒸汽进口的汽平衡管道；

（5）热网循环水泵驱动汽轮机汽源及排汽管道；

（6）采暖抽汽降压发电有关蒸汽管道。

（二）热网加热器疏水放气系统

（1）从热网加热器正常疏水出口经热网疏水母管或热网疏水箱、热网疏水泵至除氧器进口主凝结水管道，或从热网加热器正常疏水出口经主凝结水系统轴封加热器出口热网疏水冷却器冷却后回收到凝汽器（排汽装置）的正常疏水管道；

（2）从热网加热器事故疏水出口至热网事故疏水扩容器管道；

（3）热网加热器水侧放水放气管道及安全阀排放管道；

（4）热网加热器汽侧放水放气管道及安全阀排汽管道；

（5）事故疏水扩容器排汽管道及排水管道。

（三）热力网循环水系统

（1）从电厂厂区围墙外 1m 至供热首站热网循环水泵进口的回水管道；

（2）从供热首站内热网循环水泵出口经热网加热器至电厂厂区围墙外 1m 处的供水管道；

（3）从热网循环水泵进口到出口的旁路缓冲管道；

（4）从热网加热器进口到出口的旁路管道；

（5）热网循环水回水管道超压保护装置及附属管道；

（6）热网循环水泵进出口旁通管定压管道。

（四）定压补水系统

（1）从软化水车间来的补水经供热首站内补水除氧器除氧，再经补水泵升压后补入一级热网循环水回水的补水管道；

（2）从供水专业来的事故补水管道。

（五）辅机冷却水系统

（1）从冷却水供水母管至供热首站各辅机冷却水进水接口的全部冷却水管道；

（2）从供热首站各辅机冷却水出水接口回至主厂房冷却水回水母管的全部管道。

（六）热网系统主要设备

（1）热网加热器。热网加热器包括基本热网加热器和尖峰热网加热器两种，是热电厂的主要设备之一，其主要功能是利用汽轮机抽汽或从锅炉引来的新蒸汽作为热源来加热管网中的回水以满足用户的需求。

热网加热器台数确定应满足以下要求：

1）每台供热机组对应的热网加热器台数宜选用 2～4 台，不设备用。

2）当一台热网加热器故障停运后，其余热网加热器出力仍能保证 60%～75%供热首站设计热负荷，严寒地区取上限。

3）改造工程热网加热器台数应考虑供热首站空间尺寸及热网加热器台数、外形尺寸对供热首站布置的影响。

热网加热器容量设计满足以下要求：

1）热网加热器总设计热负荷应不小于供热首站设计热负荷；

2）热网加热器循环水设计总流量应不小于热力网循环水设计总量；

3）热网加热器设计应符合《压力容器等 3 部分：设计》（GB 150.3—2011）和《热交换器》（GB/T 151—2014）的规定；

4）热网加热器的设计换热面积应留有 10%的面积裕量。

热网加热器结构设计应满足以下要求：

1）热网加热器宜选择固定管板式结构；

2）热网加热器结构设计应能防止因热膨胀量不同，造成管板和管束间拉裂泄漏；

3）热网加热器结构设计应防止蒸汽压力变化造成的冲刷和振动；

4）热网加热器管侧及壳侧应分别设置安全阀；

5）当热网加热器疏水回收到凝汽器或排汽装置时，热网加热器应设置疏冷段或外置式疏水冷却器；

6）当热网加热器疏水回收到除氧器时，热网加热器疏水温度应根据疏水温度对机组经济性的影响及满足疏水泵防汽蚀要求来确定。疏水为饱和温度时，热网加热器不设过冷段，设一体化疏水井；疏水温度过冷时，热网加热器应设置疏冷段或外置式疏水冷却器。

（2）热网循环水泵。

1）热网循环水泵台数确定需满足以下要求：热网循环水泵台数应结合热力网循环水设计流量，供热首站循环水泵布置空间及停运一台泵后满足最小供热负荷要求等因素综合确定；

2）并联热网循环水泵台数不宜太多，当热力网系统配置 3 台或 3 台以下循环水泵并联运行时，应设备用泵，当 4 台或 4 台以上泵并联运行时，可不设备用泵；

3）热网循环水泵台数宜与热网加热器台数一致。

（3）热网循环水泵驱动汽轮机。

1）热网循环水泵驱动汽轮机采用变参数、变功率、变转速背压或凝汽式；

2）热网循环水泵驱动汽轮机可采用低转速 1500r/min 或高转速 3000r/min 汽轮机，采用高转速汽轮机需对应采用高转速热网循环水泵；

3）高转速热网循环水泵为满足汽蚀要求，泵进口压力要求高，系统设计时应考虑泵进口压力对定压值及热力网管道设计压力的影响；

4）热网循环水泵驱动汽轮机设计功率应为热网循环水泵设计轴功率的 1.15 倍；

5）背压式驱动汽轮机可采用上排汽或侧排汽型式。

（4）热网补水除氧器。

1）补水除氧器对正常补水加热除氧，应采用定压运行方式，宜采用大气式旋模除氧器，也可采用大气式内置喷嘴除氧器；

2）补水除氧器的总出力应为热网正常补水量，台数应全厂配 1 台除氧器；

3）除氧器给水箱有效容积能满足 15～20min 热网循环水补水消耗量，除氧器给水箱有效容积是指给水箱正常水位至水箱出水管顶部水位之间的容积；

4）除氧器的加热汽源宜来自采暖抽汽。

（5）热网疏水箱。

1）当热网疏水回收到凝汽器或排汽装置时，热网疏水系统不设疏水箱；当热网疏水回收到凝结水系统时，热网疏水系统宜配置疏水箱。

2）疏水箱有效容积宜按 3～5min 设计疏水流量确定。

（6）热网疏水泵。

1）热网疏水泵设计总流量（不包括备用泵）宜为供热首站设计热负荷对应的设计疏水流量的 110%。

2）热网疏水泵宜为调速泵，总台数应不少于 2 台，其中 1 台备用。

3）热网疏水泵的扬程应为下列各项之和：

a. 按设计疏水流量计算的热网正常疏水系统管道阻力，并应另加 20%裕量；

b. 热网正常疏水管道静压差；

c. 凝结水系统接入点最高工作压力；

d. 热网加热器（疏水箱）汽侧的工作压力，如压力大于当地大气压取负值；

e. 热网疏水系统设备（如有）阻力。

（7）热网疏水冷却器。热网疏水冷却器宜选用管壳式换热器。

（8）热网事故放水扩容器。

1）供热首站宜设一台大气式热网事故放水扩容器；

2）热网事故放水扩容器容积应按设计热负荷最大的热网加热器事故放水流量进行计算。

二、配汽站

（一）配汽站系统

工业供汽系统主要由汽源、配汽站（减温减压站）、供热管网和热用户组成。工业配汽站是汽源与供热管网连接的枢纽，用于调节供汽参数的装置。如图 1-37 所示。

配汽站组成：减压阀、减温装置、安全阀、控制系统及压力表、温度计等。

减压阀是减温减压设备，将汽轮机抽汽压力减至满足工业用汽的蒸汽参数。

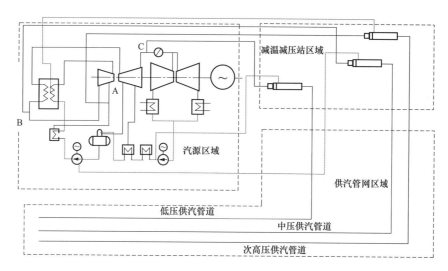

图 1-37 工业供蒸汽系统原理图

（二）调压装置

调压装置，就是将抽汽装置抽出来的高压力等级的蒸汽调整至用户需要的压力等级的蒸汽，以供用户使用的装置。

调压装置主要有三种：减温减压装置、蒸汽匹配器和透平机。

1. 减温减压装置

减温减压装置是目前工业供汽应用最为广泛的调压装置，减温减压装置主要由压力调节阀、减温装置、蒸汽混合室、安全阀、仪表、控制系统等组成。如图 1-38 所示。

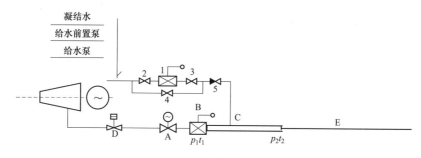

图 1-38 减温减压装置

1—减温水调节阀；2—减温水调阀进汽门；3—减温水调节阀出水门；4—减温水阀节阀旁路门；5—止回阀；

A—隔离门电动闸阀；B—压力调节阀；C—蒸汽混合室；D—气动逆止阀；E—蒸汽管道

减温减压装置中的减温装置和减压装置一般是合在一起成为一个整体，称为一体式减温减压装置，现热电厂蒸汽供汽系统一般都采用一体式减温减压器。

减温减压装置的调压原理非常简单，它实质上就是一段比蒸汽管道管径略大的管段，蒸汽进入减温减压装置时经过节流阀（减压调节阀），通过节流作用降低蒸汽压力，降压后的蒸汽体积会增大，所以减温减压装置处的管径要大于正常蒸汽流通的管道管径。减温减压装置必须安装相应的流量计，以监控流经减温减压装置的蒸汽流量，便于计算蒸

73

汽流经减温减压装置后的压损，计算系统的经济性，通常将表计装设在减温减压装置的进口处。

减温减压装置的优点是结构简单，系统安装改造方便，投资低，运行调整方便；缺点是蒸汽通过节流作用调压，压损大，系统经济性差。

2. 蒸汽匹配器

蒸汽匹配器实质上就是经过改造后的射汽抽气器。图 1-39 是射汽抽气器的结构示意图。射汽抽气器的主要任务是在机组启动前使凝汽器迅速建立起必要的真空。通常的射汽抽气器都是单级的。它由工作喷嘴 A、混合室 B 和扩压管 C 三部分组成。由主蒸汽管道来的工作蒸汽节流至 1.2~1.5MPa 压力后，进入工作喷嘴。该喷嘴一般采用缩放喷嘴，它可使喷嘴出口汽流速度达到 1000m/s 以上，使混合室内形成高度真空。由凝汽器来的空气和蒸汽混合物不断地被吸进混合室，又陆续被高速汽流带进扩压器。在扩压器中，混合气体的动能逐渐转变为压力能，最后在略高于大气压的情况下排入大气。

蒸汽匹配器的结构如图 1-40 所示，是将二种不同压力的蒸汽，通过在匹配器混合得到所需要的蒸汽压力一种设备，由蒸汽喷射泵、喷嘴、接受室、混合室、扩压室等几部分组成，工作原理是高压蒸汽通过喷嘴时产生高速气流，在喷嘴出口处产生低压区，在此区域将低压蒸汽吸入，高压蒸汽在膨胀的同时压缩低压蒸汽，然后通过混合室进行良好混合，混合后的蒸汽再通过扩压室恢复部分压力，达到要求的蒸汽压力后供给热用户使用。根据高、低压蒸汽的参数可以进行不同的结构设计，得到各种压力等级的蒸汽，满足不同热用户的要求。吸入的低压蒸汽既可以是放散的废蒸汽，也可以是凝结水产生的闪蒸蒸汽，使低焓热能得到充分利用，达到节约能源的目的。蒸汽喷射泵的节能率可以达到 35%左右，具有很好的实用性。

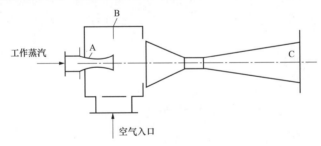

图 1-39　射汽抽气器结构示意图

A—工作喷嘴；B—混合室；C—扩压管

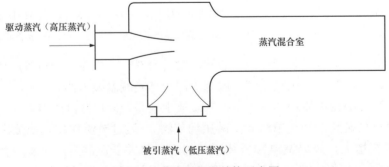

图 1-40　蒸汽匹配器结构示意图

蒸汽匹配器的工作原理：高压蒸汽通过喷嘴时产生高速气流，在喷嘴出口处产生低压区，在此区域将低压蒸汽吸入，高压蒸汽在膨胀的同时压缩低压蒸汽，然后通过混合室进行良好混合，混合后的蒸汽再通过扩压室恢复部分压力，达到要求的蒸汽压力后供给热用户使用。

利用蒸汽匹配器进行调压具有很多好处，如效率比减温减压器高很多，结构简单，经济性比减温减压器更好，可以通过蒸汽量的调整获得不同压力等级的蒸汽，其调节灵活性高；但是蒸汽匹配器的噪声很大。

实际上，蒸汽匹配器是比减温减压器更为经济合理的调压装置，但目前在电厂中应用的较少，远少于减温减压器，蒸汽匹配器的使用还有待推广。

3. 透平机

透平机实际上就是一个微型高速汽轮机，其转速平均可达到 8000～30000r/min，用于蒸汽调压的透平机一般是轴流式，单级背压式汽轮机。其原理是当抽汽汽源一定时，将高压力等级的抽汽经过透平机做功，使其压力降低，将透平机内做过功的，达到用户用汽需求的排汽供给用户使用。

将蒸汽透平机用于工业供汽的蒸汽调压是新的尝试，通过试验发现，利用透平机进行调压是目前压损最低的调压方式，机组经济性大为提高。

（三）减温水系统

减温水系统由减温水源、减温水调节阀，管道控制系统等组成。减温水系统的主要作用是向抽汽管道喷入减温水，以调节蒸汽温度，使之达到用户要求的温度。

（1）减温水水源的选择。减温水水源可由给水泵，给水泵前置泵，凝结水泵提供，减温水水源需要根据用户不同蒸汽压力来选择，选择原则是：减温水压力要比蒸汽压力高 0.3MPa 以上；减温水的温度不宜高于蒸汽压力的饱和温度，过高会影响减温的稳定性。

（2）减温水流量的确定。当减温水的水源确定之后，要根据蒸汽流量以及蒸汽参数来确定减温水的流量，减温水流量的大小直接影响减温后的蒸汽参数。

减温水流量可根据式（1-15）进行确定

$$减温水流量=进口蒸汽量×（进口蒸汽焓值-出口蒸汽焓值）/$$
$$（出口蒸汽焓值-减温水焓值） \tag{1-15}$$

三、热力站

热力站是指连接供热一次网与二次网并装有与用户连接的有关设备、仪表和控制设备的机房，是热量交换、热量分配以及系统监控、调节的枢纽。它的作用是根据热网工况和不同的条件，采用不同的连接方式，集中计量、检测供热热媒的参数和数量，将热网输送的热媒加以调节、转换，向热用户系统分配热量以满足用户需求。

集中供热系统的种类很多，根据服务对象的不同，可以分为工业热力站和民用热力站；根据供热管网热媒的不同，热力站可以分为热水供热热力站和蒸汽供热热力站；根据热力站的位置和功能不同，可以分为用户热力站、小区热力站和区域性热力站。本节重点介绍工业热力站和民用热力站。

一般从热源向外供热有两种基本方式：第一种为热媒由热源经过热网直接（连接）进入热用户，如图 1-41（a）所示；第二种为热媒由热源经过一级热网进入热力站（也称热力点），在热力站的换热设备内与二级热网的热媒经二级热网进入各热用户，如图 1-41（b）所示。

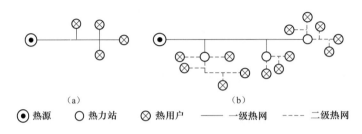

（a）　　　　　　　　　　　　（b）

⊙ **热源**　　○ **热力站**　　⊗ **热用户**　　—— **一级热网**　　---- **二级热网**

图 1-41　热力站、热用户示意图

（a）热源与热用户；（b）热源、热力站、热用户

热网与热用户采取间接连接方式时，宜设置热力站。热力站是为某一区域的建筑服务的，它有自己的二级网路。热力站可以是单独的建筑，也可以设在某栋建筑物内。

（一）热力站的布置原则

1. 分类

换热站是供热网路与热用户的连接场所。它的作用是根据热网工况和不同的条件，采用不同的连接方式，将热网输送的热媒加以调节、转换，向热用户系统分配热量以满足用户需求，并根据需要，进行集中计量、检测供热热媒的参数和数量。

根据热网输送的热媒不同，可分为热水供热换热站和蒸汽供热换热站，根据服务对象不同，可分为工业换热站和民用换热站。根据换热站的位置和功能的不同，可分为：

（1）用户换热站。也称为用户引入口，它设置在单幢建筑用户的地沟入口或该用户的地下室或底层处。通过它向该用户或相邻几个用户分配热能。

（2）小区换热站。供热网路通过小区换热站向一个或几个街区的多幢建筑分配热能，这种换热站大多是单独的建筑物。从集中换热站向各热用户输送热能的网路，通常称为二级供热管网。

（3）区域换热站。它用于特大型的供热网路，设置在供热主干线和分支干线的连接点处。

2. 热力站组成

主要由换热器、水泵、除污器、Y型过滤器、水箱、计量表、控制阀门、热控及电气设备、监控部分等组成。

（1）换热器。换热器是用来把温度较高流体的热能传递给温度较低流体的一种热交换设备。换热器可集中设在热电站或锅炉房内，也可根据需要设在换热站或热用户引入口处。是一种在不同温度的两种或两种以上流体间实现物料间热量传递的节能设备，使热量由温度较高的流体传递给温度较低的流体，使流体温度达到工程规定的指标，以满足过程工艺条件的需要，同时也是提高能源利用率的主要设备之一。

1）按换热器的用途分类。

加热器：加热器用于将流体加热到所需的温度，被加热的流体在加热过程中不发生相变化。

冷却器：冷却器用于冷却流体至所需的温度，冷却过程中流体无相变化。

蒸发器：蒸发器用于加热液体，使之蒸发气化。

再沸器：再沸器是蒸馏过程的附属设备，用于加热已被冷凝的液体，使之部分气化。

冷凝器和分凝器：冷凝器和分凝器用于冷凝饱和蒸汽，使之放出潜热而凝结或部分凝结为液体。

2）按换热器传热原理分类。

间壁式换热器：间壁式换热器又称间接式换热器或表面式换热器。在此类换热器中，冷、热流体被固体壁面隔开，使它们不互相混合，热量由热流体通过壁面传给冷流体。这类换热器的种类很多，其中管壳式换热器、板式换热器应用最广。

板式换热器。板式换热器是由一系列具有一定波纹形状的金属片叠装而成的一种新型高效换热器。各种板片之间形成薄矩形通道，通过板片进行热量交换。板式换热器是液-液、液-汽进行热交换的理想设备。它具有换热效率高、热损失小、结构紧凑轻巧、占地面积小、安装清洗方便、应用广泛、使用寿命长等特点。

板式换热器的工作原理，见图1-42。

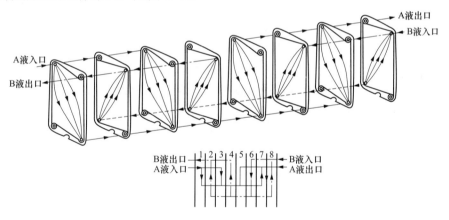

图1-42 板式换热器工作原理图

冷热流体分别由上、下角孔进入换热器并相间流过偶、奇数流道，然后再分别从下、上角孔流出换热器。传热板片是板式换热器的关键元件，板片形式的不同直接影响到换热系数、流动阻力和承压能力。

板式换热器的结构：可拆卸板式换热器是由许多冲压有波纹薄板按一定间隔，四周通过垫片密封，并用框架和压紧螺旋重叠压紧而成，板片的结构形式众多，板片的形状不仅要有利于增强传热，而且应使板片的刚性好。图1-43所示为人字形换热板片及密封垫片，在安装时应注意水流方向要和人字纹路的方向一致，板片两侧的冷、热水应逆向流动。

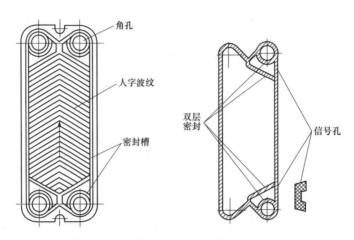

图 1-43　板式换热器板片及密封垫片的基本结构

混合式换热器：混合式换热器又称直接接触式换热器。在此类换热器中，冷、热流体直接接触，互相混合传递热量。它主要用于气体的冷却和蒸汽的冷凝。该类换热器传热效果好、结构简单、易于防腐蚀，但是它适用于冷、热流体允许混合的场合。

蓄热式换热器：蓄热式换热器又称回流式换热器或蓄热器。它是借热容量较大的固体蓄热体，将热量由热流体传给冷流体。通常，在生产中采用两个并联的蓄热器交替使用。

3）按换热器所用材料分类。

金属材料换热器：金属材料换热器由金属材料制成，常用的金属材料有碳钢、合金钢、不锈钢、铜、铝等。因金属材料的导热系数较大，其传热效率较高。

非金属材料换热器：非金属材料换热器由非金属材料制成，常用的材料有塑料、石墨、陶瓷、玻璃等。因非金属材料的导热系数较小，其传热效率较低。这类换热器用于具有腐蚀性物质的换热。

（2）水泵。水泵是能量转换的机械，它把动力机的机械能转换（或传递）给被抽送的水体，将水体提升或输送到所需之处。水泵的用途很广，在工业、农业、建筑、电力、石油、化工、冶金、造船、轻纺、矿山开采和国防等国民经济各部门中占有重要地位。

水泵分类：

1）叶片式泵。叶片式水泵是靠泵内高速旋转的叶轮将动力机的机械能转换给被抽送的水体。属于这一类的泵有离心泵、轴流泵、混流泵等。离心泵按基本结构、形式特征分为单级单吸离心泵、单级双吸离心泵、多级离心泵以及自吸离心泵等。轴流泵按主轴方向可分为立式泵、卧式泵和斜式泵，按叶片调节的可能性可分为固定泵、半调节泵和全调节轴流泵。混流泵按结构形式分为蜗壳式混流泵和导叶式混流泵。叶片泵按使用范围和结构特点的不同，还有长轴井泵、潜水电泵、水轮泵等。长轴井泵具有长的传动轴，泵体潜入井中抽水，根据扬程的不同，又分为浅井泵、深井泵和超深井泵。潜水电泵的泵体与电动机连成一体共同潜入水中抽水，根据使用场合不同，又分为作业面潜水电泵、深井潜水电泵。水轮泵用水轮机作为动力带动水泵工作，按使用水头和结构特点分为低、中、高水头轴流式水轮泵和低、中、高水头混流式水轮泵。

2）容积式泵。容积式泵依靠工作室容积的周期性变化输送液体。容积式泵又分为往复泵和回转泵两种。往复泵是利用柱塞在泵缸内做往复运动改变工作室的容积输送液体。例如拉杆式活塞泵是靠拉杆带动活塞做往复运动进行提水。回转泵是利用转子做回转运动输送液体。单螺杆泵是利用单螺杆旋转时，与泵体啮合空间（工作室）的周期性变化来输送液体。

3）其他类型泵。其他类型泵是指除叶片式和容积式泵以外的泵型。主要有射流泵、水锤泵、气升泵等。

（3）除污器。除污器工作原理如图 1-44 和图 1-45 所示。

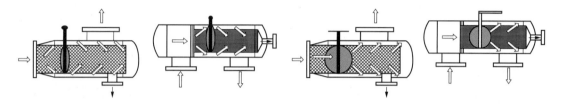

图 1-44　除污器正常过滤状态（水流导向阀开启）　　图 1-45　除污器反洗排污状态（水流导向阀关闭）

除污器用于清除热力网系统中的杂质和污垢，保证系统内水质清洁，减少阻力，防止堵塞和保护热力网、设备，是供热系统中十分重要的部件。除污器一般放在热用户入口调压和计量装置之前，集水器总回水管上或水泵入口处。

（4）Y 型过滤器。Y 型过滤器是输送介质的管道系统不可缺少的一种过滤装置，Y 型过滤器是 Y 字型的，一端是使水等流质经过，一端是沉淀废弃物、杂质。Y 型过滤器通常安装在减压阀、泄压阀、定水位阀或其他设备的进口端，用来清除介质中的杂质，以保护阀门及设备的正常使用。Y 型过滤器具有结构先进、阻力小、排污方便等特点。Y 型过滤器适用介质可为水、油、气。一般通水网为 18～30 目，通气网为 10～100 目，通油网为 100～480 目。Y 型过滤器是除去液体中少量固体颗粒的小型设备，可保护设备的正常工作，当流体进入置有一定规格滤网的滤筒后，其杂质被阻挡，而清洁的滤液则由过滤器出口排出，当需要清洗时，只要将可拆卸的滤筒取出，处理后重新装入即可。因此，使用维护极为方便。电动 Y 型过滤器，通过压差开关监测进出水口压差变化，当压差达到设定值时，电控器给水力控制阀、驱动电动机信号，引发下列动作：电动机带动刷子旋转，对滤芯进行清洗，同时控制阀打开进行排污，整个清洗过程只需持续数十秒钟，当清洗结束时，关闭控制阀，电动机停止转动，系统恢复至其初始状态，开始进入下一个过滤工序。设备安装后，由技术人员进行调试，设定过滤时间和清洗转换时间，待处理的水由入水口进入机体，过滤器开始正常工作。Y 型过滤器（水过滤器）属于管道粗过滤器系列，也可用于气体或其他介质大颗粒物过滤，安装在管道上能除去流体中的较大固体杂质，使机器设备（包括压缩机、泵等）、仪表能正常工作和运转，达到稳定工艺过程，保障安全生产的作用。Y 型过滤器（水过滤器）能根据客户具体要求（特殊压力、特殊口径）定制。Y 型过滤器（水过滤器）具有制作简单、安装清洗方便、纳污量大等优点。

（5）电气设备。

1）低压配电柜。低压配电柜的额定电流是交流 50Hz，额定电压 380V 的配电系统作为动力，照明及配电的电能转换及控制之用。配电柜是一种电气设备，配电柜外线进入柜内主控开关，然后进入分控开关，各分路按其需要设置。如仪表、自控、电动机磁力开关、各种交流接触器等，有的还设高压室与低压室配电柜，设有高压母线，如发电厂等，有的还设有为保护主要设备的低周减载。

配电柜主要作用是在电力系统进行发电、输电、配电和电能转换的过程中，进行开合、控制和保护用电设备。配电柜内的部件主要有断路器、隔离开关、负载开关、操作机构、互感器以及各种保护装置等组成。配电柜的分类方法很多，如根据电压等级不同可分为高压配电柜、中压配电柜、低压配电柜。主要适用于发电厂、变电站、石油化工、冶金轧钢、厂矿企业、轻工纺织和住宅小区、高层建筑等各种不同场合。

2）变频控制柜。变频控制柜主要用于调节设备的工作频率，减少能源损耗，能够平稳启动设备，减少设备直接启动时产生的大电流对电动机的损害。同时自带模拟量输入（速度控制或反馈信号用）、PID 控制、泵切换控制（用于恒压）、通信功能、宏功能（针对不同的场合有不同的参数设定）、多段速等等。可广泛适用于工农业生产及各类建筑的给水、排水、消防、喷淋管网增压以及暖通空调冷热水循环等多种场合的自动控制。

3. 热力站的布置

不同规模热力站的设计估算指标见表 1-15，此表中数据仅供设计参考。

表 1-15　　　　　　　　　　　　　　热力站设计估算指标

序号	热力站供热面积（×10⁴m²）	5	8	12	15	20	30	40
1	供热负荷（GJ/h）	13	20	30	39	50	75	100
2	热力站面积（m²）	350	400	450	500	600	820	1000
3	循环水量（t/h，25℃）	125	190	286	380	476	715	952
4	补给水量（t/h）	3	4	6	8	10	15	20
5	耗电量（kW）	40	65	100	130	160	200	250

4. 热力站的工艺布置

（1）水泵基础高出地面不应小于 0.15m；水泵基础之间、水泵基础与墙的距离不小于 0.7m；当地方狭窄，且电动机功率不大于 20kW 或进水管径不大于 100mm 时，两台水泵可做联合基础，机组之间突出部分的净距不应小于 0.3m，但两台以上水泵不得做联合基础。

（2）换热器布置时，应考虑清除水垢、抽管检修的场地。

管壳式换热器的前端应留有足够检修时抽管所需的空地，只能设一个固定支座，并布置在抽管段端部。

板式换热器要留出足够的加片位置。

（3）并联工作的换热器宜按同程连接设计。

（4）并联工作的换热器，每台换热器一、二次侧进、出口宜设阀门。

（5）热力网供、回水总管上应设阀门。当供热系统采用质调节时宜在热力网供水或回水总管上装设自动流量调节阀；当供热系统采用变流量调节时宜装设自力式压差调节阀。

热力站内各分支管路的供、回水管道上应设阀门。在各分支管路没有自动调节装置时宜装设手动调节阀。

（6）在有条件的情况下，热力站应采用全自动组合换热机组。其具有传热效率高、占地小、现场安装简便、能够实现自动调节、节约能源等特点。

（7）对于高度大于 3m 需要操作的设备，宜设置操作平台、扶手和防护栏杆。

（8）蒸汽热力站应根据生产工艺、采暖、通风、空调及生活热负荷的需要设置分汽缸，蒸汽主管和分支管上应装设阀门。当各种负荷需要不同的参数时，应分别设置分支管、减压减温装置和独立安全阀。

（9）蒸汽系统应按以下规定设疏水装置：

1）蒸汽管路的最低点、流量测量孔板前和分汽缸底部应设启动疏水装置；

2）分汽缸底部和饱和蒸汽管路安装启动疏水装置处应安装经常疏水装置；

3）无凝结水水位控制的换热设备应安装经常疏水装置。

（10）蒸汽供汽压力高于用户或用户设备压力时，应在热力站或用户入口装设减压装置，以保证用户的用汽压力要求。

（11）有条件时应采用具备无人值守功能的设备。无人值守热力站一般具备以下基本功能：系统水流量的调节及限制；系统温度、压力的监测与控制；热量的计算及累计；系统的安全保护；系统自动启、停功能等。另外还应具备各运行参数的远程监测、主要动力设备的运行状态及事故诊断、报警等远程通信功能。

5．热力站系统

（1）定压系统。二级热网的定压系统设计十分重要，此定压系统是为该热力站负担的整个供热区域的供热系统定压。可根据热力站的规模、二级热网供水温度、最高用户充水高度、所需的定压点压力等因素选择。

（2）补水的处理。为了保证热力站换热设备正常运行，二级热网系统的补给水应进行处理。补水来源可考虑如下途径：

1）除过氧的软化水（或锅炉连续排污水），这是最好的补水水源，但在实际工程中要从热源处的软水系统引接软水管，或热力站附近有锅炉连续排污水可以利用。这很不易实现。

2）利用一级热网的回水作为二级热网补水，这虽易于实现，但却会增加一级热网的失水量，加大热源的水处理量，不够经济。只有当二级热网系统对补水水质要求较高，且补水量不大时，方可考虑采用此补水方案。

3）在热力站内设置简易的水处理设备，把城市自来水经过简单处理补入二级热网，水处理设备可采用整体式水处理装置或复合被膜加药装置。这种处理方案最为实用。

现在，在许多中小城市的集中供热工程中，其热力站采用复合被膜加药装置处理补水，操作运行简单可靠，效果较好，易于被运行单位接受，是一种值得推广的补水处理方式。

补水可利用城市自来水压力直接补入二级热网（但自来水压力应满足补水压力要求），或采用定压装置补入二级热网。

由于二级热网供水温度不高，一般不会超过 90℃，所以不必进行除氧处理，采用简单的水处理即可满足补水要求。

根据大中城市集中供热工程的热力站运行经验，热力站内应设置一个较大容量的储水箱，越大越好，这对于运行极有好处。建议设计人员根据热力站的面积，尽可能设计大容量水箱，甚至考虑非标准件或设两个水箱。

（3）热力站防超压。如果热力站出现某些故障，系统压力突然升高，将导致整个二级热网系统超压，并会影响到热用户的室内采暖系统。特别是在有些城市集中供热工程中，把原有的小区锅炉房供热改造为热电厂集中供热，原有采暖系统散热器承受压力为0.4MPa，在运行中时常发生二级热网超压导致用户散热器炸裂，因此，在热力站的设计中应考虑超压问题。一般的做法是在循环水泵出口管（或分水器）上设置一个弹簧微启式安全阀，安全阀开启压力为安装处正常工作压力加 0.03～0.05MPa。

为了更安全起见，可在微启式安全阀旁再加一个全启式安全阀，其开阀压力比微启式安全阀高 0.03～0.05MPa。

（4）热力站安全和环保要求。

1）热力站应降低噪声，不应对环境产生干扰。当热力站设备噪声较高时，应加大与周围建筑物的距离，或采取降低噪声的措施，使受影响建筑物处的噪声符合《声环境质量标准》（GB 3096—2008）的规定。当热力站所在场所有隔震要求时，水泵基础和连接水泵的管道应采取隔震措施。

2）热力站的站内应有良好的照明和通风。

3）站内设备间的门应向外开。当热水热力站的长度大于 12m 时，应设两个出口；热力网设计水温小于 100℃时可只设一个出口。蒸汽热力站不论空间尺寸如何，均应设置两个出口。安装孔或门的大小应保证站内检修、更换的最大设备出入。多层热力站应考虑用于设备垂直搬运的安装孔。

4）站内地面应有坡度或采取措施保证管道和设备排出的水引向排水系统。当站内排水不能直接排入市政排水网时，应设置集水坑和排水泵。

5）位置较高且需经常操作的设备处应设计操作平台、附体和防护栏杆等设施。

（二）热力站与管网的连接形式

1. 热水网与热力站连接

热水网与热力站的连接方式取决于一级热水网路热媒的压力、温度，以及二级热水网路和热用户对热媒压力温度的要求。下面介绍一级热水网路与热力站的主要连接方式。

（1）间接连接方式。有下列情况之一时，用户采暖系统应采用间接连接：

1）大型集中供热热力网；

2）建筑物采暖系统高度高于热力网水压图供水压力线或静水压力线；

3）采暖系统承压能力低于热力网回水压力或静水压力；

4）热力网资用压头低于用户采暖系统阻力，且不宜采用加压泵；

5）由于直接连接，而使管网运行调节不便、管网失水率过大及安全可靠性不能有效保证。

（2）直接连接方式。当热力网水力工况能保证用户内部系统不汽化、不超过用户内部系统的允许压力、热力网资用压头大于用户系统阻力时，用户系统可采用直接连接。采用直接连接，且用户采暖系统涉及工作温度等于热力网设计供水温度时，应采用不降温的直接连接。

如图 1-46 所示，在这个热力系统中，一级热网的热水进入热力站并经过分水器进入各个热用户，回水流经热力站的集水器并回到一级热网回水干管。

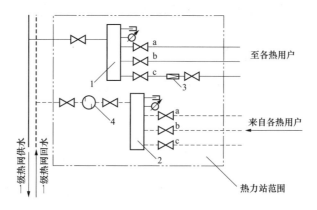

图 1-46　采用分、集水器直接连接的热力站
1—分水器；2—集水器；3—减压装置；4—除污器

在分水器的 a、b、c 三个分支管上皆有对压力要求不同的三个分支网络，a、b 分支网路上的压力工况与一级热网相符，安装调节阀门；c 分支管上装有减压装置（减压阀或节流孔板），因为 c 分支网路上的压力工况需要对一级热网供水减压。

这种连接方式中，一级热网的水直接进入热用户，失水量较大，因此适用于热源供水温度不高的中小型供热系统。

（3）加混水装置的热力站。当用户采暖系统设计供水温度低于热力网设计供水温度时，应采用有混水装置的直接连接。即为一种将一次网的供水直接输入到二次网，使其提高二次网的供水温度，同时将二次网的部分回水输入到一次网的回水中的供热方式。

加混水装置的热力站与采用换热器的热力站相比，省去了换热器和热力站内的补水系统，具有占地面积小、工程造价低、热损失小的优点；与直接连接系统相比，可以降低一次管网的管径，减少循环水量，节省投资和节省水泵的电耗。

混水装置的扬程不应小于混水点以后用户系统的总阻力。如采用混合水泵时，台数不应少于 2 台，其中 1 台备用。

加混水装置的热力站，根据系统的运行特点和供热要求，对混水方式主要分三种：

1）旁通管加压式。对于一次网供水压力高于二次网的供水压力时，将一次网的供水管接入二次网循环水泵的出口。混水泵设置在混水旁通管上，利用水泵将二级网的部分回水加压打入到一级网供水中混合加热，形成二级网供水，二级网的另一部分回水作为一级网的回水返回一级网回水管中，并分别在一次网的供、回水管上设置电动调节阀。混水泵宜采用变频式，便于调节混水量。此种形式适用于一次热网的前段或中段，供水高中压区，供回水有足够的资用压头。连接形式及水压图如图 1-47 所示。

2）供水加压式。对于一次侧供水压力低于二次网的供水压力时，需要将一次网的供水管接入二次网循环水泵的入口处。混水泵设置在二级网供水管上，一级网回水调节阀将二级网回水压力调节到满足二级网系统静压,利用混水泵将二级网的部分回水和一级网供水同时吸入混合加热,形成二级供水,二级网的另一部分回水作为一级网的回水返回一级网回水管中。一级网供回水管上设置电动调节阀,混水泵宜采用变频式。这种形式多用于处于一级热网尾端的热力站,一次热网的供水低压区。连接形式及水压图如图 1-48所示。

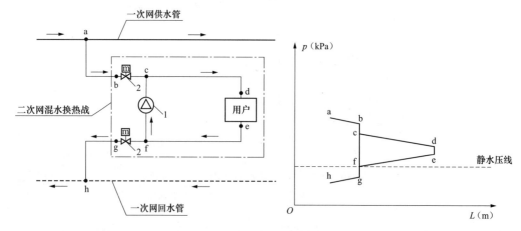

图 1-47　混水泵旁通加压

1—混水泵;2—电动调节阀

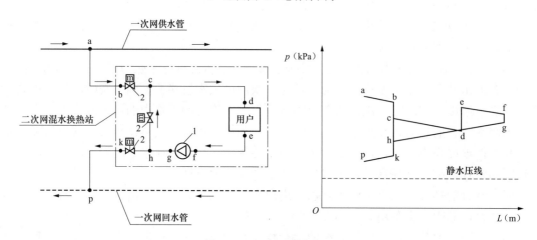

图 1-48　混水泵供水加压

1—混水泵;2—电动调节阀

　　3)回水加压式。对于二次侧回水压力不足的,需要将二次网循环水泵安装在二次网的回水管道上,用于提高二次回水压力。混水泵设置在二级网回水管上,利用混水泵将二级网回水加压,一部分回水受混水旁通管上的调节阀或一级网回水管路上调节阀支配流入一级网供水混合加热,形成二级供水,另一部分回水直接返回一级网回水管中。一次供、回水管道安装电动调节阀,混水泵采用变频。此种方式适用于一级热网的供水高压区并且地势低洼处。连接形式及水压图如图 1-49 所示。

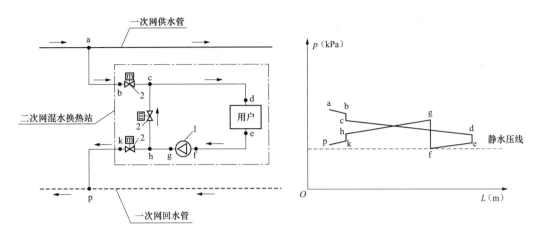

图 1-49　混水泵回水加压

1—混水泵；2—电动调节阀

随着供热技术的不断发展，供热调控设备的进步，目前带有混水装置的热力站可完成智能化控制全自动运行，实现无人值守，安全可靠。总控制室将控制程序（混水压力及混水温度值）传送给微机，微机通过远程控制室内采集的一次网、二次网的压力及温度参数自动比对，跟踪调节相关设备、阀门开启度，从而达到控制要求。在 PLC 上取二次网的供水温度信号，来调节一次网的电动调节阀门，保证二次网的供水温度；根据二次网的供水压力信号，来调节循环泵的转速，保持二次网的供水压力；根据二次回水压力信号调节一次回水电动调节阀门，来保证回水压力不变。

（4）加压泵连接方式。当热力站入口处热力网资用压头不满足用户需要时，可设置加压泵；加压泵宜布置于热力站回水管道上。如图 1-50 所示。

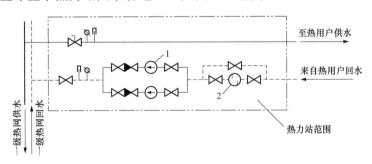

图 1-50　加压泵连接的热力站

1—升压泵；2—除污器

升压泵的使用及选择需要经过详细计算，并对整个供热系统的水压图进行详细分析，其流量、扬程不可过分富余，否则会影响邻近热力站。当热力网末端需设加压泵的热力站较多，且热力站自动化水平较低，没有自动调节装置时，各加压泵不能协调工作，易造成水力工况紊乱，此时应设热力网中继泵站，取代分散的加压泵。集中设置中继泵站对于热力网水力工况的稳定和节能都是较合理的措施。当热用户自动化水平较高，开动加压泵能自动维持设计流量时，采用分散加压泵可以节能。

（5）有生活热水供应设备的热力站。兼具供暖和生活热水供应的热力站，当生活热水热负荷较小时，生活热水换热器与采暖系统可采用并联连接。如图 1-51 所示，生活热水加热用的换热器一般应为容积式，可省去热水储水罐。

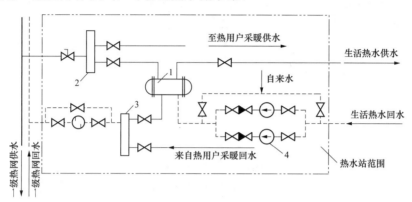

图 1-51　有生活热水供应设备的热力站

1—容积式生活热水加热器；2—分水器；3—集水器；4—生活供热水循环泵

当生活热水热负荷较大时，生活热水换热器与采暖系统宜采用两级串联或两级混合连接。例如 150/70℃闭式热水热力网，当生活热水热负荷为采暖热负荷的 20%，采用质调节时，其热力网流量已达到采暖热负荷热力网流量的 50%；若生活热水热负荷为采暖热负荷的 40%，两种负荷的热力网流量基本相等。为减少热力网流量，降低热力网造价，应采用两级加热系统，即第一级首先用采暖回水加热。采取这一措施可减少生活热水热负荷的热力网流量约 50%，但这要增加热力站设备的投资。

2. 蒸汽网与热力站连接

蒸汽网与热力站的连接方式取决于一级蒸汽网的压力、二级蒸汽网的压力、热力站的功能等因素。蒸汽热力站是蒸汽分配站，通过分汽缸对各分支进行控制、分配，并提供了分支计量的条件。蒸汽热力站也是转换站，根据热负荷的不同需要，通过减温减压可满足不同参数的需要，通过换热系统可满足不同介质的需要。

（1）通过分气缸直接连接。如图 1-52 所示。由一级蒸汽网路引入热力站的蒸汽经分汽缸再由各分支管（二级蒸汽网路）送入各热用户，分汽缸上各个分支环路上均加流量调节阀，图中假定 a 环路上的二级汽网上的连接用户所需压力比一级汽网供汽压力低，故在 a 环路供汽分支管上设置减压阀。

由各个蒸汽用户返回的凝结水经二级汽网回到热力站的凝结水箱内，再用加压凝结水泵经一级汽网打回到热源，这类热力站大多为工业热力站。

（2）用汽-水换热器间接连接。如图 1-53 所示。一级蒸汽网路来汽作为加热采暖水和生活热水的热介质，蒸汽加热后的凝结水返回热源，也可以作为二级网路的补水。这类热力站的功能较全，可向二级网路供工艺用汽、供暖、供生活热水，是工业、民用混合型的多用途热力站。

（3）利用汽水混合加热器连接。如图 1-54 所示。热力站内设分汽缸，工艺用蒸汽从分汽缸上直接引出。热力站热水供暖系统采用开式膨胀水箱定压，其加热装置为汽水混合加热器。蒸汽放热后的凝结水与采暖回水混合进入采暖系统，由于系统水量增加，多余的水经膨胀水箱的溢流管流入一级热网的凝结水管，靠重力作用返回热源。

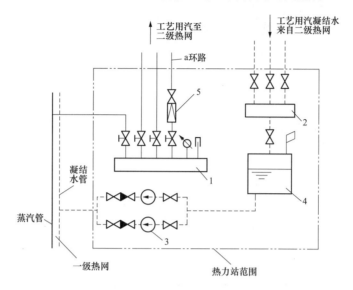

图 1-52　通过分汽缸与一级蒸汽网路连接的热力站

1—分汽缸；2—凝结水联箱；3—凝结水泵；4—凝结水箱；5—减压装置

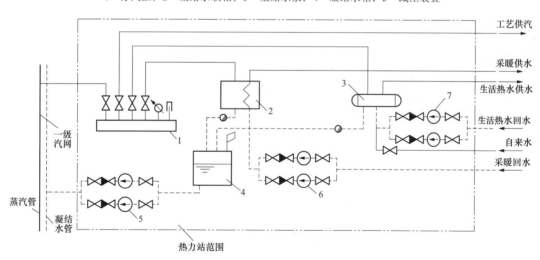

图 1-53　多用途热力站

1—分汽缸；2—汽-水换热器；3—容积式换热器；4—凝结水箱；5—凝结水泵；

6—二级热网采暖循环泵；7—生活热水循环泵

此类热力站是工业、民用合用的，既可满足工业用汽，又能满足民用，特别适用于中小城市生活区与工厂混在一起的区域热力站采用。这种热力站由于有工业性负荷，所以必须常年运行。

此种热力站的使用是有条件的。首先，距热源不能太远，一般在 3～4km 以内；热源出口端供汽的饱和压力以 0.8～1.0MPa 为宜。其次，热力站（或附近建筑）内要有适于安装膨胀水箱的位置，且供热区域内有这类热力站的膨胀水箱高度均应高于热源处的总凝结水箱，以保证凝结水靠重力自流回水。因此，这类热力站适用于地势较平坦的区域。

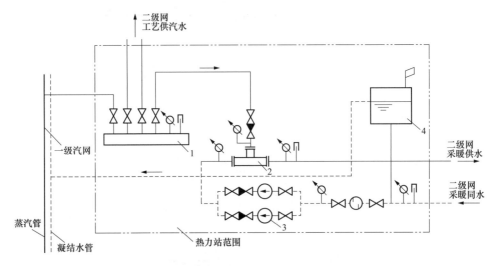

图 1-54　利用汽水混合加热器连接的热力站

1—分汽缸；2—汽水混合加热器；3—供暖循环水泵；4—膨胀水箱

以上所介绍的均为单一种类的连接类型，在实际工程中所遇见的热力站可能是多种连接类型的组合，例如：既有热水又有蒸汽的热力站，或既有间接连接又有带升压泵的热力站，或既有采暖用户又有生活热水供应的热力站等，但不管如何复杂，其连接方式都不外乎如上所述类型，只不过是根据工程实际情况，把各单一类型组合在热力站里。

3．一级热水网与冷热交换站的连接

在城市集中供热供冷系统中，冷热交换站内设置采暖水-水换热器、热水型吸收式冷水机组和生活热水的水-水换热器。这种系统常见的连接方式有三种。

（1）方案一。如图 1-55 所示。一级热网冬夏季供水温度为 130～150℃，回水温度为70℃，一级热网为双管。二级热网冬季采暖回水温度为 80～60℃；夏季空调冷水供回水温度为 8～15℃；热水供应供水温度为 65℃。二级热网为四管制，冷热水供回水管两根，生活热水管两根。应注意，由于二级热网的空调用冷水和采暖用热水的供回水温差不同，冷水量大，所以在选择管径时，建议按较大的夏季流量选择。

（2）方案二。如图 1-56 所示。此方案与方案一基本一致，不同之处在于夏季一级热网供水流经吸收式制冷机，进入热水供应加热器后再回入一级热网回水干管，以尽量降低一级热网的回水温度，更好地利用热能。一级热网是双管制，二级热网是四管制。

（3）方案三。如图 1-57 所示。在热力站内设有水-水换热器，一级热网高温水和二级热网低温水进行热交换，把二级热网热水送到各建筑物，若建筑物需要空调和热供应，则可在该建筑物内设低温热水型吸收式冷水机组、热水供应水-水换热器，利用二级热网热水制备冷水和热水。这种方案大大减小了二级热网的热水管道直径，同时对各建筑物而言使用和调节方便，但制冷效率较低。

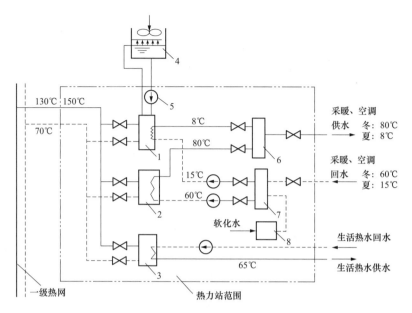

图 1-55　一级热网与冷热交换站的连接（方案一）

1—吸收式冷水机组；2—水-水换热器（采暖用）；3—水-水换热器（生活热水用）；4—冷却塔；

5—冷却水泵；6—分水器；7—集水器；8—补水定压装置

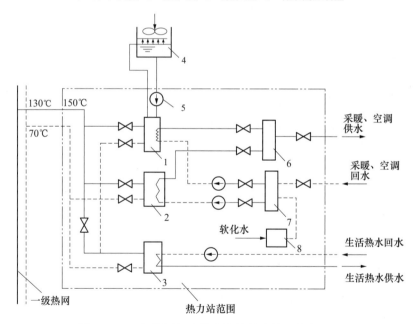

图 1-56　一级热网与冷热交换站的连接（方案二）

1—吸收式冷水机组；2—水-水换热器（采暖用）；3—水-水换热器（生活热水用）；4—冷却塔；

5—冷却水泵；6—分水器；7—集水器；8—补水定压装置

四、中继泵站

所谓中继泵站，是指当供热区域地形复杂、供热距离很长或原有热水网路扩建等原因，如只在热源处设置网路循环水泵和补给水泵，往往难以满足网路和大多数用户压力工况的要求时，就需要在网路供水或回水管上设置中继泵站，即升压泵站。中继泵站的位置、数量、水泵扬程，应在管网水力计算和绘制水压图的基础上，经技术经济比较后确定。

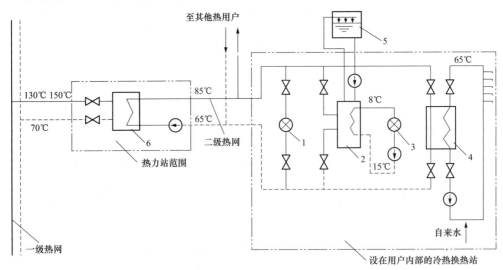

图 1-57 一级热网与冷热交换站的连接（方案三）

1—用户采暖系统；2—用户吸收式冷水机组；3—用户空调冷水系统；

4—热水供应加热器；5—冷却塔；6—热力站内水-水换热器

本节将简单介绍中继泵站的基本概念和设计要点。

（一）中继泵站的安装位置

中继泵站的安装位置是方案性问题，涉及供热区域内的地形高差、热用户的分布位置、热用户系统承压等多种因素，下面用图所示的几个实例加以介绍。

1. 热网供回水干管上设中继泵（泵前后有热用户）

见图 1-58，热水网路供回水干管上设置了中继泵，但中继泵前后的热网干管上都有热用户。对于原有热水网路扩建，即在管径不改变的情况下，接入许多新的热用户，此种类型同样适用。

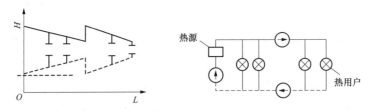

图 1-58 热网供回水干管上设中继泵（泵前后有热用户）

L—距热源距离；H—水压

2. 热网供回水干管上设中继泵（泵后有热用户）

见图 1-59，热水网路供回水干管上设置了中继泵，但热用户全部在中继泵之后。此种类型适用于热用户距离热源较远的情况。此时，仅靠主循环泵的扬程克服主干管的管网阻力，会使热源处的压力升高，整个管网的运行压力均升高，不利于网路的安全运行。

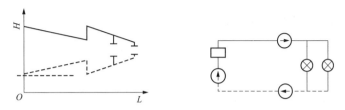

图 1-59 热网供回水干管上设中继泵（泵后有热用户）

L—距热源距离；H—水压

3. 热网供水干管上设中继泵（泵后有热用户）

见图 1-60，热水网路供水干管上设置了中继泵，中继泵前无热用户。此种类型多用于输送距离较长，地形高差悬殊，热源在低处时，供水干管上设置加压泵，可降低热源出口供水干管的压力。

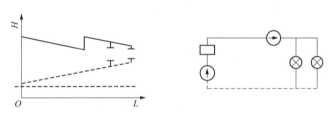

图 1-60 热网供水干管上设中继泵（泵后有热用户）

L—距热源距离；H—水压

4. 热网供水干管上设中继泵（泵前后有热用户）

见图 1-61，热水网路供水干管上设置了中继泵，当远端热用户的地形较高，而又不允许提高热网静水压线时，适于采用此种类型。

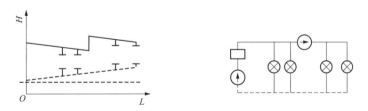

图 1-61 网供水干管上设中继泵（泵前后有热用户）

L—距热源距离；H—水压

5. 热网回水干管上设中继泵（泵前后有热用户）

见图 1-62，中继泵安装在网路回水干管上，中继泵前后都有热用户，这种类型适用于热网阻力较大，需提高热网回水干管压力，以满足输送距离的热水网路上。

6. 热网回水干管上设中继泵（泵后有热用户）

见图 1-63，它与图 1-62 的区别在于，中继泵后没有热用户，此种类型较多适用于热用户所处地形高于热源地形，又不允许提高热网运行压力的情况下。

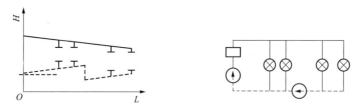

图 1-62　热网回水干管上设中继泵（泵前后有热用户）

L—距热源距离；H—水压

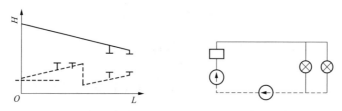

图 1-63　热网回水干管上设中继泵（泵后有热用户）

L—距热源距离；H—水压

以上介绍的六种类型基本上包括了可能遇到的各种情况，但给出的水压图仅为示意性的，没有度量的概念。

在实际工程中，由于所选择的中继泵扬程差别较大，其水压图形状将有差别。但利用上述六种类型，可以经济而合理地解决许多复杂的、利用热网主循环泵无法解决的输送问题。

（二）设置中继泵站的条件

中继泵站的位置、泵站数量及中继水泵的扬程，应在管网水力计算和管网水压图详细分析的基础上，通过技术经济比较确定。简单讲，在以下几种情况下可设中继泵站：

（1）在较大的供热系统中，虽然仅在热源处设主循环泵也可满足输送要求，但会导致主循环泵扬程过高，运行电耗过大，或难以选择到适宜的泵型时。

（2）热网长度过长，为满足远端用户需求要提高整个供热系统运行压力以至超过近端用户的承压能力时。

（3）为了降低供热系统静水压力线时。

（4）供热区域内地形较复杂，为满足某些特殊用户的连接要求时。

（5）为了满足其他特殊要求时。

在确定是否采用中继泵或其安装位置时，还应注意以下问题：

（1）初投资和运行费用。

（2）系统的安全性、可靠性，是否运行方便。

（3）要利用水压图进行定性、定量的分析，优化方案，以求得最佳的综合经济效益。

（4）中继泵站不应建在环状管网的环线上，否则，只能造成管网的环流，不能提升管网的自用压头。

（5）中继泵站应优先考虑采用回水加压方式。由于回水温度较低（一般不超过80℃），不需用耐高温的水泵，降低建设投资。

（6）对于大型城市热水供热管网设置中继泵站，是为了不用加大管径就可以增大供热距离，节省管网建设投资，但相应增加了泵站投资，因此是否设置中继泵站，应根据具体情况经技术经济比较后确定。

（三）中继泵站与管网的连接形式

中继泵站一般设置在单独的建筑物内，其与主管网的连接可直接建在主管网上，或建于主管网附近。如图1-64所示，中继泵站与热网连接宜简化设置。

（四）中继泵站的设计要点及选型

（1）根据中继泵所安装位置选择合适的泵型，设在供水管上的泵的工作温度应大于热网供水温度。我国常用泵的耐温情况为：S、IS、Sh型泵低于80℃；R、HPK型泵低于230℃。

（2）中继泵应采用调速泵且应减少中继泵的台数。设置3台或3台以下中继泵并联运行时应设备用泵，设置4台或4台以上中继泵并联时可不设备用泵。

（3）水泵出入口的阀门应根据运行压力选择，宜选择蝶阀，以节省安装操作位置。

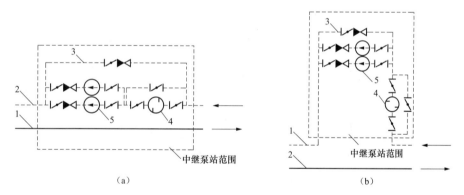

图1-64　中继泵与管网连接

（a）泵站在主管网上；（b）泵站在主管网附近

1—供水主干管；2—回水主干管；3—旁通管；4—除污器；5—中继泵

（4）水泵入口应装除污器，宜安装流量计。在水泵出口侧设安全阀。中继泵进出口母管之间应设旁通管，管径宜与母管等径；旁通管上应设止回阀，但不应是关断阀，以防止水击事故造成的损害。

（5）输送高温介质（100℃以上）的中继泵应设冷却水管道。

（6）泵站的门窗应向外开，门的大小应保证泵站内最大设备的出入。泵站内地平应该有坡度，并应保证管道和设备排除的水引向室内排水系统并排至室外管网，当不能拍向室外管网时，应设集水坑和排水泵。

（7）中继泵站的站内净高，除应考虑通风、采光等因素外，还应满足设备安装起吊及操作要求，一般不宜低于3～4m。

（8）站内一般要留检修场地，其面积应根据设备外形尺寸和检修需要确定，并在周围留有不小于 0.7m 的通道。当考虑设备就地检修时，可不设检修场地。

（9）较大的泵站要考虑起吊设施，并应符合下列规定：

1）当需起重的设备数量较少且起重量小于 2t 时，应采用固定吊钩或移动吊架。

2）当需起重的设备数量较多或需要移动且起重量小于 2t 时，应采用手动单轨或单梁吊车。

3）当起重量大于 2t 时，宜采用电动起重设备。

（10）水泵机组的布置应符合下列要求：

1）电动机容量小于 55kW 时，相邻两个机组基础间的净距不小于 0.8m；电动机容量等于或大于 55kW 时，相邻两个机组基础间的净距不小于 1.2m。

2）当考虑就地检修时，至少在每个机组一侧留有大于水泵机组宽度加 0.5m 的通道。

3）相邻两个机组突出部分的净距以及突出部分与墙壁间的净距，应保证泵轴和电动机转子在检修时能拆卸，并不得小于 0.7m；如电动机容量大于 55kW 时，则不小于 1.0m。

4）中继泵站的主要通道宽度不应小于 1.2m。

5）水泵基础应高出站内地面 0.15m 以上。

（11）中继泵吸入口侧压力，不应低于入口可能达到的最高水温下的饱和蒸汽压力加 50kPa。

第五节　热用户及室内供暖

一、热用户

热用户是指从供热系统获得热能的用热装置，它是供热系统中最后的用热单位。热力网通过热用户入口与热用户连接。热用户入口布置在单栋建筑物的地沟入口处或地下室（或底层）。有的热用户入口较简单，仅有调节关断阀门、温度计、压力表，只起调配热用户流量的作用；有的热用户建筑入口有加压泵、混水泵、换热器等设备。本节将专门介绍热用户与热力网的连接、各种热用户入口、它们的使用条件以及热用户入口的常用设备。

热力网与热用户连接的基本原则。在小型供热系统中，热用户建筑高度相差不大时，热力网与热用户连接方式可统一，热源可在既定的参数下运行。但是在大型集中供热或区域性热力网中，用户系统多种多样，地形高差大，建筑物高度不一，用户内设备承压能力不同，热用户对热媒温度要求不一样。以某一既定的热媒参数（温度、压力）运行的热力网，显然不可能满足各种不同热用户室内供热系统的设计要求，而应根据不同热用户系统的要求选择合适的连接方式以满足热用户的要求。在集中供热系统中，热力网的热力、水力工况能与一部分用户内部系统的要求相吻合，而另一部分热用户则不能直接满足要求，还需要在热用户处对介质参数进行改变和调节。热媒参数的调节可借助于各种专用设备和自动调节器，或采用不同的与外网连接方式来实现。热用户与供热管网连接时必须遵循以下原则：

（1）用户系统内部的压力不应超过其设备允许工作压力。

（2）用户系统中的压力不应低于系统的静水压力，不允许用户中任何部分出现倒空现象。进入用户系统的热媒参数应满足用户的设计要求。

（3）在满足上述要求的前提下，尽量采用较为简单的连接形式，以降低初投资和方便运行管理。

用户系统与外网连接方式虽然很多，但就其原理讲可归为直接连接和间接连接两类：

（1）直接连接。室外热力网与用户系统中循环的是同一热媒，水力工况的改变依靠入口处的水泵或压力、流量调节器来实现，温度工况的调节则需借助各种混水装置（混水泵、三通调节阀）等来实现。由于热用户从热力网直接取水，所以热力网失水率稍高些。

（2）间接连接。用户系统热媒的温度、压力、流量与室外热力网不一样，而且有自身独立的水力工况，用户系统热媒的温度是借助调节装置通过控制进入热交换器的室外热力网的热媒参数进行调节的。热力网水不进入热用户，热力网不失水。近些年来，高层建筑如何与热力网连接成为暖通专业的热点问题，由于高层建筑静水压力高，其连接方式较为复杂。

二、室内热水供暖系统

（一）室内热水供暖系统及其分类

（1）按热媒温度的不同，可分为低温水供暖系统和高温水供暖系统。在各个国家，对于高温水和低温水的界限，都有自己的规定，并不统一。在我国，习惯认为：水温低于或等于100℃的热水，称为低温水，水温超过100℃的热水，称为高温水。

室内热水供暖系统，大多采用低温水作热媒。设计供、回水温度多采用70/50℃、65/45℃。低温热水辐射采暖供、回水温度60/40℃。

（2）按系统循环动力的不同，可分为重力（自然）循环系统和机械循环系统。靠水的密度差进行循环的系统，称为重力循环系统；靠机械（水泵）力进行循环的系统，称为机械循环系统。

（3）按系统管道敷设方式的不同，可分为垂直式和水平式。垂直式供暖系统是指不同楼层的各散热器用垂直立管连接的系统；水平式供暖系统是指同一楼层的散热器用水平管线连接的系统。

（4）按散热器供、回水方式的不同，可分为单管系统和双管系统。热水经立管或水平供水管顺序流过多组散热器，并顺序地在各散热器中冷却的系统，称为单管系统。热水经供水立管或水平供水管平行地分配给多组散热器，冷却后的回水自每个散热器直接沿回水立管或水平回水管流回热源的系统，称为双管系统。

（二）传统室内热水供暖系统

传统室内热水供暖系统是相对于新出现的分户供暖系统而言的，就是我们经常说的"大采暖"系统，通常以整幢建筑作为对象来设计供暖系统，沿袭的是前苏联上供下回的垂直单、双管顺流式系统。它的优点是构造简单；缺点是整幢建筑的供暖系统往往是统一的整体，缺乏独立调节能力，不利于节能和自主用热。但其结构简单，节约管材，仍可作为具有独立产权的民用建筑与公共建筑供暖系统使用。热水供暖系统，依照管道的敷设方式不同，可分为垂直式和水平式两种。

（1）垂直式系统。按供、回水干管布置的位置不同，主要有下列几种形式：

1）上供下回式双管和单管热水供暖系统；

2）下供下回式双管热水供暖系统；

3）中供式热水供暖系统；

4）下供上回式（倒流式）热水供暖系统；

5）混合式热水供暖系统。

（2）水平式系统。按供水管与散热器连接方式的不同，可分为顺流式和跨越式两种。

（三）高层建筑供热系统

随着城市中高层建筑的出现，高层建筑供热系统的问题越来越受到广泛关注。高层建筑供热系统具有水的静压力较大且层数较多的特点，需要合理地确定管路系统，如果设计不当，垂直失调问题将变得尤为突出。

目前，我国高层建筑常见的供热系统主要有分层式、双线式及单、双管混合式三种系统。

1. 分层式供热系统

在高层建筑热水供热系统中，沿垂直方向将供热系统分成两个或者两个以上的独立系统的称为分层式供热系统。下层系统通常直接与室外网路连接，其高度主要取决于室外网路的压力工况和散热器的承压能力。上层系统与外网采用隔绝式连接，通过热交换器使得上层系统的压力与室外网路的压力隔绝。

高区与外网的连接主要有以下几种形式：

（1）设置热交换器的分层式系统。如图 1-65 所示，高区水与外网水通过热水交换器进行热量交换，热水交换器作为高区热源。另外，高区还设置循环水泵和膨胀水箱，使之成为一个与室外管网压力隔绝的独立的完整回路。该系统主要适用于外网水为高温水的供热系统。目前，高层建筑通常采用该方式。

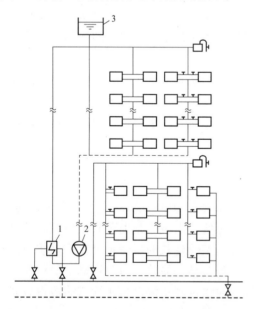

图 1-65　设置热交换器的分层式系统

1—热水换热器；2—循环水泵；3—膨胀水箱

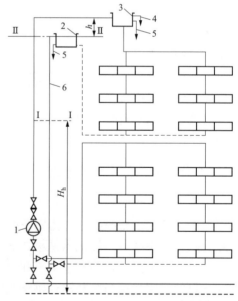

图 1-66　设置双水箱的分层式系统

1—加压水泵；2—回水箱；3—进水箱；4—进水箱
溢流管；5—信号箱；6—回水箱溢流管

（2）设置双水箱的分层式系统。如图 1-66 所示，设置双水箱分层式系统把外网水直接引入高区。当外网压力低于高层建筑的静水压力时，通过设置在供水管上的加压水泵的增压作用，将水送入高区上部的进水箱。高区的回水箱设置非满管流动的溢流管连接外网回水管，借助进水箱与回水箱之间的压差克服高区阻力，使水在高区内自然循环流动。

设置双水箱分层式供热系统利用进水箱和回水箱，隔绝高区压力与外网压力，从而简化入口设备，降低系统成本以及运行管理费用。但是，由于水箱呈开放式，容易造成空气进入，从而加剧其对设备和管道的腐蚀。

（3）设置断流器和阻旋器的分层式系统。如图1-67所示，设置断流器和阻旋器的分层式系统的高区水直接与外网水连接。高区供水管上设置加压水泵，以保证高区系统所需压力，在水泵出口设置止回阀。止回阀的布置可以有效避免高区出现倒空现象。另外，在回水管路的最高点处安装断流器。在回水管路中间串联设置阻旋器，并且垂直安装，其高度与室外管网静压线一致，主要作用是使得其后的回水压力与低压区系统压力平衡。从断流器引出连通管与立管一同延伸至阻旋器，从断流器流出的高速水流到阻旋器处停止旋转，流速减小从而溢出大量空气，空气沿连通管上升，通过断流器上部的自动排气阀排出。高区水泵与外网循环水泵同时启闭，通过微机进行自动控制。

设置断流器和阻旋器的分层式系统主要应用于不能设置热交换器和双水箱的高层建筑低温水供热情况。其特点为高、低区热媒温度相同，系统压力可以进行调节，运行平稳可靠，管理简单。

（4）设置阀前压力调节器的分层式系统。如图1-68所示，设阀前压力调节器的分层式系统高区水直接与外网水连接。加压水泵设置于高区供水管上，水泵出口处设置止回阀，阀前压力调节器设置于高区水管上。当系统正常运行时，阀前压力调节器的阀孔开启，高区水与外网水直接连接，高区正常供热。当系统停止运行时，阀前压力调节器的阀孔关闭，同止回阀一起把高区水与外网水隔断，防止高区水倒空。

该系统的特点为采用直接连接方式，高、低区水温相同，运行调节方便，可以满足高层建筑的低温水供热用户的供热要求。

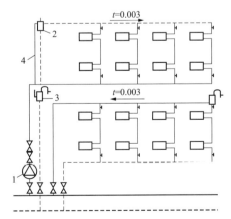

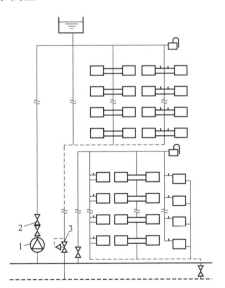

图1-67 设置断流器和阻旋器的分层式系统

1—加压控制系统；2—断流器；3—阻旋器；4—连通管

图1-68 设置阀前压力调节器的分层式系统

1—加压水泵；2—止回阀；3—阀前压力调节器

2. 双线式供热系统

高层建筑的双线式供热系统主要分为垂直双线单管式供热系统和水平双线单管式供热系统。

双线式单管供热系统是由垂直或者水平的∏形单管连接构成。散热设备一般采用承压能力较高的蛇形管或敷设板。

垂直双线单管式供热系统，如图 1-69 所示，其散热器立管由上升立管和下降立管组成，因而各层散热器的热媒平均温度近似认为相等，这样有利于避免垂直失调。但是，由于各立管阻力较小，容易造成水平方向上的热力失调。因此，可以在每根回水管末端设置节流孔板增加立管压力，或者采用同程式系统，以防止水平失调现象。

水平双线单管式供热系统，如图 1-70 所示，沿水平方向的各组散热器内的热媒温度近似相同，因此可以有效避免冷热不均现象。同样，可以在每层设置调节阀，进行分层调节。另外，可以在每层水平支线上设置节流孔板，增加各水平环路的阻力损失，从而避免垂直失调现象。

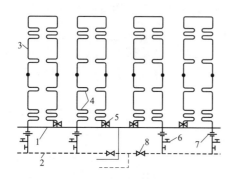

图 1-69　垂直双线单管式供热系统
1—供水干管；2—回水干管；3—双线立管；4—散热器或加热盘管；5、8—截止阀；6—节流孔板；7—调节阀

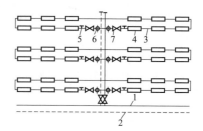

图 1-70　水平双线单管式供热系统
1—供水干管；2—回水干管；3—双线水平管；4—散热器；5—节流孔板；6—排气阀；7—截止阀

3. 单、双管混合式供热系统

如图 1-71 所示，如果在高层建筑供热系统中，将散热器沿垂直方向分成若干组，每组有 2~3 层，每组内采用双管形式，组与组之间采用单管形式连接，这样便组成了单、双管混合式供热系统。系统垂直方向串联散热器的组数取决于底层散热器的承压能力。

此系统不仅可以有效避免由于楼层过多引起的垂直失调现象，而且可以避免单管顺流式散热器支管管径过多的不足，同时可以进行散热器的局部调节。

（四）热水供热系统的辅助系统

1. 膨胀水箱

膨胀水箱是用来贮存热水供暖系统加热的膨胀水量。在重力循环上供下回式系统中，它还起着排气作用。膨胀水箱的另一作用是恒定供暖系统的压力。

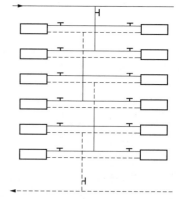

图 1-71　单、双管混合式供热系统

膨胀水箱一般用钢板制成，通常是圆形或矩形。箱上连有膨胀管、溢流管、信号管、排水管及循环管等管路。

膨胀管与供暖系统管路的连接点，在重力循环系统中，应接在供水总立管的顶端；在机械系统中，一般接至循环水泵吸入口前。连接点处的压力，无论在系统不工作或运行时，都是恒定的，此点因而也称作定压点。当系统充水的水位超过溢水管口时，通过溢流管将水自动排出。溢流管一般可接到附近下水道。

2. 热水供暖系统排除空气的设备

系统的水被加热时，会分离出空气。在大气压力下，1kg 水在 5℃时，水中的含气量超过 30mg，而加热到 95℃时，水中的含气量只有 3mg。此外，在系统停止运行时，通过不严密处会渗入空气，充水后，也会有些空气残留在系统内。如前所述，系统中如积存空气，就会形成气塞，影响水的正常循环。热水供暖系统排除空气的设备可以是手动的，也可以是自动的。国内目前常见的排气设备，主要有集气罐、自动排气阀和冷风阀等几种。

（1）集气罐。集气罐用直径 $\phi100\sim\phi250$mm 的钢管焊接而成，它有立式和卧式两种。

在机械循环的上供下回系统中，集气罐应设在系统各分环环路的供水干管末端的最高处。在系统运行时，定期手动打开阀门将热水中分离出来并聚集在集气罐内的空气排除。

（2）自动排气阀。目前国内生产的自动排气阀形式较多。它的工作原理很多都是依靠水对浮体的浮力，通过杠杆机构传动，使排气孔自动启闭，实现自动阻水排气的功能。

（3）冷风阀。冷风阀多用于水平式和下供下回系统中，它旋紧在散热器上部专设的丝孔上，以手动方式排除空气。

3. 其他附属设备

（1）散热器温控阀。散热器温控阀是一种自动控制散热器散热量的设备，它由两部分组成。一部分为阀体部分，另一部分为感温元件控制部分。当室内温度高于给定的温度时，感温元件受热，其顶杆就压缩阀杆，将阀口关小；进入散热器的水流量减小，室温下降。当室内温度降低于设定值时，感温元件开始收缩，其阀杆靠弹簧的作用，将阀杆抬起，阀孔开大，水流量增大，散热器散热量增加，室内温度开始升高，从而保证室温处在设定的温度值上。温控阀控温范围在 13～28℃之间，控温误差为 ±1℃。

散热器温控阀具有恒定室温、节约热能的优点。在欧美国家得到广泛应用。主要用在双管热水供暖系统上。用在单管跨越式系统上，从工作原理（感温元件作用）来看是可行的。但散热器温控阀的阻力过大（阀门全开时，阻力系数达 18.0 左右），使得通过跨越管的流量过大，而通过散热器的流量过小，设计时散热器面积需增大。研制低阻力散热器温控阀的工作，在国内仍有待进一步开展。

（2）分、集水器。分水器的作用是将低温热水平稳的分开并导入每一路的地面辐射供暖所铺设的盘管内，实现分室供暖和调节温度的目的，集水器是将散热后的每一路内的低温水汇集到一起。

（3）锁闭阀。锁闭阀是随着既有建筑采暖系统分户改造工程与分户采暖工程的实施而出现的，前者常采用三通型，后者常采用两通型。主要作用是关闭功能，是必要时采取强制措施的手段。阀芯可采用闸阀、球阀、旋塞阀的阀芯，有单开型锁与互开型锁。有的锁闭阀不仅可关断，还具有调节功能。此类型的阀门可在系统试运行调节后，将阀门锁闭。

既有利于系统的水力平衡，又可避免由于用户的"随意"调节而造成失调现象的发生。

（五）室内供暖系统的末端散热装置

室内供暖系统的末端散热装置是供暖系统完成供暖任务的重要组成部分。它向房间散热以补充房间的热损失，从而保持室内要求的温度。

室内供暖系统的末端散热装置向房间散热的四种情况：

（1）供暖系统的热媒（蒸汽或热水），通过散热设备的壁面，主要以自然对流传热方式（对流传热量大于辐射传热量）向房间传热。这种散热设备通称为散热器。

（2）供暖系统以低温热水（≤60℃）为加热热媒，以塑料盘管作为加热管，预埋在地面混凝土层中并将其加热，向外辐射热量的采暖方式称为低温热水地面辐射采暖。此时，建筑物部分围护结构与散热设备合二为一。

（3）供暖系统的热媒（蒸汽、热水、热空气、燃气、电热膜或加热电缆），通过散热设备或与之相连结构的壁面，主要以辐射方式向房间传热。散热设备可采用在建筑物的顶棚、墙面或地板内埋设管道、风道与加热电缆的方式；也可采用在建筑物内悬挂金属辐射板的方式。以上2、3均是以辐射传热为主的供暖系统，称为辐射供暖系统。

（4）通过散热设备向房间输送比室内温度高的空气，以强制对流传热方式直接向房间供热。利用热空气向房间供热的系统，称为热风供暖系统。热风供暖系统既可以采用集中送风的方式，也可以利用暖风机加热室内再循环空气以及风机盘管的方式向房间供热。

室内供暖系统的末端散热装置可根据热用户的需求，在实际工程中采用合适的形式。

散热器是最常见的室内供暖系统末端散热装置，其功能是将供暖系统的热媒（蒸汽或热水）所携带的热量，通过散热器壁面传给房间。随着经济的发展以及物质技术条件的改善，市场上的散热器种类很多。对于选择散热器的基本要求有以下几点：

（1）铸铁散热器。铸铁散热器长期以来得到广泛应用。它具有结构简单，防腐性好，使用寿命长以及热稳定性好的优点，但其金属耗量大、金属热强度低于钢制散热器。我国目前应用较多的铸铁散热器有翼型散热器和柱型散热器。

翼型散热器制造工艺简单，长翼型的造价也较低；但翼型散热器的金属热强度和传热系数比较低，外形不美观，灰尘不易清扫，特别是它的单体散热量较大，设计选用时不容易恰好组成所需的面积，因而目前不少设计单位，趋向不选用这种散热器。

柱型散热器是呈柱状的单片散热器。外表面光滑，每片各有几个中空的立柱相互连通。根据散热面积的需要，可把各个单片组装在一起形成一组散热器。

（2）钢制散热器。目前我国生产的钢制散热器主要有以下几种形式：闭式钢串片对流散热器、板型散热器、钢制柱型散热器、扁管型散热器等。

钢制散热器耐压强度高，一般钢制板型及柱型散热器的最高工作压力可达0.8MPa；钢串片的承压能力更高，可达1.0MPa。因此，从承压角度来看，钢制散热器适用于高层建筑供暖和高温水供暖系统。

外形美观整洁，占地小，便于布置。如板型和扁管型散热器还可以在外表面喷刷各种颜色和图案，与建筑和室内装饰相协调。钢制散热器高度较低，扁管和板型散热器厚度薄，占地小，便于布置。

三、热用户入口

热用户是指从供热系统获得热能的用热装置，它是供热系统中最后的用热单位，热网通过用户入口与热用户连接。热用户入口布置在单栋建筑物用户的地沟入口处或用户的地下室（或底层）。有的用户入口较简单，仅有调节关断阀门、温度计、压力表，只起调配热用户流量的作用；有的热用户入口则有加压泵、混水泵等设备。本节将专门介绍热用户与热网的连接、各种热用户入口、它们的使用条件，以及热用户入口的常用设备部件。

（一）热网与热用户系统连接的基本原则

在小型供热系统中，热用户建筑高度相差不大时，热网与热用户连接方式可统一，热源可在既定的参数下运行。

但是在大型集中供热或区域性热网中，用户系统多种多样，地形高差大，建筑物高度不一，用户内设备承压能力不同，热用户对热媒温度要求不一样。以某一既定的热媒参数（温度、压力）运行的热网，显然不可能满足各种不同热用户室内供热系统的设计要求，而应根据不同热用户系统的要求选择合适的连接方式以满足热用户的要求。

在集中供热系统中，热网的热力、水力工况只能与一部分用户内部系统的要求相吻合，而另一部分热用户则不能直接满足要求，还需要在热用户处对介质参数进行改变和调节。热媒参数的调节可借助于各种专用设备和自动调节器，或采用不同的与外网连接方式实现。热用户与供热管网连接时必须遵循以下原则：

（1）用户系统内部的压力不应超过其设备允许工作压力。

（2）用户系统中的压力不应低于系统的静水压力，不允许用户中任何部分出现倒空现象。

（3）进入用户系统的热媒参数应满足用户的设计要求。

（4）在满足上述要求的前提下，尽量采用较为简单的连接形式，以降低初投资和方便运行管理。

用户系统与外网连接方式虽然很多，但就其原理讲可归为两类，直接式连接和独立式间接连接：

（1）直接式连接。室外热网与用户系统中循环的是同一热媒，水力工况的改变依靠入口处的水泵或压力、流量调节器来实现，温度工况的调节则需借助各种混水装置（混水器、三通调节阀）等来实现。由于热用户从热网直接取水，所以热网失水率稍高。

（2）独立式间接连接。用户系统热媒的温度、压力、流量与室外热网不一样，而且有自身独立的水力工况，用户系统热媒的温度是借助调节装置通过控制进入热交换器的室外热网的热媒参数进行调的。热网水不进入热用户，热网不失水。

（二）高层建筑与热网连接

近些年来，高层建筑如何与热网连接成为暖通专业的热点问题，由于高层建筑静水压力高，其连接方式较为复杂。

1. 单纯的直接连接

如图1-72所示。这种方式适用于热用户所需的热媒温度、压力与热网完全相同的情况，这种连接方式的热力入口最为简单。

图 1-72 中给出了适用于不用情况的三种直连方式；图 1-72（a）适用于较小的热用户，且用户的流量、压力不必在入口做较多调节，因此仅需在用户入口加手动流量调节阀（或截止阀）做少量调节。图 1-72（b）适用于较大的热用户，且热用户内部分支环路较多，在入口处加分水器、集水器，在分水器、集水器的分支管上加流量调节阀以调节热用户内不同分支管的流量。图 1-72（c）适用于加大的且位置距热源较近的热用户，需要在入口设节流装置消耗部分多余的压力。

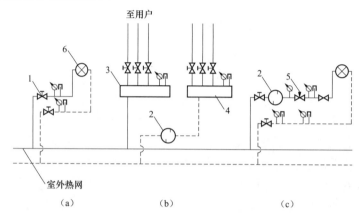

图 1-72　单纯的直接连接用户入口

1—流量调节阀；2—除污器；3—分水器；4—集水器；5—节流装置；6—采暖用户

2. 加水泵的用户入口

图 1-73 中的三种类型各适用于下列情形：

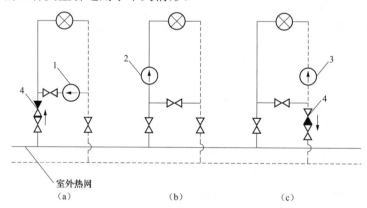

图 1-73　加水泵的用户入口

1—混水泵；2—供水管升压泵；3—回水管升压泵；4—止回阀

（1）图 1-73（a）入口加混水泵，利用跨接在入口供回水管之间的水泵把供回水混合后供向用户，这也属于直接连接的一种类型。用户供暖系统的供水温度低于热网供水温度，来自热网的较高温度的水与经混水泵的系统回水混合后达到需要的温度，通过用户散热后，除一部分经混水泵外，直接回到热网回水干管。两种水的混合比例靠混水泵出口阀门来调节。为避免水泵扬程高时导致回水进入热网供水干管，在入口的供水干管上应安装止回阀。

（2）图 1-73（b）入口供水管加升压泵，这种入口适用于入口供水管压力不足（低于用户系统的静压力）的系统，用升压泵补足其入口压力。

（3）图 1-73（c）入口回水管上加升压泵，此方式用在热网干管超载的情况下，一般在热网尾端用户使用的比较多。热用户回水管上的升压泵还起混水作用。

图 1-73 中，用户入口处水泵的选择应特别注意，其流量、扬程均应仔细计算，并在热网水压图上加以分析。

3. 间接独立连接

如图 1-74 所示。这种连接方式用于以下几种情况：

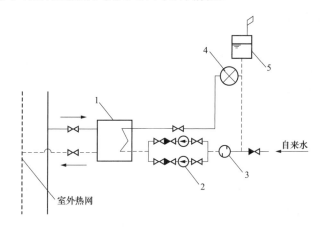

图 1-74　间接独立式连接的用户入口

1—换热器；2—用户循环水泵；3—除污器；4—采暖用户系统；5—膨胀水箱

（1）热网运行压力高，超过用户内部系统的允许压力限制时，必须将用户系统与热网在水力工况上分隔开。

（2）当室外热网与静压较高的高层建筑的供热系统连接时，采用直连会使整个热网系统静压力提高，必须将高层建筑的供热系统与热网上其他用户在水力工况上分隔开。

（3）当热网供水温度高于用户系统所需的供水温度，而且为了减少热网失水率时，不允许热网水直接进入用户系统。以上三种情况下，可以采用如图 1-74 所示的间接独立式连接方式。

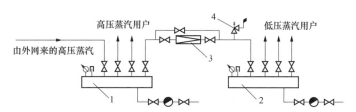

图 1-75　蒸汽用户与热网的连接

1—高压分汽缸；2—低压分汽缸；3—减压阀；4—安全阀

这种间接独立式连接的用户入口需有一定的位置布置热交换器、水泵，一般宜设在建筑物底层或地下室内，并应选取独立的补水定压装置，为了节省占地和提高热交换效率，一般选用板式换热器。这类用户入口相当于一个小型热力站。

（三）蒸汽热网与蒸汽用户的系统连接

通常每个蒸汽用户设置一套入口装置，但对于较大的热用户，尤其是当建筑物占地面积较大时，也可采用多个热力入口。图 1-75 为典型的蒸汽用户入口装置。

从室外蒸汽管网引入的蒸汽进入高压分汽缸，需要低压蒸汽的用户，需经过减压阀减压后进入低压分汽缸。当热用户有流量记录要求时，还应在入口立管上设置蒸汽流量计。分汽缸上应设温度计压力表，还应设安全阀。如果热用户较小，仅有两个以下的分支环路用汽，则可以不设分汽缸，仅设置启闭阀门。

如果用户的凝结水需回收，则还应在蒸汽用户入口设凝结水回收设施。这要根据回收方式来确定，或设回收泵站，或设凝结水自动加压泵，或者仅设一根凝结水自流管道。

（四）主要设备及部件选型

1. 除污器

用于清除热网系统中的杂质和污垢，保证系统内水质清洁，减少阻力，防止堵塞和保护热网、设备，是供热系统中一个十分重要的部件。

除污器一般放在热用户入口调压装置前，集水器总回水管上或水泵入口处。

目前常用的除污器有以下三种：按国家标准图集在现场加工制作的，有立式直通、卧式直通和卧式角通三种，DN 为 40～450mm；按介质分为 SG 型（水）、QG 型（汽），DN 为 15～450mm；采用离心原理除污方式的旋流式除污器，DN 为 40～500mm。

除污器选择要点如下：

（1）除污器接管直径可与干管直径相同。

（2）除污器的工作压力和最高允许介质温度应与热网条件相符。

（3）除污器横截面水流速宜取 0.05m/s。

（4）安装在需经常检修处的除污器，宜选择连续排污型的除污器，否则应设旁通管。

（5）除污器旁应有检修位置，对于较大的除污器，应设起吊设施。

（6）订货时应注明管径、连接方式（法兰或丝扣）、工作压力、介质最高温度。对于旋流型的还应注明方向。

除污器的压力损失按下式计算，即

$$\Delta p = \xi \frac{v^2 \rho}{2} \tag{1-16}$$

式中　Δp——除污器阻力，Pa；

　　　v——除污器接管的水（汽）流速度，m/s；

　　　ρ——水（汽）的密度，kg/m³；

　　　ξ——局部阻力系数，对于国标除污器 ξ=4～6，对于 SG、QG 型除污器 ξ=2.2，对于旋流式除污器 ξ=3.0。

2. 手动流量调节阀

在供热系统的初调节和运行调节中，流量调节是十分重要的。这主要依靠安装在热用户入口的流量调节装置完成。手动流量调节阀是一种简单、可靠、易行的调节装置。这种调节阀比闸阀、截止阀的调节性能好，价格一般比同口径截止阀高30%左右。因此，各个热用户引入口的供回水管上均应安装手动流量调节阀进行流量调节。

流量调节阀口径的选择计算公式如下（用于水），即

$$G = k_v 0.316\sqrt{\Delta p} \tag{1-17}$$

式中　G——通过调节阀的设计流量，由供热系统设计条件给定，m^3/h；

Δp——调节阀前后压力降，即调节阀应耗去的压力，由供热系统的水压图确定，Δp 一般在 4.9kPa（尾端用户）到 294kPa（近端用户）之间；

k_v——调节阀的流量系数，可根据管径从产品样本上查出。

手动流量调节阀选择程序如下：在样本上查出欲选择的调节阀的流量系数 k_v，其口径一般与接管管径相等或小 1～2 号，用调节阀需耗去的压力（由水压图确定）代入口径选择公式，计算出在该口径下调节阀全开时通过流量，若其等于或大于设计流量，则此阀口径合适。

在选择阀门时应注意以下几点：

（1）每个调节阀消耗的压力应控制在整个供热系统总阻力的10%～30%范围内为宜。

（2）设计时，不能采用放大调节阀口径的方法。

（3）尾端热力入口调节阀口径宜比接管口径小一号或同径，近端热力入口的调节阀口径宜比接管口径小 1～2 号，一般可以满足设计流量和压降的要求。

手动流量调节阀的生产厂家较多，产品型号为 T40H-16 型（法兰接口）、T10H-16 型（丝接口）；直杆升降式结构，工作压力为 1.6MPa；T40H-16 型的 DN 为 25～300mm，T10H-16 型的 DN 为 15～50mm；阀杆、阀芯为不锈钢制成，阀上有开关度指示装置。此阀兼有关断作用，汽或水管道上均可使用此阀。

3. 平衡阀

液体平衡阀可以安装在用户引入口的供回水管道上，也可以安装在热网分支环路上。

平衡阀有三项功能：调节流量、直观地测定压力差和关断。

采用平衡阀的水管路系统可以按设计工况进行流量调节，平衡阀的调节性能比手动流量调节阀好，具有等百分比调节性能，阀门进出口侧设有供测压力差的接头旋塞阀。

思 考 题 及 答 案

1. 什么是建筑物的体积热指标法，如何计算？

答：建筑物的采暖体积热指标表示各类建筑物，在室内、外温差为 1℃时，每 $1m^3$ 建筑物外围体积的采暖计算热负荷。

体积热指标法是以采暖建筑物的外围体积为基础的方法，具体方法如下：

$$Q_{js} = q_{v,n} V_w (t_{js} - t_{wj})$$

式中　Q_{js}——建筑物的采暖计算热负荷，W；

$q_{v,n}$——建筑物的采暖体积热指标，W/（$m^3 \cdot$ ℃）；

V_w——建筑物的外围体积，m^3；

t_{js}——采暖室内计算温度，℃；

t_{wj}——采暖室外计算温度，℃。

2．常用的热负荷图包括？

答：常用的热负荷图有全日热负荷图、月热负荷图、年度热负荷图和连续性热负荷图。

3．水和蒸汽作为热介质，各有何优点？

答：水作为热介质，与蒸汽比较有下列优点：

（1）系统跑、冒、漏减少，热能利用率高，可节约燃料（质量分数）20%～40%。

（2）能够远距离输送，作用半径大。

（3）在热电厂供热负荷大，可充分利用低压抽汽，提高热电厂的经济效益。

（4）蓄热能力大。因为热水系统中水的流量大，其比热容比蒸汽大，所以当热水系统中水力工况和城市供热工况发生短期失调的情况时，不至于影响整个热水系统的供热工况。

（5）热水系统可以进行全系统的质调节，而蒸汽系统则不能。

蒸汽作为热介质，与水比较有下列优点：

（1）蒸汽作为热介质适用面广，能满足各种用户的用热要求。

（2）单位数量蒸汽的焓值高，蒸汽的放热量大，可节约用户室内散热器的面积，相应节省工程初投资。

（3）与热水系统比较，可节约输送热介质的电能消耗。

（4）蒸汽密度小，在高层建筑物中或地形起伏不平的区域蒸汽系统中，不会产生像水系统那样大的静压力。因此用户入口连接方式比较简单。

4．热水系统供水温度及回水温度的选择原则有哪些？

答：（1）低温水在压力为 0.101325MPa（一个标准大气压）下，汽化温度为 100℃，因此低温水系统的供水温度应小于或等于 95℃为宜，回水温度一般为 70℃。对于某些炸药工厂，宜采用供水温度为 70℃、回水温度为 50℃的热水采暖系统。

（2）高温热水系统的供水温度，可采用 110、130、150℃，相应的回水温度为 70～90℃。当生产特殊需要高温热水时，供水温度可高于 150℃。

5．分布式能源系统的定义？

答：分布式能源系统，是相对于传统的集中能源系统而言的，是指将发电系统以小规模（数千瓦至数兆瓦的小型模块式）、分散式的方式布置在用户附近，可独立或同时输出热、电、冷二次能源的系统。分布式能源采用了 20 世纪 70 年代在国外发展起来的第二代能源技术，其主要特征是分散化、小型化、多元化。

6．简述地热资源的定义及分类。

答：地热资源是能够经济地被人类所利用的地球内部的地热能、地热流体及其有用组分。地热资源按照地质构造、热流体传输方式、温度以及开发利用方式等进行综合分类，可分为浅层地温能资源、水热型地热资源（高温地热资源、中温地热资源和低温地热资源）

和干热岩型地热资源。

（1）浅层地温能资源，又指浅层地热能资源，是指地表以下一定深度范围内（一般为恒温带至 200m 埋深），温度低于 25℃，在当前技术经济条件下具备开发利用价值的地球内部的热能资源。

（2）水热型地热资源，即传统的地热资源。按照温度，又可以分为高温地热资源、中温地热资源和低温地热资源三类。

（3）干热岩型地热资源，也称工程型地热系统或是增强型地热系统，一般温度大于 200℃，埋深数千米，内部不存在流体或仅有少量地下流体的高温岩体。

7．风电供暖的基本原理是什么？

答：风电供暖应用主要包括风力发电、电网及电力调度和电蓄热热力站供热三部分。其基本原理是风电场通过风轮机将风能转化为机械能，机械能利用切割磁感线原理转化为电能，电蓄热热力站将电能转化为热能，通过热力交换系统，将热力传送到供暖终端用户。在电力低谷期，风电场出力比较大的情况下，电力调度中心依据电力平衡原理，通过电力调度手段，使采用电蓄热供暖的热力站将"弃风"的那部分电力消纳。

8．设置中继泵站的条件有哪些？

答：中继泵站的位置、泵站数量及中继水泵的扬程，应在管网水力计算和管网水压图详细分析的基础上，通过技术经济比较确定。简单讲，在以下几种情况下可设中继泵站：

（1）在较大的供热系统中，虽然仅在热源处设主循环泵也可满足输送的要求，但会导致主循环泵扬程过高，运行电耗过大，或难以选择到适宜的泵型时。

（2）热网长度过长，为满足远端用户需求要提高整个供热系统运行压力以至超过近端用户的承压能力时。

（3）为了降低供热系统静水压力线时。

（4）供热区域内地形较复杂，为满足某些特殊用户的连接要求时。

（5）为了满足其他特殊要求时。

9．热用户与供热管网连接时必须遵循哪些原则？

答：（1）用户系统内部的压力不应超过其设备允许的工作压力。

（2）用户系统中的压力不应低于系统的静水压力，不允许用户中任何部分出现倒空现象。

（3）进入用户系统的热媒参数应满足用户的设计要求。

（4）在满足上述要求的前提下，尽量采用较为简单的连接形式，以降低初投资和方便运行管理。

10．换热器按传热原理分哪几类？

答：（1）间壁式换热器：间壁式换热器又称间接式换热器或表面式换热器。在此类换热器中，冷、热流体被固体壁面隔开，使它们不互相混合，热量由热流体通过壁面传给冷流体。这类换热器的种类很多，其中管壳式换热器、板式换热器应用最广。

（2）混合式换热器：混合式换热器又称直接接触式换热器。在此类换热器中，冷、热流体直接接触，互相混合传递热量。它主要用于气体的冷却和蒸汽的冷凝。该类换热器传热效果好、结构简单、易于防腐蚀，但是它适用于冷、热流体允许混合的场合。

（3）蓄热式换热器：蓄热式换热器又称回流式换热器或蓄热器。它是借热容量较大的固体蓄热体，将热量由热流体传给冷流体。通常，在生产中采用两个并联的蓄热器交替使用。

11．散热器的选用方法？

答：选用散热器类型时，应注意其在热工、经济、卫生和美观等方面的基本要求。但要根据具体情况，有所侧重。设计选择散热器时，应符合下列原则性的规定：

（1）散热器的工作压力，当以热水为热媒时，不得超过制造厂规定的压力值。对高层建筑使用热水供暖时，首先要求保证承压能力，这对系统安全运行至关重要。当采用蒸汽为热媒时，在系统启动和停止运行时，散热器的温度变化剧烈，易使接口等处渗漏，因此，铸铁柱型和长翼型散热器的工作压力，不应高于 0.2MPa（2kgf/cm^2）；铸铁圆翼型散热器，不应高于 0.4MPa（4kgf/cm^2）。

（2）在民用建筑中，宜采用外形美观，易于清扫的散热器。

（3）在放散粉尘或防尘要求较高的生产厂房，应采用易于清扫的散热器。

（4）在具有腐蚀性气体的生产厂房或相对湿度较大的房间，宜采用耐腐蚀的散热器。

（5）采用钢制散热器时，应采用闭式系统，并满足产品对水质的要求，在非采暖季节采暖系统应充水保养；蒸汽采暖系统不得采用钢制柱型、板型和扁管等散热器。

（6）采用铝制散热器时，应选用内防腐型铝制散热器，并满足产品对水质的要求。

（7）安装热量表和恒温阀的热水采暖系统不宜采用水流通道内含有粘砂的铸铁等散热器。

12．室内热水供暖系统分类？

答：（1）按热媒温度的不同，可分为低温水供暖系统和高温水供暖系统。

（2）按系统循环动力的不同，可分为重力（自然）循环系统和机械循环系统。

（3）按系统管道敷设方式的不同，可分为垂直式和水平式。

（4）按散热器供、回水方式的不同，可分为单管系统和双管系统。

第二章

供热设备管理

第一节　热源设备管理

一、燃煤锅炉房热源设备管理

（一）一般规定

（1）运行、操作和维护人员，应掌握锅炉和辅助设备的故障特征、原因、预防措施及处理方法。

（2）热源厂应建立安全技术档案和运行记录，操作人员应执行安全运行的各项制度，做好值班和交接班记录。热源厂应记录并保存下列资料：

1）供热设备运行情况报表。

2）锅炉运行记录。

3）锅炉安全门校验和锅炉水压试验记录。

4）燃气调压站、风机运行记录。

5）给水泵、循环泵、化水间，以及炉水分析运行记录。

6）缺陷记录及处置单。

7）检修计划和设备检修、验收记录。

8）热源存档表。

（3）燃料使用应符合锅炉设计要求。

（4）燃煤宜采用低硫煤，当采用其他煤种时，排放标准应符合《锅炉大气污染物排放标准》（GB 13271—2014）的有关规定。

（5）热源厂的运行、调节应按调度指令进行。

（6）热源厂应制定下列安全应急预案：

1）停电、停水。

2）极端低温气候。

3）天然气外泄和停气。

4）管网事故。

（7）新装、改装、移装锅炉应进行热效率测试和热态满负荷48h试运行。运行中的锅炉宜定期进行热效率测试。

（8）热源厂应对煤、水、电、热量、蒸汽量、燃气量等能耗进行计量。

（9）热源厂的运行维护应进行记录。

（二）运行准备

（1）大修、改造、停运 1 年以上及连续运行 6 年以上的锅炉，运行前应进行水压试验。

（2）新装、改装、移装及大修锅炉运行前，应进行烘、煮炉。长期停运、季节性使用的锅炉运行前应烘炉。

（3）季节性使用的锅炉运行前，应对锅炉和辅助设备进行检查。

（4）燃煤锅炉本体和燃烧设备内部检查应符合下列规定：

1）汽-水分离器、隔板等部件应齐全完好，连续排污管、定期排污管、进水管及仪表管等应通畅。

2）锅筒（锅壳、炉胆和封头等）、集箱及受热面管子内的污垢、杂物等应清理干净，无缺陷和遗留物。

3）炉膛内部应无结焦、积灰及杂物，炉墙、炉拱及隔火墙应完整严密。

4）水冷壁管、对流管束外表面应无缺陷、积灰、结焦及烟垢。

5）内部检查合格后，人孔、手孔应密封严密。

（5）燃煤锅炉本体和燃烧设备外部检查应符合下列规定：

1）锅炉的支吊架应完好。

2）风烟道内的积灰应清除干净。调节门、挡板应完整严密、开关灵活、启闭指示准确。

3）锅炉外部炉墙及保温应完好严密，炉门、灰门、看火孔和人孔等装置应完整齐全，并应关闭严密。

4）辅助受热面的过热器、省煤器及空气预热器内应无异物，各手孔应密闭。

5）汽水管道的蒸汽、给水、进水、疏水、排污管道应畅通，阀门应完好，开关应灵活到位。

6）燃烧设备的机械传动系统各回转部分应润滑良好。炉排应无严重变形和损伤，机械传动装置和给煤机试运转应正常。

7）平台、扶梯、围栏和照明及消防设施应完好。工作场地和设备周围通道应清洁、畅通。

（6）风机、水泵，输煤、除渣设备检查应符合下列规定：

1）设备内应无杂物。

2）地脚螺栓应紧固。

3）轴承润滑油油质应合格，油量应正常。

4）冷却水系统应畅通。

5）电动机接地线应牢固可靠。

6）传动装置外露部分应有安全防护装置。

（7）锅炉安全附件、仪表及自控设备检查应符合下列规定：

1）锅炉的安全阀、压力表、温度计、排污阀，超温、超压报警及自动联锁装置应完好。

2）蒸汽锅炉的水位计、燃气锅炉燃烧器气动阀门、燃气泄漏、熄火保护等安全附件和仪表应完好，并应校验合格。

3）二次仪表、流量计、热量计等计量仪表及自控设备应完整，信号应准确，通信应畅通、可靠。

（8）锅炉辅助设备应符合下列规定：

1）水处理设备应完好，调控应灵活。

2）除尘脱硫设备应完好严密。

3）除污器应畅通，阀门开关应灵活。

4）设备就地事故开关应可靠。

（9）锅炉试运行前，锅炉、辅助设备、电气、仪表以及监控系统等应达到正常运行条件。

（10）锅炉安全阀的整定应符合下列规定：

1）蒸汽锅炉：

a．蒸汽锅炉安全阀的整定压力应符合表 2-1 的规定。

b．锅炉上应有一个安全阀按表 2-1 中较低的整定压力进行调整。对有过热器的锅炉，过热器上的安全阀应按较低的整定压力进行调整。

表 2-1　　　　　　　　　　　　蒸汽锅炉安全阀的整定压力

额定蒸汽压力 p（MPa）	安全阀整定压力
$p \leq 0.8$	工作压力+0.03MPa
	工作压力+0.05MPa
$0.8 < p \leq 5.9$	1.04 倍工作压力
	1.06 倍工作压力

注　表中的工作压力对于脉冲式安全阀是指冲量接出地点的工作压力，对于其他类型的安全阀是指安全阀装置地点的工作压力。

2）热水锅炉：

a．热水锅炉安全阀的整定压力应为：1.10 倍工作压力且不小于工作压力+0.07MPa，1.12 倍工作压力且不小于工作压力+0.10MPa。

b．锅炉上应有一个安全阀按较低的压力进行整定。

c．工作压力应为安全阀直接连接部件的工作压力。

（11）风机、水泵、输煤机、除渣机等传动机械运行前应进行单机试运行和不少于 2h 联动试运行，并应符合下列规定：

1）当运转时应无异常振动，不得有卡涩及撞击等现象。

2）电动机的电流应正常。

3）运转方向应正确。

4）各种机械传动部件运转应平稳。

5）水泵密封处不得有渗漏现象。

6）滚动轴承温度不得大于 80℃，滑动轴承温度不得大于 60℃。

7）轴承径向振幅应符合表 2-2 的规定。

表 2-2   轴 承 径 向 振 幅

转速 n（r/min）	振幅（mm）
$n \leqslant 375$	$\leqslant 0.18$
$375 < n \leqslant 600$	$\leqslant 0.15$
$600 < n \leqslant 850$	$\leqslant 0.12$
$850 < n \leqslant 1000$	$\leqslant 0.10$
$1000 < n \leqslant 1500$	$\leqslant 0.08$
$1500 < n \leqslant 3000$	$\leqslant 0.06$
$n > 3000$	$\leqslant 0.04$

（12）压力表、温度计、水位计、超温报警器、排污阀等主要附件，应符合现行标准的有关规定。

（三）设备的启动

（1）锅炉启动前应完成下列准备工作：

1）电气、控制设备供电正常。

2）燃煤锅炉煤斗上煤，或燃气锅炉启动燃气调压站，且燃气送至炉前。

3）仪表及操作装置置于工作状态。

4）锅炉给水制备完毕。

5）除尘脱硫系统具备运行条件。

（2）锅炉注水应符合下列规定：

1）水质应符合《工业锅炉水质》（GB/T 1576—2008）的有关规定。

2）注水应缓慢进行。当注水温度大于 50℃时，注水时间不宜少于 2h。

3）热水锅炉注水过程中应将系统内的空气排尽。蒸汽锅炉注水不得低于最低安全水位。

（3）补水泵在系统充满水，并达到运行要求的静压值后，方可启动热水锅炉。

（4）热水锅炉的启动与升温应符合下列规定：

1）燃煤锅炉启动应按循环水泵、除渣设备、锅炉点火、引风机、送风机、燃烧设备的顺序进行。

2）热水锅炉升温过程中，应按锅炉厂家提供的压力参数控制炉膛压力。升温速度应根据锅炉和管网的设计要求进行控制。锅炉点火后，锅炉的升温、升压应符合制造厂家提供的升压、升温曲线。

（5）蒸汽锅炉的启动与升温升压应符合下列规定：

1）燃煤锅炉启动应按给水泵、除渣设备、锅炉点火、引风机、送风机、燃烧设备、并汽的顺序进行。

2）燃气锅炉启动应按给水泵、燃气调压站、引风机、送风机、炉膛吹扫、锅炉点火、检漏、燃烧设备、并汽的顺序进行。

3）蒸汽锅炉的升压应符合下列规定：

a．蒸汽锅炉投入运行，升至工作压力的时间宜控制在 2.5～4.0h。

b．蒸汽锅炉在升压期间，压力表、水位计应处于完好状态，并应监视蒸汽压力和水位变化。

c．锅炉压力升至 0.05～0.10MPa 时，应冲洗、核对水位计。

d．当锅炉压力升至 0.10～0.15MPa 时，应冲洗压力表管。

e．当锅炉压力升至 0.15～0.20MPa 时，应关闭对空排气阀门。

f．当锅炉压力升至 0.20～0.30MPa 时，应进行热拧紧，对下联箱应全面排污。

g．当锅炉压力升至工作压力的 50%时，应进行母管暖管，暖管时间不得少于 45min。

h．当锅炉压力升至工作压力的 80%时，应对锅炉本体、蒸汽母管、燃气系统进行全面检查，对水位计应再次冲洗校对，并应做好并汽或单炉送汽准备。

（6）蒸汽锅炉并汽应符合下列规定：

1）并汽前应监视锅炉的汽压、汽温和水位的变化。

2）当锅炉压力升至小于蒸汽母管压力 0.05MPa 时，应缓慢开启连接母管主汽阀门，并应监视疏水过程。与蒸汽母管并汽完毕后，应即时关闭疏水阀门。

（四）运行与调节

（1）锅炉运行应符合锅炉制造厂设备技术文件的要求。

（2）热水锅炉投入运行数量和运行工况，应根据供热运行调节方案和供热系统热力工况参数的变化进行调整。蒸汽锅炉投入运行数量应根据管网负荷情况确定。

（3）燃煤锅炉给煤量和燃气锅炉给气量应根据负荷调节。锅炉给水泵、循环水泵、补水泵，风机、输煤、除渣等设备的运行工况和调整应满足锅炉运行和调节的要求。

（4）燃煤锅炉应进行燃烧调节，并应符合下列规定：

1）炉膛温度应为 700～1300℃。

2）炉膛负压应为 20～30Pa。

3）室燃锅炉炉膛空气过剩系数应为 1.10～1.20，层燃锅炉炉膛空气过剩系数应为 1.20～1.40。

4）锅炉及烟道各部位漏风系数应符合相关规定。

5）排烟温度应符合设计要求。

（5）燃煤锅炉应定期清灰。有吹灰装置的锅炉应每 8h 对过热器、对流管束和省煤器进行 1 次吹灰。当采用压缩空气吹灰时，应增大炉膛负压，吹灰压力不应小于 0.6MPa。

（6）锅炉排污应符合下列规定：

1）热水锅炉：

a．排污应在工作压力上限时进行。

b．采用离子交换法水处理的锅炉，应根据水质情况决定排污次数和间隔时间。

c．采用加药法水处理的锅炉，宜 8h 排污 1 次。

2）蒸汽锅炉：

a．排污应在低负荷时进行。

b．宜 8h 排污 1 次。

c．当排污出现汽水冲击时，应立即停止。

d．应根据水质化验结果，调整连续排污量。

（7）蒸汽锅炉水位调节应符合下列规定：

1）给水量应根据蒸汽负荷变化进行调节，水位应控制在正常水位±50mm 内。

2）锅炉水位计应每 4h 进行 1 次冲洗，锅炉水位报警器应每 4h 进行 1 次试验。

（8）除尘器的运行维护应符合下列规定：

1）湿式除尘器应保持水压稳定、水流通畅、水封严密。

2）干式除尘器应严密，并应即时排灰。

3）除尘系统的工作状态应定期进行检查。

（9）脱硫系统的运行维护应符合下列规定：

1）加药应平稳，水流应畅通。

2）应定期检查脱硫系统的工作状态和反应液的 pH 值。

（10）自动调节装置运行维护应符合下列规定：

1）锅炉自动调节装置投入运行前，应经系统整定。

2）每班对自动调节装置的检查不得少于 1 次。

3）当自动调节装置故障造成锅炉运行参数失控时，应改为手动调节。

（五）停止运行

（1）锅炉的停炉可分为正常停炉、备用停炉、紧急停炉。

（2）燃煤热水锅炉停炉应按停止锅炉给煤、停止送风机、停止引风机的程序，并应符合下列规定：

1）当正常停炉时，循环水泵停运应在锅炉出口温度小于 50℃时进行，并应根据负荷变化逐台停止循环水泵。

2）当备用停炉时，应调整火床，并应预留火种。

3）紧急停炉：

a．应迅速清除火床，并应打开全部炉门。

d．应重新启动引风机，待炉温降低后方可停止。

c．当排水系统故障时，不得停运循环水泵。

（3）燃煤蒸汽锅炉停炉应符合下列规定：

1）正常停炉：

a．应逐步降低锅炉负荷，正常负荷降至额定负荷 20%的时间不得少于 45min。

b．当锅炉负荷降至额定负荷的 50%时，应停送二次风，并应解列自动调节装置，改为手动。

c．当锅炉负荷降至额定负荷的 20%时，应停止炉排及送、引风机的运行。

d．停炉过程中，应保持锅炉正常水位。

2）备用停炉：

a．停炉程序应按正常停炉执行。

b．当待备用炉压力小于系统母管压力 0.02MPa 时，应关闭锅炉主蒸汽门。

c．应打开炉排阀，并应保持正常水位。

d．应调整火床，并应预留火种。

3）紧急停炉：在不扩大事故的前提下，应缓慢降低锅炉负荷不得使锅炉急剧冷却。

（4）燃煤锅炉停炉后锅炉的冷却应符合下列规定：

1）停炉后应关闭所有炉门及风机挡板，12h 后应开启送、引风机挡板进行自然通风。

2）锅炉应在温度降至 60℃ 以下时方可进行放水。

（六）故障处理

（1）锅炉及辅助设备出现故障，应判断故障的部位、性质及原因，并应按程序进行处理。故障处理完毕后应制定预防措施，建立故障处理档案。

（2）当锅炉爆管时应按下列方法处理：

1）紧急停炉。

2）更换炉管。

3）检测水质。

4）调整燃烧。

（3）当超温超压时应按下列方法处理：

1）紧急停炉。

2）蒸汽锅炉与外网解列。

3）排气补水。

（4）当蒸汽锅炉水位异常时应按下列方法处理：

1）当轻微满水时，退出自动给水，手动减少给水，并加强排污。

2）当严重满水时，应紧急停炉、停止给水，开启紧急放水门，关闭主蒸汽阀门，开启过热器出口集箱疏水阀门，加强排污。

3）当轻微缺水时，退出自动给水，手动增加给水。

4）当严重缺水时，应紧急停炉、停止给水；关闭主蒸汽阀门，开启过热器出口集箱疏水阀门及汽包排气阀门。

（5）当蒸汽锅炉汽水共腾时应按下列方法处理：

1）降低锅炉负荷。

2）增加连续排污量，加强补水、监视水位。

3）开启过热器出口集箱疏水阀门及蒸汽母管疏水阀门，加强疏水。

（6）当锅炉房电源中断时应按下列方法处理：

1）开启事故照明电源。

2）将用电设备置于停止位置。

3）将自动调节装置置于手动位置。

4）迅速打开全部炉门，降低炉膛温度。

5）开启引风机挡板，保持炉膛负压。

6）热水锅炉应迅速开启紧急排放阀门并补水。

7）蒸汽锅炉应关闭所有汽、水阀门，及时开启排气门，降低锅炉压力，尽量维持锅炉水位。当缺水严重时，应关闭主蒸汽阀门。

8）蒸汽锅炉与外网解列并补水。

（七）维护与检修

（1）热源厂停热后应对锅炉及辅助设备进行一次全面的维护和检修。

（2）锅炉停止运行后应进行吹灰、清垢。

（3）停热期间锅炉及辅助设备应每周检查 1 次，并应即时维护、保养，不得受腐蚀。

（4）锅炉及辅助设备的检修间隔宜按表 2-3 执行。

表 2-3　　　　　　　　　　　　锅炉及辅助设备的检修间隔

检修类别	检修间隔（采暖期）
小修	1
中修	2
大修	3

二、燃气锅炉房热源设备管理

（一）管理规定

（1）一般规定。

1）燃气调压站、风机运行记录。

2）给水泵、循环泵、水化间，以及炉水分析运行记录。

3）缺陷记录及处置单。

4）检修计划和设备检修、验收记录。

5）热源存档表。

（2）燃料使用应符合锅炉设计要求。

（3）热源厂应制定下列安全应急预案：

1）天然气外泄和停气；

2）管网事故。

（4）热源厂应对水、电、热量、蒸汽量、燃气量等能耗进行计量。

（5）热源厂的运行维护应进行记录。

（二）运行准备

（1）燃气锅炉内部检查应符合下列规定：

1）炉墙、锅炉受热面、看火孔应完好，不应出现裂缝和穿孔。

2）燃烧器应完好。

3）汽包靠近炉烟侧和各焊口或胀口处应无鼓包、裂纹等现象。

4）汽包外壁和水位计、压力表等相连接的管子接头处应无堵塞。

5）汽包内的进水装置、汽水分离装置和排污装置安装位置应正确，连接应牢固。

（2）燃气锅炉外部检查应符合下列规定：

1）燃烧室及烟道接缝处应无漏风。

2）看火孔、人孔门应关闭严密。

3）防爆门装设应正确。

4）风门和挡板开关转动应灵活，指示应正确。

（3）锅炉安全附件、仪表及自控设备检查应符合下列规定：

1）锅炉的安全阀、压力表、温度计、排污阀，超温、超压报警及自动联锁装置应完好。

2）蒸汽锅炉的水位计、燃气锅炉燃烧器气动阀门、燃气泄漏、熄火保护等安全附件和仪表应完好，并应校验合格。

（4）燃气锅炉的燃气报警、熄火保护、联锁保护装置运行前，应经检验合格。

（5）燃气系统检查应符合下列规定：

1）燃气管线外观应良好，不得有泄漏；

2）计量仪表应准确；

3）点火装置、燃烧器应完好；

4）快速切断阀动作应正常、安全有效；

5）安全装置应完好；

6）调压装置工作应正常，燃气压力应符合要求。

（三）设备的启动

（1）锅炉启动前应完成下列准备工作：

1）电气、控制设备供电正常；

2）燃气锅炉启动燃气调压站，且燃气送至炉前；

3）仪表及操作装置置于工作状态；

4）锅炉给水制备完毕。

（2）热水锅炉的启动与升温应符合下列规定：燃气锅炉启动应按循环水泵、燃气调压站、引风机、送风机、排烟阀门、炉膛吹扫、锅炉点火、检漏、燃烧设备的顺序进行。

（3）蒸汽锅炉的启动与升温升压应符合下列规定：燃气锅炉启动应按给水泵、燃气调压站、引风机、送风机、炉膛吹扫、锅炉点火、检漏、燃烧设备、并汽的顺序进行。

（四）运行与调节

（1）锅炉运行应符合锅炉制造厂设备技术文件的要求。

（2）热水锅炉投入运行数量和运行工况，应根据供热运行调节方案和供热系统热力工况参数的变化进行调整。蒸汽锅炉投入运行数量应根据管网负荷情况确定。

（3）燃气锅炉给气量应根据负荷调节。锅炉给水泵、循环水泵、补水泵，风机、输煤、除渣等设备的运行工况和调整应满足锅炉运行和调节的要求。

（4）燃气系统维护应符合下列规定：

1）应保持锅炉燃气喷嘴的清洁；

2）应保持过滤网清洁，过滤器前后压力压差不得大于设计值；

3）管线各压力表读数与控制系统显示压力值应一致；

4）每班应对室内燃气管线密闭性进行检查，不得有泄漏；

5）应定期检查燃气泄漏报警系统的可靠性，出现问题应即时修复。

（五）停止运行

（1）燃气锅炉停炉前应对锅炉设备进行全面检查，并应记录所有缺陷。

（2）燃气热水锅炉正常停炉程序应符合下列规定：

1）应将燃烧器由自动改为手动，并应停止燃气供给；

2）应停止风机；

3）应根据负荷变化逐台停止循环水泵，当锅炉出口温度小于 50℃时，应停止全部循环水泵运行；

4）应停止燃气调压站等其他附属设备运行；

5）应关闭锅炉出入口总阀门。

（3）燃气蒸汽锅炉正常停炉程序应符合下列规定：

1）应逐步关闭燃气调节门，正常负荷降至 20%额定负荷的时间不得少于 45min；

2）当锅炉负荷降至额定负荷的 50%时，应停送二次风，解列自动调节装置改为手动；

3）当锅炉负荷降至额定负荷的 20%时，应停止燃烧器运行；

4）炉膛吹扫完毕后，方可停止风机的运行；

5）停炉过程中应保证锅炉正常水位；

6）应根据调度指令关闭锅炉进出口总阀门；

7）应关闭炉前燃气总阀门。

（4）燃气热水锅炉紧急停炉程序应符合下列规定：

1）应停止燃烧器和送风机运行；

2）应打开全部炉门；

3）待炉温降低后，应停止引风机运行；

4）当排水系统故障时，不得停运循环水泵。

（5）燃气蒸汽锅炉紧急停炉程序应符合下列规定：

1）应停止燃烧器运行，并应关闭炉前燃气总门；

2）应将炉膛剩余燃气吹扫干净；

3）待炉温降低到100℃后应停止引风机运行；

4）应关闭锅炉主蒸汽阀门，并应打开排气门；

5）开启省煤器再循环阀门，关闭连续排污阀门；

6）应根据情况确定保留锅炉水位。

（6）燃气锅炉热备用停炉程序应符合下列规定：

1）应根据负荷的降低，逐渐减少燃气的进气量和进风量，并应关小送、引风挡板，直到停止燃气供应；

2）炉膛火焰熄灭后，应对炉膛及烟道进行吹扫，排除存留的可燃气体和烟气；

3）应根据负荷降低情况，减少给水量，保持汽包正常水位；

4）当负荷降低到零及汽压已稍小于母管气压时，应关闭锅炉主汽阀或母管联络门；

5）与母管隔断后，应继续向汽包进水，保持最高允许水位，不得使锅炉急剧冷却；

6）停炉后应关闭连续排污阀；

7）应有专人监视水位及防止部件过热。

（7）燃气锅炉停炉后锅炉的冷却应符合下列规定：

1）当正常停炉时，停炉后应关闭所有炉门及风机挡板，12h 后应开启送、引风机挡板进行自然通风；

2）当紧急停炉时，视故障情况，可进行强制冷却；

3）锅炉放水宜在炉水温度降至 60℃以下后进行。

（六）故障处理

燃气泄漏应按下列方法处理：

（1）当轻微泄漏时，应加强检测，开启通风机，停炉后方可检修处理；

（2）当严重泄漏时，应立即启动所有排风装置，紧急停炉，并立即关闭泄漏点前一级的进气阀门，开启燃气放散装置，排放管道内的燃气；

（3）保护好现场及防火工作。泄漏处和燃气放散处周围不得有明火。

（七）维护与检修

（1）燃气锅炉的燃气系统的检修应由具备相应资质的人员实施。

（2）燃气系统的检修应符合下列规定：

1）检修前应关闭前一级进气阀门，对检修设备或管道应用氮气进行吹扫，当排放口处燃气含量达到 0%LEL（lower explosion limited，爆炸下限）时方可进行检修作业；

2）当对燃烧器检修时应进行清理积炭、调整风气比等相关工作；

3）检修完毕后应用氮气进行严密性试验。

三、热源设备检修

1. 检修工作的程序步骤

一般来说检修工作的程序步骤主要分为以下几步：制定检修计划、编制检修方案、检修队伍（人员、机具等）和检修材料准备、开工前准备（包括安全措施、安全、技术交底等）、组织施工、验收及试运行（包括资料存档）。

2. 制定检修计划依据

（1）点检系统。

（2）热用户反馈。

（3）日常缺陷管理，设备缺陷统计分析，比如缺陷产生所属区域或管段缺陷率，哪年的设备易发生故障，哪个厂家提供的设备故障率高，哪些型号的设备易发生故障，哪些设备接近使用年限等，通过筛选列出检修项目；

（4）对热用户投诉量大或者政府行业主管部门督办的事项，也要优先考虑列入检修计划。

3. 检修方案编制

主要要结合现场实际情况，检修队伍要把好单位和人员资质关。检修材料的准备要提前，做好材料验收。

检修工作开始前要做好必要的安全措施：

（1）开工前必须办理检修工作票。必须对检修现场设置围挡或围栏。室外管网检修宜采用封闭施工，并符合下列规定：围挡高度不小于 1.8m，围栏高度不小于 1.2m。施工现场夜间必须设置照明、警示灯和具有反光功能的警示标志。

（2）热网检修在开始工作前，必须检查与供热管段是否可靠切断，确保安全。如阀门上锁、法兰加堵板等措施。并认真执行工作票，严禁在检修范围内做其他无关操作。

4. 设备维护、检修

在供热管网上安装、更换的设备及附件均应符合国家现行有关标准，其工作参数应符合供热管网要求。更换设备和附件时，易磨损、老化、变形、腐蚀的设备附件应选用新品。设备检修时尽量使用新材料、新工艺。检修后的设备性能指标应满足原设计要求。管壁腐蚀深度超过原壁厚的 1/3 时，必须更换管道。

5. 管道更换

（1）直埋保温管：放线定位→挖管沟→拆除旧管道→铺底砂、夯实→新管道敷设→水压试验（或管道检测）→保温管补口→填盖细砂→回填土夯实。

（2）管沟：放线定位→挖管沟→拆除旧管道→铺底砂、夯实→新管道敷设→水压试验（或管道检测）→保温管补口→填盖细砂→回填土夯实。

（3）架空安装：支架检查、修复→管道拆除→管道安装→水压试验→防腐保温。目前蒸汽热力网采用架空的较多，现在也开始采用直埋敷设。管道开挖前要提前放线定位，另外要对其他市政管线设施做好了解，必要时提前联系相关单位人员协助指明位置、走向，地下管网特别复杂的地区，应人工开挖探坑。（一般来说，年代较长的旧管道敷设，经常出现当年施工资料不全或者其他单位施工在管道上方或周围埋入新管道的情况，造成破坏第三方管线的情况。）

开挖时挖掘机要有专人指挥，挖机工作范围内禁止无关人员进入，避免机械伤害。根据现场施工条件，结构、埋深和有无地下水等因素，选用不同的开槽断面，并应确定施工段的槽底宽度、边坡、留台位置、上口宽度及堆土和外运土量。在地下水位高于槽底的地段应采取降水措施，将土方开挖部位的地下水位降至基底以下 0.5m 后方可开挖。根据土质情况可以适当加大放坡系数，必要时采取边坡支护措施。

为便于管道安装，挖沟时应将挖出来的土堆放在沟边一侧，土堆底边应与沟边保持至少 0.6～1m 的距离，旧管道拆除后要将沟底打平夯实，以防止管道弯曲受力不均。土方开挖应保证施工范围内的排水畅通，并应采取措施防止地面水或雨水流入沟槽。槽底处理：当土质处理厚度≤150mm 时，宜用原土回填夯实，压实度不小于 95%；当土质处理厚度≥150mm 时，宜采用砂砾、石灰土等压实，压实度不小于 95%。槽底有地下水或含水量较大时，应采用级配砂石或砂回填至要求标高。

沟槽开挖、拆除旧管道、平整沟槽后即开始下管。放管时,吊点的位置应使管道平衡,柔性宽吊装带不得少于两条,吊装带宽度应大于 50mm,不得使用铁棍撬动外套管或用钢丝绳直接捆绑外壳,不得将管道直接推入沟槽内,沟内不得站人。

使用起重设备安装与拆卸管道时,起重设备经检查合格后方能使用。起吊时应有安全措施。严禁将重量加在管道上,也不得把千斤顶架设在其他管线上;在起重这个环节也经常出现安全事故,起重设备和吊车应设专人指挥,注意起吊周围环境,是否有高压电线,注意保持安全距离。起吊时使用专用工具控制吊件位置,防止碰伤人员;起吊时不宜使用单根吊带、重心不稳,吊件脱落;总之,起吊这个环节的安全措施不容忽视。

如果是架空管道检修,要提前搭设脚手架,做好防止高空坠落和高处落物伤人的措施。架空和管沟内管道更换检修,要先检查支吊架情况,如果需要更换支吊架,支吊架安装应符合相关规定。

对于直埋管道检修更换,当管道吊放到沟槽后,去掉端帽,进行对管。若下管前端帽已经缺失,对管前要对管腔进行清理。管道安装时,按管道中心线和管道坡度对口,应检查管道平直度,在距接口两端各 200mm 处测量,允许偏差为 1mm,在所对接钢管的全长范围内,最大偏差值不应超过 10mm;预制保温管的直管段必须对直,不允许在接头处出现折角和转角,钢管对口处应垫置牢固,不得在焊接过程中产生错位和变形;管道焊口距支架的距离应保证焊接操作的需要;焊口不得置于建筑物、构筑物等的墙壁中。等径直管段中不应采用不同厂家、不同规格、不同性能的预制保温管。管件对口的允许偏差和检验标准见表 2-4。

壁厚不等的管口对接,当外径相等或内径相等,薄件厚度小于或等于 4mm 且厚度差大于 3mm,以及薄件厚度大于 4mm,且厚度差大于薄件厚度的 30%或超过 5mm 时,应将厚件削薄。见表 2-5。

表 2-4 管件对口的允许偏差和检验标准

项 目		允许偏差	检验频次		量 具
			范围	点数	
高程[①]		±10mm	50mm	—	水准仪
中心线位移		每 10m≤5mm	50m	—	挂边线、量尺
		全长≤30mm			
立管垂直度		每米≤2mm	每根	—	垂线、量尺
		全高≤10mm			
对口间隙（mm）	管件壁厚 4～9 间隙 1.0～1.5	±1.0	每个口	2	焊口检测器
	管件壁厚≥10 间隙 1.5～2.0	−1.5 +1.0			

① 主控项目,其余为一般项目。

表 2-5 壁厚不等管件对口的允许偏差

管壁厚度（mm）	2.5～5.0	6～10	12～14	≥15
错边允许偏差（mm）	0.5	1.0	1.5	2.0

管道检修需要切管时，管子切口表面应平整、无裂纹、重皮、毛刺、凸凹、缩口、熔渣、氧化物、铁屑等，切口端面倾斜偏差不应大于管子外径的 1%，且不得超过 3mm。钢管的切割可用机械切割或乙炔氧气切割，不得用电焊切割。切割后应除去已熔化的金属和管端的氧化皮及毛刺，切割平面应与管道中心线相垂直。管道对口前，应用砂轮机清理坡口边缘 10mm 范围内的油污、毛刺、锈斑、氧化皮、油漆及其他对焊接有害的物质。如两管外径相差不超过小管径的 15%，可将大管端直径缩小至等于小管直径后对口焊接，此时，装配后缩口中心偏移不得大于 5mm。当两管直径相差超过小管直径的 15% 时，应使用机制大小头焊接。

预制直埋管道现场切割后的焊接预留管段长度应与原成品管道一致，且应清除表面污物。预制直埋热水管现场割配管长度不宜小于 2m，切割时应采取防止外护管开裂的措施。

焊接坡口应按设计规定加工，当设计无规定时，坡口形式和尺寸应符合《现场设备、工业管道焊接工程施工规范》（GB 50236—2011）的规定。

坡口成形可采用气割（人工开坡口）或坡口机加工。加工后的坡口应清除渣屑或氧化铁，并用钢锉等修整，直至露出金属光泽。管道安装时的对口间隙和坡口处理相当重要，尤其是管径大、壁厚大的管道，如果不处理好，电焊不能击穿，难以保证焊接质量。

管道焊接宜采用氩电联焊，即通常所说的采用氩弧焊接打底，电弧焊接罩面。以达到穿透力好、两面成型、内壁光滑无焊渣等要求。焊条应与母材材质相同，焊条不得受潮，熔化金属应无气孔、夹渣和裂纹。焊条直径应根据焊件的管径和壁厚选择。管道焊口距支架的距离应满足焊接操作的需要。管件上不得安装、焊接任何附件。各种焊缝应符合下列规定：

1）钢管、容器上焊缝的位置应合理选择，使焊缝处于便于焊接、检验、维修的位置，并避开应力集中的区域。

2）有缝管道对口及容器、钢板卷管相邻筒节组对时，纵缝之间应相互错开 100mm 以上。

3）容器、钢板卷管同一筒节上两相邻纵缝之间的距离不应小于 300mm。

4）管道两相邻环形焊缝中心之间距离应大于钢管外径，且不得小于 150mm。

5）管道任何位置不得有十字形焊缝。

6）管道支架处不得有环形焊缝。

7）在有缝钢管上焊接分支管时，分支管外壁与其他焊缝中心的距离，应大于分支管外径，且不得小于 70mm。当管道开孔焊接分支管道时，管内不得有残留物，且分支管伸进主管内壁长度不大于 2mm。在管道或容器上开口焊接时，开口直径、焊接坡口的形式及尺寸、补强钢件及焊接结构等应按设计要求执行。

电焊焊接有坡口的钢管及管件时，焊接层数不得小于两层。在壁厚为 3～6mm 且不加工坡口时，应采用双面焊。管道接口的焊接顺序和方法，不应产生附加应力。

多层焊接时，第一层焊缝根部应均匀焊透，不得烧穿。各层接头应错开，每层焊缝的厚度宜为焊条直径的 0.8～1.2 倍，不得在焊件的非焊接表面引弧。每层焊完后，应清除熔渣、飞溅物等并进行外观检查，发现缺陷，应铲除重焊。在焊缝未完全冷却之前，不得在焊缝部位进行敲打。

在零度以下的气温中焊接，应清除管道上的冰、霜、雪；做好防风、防雪措施；预热温度可根据焊接工艺制定；焊接时应保证焊缝自由收缩和防止焊口的加速冷却；应在焊口的 5mm 范围内对焊件进行预热。

一般来说雨季施工时不要一次开挖沟槽过长和下管过多，安装完马上检测、补口、回填，压住管道。另外做好排水，不要让雨水进入管沟。这样一般可以防止浮管。

另外当施工间断时，管口应用堵板临时封闭。既可以防止雨季施工泥浆进入管道，也可以防止小动物进入。

管道安装完成后，进行强度试验或检测合格就可以开始接口保温。现场管道进行接口保温时，接头处钢管表面应干净、干燥。当周围环境温度低于接头原料的工艺使用温度时，应采取有效措施，且应在沟内无积水、非雨天的条件下进行。当管段被水浸泡时，应清除被浸湿的保温材料后方可进行接口保温，保证接头质量。对采用玻璃钢外壳的管道接口，使用模具作接口保温时，接口处的保温层应和管道保温层顺直，无明显凹凸及空洞，接口处玻璃钢防护壳表面应光滑顺直，无明显凸起凹坑毛刺，防护壳厚度不应小于管道防护壳厚度，两侧搭接不应小于 80mm。根据管网泄漏现场的调查和分析，管道因腐蚀造成的泄漏占很大比例。而造成管道腐蚀的一个重要原因就是管道的保温脱落和保温接口处处理不当，其中保温接口和裸弯头现场保温处理不好造成管道腐蚀泄漏又占较大比例。在实际管道施工和安装过程中，现场保温往往被忽视，常见的有管道表面不清理、手工发泡，发泡前接口不做气密性试验，发泡胶外漏，发泡不均匀，密实度不够。检修换管时，现场保温是不可避免的一道工序。

保温后，管沟敷设方式进行管沟盖板及路面恢复，架空管道进行拆除脚手架等恢复工作。直埋管道需要进行回填夯实。回填土厚度应根据夯实或压实机具的性能及压实度确定，并应分层夯实，虚铺厚度按表 2-6 执行。

表 2-6　　　　　　　　　　　直 埋 管 道 虚 铺 厚 度

夯实货压实机具	虚铺厚度（mm）
振动压路机	≤400
压路机	≤300
动力夯实机	≤250
木夯	<200

回填压实应不得影响管道或结构安全。管顶或结构顶以上 500mm 范围内，应采用人工夯实，不得采用动力夯实机或压路机压实；沟槽回填土的种类、密实度应符合设计要求；回填土时沟槽内应无积水，不得回填淤泥、腐殖土及有机物质；不得回填碎砖、石块、大于 100mm 的冻土块及其他杂物；回填土的密实度应逐层进行测定。

回填环节需要注意几个问题：一是回填前应先将沟槽内的套管孔洞或废弃管道的孔洞严密封堵，穿过管沟的其他市政管线做好防护，回填时分层夯实。

6. 支吊架安装规定

（1）固定支架应安装牢固、无变形，应能阻止管道在任何方向与固定支架的相对位移，且能承受管道自重、推力和扭矩。钢支架基础与底板结合应稳固，外观无腐蚀、无变形。

（2）滑动支架的基础应牢固，外观无变形和移位。滑动支架不得妨碍管道冷热伸缩引起的位移，应能承受管道自重及摩擦力。

（3）导向支架的导向接合面应平滑，不得有歪斜卡涩现象，并应保证管道只沿轴线方向滑动。

（4）吊架安装位置正确，标高和坡度符合原设计。

（5）支吊架处不应有管道焊缝，导向和滑动支吊架不得有歪斜和卡涩现象。

（6）管道支吊架安装允许偏差及检验方法，见表 2-7。

表 2-7　　　　　　　　　　　管道支吊架安装允许偏差及检验方法

项　　　目		允许偏差（mm）	量　具
支架、吊架中心平面位置		0～25	钢尺
支架标高①		−10～0	水准仪
两个固定支架间的其他支架中心线	距固定支架每 10m 处	0～5	钢尺
	中心处	0～25	钢尺

① 主控项目，其余为一般项目。

管道支吊架检查更换完毕，开始管道安装。在此应该注意运输、安装施工过程中不得损坏管道及管路附件。

7. 阀门的维护、检修

管网上的阀门等管道附件一般都装设在井室内，因此进入井室检修时，就存在受限空间和高空坠落的问题。和管道检修一样，开始前必须对检修现场设置围挡或围栏。并设专人监护，施工现场夜间必须设置照明、警示灯和具有反光功能的警示标志。特别强调，下井前一定要充分通风，然后进行气体检测。气体检测时不得使用明火。

另外管道及管件的检修工作，现场电源要管理好，应按要求配备检修电源箱，井下作业应使用 24V 及以下照明电源。

（1）按检修要求校对型号，外观检查应无缺陷、开闭灵活。

（2）清除阀口的封闭物及其他杂物。

（3）阀门的开关手轮应放在便于操作的位置；水平安装的闸阀、截止阀的阀杆应处于上半周范围内。

（4）当阀门与管道以法兰或螺纹方式连接时，阀门应在关闭状态下安装；当阀门与管道以焊接方式连接时，阀门不得关闭。

（5）有安装方向的阀门应按要求进行安装，有开关程度指示标志的应准确。

并排安装的阀门应整齐、美观、便于操作。

（6）阀门运输吊装时，应平稳起吊和安放，不得用阀门手轮作为吊装的承重点，不得损坏阀门，已安装就位的阀门应防止重物撞击。

（7）水平管道上的阀门，其阀杆及传动装置应按设计规定安装，动作应灵活。

（8）阀门更换安装前，应按照行业标准《城镇供热管网工程施工及验收规范》（CJJ28—2014）的规定进行解体检查（焊接蝶阀、球阀避免解体），更换密封材料，并经检验合格后方可使用。

（9）阀门维护、检修后应达到下列要求：

1）阀门阀杆应能灵活转动，无卡涩歪斜，铸造或锻造部件应无裂纹、砂眼或其他缺陷。

2）应填料饱满，压兰完整，有压紧的余量。法兰螺栓的直径、长度应符合国家现行有关标准的规定，螺栓受力均匀，无松动现象。

3）法兰面应无径向沟纹，水线完好。

4）阀门传动部分应灵活、无卡涩，油脂充足。液压或电动部分应反应灵敏。阀门公称压力等级不得小于 1.6MPa，蒸汽阀门公称压力等级应符合设计要求。

（10）阀门安装前应进行下列外观检查：

1）零件应无缺损、裂纹、砂眼，通道应干净。

2）阀门法兰孔与管道法兰孔应一致。

3）阀门法兰面应无径向沟纹，水线应完好。

4）阀门安装前应核对型号，并根据介质流向确定其安装方向。

（11）焊接时应符合下列要求：

1）焊接前蝶阀应关闭阀板，球阀应处于开启状态。焊接时电焊机接地线必须搭接在同侧焊口的钢管上，防止电流穿过阀体灼伤密封面。

2）焊接后阀门的边缘应与管道的边缘联成一圆周。

3）焊接过程中应采取相应措施减少焊接应力。

4）阀门安装在立管时，应向已关闭的阀板上方注入不少于 10mm 的水。

5）焊接方式及焊条应根据阀体材料选择，或由阀门供货厂家推荐（一般采用电焊，焊条采用 J506 或 J507）。

6）完成焊接后，所有飞溅物应清理干净，并进行 2～3 次完全的开启以检查阀门是否能正常工作。

7）对于分体式、内部有四氟等材质密封垫片或密封面的阀门，应解体取出四氟垫片。

8）焊接蝶阀阀板的轴应安装在水平方向上，轴与水平面的最大夹角不应大于 60°，严禁垂直安装。

8. 补偿器的维护、检修

使用的补偿器应符合国家现行标准，补偿器安装前应先对补偿器进行外观检查，保证产品安装长度、尺寸符合管网原设计要求，并校对产品合格证。需要进行预变形的补偿器，预变形量应符合设计要求。安装操作时，应防止各种不当的操作方式损伤补偿器。补偿器安装完毕后，应按要求拆除固定装置，并应按要求调整限位装置。

（1）套筒补偿器（包括普通盘根式和柔性填料式）的维护、检修：

1）更换套筒补偿器时安装长度及补偿量必须符合设计要求。

2）套筒组装应符合工艺要求，盘根规格与填料函间隙应一致。

3）套筒的前压紧圈与芯管间隙应均匀，盘根填量应充足，满足压紧圈要求，

4）螺栓应无锈蚀，并涂有油脂保护。

5）柔性填料式套筒填料量应充足。

6）芯管应有金属光泽，并涂有油脂保护。

（2）套筒补偿器盘根的增加或更换：

1）使用的盘根应符合国家现行有关标准的规定，且必须保持清洁。汽网宜用浸油铜丝石棉盘根，水网宜用浸油橡胶石棉盘根。

2）加盘根前，套筒内最后一圈盘根应掏净且无碎渣。盘根加满后，最外圈应平整无损。

3）盘根头应切成45°斜面，且斜面与芯管表面垂直。接头必须平整，无空隙、突起。加盘根时应一圈一圈依次填入，各圈接头按图依次错开。

4）盘根在加入套筒前应施加适当的外力，使其在套筒径向变薄。

5）压紧盘根时，压兰螺栓必须同时上紧，螺栓松紧应一致，压兰与芯管之间的缝隙应均匀。

6）填料函应加足盘根，套筒压兰压入填料箱以 10～20mm 为宜，且不得与填料箱啃住。

7）每圈盘根应只有一个接头。最后二圈可加短头，短头长度不应小于 150mm。压兰下面的芯管部分与芯管外露部分应除锈后涂油。

8）螺栓安装前应除锈涂机油和石墨粉。

9）安装操作时不得划伤芯管。

10）套筒补偿器填加或更换盘根时，对锈蚀的螺栓和螺母，可用煤油浸透。用手锤敲打螺栓及螺母周围时，不得损坏螺纹。对难以拆卸的螺母，可用氧炔焰加热螺母后将其拧出。

（3）套筒补偿器的更换：

1）新套筒补偿器应具有产品检验合格证。

2）更换前应对外观进行检查。盘根量应充足，其质量应符合国家现行有关标准的要求。芯管应无划痕。

3）安装前应对套筒按设计要求进行预拉伸。芯管端部与套筒内挡圈之间的距离应大于管道的冷收缩量，应保证在最高和最低温度时留有 20mm 的补偿余量。

4）安装时，套筒与管道中心的偏差不应大于自由公差，焊接时，应先焊芯管端后焊套筒端，芯管端不得有折点。

5）安装完毕后，应对芯管打光上油。试运行期间必须进行热拧紧，并观察能否正常伸缩。当不能正常伸缩时，必须重新安装。

（4）波纹管补偿器的维护、检修：

1）波纹管补偿器进行预拉伸试验时，不得有不均匀变形现象。

2）波纹管补偿器安装前的冷拉长度，必须符合设计要求。

3）波纹管补偿器安装与管道的同轴度保持在自由公差范围内。内套有焊缝的一端宜在

水平管道上迎介质流向安装，在垂直管道上应将焊缝置于上部。

4）波纹管安装完毕后，去掉涂黄漆的紧固螺栓后方能投入运行。复式拉杆波纹管补偿器松开紧固螺栓后方可投入运行；

5）对有排水装置的波纹管应保证排水丝堵无渗漏。

（5）波纹管补偿器的更换：

1）波纹管补偿器安装前，应按产品说明及设计要求进行拉伸和预压缩，不得有变形不均匀现象。

2）更换前应进行外观检查。波纹管部分不得有凹痕、划伤、起弧点和焊接飞溅等缺陷。

3）波纹管补偿器，应按产品说明进行安装。

4）波纹管补偿器应与管道同轴安装。偏斜不应大于自由公差。

5）波纹管补偿器不得用于补偿安装误差引起的位移。安装后的波纹管不得有扭转。

（6）球型补偿器的维护、检修：

1）球型补偿器水平安装时应设平台。

2）球型补偿器垂直安装时，球体外露部分必须向下安装。

3）球型补偿器安装时，应尽量向弯头部位靠近，球心距长度宜大于理论计算长度。

4）球型补偿器两垂直臂的倾斜角应与管道系统相同，外伸缩部分应与管道坡度保持一致、转动灵活、密封良好。

（7）球型补偿器及自然补偿器的更换：

1）自然补偿器更换时，必须符合原设计要求。

2）球型补偿器更换后，转角处应伸缩自由。

补偿器的检修安装还应该注意以下几方面，安装时不允许以补偿器的变形来强行适应管道安装偏差；对补偿量很大的补偿器，宜在管道安装前进行预拉伸（或预压缩），以减少补偿器对支座的弹性反力，同时使补偿器处于最佳工作状态。尽量不要在热网刚停运就进行补偿器的更换。因为刚停运就更换补偿器，当管道逐渐冷却后，管道收缩，补偿器安装时，未考虑这部分补偿，极易被拉坏。

9. 法兰与螺栓的维护、检修

（1）法兰连接应符合行业标准《城镇供热管网工程施工及验收规范》（CJJ28—2014）的要求。

（2）法兰密封面的光洁度应达到设计要求，严禁碰撞或敲击，结合面不得有损伤。在安装前必须对密封面进行检查，当接触不好时，必须进行研磨。

（3）选法兰时宜选用标准法兰，不宜选用非标准法兰和使用拼焊成型的法兰。

（4）法兰的型号应按管网设计公称压力选用。

（5）法兰盘上的螺栓孔的中心偏差不宜超过孔径的4%。

（6）凸凹法兰应自然嵌合，连接法兰的螺栓的螺纹部分应无损伤。

（7）法兰垫片的内径应大于法兰内径 2～3mm，外径应同法兰密封面的外缘相齐。垫片不宜出现接口，必须接口时，应要用嵌接。

（8）法兰螺栓紧固后，每个螺栓都应与法兰紧贴，不得有缝隙。

（9）连接法兰的螺栓应露出螺母长度 2～3 扣且不应超过螺栓直径的 1/2。所有螺帽应在法兰同一侧上，应采用同一规格螺栓。

（10）法兰接口应安设在检查室或管沟内，不得埋在土中。

（11）法兰垫片的选择应满足管道输送介质的温度压力要求。

（12）法兰连接严禁使用双层垫片，垫片厚度与材质应符合国家现行有关标准的规定。

（13）螺栓和螺母的螺纹应完整，丝扣不得有毛刺或划痕，不得有裂口。

（14）螺栓和螺母应拧动灵活，螺母不得锈蚀在螺栓上。

（15）螺母材料的硬度宜小于螺栓的硬度，螺栓和螺母应配合良好，无松动、咬扣现象。

10. 检修后的恢复

（1）检修工作完成后，恢复安全措施。清理现场环境，做到工完料净场地清。

（2）与运行人员一起试运、验收合格后注销工作票。动火作业后，注意焊渣等的清理，确认没有点火源。孔洞做好封堵，栏杆、扶手等恢复原状。盖好地沟盖板，不要虚搭。检修后将各类标识、标牌恢复好。

（3）结合检修工作，做好现场"7S"工作。做好设备异动，以及检修资料的整理、归档工作。

第二节　热网首站设备组成及其功能

一、热网首站系统组成及功能

热网首站系统主要由加热蒸汽系统、加热器疏水放气系统、热网循环水系统、热网循环水补给水系统、辅机冷却水系统等组成。

（一）热网加热蒸汽系统

（1）加热热力网循环水，满足供暖系统对热力网循环水温度的要求。

（2）防止中低压缸连通管调节蝶阀及供热抽汽管道上快关调节阀或气动止回阀误动作，造成汽轮机中排超压；在补水除氧器内通过加热除氧，除去热力网循环水补水中的氧气和其他不凝结气体。

（3）为热网循环水泵驱动用汽轮机设置汽源，如果驱动汽轮机为背压式，利用排汽加热热力网循环水，如果驱动汽轮机为凝汽式，配置凝汽方式。

（二）热网加热器疏水放气系统

（1）确保热网加热器及加热器疏水箱的正常运行水位，回收热网加热器疏水，防止热网加热器满水造成汽轮机进水；

（2）从热网加热器及补水除氧器中排出不凝结的气体，提高换热效率；

（3）防止热网加热器超压措施。

（三）热网循环水系统

（1）压力、温度、流量满足热用户要求的热力网循环水；

（2）为防止热力网循环水汽化及高转速循环水泵汽蚀，维持热力网循环水系统内某一点水压在热网循环水泵运行或停运时恒定。

（四）热网循环水补水系统

往热力网循环水系统补水，防止热力网循环水系统水压大幅波动。

（五）辅机冷却水系统

向供热首站内需要水冷的辅机轴承或油站提供并回收冷却水。

二、热网首站系统形式

（一）热网加热蒸汽系统

热网加热蒸汽系统分为母管制、单元制、扩大单元制、切换母管制、串联热网加热器、并联热网加热器、串并联热网加热器加热蒸汽系统等。

非单元制系统与单元制系统对比，只有在一台机组故障，一台机组正常运行，正常运行机组对应的热网加热器故障，需要切换到故障机组对应的热网加热器运行时，非单元制热网加热蒸汽系统具有此功能。热网加热蒸汽系统设计优先采用单元制，单元制系统两台机组之间介质不汇合，供热不影响机组汽水平衡，当系统为非单元制时，应按机组汽水平衡原则设计疏水系统。

1. 母管制热网蒸汽系统

（1）系统设计原则。母管制热网加热蒸汽系统要求将所有供热机组供暖抽汽汇集到一根供汽母管上，经母管将蒸气输送到供热首站后经支管分配到各台热网加热器，其母管设计流量为各台供热机组供暖抽汽设计流量之和，为满足疏水等量回收，每台机组供暖抽汽上必须装设流量计量装置。

（2）系统设计。在中低压缸连通管道上设调节蝶阀，新建机组供热抽汽管道从中压缸排汽端两根引出，改造机组供热抽汽管道从中低压缸连通管道上引出，供热抽汽管道上依次装设安全阀、气动止回阀、快关调节阀和电动蝶阀，供热蒸汽母管上装设流量测量装置，每台热网加热器供汽支管上装设电动可关断调节蝶阀，各台机组多根供暖抽汽支管汇接在一根热网加热蒸汽母管上。

（3）阀门及流量调节装置。

1）中低压连通管道上调节蝶阀；

2）供热抽汽管道上安全阀；

3）供暖抽汽管道上快关调节阀；

4）供暖抽汽管道上电动蝶阀；

5）流量测量装置；

6）热网加热器进口电动关断调节装置。

（4）系统联锁保护。

1）机组汽水平衡联锁保护要求。

2）中低压缸连通管道上调节阀和蝶阀的开度，控制汽轮机中压缸排汽压力、温度，低压缸排汽压力、温度，低压缸进汽压力。

2. 单元制热网加热蒸汽系统

（1）系统设计原则。单元制热网加热蒸汽系统以机组为单元，每台机组供暖抽汽只向本台机组所配热网加热器提供加热蒸汽，相邻两台机组供暖抽汽间不设任何联络管道。

（2）系统设计。在中低压缸连通管道上设调节蝶阀，新建机组供热抽汽管道从中压缸排汽端引出两根管道，改造机组供热抽汽管道从中低压缸连通管道上引出，供暖抽汽管道上依次装设安全阀、气动止回阀、快关调节阀和电动蝶阀，每台热网加热器供汽支管上装设电动关断调节蝶阀。

（3）阀门功能。单元制系统中供暖抽汽管道上安全阀、气动止回阀、快关调节阀、蝶阀、连通管道上调节蝶阀及热网加热器进口电动关断调节蝶阀的功能与母管制完全相同。

（4）系统联锁保护。中低压缸连通管道上调节蝶阀开度，控制汽轮机中压缸排汽压力和温度以及低压缸进汽压力。

3. 扩大单元制热网加热蒸汽系统

（1）系统设计原则。在两台单元制热网加热蒸汽系统供暖抽汽总管上增加联络母管，联络母管的设计流量按单个热网加热器设计加热蒸汽量考虑，扩大单元制系统与单元制系统对比，扩大单元制系统两机之间可以切换部分供暖抽汽量。

（2）系统设计。在中低压缸连通管道上设调节蝶阀，新建机组供热抽汽管道从中压缸排汽端引出两根管道，改造机组供热抽汽管道从中低压缸连通管道上引出，供热抽汽管道上依次装设安全阀、气动止回阀、快关调节阀和电动蝶阀，每台热网加热器供汽支管上装设电动蝶阀，两台机供汽总管上设一根联络管。

（3）阀门功能。每台机供暖抽汽管道上安全阀、气动止回阀、快关调节阀、蝶阀，连通管道上调节蝶阀，热网加热器进口电动可关断调节蝶阀功能与母管制完全相同，两台机供汽总管联络管上蝶阀只有当一台机组运行，一台机组停机，运行机组某台热网加热器出现故障，打开此阀，通过联络管道将部分蒸汽切换到停运机组正常热网加热器上运行。

（4）系统联锁保护。扩大单元制热网加热蒸汽系统与单元制热网加热蒸汽系统联锁保护要求完全相同。

4. 切换母管制热网加热蒸汽系统

（1）系统设计原则。在两台单元制热网加热蒸汽系统供暖抽汽总管上增加切换母管，切换母管的设计流量按单台机组设计热网加热蒸汽量计算，切换母管制系统与扩大单元制系统相对比，切换母管制系统两机之间可以切换单台机组设计供暖抽汽量，而扩大单元制只能切换部分供暖抽汽量。

（2）系统设计。在中低压缸连通管道上设调节蝶阀，新建机组供暖抽汽管道从中压缸排汽端引出两根管道，改造机组供暖抽汽管道从中低压缸连通管道上引出，供暖抽汽管道上依次装设安全阀、快关调节阀、气动止回阀和电动蝶阀，每台热网加热器供汽支管上装设电动可关断调节蝶阀，两台机供汽总管上设一根切换母管。

（3）阀门功能。每台机组供暖抽汽管道上安全阀、气动止回阀、快关调节阀、蝶阀，连通管道上调节蝶阀，热网加热器进口电动可关断调节蝶阀功能与母管制完全相同，两台机供汽总管联络管上蝶阀只有当一台机组运行，一台机组停机，运行机组某台热网加热器出现故障，打开此阀，通过联络管道将部分蒸汽切换到停运机组正常热网加热器上运行。

（4）系统联锁保护。扩大单元制热网加热蒸汽系统与单元制热网加热蒸汽系统联锁保护要求完全相同。

（二）热网加热器疏水放气系统

热网加热器疏水放气系统分为母管制、单元制、扩大单元制热网加热器正常疏水系统，串联和串并联热网加热器正常疏水系统，热网加热器事故疏水系统及热网加热器放气系统。热网疏水回收应综合考虑回热抽汽各级抽汽量、低压缸效率、疏水端差、凝汽量及通过精处理装置的凝结水量对机组热耗及水质的影响后，确定回收位置。直流锅炉机组热网加热器正常疏水可经降温后至凝汽器或排汽装置；汽包锅炉机组热网加热器正常疏水可经升压后进入凝结水系统，或经降温后至凝汽器或排汽装置，最终方案应经技术经济比较后确定。

1. 母管制热网加热器正常疏水系统

当热网加热蒸汽系统采用母管制时，热网加热器正常疏水系统必须对应采用母管制系统，以保证每台机组热网疏水等量回收。当热网正常疏水回收到除氧器时，母管制热网加热器疏水系统设计如下：

（1）系统设计原则。将每台机组热网加热器的正常疏水单独或合并后汇集到一台热网疏水箱内，热网疏水经疏水泵升压，经调节阀控制流量后回收到除氧器进口主凝结水系统，随主凝结水进入除氧器喷嘴除氧。

（2）系统联锁保护。

1）热网加热器水位联锁控制；

2）热网疏水箱水位联锁控制；

3）疏水流量调节。

2. 单元制热网加热器正常疏水系统

（1）热网正常疏水回收到凝汽器或排汽装置时，单元制热网加热器疏水系统的设计如下：

1）系统设计原则。每个热网加热器水位单独控制，每台机设一台热网疏水冷却器，热网疏水冷却器设在轴封加热器出口主凝结水上，热网疏水经热网疏水冷却器冷却后回收到凝汽器或排汽装置。

2）系统设计。每台热网加热器正常疏水依次装设电动闸阀及水位调节阀，热网疏水进入热网疏水冷却器，被凝结水冷却后回收到凝汽器或排汽装置，热网疏水冷却器疏水及凝结水进出口各设一个电动闸阀，热网疏水冷却器设旁路，旁路上装设一只电动闸阀，热网疏水冷却器端差按 5.6℃设计。

3）热网加热器水位联锁保护。

（2）热网疏水回收到除氧器时，单元制热网加热器疏水系统的设计如下：

1）系统设计原则。每台机组热网疏水回收系统独立设置，不与另一台机组间设置联络管道。

2）系统设计。每台机组热网加热器正常疏水依次装设电动闸阀及水位控制阀，每台机组设一台热网疏水箱、两台热网疏水泵（一台运行，一台备用），热网疏水箱设水位运行，热网疏水泵进口设一个闸阀，出口设一个止回阀及电动闸阀，去除氧器主凝结水管道上设水位调节阀。

3）系统联锁保护。热网加热器水位联锁保护和热网疏水箱水位保护。

3. 扩大单元制热网加热器正常疏水系统

热网疏水回收到除氧器时，扩大单元制热网加热器正常疏水系统的设计如下：

（1）系统设计原则。在两台机组热网疏水泵出口母管间增加联络母管，联络母管通流量与蒸汽侧联络母管相同，热网疏水箱满水位运行。

（2）系统设计。在单元制热网疏水系统基础上取消热网疏水箱供暖抽汽来汽，热网疏水箱满水位运行，在热网疏水泵出口母管间增加联络母管，联络母管上设闸阀。

（3）系统联锁保护。

1）每台热网加热器设置正常水位调节阀和事故疏放水阀，正常水位阀门运行中投放自动，控制热网加热器水位；

2）疏水流量调节。

第三节　燃气分布式热源设备管理

一、燃气轮机设备管理

（一）燃气轮机设备简介

某电厂一套联合循环发电机组由一台燃气轮机、一台蒸汽轮机、两台发电机和一台余热锅炉及相关设备组成。正常联合循环运行期间，燃气轮机为机组的原动机，以天然气做燃料，燃气轮机排气进入余热锅炉产生高压蒸汽、低压蒸汽，高压蒸汽驱动汽轮机，汽轮机抽汽作为供热汽源，低压蒸汽一部分作为汽轮机补汽汽源，另一部分作为溴化锂机组的驱动蒸汽（夏季）或换热机组的热源（冬季），满足空调冷热负荷，进一步提高联合循环机组的效率。蒸汽轮机、余热锅炉及发电机由微机分散控制系统（DCS）统一控制，DCS通过通信接口实现对整台机组监控，流程如图2-1所示。

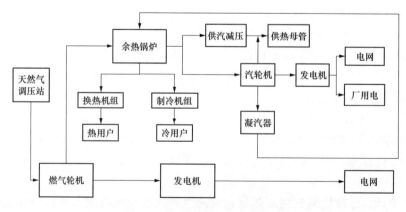

图2-1　联合循环机组工艺流程

1. 燃气轮机

燃气轮机通过进气系统把环境空气过滤后吸入压气机，吸入的空气被加压后进入燃烧室，在与燃料混合后由点火器点燃，燃烧产生的高温气体进入高压透平（HPT）膨胀做功，同时带动高压压气机（HPC），气体继续经过低压透平（LPT）膨胀做功，带动低压压气机（LPC），同时通过减速齿轮箱带动发电机输出负荷。膨胀后的气体则通过余热锅炉进行热交换后从主烟囱排入大气。

2. 余热锅炉

余热锅炉采用双压、卧式、无补燃、自然循环、室外布置，主要由进口烟道、锅炉本体（受热面模块和钢架护板）、出口烟道及烟囱、高包、低压汽包与除氧器一体化设置、管道、平台扶梯等部件以及高压给水泵、凝水加热器再循环泵、扩容器等辅机组成。锅炉本体受热面由垂直布置的顺列和错列螺旋鳍片管和进出口集箱组成，以获得最佳的传热效果和最低的烟气压降。卧式、自然循环余热锅炉接受燃气轮机轴向排气，烟气在余热锅炉内水平流动，汽水利用压差在垂直面上自然循环流动，无需外加循环泵。

3. 汽轮机

蒸汽轮机为高压、单缸、补汽、单抽凝汽式机组，具有一定的调峰能力，机组满足锅炉最低稳定负荷条件，长期安全稳定运行的要求。汽轮机转子由一级复速级和十级压力级组成，叶片均为根据三元流原理设计的新型全三维叶片，通流部分也作了相应优化，减少了叶顶、叶根及隔板汽封漏汽损失，使整机效率有了较大的提高。

4. 调峰锅炉

调峰锅炉形式为双锅筒纵置式 D 型结构，并采用了密封性能可靠、炉膛承压能力高的全膜式水冷壁结构方式。炉膛前墙膜式水冷壁上布置了水平燃烧器，炉膛出口处布置了水平式过热器（采用与烟气逆流布置），而后是对流管束，烟气为"之"字形横向冲刷对流管束，最后经过省煤器由烟囱排出。微正压通风方式。

5. 蒸汽型溴化锂机组

蒸汽双效型溴化锂吸收式冷水机组是一种以饱和水蒸气为热源（工作蒸汽），水为制冷剂、溴化锂水溶液为吸收剂，在真空状态下制取空气调节和工艺用冷水的设备。溴化锂制冷机是以溴化锂沸点温度高并具有对水蒸气吸收能力强的特点作为吸收剂，以水为制冷剂，利用水在高真空下蒸发吸热的原理来达到制冷的目的。溴化锂通过吸收水蒸气，使水蒸气压力下降，当水蒸气压力下降时，水就会加快蒸发，水在蒸发过程中会吸收热量，从而降低蒸发器中盘管内水的温度形成冷冻水送至空调机制冷；当溴化锂吸热（水蒸气）后，送去加热（用低压蒸汽等热源），水蒸气经冷水冷却后变成冷凝水，再送回到蒸发器中蒸发被溴化锂吸收，另一方面，被吐出水后的溴化锂经冷却再去吸收水蒸气，如此循环不断。

（二）燃气轮机故障处理

1. 燃气轮机启动过程未达到点火转速而跳机

（1）现象。跳机警报响起，燃气轮机跳机，转速迅速下降至零。

（2）原因。

1）液压启动系统故障。

2）N25、NSD 转速显示异常。

（3）处理过程。

1）检查启动机传动轴及轴套是否正常。

2）检查液压启动系统是否漏油，液压启动泵及供油压力是否正常。

3）如因转速显示异常而跳机，则应盘动高压及低压转子检查其是否正常，检查转速传感器是否正常。

2. 燃气轮机压气机喘振

（1）现象。

1）压气机喘振时，透平室地面有明显振感，并伴有音调低而沉闷的低吼声。

2）压气机出口压力和流量等参数不稳定，转速摆动大。

3）轴承振动上升。

（2）原因。

1）可变旁通阀 VBV 故障。检查 VBV 开关动作时间，如动作时间过快或过慢，需要重新校准。如卡涩，进行检修处理。

2）VBV 控制电磁阀故障。检查故障原因并更换。

3）进气滤网严重堵塞，差压检测系统故障造成报警和保护动作功能失灵。检查表计，如保护拒绝动作，应手动紧急停机。

（3）处理过程。

1）可变旁通阀 VBV 故障。检查 VBV 开关动作时间，如动作时间过快或过慢，联系控制重新校准。如卡涩，进行检修处理。

2）VBV 控制电磁阀故障。检查故障原因并更换。

3）检查表计，如保护拒绝动作，应手动紧急停机。

4）运行人员一旦确认压气机喘振，应果断打闸停机，并查找原因同时向上级汇报；在缺陷消除后方可再次启动。

（三）燃气轮机的维护及检修

随着燃气轮机的广泛应用，燃气轮机的检修也就很自然地越来越受到人们的关注。尽管燃气轮机工质的工作压力不是很高，基本上在 3MPa 之内，但其工质的温度很高，E 型技术燃气轮机的进气温度为 1100℃，而 G 型、H 型技术燃气轮机的进气温度为 1430℃左右，并且是高速旋转式机械。在此条件下工作的燃气轮机除了必须加强日常的运行维护之外，还必须定期进行检修，以确保机组能安全地运行。

燃气轮机的燃料，可以是天然气，也可以是轻油和重油或原油，甚至是低热值煤气。根据所用燃料的不同，燃气轮机的维护和定期检修的内容和工作量也不同。由于燃气轮机的工作温度很高，又是高速旋转式机械，其工作条件相当恶劣，尽管在燃烧系统和热通道部件的选材、加工工艺、涂层及冷却等诸多方面采取了很多抗高温的措施，但在燃气轮机的运行中仍不时发生因高温而引发的各种事故，所以对燃气轮机的定期检修规定了明确且严格的时间周期和具体的检修内容，要严格按照燃气轮机制造厂商提供的技术文件和有关的规范要求进行施工，以通过检修解决机组运行中发现的问题和虽没有发现但已存在的威胁机组安全运行的隐患，确保机组的安全运行。同时，合理而科学的检修还可以延长燃气轮机各零部件的使用寿命，提高燃气轮机运行的经济性。

1. 检修计划的制定及检修周期的确定

燃气轮机所使用燃料的多样性和运行方式的多样化，会对燃气轮机检修计划的制定产生很大的影响。

燃气轮机中特别需要关注的是那些与燃烧过程有联系的及暴露在燃烧系统中排出的高温烟气中的部件，即火焰筒、联焰管和过渡段等燃烧系统部件及透平喷嘴、透平护环和透平动叶等热通道部件。由于它们在腐蚀性的高温环境里工作，发生故障的几率比较高，检修中应予以充分的关注。由于材料、加工工艺及涂层等原因，这些高温部件价格很昂贵，是检修的备品备件费用中的主要部分，所以燃气轮机的用户们应对机组的运行予以应有的注意，尽可能地避免超温运行，避免尖峰负荷运行，每次开机尽可能地多运行一些时间，尽量减少超温和频繁的交变热应力对这些高温部件所造成的损害，以延长这些高温部件的使用寿命，提高电厂的经济效益。燃气轮机的基本设计和检修的建议是为了达到以下目标：

（1）检修和大修之间的最长运行周期。

（2）现成在位检查和维修。

（3）使用当地的技术力量进行拆卸、检查和复装。

燃气轮机检修计划的制定和检修周期的确定是根据影响检修计划的主要因素和机组的运行方式来决定的。在影响检修计划的主要因素中，影响检修和设备寿命的因素是机组的运行方式、燃烧温度、燃料和注水。对连续负荷运行的机组，影响机组寿命的主要因素是氧化腐蚀和蠕变，而影响周期负荷运行机组寿命的主要是热力机械疲劳。燃料对机组检修周期的影响是显而易见的，燃料的不同使得对金属材料有害的杂质的含量就不同，对机组的燃烧系统部件、热通道部件及透平排气部件所造成的损害也就不同。由于不同燃料类型的含氢重量百分比不同，对检修会造成不同的影响，含氢的重量百分比越小，检修的周期就越短，反之检修周期就越长。

所推荐的检修周期是以烧天然气、基本负荷运行且没有注水作为基本条件的，当机组的实际运行情况与上述基本条件不同时，机组的真实的检修周期应由推荐的检修周期除以一个大于1的检修系数，而检修系数的大小由燃料类型、尖峰负荷运行的时间、注水的情况、正常负荷启动停机的循环次数、部分负荷启动停机的次数、紧急启动的次数、跳闸次数等因素确定。

2. 检修的分类

由于燃气轮机各部分工作温度的高低不同，检修周期不同，通常可将燃气轮机的检修分成以下三种不同形式：

（1）燃烧系统检查（也称小修）。由于燃烧系统是燃气轮机中工作温度最高的，所以燃烧系统的部件出故障的几率也就多些，燃烧系统的检查，即小修的周期也就最短。燃烧系统检查的目的是消除燃烧系统中影响机组安全运行的因素。根据机组型号的不同，按以烧天然气、基本负荷运行且没有注水或注蒸汽作为基本条件所推荐的检修周期也不同，燃烧系统检修的范围包括从燃料喷嘴开始到过渡段为止的整个燃烧系统的所有部件，详见

图 2-2。

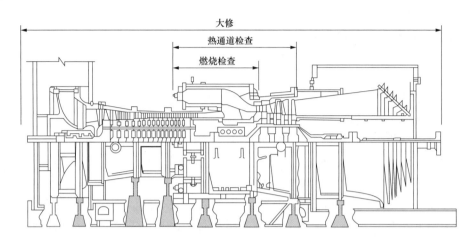

图 2-2　各种检修的工作范围

燃烧系统是燃气轮机的各组成部分中变化最大、形式最多的一个组成部分，其检修的方式方法和技术要求的变化也最多。如系统的燃气轮机基本都是采用逆流分管式的燃烧系统，只是由于机组容量的不同，分管式燃烧室的数量有所不同而已。因此燃烧系统检修的方式方法也应有很大的差异。

目前，我国各燃气轮机电厂使用的燃气轮机组主要以进口燃气轮机为主。燃气轮机燃烧系统检修的主要工作是拆下燃料喷嘴，打开燃烧室端盖，拆出联焰管、火焰筒、过渡段和导流衬套，重点检查燃料喷嘴、火焰筒、过渡段、联焰管、导流衬套、单向阀、火花塞和火焰探测器等零部件，检查其积碳、结垢、烧蚀、烧融、烧穿、裂纹、腐蚀、涂层剥落等情况，并检查单向阀的密封性和开启压力、火花塞和火焰探测器的性能等等。对某些可以现场修复的零部件现场修复后回用；对某些现场不能修复的更换新件，换下的旧件送制造厂或专门的修理厂修复后作为下次检修时的备件，以降低检修中备品备件的费用。

（2）热通道检查（也称中修）。热通道部分是燃气轮机各组成部分中工作温度仅次于燃烧系统工作温度的部分，主要作用是将工质的热能和压力能转换成机械功，它是高速旋转件，可以说是燃气轮机的各组成部分中工作条件最恶劣的部分。尽管热通道部分的零部件采用了耐热合金钢，并采取了尽可能完善的冷却技术和抗氧化、抗腐蚀的涂层，但发生故障的几率还是较高，必须定期进行检修，其检修的周期比燃烧系统的检修周期长些。

热通道检修的范围包括从燃料喷嘴开始到透平末级动叶为止的所有零部件，由此可知热通道检修时也要进行燃烧系统的检查。热通道检查的主要部分是透平通流部分，吊起透平上缸，拆吊出一级喷嘴的上下半；其他几级喷嘴是否拆吊出根据实际情况而定；检查喷嘴和动叶的积垢、裂纹、烧蚀、腐蚀、烧融、外物击伤、涂层剥落及其他的损坏情况；检查各级护环的烧蚀、烧融、腐蚀和其他的损坏情况；检查压气机进口可转导叶及两端衬套的情况，并用孔探仪检查压气机的叶片。仔细、彻底地清除透平喷嘴叶片和动叶片上的积垢，必要时更换某些受损严重的零件，特别是一级喷嘴。通常在热通道检查期间对辅机部分也进行检查，打开辅助齿轮箱检查各传动轴的轴颈和轴瓦，检查燃油泵、燃油分配器及燃油旁通阀，检查主油泵、交流辅助油泵、直流应急（事故）油泵，检查冷却水泵、液压油泵、各种油滤滤芯，滑油冷却器和雾化空气预冷器等，必要时还要检查燃油的前置系统，清洗和检查进气过滤器室，甚至更换过滤元件。以通过热通道检查消除热通道部分运行中已发现的故障和运行中虽未发现但已存在的各种隐患，从而提高机组运行的安全可靠性，并提高机组的出力和热效率。

（3）整机检查（也称大修）。大修范围包括从压气机的进气室开始到透平排气室为止的所有零部件，即燃烧检查和热通道检查两部分。大修中除吊下透平上缸之外，还要吊下压气机的进气弯头、压气机的进气上缸、前缸的上缸、后缸的上缸、压气机的排气缸上缸及排气内缸的上缸；吊下透平排气缸上缸；吊下辅助联轴器和负荷联轴器；吊下机组各轴承的上轴承盖、上半轴瓦，最终吊出压气机和透平的转子；并且还要拆下透平的喷嘴。仔细检查压气机各级动叶和静叶的积垢及外物击伤的情况，并进行彻底清洗，仔细检查各轴颈的划痕、摩擦损伤、椭圆度和锥度并进行相应的处理；仔细检查各轴瓦的顶隙、侧隙、划痕和摩擦损伤并进行相应的处理；仔细检查各轴承座的紧力、油封和气封的间隙等；检查压气机进气系统和透平排气系统，必要时进行相应处理。

大修是所有检修中工作量最大、耗时最长、所需备品备件最多的一项检修工作，费用也是最高的，所以各燃气轮机用户均对此给予极大的关注，期望通过大修不仅要消除运行过程中已发现的各种不正常现象，也希望消除运行过程中虽未发现但已存在的危及机组安全运行的各种隐患，从而提高大修后机组运行的安全可靠性。大修之前必须彻底了解燃气轮机制造厂商提供的所有技术文件和相关规程，并以此为依据仔细施工，保证检修的质量。

许多燃气轮机制造商，根据自己生产机组多年的运行经验，对某些零部件的修复和更换周期给燃气轮机用户推荐一些参考图表，用户可按这类图表确定是否对零部件进行拆下修复以作下次检修时的备件或更换后报废，这样既确保了机组的安全运行，又可以降低检查中备品备件的费用，尤其在备品备件多为进口的情况下，这一点尤为重要。

3. 一般维护程序

（1）维护等级。

1 级纠正性维护的工作范围包括更换外部部件、调整直至拆卸和更换整个发动机的其他工作（预防性和纠正性）。

2 级纠正性维护的工作范围包括更换发动机主要部分（模块）和更换或修理某些内部部件。2 级维护是现场在未安装的发动机盘内或在箱体中已安装的发动机（取决于箱体设计）上进行。在发动机处于水平状态的情况下进行维护。

（2）参考点。自始至终使用下列参考点：前、后、右、左、顶部、底部和时钟位置。这些参考点的定义如下：

1）前——发动机的进气端。

2）后——发动机的排气端。

3）右——发动机右侧，从后看及当发动机处于正常工作位置时（齿轮箱朝下）。

4）左——与右侧相对的一侧。

5）顶部——当发动机处于正常运行位置时发动机朝上的一侧。

6）底部——发动机盘内安装齿轮箱的一侧。

7）时钟位置——从后向前看在钟面上的数字位置。12点钟在顶部，3点钟在右侧，6点钟在底部，9点钟在左侧。

二、汽轮机、余热锅炉的管理

1. 检修的分类、间隔和项目

检修分为计划检修和临时检修，计划检修又分为A、B、C三级，临时检修又分为事故抢修和日常消缺。

（1）A级计划检修。有计划地对汽轮机、锅炉设备进行全面的、恢复性的检修和特殊项目的检修，称为A级计划检修。

一般情况下，A级检修时间为15天，检修间隔为4年。

检修项目：

1）标准项目：

a. 进行较全面的检查、清扫和修理（对于已掌握规律的设备，可以有重点的进行）。

b. 消除设备缺陷。

c. 进行定期的试验和鉴定。

标准项目中包括常修项目（即每次检修都需进行检修的项目）和非常修项目（即不一定每次检修都需进行的检修项目）。

2）特殊项目：是指标准项目以外的项目。其中重大的特殊项目（如技术复杂、工作量大、工期长、耗用物资多、费用高等，对设备或系统有重大改进的项目），一般需报上级公司批准后实施。

（2）B级计划检修。有计划地、有针对性地对汽轮机、锅炉主、辅设备进行预防性的检修和特殊项目的检修，称为B级计划检修。B级计划检修一般比A级计划检修项目少，检修时间为10天，检修间隔为2年。

（3）C级计划检修。有计划地对汽轮机、锅炉设备进行预防性的检修，称为C级计划检修。C级检修应根据机组的健康状况进行必要的检修，检修时间不超过7天，检修间隔一般每年一次。在机组健康状况较好时，可根据情况实行状态检修。

C级检修的项目主要包括如下几个方面：

1）消除B级以上检修后设备运行中发现的缺陷。

2）重点清扫、检查和处理易磨、易损的部件，必要时进行实测或试验。

3）检查锅炉各受热面的磨损、腐蚀、蠕胀、变形及积灰情况，并进行处理。

4）A级检修前的一次检修，应进行较细致的检查和记录，并据此核实A级检修项目。

（4）临时检修。运行期间，汽轮机、锅炉设备发生各种故障或缺陷，需停止运行才能处理的检修，称为临时检修。临时检修次数的多少是衡量检修质量和设备健康水平的重要标志，应尽量减少临时检修的次数，特别应减少非计划停运次数。

2. 检修计划、材料及备品备件

（1）根据公司年度检修计划，专职工程师应在大修前2个月上报检修计划。

（2）重大特殊项目需报上级公司批准，根据设备检修的实际情况进行改变或增减的其他检修项目，需报公司技术部门批准。

（3）对检修标准项目的物资材料及备品备件应在大修计划上报的同时提出申请；对其他检修项目的物资材料及备品备件应在检修计划批准后 5 天内提出申请；对大宗物资材料、特殊材料和大型备品备件应提前半年提出申请。

3. 检修前准备工作

（1）根据检修计划，掌握系统、设备运行情况和存在的缺陷，了解上次检修的总结，对特殊项目应到现场查对，发现问题及时解决。

（2）绘制检修控制进度网络图。

（3）制订施工的技术、安全措施。

（4）做好检修的物资准备（包括材料、备品、安全用具、施工工器具等）及场地布置。

（5）准备好技术记录表格及需测绘和校核的备品备件图纸。

（6）组织讨论检修计划、项目、进度、措施及检修质量要求，并确定检修项目的检修和验收负责人。

4. 检修要求

（1）在检修中，严格执行《电业安全工作规程》，做好检修安全工作，防止发生人身和设备、工具损坏事故。

（2）严格贯彻检修工作"预防为主，安全第一"的方针和"应修必修，修必修好"的检修原则，严格保证检修质量，努力缩短检修工期。

（3）坚持文明检修，做到检修现场"三无"（无油污、无积水、无积灰）、"三齐"（拆卸的零部件排放整齐、检修工机具摆放整齐、材料备品堆放整齐）、"三不乱"（电线不乱拉、管路不乱放、杂物不乱丢）。做到"工完、料尽、场地清"。严防工具、工件及其他物件遗失在设备内，以至造成事故。检修竣工后，要认真做好现场清理工作。

（4）应及时做好检修记录，做到正确完整、简明实用。

（5）设备检修后应达到如下要求：

1）检修质量达到规定的质量标准。

2）消除了设备缺陷。

3）消除了泄漏现象。

4）提高了锅炉效率和出力。

5）锅炉安全保护装置完整齐全，动作可靠。

6）锅炉保温和油漆完整，检修现场整洁。

7）检修技术记录正确、齐全。

5. 质量验收和检修总结

（1）为了保证检修质量，必须做好质量检查和验收工作。质量检验要实行检修人员的自检和验收人员的检查相结合。检修人员在每项检修工作完毕后，要按照质量标准自行检查，合格后才能交由有关人员验收；验收人员要深入现场，调查研究，主动帮助检修人员解决质量问题，同时必须坚持原则，以认真负责的态度，做好验收工作，把好质量关。

（2）质量验收实行班组、部门二级验收制度。检修专业验收项目的确定按以下原则进行：

1）二级验收检修项目：是指对汽轮机、锅炉本体的检修及主要辅助设备的解体检修、异动和改造项目。

2）一级验收项目：是指除二级验收的其他检修项目。

6．检修总结和技术文件

（1）设备检修后，应组织有关人员认真总结经验，肯定成绩，找出不足，不断提高检修质量和工艺水平。

（2）锅炉设备检修后，A 级检修在 1 个月内提交检修总结报告；B 级和 C 级检修在 20 天内提交总结报告。

（3）设备检修技术记录、试验报告等技术资料，应作为技术档案整理保存。

三、燃气内燃机管理

（一）运行管理

（1）机油油位检查。正常的机油油位位于机油尺下刻线与上刻线之间，机组日用油箱油位低于规定值时补充润滑油。机组运行油样应定期检测，检测不合格及时更换润滑油。

（2）冷却液液位检查。

1）正常液位位于散热器或膨胀水箱加注口的底部。

2）向发动机中添加的补充冷却液必须按正确比例将防冻液、辅助冷却液添加剂及水混合，以避免损坏发动机。

3）发动机冷却液温度降至规定值时才能拆下发动机压力盖。防止因高温冷却液或蒸汽喷出而造成人身伤害。

4）应对水、电、热量、燃气量等的能耗进行计量。

（3）应制定下列安全应急预案：

1）停电、停水。

2）极端低温气候。

3）天然气外泄和停气。

4）管网事故工况。

（4）操作人员应执行安全运行的各项制度，做好值班和交接班记录。

（5）定时记录机组运行数据，检测各水泵、电动机轴承温度正常，各轴承振动不得大于 0.05mm，设备无异常振动、异音。

（二）维护管理

（1）停机 6 个月以内。

1）停机管理。

a．运转发动机直到冷却液温度达到安全值以下。

b．关闭发动机。

c．排空油底壳集油槽机油、机油滤清器。

d．安装油底壳放油螺塞，直到发动机重新投入使用。

e．关闭手动燃气切断阀。

f．排放冷却液。（如果使用了长效防冻液并添加了防锈剂，不必要排空冷却液）。

g．在发动机操控装置上放置警告标签。标签写明"发动机中没有机油，不要运转发动机"。

h．保持发动机周围环境干燥。

i．每隔三至四周盘动曲轴两到三圈。

2）启动管理。

a．加注油底壳集油槽。

b．更换燃气滤清器。

c．如有必要，加注冷却液系统。

d．检查电源和控制系统蓄电池。

e．运转预润滑泵进行预润滑。

f．投入冷却液加热器。

g．启动发动机。

（2）停机 6 个月以上。如果发动机的停机时间超过 6 个月，应采取特殊的防锈措施，并咨询厂家专业人员。

（3）燃气内燃发电机组维护管理（见表 2-8）。

表 2-8 　　　　　　　　　　　　　　燃气内燃发电机组维护项目

项目	维 护 频 率							
	每天	750h 后	1500h 后	3000h 后	6000h 后	12000h 后	24000h 后	48000h 后
是否有异响	○	△	△	△	△	△	△	△
振动是否异常	○	△	△	△	△	△	△	△
仪表、仪器是否正常	○	△	△	△	△	△	△	△
检查管路是否渗漏	○	△	△	△	△	△	△	△
检查冷却液液位	○	△	△	△	△	△	△	△
检查冷却风扇	○	△	△	△	△	△	△	△
检查机油油位	○	△	△	△	△	△	△	△
空气滤清器进气阻力	○	△	△	△	△	△	△	△
柔性软管检查		△	△	△	△	△	△	△
中冷器管路检查		△	△	△	△	△	△	△
顶置机构设置检查			△	△	△	△	△	△
空气滤清器滤芯更换			△	△	△	△	△	△
涡轮增压器轴向及径向间隙测量				△	△	△	△	△
曲轴箱呼吸器管检查				△	△	△	△	△
发动机悬置检查				△	△	△	△	△
天然气燃料滤清器检查					△	△	△	△

项目	维护频率							
	每天	750h后	1500h后	3000h后	6000h后	12000h后	24000h后	48000h后
曲轴箱通风再循环元件检查及滤芯更换					△	△	△	△
中冷器检查						△	△	△
凸轮轴检查						△	△	△
控制面板总成检查						△	△	△
冷却液节温器更换						△	△	△
冷却系统排放、冲洗、加注						△	△	△
缸盖更换						△	△	△
天然气燃料管密封件检查						△	△	△
天然气燃料调节器检查						△	△	△
前齿轮系侧隙测量						△	△	△
推杆或推管检查						△	△	△
蓄电池更换						△	△	△
凸轮轴随动件总成检查						△	△	△
水泵更换						△	△	△
发电机电气接头检查						△	△	△
发电机柔性联轴器检查						△	△	△
活塞环更换							△	△
缸套更换							△	△
火花塞线圈检查							△	△
机油泵更换							△	△
燃气切断阀控制模块更换							△	△
连杆轴承更换							△	△
涡轮增压器更换							△	△
主轴承更换								△
止推轴承更换								△
凸轮轴衬套更换								△
凸轮轴止推轴承更换								△
曲轴前、后油封更换								△
波纹管更换								△
活塞更换								△
活塞冷却喷嘴检查								△

续表

项目	维 护 频 率							
	每天	750h 后	1500h 后	3000h 后	6000h 后	12000h 后	24000h 后	48000h 后
机油冷却器更换								
中冷器更换								△
发电机柔性联轴器更换								△
黏性减振器更换								
电子控制模块初始检查								
发电机轴承更换								
发电机励磁机旋转二极管更换								
发电机绕组清洁检查								
发电机绕组清洁检查								
辅助冷却液添加剂和防冻液浓度检查	△	△	△	△	△	△	△	
标准火花塞检查	△	△	△	△	△	△	△	
蓄电池电缆与接头检查	△	△	△	△	△	△	△	
发动机电气接头检查	△	△	△	△	△	△	△	
机油和滤清器更换	△	△	△	△	△	△	△	

注　1. ○维护人员可以单独进行处理及操作。

　　2. △需委派厂家进行处理及操作。

四、离心式冷水机组管理

（一）运行管理

（1）操作人员应执行安全运行的各项制度，做好值班和交接班记录。

（2）停运 7 天及以上的电动机需进行绝缘测试，测试结果合格方可投入运行。

（3）每隔一小时记录一次机组运行数据，检测各水泵、电动机轴承温度正常，各轴承振动不得大于 0.05mm，设备无异常震动、异音。

（4）高于规定温度的水不得流经冷凝器或蒸发器。

（5）紧急停机。

1）突然停电。立即将系统中的供液阀（贮液器或冷凝器的出口控制阀）或节流阀关闭，停止向蒸发器供液，避免在恢复供电重新启动压缩机时产生"液击"，接着迅速关闭压缩机的吸、排气阀。在恢复供电后启动压缩机时，要暂缓开启供液阀，待蒸发压力下降到一定值（略低于正常运行工况下的蒸发压力）时，再打开供液阀，进行正常供液。

2）冷却水突然中断。立即切断压缩机的电源，停止压缩机的运行，避免高温高压状态的制冷剂蒸气得不到冷却，出现系统管道或阀门的爆裂事故；随后立即关闭供液阀、压缩机的进排气阀,然后按正常停机程序关闭各种设备。在恢复冷却水的供应后,按停电后的启动方法重新启动机组;若停水时冷凝器上的安全阀动作过,必须对安全阀进行试压。

3)冷媒水突然中断。立即关闭供液阀(贮液器或冷凝器的出口控制阀)或节流阀,停止向蒸发器供液,随后关闭压缩机的吸气阀,使蒸发器内的液态制冷剂不再蒸发,或保持蒸发器内的压力高于 0℃对应的饱和压力,再按正常停机程序停机。在恢复冷媒水的供应后,按停电后的启动方法重新启动机组。

4)突遇火警。立即切断电源,按突然停电的紧急处理措施停止系统的运行,并报火警。火警解除后,待机组保护时间计时结束后重新启动机组。

5)突遇紧急情况时,可直接拍下相应机组上的急停按钮后再按上述要求操作。

(二)维护管理

1. 每周(月、季度)维护项目
(1)每周检查制冷剂的充注量。
(2)每月进行一次水质分析或水质化验。
(3)每季进行一次油品分析。

2. 每半年维护项目
(1)检查和更换压缩机油过滤器滤芯。
(2)更换回油系统中的干燥器。
(3)检查油引射器的喷嘴,清除其中的细小异物。
(4)检查控制中心的安全保护设定值。

3. 每年维护项目
(1)排除油箱中的旧油,检查油箱,更换新油。
(2)检查清洗冷冻水、冷却水的管路及水过滤器。
(3)检查蒸发器、冷凝器的水室。
(4)清洁电动机冷却进风滤网,检测电动机绝缘,电动机前后轴承润滑。
(5)检查和维护机组的电气设施。
(6)对水系统进行化学处理。

4. 长期停机维护项目
(1)用检漏仪对系统所有接头进行检漏,若发现泄漏应该及时处理,机组方可作较长时间的停机。
(2)在长期闲置时,应定期检测系统的密封性。
(3)如果在系统闲置期间,环境温度达到 0℃,应将冷却塔、冷凝器、冷却水泵、冷媒水泵、冷媒水系统和盘管中的水放净(打开蒸发器和冷凝器水室的放水管,彻底将水排干)。
(4)如果机组设备连续多日处于冰点温度,需将制冷剂回收至容器中,避免制冷剂从 O 形密封圈或其他管道接头等结合处漏出。
(5)在设置界面设置时钟失效,以保存电池电量。
(6)断开压缩机、冷却水泵、冷媒水泵的电动机电源开关,不得断开控制中心的控制电源开关。

（7）定期盘车。

五、吸收式溴化锂机组管理

（一）运行管理

（1）操作人员必须严格执行运行操作规程，遵守各项规章制度，做好值班和交接班记录。

（2）严禁先停冷冻水泵，后停冷却水泵。

（3）停运 7 天及以上的电动机需进行绝缘测试，测试结果合格方可投入运行。

（4）运行操作人员应加强对机组真空度的监视，发现真空不良立即启动真空泵保证真空在合格范围内。

（5）运行操作人员不得随意排放机组废油、废液，必须将废油、废液收集在专用废油桶、废液桶中。

（6）根据外界负荷，及时调整冷冻水、冷却水流量，保证机组高效率运行。

（7）定期放尽阻油器内的凝水，保证真空泵正常运行。

（二）维护管理

1. 月度检查

每月溴化锂机组检查项目见表 2-9。

表 2-9　　　　　　　　　　　溴化锂机组月度检查项目

序号	分类	项目	内容
1	冷热水	冷热水 pH 值	冷热水取样测量，如超出允许范围，进行调整
2	冷却水	冷却水水质	冷却水取样作水质分析，根据结果处理
3	外部系统	（1）过滤器清洗。 （2）冷水泵、冷却水泵。 （3）冷却塔	（1）拆下外部系统管路上的过滤器清洗。 （2）检修、换油及紧固螺栓，尤其是地脚螺栓。 （3）清理塔内脏物，并检查风机皮带是否有松动或脱落现象，发现异常及时处理
4	控制和保护装置	动作可靠性	检查控制和保护装置的动作可靠性，检查液位探测器探棒之间及探棒与壳体之间的绝缘情况，防止短路

2. 年度检查

每年开机前或停机后检查项目见表 2-10。

表 2-10　　　　　　　　　　　溴化锂机组年度检查项目

序号	分类	项目	内容	时间
1	主机	（1）清洗传热管。 （2）气密性检查。 （3）油漆	（1）打开冷水、冷却水端盖，用刷子或药品洗除管内的污垢，清洗端盖，同时更换密封圈	（1）停机后
			（2）检查机组气密性	（2）开机前及停机后
			（3）机组如有锈蚀，补漆或整机油漆	（3）停机后

序号	分类	项目	内　　容	时间
2	溶液	（1）溶液碱度（或 pH 值）及其他添加剂的浓度。 （2）溶液浓度	（1）溶液取样测定和分析，根据其结果进行调整。 （2）稀释停机后，取样测量浓度。如发现有明显变化，应立即查找原因并通报服务公司	开机前
3	冷剂水	冷剂水密度	冷剂水取样，大于 1.04g/mL 时再生，直至合格	开机前
4	泵	（1）屏蔽泵。 （2）真空泵	（1）检查电动机绝缘性并测定其电流值，检查轴承及金属磨损，进行检修或更换	（1）开机前
			（2）测试真空泵抽气极限能力，若达不到要求应检查原因并处理	（2）开机前
			（3）检查、清洗真空泵	（3）停机后
5	外部系统	（1）烟道。 （2）烟气调节阀及热水调节阀	（1）清除机组出口以外的烟道内的烟垢	（1）停机后
			（2）检查电源接线及控制接线是否完好，阀门动作是否正常	（2）开机前
6	电气方面	（1）检查电源接地。 （2）绝缘性耐电压。 （3）检查端子松动。 （4）电气控制及保护装置。 （5）液位探头。 （6）电线电缆。 （7）靶式流量开关 （8）传感器、变频器等电气元件	（1）检查电源接地。 （2）检查电动机以及电控箱绝缘性和耐电压。 （3）补充拧紧端子。 （4）检查保护装置和控制装置的设定和动作点，检查是否有损伤或保护失灵。 （5）若老化，擦洗干净；腐蚀严重，应更换。 （6）检查其老化及腐蚀情况，处理或更换。 （7）检查灵敏度，调整至正常。 （8）检查（变频器检查须参照变频器使用说明书），视情况处理，维修或更换	开机前

3. 其他定期检查

溴化锂机组其他定期检查项目见表 2-11。

表 2-11　　　　　　　　　　　　　　　　　其他定期检查项目

序号	项目	内　　容	时间
1	外部系统	（1）全面清理管道内杂物，并对水泵、冷却塔、管道、阀门。 （2）机房配电等进行全面检修	每 2 年
2	屏蔽泵	（1）更换轴承	（1）每 15000h
		（2）大修或更换	（2）每 8～10 年
3	真空泵	大修或更换	每 5～7 年
4	压力传感器	更换	每 8 年
5	蜂鸣器	更换	每 4 年
6	PLC 电池	更换（更换时间不超过 3min）	每 2 年
7	继电器、交流接触器	更换	每 8 年
8	电控柜	更换	第 20 年
9	截止阀	更换密封圈	每 2～3 年
10	真空蝶阀	更换密封圈	每 2～3 年

4. 停机保养

（1）短期停机保养。

1）将机组内的溶液充分稀释。当环境温度低于规定值且停机时间较长，蒸发器中的冷剂水必须旁通入吸收器，以使溶液稀释，防止结晶；必要时运转溶液泵、停止冷剂泵，打开连通阀，使溶液进入冷剂泵，以防冷剂水在冷剂泵内冻结。

2）注意保持机内的真空度。若机内绝对压力较高，应启动真空泵抽气。

3）停机期间若机组绝对压力上升过快，应检查机组气密性。

4）停机期间若机房气温有可能降到0℃以下，应将冷水、供热热水、热源热水及冷却水系统（含机组）中的积水放尽。

5）检修、更换阀门或泵时，切忌机组长时间侵入大气。检修工作应事先计划好，迅速完成，并马上抽真空。

（2）长期停机保养。在停机稀释运行时，将冷剂水全部旁通入吸收器，使整个机组内的溶液充分混合稀释，防止结晶和蒸发器传热管冻裂。为防止停机期间冷剂水在冷剂泵内冻结，停机前应使部分溶液进入冷剂泵，方法见短期停机保养的第一条。

1）在长期停机期间必须有专人保管，每周检查机组真空情况，务必保持机组的高真空度。对于气密性好，溶液颜色清晰的机组，长期停机期间可将溶液留在机组内。但对于腐蚀较严重，溶液外观混浊的机组，最好将溶液送入贮液罐中，以便通过沉淀而除去溶液中的杂物。若无贮液罐，也应对溶液进行处理后再灌入机组。

2）管道净化。长期停机期间应使冷水、供热热水、热源热水及冷却水系统（含机组）管内净化，进行干燥保管。把机组运转过程中流通的水从水系统中排出，对管内进行冲洗吹净，除掉里面附着的水锈和粘着物。（用冲洗方法不能除去的场合，同时采用药清洗），进行充分的水清洗后，把水完全排出后干燥保管（把排水管一直打开）。

（3）气密性检查。在机组运行及停机保养期间，应密切关注机组内的真空状态。当发现机组有异常泄漏时，应立即进行气密性检查。气密性检查包括打压找漏和真空检漏。

（4）传热管检查。

1）污垢检查。打开端盖盖板，检查传热管内污泥及结垢情况。若传热管结垢，应根据结垢的成分及程度，尽早地采取相应措施。

2）泄漏检查。向机组充氮气至规定值，用橡皮塞堵住传热管一端，另一端涂肥皂水（或用毛刷刷上），使肥皂水成膜将管口覆盖。若肥皂膜凸出并爆破，则该传热管漏。还可以用橡皮塞堵住传热管两端，隔一段时间后，若橡皮塞被冲出，则该传热管漏。也可以考虑将水盖拆下，加装水斗，灌水检查是否有气泡逸出。

（5）传热管清洗。传热管清洗次数取决于水质和污垢生成情况，一般应每年清洗一次。

1）机械清洗法。机械清洗仅对单纯的污泥水垢及浮锈的清除有效。取下水盖，先用氮气或无油压缩空气对传热管吹除一遍，以防泥砂过多影响清洗，再用装有橡胶头和气堵的尼龙刷（严禁用钢丝刷）插入管口，用高压水枪将尼龙刷从传热管一端打向另一端，如此进行数次后，用高压氮气或空气将传热管内的积水吹尽，也可用棉花球吹擦，使管内保持干燥。传热管清洗结束后，装上水盖。

2）化学清洗法。若污垢是由钙、镁等盐类构成，相当坚硬，必须采用化学清洗法。清洗前，应先了解水垢的成分及厚度，再决定使用的药剂、方法及清洗时间。化学清洗应请厂家专业技术人员进行。

（6）传热管更换。传热管泄漏会使冷水、冷却水进入机组，使溶液浓度越来越稀，而且机组真空度下降，影响机组性能，且腐蚀性增强。检查出泄漏的传热管后，需抽出并换上新的传热管，胀接。应杜绝将管板孔刻划成纵向痕迹，以免胀接时产生泄漏。

第四节　热网设备管理

一、供热管道管理

（一）供热管道的压力试验

室外供热管道安装完之后，应进行压力试验，以检查其强度和严密性。

1. 试压介质和试验压力

通常采用水压试验；其试验压力标准为：强度试验压力值为工作压力的 1.5 倍，严密性试验压力值等于工作压力。

2. 试压前的准备工作

在被试压管道的高点设放气阀，低点设放水阀；始、终端设堵板及压力表；接好水泵。

3. 试压

试压时，先关闭低点放水阀。打开高点放气阀，向被试压管道内充水至满，排尽空气后关闭放气阀，然后以手压泵缓慢升压至强度试验压力，观测 10min，若无压力下降或压降在 0.05MPa 以内时，降至工作压力，进行全面检修，以不渗漏为合格。

（二）供热管网的运行维护管理

管网包括一级管网和二级管网。管网是集中供热的生命线，在供热期不间断运行，为保证供热管网安全有效运行，及时发现和消除供热隐患和故障，对供热管网须进行日常运行巡检维护工作。

1. 一般规定

（1）蒸汽管线应每周运行检查两次，热水管线在供暖期应每周检查一次。节假日、雨季和新投入运行的管道，应加强巡逻、维护、检查，并将巡视、维护情况及时填报运行日志。

（2）管道维护检查不得少于两人。

（3）运行人员在执行维护任务时，应按任务单操作，不得碰动管道上的其他设备和附件。

（4）运行检查主要包括下列内容：

1）供热管道设备及其附件不得有泄漏。

2）供热管网设施不得有异常现象。

3）小室不得有积水、杂物。

外界施工不应妨碍供热管网正常运行及检修。

较长时期停止运行的管道，必须采取防冻、防水浸泡等措施，对管道设备及其附件应进行除锈、防腐处理。对季节性运行的管道及蒸汽管线，在冬季停止运行后，应将管内积水放出，泄水阀门保持开启状态。热水管线停止运行后，应充水养护，充水量以保证最高点不倒空为宜。另外必须进行夏季防汛及冬季防冻的检查。

2. 巡检维护人员的基本要求

（1）巡检维护人员应熟悉管辖范围内管道分布情况及附件位置。

（2）巡检维护人员应掌握管辖范内各种管道、设备及附件的作用、性能、构造及操作方法和规程。

（3）检查维护人员应熟悉并认真执行"热网运行规程"和本岗位责任制。

（4）检查维护人员需经考试合格后方可进行工作。

（5）检查维护人员在执行运行任务时，应按工作票、任务单的内容及要求进行操作，不得操作任务以外的其他设备和附件。

3. 检查主要工作内容

（1）井圈、井盖有无损坏，爬梯有无松动。检查验收井圈、井盖完好标准：无丢失、无位移、无振响、无破损、井盖凸出地面不超过 10mm，井圈井盖之间接触面无严重磨损。检查人员发现井盖可能威胁到行人、行车安全时，应立即上报处理，安排现场有专人监护，直至井盖更换完成。

（2）土建结构是否完好，是否有未经允许的外界施工，以及外界施工是否妨碍供热管网运行检查及检修。是否存在构筑物占压供热管线的情况。当发现在供热管线敷设范围内有外界施工，检查维护人员应告知现场施工单位该处有供热管线，施工可能对供热管线造成的影响并向施工单位了解施工内容，通知对方暂停施工，将掌握的情况及时向主管领导汇报并原地待命，报公司相关部门沟通确认该处施工是否属于未经允许的配合项目。如属于未经允许的外界施工并可能对供热管线的安全运行造成不利影响，则要求对方立即停止施工并通知相关部门人员赴现场进行处理。

（3）检查室内有无积水、杂物，若有积水和杂物应及时组织进行抽水和清理，并查明积水原因。

（4）检查供热管道设备及附件有无腐蚀问题，有无漏水现象。

（5）供热管道设施有无异常现象，设施、附件的保温是否完好。

（6）对于直埋管线的运行检查，应熟悉直埋管线走向及范围。检查过程中应沿直埋管线进行巡检，查看管线路由上方是否有沉降、塌陷、冒汽、冒水现象，注意管线附近的其他市政管线的井盖上方是否冒汽。特别在下雪期间，直埋管线上方地面是否融雪，是判断管线泄漏的关键方法。

（7）对直埋管线检查室的运行检查除上述主要内容外，还应对井室内的穿墙套管进行检查，观察管道是否位移，是否有水从穿墙套管流出。对井室内的设备附件进行检查，特别注意观察补偿器的补偿及是否泄漏的情况。

（8）在运行检查过程中发现故障，可根据故障情况一面向相关领导汇报，一面进行必要的现场处理；当不明故障原因时，应派人在故障现场监护，不得随意处理。

4. 维护质量要求

（1）套筒伸缩节法兰盘、螺栓、阀门丝杠、传动齿轮等裸露的可动管道附件，应保持一定的油量，拆装、伸缩自如，操作灵活。

（2）阀体表面、泄水管、钢支架、弹簧支架及爬梯等管道裸露的不可动部分，应无锈、无垢、整洁，涂有符合国家有关标准的防护漆。

（3）螺栓、阀门螺纹和齿轮等处应保持一定的油量，拆装、伸缩自如，操作灵活。

（4）温度表、压力表应灵敏、无缺损。

（5）蒸汽管道喷射泵应保持通畅，无锈蚀、堵塞现象。

（6）带锁井盖应保持井盖开启自如，封闭严密。

（7）小室应保持清洁、无积水。

5. 检查方法

（1）实施常规检查与关键点检查同时进行的方法，即以补偿器、支架、管托、导向、固定架、变形、位移等作为关键点，进行重点检查即采取看和测；补偿器是否变形或泄漏，支架是否倾斜或冻胀裂，管托是否可能脱落，导向是否卡涩或无约束，焊接部位是否开焊、变形、腐蚀，保温、阀门是否完好，管道随温度变化位移等情况。在检查和记录同时，与以前记录数据进行比较及分析，及时有效地发现、处理缺陷。

（2）地沟涵道，实施常规检查与关键点检查同时进行的方法。采取听——是否有泄漏声或异音；看——是否滴水、冒汽，管托是否可能脱落或缺油脂，导向是否卡涩或无约束，支架、横梁是否开焊、变形，下水是否堵塞，水是否浸泡管道表面，保温、阀门是否完好，补偿器是否泄漏，管道或附件腐蚀情况等；测——测关键点表面温度，检查附件温变情况及时发现缺陷。认真检查和记录，并与以前记录的数据进行比较及分析，及时有效地发现、处理缺陷。测温方式：关键点温度为关键部位垂直于管轴线保温壳上、中、下表面各点的最高温度；在测量关键点温度与附近管道保温壳侧表面温度对比时，要求每次测温尽可能在同一范围内，以便更具有对比性。若发现关键点温度高于对比管道温度10℃以上时，必须查明原因，否则纳入缺陷管理。

（3）过桥管网，实施常规检查与关键点检查同时进行的方法，即以桁架、锚板、焊缝、管脱、限位、固定架和变形、位移等作为关键点进行重点检查记录，并采取看和测：管托是否可能脱落，导向是否卡涩或无约束；桁架和锚板是否开焊、变形、腐蚀、开裂或倾斜；保温、阀门是否完好；补偿器是否泄漏；管道随温度变化位移等情况。认真检查和记录，并与以前记录数据进行比较及分析，及时有效地发现、处理缺陷。

6. 检查维护措施

（1）所有井室管网及附件进行编号，方便巡检对应记录。

（2）地沟、涵道及井室检查必须办理工作票。检查结束后，必须马上把工作票交回工作票签发人，以预防出现人身安全事故。

（3）巡检至少两人，巡检人必须佩戴安全帽、带手电筒、井钩子、巡检棒、手套、卷尺、测温枪和记录本、笔等，地沟涵道应穿水靴。

（4）地沟、涵道及井室内必须注意防火，严禁巡检人员引燃明火及吸烟。防范缺氧、有害气体、防触电。上下爬梯必须预防跌伤、刮伤。

（5）若巡检中发现问题，电话及书面报告相关领导；对发现的缺陷，由公司制定消缺方案，并按工作流程及时进行审批和实施。

（6）管道在潮湿、浸水环境下，必须按规定检查，对已确定的隐患点（测厚等），必须建立历年检测管道壁厚档案，以便掌握管道缺陷发展情况。

（7）严禁在支架和管网周围施工及吊装等作业，发现该现象立即向相关部门汇报，公司同意外单位在管网附近施工，必须进行现场安全监护。

（三）供热管道检修管理

1. 一般规定

（1）担任运行管理、检修工作的各级管理人员、检修人员，应熟悉所检修项目的现行有关国家标准的规定，并在工作中贯彻执行。

（2）检修人员必须根据检修任务，提出切实可行的检修方案。

（3）检修中要严格执行检修质量标准。

（4）检修时应注意下列安全要求：

1）在开始工作前，必须检查供热管段是否切断，确保安全。

2）在检查室内操作时，井口必须有专人看守并设置围栏，进入小室和上下架空管管道时，应注意安全，防止发生坠落事故。

3）使用检修工具时，应把牢，用力均匀，有安全起吊措施，防止脱手伤人。

4）使用起重设备安装与拆卸管道时，起重设备经检查合格后方能使用，起吊时应有安全措施，严禁将荷重加在管道上，也不得把千斤顶架设在其他管线上。

5）高空检修时，应采取必要的保护措施，不得从高空向地面扔工具。

6）在小室作业时，照明用电压必须在 24V 以下，电源、供电线路及用电设备须经检查合格后方能使用，且使用时必须有专人监管。

7）蒸汽管网须有通风、降温措施。

2. 检修前后的停运和启动

（1）供热管网因检修而发生的停运和启动操作，必须按批准的方案进行。

（2）当停止运行需关闭几个阀门时，应成对操作，热水管线先关供水阀门，后关回水阀门。关闭热水管线阀门时，关断时间应满足表 2-12 规定。

表 2-12　　　　　　　　　　　　　热水管线阀门关断时间

阀门尺寸 DN（mm）	关断时间（min）
200～500 以下	≥3
500 以上	≥5

（3）被检修的供热管线停止运行后，应观察正在运行的相连管道是否有串水、串汽的现象，运行管段末端是否有积水，以及管道上各种附件和支架的变化情况，如发现异常应及时报告。

（4）管道启动前，应仔细检查有关维护、检修的质量，经检查符合启动要求后方能启动。

（5）停热检修完成后，热水管线应根据热源厂补水能力充水，严格控制阀门开度。管线充水应由热源厂向回水管内充水，回水管充满后，通过连通管向供水管充水，充水过程中应检查有无漏水现象。

（6）蒸汽管网检修完毕，在投入运行前，必须先进行暖管，暖管的恒温时间不应少于1h。

（7）蒸汽或热水管线投入运行后，应对阀门、套筒补偿器、法兰等连接螺栓进行热拧紧。

（8）供热管网压力接近运行压力时，应冷运行2h，无异常现象后再开启热力站进出口阀门。

（9）在充水过程中应随时观察排气情况，待空气排净后，将排气阀门关闭，并随时检查供热管网有无泄漏。

（10）热水供热管网升温，每小时不应超过20℃。在升温过程中，应检查供热管网及补偿器、固定支架等附件的情况。

（11）蒸汽管网启动应根据季节、管道敷设方式及保温状况，用阀门开度大小严格控制暖管温升速度。暖管时应及时排除管内冷凝水，冷凝水排净后，应及时关闭防水阀及喷射泵。当管内充满蒸汽且未发生异常现象后，再逐渐开大阀门。

（12）热水管线在所有干、支线充满水后，由生产调度联系热源厂启动循环水泵，开始升压。

（13）每次升压不得超过0.3MPa，每升压一次应对供热管网检查一次，重点检查新检修、维护的管段及设备，经检查无异常后方可继续升压。

（四）管道常用的检修方法

管道连接的目的就是将两根管连接到一起，或将一条管路进行分支。

管道连接的方法主要有：丝扣连接、焊接、法兰连接、沟槽连接、承插连接、熔接、粘接。各种管道连接的方法比较见表2-13。

表2-13　　　　　　　　　各种管道连接的方法比较

连接方法	适用管材	连接形式	所用材料	优点	缺点
丝扣连接	钢管与塑料管	丝扣管件	管件	适用于各种管材之间的连接，操作方便	一般用于小口径管，镀锌钢管最大DN100，接口处容易发生渗漏
		卡套连接件			
焊接	钢管	电焊	焊条焊丝	适用于金属管，操作方便	不适用于非金属管，过低温度下不宜施工，需要电源
		气焊			
		氩弧焊	—		
法兰连接	钢管与塑料管大口径管	平焊法兰	法兰盘	适用于大口径、不同管材之间、管道与设备上的法兰间连接	造价相对高，占用空间大，不适宜于小口径管
		对焊法兰			
沟槽连接	镀锌钢管	沟槽件	C形密封圈	连接方便	适用于金属管，尤其是镀锌钢管，需要提前对管线滚槽，造价高

连接方法	适用管材	连接形式	所用材料	优点	缺点
承插连接	铸铁管混凝土管	管或管件自带承插口	水泥青铅胶圈	所用材料比较容易获得，尤其 O 形密封圈接口非常方便	水泥接口需要一定的凝结时间才能保证接口牢固，用 O 形密封圈必须保证两管夹角在 3℃ 以内
	玻璃钢管				
	PVC 管				
熔接	PP-R 管	热熔电热熔	电热熔管件	操作简单，方便，迅速，接口牢固，密封性强	需要电源
	PE 管				
黏接	PVC 管玻璃钢管	胶黏化学腐蚀	胶黏剂有机溶剂	操作简单，方便，迅速	接口处必须保持干燥，需要一定的凝结时间

（五）阀门的管理

1. 阀门的维护保养

（1）常用的阀门保养方式。阀门的保养分一级保养和二级保养。

一级保养：完成对阀门传动系统零配件检查，保证其正常运行。每半年对阀门作一次开启、关闭操作。

二级保养：阀门传动进行清洁和填装黄油；确定阀门关闭与开启的正确位置，并调整锁定，确定指示正确。在很多情况下，阀门开启一次就出现渗漏。这种现象就是在阀门检修时没有对阀杆进行清洁，阀杆上粘有杂质的硬结物，当开启阀门时，硬结物刮伤填料，出现较大间隙，导致阀门的渗漏。清洁阀杆时，要用木片将阀杆上的杂物剔除干净，用细砂纸打磨出金属光泽，再用干毛巾将阀杆擦拭干净，抹上黄油之后再安装。如果阀杆虽然已经磨损得非常严重，但其又能继续使用时，应对阀杆进行补焊、并用车床处理。如果阀杆磨损或腐蚀部位较深，其强度已不能满足使用时，应进行更换。

（2）对阀门的维护。

1）保管维护。保管维护的目的，是不让阀门在保管中损坏，或降低质量。而实际上，保管不当是阀门损坏的重要原因之一。

阀门保管，应该井井有条。小阀门放在货架上，大阀门可在库房地面上整齐排列，不能乱堆乱垛，不要让法兰连接面接触地面。由于保管和搬运不当，手轮打碎，阀杆碰歪，手轮与阀杆的固定螺母松脱丢失等，这些不必要的损失应该避免；对短期内暂不使用的阀门，应取出石棉填料，以免产生电化学腐蚀，损坏阀杆；对刚进库的阀门，要进行检查，如在运输过程中进了雨水或污物，要擦拭干净，再予存放；阀门进出口要用蜡纸或塑料片封住，以防进去脏东西；对易在大气中生锈的阀门加工面要涂防锈油，加以保护；放置室外的阀门，必须盖上油毡之类的防雨、防尘物品；存放阀门的仓库要保持清洁干燥。

2）使用维护。使用维护的目的，在于延长阀门寿命和保证启闭可靠。

阀门螺纹，经常与阀杆螺母摩擦，要涂一点干黄油、二硫化钼或石墨粉，起润滑作用，不经常启闭的阀门，也要定期转动手轮，对阀杆螺纹添加润滑剂；室外阀门，要对阀门加保护套，以防雨、雪、尘土锈污；要经常保持阀门的清洁；要经常检查并保持阀门零部件完整性。阀杆，特别是螺纹部分，要经常擦拭，对已经被尘土弄脏的润滑剂要更换新的，因为尘土中含有硬杂物，容易磨损螺纹和阀杆表面，影响使用寿命。

（3）手动阀门的开闭。手动阀门是使用最广的阀门，它的手轮或手柄，是按照普通的人力来设计的，考虑了密封面的强度和必要的关闭力，因此不能用长杠杆或长扳手来扳动。不要用力过大过猛，否则容易损坏密封面，或扳断手轮、手柄。

启闭阀门的注意事项。

1）启闭阀门，用力应该平稳，不可冲击。某些冲击启闭的高压阀门各部件已经考虑了这种冲击力与一般阀门不能等同；对于蒸汽阀门，开启前，应预先加热，并排除凝结水，开启时，应尽量缓慢，以免发生水击现象，当阀门全开后，应将手轮倒转少许，使螺纹之间严紧，以免松动损伤。

2）对于明杆阀门，要记住全开和全闭时的阀杆位置，避免全开时撞击上死点，并便于检查全闭时是否正常。假如阀瓣脱落，或阀芯密封之间嵌入较大杂物，全闭时的阀杆位置就要变化。

3）管路刚开始用时，内部脏物较多，可将阀门微启，利用介质的高速流动，将其冲走，然后轻轻关闭（不能快闭、猛闭，以防残留杂质夹伤密封面），再次开启，如此重复多次，冲净脏物，再投入正常工作。

4）常开阀门，密封面上可能粘有脏物，关闭时也要用上述方法将其冲刷干净，然后正式关严。如手轮、手柄损坏或丢失，应立即配齐，不可用活络扳手代替，以免损坏阀杆四方，启闭不灵，以致在生产中发生事故。操作时，如发现操作过于费劲，应分析原因。若填料太紧，可适当放松：如阀杆歪斜，应通知人员修理。有的阀门，在关闭状态时关闭件受热膨胀，造成开启困难，如必须在此时开启，可将阀盖螺纹拧松半圈至一圈，消除阀杆应力，然后扳动手轮。

2．阀门的安装

（1）阀门安装前的检测及压力试验。无论是使用新阀门，还是使用修复后的阀门，安装前必须试压、试漏。

1）阀门安装前的检测。外观检查。阀门表面应无缺陷和裂纹，阀体无爆裂现象。

阀门严密性试验。在阀门关闭的情况下，按照通用阀门压力试验标准中规定的压力值（对于工作压力较低的管路上的阀门，试验压力也可采用 1.5～2 倍工作压力）进行压力试验，不渗漏，压力表无压降。要求阀门的两侧轮流承压、分别检测，且多次启闭达到同样效果。阀门的操作灵活性。在单人多次对阀门启闭的情况下，仍然灵活轻便。

2）阀门的压力试验。阀门的压力试验包括试压、试漏两项。试压指的是阀体强度试验；试漏指的是密封面严密性试验，这两项试验是对阀门主要性能的检查。

试验介质一般是常温清水，重要阀门可使用煤油。

阀门强度试验压力，与公称压力的关系见表 2-14。

表 2-14　　　　　　　　公称压力与强度试验压力的关系

公称压力（MPa）	强度试验压力（MPa）	公称压力（MPa）	强度试验压力（MPa）
0.1	0.2	1	1.5
0.25	0.4	1.6	2.4

公称压力（MPa）	强度试验压力（MPa）	公称压力（MPa）	强度试验压力（MPa）
0.4	0.6	2.5	3.8
0.6	0.9	4	6

注 表中的公称压力指阀体上标注的公称压力。

试验方法：

试压试漏在试验台上进行。试验台上面有一压紧部件，下面有一条与试压泵相连通的管路。将阀压紧后，试压泵工作，从试压泵的压力表上，可以读出阀门承受压力的数值，试压阀门充水时，要将阀内空气排净。试验台上部压盘，有排气孔，用小阀门开闭。空气排净后，排气孔中出来的全部都是水。关闭排气孔后，开始升压。升压过程要缓慢，不要急剧，达到规定压力后，保持 3min，压力不变为合格。

试压试漏程序可以分三步：

a. 打开阀门通路，用水（或煤油）充满阀腔，并升压至强度试验要求压力，检查阀体、阀盖、垫片、填料有无渗漏；

b. 关闭阀路，在阀门一侧加压至公称压力，从另一侧检查有无渗漏；

c. 将阀门颠倒过来，试验相反一侧。

进行压力试验时，操作人员要远离被试验的阀门，防止阀门质量不好发生爆裂而伤及人员。

（2）阀门安装的方向和位置。

1）阀门安装的方向。许多阀门具有方向性，例如截止阀、止回阀等，如果装倒装反，就会影响使用效果与寿命，或者根本不起作用，甚至造成危险（如止回阀）。需要注意安装方向的阀门，在阀体上都有方向标志；如果没有方向标志，根据阀门的工作原理，正确识别。

截止阀的阀腔左右不对称，流体要让其由下而上通过阀口，这样流体阻力小（由形状所决定），开启省力（因介质压力向上），关闭后介质不压填料，便于检修。这就是截止阀为什么不允许反向安装的道理。其他阀门也有各自的特性。

闸阀不要倒装（即手轮向下），否则会使介质长期留存在阀盖空间，容易腐蚀阀杆，而且为某些工艺要求所禁忌，同时更换填料极不方便，明杆闸阀，不要安装在地下，否则由于潮湿而腐蚀外露的阀杆。

旋启式止回阀，安装时要保证其销轴水平，以便旋启灵活。

2）阀门安装的位置。阀门安装的位置，必须方便于操作，即使安装暂时困难些，也要为操作人员的长期工作考虑。阀门手轮的安装高度最好与胸口取齐，一般距离操作地面1.2m 高，这样开闭阀门比较省劲；落地阀门手轮要朝上，不要倾斜，以免操作别扭；靠墙及靠设备的阀门，也要留出操作人员站立空间。要避免仰天操作。

（3）阀门安装的施工作业。安装施工必须小心，切忌撞击脆性材料制作的阀门。

安装前，应将阀门做一检查，核对规格型号，鉴定有无损坏，尤其阀杆在运输过程中，最易撞歪，因此安装前要转动几下，观察是否歪斜，同时还要清除阀内的杂物。阀门起吊时，绳子不要系在手轮或阀杆上，以免损坏这些部件，应该系在法兰上或阀颈上。对于阀门所连接的管路，一定要清扫干净。可用压缩空气吹去氧化铁屑、泥砂、焊渣和其他杂物。这些杂物，不但容易擦伤阀门的密封面，其中大颗粒杂物（如焊渣），还能堵死小阀门，使其失效。如无压缩空气，可用钢丝刷与毛刷、干毛巾配合进行清扫。

安装螺口阀门时，应将密封填料（线麻加铅油或聚四氟乙烯生料带），包在管子螺纹上，不要弄到阀门里，以免在阀内存积，影响介质流通。

安装法兰阀门时，要注意对称均匀地拧紧螺栓。阀门法兰与管子法兰必须平行，间隙尤其要合理，以免阀门产生过大压力，甚至开裂。对于脆性材料和强度不高的阀门，尤其要注意。紧固阀门螺栓时，要按对角紧固的顺序进行操作，不能顺序紧固，否则将压偏垫片，导致渗漏。

（4）填料更换。阀门在经过一段时间的使用，达到了一定的操作次数，或者库存阀门达到了一定的期限，有的填料已不好使，有的与使用介质不符，这就需要更换填料。

阀门制造厂无法考虑使用单位的不同介质，填料函内总是装填普通盘根，但使用时必须让填料与介质相适应。

在重换填料时，要一圈一圈地压入。每圈接缝以 45°为宜，圈与圈接缝错开 180°。填料高度要考虑压盖继续压紧的余地，同时又要让压盖下部压入填料室适当深度，此深度一般可为填料室总深度的 10%～20%。

对于要求高的阀门，接缝角度为 30°，圈与圈之间接缝错开 120°。

除上述填料之外，还可根据具体情况，采用橡胶 O 形密封环（天然橡胶耐 60℃ 以下弱碱，丁腈橡胶耐 80℃ 以下油品，氟橡胶耐 150℃ 以下多种腐蚀介质）、三件叠式聚四氟乙烯圈（耐 200℃ 以下强腐蚀介质）、尼龙碗状圈（耐 120℃ 以下氨、碱）等成形填料（如现在已经广泛使用的小口径的球阀，即采用管状聚四氟乙烯密封环）。在普通石棉盘根外面，包一层聚四氟乙烯生料带，能提高密封效果，减轻阀杆的电化学腐蚀。

在压紧填料时，要同时转动阀杆，以保持四周均匀，并防止太死，拧紧要用力均匀，不可倾斜。

（六）补偿器管理

1. 套筒补偿器

（1）更换套筒补偿器时，安装长度和补偿量必须符合设计要求。

（2）套筒组装应符合工艺要求，盘根规格与填料函间隙一致。

（3）套筒前压紧圈与芯管间隙应均匀，盘根填量应充足，满足压紧圈的压紧要求，不出现明显偏差，无卡涩现象。盘根更换时应符合下列规定：

1）使用盘根应符合有关标准的规定，且必须保持清洁。蒸汽管道宜使用浸油铜丝石棉盘根，热水管道宜使用浸油橡胶石棉盘根。

2）加盘根前，套筒内最后一圈盘根应掏净且无碎渣，盘根加满后，最外圈应平整、无损伤。

3）盘根应切成 45°斜面，且斜面与芯管表面垂直，接头必须平整，无空隙、突起，加盘根应一圈圈依次填入，各圈接头依次错开。

4）盘根在加入套筒前应施加适当的外力，使其在套筒径向变薄。

5）压紧盘根时，法兰螺栓必须同时上紧，螺栓松紧应一致，法兰与芯管之间的缝隙应均匀。

6）填料函应加足盘根；套筒压兰压入填料箱以 10～20mm 为宜，且不得与填料箱啃住。

7）每圈盘根应只有一个接头，最后两圈可加短头，长度不应小于 150mm。

8）压兰下面的芯管部分与芯管外露部分应先除锈后涂油。

9）螺栓安装前应除锈，涂机油和石墨粉。

10）安装操作时不得划伤芯管。

阀门添加或更换盘根时，应按套筒补偿器添加或更换盘根的要求进行。在拆卸螺栓、螺母前，可用煤油浸透。用手锤敲打螺栓及螺母周围时，不得损坏螺纹。对难以拆卸的螺母，可用氧炔焰加热螺母将其拧出。

（4）螺栓应无锈蚀，并涂有油脂保护。

（5）柔性填料式套筒的填料量应充足。

（6）芯管应有金属光泽，并涂有油脂保护。

2. 波纹管补偿器

（1）波纹管补偿器进行预拉伸试验时，不得有不均匀变形现象。

（2）波纹管补偿器安装前的冷拉长度必须符合设计要求。

（3）波纹管补偿器安装后，与管道的同轴度应保持在自由公差范围内，内套有焊缝的端宜在水平管道上迎介质流向安装，在垂直管道上应将焊缝置于上部。

（4）波纹管补偿器安装后，去掉涂黄漆的紧固螺栓后方可投入运行，复式拉杆波纹管补偿器松开紧固螺栓后方可投入运行。

（5）对有排水装置的波纹管应保证排水丝堵无渗漏。

3. 球型补偿器

（1）球型补偿器水平安装时应设平台。

（2）球型补偿器垂直安装时，球体的外露部分必须向下安装。

（3）球型补偿器安装时，应尽量向弯头部位靠近，球心距长度宜大于理论计算值。

（4）球型补偿器两垂直臂的倾斜角应与管道系统相同，外伸缩部分应与管道坡度保持一致，应转动灵活、密封良好。

二、供热热力站管理

（一）热力站维护

1. 一般规定

（1）热力站的检修应按预定方案进行，检修后的设备应达到完好。

（2）泵站与热力站的检查维护应符合下列规定：

1）供热运行期间：

a. 应随时进行检查，检查内容应包括温度、压力、声音、冷却、滴漏水、电压、电流、接地、振动和润滑、补水量及水处理设备的制水水质等。

b．运转设备轴承应定期加入润滑剂。

c．设备及附属设施应定期进行洁净。

2）非供热运行期间：

a．应保持泵站与换热站的设备及附属设施洁净。

b．电气设备应保持干燥。

c．供热系统湿保养维护压力宜控制在供热系统静水压力的±0.02MPa。

2．阀门

（1）检查外观是否清洁，有无锈蚀、水垢和尘污，除锈垢、擦拭，易锈部位涂油，每周一次。

（2）检查有无滴水、漏水现象，手轮、手柄是否松动。

（3）检查传动部位是否缺油，开关是否灵活。传动部位加油，开关活动阀门（特别是热水阀门），每周一次。

3．压力表和温度表

检查外观是否清沽，玻璃表盘是否完整，刻度是否清晰，指示是否灵敏。

4．水泵

（1）检查外观是否清洁，有无锈蚀、污垢；机械密封无泄漏。

（2）检查运转方向是否正确，声音是否正常，进出口阀门是否打开；进出口压力表读数是否正常；电流表是否稳定正常；轴承温升应不超过35℃；各部位螺栓有无松动。发现问题及时处理。

5．水泵、电动机轴承定期注脂和更换规定

（1）轴承注脂周期及注脂量。

1）电动机和水泵轴承位置有润滑注脂嘴，必须按铭牌给定周期、注量等要求进行加注油脂。若无润滑铭牌标注，一般电动机功率小于或等于7.5kW，"进口轴承"一般在轴承寿命期内，无须向电动机轴承内注脂，即无润滑注脂嘴；电动机功率大于7.5kW有润滑嘴，轴承注脂周期："累计运行3个月"加注一次，注油量依据轴承大小，用加脂枪压15～20下。

2）注脂量一般填充轴承和轴承壳体空间的 1/3～1/2 为宜。若加脂过多，轴承在工作时会过热等。

（2）润滑脂牌号：3 号高温锂基脂。

（3）轴承更换周期。

1）进口轴承一般运行2万～3万h须更换一次轴承，超过2万h后，加强轴承监视。

2）国产轴承更换周期，依据各单位经验确定。

（4）注意事项。

1）水泵、电动机性能、轴承及润滑等所有铭牌不允许损坏。

2）原轴承加注非锂基脂时，必须解体清洗轴承后，方可加注3号高温锂基脂。

6．换热器

（1）检查外观是否清洁，有无锈蚀、污垢。

（2）对损坏面漆及时除锈补漆。

（3）丝杠涂高粘度防锈油，每月一次。

（4）丝杠外套统一配套塑料护管。

（5）换热器一、二次关断阀门定期检查严密性；检查各部件、附件是否齐全完好；压力表，温度表等仪表是否灵敏准确。

（6）换热器发现外漏应采取措施后进行检修。

（7）定期做内漏试验及时发现安全隐患。

（8）换热效果下降或进出口压差增加，应采取措施进行反冲，无效果必须解体检修。

（9）换热器保温无缺损。

（二）检修通则

1. 检修前的准备工作

（1）检修负责人应熟知设备的结构、工作原理、设备性能、系统布置、拆装顺序和质量标准。

（2）查阅设备缺陷登记簿及技术档案、掌握待检修设备规范、运行参数、运行时限、存在缺陷、检修工艺、技术标准等内容。

（3）开工前要办好工作票，落实好各种安全措施，应严格执行两票三制。

（4）做好参加检修人员的组织工作，明确各项分工，各项工作都应有专人负责。

（5）编写好检修进度表和任务单，备齐检修技术记录和标准项目技术措施。

（6）所需材料、检修使用的工具、用具、备品、备件、各种记录表格准备齐全。

（7）清扫好设备、材料的堆放场地。

（8）检修人员在得到调度许可后，才能进行减压、排水的工作。

（9）在需要检修的管道上开始检修前，必须与运行管道隔断。同时，在该隔断阀门上挂上禁止操作牌。

（10）检修工作应在所有安全措施执行完毕，确认待检修设备在常温、零压力的情况下，在工作票上签字后进行。

（11）检修人员应根据下达的检修任务进行检修。

2. 检修工作中注意事项

（1）在安装和拆卸管路、设备时，应将设备支配好。在进行起吊时不得把重物加在其他管道上。

（2）更换零件时，材质应符合设计要求。

（3）拆卸零件时，应按顺序进行，锤击零件时，须摸清拆卸方向，不得损伤零件，严禁乱打乱锤或用力过大。

（4）对精密零件和容易丢失的零件应妥善保管。

（5）拆卸比较重要或容易记混的零件，必须检查标记，防止装错。没有标记应做好标记。

（6）凡需要更换的零件，应严格按图纸核对。

（7）对拆下来的零件都要进行检查和清扫，特别是那些结合面、摩擦面、配合表面等比较重要的部位，更应做认真检查、清扫和保护，要求无裂纹、无毛刺、无杂物、完整光滑。

（8）设备分解后，管道及设备外露孔应加封加堵。

（9）检修中拆下来的零件，使用工具和材料要有顺序合理摆放。

（10）现场施工要做到文明生产。

3. 检修工作结束时的要求

（1）检修完后，应把损坏的保温及时修补好。清理现场，做到检修现场干净，场清料净。

（2）验收工作应在自检的基础上，技术人员会同有关人员进行三级验收。并在任务单上签字。

（3）检修技术记录填写的完整清楚准确。

1）检修任务中的项目、进度、工时、材料耗用情况要填写完整。

2）检修中发现的缺陷和更换零件的情况，要准确记录。

3）设备改进和技术变更的项目要有文字说明和草图。

（三）换热器管理

1. 板式换热器管理

（1）维护。

1）维护检修之后应进行 1.5 倍工作压力持续 30min 的水压试验，压力降不得超过 0.05MPa。

2）压紧尺寸不得小于设计给定的极限尺寸。

3）密封垫圈应满足流体介质参数的要求。

4）应按工艺要求组装，不得有穿流现象。

（2）检修。

1）板式换热器在运行中泄漏时，不得带压夹紧，必须泄压至零后方可进行夹紧、补漏，但夹紧尺寸不得超过装配图中给定的最小尺寸。

2）板式换热器打开时，如温度较高，应待降温后再拆开设备，拆开时应防止密封热片松弛脱落。

3）板式换热器板片应逐块进行检查与清理，一般的洗刷可不把板片从悬挂轴上拆下。水刷时，严禁使用钢丝、铜丝等金属刷，不得损伤垫片和密封垫片。

4）严禁使用含 Cl 的酸或溶剂清洗板片；板片洗刷完毕后必须用清水洗干净。

5）板式换热器更换密封垫时，应用丙酮或其他酮类溶剂溶化垫片槽里的残胶，并用棉纱擦洗干净垫片槽。

6）贴好密封垫片的板片应放在平坦、阴凉和通风处，上面用板片或其他平板压住垫片，自然干固 4h 后方可安装使用。

7）板式换热器夹紧时，夹紧螺栓板内侧上下、左右偏差不应大于 10mm，当压紧至给定尺寸（一般为最大加紧尺寸）时，两夹紧板内侧的上下偏差不应大于 2mm。

2. 壳管式换热器

（1）壳管式换热器（包括浮头式、波纹管式、列管式换热器）的维护。

1）管束与管板的胀接应无腐蚀。

2）挡板与管束接触应紧密，壳侧流体无短路现象。

3）换热管内、外应无严重结垢现象。

4）水室与管板应封闭严密、无泄漏，管束不得有穿孔或破裂。

5）管程与壳程的阻力损失不应超过设计值的 10%。

6）二次水不得有穿水现象。

7）应有的安全装置必须完好。

8）温度和压力指示表应完好。

（2）壳管式换热器的检修。壳管式换热器运行中一般只需维护，不必维修，但结垢严重或换热管泄漏时须停运维修。壳管式换热器的化学除垢操作应符合下列程序：

1）酸洗前的检查。

a．水垢经试验证明可用酸洗清除。

b．水垢的厚度平均在 0.5mm 以上，水垢覆盖面积超过 80%。

c．换热器焊接缝严密、牢固，各部分无严重的腐蚀和渗漏。

d．换热器两年内未进行酸洗操作。

e．对不宜酸洗或不能与酸接触的部件应拆除或隔离。

f．对大型换热设备可采用分组、分段清洗的方法，暂不清洗的管路应加盲板堵塞。

2）确定用酸种类和浓度。

a．根据水垢确定酸种类，一般钢材用 HCl。

b．酸浓度宜在 8% 内选择，可根据水垢的平均厚度确定，当采用酸浓度 8% 仍不够时，可在酸洗过程中适当补充新鲜的酸液，而不再提高酸液的起始浓度。

3）酸洗过程。

a．基本过程为水冲洗→酸洗→水洗→纯化。

b．水冲洗换热器内的污垢。

c．酸洗过程应在 0.5h 内把酸注完。

d．酸洗终点确定后，应尽快排酸。

e．应在排酸后尽快水洗，水洗至出水的 pH 值在 5～6 时为止。

f．水洗后，向换热器的循环水中加入氢氧化钠、磷酸三钠等碱液，循环 30min 再浸泡 1～2h 后排除碱液。

（3）换热管泄漏的维修应符合下列规定：

1）换热管泄漏的数量不大于总量的 5% 时可进行维修，否则应更换换热管。

2）更换换热管的操作程序：

a．卸下一侧法兰，采用在壳程中灌水加压的方法确定泄漏的换热管。

b．用气焊切下泄漏的换热管，更换新管。

c．当泄漏的换热管数目较多或集中时，更换新换热器。

3）堵塞换热管的操作程序：

a．卸下一侧法兰，采用在壳程中灌水加压的方法确定泄漏的换热管。

b．在泄漏的换热管两侧塞入同等口径的钢管短节，并焊死。

c．堵塞的换热管不应超过总量的 5%。

d．当泄漏的换热管数目较多或较集中时，则应更换新换热器。

（四）除污器的管理

1．除污器原理设备结构简述

含有颗粒杂质的水进入除污器后流速减缓，水中的大颗粒杂质有些可以自然沉降到除污器底部，不能沉降的颗粒污物可通过设在除污器出口处的网孔筛分去除。除污器上方设有检修端盖，下方设有排水、排污丝堵，立式除污器检修端盖设有排气管。

2．除污器的清淘检修

（1）除污器如果法兰、丝口、焊口漏泄应按工艺要求进行处理。

（2）当换热站除污器进、出口压力差超过 0.02MPa 时，应对除污器进行清淘。清淘应按以下步骤进行：

1）关闭除污器前后阀门，打开排污阀，进行泄水，直至压力值为零。

2）卸下除污器顶盖紧固螺栓，然后用手锤振动除污盖，松动后取下，如右棉垫破损需更换。

3）用勺、铁刷等工具清除杂物及内壁污垢，冲洗滤网。

4）用带黄油的紧固螺栓对角紧固除污器盖。

5）缓慢打开除污器出、入口阀门，排除空气，无泄漏后，可投入正常进行。

除污器清淘时同时应检查过滤孔是否正常，异常时进行检修。

3．除污器的检修标准

（1）通过除污器后的水应不含杂质和污垢。

（2）除污器的位置应按介质进出口流向正确安装，排污口朝向位置应便于检修。

（3）立式直通式除污器的出水管不得堵塞，卧式除污器的过滤网应清洁。

（4）出水管滤网不得有腐蚀或脱落现象。

（5）除污器的承压能力应与管道的承压能力相同。

（6）立式除污器的排气阀应操作灵活，手孔密封，不得有漏水现象。

（7）卧式除污器滤网应能自由取放，不得强行取放。

（8）滤网孔眼应保持 85%以上畅通，流通面积低于设计的 80%时应及时清洗。

（9）自制的除污器应有计算文件备查。

（五）溴化锂机组的管理

机组的性能好坏、使用寿命长短，不仅与调试及运行管理有关，还与机组的维护保养密切相关。机组的保养工作并不复杂，但必须认真地进行。应有计划地进行定期维护保养，以确保机组安全可靠运行，防止事故发生，延长使用寿命。违背以下各项维护保养规定，将会造成不必要的损失。

溴化锂的 B 级保养检查见表 2-15。

溴化锂的 C 级保养检查见表 2-16。

表 2-15　　　　　　　　　　　　　　　　溴化锂 B 级保养检查记录表

	保养检查项目	要求	检查结果及处理记录
机组真空	真空泵外观检查保养	清洁	
	据需对主机真空验证（气泡法），确认主机真空是否合格	合格	
	机组抽真空频率		____天抽一次
运行质量检查	调阅运行记录，查阅历史记录及故障记录	是	
	机组运行情况检查	制冷或制热量满足	
	高压发生器液位稳定性（高位运行）	稳定	
	主要运行部件工况	稳定无异常	
	现场技术交流	疑难解答	
工质检查	冷剂水比重检测	＜1.02	
	蒸汽温度检查	＜180℃	
	浓溶液浓度校核（运行期间 1 次/年）	实际与显示一致	
电气保养	供电电源电压、接地检查、除尘	380V（±10%）清洁	
	压力/温度/液位检查	显示正常	
	调节参数/安全参数检查	设置准确	
	流量开关动作是否可靠	动作可靠，线牢固	
	故障报警动作检查	动作正常	
	机组上各控制元件是否完好、接线是否紧固	完好、紧固	
	蒸汽电动阀检查	动作正常	

表 2-16　　　　　　　　　　　　　　　　溴化锂 C 级保养记录表

	保养检查项目	要求	检查结果及处理记录
主机真空	据需对主机真空验证（气泡法），确认主机真空是否合格	合格	
	据需对主机真空密封件实施更换	据需实施	
	真空泵外观清洁及极限性能确认，据需对真空泵内腔保养	≤20Pa/5min，清洁	
工质	溶液是否已取样送检	是	
	冷剂水是否已检查与旁通	是	
外部系统	协助用户对冷水、冷却水水室拆检、传热管结垢检查		
	主机冷却水、冷水、蒸汽（凝水）系统积水排放	排尽	
电气保养	控制模块检查	功能正常	
	变频器风扇/散热片清灰	清洁	
	蒸汽电动调节阀检查	动作正常	
	故障报警安全试验	报警动作正常	

续表

保养检查项目		要求	检查结果及处理记录
电气保养	调节参数/安全参数检查	核对并设置准确	
	各电动机绝缘测试	$R \geqslant 5M\Omega$	
	压力/温度检查	显示正常	
	流量开关动作是否可靠	动作可靠	

第五节　供热辅助系统管理及运行

一、热力站与泵站

（一）一般规定

（1）供热系统的泵站、热力站应设下列图表：

1）泵站、热力站设备布置平面图；

2）泵站、热力站系统图；

3）热力站供热平面图；

4）泵站、热力站供电系统图；

5）温度调节曲线图表。

（2）泵站、热力站的运行、调节应严格按调度指令进行。

（3）泵站、热力站运行人员应掌握管辖范围的供热参数，热力站供热系统设备及附件的作用、性能、构造及其操作方法，并经技术培训考核合格，方可独立上岗。

（4）供热系统的泵站、热力站内的管道应涂符合规定的颜色和标志，并标明供热介质流动方向。

（5）泵站、热力站内的供热设备管道及附件应保温。

（6）供热系统中继泵站的安全保护装置必须灵敏、可靠。

（二）泵站与热力站运行前的准备

（1）供热系统的泵站与热力站运行前的检查应符合以下规定：

1）泵站、热力站内所有阀门应开、关灵活、无泄漏，附件齐全、可靠，换热器、除污器经清洗无堵塞。

2）泵站、热力站电气系统安全、可靠。

3）泵站、热力站仪表齐全、准确。

4）热力站水处理及补水设备正常。

（2）水泵投入运行前，其出口阀门应处于关闭状态，并检查是否注满水；启动前必须先盘车，空负荷运行应正常。

（三）当发生下列情况之一时，不得启动设备，已启动的设备应停止

（1）换热器及其他附属设施发生泄漏；

（2）循环泵、补水泵盘车卡涩，扫膛或机械密封处泄漏；

（3）电动机绝缘不良、保护接地不正常、振动和轴承温度大于规定值；

（4）泵内无水；

（5）供水或供电不正常；

（6）定压设备定压不准确，不能按要求启停；

（7）各种保护装置不能正常投入工作；

（8）除污器严重堵塞。

（四）换热站的启动

（1）换热站一级管网系统注水应符合以下程序：

1）通知调度、首站换热站一级管网系统注水；

2）开启一级管网换热器入口门、一级管网供水管排气门、换热器排气门，缓慢开启一级管网供水门2%～5%；

3）空气排净见水后关闭一级管网供水管排气门、换热器排气门，待换热站内一级管网供水管压力升至与一级管网供水门前一致时，证明该管段已充满水；

4）开启一级管网回水管排气门，缓慢开启一级管网回水门2%～5%；

5）一级管网回水管排气门排净见水后关闭，待换热站内一级管网回水管压力与一级管网回水门后一致时，证明该管段已充满水，通知调度、首站换热站一级管网系统注水结束。

（2）换热站一级管网系统投入符合以下程序：

1）一级管网系统正常运行；换热站一级管网系统注水结束；

2）通知调度、首站换热站一级管网系统投入；

3）开启一级管网换热器入口门、一级管网换热器出口门、缓慢开启一级管网回水门、一级管网供水门，同时开启一级管网供水管排气门、换热器排气门、一级管网回水排气门，再次排气；

4）换热站一级管网系统空气排净后关闭一级管网供水管排气门、换热器排气门、一级管网回水管排气门，根据供热负荷计算一级管网流量并将流量调节阀调整到适当位置；

5）通知调度、首站换热站一级管网系统投入完成。

（3）换热站二级管网注水应符合以下程序：

1）二级管网系统注水应提前一周通知热用户注水时间；

2）分散补水方式补水应先投入水处理设备；

3）通知调度换热站注水；

4）开启热用户各分支点排气门，见水后关闭；投入安全门；

5）开启二级管网换热器出、入口门，二级管网除污器出口门，二级管网供、回水联箱总门，二级管网供热各回路供、回水门，二级管网补水总门，换热站内二级管网各排气门；

6）启动补水系统向二级管网注水；

7）换热站内二级管网各排气门在空气排净见水后关闭；

8）关闭二级管网补水总门、一级管网向二级管网补水门；

9）通知调度、首站本换热站注水结束。

（4）换热站二级管网系统运行应符合以下程序：

1）通知调度换热站投运，换热站二级管网系统注水结束；

2）启动二级管网补水系统开启循环水泵入口门；

3）二级管网循环水泵排气，启动二级管网循环水泵；

4）缓慢开启二级管网循环水泵出口门；

5）调节二级管网供回水参数；

6）检查设备运行状况正常；

7）通知调度换热站投运。

（五）换热站的停止

（1）换热站一级管网系统停止应符合以下程序：

1）通知调度、首站换热站一级管网系统停止；

2）缓慢关闭一级管网供水门，一级管网回水门；

3）通知调度、首站本换热站一级管网系统停止完成；

4）如须放水，稍开一级管网供、回水管路、换热器排气门、放水门及排污门排水。

（2）换热站二级管网系统停止应符合以下规定（当一级管网停止运行时）：

1）换热器高温侧出、入口阀门关闭；

2）缓慢关闭循环水泵出口门，停止循环水泵运行；

3）关闭二级管网换热器出、入口门，二级管网供、回水联箱总门；

4）通知热用户停止供热；

5）如须放水，稍开二级管网设备、管路排气门、放水门及排污门排水。

（六）设备安全操作规程

（1）阀门安全操作规程：

1）开关阀门时，只允许人力徒手操作，DN125以下的阀门一人操作，大于DN125的阀门不得超过两人操作，如开、关不动应设法寻找并消除障碍，禁止强开、关。

2）阀门开启、关闭要全部手动，不得使用助力工具强开，强关。

3）在进行带汽、带水操作阀门时应注意，操作阀门时不得用力过猛过急，以免发生危险。所有阀门手轮，不准用带有油质棉丝擦拭，以免操作时打滑伤人。

（2）水泵运行安全操作规程：

1）水泵启动前须做如下准备工作：

a. 检查水泵设备完好情况，周围无人在工作。

b. 轴承完好，油脂正常，油质合格。

c. 检查电动机旋转方向是否正确。试验前泵必须满水，且盘车正常方可点动按钮开关。

d. 将入口阀门打开向泵内注水，把泵壳上放气门打开，空气排净后关闭。

e. 机械密封无泄漏。

一切正常后，启动水泵，空转 2～3min，检查压力、电流，振动和声音。均正常后，开启出口阀门进行转动。

2）水泵运转中要检查如下项目：

a. 轴承温度：不要超过 60℃。

b. 注脂量：注脂量一般填充轴承和轴承壳体空间的 1/3～1/2 为宜。

c. 油脂要求：油脂按水泵说明书要求定期进行加注和更换。

d. 是否有异音：特别是滚动轴承损坏时一般会出现异音。

e. 压力表、电流表读数是否正常。

f. 水泵振动幅度一般不超过 0.08mm。

g. 机械密封应无泄漏。

3）停泵时应进行下列工作：

a. 先关闭出口阀门，再关闭入口阀门。

b. 停泵时注意观察电动机停下的时间，时间过短属不正常，须检查处理。

c. 当长期停用水泵时，水泵应拆卸开，再将零件上的水擦干。并在滑动面处涂上防锈油，妥善保存。

d. 各种泵润滑油有不同要求，按规定分别执行。

（3）变频柜安全操作规程：

1）启动变频柜时先检查电压是否在 380V。

2）本系统操作运行前必须测电动机及线路的绝缘电阻。

3）运行前清扫、紧固变频启动柜的全部螺栓。

4）在运行前检查变频启动柜电源是否已送。

5）启动前观察启动器的指示灯是否处于正常状态，如故障指示灯亮需排除故障后方可启动。

6）在启泵时应将变频启动柜的柜门关闭，防止触电事故发生。

7）变频启动柜不得擅自拆卸及改变启动程序。

8）变频启动有故障，应关断回路开关，并做故障标识，待处理故障后方可运行。

9）严禁将电动机线拆除后，空载试运行变频器。

10）每个采暖期结束后，应将变频启动的电源断开。

（4）电闸箱安全规程：

1）电闸箱应由专职电工负责使用、维修、管理。定期维护检查，以确保随时作用。

2）电闸箱应保持清洁完好，各部件灵敏有效。

3）电闸箱在使用过程中要注意，放置的地方安全可靠，遇雨天采取防潮湿措施。

4）非电气人员不得擅自拆装电闸箱。

（5）板式换热器安全操作规程：

1）板式换热器投入运行时应首先投入低压侧后投入高压侧。

2）板式换热器要加强排气工作。

3）如果发现有漏水情况，及时通知检修。

（6）水表安全运行规范：

运行时查看一次表是否有跑、冒、滴、漏，外观是否完好，表盘指示是否正常，如出现故障需更换，必须在确认阀门关闭紧密的情况下才能拆卸。

在供热系统中，通常按照供热负荷随室外温度的变化规律，作为供热调节的依据。供热调节的目的，在于使热用户散热设备的放热量与用户热负荷的变化规律相适应，维持用户内部的热平衡，以防止热用户出现室温过高或过低。供热调节是提高热网热能输出经济合理性的重要保证。

（七）泵站的运行与调节

（1）水泵的参数控制应根据系统调节方案及其水压图要求进行。

（2）水泵吸入口压力应高于运行介质汽化 0.05MPa。

（八）热力站的运行与调节

（1）热力站的启动应符合下列规定：

1）直接连接供热系统。①热水系统：系统充水完毕，应先开回水阀门，后开供水阀门，并开始仪表监测；②蒸汽系统：蒸汽应先送至热力站分汽缸，分汽缸压力稳定后，方可向各用汽点逐个送汽。

2）混水系统。系统充水完毕，并网运行，启动混水装置，按系统要求调整混合比，达到正常运行参数。

3）间接连接供热系统。①水-水交换系统：系统充水完毕，调整定压参数，投入换热设备，启动二级循环水泵；②汽-水交换系统：汽-水交换设备启动前，应先将二级管网水系统充满水，启动循环水泵后，再开启蒸汽阀门进行汽-水交换。

4）生活水系统。启动生活用水循环泵，并一级管网投入换热器，控制一级管网供水阀门，调整生活用水水温。

5）软化水系统。开启间接取水水箱出口阀门，软化水系统充满水后，进行软水制备，启动补水泵对二级管网进行补水。

（2）热力站的调节应符合下列规定：

1）对二级供热系统，当热用户未安装温控阀时宜采用质调节；当热用户安装温控阀或当热负荷为生活热水时，宜采用量调节，生活热水温度应控制在（55±5）℃。

2）在热力站进行局部调节时，对间接连接方式，被调参数应为二级系统的供水温度或供回水平均温度，调节参数应为一级系统的介质流量；对于混水装置连接方式，被调参数应为二级系统的供水温度、供水流量，调节参数应为流量混合比。

3）蒸汽供热系统宜通过节流进行量调节；必要时，可采用减温减压装置，改变蒸汽温度，实现质调节。

（九）泵站与热力站的停止运行及保护

（1）泵站与热力站的停止运行应符合下列规定：

1）直供系统应随一级管网同时停运。

2）对混水系统，应在停止混水泵运行后随一级管网停运。

3）对间接连接系统，应在与一级管网解列后再停止二级管网系统循环水泵。

4）对生活水系统，应与一级管网解列后停止生活水系统水泵。

5）对软化水系统，应停止补水泵运行，并关闭软化水系统进水阀门。

（2）热力站停运后，宜采用充水保护的供热系统，其保护压力宜控制在供热系统静水压力±0.02MPa 以内。

（3）泵站与热力站停运后，应对站内的设备、阀门及附件进行检查和维护。

二、中继泵站管理

一般情况下，大型热水供热管网需要设置一个或多个中继泵站。中继泵站设置的依据是管网水力计算和水压图。设置中继泵站能够增大供热距离，对整个供热系统的工况和管网的水力平衡也有一定的好处。但是，设置中继泵站需要相应地增加泵站投资。是否设置中继泵站，应根据具体情况经过技术经济比较后确定。就国内和国外的一些大型热水供热管网来看，其管网系统的设计压力一般均在 1.6MPa 等级范围内，这对于城市热力网的安全性和节省建设投资是大有好处的。当管网上游端有较多用户时，设中继泵站有利于降低供热系统水泵（循环水泵、中继泵）总能耗。中继泵不能设在环状运行的管段上，否则只能造成管网的环流，不能提升管网的资用压头。中继泵站建在回水管上，由于水温较低（一般不超过 80℃）可不选用耐高温的水泵，降低建设投资。

中继泵为适应不同时期负荷增长的需要并便于调节应采用调速泵，主要考虑减缓停泵时引起的压力冲击，防止水击破坏事故，当旁通管口径与水泵母管口径相同时，可以最大限度地起到防止水击破坏事故的作用。

（一）中继泵低温水泵运行操作重要原则

（1）水泵必须在管网充水达到定压值后方可启动，严禁水泵干运转，以免对轴封、耐磨环、轴套等造成严重损伤。

（2）严禁水泵在高于铭牌规定的额定参数工况下运行。

（3）严禁在未安装联轴器罩的情况下运行水泵。

（二）低温增压泵启动、运行及维护

启动水泵前的检查和准备如下：

（1）水泵前后管路已清理干净，并已充满水。

（2）循环系统已形成通路，水泵入口阀门处于全部打开位置，出口阀门处于全部关闭位置。

（3）打开泵体上部的排气阀，排出泵腔内气体后再关闭排气阀。初次使用应多排放出一些水，使泵体各部位温度与介质温度相近为好。

（4）检查变频器是否具备启动条件，确保与电动机接线连接正确。

（5）检查电源电压、相数和频率与铭牌上一致。

（6）用手转动机组转子应转动灵活，无卡塞。

（7）检查电动机转向注意事项：

1）检查电动机转向，必须在水泵和电动机之间的联轴器被分开的情况下进行。

2）在设备电线已连接，并检查确认系统中的所有部件都已正确连接之后进行如下操作：先断开电动机电源，瞬间接通电动机以确认其转向与泵体铸出的箭头指示方向一致。如不一致，互换电动机启动器端上的 T1、T2 线头。

（8）检查管道及泵组就地表计指示正确。

（9）检查水泵进出口管路无渗漏，确保所有法兰螺栓已全部拧紧。

（三）低温水泵启动操作

（1）启动前，必须再次检查轴的对中，然后装上联轴器的防护罩。

（2）完全打开水泵吸入口阀门，关闭水泵出口门。

（3）启动电动机（水泵）。

（4）在水泵达到全速时，匀速缓慢开启水泵出口门，开度应在最大值，然后将水泵转速按调度令调至所需转速，但最低不小于 30Hz。

（5）记录初始启动技术参数，检查水泵的运行参数是否和性能曲线上所示参数一致。

（四）低温水泵停止操作

（1）必须在停泵操作前，先缓慢关闭水泵出口门。

（2）停止电动机运行。

（3）如短期停泵，在确保不冻结的情况下，水泵入口门保持开启状态，使水泵处于备用状态。

（4）如长期停泵或隔离水泵对其进行维修时，关闭水泵出、入口门，打开水泵放水口和排气口丝堵，排出泵腔内存水，使泵腔内排空。

（五）水泵的保养和维护

（1）定期用手转动泵轴使轴承得以润滑，以防腐蚀。

（2）最初填充的润滑脂有效期为正常使用 1 年或 2000h，取先达到一者。有效期过后，必须重新更换润滑油脂。

（3）除污器：除污器前后压差大于 0.05MPa 时，应进行清污。

（六）高温水泵运行操作重要原则

（1）水泵必须在管网充水达到定压值后方可启动，严禁水泵干运转，以免对轴封、耐磨环、轴套等造成严重损伤。

（2）严禁水泵在高于铭牌规定的额定参数工况下运行。

（3）严禁在未安装联轴器罩的情况下运行水泵。

（4）高温水泵要给泵体加保温夹套。

（七）高温增压泵启动、运行及维护

（1）水泵前后管路已清理干净，并已充满水。

（2）循环系统已形成通路，水泵入口阀门处于全部打开位置，出口阀门处于全部关闭位置。

（3）打开泵体上部的排气阀，排出泵腔内气体后再关闭排气阀。初次使用应多排放出一些水，使泵体各部位温度与介质温度相近为好。

（4）检查变频器是否具备启动条件，确保与电动机接线连接正确。

（5）检查油环的油位。不能确定润滑油品质时，要排放、冲洗，更换新油。

（6）检查轴承内环隔套的甩油环是否位于中心环上。

（7）检查是否安装临时的供水系统润滑密封压盖衬套。

（8）检查所有的密封冲洗线路都被彻底排气。

（9）检查电源电压、相数和频率与铭牌上一致。

（10）用手转动机组转子应转动灵活，无卡塞。

（11）检查电动机转向注意事项：

1）检查电动机转向必须在水泵和电动机之间的联轴器被分开的情况下进行。

2）在设备电线已连接，并检查确认系统中的所有部件都已正确连接之后进行如下操作：先断开电动机电源，瞬间接通电动机以确认其转向与泵体铸出的箭头指示方向一致。如不一致，互换电动机启动器端上的接线线头。

（12）检查管道及泵组就地表计指示正确。

（13）检查水泵进出口管路无渗漏，确保所有法兰螺栓已全部拧紧。

（八）高温水泵启动操作

（1）启动前，必须再次检查轴的对中，然后装上联轴器的防护罩。

（2）完全打开水泵吸入口阀门，打开水泵出口门到满开度的10%并预热泵。

（3）启动冷却水和其他辅助系统，并检查冷却泵以及电动机相关的控制装置。

（4）冷却系统运行正常后，启动电动机（水泵）。

（5）在水泵达到全速时，匀速缓慢开启水泵出口门，开度应在最大值，然后将水泵转速按调度令调至所需转速，但最低不小于30Hz。

（6）记录初始启动技术参数，检查水泵的运行参数是否和性能曲线上所示参数一致。

（九）高温水泵停止操作

（1）必须在停泵操作前，先缓慢关闭水泵出口门。

（2）停止电动机运行。

（3）如短期停泵，水泵入口门保持开启状态，出口门打开满开度的10%，热水在其内进行微循环，使水泵处于热备用状态。冷却系统在短期停泵期间保持运行状态。

（4）如长期停泵或隔离水泵对其进行维修时，关闭水泵出、入口门，打开水泵放水口和排气口丝堵，排出泵腔内存水，使泵腔内排空。

（5）对于长期备用水泵，有条件的应每隔两周启动一次并运行 20min 以上，以防止润滑油凝结。没有启动条件的，应将油排净，再次启动时重新灌油。

（十）运行检查项目

（1）扬程：当达到运行速度，泵的出口压力将会有升高，否则立即停车检查。

（2）电流：不许超过电动机铭牌上的满载安培数。

（3）振动：不能超出允许极限振动值，否则立即停机检查。

（4）泄漏：任何泄漏都表明设备发生缺陷。重点检查机械密封部位，该处发生泄漏意味着密封可能被损坏。

（5）供油：在首次启动 24h 内，应连续监控和检查。当运行连续和系统稳定之后，可按制度定期巡视检查。

（6）除污器：除污器前后压差大于 0.05MPa 时，应进行清污。

（十一）轴承润滑要求

（1）轴承组件需要有效地连续供给润滑油。

（2）参考轴承箱体上油位标牌注油。

（3）油位必须用恒位油环保持在玻璃视镜的中心和顶部之间。突然的油位下降表明存在泄漏，需停止运行并检查组件。油的更换周期根据实际的运行情况而不同。正常情况下应该在运行的 12 个月之后更换。在排放用过的油之后，用新油冲洗润滑系统，然后用新的油填充。

（4）首次启动 24h 后更换新油。

（5）如果泵停车超过 30 天，在重新启动前必须将油直接应用到轴承上对表面进行重新润滑。

（6）用于高温循环系统或环境温度较高时，润滑温度使用 ISO VG 68 标准，正常的润滑系统使用温度是 82℃。

（十二）中继泵站参数监测与控制

（1）中继泵站的参数应符合下列规定：

1）检测、记录泵站进、出口母管的压力。

2）检测除污器前后的压力。

3）检测每台水泵吸入口及出口的压力。

4）检测泵站进口或出口母管的水温。

5）在条件许可时，宜检测水泵轴侧温度和水泵电动机的定子温度，并应设置报警装置。

（2）大型供热系统输送干线的中继泵宜采用工作泵与备用泵自动切换的控制方式，工作泵一旦发生故障，联锁装置应保证启动备用泵。上述控制与联锁动作应有相应的声光信号传至泵站值班室。

（3）中继泵宜采用维持其供热范围内热力网最不利资用压头为给定值的自动或手动控制泵转速的方式运行，中继水泵的入口和出口应设有超压保护装置。

三、隔压站管理

（一）隔压站运行方式

1. 直供方式

开启一、二次网供、回水门，开启一、二次网供、回水联通门，关闭二次网循环泵进口门，开启一、二次网除污器进、出口门，关闭一、二次网除污器排污门，关闭隔压站换热器一、二次网出口总门。关闭循环泵出口与一次网回水联通，关闭热网冲洗水门。

2. 中继站方式

（1）开启一次网供、回水门，开启一、二次网供、回水联通门，开启二次网供、回水门，开启一、二次网除污器进、出口门，关闭一、二次网除污器排污门，开启循环泵进口总门，开启循环泵总出口与一次网回水联通门。

（2）关闭隔压站换热器一、二次网进、出水门，关闭换热器二次网总出水与二次网供、水联通门，关闭一次网回水与二次网回水联通门，关闭热网冲洗水门。关闭隔压站换热器一次网出水总门。

3. 隔压站方式

（1）开启一、二次网供、回水门，开启一、二次网除污器进、出口门，关闭一、二次网除污器排污门，开启隔压站换热器二次网出水与二次网供水联通门，循环泵总进口门，开启隔压站换热器二次网进、出水门，启动循环泵。开启隔压站换热器一次网进、出水门，开启隔压站换热器一次网总出口门。

（2）关闭二次网供回水与一次网回水门联通门，关闭循环泵总出口与一次网回水联通门，关闭热网冲洗水门。关闭隔压站一、二次网供水联通门。

（二）隔压站水泵互为联动试验

1. 事故联跳试验
（1）设备检修完毕，现场清洁，周围照明充足。
（2）电动机绝缘。
（3）冷却水正常，地脚固定牢固。
（4）各部件连接完好。
（5）电源切换至试验位置。
（6）启动 A 泵运行，B 备用泵投入联锁开关。
（7）按 A 泵就地事故按钮，A 泵跳闸，B 备用泵联动正常。声光信号正常。
（8）合 B 备用泵操作开关，断开 A 泵操作开关。A 泵投入联锁开关。
（9）按 B 备用泵就地事故按钮，B 备用泵跳闸，A 泵联动正常。声光信号正常。
（10）按此方法依次做完其他泵事故联跳试验。
2. 低水压联动试验
（1）设备检修完毕，现场清洁。周围照明充足。
（2）电动机绝缘、接地线良好，电源正常。

（3）冷却水正常，地脚固定牢固。

（4）各部件连接完好。

（5）电源切换至试验位置。

（6）启动 A 泵运行，B 备用泵投入联锁开关。

（7）短接低水压接点，B 备用泵联动正常。声光信号正常。断开低水压接点。

（8）合 B 备用泵操作开关，断开 A 泵操作开关。A 泵投入联锁开关。

（9）短接低水压接点，B 泵跳闸，A 备用泵联动正常。声光信号正常。断开低水压接点。

（10）按此方法依次做完其他泵低水压联动试验。

（三）隔压站水循环泵试运

（1）事故联跳试验、低水压联动试验正常，管道冲洗合格并充满水。

（2）补充水箱水质合格、水位正常，电源正常。

（3）启动一台泵，运行 72h 正常后停运。

（4）每隔 30min 记录泵的轴承温度、振动、压力、进出口压差及电动机电流、轴承温度、振动。

（5）试运过程中如果发现问题应及时汇报，做出相应处理。必要时应立即停运此泵。

（6）按此方法对其他泵进行试运至合格。接地线良好，电源正常。

（四）隔压站运行

（1）按直供方式检查隔压站各阀门位置正确。

（2）采取直供方式运行。

（3）根据情况切换为中继站或者隔压站方式运行。

（五）运行中的检查及维护

（1）每小时对隔压站所有设备进行巡回检查一次，对电动机测温一次。记录电动机电流，换热器一、二次网进出口温度，电动机轴承温度及振动。

（2）每天对隔压站转动设备测振一次。

（3）每隔 15 天对备用设备切换一次。

（4）每班对配电室检查一次。

（5）每天对设备加油一次。

（6）每小时抄一次表。

（7）除污器压差超出范围时，进行排污。

（8）及时调整换热器一次网出调整门，使二次网供水温度在规定范围内。

（六）热网循环泵的启动

1. 循环泵启动前的检查

（1）检修工作已经结束，现场清理完毕，照明充足。

（2）泵及电动机对轮连接正常，盘动正常。地脚螺栓紧固。

（3）电动机绝缘良好，接地线良好，电源正常。

（4）泵冷却水正常，轴承润滑油正常。

（5）表计已正确投入。

2. 循环泵启动

（1）开启泵总进口门，循环泵出口与一次网回水联通门。

（2）稍开泵进口门，开启放空气门。待空气排完后，关闭放空气门。全开进口门。

（3）合泵启动开关，查空载电流、振动、轴承温度正常后，开启出口门。关闭一、二次网回水联通。

（4）泵一切正常后，投入联锁。

（七）隔压站换热器的投入

1. 换热器投入前的检查

（1）检修工作已经结束，现场清理完毕，照明充足。

（2）换热器完好。各连接部件已正确连接。

（3）查换热器各阀门开、关位置正确，表计已正确投入。

（4）具备启动条件。

2. 隔压站换热器投入的操作

（1）开启换热器二次网进、出水门，开启换热器二次网出口门与二次网供水连通门。

（2）开启换热器一次网进、出水门，开启循泵出口与一次网回水连通门。关闭一、二次网供水联通门。

（3）根据情况调整换热器一次网出水调节门门，来调整二次网供水温度。

（八）热网补水系统的运行

1. 补水泵运行前的检查

（1）检修工作已经结束，现场清理完毕，照明充足。各连接部件已正确连接，试运及试验正常，水箱水位正常，表计已正确安装；

（2）补充水箱补水总门开启，水箱水质合格。水箱排污没关闭，补水泵进口总门及进出口门开启。

2. 补水泵运行

（1）根据二次网回水压力变化，在二次网回水压降至规定压力时，将自动联动补水泵向热网系统补水；

（2）热网补水系统根据补充水箱水位变化自动向补充水箱补水。必要时可以手动补水；

（3）补充水加药系统的运行。

（九）隔压站运行中事故及处理

1. 供水压力升高

（1）原因：

1）外网调整不当或停止用水，送出流量减少。

2）补水过多。

3）热网循环泵跳闸或不上水，备用热网循环泵倒转。

4）供回水温度升高膨胀。

（2）处理：

1）停止补水泵运行。

2）如同时供水流量减小，供水压力升高，联系热调度，停止一台热网循环泵，注意调整供水温度。

3）热网循环泵跳闸或不上水时，立即启动备用热网循环泵，停止故障泵并关闭出口门。发现备用热网循环泵倒转，应立即退出备用泵联锁开关，关闭其出口门。

4）在允许范围内，降低供回水温度。

5）联系外网查找原因，是否系统回水压力升高或不均衡所致。

2. 回水压力下降

（1）原因：

1）补水量减少或中断，调整器失灵。

2）管路、热网加热器泄漏或误开放水门，水侧安全门动作。

3）外网调整不当。

4）供回水温度降低过多。

5）热网系统泄漏严重。

6）回水除污器堵塞。

7）回水管路节门误关。

（2）处理：

1）联系调度，并开启热网补水泵，增大补水量。

2）查找热网系统有无泄漏，各阀门位置是否正确，报告联系调度查找外网是否正常。

3）当回水压力降至 0.2MPa 时，必要时停止一台或数台热网循环泵。

4）大量补水后仍不能维持回水压力，而威胁正常运行时，联系调度切除城市热网泄漏部分系统运行。

5）回水除污器堵塞时，切换系统运行方式，联系检修清理除污器。

3. 热网循环水泵汽化

（1）现象：

1）出口压力、电流下降并摆动。

2）供水流量下降。

3）泵壳温度升高，振动增大，泵内有汽化声。

（2）原因：

1）回水压力严重下降。

2）回水温度过高。

3）热网循环水泵内积存大量空气。

（3）处理：

1）热网回水压力低应加大补水量恢复正常的回水压力，若热网回水除污器堵，应冲洗排污或切换备用除污器，立即联系清理。

2）热网回水温度高，降低热网供水。

3）热网循环水泵内积存大量空气，应开泵体放空气排气或切换备用泵运行。

4）热网循环水泵严重汽化时，应立即停止汽化泵，启动备用循环水泵，分析汽化原因排除故障。

四、热用户

（一）一般规定

（1）用热单位应向供热单位提供下列资料：

1）供热负荷、用热性质、用热方式及用热参数。

2）供热平面图。

3）供热系统图。

4）热用户供热平面位置图。

（2）供热单位应根据热用户的不同用热需求，适时进行调节，以满足热用户的不同需要。

（3）用热单位应按供热单位的运行方案、调节方案、事故处理方案、停运方案及管辖范围进行管理和局部调节。

（4）未经供热单位同意，热用户不得改变原运行方式、用热方式、系统布置以及散热器数量等。

（5）未经供热单位同意，热用户不得私接供热管道和私自扩大供热负荷。

（6）热水供暖热用户严禁从供热系统中取用热水，热用户不得擅自停热。

（二）运行前的准备及故障处理

（1）用热单位应根据供热系统安全运行的需要，在系统运行前对系统进行检修、清堵、清洗、试压，经供热单位验收合格，并提供相应技术文件后方可并网。

（2）热用户发生故障时应及时处理，并通知供热单位；故障处理不宜减少停热负荷，缩短停热时间；恢复供热应经供热单位同意。

第六节 供热计量及监控设备管理

一、供热表计管理

（一）燃气计量表管理

（1）天然气计量应遵守国家计量法律、法规。

（2）计量器具的配备应符合相关规定。

（3）应按检验、检定规程定期检定、校准计量仪器、仪表，保证量值准确。

（4）日常巡查项目。

1）流量计表面应无积尘，保持干净整洁。

2）流量计各部件无腐蚀、生锈现象。

3）流量计周围环境无不安全因素及强磁场等物理干扰。

4）流量计各部件无泄漏。

5）流量计在小流量工况下反应灵敏、计量准确。

6）流量计无异常响声，运转正常。

7）表头机械计数器无卡阻现象。

8）流量计铅封无破损的迹象。

9）液晶显示屏幕显示正常、电池电量充足。

10）定期记录表计参数。

（5）日常维护项目。

1）流量计前过滤器安装有放散阀的应定期进行放散。无放散的过滤器应视滤阻状况进行拆卸清洗。

2）新置换通气运行一周必须对流量计按日常巡检要求做全面检查。

3）流量计周期检定合格后装表一周内必须按照流量计日常巡查要求进行全面检查。

（二）温度检测元件

（1）温度仪表选型一般原则。温度工程单位选用摄氏度（℃）。最大指示值不应超过量程的 90%，正常指示值宜为满量程的 50%～70%，多点温度指示、记录可取 20%～90%。温度检测元件保护套管的材质应不低于所在管道或设备的材质，中低压蒸汽管道上保护套管的材质一般采用碳钢（20 号钢）。保护套管长度的选择应使检测元件基本上是在被测介质温度变化灵敏具有代表性的位置，并保证足够的插入深度。工艺管道直径小于 100mm 时，应采用扩大管方式处理或在弯头处安装。

就地温度仪表选型。通常选用双金属温度计，刻度清晰，耐振动，不含汞。表盘直径宜选不小于$\phi100$。垂直工艺管道采用轴向式温度计，水平工艺管道上选径向式，必要时可选用万向式结构。

远传温度仪表选型，远传温度仪表选型见表 2-17。

表 2-17　　　　　　　　远 传 温 度 仪 表 选 型

检出（测）元件名称		分度号	测量范围（℃）	备注
铜热电阻	$R_0=50\Omega$	Cu50	−50～+150	$(R_{100}/R_0)=1.425$
	$R_0=100\Omega$	Cu100		～1.480
铂热电阻	$R_0=10\Omega$	Pt10	−200～+420	$(R_{100}/R_0)=1.385$
	$R_0=50\Omega$	Pt50		
	$R_0=100\Omega$	Pt100		～1.391
热敏电阻			−40～+150	
镍铬-镍硅热电偶		K	−200～+1200	

检出（测）元件名称	分度号	测量范围（℃）	备注
镍铬-康铜热电偶	E	−200～+900	
铁-康铜热电偶	J	−200～+750	
铜-康铜热电偶	T	−200～+350	

满足设计要求情况下通常选用 Pt100 铂电阻或 E 型、K 型热电偶，一般场合均可选用热电偶。被测温度不高、精度要求较高、无剧烈振动的场合宜用热电阻。被测温度不高、要求测量快速反应的场合宜用热敏电阻。

（2）在选择温度检测仪表时应注意以下事项：

1）热电阻温度计生产厂一般把热电阻装在保护套中一同供货，为了适用不同使用场合，配有多种不同材料的保护套管，设计中应根据被测介质的压力温度等参数选用合适的热电阻保护套管。

2）应根据所选用的测温仪表类型、被测管径，确定温度计插入被测介质的深度。

3）应根据被测管径大小（DN80 以下的管径）配套扩大管。

（3）换热站内常见的温度计有水银温度计、双金属温度计等。

1）水银温度计。水银温度计是通过水银受热膨胀，热膨胀率与温度成正比关系来测量温度的高低。

2）双金属温度计。双金属温度计灵敏度高且易于观察读数。双金属温度计是将绕成螺纹旋形的热双金属片作为感温器件，并把它装在保护套管内，其中一端固定，称为固定端，另一端连接在一根细轴上，成为自由端。在自由端线轴上装有指针。当温度发生变化时，感温器件的自由端随之发生转动，带动细轴上的指针产生角度变化，在标度盘上指示对应的温度。

按双金属温度计指针盘与保护管的连接方向可以把双金属温度计分成轴向型、径向型、135°向型和万向型四种。

热电阻温度检测元件检修项目及检修标准见表 2-18。

表 2-18 　　　　　　　　热电阻温度检测元件检修项目检修标准

项目	工艺要求	质 量 要 求
一般检查	保护套管材质检查	保护套管与热偶热阻测量部位金属材质一致
	保护套管检查	热偶热阻光滑、平直。保护套管不应有弯曲、扭斜、压扁、堵塞、裂纹、砂眼、磨损和严重腐蚀缺陷
	特殊条件保护套管材质规定的检查	用于高温高压介质的套管，应具有材质检验报告，并符合测量系统要求材质的钢号。做耐压 1.25 倍于工作压力的严密性试验时，5min 应无泄漏。套管内不应有杂质
	保护套管内部检查	感温件绝缘瓷套管内应光滑，接线板、盖板、螺栓应完整
	保护套管标识检查	铭牌标记应清楚，标识齐全
	热电偶偶丝检查	热电偶的焊接点应光滑，并形成半球体，无气孔、杂质缺陷

179

续表

项目	工艺要求	质 量 要 求
一般检查	测温元件骨架检查	热电阻、热电偶的骨架不应有破裂，不得有弯曲现象；热电阻不得短路或断路
热电阻校准		热电阻在 0℃时的电阻值（R_0）的误差和电阻比 W 的误差应符合相关规定
		测定 0℃时，热电阻电阻值 R_0，测定 100℃时热电阻电阻值 R_{100} 并计算电阻比 $W=R_{100}/R_0$
		热电阻在 0℃时的电阻值（R_0）的误差和电阻比 W 的误差应符合相关规定
感温件	测量件，安装条件检查	能反映介质实际测量值。考虑介质对测量件的冲击、磨损因素。保护套管垫圈应符合相关规定
	测量温度时感温件安装深度检查	在管道中安装感温件时，保护套管端部，应达到管道中心处。对于高温高压管道，感温件的插入深度在 70～100mm 之间，或采用热套式感温件
	测量元件的护套垫圈检查	感温件保护套管的垫圈应按适应测量介质、压力温度范围要求
端子箱	端子箱位置检查	端箱周围环境不高于 50℃
	端子接线距离检查	端子箱的位置到各测点的距离应不大于 25m
	端子箱位置、标识、环境检查	端子箱应密封，所有进出线应有标志头。端子箱应有齐全的标号、名称、专责人、用途。端子箱不应安装在环境温度、湿度易产生变化的地方，如风口、排污管处
测温系统		对于一般仪表应不大于测量系统的允许综合误差。对于主蒸汽温度表和再热蒸汽温度表，其常用点综合误差应不大于允许综合误差的 0.5
测温系统		测温系统在检修后在做系统校准，校准点不少于 5 点，其中包括常用点

双金属温度计检修项目及检修标准见表 2-19。

表 2-19　　　　双金属温度计检修项目及检修标准

项目	工艺要求	质 量 要 求
一般检查	温度计刻度检查	温度计表盘上的刻度线、数字和其他标志应完整、清晰、正确
	温度计外部检查	温度计各部件不得有锈蚀，保护层应牢固、均匀和光洁
	温度计指针检查	温度计指针应遮盖最短分度的 1/4
	温度计标识检查	温度计表盘上应标有制造厂名（厂标）、型号、出厂编号、国际实用温标摄氏度的符号"℃"、准确度等级和制造年月
温度计的检定	温度计的检定项目选择	符合要求规定
	温度计检定浸没长度	应符合产品说明书的要求或安全检定，但不应大于 500mm
	外观检察	用目力观察温度计应符合本规程一般检查规定，使用中和修理后的温度计允许有不影响使用和准确读数的缺陷
示值检定	检定点	温度计的检定点应均匀分布在主分度线上（必须包括测量上限和下限）不得少于四点，有零点的温度应包括零点，使用中的温度计也可根据运行使用要求进行检定

（4）日常及定期维护。

1）每天应对主要参数进行重点巡视检查，应向运行人员了解热电偶、热电阻测量参数运行情况，发现问题及时处理，并作好详细巡视记录。

2）主要参数的热电偶、热电阻应随主设备准确可靠地投入运行，未经有关领导批准不得无故停运。每天应检查设备标牌应完好无损，电缆卡套应紧固规整，蛇皮管应美观完好。

3）每天应清扫设备。

4）每月应对涉及主、辅机保护及联锁的重要参数的热电偶及热电阻接线端子进行紧固。

5）利用大、小修期间对元件进行校验。

（5）常见故障及处理方法。

1）元件体线路之间短接、断开或接地，更换元件。

2）元件与接线盒内端子接线松动或断开，用螺丝刀紧固。

（三）压力仪表

1. 一般原则

压力（压强）的工程单位应采用帕（Pa）、千帕（kPa）和兆帕（MPa）。仪表刻度宜用直读式，必要时也可用 0～100%的线性刻度。

2. 选择要点

（1）量程选择。在测量稳定压力时，压力表的最大量程应为额定压力值的 1.5 倍：在测量交变压力时，最大量程应为额定值的 2 倍；真空压力表的量程不受限制

（2）精确度选择。热力网的供、回水压差一般仅有 0.1～0.3MPa，压差小的热用户仅有几个千帕。因此，测量热力网供水、回水压力和热力网最不利点供水、回水压力的仪表，通常选用 1 级精度，其他可选用 1.5 级精度。

（3）仪表结构选择。压力测量仪表一般有两种取压接口，即轴向和径向接口：有三种表壳形式，即前面带边、后面带边和不带边。就地安装的仪表应选用径向接口的仪表，盘上安装的仪表应选用轴向接口前面带边的仪表。

（4）表壳直径选择。盘装仪表一般选用 150mm 的仪表；就地安装仪表一般选用 100mm的仪表；对于较重要处的压力表，为了提高仪表清晰度，可以选用 200mm 的仪表。

（5）压力变送器选择。热力网调度和控制需要比较准确的压力值，因此需要精确度较高的压力变送器。一般为控制系统配用的压力变送器宜选用 0.5 级精度，为调度设置的压力变送器宜选用 1 级精度。目前国内生产的适用于热力网检测的压力变送器有 DBY 系列电容系列和扩散硅系列。

3. 压力表

换热站内最常用的压力表为弹簧管压力表。弹簧管压力表的弹性元件是一根弯成 270°圆弧的具有扁圆形或椭圆形截面的空心弹簧管。管道的一端封死作为自由端，另一端固定在传压管的接头上。当被测压力导入弹簧管内时，其密封自由端产生弹性位移，然后经过传动放大机构带动指针偏转，指针指示出压力的大小。

由于待测介质的状态随时发生着变化，敏感元件随之不断的发生弹性变形，使敏感元

件易于损坏或出现较大的误差。计量法规定对此类仪表需进行周期检定（简称周检）。检定时要淘汰超差仪表，经周检后合格的仪表贴有检定合格证。

（四）流量计

（1）一般原则。工程上常用单位 m^3/h，它可分为瞬时流量（flow rate）和累计流量（total flow），瞬时流量即单位时间内过封闭管道或明渠有效截面的量，流过的物质可以是气体、液体、固体；累计流量即为在某一段时间间隔内（一天、一周、一月、一年）流体流过封闭管道或明渠有效截面的累计量。通过瞬时流量对时间积分亦可求得累计流量，所以瞬时流量计和累计流量计之间也可以相互转化。

（2）选择要点。流量仪表选型应根据流体种类状况、流量范围、测量精度要求以及各类仪表适用范围、价格等因素综合考虑。累积流量的工程单位应采用千克（kg）、吨（t）、立方米（m^3）、升（L）、瞬时流量（简称流量）的工程单位应采用千克/小时（kg/h）、吨/小时（t/h）、立方米/小时（m^3/h），气态介质的体积流量应说明介质状态。标准状态一般是指温度为 0℃，绝对压力为 0.1013MPa 的状态仪表刻度可用直读式、0～100%线性刻度，也可用 0～10 方根刻度，在同一装置区、同一控制室，流量刻度类型宜适当统一。

在选择流量仪表时应注意以下两点：

1）刻度选择。对于线性刻度流量计，最大流量不超过满刻度的 90%；正常流量为满刻度的 50%～70%，最小流量不小于满刻度量程的 10%（方根特性经开方变成直线特性时不小于满刻度的 20%）。对于方根刻度的流量计，最大流量不超过满刻度的 95%；正常流量为满刻度的 70%～80%；最小流量不小于满刻度的 30%。

2）节流装置的选择。用差压流量计测量流量时，必须使用与之配套的流量装置。节流装置有标准和非标准两种，热力网中常用的变准节流装置是标准孔板。一般采用角接取压法，当被测介质管道直径 DN＜400 时，采用环室取压；DN≥400 时，采用单独钻孔取压。

（3）流量计。

1）差压式流量仪表。一般的流体流量检测，应优先选用平衡差压节流装置，即平衡流量计。平衡差压节流装置相比于标准节流装置，有着精度高，量程比宽，压力损失小等优点，管径范围从 DN15～DN3000 均可使用。

差压变送器的差压范围选择应在节流装置的计算中进行，应考虑允许压力损失、与孔径比选择的协调等因素，孔径比值宜适中。

2）电磁流量计。使用电磁流量计时应满足以下条件：被测液体具有导电性；液体充满管道，液体成分均匀；若液体导磁，必须对流量计进行修正。

因电磁流量计具有良好的耐腐蚀性和耐磨性，无压力损失，电磁流量计特别适用于酸、碱、盐溶液、氨水、泥浆、矿浆等的流量测量，大管径水流量测量，也可选用电磁流量计。

3）涡街流量计。涡街流量计主要用于工业管道介质流体的流量测量，如气体、液体、蒸汽等多种介质。涡街流量计采用压电应力式传感器，可靠性高，有模拟标准信号，也有数字脉冲信号输出，容易与计算机等数字系统配套使用，是一种比较先进、理想的测量仪器。

涡街式流量计的特点是：压损小；精度较高，一般可达±1%（读数）；测量范围较宽，一般为 10:1。输出与流量成正比，可选 4～20mA 或脉冲输出；在一定雷诺数范围内，输出信号不受流体物性及组分的影响；已发展众多类型的旋涡发生体和旋涡检测技术可适应不同需要；不适于低雷诺数测量（$ReD \geqslant 2 \times 10^4$），选用涡街流量计时应进行测量下限的验算；对管道振动敏感，安装应注意；一般适用于 DN25～DN300 的管道。当流体温度高于 450℃时，不宜使用涡街流量计。

（4）超声波流量计。超声波流量计是通过检测流体流动对超声束（或超声脉冲）的作用来测量流量的仪表。超声波流量计为非接触式仪表，有检测件中无阻碍物、压损小等特点。

超声波流量计特点：对放射性、强腐蚀性、易燃易爆、含固体颗粒等恶劣条件下，密封要求苛刻的场合，需采用非接触式测量时，可选用超声波流量计。大口径管道的一般介质的流量测量，也可选用超声波流量计；比较洁净的液体，可选用速度差法的超声波流量计；含悬浮固体颗粒或气泡的液体（废水、污水泥浆等），可选用多普勒法的超声波流量计。

（五）液位仪表

（1）一般原则。热力网系统液位测量主要应用于水箱水位测量，一般情况下宜选用差压式仪表、浮筒式仪表和浮子式仪表。

仪表测量范围应根据测量对象需要显示的范围或物位变化的范围确定。除容积计量用的物位仪表外，宜使正常物位处于仪表量程的 50%左右。

仪表精度应根据工艺要求来选择。用于容积计量的物位仪表，其精确度应不劣于±1mm。

（2）液面仪表选型。测量范围较大、液体密度基本不变的场合，液位（界面）的连续测量，宜选用差压式仪表，其中包括投入式液位变送器；界面测量时，其中轻质液体液位应始终高于上部取压口。在正常工况下液体密度有明显变化导致系统精度不满足要求时，则不宜选用差压式仪表。

液体操作压力有较大变化，但测量范围不大、介质清洁的液位、界面的测量与调节，宜选用浮筒式仪表。低温、负压或易汽化的液体的液位、界面，也宜选浮筒式仪表。

测量范围较大、液体密度/操作压力有较大变化的液位的测量与调节，宜选用浮子式仪表。

磁浮子翻板（翻球）式液位计在一般就地指示或带上下限报警的液位测量中得到了较广泛的应用。此类仪表可以是侧法兰安装或顶部法兰安装。

（六）传感器、调节阀、执行器

1. 传感器

（1）根据调节器的特性来决定传感器的输出方式。通常温度传感器采用电阻输出，湿度传感器采用标准电信号输出。

（2）要充分注意传感器的适用范围和使用条件。

（3）并要注意传感器的测量范围和测量精度。

2. 调节阀

（1）调节阀选择原则。调节阀应根据介质、管系布置、使用目的、调解方式和调节范围及调节阀的流量特性（等百分比、线性、平方根、抛物线等）来选用，并应满足在任何工况下对流量、压降及噪声的要求。同时还应考虑下列情况：

在调节系统稳定后，应考虑调节阀前后管件对调节阀节流参数的影响。

根据需要对流量系数值进行低雷诺数修正或管件形状修正。

调节阀应进行噪声、闪蒸、气蚀控制，并应在设计中予以考虑。

（2）调节阀形式。调节阀有三通式和两通式，通常两通阀适用于变水量系统，三通阀适用于定水量系统。选择三通阀时，应注意分流三通阀与合流三通阀的应用条件。

（3）调节阀种类。调节阀有单座阀和双座阀。通常双座阀具有较大的允许开阀（或关闭）压差，但双座阀关闭不严密，而单座阀则关闭更为严密。

（4）控制阀流量特性。在水一水系统上的两通阀应采用等百分比特性的阀门；若采用三通阀时，则应采用直流支管路为等百分比特性。旁路支路采用直线特性的非对称型阀门；在蒸汽系统上的两通阀应采用直线特性阀门；其他的可采用等百分比阀或抛物线阀。

（5）调节阀选择注意事项。必须注意到阀门的工作压力和阀门最大允许压差（即保证正常开启和关闭时所允许的阀门两端最大压降）。通常，最大允许关闭压差会随着选配不同的执行器而有所不同，也和阀本身的结构有关。

根据阀门介质种类的要求，选择不同的阀门部件材料，同时，阀门的介质温度范围应符合要求。

（6）调节阀安装注意事项。在一般的情况下，调节阀应安装在水平管道上，且执行机构应高于阀体以防止水进入执行器。

3. 执行器

执行器是一个提供动力或驱动去打开或关闭阀门的气动、液动或电动装置。在控制系统中采用电动式、气动式执行器。对于控制要求不高时可采用自力式执行器。采用自力式执行器时，宜配用压力平衡式调节阀。选择执行器时，首先根据阀门的驱动力矩，按制造厂提供的数据进行选型，但有时还需要考虑阀门的操作速度和频率。流体驱动的执行机构可调节行程速度，但使用三相电源的电动执行机构只有固定的行程速度，部分小型直流电动单回转执行机构可调节行程速度。

（七）供热计量系统管理

1. 一般规定

（1）实施热计量的集中供热系统应实现供热量可调节、用户用热量可计量、用户室内温度可控制。

（2）供热计量系统应由专业人员负责运行管理。

（3）运行管理人员应依据热量结算表的计量结果，分析实施热计量的供热系统、建筑物及用户用热量数据的变化规律，对出现异常计量数据的热计量装置，应进行运行核查。

（4）实现数据远传的户用热量分配装置，应建立供热计量管理平台，平台功能应能满足供热计量系统管理需要。

（5）投入运行的热计量系统应具备齐全的技术资料，热计量装置及配套设施应满足相关标准的要求。

（6）热量结算点处应设置热量结算表。集中供热系统中的热量结算表准确度等级不应低于 2 级，居民用户的热量结算表准确度等级不应低于 3 级。

（7）集中供热系统设置的热量结算表应经过首次检定合格后，方可安装使用。

（8）热量结算表应按照国家规定的检定周期报送当地的计量检定机构进行检定，检定不合格的不得使用。

（9）热量结算表应具备首次检定合格证和产品合格证，并应经首次运行核查合格后方可使用。在检定周期内，热量结算表应定期进行运行核查，运行核查不合格的应及时分析原因，并应及时进行维修或更换。

（10）热量结算表的运行条件应符合下列规定：

1）热量结算表的安装位置和连接方式应方便观察及维护。

2）流量传感器的流向标志应与水流方向一致，流量传感器的前后直管段长度应满足仪表要求；热量结算表的温度传感器应根据标签颜色正确安装。

3）热量结算表可拆卸部件应有封印保护，且封印应齐全。

4）在规定的工作压力下，热量结算表不应有损坏和渗漏现象。

5）由市电供电的热量结算表应配置不间断电源。

6）机械振动和电磁干扰应在热量结算表所允许的范围内。

7）热量结算表使用环境的温度、湿度应满足热量结算表要求；热量结算表的防护等级应与所处的环境相适应。

8）热量结算表内部时钟应校准一致。

9）热量结算表宜具有数据远传功能，终端显示数据应与现场数据一致。

10）热量结算表应正常运行，运行数据应能正常切换；显示数据应便于观察，显示内容应与产品说明书一致。

2. 运行维护

（1）应采取有效措施保证系统正常运行，并应符合下列规定：

1）应配备对户用热量分配装置进行运行核查的设备。

2）应制定热量结算表的检定计划，按期送检。

3）应制定运行核查计划，并按核查计划对热计量装置进行运行核查。

4）应定期分析、比较供热计量数据，保证供热计量系统的正常、稳定运行和计量数据的准确、可靠。

5）应经常检查供热计量装置电池的工作状态，并及时更换电池。

（2）用户对计量结果产生质疑时，应由供热企业和用户共同到现场检查计量装置、分析原因。

（3）供热计量装置发生故障或计量不准确时，供热企业应及时通知用户，并商定处理措施。修复或者更换供热计量装置期间应保障用户采暖。

（4）用热单位或个人应保护供热计量设施。任何单位和个人不得擅自改装、拆除、迁移供热计量装置。确需改动的，应经负责供热计量系统运行管理的部门同意。

二、供热监控及保护系统管理

（一）供热监控系统管理

供热监控系统的需求随着城市集中供热规模的不断扩大，以及热力公司对管理效率的日渐重视，尤其是新建大中型热网，在设计阶段监控系统已经是一个不可缺少的部分。但由于热力系统具有一些与一般工业控制过程完全不同的特性，不少系统集成商对热力工艺过程缺乏必要的深入了解，导致很多热网在采用监控系统后，运行的效果并不如人所愿。而对于一些热力公司来说，由于对热网监控系统的认识不够，往往对要上的系统功能了解不足，有时盲目追求不切合实际的功能或在投资受限的情况下削减了一些必需的基础功能，最终导致系统运行的效果大打折扣。供热系统的连接方式有直供、间供、混供三种，连接形式的不同，其控制方式也不同。

1. 热网监控系统

一个完整的热网监控系统在物理层面上主要由四部分组成：监控中心、通信网络、现场监控设备、一次仪表；在软件层面上主要包括三部分：现场控制软件、通信软件、中央监控调度软件。热网监控系统采用分布式计算机系统结构。目前在国内，对于供热系统的计算机监控方式，有两种不同的思路：一种是采用中央集中式监控方法；另一种是采用中央与就地分工协作的监控方法。

第一种方法是中央独揽大权，热力站机组只有测试仪表和执行机构，它的功能只是参数和指令的上传下达，热力站现场控制器不做自动调控的决策功能。这种方法对中央监控软件的功能要求比较高，热电厂能进行流量的均匀调节，但其灵活性差，局部故障容易影响全局的正常运行。例如，当中央调度室发生通信故障的时候，整个热网的调节就全部失灵了。

第二种方法是中央与就地分工协作监控方法，其供热量的自动调节决策功能完全"下放"给就地的热力站机组，中央控制室只负责全网参数的监视以及总供热量、总循环流量的自动调控。这种方法比较灵活，故障率少，容易适应热网不同建设期的需要。第二种方法概括起来也可以叫做："中央监测、统一调度、现场控制、故障报警"。就我国目前的集中供热监控系统状况而言，可从热力站和系统两个方面对监控系统水平进行划分。从热力站监控的内容上可将热力站的现场监控分为三个层次：

（1）监测级：即只采集、观测热力站的运行参数，不对阀门水泵等进行自动调节，但补水必须是自动的。

（2）基本控制级：在监测的基础上对二次网供水温度进行自动控制，即通过一次网侧的电动调节阀调节供热量。

（3）高级控制级：在监测和对二次供水温度进行控制的同时，还对二次侧进行变流量控制，如对二次循环泵进行变频调节流量。

从监控系统自身的范围上也可分为三个层次：

（1）站级：即只对单个换热站进行控制，一般必须做到自动补水、供水温度自动调节等，站级的控制要求做到自动运行，而且应该起到显著的节能效果。

（2）基本系统级：在多个换热站在站级控制的基础上增加通信系统实现中央监测或控制，系统可以根据运行状况，进行人工的辅助控制参数调整，保证整个热网运行的高效和节能。

（3）高级系统级：在基本系统级的基础上，增加系统分析、统计自动优化平衡整个热网的协调运行，同时可以和企业其他管理信息系统进行数据共享。

2. 热力站控制功能

热力站的控制是由具有测控功能的现场控制器、控制柜、传感器和执行机构以及通信系统组成。

基本功能：热力站控制的基本功能主要由现场控制器实现。

（1）参数测量。主要完成管网现场过程的模拟量（如温度、压力、热量等）、状态量（如泵的状态、温度等）及脉冲量的测量、并完成相应的物理量的上下限比较等功能。

（2）数据存储。现场控制器能按一定的时间间隔采集被测参数。一般情况下这些参数通过通信线路定期传输到监控中心的服务器中。为防止监控中心的故障或停电，现场控制器应具有 8MB 以上的数据存储能力，能存储一段时间的数据，以便监控中心恢复正常后将故障期间数据上传给监控中心，从而保证数据不丢失。

（3）通信功能。现场控制器能在主动或被动方式下与监控中心通过通信线路进行数据通信。系统与现场控制机支持有线或无线通信线路。诸如：电话拨号、ADSL 宽带通信、GPRS 等通信方式。

（4）自诊断自恢复功能。现场控制器能上电后可自动对关键部位进行自检。在运行过程中，当受到干扰程序出现异常后，可自行恢复到异常前的状态，继续运行，不会出现死机现象。

（5）日历、时钟功能。现场控制器能设有日历和时钟（年、月、日、分、秒），并可接受监控中心对时命令，使整个系统时间保持一致。

（6）掉电保护功能。现场控制器能不需要电池而无限期保存数据。

（7）显示操作功能。现场控制器能具备液晶显示和操作界面。

（8）控制调节功能。现场控制器能在监控中心的命令下和允许的范围内，对热力站和其他现场过程设备进行自动控制和调节。

（9）组态功能。现场控制器能将站名、站号、物理量转换公式、参数采样频率、限值均可在监控中心和现场进行组态。

（10）报警功能。现场控制器能够主动上报参数异常、事件或故障。

3. 基本控制参数

现场控制设备能够灵活地完成室外温度补偿、自动补水、温度调节、流量调节等自动控制环节。

（1）温度控制、室温参与控制。二次网供温控制有直接设定控制、室外温度补偿控制等多种控制模式。其中直接设定控制指在现场控制设备操作界面上运行人员根据经验直接设定合适的二次网供水温度，然后控制设备通过调节一次网电动阀保证二次网供水温度达到设定值，室外温度补偿控制则根据室外温度的变化，随时调整二次网供水温度，既可以通过对照查表，也可以通过设定曲线的方式实现。供热系统的效果主要是室内温度达标，而在热力站控制时是采用二次网的供水温度来代替室内温度，明显有不合理的地方，因此，采集室温来参与热力站的控制是非常可取的。

（2）压力（流量）控制。根据二次网的供水压力或供回水压差来控制二次网循环水泵的运行台数或频率，取压点的位置可以在二次网的供回水管上，有条件的场合可以将测压点放在系统的最不利，用户的供回水干管上。该控制模式下也可以称为变流量运行控制，在确定控制方案时，一定要注意温度和压力同时变化的场合，如二次网流量的变化会导致二次网供水温度的变化，原先控制稳定的二次网供水温度就发生了变化，还需要再次调节，这样温度控制出现了振荡。

（3）补水控制。二次网的补水控制采用的是定压控制，传统热力站中往往采用压力表电节点控制。随着城市集中供热的发展，系统的热负荷越来越大，热力站系统所带的供暖面积都比较大，并且供热网条件不一，二网系统的水力损失较大。严重的水力损失使得二次网的补水系统压力加大，补水频繁。而传统的工频补水泵的频繁起停，容易造成二次管网压力的波动。在热负荷较大的系统中，我们采用补水泵变频控制，对补水系统进行精确的微调。当系统失水时，二网压力下降，系统会通过变频器控制补水泵以一定的转速进行补水，补水泵的转速根据当前压力与目标压力的差值均匀调整，从而避免补水泵在启动和停止时对二次网系统的冲击。

（4）通信系统。通信是整个热网控制系统联络的枢纽，各个热力站、热源、管道监控节点和泵站通过通信系统形成一个统一的整体。为了实现运行数据的集中监测、控制、调度，必须建立连接所有监控点的通信网络。整个通信系统分上位机、下位机和通信网络三个部分。其中各部分实现的功能如下：

1）上位机。定时数据采集功能，单站采集，控制功能，接收下位机上传的故障。

2）下位机。故障的主动上传，接收上位机通信程序的各种控制指令，给上位机提供各种数据等服务。

3）通信网络。通信是整个热网控制系统联络的枢纽，各个热力站通过通信系统形成一个统一的整体。为了实现运行数据的集中监测、控制、调度，必须建立连接所有监控点的通信网络。通信网络相当于一个邮政系统，把每个人发送的信件及时准确地传送到目的地，对于用户而言，通信网络应该是"透明"的，即用户只需要关心自己要发送什么信件，而不必关心邮局是如何组织的。随着网络技术的飞速发展，各种虚拟宽带技术已经越来越成熟，从最初的 ISDN 到 ADSL、VPN（虚拟专用网）、VPDN（虚拟拨号专用网），以及无线的 GPRS/GSM、CDMA 通信方式，可供用户选择的空间越来越大。具体选择何种通信网络应根据当地各种电信运营商提供的服务性能和价格综合比较。

4. 换热站监控系统

换热站监控系统由上位监控管理平台、本地（下位）监控系统两大部分组成：上位监控管理平台由各类服务器、管理软件等组成。本地监控系统由温度传感器、压力传感器、热量计、执行器、供热机组、通信单元、人机界面等组成。基于公共通信网络平台，上下位可实现无线通信，达到数据的传输，实现"远程传输，本地控制"。

换热站本地自控系统包括：一次侧远程控制系统、二次侧控制系统、补水控制系统、积水报警系统和视频监控系统等几部分组成，可以相互结合也可以独立应用。

从控制参数上换热站本地控制可以分为：一次侧总控和二次侧分系统控制两大类。一次侧总控，即在换热站一次总回水加电动执行装置，按照给定控制曲线根据室外温度的变化，调节一次总回水流量达到控制一次总回水温度或热量的目的；一次侧总控，由站内总口控制整个站内的供热量，站内的各分支根据各自的需要进行一次性人工平衡。二次侧分系统控制，即在换热站各一次回水分支安装电动执行装置，按照给定控制曲线根据室外温度的变化调节一次分支流量达到控制二次供水温度的目的；二次侧分系统控制，站内各分支可以分别按照各自的特点和控制曲线进行控制。

（二）供热保护系统管理

1. 联动及保护试验目的

联动及保护试验是为了供热系统和设备运行出现异常时，联动及保护系统能够动作灵活可靠，避免酿成人身及设备安全事故，扩大供热影响和损失。

2. 联动及保护试验一般条件及要求

设备所有试验项目均应严格执行试验的技术和安全有关规定。

系统或设备大、小修后，重新启动或认定必要时，可以进行试验。

通知与试验有关的运行、电控、检修及相关技术人员参加，做好有关岗位联系工作。

试验前应确认所试验项目的有关条件具备，相关设备试验正常。

应做好局部隔绝措施，不得影响运行设备和系统的安全运行，对试验中可能造成的后果，应做好事故预想。

电气联锁试验应宜冷态进行。要符合逻辑图的有关规定，不得任意修改，否则应经过严格的审批手续。

试验结束，应分析试验结果，填写试验卡，做好系统及设备的恢复工作，校核保护定值正确。

试验期间，若出现其他异常情况，应立即停止试验，直到故障消除后，经批准方能继续进行试验。

下面介绍比较典型的系统压力保护试验和水泵联动试验的原则性试验步骤。

（1）系统压力保护试验步骤。

1）系统压力保护试验方案已经批准，并进行了技术交底。

2）全面检查压力保护试验系统及设备隔离措施完备、表记和设备启停正常。

3）确定各岗位人员均已到位，并通信畅通。

4）至少两人以上负责监视系统压力变化，并做好记录。

5）确定系统压力正常且运行稳定后，全面记录一次参数。

6）明确掌握保护动作数值，密切监视设备运行状况和压力变化。

7）缓慢调整系统压力，速度不超 $0.01\sim0.02$MPa/min。

8）系统压力低（或高一值）时，系统报警响；系统压力低（或高二值）时，泄压安全阀、循环泵等对应设备及时联动或跳闸。

9）确认保护动作系统压力定值、设备联动准确，试验合格，恢复系统正常压力，系统压力保护试验结束。

（2）水泵联动试验。

1）水泵联动试验方案已经批准，并进行了技术交底。

2）全面检查系统及水泵运行正常，备用泵内注满水、各冷却水投入，轴承油质合格，油位正常。

3）检查联锁保护系统正常，并投入运行状态。

4）确定各岗位人员均已到位，并通信畅通。

5）至少两人以上负责监视系统参数及水泵变化，并做好记录。

6）确认系统及设备运行正常，手按事故按钮，事故喇叭响，运行泵跳闸，电流回零，备用泵自动启动运行。

7）检查跳闸泵不倒转，否则关闭其出口门。

8）检查运行泵正常，注意系统参数变化。

9）确认运行泵跳闸，备用泵启动及时正确后，试验合格，恢复系统设备正常状态，水泵联动试验结束。

（3）联动及保护试验合格标准。

1）保护定值合理正确，偏差在允许范围内。

2）设备跳闸或启动及时，偏差在允许范围内。

3）联动及保护试验安全注意事项：

a．做好安全防范措施，防止设备和人身伤害发生。

b．做好安全隔离措施，避免试验过程对系统运行的影响。

（三）运行的调整与控制

1. 参数的调节与控制

（1）供热系统实际运行流量应接近设计流量。

（2）当系统出现实际运行工况与设计水温调节曲线不符时，应根据修正后的水温调节曲线进行调节；当采用计算机监控时，宜根据动态特性辨识，指导系统运行。

（3）当室内供暖系统未采用热计量、未安装温控阀时，二级网系统宜采用定流量（质调）调节；当室内系统采用热计量且安装有温控阀时，二级网系统宜采用变流量（量调）调节。系统变流量时，宜采用不同特性泵组或改变水泵并联台数，或采用变速泵控制流量。为适应调频变速流量控制，系统宜采用双泵系统。

（4）在热力站热用户入口或分支管道上应安装调节控制装置以便进行流量调节。

（5）系统末端供、回水压差不应小于 0.05MPa。

2. 计算机自动监控

（1）供热系统从热源、泵站、热力网、热力站至热用户宜采用在线实时计算机控制。

（2）根据需要和技术条件，应选择不同级别的计算机监控系统，分别实现下列功能：检测系统参数、调配运行流量、指导运行调节、诊断系统故障、健全运行档案。

（3）计算机监控宜采用分布式系统。

（4）计算机运行管理人员应经专业培训，考核合格后方能上岗。

（5）计算机监控系统在停运期间，应实行断电保护。

3．最佳运行工况的选择

（1）根据供热规划，应对直接连接、混水连接、间接连接等供热系统的运行方式制定阶段性的运行方案。

（2）对于多热源、多泵站供热系统，应根据节约能源、保护环境及室外温湿度变化，进行供热量、供水量平衡计算，以及关键部位供、回水压差计算，制定基本热源、尖峰热源、中继泵、混水泵等设备的最佳运行方案。

（3）多种类型热负荷供热系统应根据不同形式的连接方式，制定不同的运行调节方案。

（4）地形高差变化大的供热系统，当需要建立不同静压区时，其仪表、设备必须可靠。确报安全运行。

（5）大型供热系统应进行可靠性分析，可靠度 85%～90%；应制订故障及事故运行方案，当供热系统发生故障时，应按预先制订的故障及事故运行方案进行。

4．供热系统的运行调度

（1）供热系统（热源、热力网、热用户）必须实行统一调度管理，以保证供热系统的安全、稳定、经济、连续运行。

（2）供热系统调度中心应配备供热平面图、系统图、水压图、全年热负荷延续图及流量、水温调节曲线表；条件具备时供热系统主要运行参数宜采用电子屏幕瞬时显示。

（3）供热系统的运行调度指挥人员应具有较强的供热理论基础知识及较丰富的运行实践经验，并能够判断、处理供热系统可能出现的各种问题。

（4）供热系统调度应符合下列规定：

1）充分发挥供热系统各供热设备的能力，实行正常供热。

2）保证系统安全、稳定运行和连续供热。

3）保证各用热单位的供热质量符合相关规定。

4）结合系统实际情况，合理使用和分配热量。

（5）供热系统调度管理的主要工作应包括下列各项：

1）编制供热系统的运行方案、事故处理方案、负荷调整方案和停运方案。

2）批准供热系统的运行和停止。

3）组织供热系统的调整。

4）指挥供热系统事故的处理，组织分析事故发生的原因，制订提高供热系统安全运行的措施。

5）参加拟定供热计划和供热系统热负荷增减的审定工作。

6）参加编制热量分配计划，监视用热计划的执行情况，严格控制按计划指标用热。

7）对供热系统的远景规划和发展设计提出意见，并参加审核工作，参加系统的监测，通信设备的规划及审核工作。

思 考 题 及 答 案

1．燃煤锅炉本体和燃烧设备内部检查应符合哪些规定？

答：（1）汽-水分离器、隔板等部件应齐全完好，连续排污管、定期排污管、进水管及仪表管等应通畅。

（2）锅筒（锅壳、炉胆和封头等）、集箱及受热面管子内的污垢、杂物等应清理干净，无缺陷和遗留物。

（3）炉膛内部应无结焦、积灰及杂物，炉墙、炉拱及隔火墙应完整严密。

（4）水冷壁管、对流管束外表面应无缺陷、积灰、结焦及烟垢。

（5）内部检查合格后，人孔、手孔应密封严密。

2．热源厂应建立安全技术档案和运行记录，操作人员应执行安全运行的各项制度，做好值班和交接班记录。热源厂应记录并保存哪些资料？

答：（1）供热设备运行情况报表。

（2）锅炉运行记录。

（3）锅炉安全门校验和锅炉水压试验记录。

（4）燃气调压站、引风机运行记录。

（5）给水泵、循环泵、水化间，以及炉水分析运行记录。

（6）缺陷记录及处置单。

（7）检修计划和设备检修、验收记录。

（8）热源存档表。

3．热水锅炉排污应符合哪些规定？

答：（1）排污应在工作压力上限时进行。

（2）采用离子交换法水处理的锅炉，应根据水质情况决定排污次数和间隔时间；

（3）采用加药法水处理的锅炉，宜 8h 排污 1 次。

4．请简述燃气轮机工作流程。

答：燃气轮机通过进气系统把环境空气过滤后吸入压气机，吸入的空气被加压后进入燃烧室，在与燃料混合后由点火器点燃，燃烧产生的高温气体进入高压透平（HPT）膨胀做功，同时带动高压压气机（HPC），气体继续经过低压透平（LPT）膨胀做功，带动低压压气机（LPC），同时通过减速齿轮箱带动发电机输出负荷。膨胀后的气体则通过余热锅炉从主烟囱排入大气。

5．燃气轮机压气机的喘振现象、原因及处理过程。

答：（1）现象：

1）压气机喘振时，透平室地面有明显振感，并伴有音调低而沉闷的低吼声；

2）压气机出口压力和流量等参数不稳定，转速摆动大。

3）轴承振动上升。

（2）原因：

1）可变旁通阀 VBV 故障。检查 VBV 开关动作时间，如动作时间过快或过慢，需要重新校准。如卡涩，进行检修处理。

2）VBV 控制电磁阀故障。检查故障原因并更换。

3）进气滤网严重堵塞，差压检测系统故障造成报警和保护动作功能失灵。检查表计，如保护拒绝动作，应手动紧急停机。

（3）处理过程：

1）可变旁通阀 VBV 故障。检查 VBV 开关动作时间，如动作时间过快或过慢，联系控制重新校准。如卡涩，进行检修处理。

2）VBV 控制电磁阀故障。检查故障原因并更换。

3）检查表计，如保护拒绝动作，应手动紧急停机。

4）运行人员一旦确认压气机喘振，应果断打闸停机，并查找原因同时向上级汇报；在缺陷消除后方可再次启动。

6．简述燃气轮机检修的分类。

答：燃烧系统检查、热通道检查、整机检查。

7．离心式冷水机年度检查项目有哪些？

答：（1）排除油箱中的旧油，检查油箱，更换新油。

（2）检查清洗冷冻水、冷却水的管路及水过滤器。

（3）检查蒸发器、冷凝器的水室。

（4）清洁电动机冷却进风滤网，检测电动机绝缘，电动机前后轴承润滑。

（5）检查和维护机组的电气设施。

（6）对水系统进行化学处理。

8．简述供热管道的分类。

答：（1）按其管内流动的介质不同可分为蒸汽和热水管道两种。

（2）按其工作压力不同可分为低压、中压和高压管道三种。

（3）按其敷设位置不同可分为室内和室外供热管道两种。

9．应采取哪些有效措施保证供热计量系统正常运行？

答：（1）应配备对户用热量分配装置进行运行核查的设备。

（2）应制定热量结算表的检定计划，按期送检。

（3）应制定运行核查计划，并按核查计划对热计量装置进行运行核查。

（4）应定期分析、比较供热计量数据，保证供热计量系统的正常、稳定运行和计量数据的准确、可靠。

（5）应经常检查供热计量装置电池的工作状态，并及时更换电池。

10．供热常用钢制管道上的法兰分为哪几种形式？

答：（1）整体法兰。整体法兰与设备、阀件和管路附件铸成一体，它的类型和适用条件与下面介绍的焊接法兰相同。

（2）螺纹法兰。这种法兰是采用螺纹连接法装于管端上。分为低压螺纹法兰和高压螺纹法兰。低压螺纹法兰又分为铸铁制法兰（俗称熟铁法兰盘），适用于焊接钢管上，其密封面为光滑式；高压螺纹法兰全部是钢制的。

（3）焊接法兰。焊接法兰在管道上的应用最为普遍，分为平焊法兰和对焊法兰。

11．板式换热器检修注意事项有哪些？

答：（1）板式换热器在运行中泄漏时，不得带压夹紧，必须泄压至零后方可进行夹紧、补漏，但夹紧尺寸不得超过装配图中给定的最小尺寸。

（2）板式换热器打开时，如温度较高，应待降温后再拆开设备，拆开时应防止密封热片松弛脱落。

（3）板式换热器板片应逐块进行检查与清理，一般的洗刷可不把板片从悬挂轴上拆下。水刷时，严禁使用钢丝、铜丝等金属刷，不得损伤垫片和密封垫片。

（4）严禁使用含 Cl 的酸或溶剂清洗板片；板片洗刷完毕后必须用清水洗干净。

（5）板式换热器更换密封垫时，应用丙酮或其他酮类溶剂溶化垫片槽里的残胶，并用棉纱擦洗干净垫片槽。

（6）贴好密封垫片的板片应放在平坦、阴凉和通风处，上面用板片或其他平板压住垫片，自然干固 4h 后方可安装使用。

（7）板式换热器夹紧时，夹紧螺栓板内侧上下、左右偏差不应大于 10mm，当压紧至给定尺寸（一般为最大加紧尺寸）时，两夹紧板内侧的上下偏差不应大于 2mm。

12．试述各类阀门的安装方向。

答：许多阀门具有方向性，例如截止阀、止回阀等，如果装倒装反，就会影响使用效果与寿命，或者根本不起作用，甚至造成危险（如止回阀）。需要注意安装方向的阀门，在阀体上都有方向标志；如果没有方向标志，根据阀门的工作原理，正确识别。

截止阀的阀腔左右不对称，流体要让其由下而上通过阀口，这样流体阻力小（由形状所决定），开启省力（因介质压力向上），关闭后介质不压填料，便于检修。这就是截止阀为什么不允许反向安装的道理。其他阀门也有各自的特性。

闸阀不要倒装（即手轮向下），否则会使介质长期留存在阀盖空间，容易腐蚀阀杆，而且为某些工艺要求所禁忌，同时更换填料极不方便，明杆闸阀，不要安装在地下，否则由于潮湿而腐蚀外露的阀杆。

旋启式止回阀，安装时要保证其销轴水平，以便旋启灵活。

13．钢支架的维修应符合哪些要求？

答：（1）固定支架应安装牢固、无变形，应能阻止管道在任何方向与固定支架的相对位移，且能承受管道自重、推力和扭矩。钢支架基础与地板结合应稳固，外观无腐蚀、无变形。

（2）滑动支架的基础应牢固，外观无变形和位移。滑动支架不得妨碍管道冷热伸缩引起的位移，应能承受管道的自重和摩擦力。

（3）导向支架的导向结合面应平滑，不得有歪斜、卡涩现象，并应保证管道只沿轴线方向滑动。

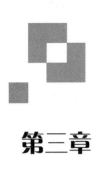

第三章

供热运行管理

供热事业是直接关系公众利益的基础性公共事业,热力网的调节运行和管理是保障居民冬季供暖,规范供热行为,合理利用资源,推动节能减排,促进供热事业可持续发展的技术措施,应遵循统一规划、属地管理、保障安全、规范服务、促进节能环保和优化资源配置的原则。运行管理人员应当具有一定的专业技术水平,负责内部管理文档和规章制度的建立健全,监督各项规章制度和岗位责任的执行。

热力网系统运行维护应符合《城镇供热系统运行维护技术规程》(CJJ 88—2014)、《城镇供热管网设计规范》(CJJ 34—2010)、《供热系统节能改造技术规范》(GB/T 50893—2013)、《城镇供热系统节能技术规范》(CJJ/T 185—2012)等规范的要求。

第一节 供 热 调 节

一、采暖供热的调节

(一)系统的水力平衡失调

影响集中供热效果的一个重要原因是热网水力平衡失调,即流量调配不均。流量分配不均,热网的供热能力降低,热量将供不出去。热网主要分支管阀门的控制任务就是合理地调节这些阀门的开度,使其满足热网各分支环路对流量的需求,从而解决热网的水力失调问题。

在热水供热系统中,当供热管网的任一管段或与之相连接的任一用户系统,由于其阀门开度的改变,阻力系数发生变化时,热水供热系统的阻力系数也将随之发生改变。因而引起热水供热系统的总流量和总压力降发生变化,各用户系统的流量也将重新分配,用户系统的实际流量与设计流量不一致,产生水力失调。

热水供热系统中各热用户的实际流量与设计流量之间的不一致性,称为该用户的水力失调。水力失调是影响系统供热效果的重要原因。引起供热系统水力失调的原因很多,既有设计上的,也有运行管理上的,这些原因往往是不能完全避免的。

1. 水力失调的原因

(1)在进行管道设计时,由于管道内热媒流速不允许超过限定流速,管径规格有限等,在管网各分支环路或用户系统各立管环路之间，其阻力损失是不可能在设计的流量分配下达到平衡。使热用户实际流量分配不能符合设计所需的流量要求，就会产生水力失调。

（2）由于新接入热用户或停运部分热用户，全网阻力特性改变，也会导致水力失调。

（3）开始运行时没有很好地进行初调节，也会导致水力失调。由于管网近端热用户的作用压差很大，位于管网近端的热用户，其实际流量往往比规定流量要大得多，而位于管网远端的热用户其作用压差和流量将小于规定的数值，这种不一致的失调需要通过管网的初调节来解决，否则，就会产生水力失调。

（4）热用户室内水力工况变化，比如随意增减散热器，随意调整网路分支阀门或用户入口阀门，管网或热用户局部管道堵塞。导致相关热用户流量减少，也会产生水力失调。

2. 解决供热系统水力失调的方法

（1）在设计系统时，尽量提高供热系统的水力稳定性，即相对地减小管网干管的压降，或增大用户系统的压降。即在进行管网水力计算时，选用较小的比摩阻，适当地增大靠近热源的管网干管直径，对提高管网的水力稳定性，减少水力失调的发生，效果尤其显著。

（2）在运行时，应合理地进行管网的初调节和运行调节，尽可能将管网干管的所有阀门开大，把剩余的作用压差消耗在用户系统上。通过初调节，能消除设计、施工和运行管理中所造成的热源失调。

（3）增大系统的循环流量，改善单管、双管系统水力失调，这种方法即靠加大水泵、增加并联数或增设加压泵等方式，提高系统循环流量，有时系统实际运行流量要比设计流量高达好几倍，这种方法缺点是投资大、运行耗电费用高和热量浪费严重。

（4）可在各用户入口处安装压差控制阀，以保证各热用户的流量恒定不受其他用户的影响。这种方式实质上就是改变用户系统总阻力，以适应用户变化工况的作用压差，从而保证流量恒定。它的特点是循环水泵在高效率点工作，减少过热用户的热量浪费，节能效果显著。

（二）采暖供热调节的分类

（1）根据供热调节地点不同，供热调节可分为集中调节、局部调节和个体调节三种调节方式。集中调节在热源处进行调节，局部调节在换热站或用户入口处调节，个体调节是直接在散热设备处进行调节。

集中供热调节容易实施，运行管理方便，是最主要的供热调节方法。但即使对只有单一供暖热负荷的供热系统，也往往需要对个别换热站或用户进行局部调节，调整用户的用热量。对有多种负荷的热水供热系统，通常根据供暖热负荷进行集中供热调节，而对于其他热负荷（如热水供应、通风等热负荷），由于其变化规律不同于供暖热负荷，需要在换热站或用户处配以局部调节，以满足其要求。

（2）根据调节阶段不同，供热调节分为初调节和运行调节。初调节是指在供热初期，通过对系统进行各支管流量分配调节，达到将各热用户的运行流量配至理想流量，满足热用户实际热负荷所需求的流量。运行调节是指在供热运行中，根据用户的要求进行的调节（也称为日常调节）。对有户用热计量表的用户调节，不但要根据该户瞬时流量所占楼宇瞬时流量的比例，还应考虑该户所在的顶、底层位置，冷山面积的大小，供回水温差等因素，最终以用户室温达标为标准。

（三）采暖供热初调节

初调节就是在热力网正式运行前，将各用户的运行流量调配至理想流量（即满足用户实际热负荷需求的流量）解决热力工况水平失调问题。初调节利用各热用户入口安装的流量调节装置进行，如手动流量调节阀、平衡阀、调配阀及节流孔板等。初调节也称流量调节或均匀调节。

1. 初调节原理

在一般的供热管网中，由于多种原因，各用户的实际流量很难与设计流量（理想流量）相符。据多年实测资料表明：供热系统流量失调的大致规律是距热源近端热用户实际流量大于设计流量（一般可达设计流量的2~3倍），距热源远端热用户的流量小于设计设计流量（一般是设计流量的0.2~0.5），中端用户的实际流量大体接近设计流量。在这种情况下，近端用户室温高于设计温度，远端用户室温低于设计温度。当近端用户热的需开窗户时，其实际流量一定超过设计流量的2~3倍；而当远端用户室温连10℃都不够时，其实际流量可能还不够设计流量的一半。

由此可见，供热系统的远近用户热力失调是由于近端用户流量过大、远端用户流量过少而造成的。而初调节的目的就是要在供热系统运行前，把各用户的实际流量调得与设计流量基本相符。

在供热系统设计中，即使设计得再周到，调节得再细致，也不可能使整个供热系统的所有用户均在设计流量下运行，近端用户过热、远端用户过冷的现象是不可避免的，如果用上述原则去指导调节，就可以做到使近端用户虽热但不过热，远端用户虽稍冷但不致过冷，过冷、过热的程度都在可接受的范围内。

2. 初调节的方法

目前可以用的初调节方法较多，各有其优劣，并各有一定适用条件，下面简单介绍六种方法。

（1）预定计划法。调节前，将热力网上各用户入口阀门全部关死，然后从远处热用户，逐个开启各用户阀门，在每一个热用户阀门开启投入运行时，其流量应调整到预先计算出的数值，由于这个流量不等于设计流量或理想流量，因而可称启动流量。此法看似简单，实则较复杂，首先启动流量难以计算，管网规模稍大些，便不可能用人工计算出。其次要利用测量流量的仪器，在系统运行时不能进行调节，由于实用性差，此法现在使用不多。

（2）比例法。比例法的基本原理是当各热用户系统阻力特性系数的比值一定时，其流量的变化也将成比例地变化。也就是说，当采用用户阀门来调节时，它们之间流量的变化遵循一致等比失调的规律。调节的基本方法：利用平衡阀测出各热用户流量，计算其失调度，然后从失调度最大的区段调节起。在调节区段里，先从最末端用户开始，将其流量调至该区段失调度最小值，以其为参考环路，逐一调节其他热用户，使各用户环路中的流量失调度分别为参考环路的失调度（每调一个用户，其值皆不同）。此时，调节区段总阀门使总流量等于理想流量，则该区段已调各用户流量皆达到理想流量。

这种调节方法计算工作量不大，但现场调节较繁琐，需两套智能仪表（与平衡阀联用），且调节环路与参考环路随时要相互联络，核对数据，工作量较大。

（3）补偿法。补偿方法是靠调节总阀门使各热用户阀门调节过程中的水力失调得以补偿，进而在理想工况下（即设计工况），把各用户流量直接调到理想值。基本步骤：首先确定最末端热用户的实际阻力系数，进而确定其平衡阀在理想流量下的阻力系数（或流量系数）和阀门开度，将平衡阀调整到要求开度；调整被调区段的总阀门，使最末端用户的流量为理想流量，由远而近，调整第二个末端用户阀门，使其流量为理想流量。在调整过程中，随时调节该区段总阀门，使最末端用户（即参考用户）始终保持理想流量，依此类推，逐一调节完各用户阀门，则供热系统各用户流量皆可调节至理想流量或接近理想流量。该方法原理简明，计算工作量较小。缺点是调节较繁琐，需要两套智能仪表，同时，需要有三组人员互相联络协调。

（4）计算机法。计算机方法是中国建筑科学院空调所提出的初调节方法。该方法的特点是借助平衡阀和配套智能仪表测定用户局部系统的实际阻力特性系数。操作方法：将用户平衡阀任意改变两个开度，分别测试两种工况下的用户流量、压降以及平衡阀前后压降，进而求出用户阻力特性系数，算出在理想工况下用户平衡阀的理想阻力值及平衡阀开度，在现场直接把平衡阀调到要求的开度。该方法计算工作量较小，现场调节无次序要求，操作方法也比较简便。但由于计算出的用户阻力特性系数与实际值有一定误差，因此，在用户流量调节中会有些误差。

（5）快速简易调节法。这是一种简单易行而实用的初调节方法。调节步骤：首先由近至远依次调节各热用户，使近热源端的用户实际流量为理想流量的 80%～85%；中端用户的实际流量为理想流量的 85%～95%；远端为 95%～100%。如果在调节过程中，有个别用户未达到预定的调节流量，可以暂时跳过去，等待最后再单独处理。这种方法可靠易行，流量误差在±20%，对用户的室温影响不大，可以用在供热面积在 20 万 m² 以下的热力网上。

在初调节时，需经常测用户的实际流量，一般采用两种方法：如果用户入口安装的是平衡阀（可以测流量），则可以采用智能仪表测量；如果用户入口安装的是手动流量调节阀或节流孔板（不可测流量），则可以采用能够绑在被测管道外壁上的超声波流量计来测流量。

（6）模拟分析法。模拟分析法是在热力网水力工况模拟分析理论的基础上，利用计算机快速而准确地预测用户阻力特性系数 S 值改变后各管段的相互影响和制约，然后根据计算结果进行调节的方法。其主要步骤简述如下：

1）确定实际工况。如图 3-1 所示为一个简单的热网系统，图中圆圈内数字为节点编号。首先实测出用户 1～3 的实际流量，各节点上的压力值，并利用式（3-1）求出各管段上的阻力特性系数 S。若系统循环水泵的特性方程未知时，可利用实测值确定。

$$S=\Delta p/G^2 \tag{3-1}$$

式中　S——管段的阻力特性系数，$Pa/(m^3/h)^2$；

　　　Δp——管段的压降，Pa；

　　　G——管段流量，m^3/h。

2）计算理想工况。给定设计工况下各用户的设计流量，从而在已知用户流量，管网的实际阻力特性系数 S，循环水泵特性方程和管网拓扑结构 $A（B_f）$ 的前提下，利用"水力工况模拟分析"程序便可计算出满足用户流量要求的水力工况，即确定了理想工况时的管段阻力特性系数。

3）制定调节方案。利用基荷夫定律，对图3-1中的各节点建立节点方程，流入节点的流量应等于流出的流量，把管网阻力数值代入联立方程组，利用计算程序计算。直到全部用户的阻力数值调整为设计工况下的值。此时的流量即为各用户对应的设计流量。

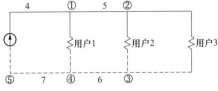

图 3-1　热力网系统网络图

4）执行调节方案。按照调节方案时的顺序和调节方案的数值，逐个调节各用户的阀门，使调节阀门后的水力工况与调节方案相吻合。当管网中所有用户的实际阻力数值全部调整为设计值时，整个管网的水力工况就会成为设计工况。

从以上所介绍的六种初调节方法，可以看出初调节是比较复杂的技术，需要借助热用户入口安装的调节装置、测量工具、计算程序。当热力网规模较大时，可以采用1、2、3、4、6 的方法进行初调节；当热力网规模较小、热用户较少时，可采用第 5 种方法（即快速简易法）。面对于一般的较小型热力网，根据初调节知识，进行简单的手工调节也可满足要求。

为了热力网初调节的方便，在热力网设计过程中，设计人员应注意以下几点：

a. 要画出热力网的水压图。这是指导选择管网管径和用户入口应消耗压头的重要依据资料。

b. 要通过计算，把各管段各用户多余的压力用流量调节装置（手动流量调节阀、平衡阀、节流孔板）消耗掉，而且必须在图画明节流装置的位置、型号、口径，并做出详细的耗压计算。

c. 在所有的热用户入口供回水管上采用可调节流量的阀门，在需要消耗多余压头的热力网分支管与主干管连接处安装调节装置，设检查井，以便于运行调节。

如果在设计阶段，设计人员能为初调节工作着想，按照上述三点去做，会极大方便初调节工作。

（四）采暖热网运行调节

初调节可使管网上的各热用户流量按热负荷的大小实现均匀分配，进而使各用户平均室温基本一致。但初调节只能解决各用户平均室温实现均匀的目的，还不能保证各用户室温在整个供暖季节都满足设计室内温度的要求。用户室温与流量、室外气温、建筑物耗热量、供暖供回水温度等因素有关。室外气温越高，用户的室温越高；中午有日照时，建筑物耗热量小，用户室温高；供水温度越高，室温也越高。因此，为使用户室温达到设计要求，实现按需供热，除在系统运行前需要进行初调节之外，还应在整个供暖季节随室外气温的变化，随时对供水温度、流量等进行调节，这就称作供热系统的运行调节。

（1）热水供热系统应采用热源处集中调节、热力站及建筑引入口的局部调节和用热设备单独调节三者相结合的联合调节方式，并宜采用自动化调节。

（2）对于只有单一供暖热负荷且只有单一热源（包括串联调峰锅炉的热源）或调峰热

源与基本热源分别运行、解列运行的热水供热系统，在热源处应根据室外温度的变化进行集中质调节或集中"质-量"调节。

（3）对于只有单一供暖热负荷且尖峰热源与基本热源联网运行的热水供热系统，在基本热源未满负荷阶段，应采用集中质调节或集中"质-量"调节；在基本热源满负荷以后与尖峰热源联网运行阶段，所有热源应采用量调节或"质-量"调节。

（4）当热水供热系统有供暖、通风、空调、生活热水等多种热负荷时，应按供暖热负荷采用上述（2）（3）的规定在热源处进行集中调节，并保证运行水温能满足不同热负荷的需要，同时应根据各种热负荷的用热要求在用户处进行辅助局部调节。

（5）对于有生活热水热负荷的热水供热系统，当按供暖热负荷进行集中调节时，应保证闭式供热系统供水温度不低于70℃，开式供热系统供水温度不低于60℃；另有规定的生活热水温度可低于60℃。

（6）对于有生产工艺热负荷的热水供热系统，应采用局部调节。

（7）多热源联网运行的热水供热系统，各热源应采用统一的集中调节方式，并应执行统一的温度调节曲线。调节方式的确定应以基本热源为准。

（8）对于非供暖期有生活热水负荷、空调制冷负荷的热水供热系统，在非供暖期应恒定供水温度运行，并应在热力站进行局部调节。

（五）供热调节案例

1. 热源的供热调节

在供热运行期间，热网调度根据当天室外温度，按照供热曲线调配热源负荷，通过调节热源及一级管网运行参数调节热源与热网总的需求平衡。

2. 一级管网及换热站的平衡调节

热源产生的热量按需均匀的分配输送到各个换热站，主要是通过换热站内流量调节装置完成。根据换热站供热面积、建筑物节能状况、热源总的流量热量情况等，计算每个换热站所需一级管网流量热量，通过调节换热站内一级管网调节阀，控制对此换热站的供热量，完成供热调节。对于一个换热站内多套系统或一套系统多个换热器并联的换热站，通过对每个系统的调节来达到各系统平衡。

3. 换热站内的二次侧平衡调节

换热站循环泵采暖期分阶段改变流量调节运行。供热初、末期，减少循环流量，加大供、回水温差，减小管道阻力，利于系统平衡调节。供热尖寒期，减少供、回水温差，增大循环流量以克服不利点。根据换热站供热面积及室外气温变化计算换热站（系统）所需二级管网流量，再根据循环泵各项参数计算所需的出力。

4. 二级管网的平衡调节

根据二级管网各个支路回水温度，通过调节平衡设备实现的。对于有楼宇或户用热计量表的换热站，根据系统实际流量总和与各楼宇的供热面积、系统的总面积，计算在此变频开度条件下各楼宇的理论平均流量；对比各楼的实际瞬时流量与理论平均流量的差值比，无论差值是正还是负，只要绝对值较大（大于5%），都要进行调节，将实际瞬时流量值调到接近于理论平均流量值。在换热站二次侧流量变化的阶段根据总流量变化比率，参照楼宇热表的流量，通过调节井内的平衡设备进行相应的流量调节。由于流量降低，管道阻力减少，调节井内平衡设备的作用更加明显。

5. 单元及热用户之间的平衡调节

根据建筑物各个单元回水温度，通过调节平衡设备实现的。一般是调节单元平衡阀，回水温度相对高的单元减少平衡阀流量，回水温度低的单元全开平衡阀。

二、工业供汽调节

在发电厂运行中，锅炉和凝汽器的操作不当，或处于故障状态运行，都会引起汽轮机进、排汽参数偏离设计值，对汽轮机的安全经济运行将有不同程度的影响。

（一）新蒸汽压力的变化（初温及排汽压力不变）

1. 新蒸汽压力升高

当新蒸汽温度和排汽压力不变，新蒸汽压力由 p_0 升高到 p_{01}，理想焓降将由 H_{t0} 增加到 H_{t1}。图 3-2 中 A–B–C 表示设计工况下的热力过程线，A_1–B_1–C_1 则表示初压升高后的热力过程线，显然 $H_{t1} > H_{t0}$。

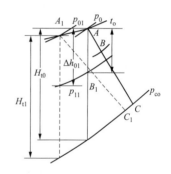

图 3-2 新蒸汽压力升高时汽轮机的热力过程

对于节流配汽汽轮机，此时若要保持负荷不变，只需将调节汽阀关小，增大进汽的节流，使进入汽轮机第一级的进汽压力与设计值相等即可。级内工作无变化，只是增大了节流损失而已。若进汽压力升高后保持调节汽阀开度不变，汽轮机进汽量和理想焓降都将增大，使机组出力增加。各压力级特别是末级应力增大，甚至超过允许值而造成事故，这是不允许的。

对于喷嘴配汽的汽轮机，如果此时要保持原负荷不变，新蒸汽流量将按式（3-2）减小，即

$$D_{01} = D_0 \Delta H_t / H_{t1} \tag{3-2}$$

式中 D_0、D_{01}——设计工况、新汽压力升高后的进汽流量。

新蒸汽压力升高，在规定的允许范围内其负荷保持不变，新蒸汽流量将减少，汽耗率降低，使机组经济性提高。如果新蒸汽压力升高超过了允许范围，对汽轮机的安全性将有如下影响：由于流量的减少，非调节级级前的压力要相应降低，中间级的焓降基本不变，对应级的应力就有所减少。同时隔板的压力差和汽轮机的轴向推力都有所减少。故在此工况下运行，中间级是安全的。

对于末几级，由于流量的减少而使级前压力下降，级的焓降将减少，级的做功能力下降。此工况下排汽的湿度增加了，水蚀会影响叶片的寿命。末几级理想焓降减小，级的反动度也将增加，使末几级的轴向推力增加。但由于中间级的轴向推力是减小的，所以整机轴向推力仍是减小的。

蒸汽流量的减小，调节级汽室的蒸汽压力将要降低，其焓降就比额定参数下的要大，

但数值仍将小于第一调节级汽阀全开时的焓降，故此工况下的调节级是安全的。但是，若机组处于第一调节汽阀刚全开的运行工况，由于调节级汽室压力比设计参数下的低，此时调节级工作喷嘴的焓降和蒸汽流量，都将超过额定值而造成过负荷，故运行中应注意这一点。

新蒸汽压力的升高，还会导致新蒸汽管道、蒸汽室、法兰螺栓等承压部件及紧固部件的应力增加，影响其设备的运行安全。

2. 新蒸汽压力降低

当新汽温度和排汽压力不变，新汽压力降低时，根据图 3-3 看出，蒸汽的理想焓降将减小。如果调节汽阀限制在额定开度，则蒸汽流量将与初压成正比减小。汽轮机的最大出力也将受到限制，其功率将按式（3-3）减小

$$P_{Nl}=P_{Nlr}H_{t1}/H_{t0} \cdot (D_{01}/D_0) \qquad (3-3)$$

式中　P_{Nlr}、P_{Nl}——初压变化前的额定功率和变化后的额定功率，MW。

当新蒸汽压力降低后，只要将汽轮机的负荷限制在额定功率 P_{Nlr} 以下运行，此时汽轮机是安全的，但经济性降低了。如果新汽压力降低而机组仍要保持额定负荷运行，则蒸汽流量将增加，并大于额定蒸汽流量。此时会引起各非调节级的级前压力提高，末几级焓降增大，从而使这些级的负荷有所增加，特别是末级过载最为严重。非调节级级前压力提高，汽轮机轴向推力和有关部件的应力都将增加，甚至超过额定值。显然在此工况下运行，对汽轮机的安全、经济运行都十分不利。因此，在一般运行中，当新蒸汽压力下降过多时，一方面应联系锅炉恢复汽压，另外还必须根据汽压下降的程度，相应的限制汽轮机在不同负荷下运行，即所谓的限负荷。这样不但保证了机组的安全运行，同时也便于锅炉汽压的恢复。对于抽汽供给给水泵小汽轮机、除氧器、打孔抽汽对外供热的机组，在减负荷时，要考虑到这些设备的用汽要求，不能使负荷降的过多而影响其运行。

（二）新蒸汽温度的变化（初压及排汽压力不变）

在进汽压力和排汽压力不变的条件下，当主蒸汽温度升高时，蒸汽的理想焓降也随之增加，如图 3-3 所示。由于可用焓降增大，汽轮机的热耗降低，其排汽的湿度也将下降，对经济性有利。但是主蒸汽温度升高超过允许范围时，对设备的安全性是十分有害的。它将导致汽轮机主汽阀、调节汽阀、蒸汽室、前几级喷嘴、动叶和高压前轴封等部件的机械强度降低，发生蠕变和松弛，致使设备损坏或缩短使用年限。尤其是高参数以上的机组，即使蒸汽初温升高不多，也将会引起金属材料的蠕变速度加快，许用应力大大降低，因此对蒸汽的超温必须严加限制。例如，

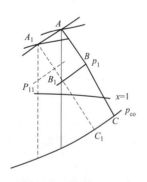

图 3-3　新蒸汽温度降低时汽轮机的热力过程

对额定汽温为 535℃的超高参数机组，一般仅允许新汽温度变化+5～–10℃。当汽温超过额定值时，应该联系运行人员进行调整，根据运行规程做好相应减负荷工作，若调整无效，当汽温超过最大允许值时，还应按规程进行紧急停机。

在新蒸汽压力和排汽压力不变，而新蒸汽温度降低时蒸汽理想焓降减少，排汽的湿度增大，不但影响运行的经济性，还要威胁设备的安全性。

新蒸汽温度降低时，若要维持汽轮机负荷不变，必须增加进汽量。此时调节级后蒸汽压力会有所提高，该级的焓降减小，工作是安全的。但对于非调节级，尤其是最末几级，其焓降和流量同时增加，将造成叶片过载，隔板应力增加，一般情况下转子的轴向推力也将增大。新蒸汽温度下降，还会引起最末几级蒸汽湿度增大，湿气损失增加。同时也加剧了对这些级叶片的冲蚀作用。若新汽温度急剧下降，还可能导致水冲击事故，直接威胁汽轮机的安全运行。因此，汽轮机在蒸汽初温降低情况下运行，应加强对汽轮机的监视，及时加强调整，保证设备的安全运行。

（三）排汽压力的变化（初温、初压不变）

凝汽式汽轮机排汽压力（真空）的高低，常常是由凝汽设备工作情况决定的，其变化对汽轮机的安全经济运行，都有较大的影响。当排汽压力升高时（真空降低），进汽的理想焓降将减小，如图 3-4 所示。此时若要保持进汽流量不变化，汽轮机的出力将减小，其功率 P_{el} 可按式 3-4 进行计算

$$P_{el1}=P_{el} \cdot \Delta H_{t1}/\Delta H_t \qquad (3-4)$$

式中　P_{el}、ΔH_t——正常参数时，汽轮机的电功率和进汽的理想焓降；

p_{el1}、ΔH_{t1}——排汽压力变化后，汽轮机的电功率和进汽的理想焓降。

当进汽参数和进汽量不变时，一般情况下真空每降低 1%，机组的出力将减小 1%，超高参数的机组的热耗要增加 0.7%～0.8%，使汽轮机热经济性大为降低。所以凝汽式汽轮发电机组在运行时，应维持良好的真空运行。

汽轮机排汽压力升高，排汽温度要随之升高。当排汽温度上升过多时，会产生以下危害：引起低压缸及轴承座等部件的热膨胀，使机组中心发生变化，造成机组震动增大。凝汽器的温度升高，冷却铜管热胀过大致使水侧泄漏损坏，恶化凝结水的水质。

当排汽压力上升而保持汽轮机负荷不变时，汽轮机进汽量必然增加，有可能使机组元件的应力超过允许值和推力轴承过载。所以，在运行中一旦发现机组排汽压力上升（真空下降），应及时采取措施提高机组的真空。若真空继续下降，应按规程降低机组负荷。当机组负荷降低到零时，真空仍继续下降，降到不允许的极限数值时，应及时停机。

凝汽式汽轮机排汽压力降低（真空提高），蒸汽的理想焓降增加，如图 3-4 所示。此时若保持汽轮机的进汽流量不变，则机组的出力将增；若保持机组的功率不变，汽轮机的进汽量就将减少。由此可见，汽轮机排汽压力的降低，可提高机组的经济性。所以，凝汽式汽轮机应尽量维持在较高的真空下运行。但也要注意，凝汽式汽轮机过低的排汽压力（过高的真空），对机组的安全经济运行也是不利的。因为末级前的蒸汽压力，一般并不随排汽压力的降低而降低。排汽压力的

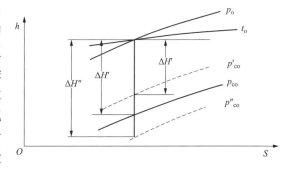

图 3-4　排汽压力变化时汽轮机的热过程

下降只是末级动叶后的蒸汽压力降低，使得动叶前后的压差增大。动叶的弯曲应力就有可能超过材料的许用应力，直接威胁叶片的安全。排汽过低，排汽湿度也将增大，加剧了叶片的冲蚀损坏。

如果汽轮机的排汽压力继续降低，蒸汽最后部分的膨胀就在叶片流道斜切部分外进行。这样不但不会增加汽轮机的出力，反而增大了叶片的弯曲应力和汽轮机的轴向推力。

凝汽式汽轮机排汽压力继续降低，在冷却水温一定时，必须增加循环水量，因而使水泵的耗电量增加。要获得好的经济效益，应考虑到降低排汽压力（提高真空）所增加的厂用电的消耗情况。要综合考虑在总效益最好的排汽压力（最有力经济真空）下运行才是合适的。因此，在运行中应严格注意真空的变化，做好相应的调整工作。

三、分布式能源供热（冷）调节

（一）区域型分布式能源供热（冷）调节

1. 尾气利用方式

（1）直接利用方式。燃气轮机尾气直接利用，即将燃气轮机的尾气直接引入到直燃吸收式冷（热）水机组，用于替换原来的燃烧器输入的能量。具有简单，占地面积小的特点。配余热回收双效吸收式冷（热）水机组，冷水温度 7/12℃。典型的燃气轮机尾气直接利用方式出力见表 3-1。

表 3-1　　　　　　　　　　　燃气轮机尾气直接利用方式出力

燃气轮机出力（kW）	燃料输入（GJ/h）	余热制冷量（kW）
1056	16.5	3488
3012	41.7	6977
3923	51.2	9305
3890	38.8	5813
4864	59.5	11630

（2）间接利用方式。燃气轮机尾气先进入余热锅炉，产生低压饱和蒸汽。蒸汽进入到蒸汽型吸收式冷（热）水机组。双效制冷机需要大约 0.8MPa 的低压饱和蒸汽，单效制冷机需要大约 0.4MPa 低压饱和蒸汽。由于燃气轮机尾气温度高、流量大，易产生较高压力蒸汽，为了提高系统效率，燃气轮机分布式能源系统一般匹配双效制冷机，蒸汽参数一般为 0.8MPa，蒸汽型双效制冷机的冷水温度 7/12℃。典型的燃气轮机尾气间接利用方式出力见表 3-2。

表 3-2　　　　　　　　　　　燃气轮机尾气间接利用方式出力

燃机出力（kW）	燃料输入（GJ/h）	余热制冷量（kW）
1056	16.5	3640
3012	41.7	7874

续表

燃机出力（kW）	燃料输入（GJ/h）	余热制冷量（kW）
3923	51.2	9889
3890	38.8	5750
4864	59.5	11968

由于蒸汽余热锅炉可以和任何装机大小的燃气轮机匹配，一般容量不受限制，可使用多台组合的方式。典型工艺见图3-5。

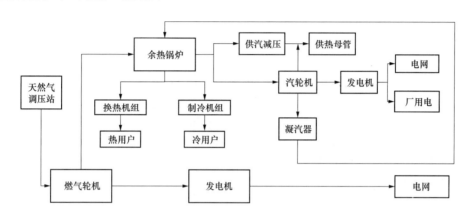

图 3-5　燃气轮机尾气间接利用典型工艺

2. 抽汽供热方式

（1）抽汽系统投入前准备。

1）机组的启动暖机、升速和并网都按纯凝式机组进行。

2）当机组负荷达到满负荷后，汽轮机调整抽汽与其他汽源并列运行时，应调整使抽汽压力高出送入管路压力，方可开启抽汽阀门向外供汽。

3）检查抽汽逆止门和抽汽速关阀的动作是否灵活可靠，低压缸喷水是否能正常投入和切除。逆止门的气动执行部分的工作压力按要求调整。并确认抽汽安全门已按规定的压力调整好，经试验合格。

4）抽汽逆止门、抽汽速关阀、抽汽阀在安装好后和启动前应做联动试验，投入备用，有关控制电源、仪用汽源、仪表正常已投入。

5）热网等经过全面联调试压、无泄漏、无缺陷，投入备用。

6）抽汽供热系统投入前应开启该系统上的抽逆前、抽逆后、抽汽前、抽汽后疏水门，以便对抽汽管道进行适当暖管和疏水，抽汽供热投入后关闭疏水门。

7）抽汽逆止门、抽汽速关阀、抽汽阀静态试验正常。

8）当抽汽逆止门、抽汽速关阀、抽汽阀动作不灵活、卡涩，抽汽供热安全门压力以及低压缸喷水装置未经整定、试验及工作不正常时禁止抽汽供热投入。

9）旋转隔板油动机未投入前，如已带了较大的电负荷，抽汽口压力已高出所要求的供汽压力，适当调整电负荷，使抽汽口压力应高于供汽压力，然后按前述步骤操作，接带热

205

负荷。

10）抽汽量的增加速度不得大于要求值。

11）电负荷和热负荷不允许同时增加。

12）减负荷和加负荷的速率应一致。

13）本机的设计已考虑机组可采用滑参数启动。

（2）抽汽投入条件。

1）机组已并网。

2）无 OPC 动作。

3）机组未跳闸。

4）抽汽压力信号正常。

5）抽汽管路疏水已完毕。

6）依次顺序打开抽汽逆止阀、抽汽速关阀、抽汽阀。

（3）抽汽投入。

1）以上条件满足，"抽汽回路允许"灯亮；点击"回路投入"按钮，抽汽回路投入可选择"自动"或"手动"增大旋转隔板开度（实际动作为逐渐关闭状态）。

2）设定好抽汽压力目标值和压力速率值后，在自动方式下，点击"进行"按钮，抽汽旋转隔板调门开始回关，供热系统处于供热状态。

3）抽汽供热投入后应加强监视抽汽段压力、轴向位移、相对膨胀等表计的变化，加强对凝汽器的补水。

（4）抽汽停运。

1）抽汽供热退出前，应将供热负荷倒换至备用汽源，机组带电负荷不得过多以防止机组抽汽退出后过负荷。

2）抽汽停运顺序：缓慢关闭旋转隔板开度直至全开；退出"抽汽回路"；依次顺序关闭抽汽阀、抽汽速关阀、抽汽逆止阀。注意退出抽汽旋转隔板时应维持供热母管参数稳定。

3）抽汽供热停运应缓慢，防止高压汽包压力上升过快，高压汽包水位产生过大波动。

3. 高（主）汽供热

（1）高汽投入条件。供热热负荷增大到超过两台抽凝机的最大抽汽能力时，由一台抽凝机抽汽供热，另一台抽凝机通过高压主蒸汽经减温减压装置直接对外供热。

（2）高汽供热投入。

1）打开高压供汽减压进前疏总、疏旁，高压供汽减压前疏水疏尽。

2）高汽供热投入前将供热母管压力降至一定压力以下后，依次就地点动缓慢打开高压供汽减压调出、高压供汽减压调进，以上两阀门开度超过 50% 时可远控全开，并按要求及时投入高压供汽减温水，根据供热母管参数调整开度。

（3）高汽供热停运。

1）单台机组停运高汽供热，不用倒至抽汽供热。

2）高汽供热停运操作顺序：依次关闭高压供汽减压调进、高压供汽减压调出、高压供汽减压调、高压供汽减温水。

3）本机高汽供热停运过程中，应根据主汽压力及时调整机组电负荷。

（4）单台机组由高汽供热倒至抽汽供热。在保证供热母管参数稳定的前提下，进行单机抽汽供热倒至高汽供热的操作，直至抽汽回路完全投入，高汽供热退出。

4. 调峰锅炉供热

（1）调峰锅炉投入条件。

1）热负荷超过机组最大供热量时，两台抽凝式机组的余热锅炉出口蒸汽母管经减温减压器将蒸汽减温减压后同时送至供热蒸汽母管，开启调峰（或启动）锅炉对外供热。

2）单套机组供热运行，供热总量不足部分由调峰炉供给。

3）当一台汽轮机发生事故时，另一台汽轮机提供区域工业热负荷和空调冷、热负荷，尖峰时段热负荷由调峰锅炉补充。

（2）热网管线的投入。

1）热网管道疏水暖管及投入操作。

a. 由于供热管网沿途的蒸汽管道没有温度计显示，给疏水暖管的监视工作造成一定困难，所以应采取"红外线测温仪检测"方法进行判断。具体方法：用红外线测温仪测疏水总门阀盖（无保温点处）进行多点检测管壁温度，通过红外线测温仪显示的最高点值，从而判断暖管程度。

b. 当供热管网系统的预热及投运工作结束后，可进行热网管道的测温工作，从厂内供汽母管开始，逐渐向热用户方向推进。当红外线测温仪所测温度最高点显示达 150℃ 以上且疏水门无水排出时，可关闭该处疏水门，进行下一疏水点的检测。

c. 在暖管过程中根据暖管情况可适当提高供热母管压力，以确保热网管线末端疏水效果。

d. 当检测到管路上最末端所剩余的两处疏水门时，虽然温度达到150℃，但仍应保持疏水门全开，以防止在蒸汽未疏通的情况下管壁温度下降。

e. 待管路上最后一个疏水点疏水总门阀盖温度达150℃，提升供热母管压力至正常工作压力或根据热用户要求的压力。

f. 联系热用户开始向其送汽，随着蒸汽流量的升高，应密切注意供热母管压力、温度、流量变化，当供汽参数正常后投入压力、温度自动，并注意观察温度及压力自动调节应正常，控制蒸汽参数在客户端的要求范围内。

g. 待客户端供汽正常后，关闭管路末端所剩余的两处启动疏水门。

2）热网投入注意事项。

a. 热网供热管预热、暖管、疏水过程中应特别注意管道膨胀补偿情况，注意检查各滑动支撑、弹簧支撑是否有卡涩，固定支撑连接处是否松动，补偿器是否工作正常，防止管道由于应力过大而造成损坏。

b. 提升压力时应特别注意防止热网蒸汽管道水击、振动，当蒸汽管道出现明显水击、振动时，应停止升压，延长暖管时间。

c. 减温减压器后蒸汽参数达到正常工作参数时，应注意减压调节阀及减温水调节阀动作情况应正常。如参数超过正常工作参数时自动调节不正常，注意检查其自动调节设定值是否正确；若自动调节设定值正确，应迅速退出自动调节，改为手动调整，将蒸汽参数控制在正常范围内，并联系热工人员检查。

d．因热网管线长度原因，开大减压调节阀提升压力时管线需要有较长的充压过程，反应很慢，而流量反应快，要以流量变化为主要调整依据。

e．始终保持减温减压器前后的蒸汽温升速度控制在 5℃/min 内。

f．备用高汽减温减压供热机组必须保持在热备用状态，确保随时可以投入运行，并注意出口温度在允许范围内。

g．供热投入过程要注意机组各参数的变化，如负荷、主汽压力、温度、轴向位移、差胀、各轴承温度等，及时调整参数正常，发现参数异常应暂停操作，查明原因并处理后再继续操作，如影响机组安全时应立即退出供热运行。

h．热网投运后，加强凝汽器的补水。

（3）运行调整过程中的注意事项。

1）如单台或两台机组同时供热，在倒换供热方式时严禁同时调整机组电负荷；倒换供热方式过程中应将供热母管压力适当降低后，再缓慢进行供热方式倒换，倒换过程尽量维持供热参数稳定。

2）一台机组停运后，另一台机高汽供热高汽减压调后温度应控制在要求温度以下，DCS 画面供热母管温度不作为供热参数调整依据，该供热方式以运行机组高压供汽减压调后压力、温度为准，供热投入管网压力、温度为参考。

3）机组在抽汽供热运行工况下跳闸，检查旋转隔板、抽汽逆止阀、快关阀、抽汽电动隔离门应联关。

4）如停运高汽供热段管道压力持续升高，应打开高压供汽减压前放，稍开高压供汽减压调，进行管道泄压。

5）运行中应加强参数监视，并特别注意流量的变化，及时调整出口压力，保持流量稳定。正常运行中，高汽供热减温减压器减温水调节阀及减压调节阀投入自动调节，根据热用户要求参数及管线的压降、温降，设定出口参数，保持减温减压器出口蒸汽参数满足热用户的需求。

6）正常运行时认真监视供热参数，因供热流量变化大或机组参数不稳定造成自动调节跟踪不及或自动退出时应立即手动调节参数至正常，待供热流量稳定或机组参数稳定后再投入自动调节。

7）当接到热用户通知，要求大幅度增减蒸汽用量时，应注意减温减压器或抽汽回路自动调节情况。当蒸汽流量大幅度变化造成减温减压器出口或抽汽回路与客户端入口蒸汽参数发生变化时，应根据温差、压差变化情况重新设定供热参数的自动调节设定值，始终保持客户端蒸汽进口参数满足客户要求。

8）一台机组高汽供热减温水调节阀及减压调节阀故障无法正常调节时应立即投运邻机高汽供热。

（二）楼宇型分布式能源供热（冷）调节

分布式能源（楼宇型）供热（冷）系统能够提供用户需求的工业蒸汽、采暖热水、空调冷水和生活热水。

1. 供热（冷）系统分类

（1）根据媒介分类，可分为热（冷）水和蒸汽系统，以热（冷）水系统为主。

（2）根据供热（冷）管道数量分类，可分为单管制、双管制和多管制系统，以双管制和四管制为主。

（3）根据热（冷）源类型分类，可分为单一源供热（冷）系统和多热（冷）源供热（冷）系统，以多热（冷）源供热（冷）系统为主。

（4）根据系统加压泵设置的数量分类，可分为单一网络循环泵供热（冷）系统和分布式加压泵供热（冷）系统，以分布式加压泵供热（冷）系统为主。

2. 用户与热（冷）水网路的连接方式

用户与分布式能源系统热（冷）水网路的连接方式可分为直接连接和间接连接两种。

（1）直接连接方式是指用户系统直接连接于热（冷）水网路上，热（冷）水网路的水力工况（压力和流量状况）、供热（冷）工况与用户有着密切的联系；直接连接主要有无混合装置的直接连接、装水喷射器的直接连接和装混合水泵的直接连接。分布式能源系统蓄能技术接入网路属于直接连接方式的范畴，采用蓄能技术能搞较好地解决能源的延时性调节问题，提高能源系统的容错能力。蓄能技术主要包括蓄热、蓄冷和蓄能三类。蓄热包括相变蓄热、热水、热油和蒸汽等多种方式。蓄冷包括冰蓄冷和水蓄冷等方式。蓄能包括机械蓄能、水蓄能等多种方式。分布式能源系统蓄能多采用蓄冷和蓄能技术，在用户低负荷时段，将系统供用户使用后多余的余热利用蓄能罐蓄冷或蓄能，在用户高负荷时段释放出去供用户使用，在提高机组利用小时的同时降低投资，减少资源浪费和设备闲置。

（2）间接连接方式是在用户侧设置表面式水-水换热器，用户系统与分布式能源系统热（冷）水网路被表面式水-水换热器隔离，形成两个独立的系统，用户与网路之间的水力工况互不影响。

分布式供热（冷）系统夏季制冷和冬季采暖系统多采用直接连接方式，一般采用无混合装置的直接连接，直接进入用户侧风机盘管，供用户使用；分布式供热（冷）系统中生活热水供应一般采用间接连接方式。

3. 供热（冷）系统调节方式

分布式能源供热（冷）系统的调节方式分为四种，分别是质调节、量调节、分阶段改变流量的质调节和间歇调节。

（1）质调节。就是通过调节供回水温度来改变用户的室内温度，供水系统的流量保持不变。

（2）量调节。就是调节供回水流量来满足用户的用能需求，而不改变供水系统温度。

（3）分阶段改变流量的质调节。就是根据天气和实际情况，把冷热周期分为几个阶段，每一个阶段的供水流量都不一样，但在每一个阶段内，供水流量保持不变，通过调整供回水温度进行调节。

（4）间歇调节。就是在流量和供回水温度不变的情况下，根据室外温度和实际情况，对供冷热时间进行控制。

分布式能源系统供热（冷）调节主要采用的是分阶段改变流量的质调节；根据用户的实际情况，其他三种调节方式也间或采用。

第二节 供热系统的试验、调试、投入与退出

一、供热系统试验

（一）水压试验

水压试压的目的是检查管路系统的机械强度和严密性。供热管网在新安装后或大修前或供暖前，以水为介质对供热管网进行的强度和严密性压力试验，称为水压试验。所选用的压力称为试验压力（p_s）。一般试验压力分为强度试验压力和严密性试验压力。强度试验压力：1.5 倍工作压力；严密性试验压力：1.25 倍工作压力。

（1）试验应具备的条件及要求：

1）管道安装完毕，热处理和无损检验合格后，应进行压力试验。

2）试验范围内的管道安装工程除涂漆和绝热外，已按设计图纸全部完成，安装质量符合有关规定。

3）焊缝及其他部位尚未涂漆和绝热。室内采暖系统安装完毕后，管道保温之前进行水压试验。

4）管道上的膨胀节已设置了临时约束装置。

5）试验用压力表已经校验，并在周验期内，其精度不得低于 1.5 级，表的满刻度值应为被测最大压力的 1.5～2 倍，压力表不得少于两块。

6）符合压力试验要求的液体或气体已经备齐。

7）按试验的要求，管道已经加固。

8）待试管道与无关系统已用盲板或采取其他措施隔开。

9）待试管道上的安全阀、爆破板及仪表原件等已经拆下或加以隔离。

10）试验应使用洁净水，奥氏体不锈钢管道或对连有奥氏体不锈钢管道或设备的管道进行试验时，水中氯离子含量不得超过 25mg/L。

11）试验应缓慢注水升压，注水时应排尽空气。

12）试验时，环境温度不宜低于 5℃，当环境温度低于 5℃时，应采取防冻措施。

13）试验，应测量试验温度，严禁材料试验温度接近脆性转变温度。

14）强度试验压力时，承受内压的地上钢管道及有色金属管道的试验压力应为设计压力的 1.5 倍；埋地管道的试验压力应为设计压力的 1.5 倍，且不得低于 0.4MPa。

15）当管道与设备作为一个系统进行试验，管道的试验压力不大于设备的试验压力时，应按管道的试验压力进行试验；当管道试验压力大于设备的试验压力，且设备的试验压力不低于管道设计压力的 1.5 倍时，经建设单位同意，可按设备的试验压力进行试验。

16）当管道的设计温度高于试验温度时，试验压力应按式（3-5）计算，即

$$p_s=1.5[\sigma]_1/[\sigma]_2 \qquad (3-5)$$

式中　p_s——试验压力（表压），MPa；

　　$[\sigma]_1$——试验温度下，管材的许用应力，MPa；

$[\sigma]_2$——设计温度下，管材的许用应力，MPa。

当$[\sigma]_1/[\sigma]_2$大于 6.5 时，取 6.5。

17）在 p_s 试验温度下，产生超过屈服强度的应力时，应将试验压力降至不超过屈服强度时的最大压力。

18）对位差较大的管道，应将试验介质的静压计入试验压力中。液体管道的试验压力应以最高点的压力为准，但最低点的压力不得超过管道组成件的承受力。

19）液压试验应缓慢升压，升压速度不超 0.01～0.02MPa/min。

20）试验结束后，应及时拆除盲板、膨胀节限位设施，排尽积液。排液时应防止形成负压并不得随地排放。

21）当试验过程中发现泄漏时不得带压处理。消除缺陷后，重新进行试验。

22）试验结束后，应及时拆除试验用临时加固装置，排尽管内积水；排水时应防止形成负压，严禁随地排放，防止环境污染发生。

23）新安装供热管网，建设单位应参加压力试验。

24）压力试验合格后，应做好系统压力试验记录。

25）热力站、中继泵站内的管道和设备投运前均应进行水压试验。

（2）水压试验可以整个系统进行，也可分段进行，具体试验压力要求如下：

1）蒸汽管道、与外网连接的一次水管道为 1.5 倍设计压力，凝结水管道试验压力标准同站内的蒸汽管道，但不低于 0.7MPa。

2）生活热水管道为 1.25～1.5 倍的设计压力，但不低于 0.7MPa。

（3）对热用户内部系统试压要求如下：

1）间接连接的采暖系统，按采暖系统设计工作压力的 1.25 倍试压，但不小于 0.5MPa。

2）与高温水网直接连接的采暖系统，试验压力为 0.9MPa。

3）与低温水网（小于 100℃）直接连接的采暖系统，按采暖系统设计工作压力的 1.25 倍试压，但不小于 0.5MPa。

4）室内采暖系统的水压试验压力应符合设计要求。当设计压力未注明的水压试验应符合下列规定：

a. 蒸汽、热水采暖系统，应以系统顶点工作压力加 0.1MPa 作水压试验，同时在系统顶点压力不小于 0.3MPa。

b. 高温热水采暖系统，试验压力应为系统顶点工作压力加 0.4MPa。

c. 使用塑料管及复合管的热水采暖系统，应以系统顶点工作压力加 0.2MPa 做水压试验，同时在系统顶点的试验压力不小于 0.4MPa。

d. 管壳式汽-水换热器。汽侧：1.5 倍蒸汽工作压力；水侧：1.5 倍热水工作压力。

e. 快速式水-水换热器。一次水侧：1.5 倍工作压力；二次水侧：1.5 倍工作压力，但不低于 0.9MPa。

f. 容积式换热器。汽、一次水测：1.5 倍工作压力；生活热水测：1.25 倍工作压力，但不低于 0.7MPa。

g. 闭式凝结水箱：1.25 倍工作压力，但不低于 0.5MPa。

h. 分气缸、分水器、集水器、除污器同管道试验压力。

i. 开式凝结水箱、储水箱、安全水封等开式设备，只做满水试验，以无渗漏为合格。

j. 其余各类设备按产品出厂说明书试压或根据设备性质确定。

（4）水压试验原则性步骤：

1）试验方案已经批准，并进行了技术交底。

2）全面检查水压试验措施完备、外观无异常，管网系统所有放水门、排气门、排污门、预留门关闭。

3）确定各岗位人员及设备均已到位，至少两人以上负责监视压力变化，并做好记录。

4）启动补水系统正常，系统管网缓慢注水，开启空气门直至系统满水。

5）全面检查系统无漏泄后缓慢升压，控制升压速度直至达到试验压力。

6）启动热网循环水泵运行，直至工作压力状态下稳定运行。

7）系统冷循环 2h 以上，全面检查系统内有无漏泄，方可进行系统水压试验。

8）缓慢提升系统压力至试验压力，进行系统打压。

9）重点检查供水管道的焊口、支吊架、补偿器等处有无漏水现象。

10）全面检查符合水压试验合格标准，填写试验记录，水压试验结束。

（5）水压试验合格标准。压力试验方法和合格判定应符合表 3-3 的规定。

表 3-3 水压试验的检验内容与检验方法

序号	项目	试验方法及质量标准		检验范围
1	强度试验	升压到试验压力稳压 10min 无渗漏、无降压后降至设计压力，稳压 30min 无渗漏、无压降为合格		每个试验段
2	严密性试验	升压至试验压力，并趋于稳定后，应详细检查管道、焊缝、管路附件及设备等无渗漏，固定支架无明显的变形等		全段
		一级管网及站内	稳压在 1h 内压降不大于 0.05MPa，为合格	
		二级管网	稳压在 30min 内压降不大于 0.05MPa，为合格	

（6）安全注意事项。

1）当进行压力试验时，应划定禁区，无关人员不得进入。

2）水压试验全过程均应有各专业人员在岗，以确保设备运行的安全。

3）参加试运的所有工作人员应严格执行安规及现场有关安全规定，确保试运工作安全可靠地进行。

4）如在试运过程中可能或已经发生设备损坏、人身伤亡等情况，应立即停止试验工作。

5）设专人监视好供回水压力变化，系统打压过程中严密监视好供回水压力变化，不得超压。

6）提高系统压力时要缓慢操作，防止发生管道振动，控制供水压力升高速度为 0.01～0.02MPa/min。

7）试验压力表应校验精度不低于 1.5 级，表的满量程应达到试验压力的 1.5～2 倍，数量不得小于 2 块。

8）试运过程中防止跑水，防止水淹设备，排污泵应具备运行条件。

9）保证一级网打压前系统冷循环 2h 以上。

10）当运行管道与试压管道之间的温差大于 100℃时，应采取相应的措施，确保运行管道和试压管道的安全。

11）对高差较大的管道，应将试验介质的静压计入试验压力中；热水管道的试验压力应为最高点的压力，但最低点的压力不得超过管道及设备的承受压力。

12）当试验过程中发现渗漏时，严禁带压处理，必须消除缺陷后，应重新进行试验。

（二）水泵启停试验

水泵启停试验是新安装泵投入运行前，水泵大修后或长时间备用状态时应进行的启停操作试验，目的就是为了保证水泵的正常运行和备用的质量，以切实满足系统水泵正常工作的需要。

1. 条件及要求

（1）严格按照水泵启停试验方案和安规去执行。

（2）参加调试人员应有明确的分工，对参加的人员进行安全和技术交底。

（3）水泵试验操作必须保持至少两人，一人操作，一人监护。

（4）水泵电动机安装完毕，电动机温度，轴承温度传输电缆铺设好，显示正常。

（5）水泵动力电缆敷设好，电动机外壳接地良好。

（6）水泵安装完毕，进出口管路阀门连接完毕，系统封闭。

（7）水泵进、出口门调试完毕。

（8）水泵出、入口压力表安装完毕。

（9）水泵变频装置安装完毕，变频装置动力电缆敷设完。

（10）水泵电动机工频位空试正常。

（11）水泵电动机变频位空试正常。

（12）水泵就地事故按钮安装完毕，试验好用。

（13）水泵盘车应灵活、正常。

（14）安全、保护装置应灵敏、可靠。

（15）泵测绝缘合格后，送电源。

（16）水泵体注水排净空气，入口门全开。

（17）系统充水完毕，并排净空气，回水压力在 0.2MPa 以上。

（18）泵轴承油位正常，润滑油的质量、数量应符合设备技术文件的规定。

（19）试运时间，正常试运应不少于 30min；新安装水泵应不少于 8h。

（20）认真执行好试运方案。

（21）执行好操作票及操作监护制度。

（22）试运过程中，如发现异常，应立即停止试运，查明原因后，方可继续进行。

（23）启动前，泵的进口阀门应完全开启，出口阀门应完全关闭。

（24）水泵应在水泵出口阀门关闭的状态下启动，水泵出口阀门前压力表显示的压力应符合水泵的最高扬程。

（25）对于变频水泵，要求变频和工频两种状态均要做启停试验。

2. 步骤

（1）水泵启停试验方案已经批准，并进行了技术交底。

（2）全面检查系统及水泵运行正常，备用泵内注满水、各冷却水投入，轴承油质合格，油位正常。

（3）检查联锁保护系统正常，并解除运行状态。

（4）确定各岗位人员均已到位，并通信畅通。

（5）至少两人以上负责监视试验水泵变化，并做好记录。

（6）启动试验水泵运行，检查泵的转向正确，声音正常，电流、电压正常。

（7）确认系统及设备运行正常，手按事故按钮，事故报警正常发出，运行泵跳闸，电流回零，重新复位事故按钮。

（8）启动水泵，开启水泵出口门。

（9）检查试验泵出口压力、系统参数正常，注意系统参数变化。

（10）调整变频转数，水泵电流和系统压力变化正常。

（11）恢复水泵正常运行至少 30min 以上，监视检查运行声音、气味及各部温度、振动情况。

（12）全面检查水泵运行状况及参数正常后，停止试验泵电流回零，惰走正常。

（13）水泵试验结束，恢复设备正常状态。

（14）做好水泵试验记录。

3．合格标准

（1）水泵电动机所带的泵空载电流正常，负载电流不超过规定值。

（2）逐渐开启水泵出口阀门后，水泵的扬程与设计选定的扬程应接近或相同。

（3）电动机、各瓦温，以及冷却水稳定正常。

（4）泵体、电动机及各瓦震动值符合要求。

（5）各密封部位不渗漏。

（6）轴承不漏油，不甩油。

（7）各紧固连接部位不应松动，水泵运行无异常声音和气味。

（8）停止试验泵运行后电流回零，转子静止。

（9）水泵振动应符合设备技术文件的规定，设备文件未规定时，可采用手提式振动仪测量泵的径向振幅（双向），其值不应大于表 3-4 的规定。

表 3-4　　　　　　　　　　　泵的径向振幅（双向）

转速 n（r/min）	600＜n≤850	750＜n≤1000	1000＜n≤1500	1500＜n≤3000
振幅（mm）	0.12	0.10	0.08	0.06

4．安全注意事项

（1）设专人监视检查水泵、电动机、各瓦温及振动运行状况，泵的出、入口压力变化。

（2）设备合闸时，现场除操作相关人员外，其他人员撤出现场。

（3）设备启动时，现场人员禁止在设备转动方向站立和行走。

（4）电动机没有和机械部分连接前，应单独试转，检查转动方向是否正确，事故按钮是否好用。

（5）带机械部分试转前，先盘动联轴器，检查机械有无异常。

（6）水泵第一次启动达到全速后，即用事故按钮停止，观察轴承和转动部分，确认无异常方可启动试验。

（7）试运前应对系统和设备进行最后全面检查，确认无误后，才能进行正式水泵启停试验操作。

（8）水泵启动后开启出口门时要缓慢，保持压力稳定在要求范围内，防止超压，注意检查系统有无泄露。

（9）试验过程中发生设备异常损坏及威胁人身安全事件，应立即停止试验工作，并分析处理好后方可进行。

（10）试验结束水泵停止后，注意检查泵不倒转，否则关闭其出口门。

（三）电动阀门开关试验

电动阀门开关试验是新安装阀门投入使用前，阀门大修后或长时间未操作时应进行的开关操作试验，目的就是为了确证阀门开关操作灵活、关闭严密、指示准确，保证供热措施安全可靠和应急故障隔离及时的需要。

1. 条件及要求

（1）阀门所在的管路安装完毕。

（2）电动门电动机安装就位。

（3）电动门动力电缆铺设完成。

（4）电动门控制电缆铺设完成。

（5）电动门限位调试完成。

（6）机械机构和驱动头安装良好。

（7）现场检查电动门附近无影响运行杂物、人员。

（8）阀门电动机测绝缘合格，送电完毕。

（9）要求电动阀门的各项操作功能全部试验并合格。

2. 步骤

（1）电动阀门开关试验方案已经批准，并进行了技术交底。

（2）确定各岗位人员均已到位，并通信畅通。

（3）至少两人以上负责监视试验阀门指示和变化，并做好记录。

（4）首先要手动操作阀门开关，确证机械开关灵活，无卡涩。

（5）全面检查试验电动门外观及关联系统正常，电动门送电。

（6）送电后检查红绿灯（显示）齐全，指示正确。

（7）分别操作就地或远程开关，进行开关试验观察并记录。

（8）电动阀门试验合格，恢复正常状态，试验结束。

（9）调试过程中发现异常，应立即停止调试，查明原因，处理完毕后，方可继续进行。

3. 合格标准

（1）阀门开关灵活，无异常振动、声音、气味、卡涩等现象。

（2）电动行程、上余行程和下余行程符合要求。

（3）电动机构上、下限位开关动作正常。

（4）阀门机械行程全开、全关到位，指示准确。

（5）开关过程中，室内、外开度和方向一致。

（6）阀门开关红、绿灯指示正确。

4. 安全注意事项

（1）电动阀门电动机送电前，必须测绝缘合格。

（2）严格执行好操作监护制度，防止设备损坏和人身伤害发生。

（3）做好安全隔离措施，避免阀门开关对系统运行的影响。

（四）联动及保护试验

联动及保护试验是为了供热系统和设备运行出现异常时，联动及保护系统能够动作灵活可靠，避免酿成人身及设备安全事故，扩大供热影响和损失。

1. 联动及保护试验一般条件及要求

（1）设备所有试验项目均应严格执行试验的技术和安全有关规定。

（2）系统或设备大、小修后，重新启动或认定必要时，可以进行试验。

（3）通知与试验有关的运行、电控、检修及相关技术人员参加，做好有关岗位联系工作。

（4）试验前应确认所试验项目的有关条件具备，相关设备试验正常。

（5）应做好局部隔绝措施，不得影响运行设备和系统的安全运行，对试验中可能造成的后果，应做好事故预想。

（6）电气联锁试验应宜冷态进行。要符合逻辑图的有关规定，不得任意修改，否则应经过严格的审批手续。

（7）试验结束，应分析试验结果，填写试验卡，做好系统及设备的恢复工作，校核保护定值正确。

（8）试验期间，若出现其他异常情况，应立即停止试验，直到故障消除后，经批准方能继续进行试验。

2. 联动及保护试验原则性试验步骤

下面介绍比较典型的系统压力保护试验和水泵联动试验的原则性试验步骤。

（1）系统压力保护试验步骤。

1）系统压力保护试验方案已经批准，并进行了技术交底。

2）全面检查压力保护试验系统及设备隔离措施完备、表记和设备启停正常。

3）确定各岗位人员均已到位，并通信畅通。

4）至少两人以上负责监视系统压力变化，并做好记录。

5）确定系统压力正常且运行稳定后，全面记录一次参数。

6）明确掌握保护动作数值，密切监视设备运行状况和压力变化。

7）缓慢调整系统压力，速度不超 $0.01\sim0.02\mathrm{MPa/min}$。

8）系统压力低（或高一值）时，系统报警响；系统压力低（或高二值）时，泄压安全阀、循环泵等对应设备及时联动或跳闸。

9）确认保护动作系统压力定值、设备联动准确，试验合格，恢复系统正常压力，系统压力保护试验结束。

（2）水泵联动试验。

1）水泵联动试验方案已经批准，并进行了技术交底。

2）全面检查系统及水泵运行正常，备用泵内注满水、各冷却水投入，轴承油质合格，油位正常。

3）检查联锁保护系统正常，并投入运行状态。

4）确定各岗位人员均已到位，并通信畅通。

5）至少两人以上负责监视系统参数及水泵变化，并做好记录。

6）确认系统及设备运行正常，手按事故按钮，事故报警正常发出，运行泵跳闸，电流回零，备用泵联锁启动运行。

7）检查跳闸泵不倒转，否则关闭其出口门。

8）检查运行泵正常，注意系统参数变化。

9）确认运行泵跳闸，备用泵启动及时正确后，试验合格，恢复系统设备正常状态，水泵联动试验结束。

（3）联动及保护试验合格标准。

1）保护定值合理正确，偏差在允许范围内。

2）设备跳闸或启动及时，偏差在允许范围内。

（4）联动及保护试验安全注意事项。

1）做好安全防范措施，防止设备和人身伤害发生。

2）做好安全隔离措施，避免试验过程对系统运行的影响。

二、供热系统调试

（一）蒸汽供热管网的吹扫

蒸汽供热管网在试压合格后，为检查管道的安装质量、支架安装是否按设计的要求、根据吹扫情况进行支架的调整、基本掌握管道膨胀方向、位移，以及吹掉管道内的杂物，在正式运行前必须进行吹扫。吹扫的顺序一般按主管、支管、疏排管依次进行。

1. 吹扫试验应具备的条件

（1）应编制试验方案，并经监理（建设）单位和设计单位审查同意。

（2）吹扫系统与其他系统安全可靠隔离。

（3）已办理好相关工作票。

（4）现场已划定安全区，设置警示标志，现场专人巡视看守，禁止无关人员进入吹扫区。

（5）吹扫试验用的压力表已备好且已被校验，精度不低于 1.5 级，表的量程应达到试验压力的 1.5～2 倍，数量不得少于 2 块。试验用的压力表应安装在试验系统始端和试验系统末端。

（6）吹扫管线所有管道、管件、阀门安装结束，焊缝质量检验合格（外观和无损探伤）。

（7）安全阀、爆破片及仪表组件等已拆除或已加设盲板隔离。加设的盲板处应有明显的标记并做记录，且安全阀应处在全开状态。

（8）管道的各种支架（座）吹扫已安装调整完毕，回填土已满足设计要求。

（9）管道保温完好，检验合格。管道沿线滑动支架、导向支架、补偿器等有受热位移量的设备已做好零位标记。

（10）蒸汽吹扫汽源符合管道蒸汽吹扫要求：供汽压力不小于 1.0MPa（但不应大于管道工作压力的 75%），供汽量不能太小（通常蒸汽吹扫时管内蒸汽流量使用额定值的 50%～70%），吹扫流速不小于 30m/s，汽源稳定。

（11）末端排汽管口已加装临时固定装置并与水平成 30°角左右，向空排汽，经设计核算与检查确认安全可靠。

（12）管线末端已准备好排汽阀门和靶板装置。

（13）蒸汽管线吹扫试验已通报当地环保、监检部门。并通知当地企业、群众，尽量避免在群众的休息时间内进行，避开学校上课时间段。

2．吹扫前的准备工作

（1）供热管网在吹扫前，应编制吹扫方案。吹扫方案中应包括吹扫的方法、技术要求、操作及安全措施等内容。

（2）将不宜与系统一起进行吹扫的减压阀、过滤器、疏水器、流量计、计量孔板、调节阀、止回阀及温度计的插管等拆除，并妥善保存，拆下的附件处先接一临时短管，待清洗结束后再将上述附件复位。

（3）将不与管道同时清洗的设备、容器、仪表管等与清洗的管道隔离或拆除。

（4）支架的强度应能承受清洗时的冲击力，必要时经设计同意进行临时性加固。

3．蒸汽管网吹扫应满足的技术要求

（1）蒸汽管道吹扫时，必须划定安全区，设置标志，确保设施及有关人员的安全。其他无关人员严禁进入吹扫区。

（2）蒸汽管网吹扫前，应对吹扫的管段缓慢升温进行暖管，暖管速度宜慢并应及时疏水。暖管过程中，应检查管道热伸长、补偿器、管路附件及设备、管道支撑等有无异常，工作接点正常等，恒温 1h 后进行吹扫。

（3）送汽暖管升温时，应缓开慢启总阀门，勿使蒸汽的流量、压力增加过快。否则，由于压力和流量急剧增加，产生对管道强度所不能承受的温度应力导致管道破坏，且由于蒸汽流量、流速增加过快，系统中的凝结水来不及排出产生水击、振动，造成阀门破坏、支架垮塌、管道跳动、位移等严重事故。同时，由于系统中的凝结水来不及排出，使得管道上半部是蒸汽，下半部是凝结水，在管道断面上产生悬殊温差，导致管道向上拱曲，损害管道结构，破坏保温结构。

（4）蒸汽管道加热完毕后，即可进行吹扫。先将各种吹扫口的阀门全部打开，然后逐渐开大总阀门，增加蒸汽量进行吹扫，蒸汽吹扫的流速不应低于 30m/s，每次吹扫的时间不少于 20min，吹洗的次数为 2～3 次，当吹扫口排出的蒸汽清洁时，可停止吹扫。吹扫完毕后，关闭总阀门，拆除吹扫管，对加热、吹扫过程中出现的问题做妥善处理。

4．质量检验标准

吹扫效果用装于排汽口处的靶板进行检查，长度纵贯管子内径。连续两次更换靶板检查，靶板上冲击斑痕的粒度，斑痕个数，见表3-5。

表3-5 吹扫效果

项 目	质 量 标 准
靶片上痕迹大小	0.6mm 以下
痕深	<0.5mm
粒数	1 个/cm²

（1）吹扫记录。

1）记录管道支架和补偿器位移数据记录，此数据作为技术档案。

2）记录管道吹洗蒸汽参数，即全过程的蒸汽参数、时间、流量。

3）记录吹过程，管道是否存在缺陷，结束后进行消除。

（2）蒸汽供热管网试运行。

试运行应在单位工程验收合格、热源已具备的供热条件下进行。

管网试运行前，应编制试运行方案。试运行方案应由建设单位、设计单位进行审查同意并进行交底。

蒸汽供热管网符合运行条件后，可直接转入正常的供热运行。不需继续运行的，应采取妥善措施加以保护。

蒸汽管网试运行应符合下列要求：

1）试运行前，应进行暖管，暖管合格后，缓缓提高蒸汽管的压力，待管道内蒸汽压力和温度达到设计规定的参数后，恒压时间不宜少于 1h；吹扫应对管道、设备、支架及凝结水系统进一次全面检查。

2）在确认管网的各部位均符合要求后，应对用户系统进行暖管并进行全面检查，确认热用户系统的各部位均符合要求后再缓慢地提高供汽压力并进行适当地调整，供汽参数达到设计要求后即可转入正常的供汽运行。

3）试运行开始后，应每隔 1h 吹扫对补偿器及其他管路附件进行检查，并应做好记录。

（二）供热管道、换热站清洗

1. 供热管网的清洗相关规定

（1）供热管网的清洗应在试运行前进行，并应符合现行国家标准《工业金属管道工程施工规范》（GB 50235—2010）的相关规定。

（2）清洗方法应根据设计及供热管网的运行要求、介质类别确定。可采用人工清洗、水力冲洗和气体吹洗。当采用人工清洗时，管道的公称直径应大于或等于 DN800；蒸汽管道应采用蒸汽吹洗。

（3）清洗前应编制清洗方案，并应报有关单位审批。方案中应包括清洗方法、技术要求、操作及安全措施等内容。清洗前应进行技术、安全交底。

（4）清洗前应完成下列工作：

1）减压器、疏水器、流量计和流量孔板（或喷嘴）、滤网、调节阀芯、止回阀芯及温度计的插入管等应已拆下并妥善存放，待清洗结束后方可复装。

2）不与管道同时清洗的设备、容器及仪表管等应隔开或拆除。

3）支架的承载力应能承受清洗时的冲击力，必要时应经设计核算。

4）水力冲洗进水管的截面积不得小于被冲洗管截面积的 50%，排水管截面积不得小于进水管截面积。

5）蒸汽吹洗排汽管的管径应按设计计算确定。吹洗口及冲洗箱应已按设计要求加固。

6）设备和容器应有单独的排水口。

7）清洗使用的其他装置已安装完成，并应经检查合格。

（5）人工清洗应符合下列规定：

1）钢管安装前应进行人工清洗，管内不得有浮锈等杂物；

2）钢管安装完成后、设备安装前应进行人工清洗，管内不得有焊渣等杂物，并应验收合格；

3）人工清洗过程应有保证安全的措施。

（6）水力冲洗应符合下列规定：

1）冲洗应按主干线、支干线、支线分别进行。二级管网应单独进行冲洗。冲洗前先应充满水并浸泡管道。冲洗水流方向应与设计的介质流向一致。

2）清洗过程中管道中的脏物不得进入设备，已冲洗合格的管道不得被污染。

3）冲洗应连续进行，冲洗时的管内平均流速不应小于 lm/s；排水时，管内不得形成负压。

4）冲洗水量不能满足要求时，宜采用密闭循环的水力冲洗方式。循环水冲洗时管道内流速应达到或接近管道正常运行时的流速。在循环冲洗后的水质不合格时，应更换循环水继续进行冲洗，并达到合格。

5）水力冲洗应以排水水样中固形物的含量接近或等于冲洗用水中固形物的含量为合格。

6）水力清洗结束后应打开排水阀门排污，合格后应对排污管、除污器等装置进行人工清洗。

7）排放的污水不得随意排放，不得污染环境。

（7）蒸汽吹洗时必须划定安全区，并设置标志。在整个吹洗作业过程中，应有专人值守。

（8）蒸汽吹洗应符合下列规定：

1）吹洗前应缓慢升温进行暖管，暖管速度不宜过快，并应及时疏水。检查管道热伸长、补偿器、管路附件及设备等工作情况，恒温 lh 后再进行吹洗。

2）吹洗使用的蒸汽压力和流量应按设计计算确定。吹洗压力不应大于管道工作压力的 75%。

3）吹洗次数应为 2～3 次，每次的间隔时间宜 20～30min。

4）蒸汽吹洗应以出口蒸汽无污物为合格。

（9）空气吹洗适用于管径小于 DN300 的热水管道。

（10）供热管网清洗合格后应填写清洗检验记录。

2. 供热管道清洗要求

（1）预先制定清洗方案。

（2）管道及相关设施清洗前达到以下要求：

1）所有固定支架安装、浇筑完成，钢筋混凝土已到凝固期并达到设计强度；

2）补偿器按设计要求安装完毕；

3）泄水、排气、连通安装完毕；

4）各分支阀安装完毕；

5）各焊缝的探伤已经按规范进行并达到合格要求，各标段管网试压已经完成，各焊口、固定支架保温已做好；

6）所有管网已经回填夯实，检查井已砌筑完成，混凝土盖板、井圈井盖已安装就位；

7）清洗区域管网上的检查、维修，人员已安排就位，编定班次，分工明确；

8）各种必要的工具、用具、设备（电焊机、管钳、扳手、排污泵及临时电源灯）已准备齐全。

（3）换热站及相关设施清洗前达到以下要求：

1）一次网与换热站已经接通，各种控制阀、关断阀已安装就绪；

2）站内压力表、温度计、泄水、旁通阀、排气阀安装完毕；

3）换热站室内通道通畅，安全可靠，正式电源已接通，室外给水连通，排水已接入室外排水管道；

4）各岗位人员均已安排，对各种设备安全运行操作规程已熟悉，班次均安排就绪，职责明确；

5）运行中需要的化学试剂、化验器皿，必要的工具、用具、备品、备件已准备齐全；

6）站内的各种管理制度和岗位责任已制定完成，各种记录表格已印刷完成。

（4）管网及清洗装置清洗前应符合以下要求：

1）把不应与管道同时清洗的设备、容器等与需要清洗的管道隔开；将热量计拆下，用短管连接；

2）排水点应设在管网的低点；

3）在清洗过程中管道中的脏物不得进入设备。

（5）管网的水力清洗应符合下列要求：

1）清洗应按主干线、支干线、用户线的次序分别进行，清洗前应冲水浸泡管道。

2）在清洗用水量可以满足需要时，尽量扩大直接排水清洗的范围。

3）水力冲洗应连续进行并尽量加大管道内的流浪，一般情况下管内的平均流速不应低于 1m/s。

4）当冲洗水量不能满足要求时，宜采用封闭循环的水力冲洗方式，管内流速应达到或接近管道正常运行时的流速。在循环清洗的水质较脏时，应更换循环水继续进行清洗。

5）管网清洗的合格标准：应以排除水的透明度与入口水相同即为合格。

6）供热管网清洗合格后，应填写供热管网清洗记录。

3. 清洗步骤

（1）分段清洗：一次网管网首先采用分段冲洗。

（2）循环冲洗：分段冲洗完毕后，对整个系统进行循环冲洗；水开始循环。

（3）在循环过程中，除污器每十分钟打开排污一次，污物较多可以采取连续排污，同时补水泵一直补水，保证满水运行，直至除污器的排水合格为止。

（4）停止循环泵，关闭管网分段阀，将各段泄水阀打开，把管网中的水排尽，清洗泄水阀后将其关严。

（5）除污器拆开，清除网内的脏物和垃圾，把除污器清洗干净，按照原来的状态装好。

4. 单位工程验收

（1）供热管网工程的单位工程验收，应在分项工程、分部工程验收合格后进行。

（2）单位工程完工后，施工单位应自行组织有关人员进行检查评定，并应提交工程验收报告。

（3）单位工程质量验收合格应符合下列规定：

1）单位工程所含各分部工程的质量应验收合格；

2）质量控制资料应完整；

3）单位工程所含各分部工程有关安全和功能的检测资料应完整；

4）主要项目的抽查合格；

5）工程外观应符合观感质量验收要求。

（4）单位工程验收包括下列主要项目：

1）承重和受力结构；

2）结构防水效果；

3）管道、补偿器和其他管路附件；

4）支架；

5）焊接；

6）防腐和保温；

7）爬梯、平台；

8）热机设备、电气和自控设备；

9）隔振和降噪设施；

10）标准和非标准设备。

（5）单位工程验收合格后应签署验收文件。

5. 试运行

（1）试运行应在单位工程验收合格，热源具备供热条件后进行。

（2）试运行前应编制试运行方案。在环境温度低于5℃进行试运行时，应制定防冻措施。试运行方案应线管部门审查同意，并应进行技术交底。

（3）试运行应符合下列要求：

1）供热管线工程宜与热力站工程联合进行试运行。

2）试运行应有完善可靠的通信系统及安全保障措施。

3）在试运行应在设计的参数下运行。试运行的时间应在达到试运行的参数条件下连续运行72h。试运行应缓慢升温，升温速度不得大于10℃/h，在低温试运行期间，应对管道、设备进行全面检查，支架的工作状况应作重点检查。在低温试运行正常以后，方可缓慢升温至试运行温度下运行。

4）在试运行期间管道法兰、阀门、补偿器及仪表等处的螺栓应进行热拧紧。热拧紧时的运行压力应降低至 0.3MPa 以下。

5）试运行期间应观察管道、设备的工作状态，并应运行正常。试运行应完成各项检查，并应做好试运行记录。

6）试运行期间出现不影响整体试运行安全的问题，可待试运行结束后处理；当出现需要立即解决的问题时，应先停止试行，然后进行处理。问题处理完后，应重新进行 72h 试运行。

7）试运行完成后应对运行资料、记录等进行整理，并应存档。

（4）蒸汽管网工程的试运行应带热负荷进行，试运行前应进行暖管，暖管合格后方可略开启阀门，缓慢提高蒸汽管的压力。待管道内蒸汽压力和温度达到设计规定的参数后，保持恒温时间不宜少于 1h。试运行期间应对管道、设备、支架及凝结水疏水系统进行全面检查确认管网各部位符合要求后，应对用户用汽系统进行暖管和各部位的检查，确认合格后，再缓慢提高供汽压力，供汽参数达到运行参数，试运行合格后转入正常的供热运行。

（5）热力站试运行前应符合下列规定：

1）供热管网与热用户系统应已具备试运行条件。

2）热力站内所有系统和设备应已验收合格。

3）热力站内的管道和设备的水压试验及冲洗应已合格。

4）软化水系统经调试应已合格后，并向补给水箱中注软化水。

5）水泵试运转应已合格，并应符合下列规定：

a．各紧固连接部位不应松动；

b．润滑油的质量、数量应符合设备技术文件的规定；

c．安全、保护装置应灵敏、可靠；

d．盘车应灵活、正常；

e．启动前，泵的进口阀门应完全开启，出口阀门应完全关闭；

f．水泵在启动前应与管网连通，水泵应充满水并排净空气；

g．水泵应在水泵出口阀门关闭的状态下启动，水泵出口阀门前压力表显示的压力应符合水泵的最高扬程，水泵和电动机应无异常情况；

h．逐渐开启水泵出口阀门，流入水泵的扬程与设计选定的扬程应接近或相同，水泵和电动机应无异常情况；

i．水泵振动应符合设备技术文件的规定，设备文件未规定时，可采用手提式振动仪测量泵的径向振幅（双向），其值不应大于相关规定。

6）应组织做好用户试运行准备工作。

7）当换热器为板式换热器时，两侧应同步逐渐升压直至工作压力。

（6）热水管网和热力站试运行应符合下列规定：

1）试运行前应确认关闭全部泄水阀门；

2）排气充水，水满后应关闭放气阀门；

3）全线水满后应再次逐个进行放气并确认管内无气体后，关闭放气阀；

4）试运行开始后，每隔 1h 应对补偿器及其他设备和管路附件等进行检查；

5）试运行合格后应填写试运行记录；

6）试运行完成后应进行工程移交，并应签署工程移交文件。

三、供热系统投入与退出

（一）采暖供热系统的投入与退出

在大中城市和集中工业区内的供热系统，一般设置专门的管理机构——热力公司来进行运行管理，较小的供热系统，可由热源部门（热电厂或锅炉房）兼管。

运行部门的主要任务是保证热力网的可靠运行，不间断地向用户供应所需的热量，采用最有效的供热，不断改进供热系统的运行技术经济指标。

运行部门的具体任务是维护、检修热力网设备，调整供热系统；编制供热系统运行计划，监督热量的合理利用，协助热用户调整用热系统；计算各热用户的用热量，参与城市供热远景发展规划工作，参加新建热力网的设计工作并配合实现与原有热力网的连接工作；进行热力网施工的技术检查。

1. 运行维护管理

一般规定：

（1）供热系统的运行维护管理应制定相应的管理制度、岗位责任制、安全操作规程、设施和设备维护保养手册及事故应急预案，并应定期进行修订。

（2）运行管理、操作和维护人员应掌握供热系统运行、维护的技术指标及要求。

（3）运行管理、操作和维护人员应定期培训。

（4）供热系统的运行维护管理应具备下列图表：

1）热源厂：热力系统和设备布置平面图、供电系统图、控制系统图及运行参数调节曲线等图表；

2）供热管网：供热管网平面图和供热系统运行水压图等图表；

3）换热站：站内热力系统和设备布置平面图、供热管网平面图及水压图、温度调节曲线图、供电系统图、控制系统图等图表。

（5）热源厂、换热站、泵站应配置相应的实时在线监测装置。

（6）能源消耗应进行计量，材料使用应进行登记。对各项生产指标应进行统计、核算、分析。

2. 运行维护安全

（1）锅炉、压力容器、起重设备等特种设备的安装、运行、维护、检测及鉴定，应符合国家现行有关标准的规定。

（2）检测易燃易爆、有毒有害等物质的装置应进行定期检查和校验，并应按国家有关规定进行检定。

（3）热源厂、泵站、换热站内的各种设备、管道、阀门等应着色、标识。

（4）当设施或设备新投入使用或停运后重新启用时，应对设施或设备、相关附属构筑物、管道、阀门、机械及电气、自控系统等进行全面检查，确认正常后方可投入使用。

（5）对含有易燃易爆、存储有毒有害物质以及有异味、粉尘和环境潮湿的场所应进行强制通风。

（6）锅炉安全阀的整定和校验每年不得少于 1 次。蒸汽锅炉运行期间应每周对安全阀进行 1 次手动排放检查；热水锅炉运行期间应每月对安全阀进行 1 次手动排放检查。

（7）设备启停开关、机电设备外壳接地应保持完好。

（8）设备操作应符合下列规定：

1）非本岗位人员不得操作设备；

2）操作人员在岗期间应穿戴劳动防护用品；

3）在设备转动部位应设置防护罩，当设备启动和运行时，操作人员不得接近转动部位；

4）操作人员在现场启、停设备应按操作规程进行，设备工况稳定后方可离开；

5）起重设备应由专人操作，当吊物下方危险区域有人时不得进行操作；

6）机体温度降至常温后方可对设备进行清洁，且不得擦拭设备运转部位，冲洗水不得溅到电动机、润滑及电缆接头等部位。

（9）用电设备维修前必须断电，并应在电源开关处悬挂维修和禁止合闸的标志牌。

（10）检查室和管沟等有限空间内的运行维护作业应符合下列规定：

1）作业应制定实施方案，作业前必须进行危险气体和温度检测，合格后方可进入现场作业。

2）作业时应进行围挡，并应设置提示和安全标志。当夜间作业时，还应设置警示灯。

3）严禁使用明火照明，照明用电电压不得大于 36V；当在管道内作业时，临时照明用电电压不得大于 24V。当有人员在检查室和管沟内作业时，严禁使用潜水泵等其他用电设备。

4）地面上必须有监护人员，并应与有限空间内的作业人员保持联络畅通。

5）严禁在有限空间内休息。

（11）消防器材的设置应符合消防部门有关法规和国家现行有关标准的规定，并应定期进行检查、更新。

3. 运行维护保养

（1）运行维护人员应按安全操作规程巡视检查设施、设备的运行状况，并应进行记录。

（2）对供热系统应定期按照操作规程和维护保养规定进行维护和保养，并应进行记录。

（3）设施、设备检修和维护保养应符合下列规定：

1）设施、设备维修前应制定维修方案及安全保障措施，修复后应及时组织验收，合格后方可交付使用；

2）设施、设备应保持清洁，对跑、冒、滴、漏、堵等问题应及时处理；

3）设备应定期添加或更换润滑剂，更换出的润滑剂应统一处置；

4）设备连接件应定期进行检查和紧固，对易损件应及时更换；

5）当对机械设备检修时，应符合同轴度、静平衡或动平衡等技术要求。

（4）对构筑物、建筑物的结构及各种阀门、护栏、爬梯、管道、井盖、盖板、支架、栈桥和照明设备等应定期进行检查、维护和维修。

（5）构筑物、建筑物、自控系统等避雷及防爆装置的测试、维修方法及其周期应符合国家现行标准的有关规定。

（6）高低压电气装置、电缆等设施应进行定期检查和检测。对电缆桥架、控制柜（箱）应定期清洁，对电缆沟中的积水应及时排除。

（7）对各类仪器、仪表应定期进行检查和校验。

（8）阀门设施的维护保养应符合下列规定：

1）阀门应定期保养并进行启闭试验，阀门的开启与关闭应有明显的状态标志；

2）对电动阀门的限位开关、手动与电动的联锁装置，应每月检查 1 次；

3）各种阀门应保持无积水，寒冷地区应对室外管道、阀门等采取防冻措施。

4）当运行维护人员发现系统运行异常时，应及时处理、上报，并应进行记录。

4. 经济、环保运行指标

（1）当热用户无特殊要求、无热计量时，民用住宅室温应为 18℃±2℃，热用户室温合格率应达到 98% 以上。

（2）设备完好率应保持在 98% 以上。

（3）故障率应小于 2‰。

（4）热用户报修处理及时率应达到 100%。

（5）锅炉在设计工况下运行时的热效率不宜小于设计值的 95%。

（6）燃煤锅炉实际运行负荷不宜小于额定负荷的 60%。

（7）锅炉的能耗指标应符合下列规定：

1）燃煤锅炉煤耗应小于或等于标煤 48.7kg/GJ，耗电量应小于或等于 5.7kWh/GJ；

2）燃气锅炉标准燃气耗量应小于或等于 32m^3/GJ（低热值 35.588MJ/m^3 计），耗电量应小于或等于 3.5kWh/GJ。

（8）燃煤锅炉炉渣含碳量应小于 12%。

（9）直接连接的供热系统失水率应小于或等于总循环水量的 1.5%，间接连接的供热系统失水率应小于或等于总循环水量的 0.5%，蒸汽供热系统凝结水回收率不宜少于 80%。

（10）烟气排放应符合《锅炉大气污染物排放标准》（GB 13271—2014）的有关规定。

（11）锅炉水质应符合《工业锅炉水质》（GB/T 1576—2008）的有关规定。

（12）噪声应符合《声环境质量标准》（GB 3096—2008）的有关规定。

5. 备品备件

（1）运行维护应配备下列设备、器材：

1）发电机；

2）焊接设备；

3）排水设备；

4）降温设备；

5）照明器材；

6）安全防护器材；

7）起、吊工具等。

（2）运行维护应配备备品备件。备品备件应包括配件性备品、设备性备品和材料性备品。具备下列条件之一的均应属备品备件：

1）工作环境恶劣和故障率高的易损零部件；

2）加工周期较长的易损零部件；

3）不易修复和购买的零部件。

（3）检修用备品备件应符合下列规定：

1）特殊备品备件可提前购置，易耗材料及通用备品备件应按历年耗用量或养护、检修备件定额配备；

2）加工周期较长的备品备件应提前考虑。

（4）备品备件管理应严格按照有关物资管理的规定执行，并应符合下列规定：

1）备品备件应符合国家现行有关产品标准的要求，且应具备合格证书，对重要的备品备件还应具备质量保证书。

2）备品备件的技术性能应满足设计工作参数的要求。

3）除钢管及弯头、变径、三通等管件外，当备品备件存放时间大于1年时，应进行检测，合格后方可使用。受损的备品备件，未经修复、检测不得使用。

6. 监控与调度

（1）一般规定。

1）对供热系统的运行参数，应进行检测、记录和控制。

2）运行参数的检测、控制可手动，也可自动；对常规自动监控仪表，宜以电动单元组合仪表和基地式仪表为主；条件具备时，宜采用计算机自动检测、控制。

3）运行参数的监控系统运行前应进行调试。

4）供热系统运行期间，当热用户无特殊要求时，民用住宅室温不应低于16℃；热用户室温合格率应为97%以上。

5）供热系统运行期间，设备完好率应为98%以上。

6）供热系统运行期间的事故率应低于2‰。

7）供热系统运行期间，用热户报修处理及时率应为100%。

（2）参数检测。

1）供热系统应检测的参数主要有压力、温度、流量及热量等。参数检测的重点是热源、热泵、热力站、热用户以及主干线的重要节点。

2）以热水为供热介质的供热系统，热源出口处应检测、记录：供水温度、回水温度、供水压力、回水压力、供水流量、回水流量、补水流量，有条件的宜检测、记录供热量。

3）以蒸汽为供热介质的供热系统，热源出口处应检测、记录：供汽压力、供汽温度、供汽流量，必要时应检测、记录供热量和凝结水流量。

4）热源出口处应建立运行参数计量站，热量计精度应按国家有关标准确定。

5）供热系统中继泵站，应主要检测、记录：总进、出口压力，每台水泵进、出口压力，总流量，除污器进、出口压力，总进、出口水温，水泵电动机的电流、温升，必要时宜检测系统供热量。

6）热力站参数检测应符合下列规定：

a. 对于简单直接连接方式，应检测供、回水温度，供、回水压力，并宜检测供、回水流量，供热量。

b. 对于混水连接方式，应分别检测一、二级系统的供、回水温度，供、回水压力，供、回水流量以及混水泵的进口压力、温度和流量，并宜检测供热量。

c. 对于有供暖负荷、生活热水负荷的间接连接系统，应分别检测供暖、生活热水的一、二级系统的供、回水温度，供、回水压力和换热器的进、出口压力、温度，并宜检测供、回水流量和供热量。

d．对于蒸汽系统，应检测供汽流量、压力、温度；当有冷凝水回收装置、汽-水换热器时，应分别检测一、二级系统的压力、温度、流量和汽-水换热器的进出口压力、温度及水位，并宜检测凝结水回水流量。

当采用计算机监控时，在热源、调度中心及热力站应检测室外温度。

（3）参数的调节与控制。

1）供热系统实际运行流量应接近设计流量。

2）当系统出现实际运行工况与设计水温调节曲线不符时，应根据修正后的水温调节曲线进行调节；当采用计算机监控时，宜根据动态特性辨识，指导系统运行。

3）当室内供暖系统未采用热计量、未安装温控阀时，二级网系统宜采用定流量（质调）调节；当室内系统采用热计量且安装有温控阀时，二级网系统宜采用变流量（量调）调节。系统变流量时，宜采用不同特性泵组或改变水泵并联台数，或采用变速泵控制流量。为适应调频变速流量控制，系统宜采用双泵系统。

4）在热力站热用户入口或分支管道上应安装调节控制装置以便进行流量调节。

5）系统末端供、回水压差不应小于 0.05MPa。

6）热力网运行控制指标见表 3-6。

表 3-6 热力网运行控制指标

指标名称	分类	单位	指标	指标名称	分类	单位	指标
供热单位供热量	寒冷地区	GJ/m²	0.23～0.35	燃料耗量（热电厂）	寒冷地区	kg/m²	10～15.2
	严寒地区	GJ/m²	0.37～0.50		严寒地区	kg/m²	16～22
供热单位面积耗电量	寒冷地区	kWh/m²	2.0～3.0	燃料耗量（锅炉房）	寒冷地区	kg/m²	12～18
	严寒地区	kWh/m²	2.5～-3.7		严寒地区	kg/m²	19～26
供热系统补水比	一级网	%	<1	管网损失	地上敷设	%	15～20
	二级网	%	<3		管沟敷设	%	15～20
单位面积耗水量	一级网	kg/m²	15～18		直埋敷设	%	10～15
	二级网	kg/m²	30～35	锅炉房耗电指标	循环流化床	kW/GJ	8.3～13.9
供热管网温降	地下敷设	℃/km	0.1		链条炉	kW/GJ	4.2～6.9
	地上敷设	℃/km	0.2	锅炉房用水指标	循环流化床	t/GJ	0.11～0.28
	蒸汽管网	℃/km	10		链条炉	t/GJ	0.11～0.28

（4）计算机自动监控。

1）供热系统从热源、泵站、热力网、热力站至热用户宜采用在线实时计算机控制。

2）根据需要和技术条件，应选择不同级别的计算机监控系统，分别实现下列功能：

a．检测系统参数。

b．调配运行流量。

c．指导运行调节。

d. 诊断系统故障。

e. 健全运行档案。

3）计算机监控宜采用分布式系统。

4）计算机运行管理人员应经专业培训，考核合格后方能上岗。

5）计算机监控系统在停运期间，应实行断电保护。

（5）最佳运行工况的选择。

1）根据供热规划，应对直接连接、混水连接、间接连接等供热系统的运行方式制定阶段性的运行方案。

2）对于多热源、多泵站供热系统，应根据节约能源、保护环境及室外温湿度变化，进行供热量、供水量平衡计算，以及关键部位供、回水压差计算，制定基本热源、调峰热源、中继泵、混水泵等设备的最佳运行方案。

3）多种类型热负荷供热系统应根据不同形式的连接方式，制定不同的运行调节方案。

4）地形高差变化大的供热系统，需要建立不同静压区时，其仪表、设备必须可靠，确保安全运行。

5）大型供热系统应进行可靠性分析，可靠度85%～90%；应制定故障及事故运行方案，当供热系统发生故障时，应按预先制定的故障及事故运行方案进行。

（6）供热系统的运行调度

1）供热系统（热源、热力网、热用户）必须实行统一调度管理，以保证供热系统的安全、稳定、经济、连续运行。

2）供热系统调度中心应配备供热平面图、系统图、水压图、全年热负荷延续图及流量、水温调节曲线表；条件具备时供热系统主要运行参数宜采用电子屏幕瞬时显示。

3）供热系统的运行调度指挥人员应具有较强的供热理论基础知识及较丰富的运行实践经验，并能够判断、处理供热系统可能出现的各种问题。

4）供热系统调度应符合下列规定：

a. 充分发挥供热系统各供热设备的能力，确保正常供热。

b. 保证系统安全、稳定运行和连续供热。

c. 保证各用热单位的供热质量符合相关规定。

d. 结合系统实际情况，合理使用和分配热量。

5）供热系统调度管理的主要工作应包括下列各项：

a. 编制供热系统的运行方案、事故处理方案、负荷调整方案和停运方案。

b. 批准供热系统的运行和停止。

c. 组织供热系统的调整。

d. 指挥供热系统事故的处理，组织分析事故发生的原因，制定提高供热系统安全运行的措施。

e. 参加拟定供热计划和供热系统热负荷增减的审定工作。

f. 参加编制热量分配计划，监视用热计划的执行情况，严格控制按计划指标用热。

g. 对供热系统的远景规划和发展设计提出意见，并参加审核工作，参加系统的监测，通信设备的规划及审核工作。

6）调度室是对热力网运行进行控制管理的指挥监督性机构，一般包括：

a．制订和优化调节工况和供热工况，并监督热源的运行情况。

b．制订和优化供热系统的水力工况和热力工况，并监督其执行情况。

c．对分泵站、中继泵站、干线阀门和分支管阀进行远距离监测和远距离控制。

d．制订排除热力网、热力站运行事故的行动计划。

7．热源的运行维护

热源也称为首站，由汽轮机抽汽系统、循环系统、加热系统、疏水系统、除污系统、补水系统及热工仪表系统组成。首站根据需求可以安装尖峰供热系统，储热系统及热水锅炉等。

热电联产过程是在热化循环基础上进行的，在锅炉内产生的高温高压蒸汽在汽轮机内膨胀做功并带动发电机发电，汽轮机抽汽形成热源引入首站加热器加热一级管网循环水（抽汽的方式有抽汽凝汽式、抽汽背压式、背压式等多种），蒸汽在加热器内凝结，放出汽化潜热后由凝结水泵打回锅炉，一级管网回水进入首站，经过除污系统由首站循环水泵产生一级管网水循环，一级管网循环水进入加热器吸收热能升温后进入一级管网供水管路，向各个换热站输送热能，一级管网失水由补水系统补充并稳定一级管网回水压力。集中供热也可以多个热源联网供热。

热源的工作目的是向供热管网提供热能，达到热能供给与集中供热区域热用户热能需求平衡。

热源调节由供热调度监控，由电厂值长指令热电厂运行人员调节。热源调节与一级管网调节同步进行。

8．供热管网启停及正常维护

（1）一般规定。

1）热力网运行管理部门应设有：热力网平面图、热力网运行水压图、供热调节曲线图表。

2）热力网的运行、调节应严格按调度指令进行。

3）热力网运行管理人员应熟悉管辖范围内管道的分布情况及主要设备和附件的现场位置，掌握各种管道、设备及附件等的作用、性能、构造及操作方法。

4）热力网运行人员必须经安全技术培训，并经考核合格，方可独立上岗。

5）热力网检查井及地沟的临时照明用电电压不得超过36V；严禁使用明火照明。当人在检查井内作业时，严禁使用潜水泵。

6）热力网设备及附件保温应完好。

7）对操作人员较长时间未进入的热力网地沟、井室或发现热力网地沟、井室有异味时，应进行通风，严禁明火，必要时可进行检测，确认安全后方可进入。

（2）一级管网的设备组成。热电联产集中供热一级管网采用供回水双管形式。应用管材为钢管。为防止热能输送过程中的热量损失，管道外敷有保温层。

按平面布置形式及热源与热用户相对位置关系可以分为枝状管网和环形管网两类。按敷设方式不同可以分为架空敷设和地下敷设两类，地下敷设有地沟（涵道）敷设与直埋敷设两类。架空敷设管材一般应用普通钢管外敷保温层，直埋敷设一般应用预制保温钢管。

为支撑管道限制位移，管道设有管道支座（架），根据支座（架）对管道位移限制情况可以分为固定支座（架）、活动支座（架）和导向支座（架）。

供热管道温度受循环水和环境温度的影响会产生热胀冷缩。为减少热胀冷缩时产生的应力，管道上每相隔一段距离就会在两个固定支座（架）之间设置补偿器。应用的补偿器一般有自然补偿器、套筒补偿器、波纹管补偿器、球形补偿器和旋转补偿器几种。常用的是套筒补偿器和波纹管补偿器。

在供热管道的相对高点设有排气装置，在供热管道的相对低点设有排水装置。

为调节各支路管道流量及检修隔离，在供热一级管网管道上安装多组阀门，一般选型以蝶阀和球阀为主。随着大口径球阀推出及价格下降，球阀因其隔断严密，应用量不断增加。直埋管道的安装的阀门、补偿器、排气装置、排水装置、热量表等管道附件一般安装在井室内，便于检查和检修。一级管网根据需要可以设置中继泵站，在管网末端或水力平衡不利点换热站可以设置一级管网增压泵。

（3）运行准备工作。

1）对热力网进行技术检验。在热力网正式运行前，要对系统进行水压和水温试验。

a.水压试验的目的是检查整个热力网系统的设备、管网及附件是否有泄漏，是否满足强度要求。水压试验压力为工作压力的1.5倍，水压试验时间应持续6h。水压试验可采用泵站的固定泵或专为水压试验而设的移动式水泵来进行。

b.水温试验的目的是为了检查补偿器的补偿能力和管道支架支座在热变形条件下的强度。水温试验前，要对填料式补偿器、连接法兰、支架和其他连接件做仔细检查，消除全部隐患和缺陷。试验时的水温、供水管应保持在计算温度值，回水管水温不应高于90℃，水温保持时间约为4h。水温试验时，热力网各点的压力不应超过工作压力，且应保证各点不发生汽化。

在进行水压、水温试验期间，如发现补给水急剧增加，应停止试验，查找损坏的管段并切断，在修好损坏部位之前应组织值班。

试验期间应逐段检查所有热力网管线，并重点检查有车辆、行人往来的区段、过街区段、直埋敷设区段。

水压和水温试验的时机一定要在供暖季节以前或室外气温不太低时，以避免发生事故，冻坏整个供热系统。

水压、水温试验后，要把试验记录作为原始技术档案保存好。

2）获取供热系统的全部技术资料。在接收供热系统时，运行部门应从有关单位获取以下技术资料：

a.与供热系统有关的设计资料（包括可行性研究、初步设计和施工的图纸及文字资料）。

b.与设计有关的重要文件。如上级部门对可行性研究、初步设计的审查意见，热用户用热负荷调查表，重要设备的技术协议，重要的施工图修改通知单。

c.供热设备的技术资料（设备使用说明书、样本、鉴定书、设备订货单）。

d.热源系统、热力网系统、热力站的竣工图。这里有必要说明下：在施工过程中，由于种种原因，设计部门绘制的施工图与施工后绘制的竣工图是有区别的。在施工过程中，施工图会有一定的改动，所以，只有施工后绘制的竣工图才是真实反映工程实际的准确技术文件。

e．技术检查、验收、水温与水压试验的原始记录资料。

上述技术档案资料对热力网的运行管理十分重要，运行单位要有专门机构负责保管。它们是制订系统调度计划、检修计划，制订远景供热规划和处理技术经济纠纷的书面依据。

3）建立必要的规章制度。集中供热系统的可靠经济运行，离不开现代化、正规化、规范化、制度化的管理工作。因此，运行部门一定要预先制订一些必要的规章制度。例如，运行管理规程，换热站、热力站调度计划，换热站、热力站的标准运行记录表格，技术管理人员职责范围，各类紧急事故处理措施，设备完好标准，定期巡检制度，隐患报告制度等。

4）热力网投入运行前，应编制运行方案。

5）热力网投入运行前应对系统进行全面检查，并应符合下列规定：

a．阀门应灵活、可靠，泄水及排空气阀门应严密，系统阀门状态应符合运行方案要求。

b．热力网系统仪表应齐全、准确，安全装置必须可靠、有效。

c．热力网水处理及补水设备应具备运行条件。

d．新建、改建固定支架、卡板、滑动支架、井室爬梯应牢固、可靠。

6）新建、改建热水热力网运行前，应进行试压和冲洗。

7）蒸汽热力网运行前，应经暖管，并开启疏水阀门，排净凝结水。新投入运行的蒸汽热力网应经吹扫，吹扫所需排汽口断面不应小于被吹扫管道断面的50%，吹扫压力应为热力网工作压力的75%。

（4）热力网运行的一般规定。

1）热水热力网正式供热前应经冷态试运行。

2）热力网投入运行后，应对系统的下列各项进行全面检查：

a．热力网介质无泄漏。

b．补偿器运行状态正常。

c．活动支架无失稳、失垮，固定支架无变形。

d．解列阀门无漏水、漏汽。

e．疏水器、喷射泵排水正常。

f．法兰连接部位应热拧紧。

3）运行的热力网每周应至少检查一次。新投入的热力网或当运行参数发生较大变化及汛情时，应增加检查次数。

4）热力网运行检查时不得少于两人，一人检查、一人监护，严禁在检查井及地沟内休息。当有人员在检查井内作业时，应在井口设安全围栏及标志；夜间进行操作检查时，应设警示灯；在高支架检修维护时应系安全带。

5）当被检查的井室环境温度超过40℃时，应采取安全降温措施。

（5）一级管网的启动。

1）供热管网的启动操作应按批准的运行方案执行。

2）供热管网启动前，热水管线注水应符合下列要求：

a．注水应按地势由低到高；

b．注水速度应缓慢、匀速；

　　c．应先对回水管注水，充满后通过连通管或换热站向供水管注水；

　　d．注水过程中应随时观察排气阀，待空气排净后应将排气阀关闭；

　　e．注水过程中和注水完成后应检查管线，不得有漏水现象。

　　3）当供热系统充满水达到运行方案静水压力值时，方可启动循环水泵。

　　4）供热系统升压过程中应控制升压速度，每次升压 0.3MPa 后，应对供热管网进行检查，无异常后方可继续升压。

　　5）当供热管网压力接近运行压力时，应试运行 2h。试运行的同时应对供热管网进行检查，无异常方可启动换热站。

　　6）蒸汽供热管网在启动时应进行暖管，暖管速度应为 2～3℃/min。蒸汽压力和温度达到设计要求后，宜保持不少于 1h 的恒温时间，并应检查管道、设备、支架及疏水系统，合格后方可供热运行。

　　7）供热管网升温速度不应大于 10℃/h，并应检查管道、设备、支架工作状况。温升符合调度要求后方可进入供热状态。

　　（6）热力网的调节。

　　1）根据当地气象条件和供热系统的实际情况，应制定热力网运行调节方案。

　　2）初调节的方法可根据热力网的实际情况进行选择，初调节宜在冷态运行条件下进行。

　　3）供暖负荷的调节可采用中央质调节、分阶段变流量质调节或中央质、量并调，必要时可采用兼顾其他热负荷的调节方法。

　　4）当供热管网设置两处及以上补水点时，总补水量应满足系统运行的需要，补水压力应符合运行时水压图的要求。

　　5）供热管网系统应保持定压点压力稳定，压力波动范围应控制在±0.02MPa 以内。

　　6）供热管网的定压应采用自动控制。

　　7）蒸汽热力网中，当蒸汽用于动力装置热负荷或供热温度不一致时，宜采用中央质调节；当蒸汽用于换热方式运行时，宜采用中央量调节或局部调节。

　　（7）一级管网监控与调节。

　　1）值班调度根据室外温度结合日前热源运行情况制定本班一级管网瞬时热量和压力运行曲线，通知热源值长。

　　2）热源运行参数主要包括一级管网供回水压力、一级管网供回水温度、一级管网供回水流量、一级管网瞬时热量及一级管网补水流量。

　　3）值班调度发现一级管运行参数异常时，及时通知热源调节。

　　4）值班调度通过热网监控系统监控换热站参数，发现一级管网瞬时供热功率与热网瞬时供热功率需求不平衡时，及时调节供热曲线并通知热源调节。

　　5）一级管网供回水压力及一级管网补水流量是监控管网安全性的重要指标，要求不间断监控，自动控制系统应设置异常报警，发现问题及时通知相关部门处理。

　　6）一级管网回水由补水泵定压，发现一级管网回水压力异常，及时通知热源调节。

　　7）制定热网水力平衡调节方案，根据实际情况应用启动增压泵、调节分支阀门等方法调节热网水力平衡。

　　（8）热水热力网的补水及定压。

1）热水热力网的补水点应视具体情况而设定，当系统设两处及两处以上补水点时，其每处补水水量必须满足系统运行的需要，每处补水点的补水压力应符合水压图的要求。

2）热水热力网系统必须保持恒压点恒压，恒压点的压力波动范围应控制在±0.02MPa以内。

3）热水热力网的定压可采用膨胀水箱、水泵、气体定压罐、蒸汽定压等方式。闭式补水系统应设安全泄压装置。热水热力网的定压应采用自动控制。

（9）一级管网的停止。

1）供热管网停止运行前应编制停运方案。

2）供热管网停运操作应按停运方案或调度指令进行，并应符合下列要求：

a．热力网停运应沿介质流动方向依次关闭阀门，先关闭供水、供汽阀门，后关闭回水阀门。

b．停运后的蒸汽热力网应将疏水阀门保持开启状态；再次送汽前，严禁关闭。

c．冬季停运的架空热水热力网应将管内水放净；再次注水前，应将泄水阀门关闭。

d．事故停运热力网的架空管道、设备及附件应做防冻保护。

e．热水热力网在停运期间，应进行养护和检查。

f．停运热力网应进行湿保护，并每周检查一次。

9．泵站与热力站

（1）一般规定。

1）供热系统的泵站、热力站应设下列图表：

a．泵站、热力站设备布置平面图。

b．泵站、热力站系统图。

c．热力站供热平面图。

d．泵站、热力站供电系统图。

e．温度调节曲线图表。

2）泵站、热力站的运行、调节应严格按调度指令进行。

3）泵站、热力站运行人员应掌握管辖范围的供热参数，热力站供热系统设备及附件的作用、性能、构造及其操作方法，并经技术培训考核合格，方可独立上岗。

4）供热系统的泵站、热力站内的管道应涂符合规定的颜色和标志，并标明供热介质流动方向。

5）泵站、热力站内的供热设备管道及附件应保温。

6）供热系统中继泵站的安全保护装置必须灵敏、可靠。

（2）泵站与热力站运行前的准备。

1）供热系统的泵站与热力站运行前的检查应符合以下规定：

a．泵站、热力站内所有阀门应开、关灵活、无泄漏，附件齐全、可靠，换热器、除污器经清洗无堵塞。

b．泵站、热力站电气系统安全、可靠。

c．泵站、热力站仪表齐全、准确。

d．热力站水处理及补水设备正常。

2）水泵投入运行前，其出口阀门应处于关闭状态，并检查是否注满水；启动前必须先盘车，空负荷运行应正常。

（3）当发生下列情况之一时，不得启动设备，已启动的设备应停止：

1）换热器及其他附属设施发生泄漏；

2）循环泵、补水泵盘车卡涩，扫膛或机械密封处泄漏；

3）电动机绝缘不良、保护接地不正常、振动和轴承温度大于规定值；

4）泵内无水；

5）供水或供电不正常；

6）定压设备定压不准确，不能按要求启停；

7）各种保护装置不能正常投入工作；

8）除污器严重堵塞。

（4）换热站的启动。

1）换热站一级管网系统注水应符合以下程序：通知调度、首站本换热站一级管网系统注水；开启一级管网换热器入口门、一级管网供水管排气门、换热器排气门，缓慢开启一级管网供水门 2%～5%；空气排净见水后关闭一级管网供水管排气门、换热器排气门，待换热站内一级管网供水管压力升至与一级管网供水门前一致时，证明该管段以充满水；开启一级管网回水管排气门，缓慢开启一级管网回水门 2%～5%；一级管网回水管排气门排净见水后关闭，待换热站内一级管网回水管压力与一级管网回水门后一致时，证明该管段以充满水；通知调度、首站换热站一级管网系统注水结束。

2）换热站一级管网系统投入符合以下程序：一级管网系统正常运行；换热站一级管网系统注水结束；通知调度、首站本换热站一级管网系统投入；开启一级管网换热器入口门、一级管网换热器出口门、缓慢开启一级管网回水门、一级管网供水门，同时开启一级管网供水管排气门、换热器排气门、一级管网回水排气门，再次排气；换热站一级管网系统空气排净后关闭一级管网供水管排气门、换热器排气门、一级管网回水管排气门，根据供热负荷计算一级管网流量并将流量调节阀调整到适当位置；通知调度、首站换热站一级管网系统投入完成。

3）换热站二级管网注水应符合以下程序：二级管网系统注水应提前一周通知热用户注水时间；分散补水方式补水应先投入水处理设备；通知调度换热站注水；开启热用户各分支点排气门，见水后关闭；投入安全门；开启二级管网换热器出、入口门，二级管网除污器出口门，二级管网供、回水联箱总门，二级管网供热各回路供、回水门，二级管网补水总门，换热站内二级管网各排气门；启动补水系统向二级管网注水；换热站内二级管网各排气门在空气排净见水后关闭；关闭二级管网补水总门、一级管网向二级管网补水门；通知调度、首站本换热站注水结束。

4）换热站二级管网系统运行应符合以下程序：通知调度换热站投运，换热站二级管网系统注水结束，启动二级管网补水系统开启循环水泵入口门，二级管网循环水泵排气，启动二级管网循环水泵，缓慢开启二级管网循环水泵出口门，调节二级管网供回水参数，检查设备运行状况正常，通知调度换热站投运。

（5）换热站的停止。

1）换热站一级管网系统停止应符合以下程序：通知调度、首站本换热站一级管网系统停止；缓慢关闭一级管网供水门、一级管网回水门；通知调度、首站本换热站一级管网系统停止完成，如须放水，稍开一级管网供、回水管路，换热器排气门，放水门及排污门排水。

2）换热站二级管网系统停止应符合以下规定：一级管网停止运行，换热器高温侧出、入口阀门关闭；缓慢关闭循环水泵出口门，停止循环水泵运行；关闭二级管网换热器出、入口门，二级管网供、回水联箱总门；通知热用户停止供热，如须放水，稍开二级管网设备、管路排气门、放水门及排污门排水。

（6）设备安全操作规程。

1）阀门安全操作规程。

a. 开关阀门时，只允许人力徒手操作，DN125 以下的阀门一人操作，大于 DN125 的阀门不得超过两人操作，如开、关不动应设法寻找并消除障碍，禁止强开、关。

b. 阀门开启、关闭要全部手动，不得使用助力工具强开、强关。

c. 在进行带汽、带水操作阀门时应注意，操作阀门时不得用力过猛过急，以免发生危险。所有阀门手轮，不准用带有油质棉丝擦拭，以免操作时打滑伤人。

2）水泵运行安全操作规程。

a. 水泵启动前须做如下准备工作：

①检查水泵设备完好情况，周围无人在工作。

②轴承完好，油脂正常，油质合格。

③检查电动机旋转方向是否正确。试验前泵必须满水，且盘车正常方可点动按钮开关。

④将入口阀门打开向泵内注水，把泵壳上放气门打开，空气排净后关闭。

⑤机械密封无泄漏。

一切正常后，启动水泵，空转 2～3min，检查压力、电流，振动和声音。均正常后，开启出口阀门进行转动。

b. 水泵运转中要检查如下项目：

①轴承温度：不要超过 60℃。

②注脂量：注脂量一般填充轴承和轴承壳体空间的 1/3～1/2 为宜。

③油脂要求：油脂按水泵说明书要求定期进行加注和更换。

④是否有异音：特别是滚动轴承损坏时一般会出现异音。

⑤压力表、电流表读数是否正常。

⑥水泵振动幅度一般不超过 0.08mm。

⑦机械密封应无泄漏。

c. 停泵时应进行下列工作：

①先关闭出口阀门，再关闭入口阀门。

②停泵时注意观察电动机停下的时间，时间过短属不正常，须检查处理。

③当长期停用水泵时，水泵应拆卸开，再将零件上的水擦干。并在滑动面处除上防锈油，妥善保存。

④各种泵润滑油有不同要求，按规定分别执行。

3）变频柜安全操作规程。

a. 启动变频柜时先检查电压是否在 380V。

b. 本系统操作运行前必须测电动机及线路的绝缘电阻。

c. 运行前清扫、紧固变频启动柜的全部螺栓。

d. 在运行前检查变频启动柜电源是否已送。

e. 启动前观察启动器的指示灯是否处于正常状态，如故障指示灯亮需排除故障后方可启动。

f. 在启泵时应将变频启动柜的柜门关闭，防止触电事故发生。

g. 变频启动柜不得擅自拆卸及改变启动程序。

h. 变频启动有故障，应关断回路开关，并做故障标识，待处理故障后方可运行。

i. 严禁将电动机线拆除后，空载试运行变频器。

j. 每个采暖期结束后，应将变频启动的电源断开。

4）电闸箱安全规程。

a. 电闸箱应由专职电工负责使用、维修、管理。定期维护检查，以确保随时作用。

b. 电闸箱应保持清洁完好，各部件灵敏有效。

c. 电闸箱在使用过程中要注意，放置的地方安全可靠，遇雨天采取防潮湿措施。

d. 非电气人员不得擅自拆装电闸箱。

5）板式换热器安全操作规程。

a. 板式换热器投入运行时应首先投入低压侧后投入高压侧。

b. 板式换热器要加强排气工作。

c. 如果发现有漏水情况，及时通知检修。

6）水表安全运行规范。运行时查看一次表是否有跑、冒、滴、漏，外观是否完好，表盘指示是否正常，如出现故障需更换，必须在确认阀门关闭紧密的情况下才能拆卸。

在供热系统中，通常按照供热负荷随室外温度的变化规律，作为供热调节的依据。供热调节的目的，在于使供热用户散热设备的放热量与用户热负荷的变化规律相适应，维持用户内部的热平衡，以防止热用户出现室温过高或过低。供热调节是提高热网热能输出经济合理性的重要保证。

（7）泵站的运行与调节。

1）水泵的参数控制应根据系统调节方案及其水压图要求进行。

2）水泵吸入口压力应高于运行介质汽化 0.05MPa。

（8）热力站的运行与调节。

1）热力站的启动应符合下列规定：

a. 直接连接供热系统。①热水系统：系统充水完毕，应先开回水阀门，后开供水阀门，并开始仪表监测；②蒸汽系统：蒸汽应先送至热力站分汽缸，分汽缸压力稳定后，方可向各用汽点逐个送汽。

b. 混水系统。系统充水完毕，并网运行，启动混水装置，按系统要求调整混合比，达到正常运行参数。

c. 间接连接供热系统。①水水交换系统：系统充水完毕，调整定压参数，投入换热设备，启动二级循环水泵；②汽水交换系统：汽水交换设备启动前，应先将二级管网水系统充满水，启动循环水泵后，再开启蒸汽阀门进行汽水交换。

d. 生活水系统。启动生活用水循环泵，并一级管网投入换热器，控制一级管网供水阀门，调整生活用水水温。

e. 软化水系统。开启间接取水水箱出口阀门，软化水系统充满水后，进行软水制备，启动补水泵对二级管网进行补水。

2）热力站的调节应符合下列规定：

a. 对二级供热系统，当热用未安装温控阀时宜采用质调节；当热用户安装温控阀或当热负荷为生活热水时，宜采用量调节，生活热水温度应控制在（55±5）℃。

b. 在热力站进行局部调节时，对间接连接方式，被调参数应为二级系统的供水温度或供回水平均温度，调节参数应为一级系统的介质流量；对于混水装置连接方式，被调参数应为二级系统的供水温度、供水流量，调节参数应为流量混合比。

c. 蒸汽供热系统宜通过节流进行量调节；必要时，可采用减温减压装置，改变蒸汽温度，实现质调节。

（9）泵站与热力站的停止运行及保护。

1）泵站与热力站的停止运行应符合下列规定：

a. 直供系统应随一级管网同时停运。

b. 对混水系统，应在停止混水泵运行后随一级管网停运。

c. 对间接连接系统，应在与一级管网解列后再停止二级管网系统循环水泵。

d. 对生活水系统，应与一级管网解列后停止生活水系统水泵。

e. 对软化水系统，应停止补水泵运行，并关闭软化水系统进水阀门。

2）热力站停运后，宜采用充水保护的供热系统，其保护压力宜控制在供热系统静水压力±0.02MPa 以内。

3）泵站与热力站停运后，应对站内的设备、阀门及附件进行检查和维护。

10. 热用户

（1）一般规定。

1）用热单位应向供热单位提供下列资料：

a. 供热负荷、用热性质、用热方式及用热参数。

b. 供热平面图。

c. 供热系统图。

d. 热用户供热平面位置图。

2）供热单位应根据热用户的不同用热需求，适时进行调节，以满足热用户的不同需要。

3）用热单位应按供热单位的运行方案、调节方案、事故处理方案、停运方案及管辖范围进行管理和局部调节。

4）未经供热单位同意，热用户不得改变原运行方式、用热方式、系统布置以及散热器数量等。

5）未经供热单位同意，热用户不得私接供热管道和私自扩大供热负荷。

6）热水供暖热用户严禁从供热系统中取用热水，热用户不得擅自停热。

（2）运行前的准备及故障处理。

1）用热单位应根据供热系统安全运行的需要，在系统运行前对系统进行检修、清堵、清洗、试压，经供热单位验收合格，并提供相应技术文件后方可并网。

2）热用户发生故障时应及时处理，并通知供热单位；故障处理不宜减少停热负荷，缩短停热时间；恢复供热应经供热单位同意。

（二）工业供热系统投入与退出

1. 供热系统投入前的检查

（1）热工部分。检查热工系统检修工作应全部结束，各热工仪表电源送上，指示正常，一次门全部开启，就地压力、温度表完好，指示正常，就地远传数据装置正常，远传通信正常，数据与实时在线监测数据一致。

（2）管网系统部分。供热前热力系统检修工作应全部结束，各管线系统上所有疏水总门、疏水器前手动门、启动疏水门均应全部开启，各用户侧进汽门关闭。

各管线支墩完好，无发生位移，支吊架完好，无发生位移或脱落，检查沿途管线管道、法兰、阀门、疏水门、自动疏水器完好正常，管道设备保温材料无破损脱落。

（3）用户部分。联系各用户做好准备，保持与热用户通信正常，通知用户开启用户侧疏水门。

2. 供热系统的投入操作

（1）联系值长可稍开启阀门向管网供汽暖管，管网沿途的蒸汽管道没有温度计显示，可以采取"点温计检测"法进行判断。用电子点温计距离疏水总门阀盖（无保温点处）0.5m进行多点检测管壁温度，通过点温计温度显示的最高值，根据暖管程度，一般达150℃时，逐渐向供热管末端推进依次关闭沿途疏水门，自动疏水器应保持在全开位置。投入操作过程中，应加强管道的检查，对有爆管、泄漏等异常现象要及时汇报，必要时停止操作。暖管期间应加强与车间联系，控制暖管蒸汽温升率在 1.5～3℃/min、压升率 0.02～0.1MPa/min，最高暖管汽压不超 0.8MPa，防止汽压过高，汽量过大，导致管道受冲击，当检测到管路上最末端所剩余的两处疏水门时，虽然温度达到 150℃，但仍应保持疏水门在开启状态，以防止在蒸汽未流通的情况下管壁温度下降。

（2）当供汽管线上最后一个疏水门阀盖温度达 150℃时，可联系用户用汽。随着蒸汽流量的升高，应与值长联系控制蒸汽参数在客户端的要求值内。向客户端供汽正常后，关闭管道上末端疏水门。

3. 供热系统运行中的检查

（1）巡检前检查交通工具的完好，并能正常使用，配备必要的安全工器具，巡检中遵守交通安全规则，做好防冻、防晒等自我防护工作。

（2）检查沿途管线管道、法兰、阀门、疏水门不应有泄漏或被误开误关情况，自动疏水器工作正常，管道设备保温材料无破损脱落；每季度对管线相关阀门检查，对开启的新管线隔离门小幅度开关试验一次。

（3）检查沿途管线各支墩无发生位移、倾斜或被山体滑坡掩埋，管道支架无发生位移或脱落，查管道周边杂草生长情况，必要时给予除草。

（4）检查沿途管线的管道、桥架、支墩、路口、地埋管等安全标志和编号是否脱落，有模糊或脱落应及时给予修复。

1）当为固定支架时，管道应无间隙地放置在托枕上卡箍应紧贴管子支架。

2）当为活动支架时，支架构件应使管子能自由或定向膨胀。

3）当为弹簧吊架时，吊杆应无弯曲现象，弹簧的变形长度不得超过允许数值，弹簧和弹簧盒应无倾斜或被压缩而无层间间隙的现象。

4）所有固定支架和活动支架的构件内不得有任何杂物。

（5）检查询问各用户生产情况是否正常，及时调整供汽参数，确保供汽参数在正常范内且稳定，询问用户有何需要解决的问题，做好优质服务工作。

（6）检查管线及各用户流量表、压力表、温度表等完好，指示正常，变送器隔离门正常开启，流量表、变送器铁箱和锁完好，对照实时在线远传数据与用户就地流量表指示一致。

（7）检查管线各管沟、地埋管无积水现象，地沟排水泵运行正常；每周对管沟潜水泵进行试转一次。

（8）检查了解管线系统供汽运行方式有无切换或变化，检查管道运行中不应有水击、振动现象发生。

（9）巡检中及时观察管线中的压力差、温度差、流量的变化，及时排放水，分析当日管损的变化情况，及时做好调整工作。

（10）巡检中发现异常现象应及时向上级汇报，并尽量做好相关处理工作，发现管道泄漏还应做好防止路人被烫伤的防护措施。

4. 供热系统的退出操作

（1）退出管线前对系统进行检查，登记有关缺陷，并做好记录。

（2）接到命令，需退出部分供热管线运行时。联系值长及相关管线的热用户，确定停止供应蒸汽的时间及具体事项；根据供热汽源的情况，退出相应的供热管线汽源，当热用户关闭用户端进汽门后，可逐渐关闭该管线蒸汽隔离门，并适当开启该管线各疏水门进行排放水，并将该管线隔离门上锁。

（3）若供热管网全部停运，确定停汽时间到时，应联系值长，根据参数调整供汽量，控制汽温下降速度在 1.5～3℃/min，逐渐降低汽压，控制汽压下降速度在 0.05～0.1MPa/min，至直关闭管网供汽门。退汽过程中应防止热用户侧进汽门突然关闭而造成供汽母管压力骤然上升致安全门动作。当热用户停止用汽后。稍开启各管线上所有的疏水门排放积水，疏水门不要开得过大，以确保有一定的闷管时间，避免管道因冷却过快而造成冷空气大量快速进入。

（4）退出供热网的过程中，降压应缓慢进行，并加强管线设备的检查，防止因供汽中断冷却造成管道冷拉应力过大而损坏设备。并对沿程管道进行检查，防止各支撑座与支墩发生脱离，旋转补偿器、Π形膨胀弯头等被拉裂。

5. 注意事项

（1）热网供热管预热、暖管、疏水过程中应特别注意管道膨胀补偿情况，注意检查各滑动支撑、弹簧支撑是否有卡涩，固定支撑连接处是否松动，支撑座与支墩是否发生脱离，旋转补偿器、Π形膨胀弯头是否膨胀正常，防止管道由于应力过大而造成损坏。

（2）提升压力时应特别注意防止热网蒸汽管道水击、振动，当蒸汽管道出现明显水击、振动时，应停止升压，延长暖管时间。

（3）疏排放汽水时，应注意做好防止路人被烫伤的措施，做好防止路边杂草因高温而燃烧的措施。

（三）分布式能源系统机组投入与退出

1. 启动前准备

设备验收、试转及校验通则：

（1）设备检修验收、试转。

1）设备检修后，凡有变动的，应有设备异动报告。

2）运行人员必须会同检修人员共同对检修后设备进行验收。在验收时，应按要求对验收设备进行详细检查。

3）在验收中若发现问题或设备存在缺陷，除不能给予复役外，还应督促检修人员及时予以消除，并重新履行设备复役验收手续。

4）验收、试转时应详细了解设备检修及异动情况、试转要求及试转范围，并实地检查检修工作结束，检修人员退出、工具取出，设备和管道各部件及保温完好、孔门关好，转动部分防护罩及电气设施完好。为检修工作而设置的临时设施已拆除，设备已装复，现场整齐、清洁，各通道畅通无阻，栏杆完整，就地照明正常，并有可靠的事故照明。保温齐全，各支吊架完整牢固。

5）各膨胀器指示正常、刻度清晰，无影响设备膨胀的杂物、设施存在。

6）管道、阀门连接良好。阀门开关灵活，手轮完整，铭牌齐全，标志清楚，编号正确。各人孔门、检查门开关灵活，关闭后的严密性良好。

7）操作员站及远控操作盘上的仪表装置、键盘、CRT、硬手操按钮、操作面板等设备完整，铭牌配置齐全。报警信号声、光良好。

8）设备试转应得到设备试转的通知。

9）确认有关系统已复役可用，开启表计及变送器一次门，检查各仪表完整齐全。

10）检查设备启停操作开关在"停用"位置，各联锁开关均在"出系"位置后。联系热工并确认送上设备的控制电源、表计电源、信号电源。

11）检查电动机电源接线完好，电动机停用期超过15天，经电气测量绝缘合格方可送电，有电动机加热器的在送电同时应送上加热器电源，检修后启动，应检查电动机转向正确。

12）在主要仪表及保护失灵、CRT不正常、脚手架未拆，现场未清理等影响安全时，不得进行试转操作。

13）准备好试转时所需的工具、仪表（如转速表、测温仪、振动表、听棒、阀门扳手等）。

14）辅机试转前应满足辅机启动条件，凡能盘动转子的辅机，应手动盘动靠背轮灵活，轴承油位正常或有足够润滑油，油质良好，冷却水门和密封水门开启正常。

15）电动门、气动门应先校验高、低限位及动作良好，阀门校验应对系统及设备运行无影响。

16）机试转，主值班员应到试转现场。

17）设备试转启、停状态，在 CRT 画面上应反映正确。

18）检修后的各项试验及试验的具体情况，应记录在试验记录簿和交接班簿上。

（2）阀门的校验。

1）电动门、气动门及调整门的校验注意事项：

a. 阀门电动机检修后以及阀门解体后，均需对阀门进行校验。阀门校验应在有关系统投运前进行，已投入运行的阀门、承受压力的阀门以及停役系统所属的隔绝阀门不可进行校验工作，如要进行，必须确定对运行系统无影响。

b. 电动门、气动门、调整门校验前，应确定电动门、气动门电源和控制气源已正常。

c. 近、遥控校验阀门有就地控制的应先就地校验，就地校验合格后再校验远控。

d. 近、遥控校验应有专人就地检查阀门切换把手所在位置（手动或电动）正确、阀门动作正确以及 CRT 画面上反映正确。

e. 检修后的阀门校验前应先手操检查机械部分转动灵活，并确认阀门"开""关"的极限位置、开关方向正确。

f. 基地式调节器应会同热工检查设定值，手动/自动切换正常，定值正确。

g. 未解体检修过的阀门校验就地、远控时只校验高、低限动作正确及测量全行程时间，不测手操关紧圈数。

h. 检查电动机无摩擦和异音，各连杆和销子牢固可靠，无松脱及弯曲现象。阀门校验结束，阀门状态应放置所需位置。有联锁的阀门，还应将联锁开关放置"入系"位置。

2）电动门的校验方法。

a. 遥控校验电动门时，应将阀门切换把手切至远方或电动位置；近控校验电动门时，将阀门切换把手切至就地或手动位置。

b. 打到"开"位置，校验高限开关动作应正常，动作开度应在 100%左右。

c. 打到"关"位置，校验低限开关动作应正常，动作开度在 0°左右。电动门关闭后，手操手轮关闭阀门，圈数应符合标准（校验合格后手操关闭圈数仍需开出，以防电动门开闭过紧）。

d. 用秒表分别测取从高限到低限以及低限到高限的全行程时间，并与上次校验比较，在高、低限位置未变时，全行程时间误差应小于 5%。

e. 检查 CRT 画面上，阀门位置显示与实际相符。

f. 三位制电动门还应进行"停"按钮校验，以确认"停"按钮工作正常，对调整门要校验制动性能良好。

2. 系统投运通则

（1）系统投运注意事项。

1）系统的投运操作，必须在系统检修复役（或有试转单）、系统管路畅通、系统所属辅机至少有一台符合投运条件，系统所属阀门均已校验完毕、系统设备电源送上且系统仪表、保护均投入运行后方可进行。

2）系统投运应按系统投运检查卡检查，并得通知后进行。

3）系统投运若与相邻机组有关，应与相关的岗位值班员取得联系，并征得其同意后才可投运。系统投运后，应及时与其联系。

4）在系统投运时或系统投运后可进行辅机的在线联锁校验。

5）系统投运后，应及时对系统和运转设备进行全面详细检查，发现问题及时处理，以保证系统投运正常。

6）系统投运后，值班员应及时将系统投运情况应汇报。

（2）管道系统操作注意事项。

1）较大容积的管道投入运行前，应先进行充压，排尽系统内的空气。操作中应注意控制充压速度，防止管道发生冲击现象。

2）蒸汽管道投运前应充分暖管，排尽积水，防止水冲击。

3）负压部分管道投运前要注意对机组真空的影响。

4）易燃气体管道投入前要进行查漏、气体置换。

3. 修后调试启动

分布式能源站设备修后调试启动，是检验修后质量的试验过程，在人身和设备都安全的基础上进行。

（1）燃气内燃机修后启动。

1）试启前准备工作。

a. 确认机组检修完毕，质量符合要求，记录完善，并做到工完料尽场地清。

b. 检查工器具（如测速计、测温仪、测振仪、听针、对讲机等）准备齐全，现场照明正常。

c. 所有仪表完好，各系统检查正常，电气相关设备绝缘合格。

d. 缸套水（防冻液）系统注水排空气，查无泄漏，保压正常。

e. 高、中温冷却水（防冻液）系统注水排空气，查无泄漏，保压正常。

f. 机组油槽内及日用油箱注入合格的润滑油，查无泄漏，油位正常。

g. 机组蓄电池液位正常，无泄漏，接线完好。

h. 机组灭火系统检查正常。

i. 天然气系统修后气体置换正常，天然气送至机组减压阀前。

j. 机组各电源柜送电正常，操作界面无报警信号发出。

k. 机组主要保护回路静态检测动作应正常。

2）辅机试启。

a. 再次确认油、水、气、电、仪等系统正常。

b. 试转预润滑油泵正常，机组手动盘车2圈，检查无异常。

c. 试转缸套水泵、高中温冷却水泵、进排气风机、高中温散热风机、预燃压缩机，查转向、出力、轴承振动正常，油、气、水系统无泄漏，停止所有辅机运行。

3）机组试启。

a. 投入机组缸套水加热。

b. 确认缸套水温加热至正常可启机温度，发电机出口开关在热备用状态。

c. 采用就地手动启机方式，先启动所用辅机，检查油压、水压参数正常。

d. 机组开始冲转，检查油压、转速等参数应正常，如有异常应立即按紧急停机按钮停机检查。

e. 达额定转速，确认缸套水温达并网温度，全面检查正常，切手动方式并网。

f. 并网成功后带低负荷，全面检查正常，升部分负荷暖机。

g. 暖机完升至额定负荷运行，观察 1~2h，全面记录参数。

h. 在负荷最高时段进行烟气排放检测，根据排放值调整空燃比值。

i. 试启正常后切就地自动程控运行或停机后切远程由 DCS 重新开机运行。

4）燃气内燃机试启动过程注意事项。

a. 环境温度过低必须暖机，自动启机时缸套水温度必须达规定值，任何方式启机并网时缸套水温需并网规定值。

b. 连续三次启动不成功，必须关断天然气总阀对发动机盘车吹扫，防止排气系统爆炸。

c. 反复启动过程中应每次间隔一定时间，防止蓄电池过度放电，造成充电器过载和马达过热。

d. 启动过程中如发出故障报警，必须立即停机，查明原因，排除故障后方能继续启机，不得冒险启机操作。

e. 机组启动正常后不允许长时间空载或低载运行。

（2）吸收式溴化锂机组修后启动。

1）试启前准备工作。

a. 确认机组检修完毕，质量符合要求，记录完善，并做到工完料尽场地清。

b. 检查工器具（如测温仪、测振仪、听针等）准备齐全，现场照明正常。

c. 各系统仪表完好，电气相关设备摇绝缘合格。

d. 机组电源柜、控制柜送电正常。

e. 机组冷凝器、吸收器冷却水侧注水排空气，查无泄漏。

f. 机组蒸发器冷媒水侧注水排空气，查无泄漏。

g. 机组真空泵补油正常，试转真空泵正常，并对真空泵抽真空极限值检查正常。

h. 机组整机真空严密性检查应合格。

i. 机组加注溶液，对机组抽真空，采用负压吸入法加注溴化锂溶液。

j. 机组主要保护回路静态检测动作应正常。

k. 查各相关设置参数正确。

2）辅机试启。

a. 再次确认水、电、仪等系统正常。

b. 试转冷媒水泵，检查出力、轴承振动、温度、电动机电流在规定值内。

c. 试转冷却水泵，检查出力、轴承振动、温度、电动机电流在规定值内。

d. 切在制冷模式，试转溶液泵无异音；无冷剂水冷剂泵空载不得试转。

3）机组制冷试启。

a. 确认机组处制冷方式。

b. 确认机组运转监视画面中"故障监视"选项中应无故障指示灯亮（除冷热水断水除外）。

c. 采用就地手动启机方式启机。

d. 确认对应的内燃机启动已正常，溴化锂机组具备启动条件。

e. 开启机房通风扇。

f. 启动冷媒水泵，调整流量正常，查冷媒水断水信号消失。

g. 启动冷却水泵，调整流量。

h. 启动溶液泵。

i. 手动缓慢开大热源水三通阀、烟气三通阀，维持高压发生器一定压力，确保溴化锂溶液可以循环，控制高压发生器溶液出口温度，冷剂泵待溴化锂浓度达54%时启动。

j. 启动真空泵，对机组低负荷进行抽真空，直到真空泵出口无气体排出停止抽真空。

k. 机组由手动切自动运行，冷负荷自动增大，调整冷却水温量，视冷却水进水温度启动冷却塔风机台数，控制冷却水出水温度在36～38℃。

l. 巡检查机组运行情况，每隔1h填写机组运行数据。

4) 机组制热试启。

a. 确认对应的内燃机启动已正常，溴化锂机组具备启动条件。溴化锂机组的热源是由内燃发电机组的烟气和高温冷却水提供的，所以溴化锂机组的启动必须是在内燃发电机组启动并平稳运转后才能启动。

b. 确认机组处制热方式。

c. 确认机组运转监视画面中"故障监视"选项中应无故障指示灯亮（除冷热水断水除外）。

d. 确认热媒水管网已充水排气，系统各阀门开关位置正确，确认溴化锂机组热媒水泵进口门开位置，出口门关闭后启动溴化锂热媒水泵，缓慢开启出口门，调整水流量至额定流量。

e. 确认高温冷却水泵启动且高温冷却水走高温散热器。

f. 开启机房通风扇。

g. 机组通电后，机组操作界面状态显示"机组已就绪"。

h. 按机组启动键。

i. 机组按开机程序自动完成开机操作采暖水泵按程序自动启动，高温冷却水和烟气的三通控制阀自动打开。

j. 机组进入运行状态（溶液泵按程序自动启动，高温冷却水和烟气的三通阀将根据采暖水出口温度自动调整开度）。

k. 巡回检查机组运行情况，每隔1h填写机组运行数据。

5) 制热模式应注意：

a. 在制热模式下，真空泵不需要运行；

b. 在制热模式下，制冷剂泵不需要运行，因此制冷剂泵手动/自动和制冷剂泵开启/停止功能将被禁用；

c. 在制热模式下，冷却水泵和冷却塔风机启停被禁止；

d. 在制热模式下，防结晶功能不适用。

（3）离心式冷水机组修后试启动。

1）试启前准备工作。

a. 确认机组检修完毕，质量符合要求，记录完善，并做到工完料尽场地清。

b. 所有现场仪表及控制，电气相关设备摇绝缘合格，联锁系统调试合格。

c. 油系统修理后加入合格的润滑油，在加油点前加设滤网，启动辅助油泵，在规定油温下循环油洗合格，并保持循环。

d. 冷却水通入系统，油冷却器排气、排污，处于备用状态。

e. 电气系统修理完毕，系统送电；单体试车合格，并初认转向正确。

f. 测试工器具（如测速计、测温仪、测振仪等）准备齐全。

g. 通信联络系统完备、畅通。

2）机组空负荷试启。

a. 再次确认油、水、汽（气、电）、仪等系统正常。

b. 全开压缩机出口阀，关闭进口阀。

c. 启动机组。

d. 空负荷试车时应检查机组：

①有无异声。

②润滑油温、油压。

③密封油压。

④冷却水量、水压。

⑤轴承温度、轴位移。

⑥仪表保护系统。

⑦管线与附属设备。

⑧振动情况。

⑨空负荷试车应运行一定时间。

3）机组带负荷试启。

a. 机组带负荷试启必须空负荷试启合格后方可进行。

b. 应按操作规程有关升速、升压步骤进行。

c. 试启过程中检查项目除所规定的内容外，尚须核对离心式压缩机出力是否符合铭牌规定，或达到额定能力。

d. 机组达正常转速负荷运行一定小时数后，若各项检查均正常，可按机组操作规定停机备用；若有问题，应视情况作紧急停车处理。停机后油系统继续循环数小时，并按规定盘车；待回油温度降至规定值以下时，停止盘车并停油泵；数分钟后再开油泵，若油温有升高趋势，应让油继续循环，直至油温符合要求。

（4）真空热水锅炉修后试启动。

1）试启前准备工作。

a. 锅炉各项检修工作确已结束，电气相关设备摇绝缘合格。

b. 检查各电源是否正常。

c. 检查燃气压力是否正常，管道阀门有无泄漏，阀门开关是否到位。

d. 试验燃气报警系统工作是否正常可靠，安全保护装置的校验是否正常。

e. 锅炉抽真空保压检漏应格。

f. 试转各辅机是否正常。

g. 检查软化水设备能正常运行，保证软水器处于工作状态，水箱水位正常。

h. 检查锅炉、除污器阀门开关是否正常。

i. 启动采暖水泵和生活储热水泵向锅炉及整个一次水系统灌注软水，同时开启管道系统排气阀排气，直至水灌满空气排尽为止。

j. 检查烟道门的状态，防爆门是否正常。

k. 检查压力表。压力表经有关部门校检合格，才能安装使用；表盘清晰，指针在零位，压力表应有工作压力红线；照明充足。

l. 检查安全阀。

m. 检查电控箱面板上的指示灯、仪表是否完好。

n. 检查现场照明、通风良好。

o. 供热网系统水循环正常中，需启动的采暖水泵进口门开启，出口门关闭位。

p. 启动采暖水泵，慢慢打开泵出口门，调整好流量。

q. 生活热水系统供回水系统循环正常，检查真空锅炉生活水储热泵进口门开启，出口门关闭位，启动真空锅炉生活水储热泵，慢慢打开泵出口门，调整好流量。

r. 上述检查完毕后应做记录。

2）锅炉试启。

a. 接通电控柜的电源总开关、检查控制屏无故障报警，确认无误然后按下启动电钮，锅炉即进入启动点火状态（点火程序将由程序自动控制）。

b. 燃烧器进入自动清扫、点火，部分负荷、全负荷运行状态。

c. 升温过程中根据温度上升情况调整采暖水泵、真空锅炉生活水蓄热泵负荷，确保水温均匀缓慢上升。

d. 如点火连续三次失败，则要停炉检查。

e. 锅炉完成启动后进入正常监控状态。

4. 启动与停止

（1）燃气内燃机启动与停止。

燃气内燃机启动方式有三种：①就地控制柜手动启机；②就地控制柜自动启机；③DCS启机。机组就地控制柜面模式转换开关分别有：模式选择开关、启/停选择开关、同步选择开关。

1）燃气内燃机启动前检查。

a. 在接到开机命令后，应做好启动前的准备和联系工作。

b. 现场确认无相关人员，设备正常，现场各仪表指示正常。

c. 查天然气压力正常。

d. 查内燃机组油路系统各管路接头无泄漏现象，油槽视镜油位正常，日用补油箱油位正常。各油阀处开机状况。

e. 查内燃机组高温缸套水、高温冷却水、中冷水系统管路接头无泄漏现象，各水系统的膨胀罐水压正常。各水阀处开机状况。

f. 查各急停按钮在复位状态。

g. 查发电机组各控制、配电柜电源已送，机组无报警发出。

h. 查蓄电池液位正常。

i. 查内燃机本体火灾报警灭火系统正常，无报警发出。

j. 检查发电机出口开关开关在热备用状态。

k. 缸套水加热投运状态，水温达规定值启机值。

2）燃气内燃机 DCS 界面启动操作。

a. 机组就地控制柜模式选择开关在"Auto"位置。

b. 机组就地控制柜同步选择开关在"Auto"位置。

c. 机组就地控制柜启/停选择开关在"REMOTE"位置，此时机组控制 A 柜的控制屏显示"自动启动准备就绪-机组停机"。

d. DCS 界面点击启机，机组控制柜的控制屏显示"开始自动启动程序"。

e. 进入程序自动启机状态，开始扫除排气管中的未燃烧充分的可燃混合气，同时机组润滑油泵、进排气风扇、高中温散热器风扇、高中温冷却水泵、高温缸套水泵、预燃装置自启动，主燃气阀组进入泄漏自检。

f. 泄漏自检正常后机组按预设程序自动点火启机升速、缸套水温达条件时自动并网、加负载，再根据负荷需求升至额定。

3）燃气内燃机就地手动启动操作。

a. 机组就地控制柜模式选择开关在"Manual"位置，机组控制柜的控制屏显示"手动启动就绪-发动机停机"。

b. 机组就地控制柜同步选择开关在"0"位置。

c. 按下机组控制柜的控制屏按键"START"，机组控制柜的控制屏显示"开始启动程序"。

d. 开始扫除排气管中的未燃烧充分的可燃混合气，同时机组润滑油泵、进排气风扇、高中温散热器风扇、高中温冷却水泵、高温缸套水泵、预燃装置自启动，燃气阀组进入泄漏自检。

e. 如果所有正常，在机组控制柜的控制显示"启动发动机"，按"START"启动键，机组开始启动升至额定转速，就地控制柜的控制屏显示"发动机怠速"，缸套水温达并网条件，方可进行并网。

f. 同期有两种模式；①Manual 手动（手动开始并网）；②Auto 自动，均可以。手同期，缸套水温达并网条件，同步选择开关切至"Manual"，按下合闸/选择按钮，同步进程开始，并网成功，就地控制屏输入密码，在就地控制屏上输入需加载的负荷量。自动同期，缸套水温达并网条件，同步选择开关切至"Auto"，同步进程开始，自动并网成功升负荷。

4）燃气内燃机就地自动启动操作：

a. 机组就地控制柜模式选择开关在"Auto"位置。

b. 机组就地控制柜同步选择开关在"Auto"位置。

c. 将机组就地控制柜启/停选择开关由"OFF"位切至"NO"位置，就地控制柜的控制屏显示"开始自动启动程序"。

d．开始扫除排气管中的未燃烧充分的可燃混合气，同时机组润滑油泵、进排气风扇、高中温散热器风扇、高中温冷却水泵、高温缸套水泵、预燃装置自启动，主燃气阀组进入泄漏自检。

e．泄漏自检正常后机组按预设程序自动点火启机升速、并网、加载负载，加载一定负荷暖机数分钟，再根据负荷需求升至额定。

f．巡查机组正常。

5）燃气内燃机停止。

a．燃气内燃机DCS界面停止操作。

①确认机组就地控制柜模式选择开关在"Auto"位置。

②确认机组就地控制柜同步选择开关在"Auto"位置。

③确认机组就地控制柜启/停选择开关在"REMOTE"位置。

④DCS启停机界面点击停机，自动降负载至0，发电机出口开关自动分闸，机组开始降转速，转速降至0后其他辅助设备继续冷却运行数分钟后停运。

b．燃气内燃机就地手动停止操作。

①同步选择开关处于"Manual"或"0"位。

②停机前，在就地控制屏操作界面进行降负荷操作。

③负荷降至极低负荷时按控制屏上发电机出口开关分闸键，机组就地控制柜控制屏显示"发动机怠速并网-卸载"。

④短暂冷却运行后，按控制屏"STOP"键，机组停机，其他辅机冷却运行数分钟后停运。

⑤巡查机组正常。

6）燃气内燃机就地自动停止操作。

a．确认机组就地控制柜启/停选择开关由"NO"位切至"OFF"位。

b．机组自动降负载至0，发电机出口开关自动分闸，机组开始降转速，转速至0后其他辅助设备继续冷却运行数分钟后停运。

c．巡查机组正常。

7）报警注意事项。燃气内燃机正常运行中发出白色、黄色报警时应分析判断原因并及时处理；当发红色报警并跳机，禁止应答红色报警信息，必需找出原因且排除故障后才能再次启机。

8）启动注意事项。

a．环境温度过低必须提前暖机，自动启动时缸套水温度必须达规定值，任何方式启动并网时缸套水温需达并网水温条件。

b．连续三次启动不成功，必须关断天然气总阀对发动机盘车吹扫，防止排气系统爆炸。

c．反复启动过程中应每次间隔数分钟，防止蓄电池过度放电，造成充电器过载和马达过热。

d．启动正常后应密切注意润滑油压力是否正常，以便采取对应措施。

e．机罩内进、排气风扇应正常工作。

f．密切注意缸套水、高温冷却水、中温冷却水温度，散热器风扇工作情况。

g. 加强有关参数监视，尤其是缸温及点火电压等重要参数。

h. 启动过程中如发出故障报警，必须立即停机，查明原因，排除故障后方能继续启机，不得冒险启机操作。

i. 启动正常后应适时缓慢接待负荷，不允许长时间空载或低载运行。

（2）吸收式溴化锂机组启动与停止。

1）吸收式溴化锂机组制冷启动前检查。

a. 确认现场无相人员，各设备完好，各仪表指示正常。

b. 各电源已送，控制屏无报警信号发出（冷水断水信号发出除外）。

c. 检查控制屏上制冷各调节控制参数、保护参数设定是否正确。

d. 检查机组各阀门及控制模式确已切换为制冷模式。

e. 查冷媒水系统侧正常。

f. 查冷却水系统人侧正常。

g. 查机组真空值是否正常。

h. 真空系统阀门状态是否正常。

i. 在启动触摸屏主菜单画面中的"参数设定"项中查看相关参数设定是否正确。

j. 根据现场情况选择启动方式，启动溴化锂制冷运行。

2）吸收式溴化锂机组制冷启动操作（自动方式）。

a. 确认机组控制箱电源已送。

b. 确认对应内燃机已启动运行正常。

c. 开启机房通风扇。

d. 进入"机组监视"画面按"系统启动"键，再按"确认"键，"确认完毕"键，机组进入程序控制运行状态。

e. 程控先启动冷媒水泵、再启冷却水泵，人为调整流量运行。

f. 溶液泵、冷剂泵按程序自动启动，热源热水和烟气的三通阀自动调整。

g. 启动冷却塔风机，控制冷却水出水温度在36～38℃之间。

h. 检查机组制冷正常，全面检查机组运行工况并做好记录。

3）吸收式溴化锂机组制冷启动操作（手动方式）。

a. 确认机组控制箱电源已送。

b. 确认对应内燃机已启动运行正常。

c. 开启机房通风扇。

d. 冷水泵出口门关闭位后启动冷水泵，缓慢开启出口门，调整冷水流量至额定流量。

e. 确认冷却水泵出口门关闭位后启动冷却水泵，缓慢开启出口门，调整冷却水流量至额定流量。

f. 在"机组监视"画面上按"系统启动"键，再按"确认"键，"确认完毕"键，触摸屏显示画面回到运转监视画面。

g. 在运转监视画面上按"溶液泵启"键，启动溶液泵（溶液循环量自动调节）。

h. 发生器溶液液位应正常。

i. 开启机组烟气截止阀。

j. 按"烟气阀门开、关"及"热源热水阀门开、关"键，调节两阀开度。

k. 检查溴化锂溶液浓度达54%，蒸发器冷剂水液位有水后按"冷剂泵启"键，启动冷剂泵，调节冷剂水激淋量。

l. 启动冷却塔风机，调整冷却水流量，控制冷却水出水温度在36～38℃间。

m. 检查机组制冷正常。

n. 全面检查机组运行工况，投入"自动方式"运行。

4）吸收式溴化锂机组制冷停止。

a. 做好停机前的准备工作。

b. 按运转监视画面上"系统停止"键，则机组进入自动稀释运行状态，自动关闭烟气和热源热水三通阀、烟气截止阀。

c. 检测到浓度控制在58%自动停冷剂泵。

d. 机组继续稀释运行到浓度56%后延时几分钟自动停溶液泵，自动关闭冷却水泵，延时几分钟后自动关闭冷水泵。

e. 对机组全面检查。

5）吸收式溴化锂机组制热启动前检查。

a. 确认现场无相关人员，各设备完好，各仪表指示正常。

b. 查热媒水管网正常具备启热媒水泵。

c. 查溴化锂热媒水、烟气、热源水及溴化锂本体系统的阀门状态正确。

d. 查相关各电源已送，就地电源柜、就地启停控制柜显示正常，无报警信号发出。

e. 确认系统各阀门已切制热模式。

6）吸收式溴化锂机组制热启动操作（自动方式）。

a. 确认溴化锂阀门切在制热状态，烟气高发进液阀、回液阀在开启状态。

b. 就地控制屏进入"工况选择"界面。

c. 点选"制热选择按钮"。

d. 点选"手动选择按钮"。

e. 点选"就地控制按钮"，确认后进入监视画面（手动）。

f. 点按"系统启动""双效溶液泵启动"，对烟气高发送溶液，液位正常后自动停溶液泵。点按"双效溶液泵停止""系统停止"。

g. 确认高发溶液液位正常，关闭烟气高发进液阀、回液阀。

h. 就地控制屏进入"工况选择"界面。

i. 点选"自动选择按钮"。

j. 点选"远程控制按钮"，确认后进入监视画面（自动）。

k. 抽对热水换热器和烟气高发器抽真空。

l. 顺控启动溴化锂，注意调节热媒水流量，全面检查机组运行工况。

7）吸收式溴化锂机组制热停止操作。

a. 做好停止准备工作。

b. 程控停机，则机组自动调节关闭烟气阀、热源水三通阀、烟气截止阀。

c. 溴化锂机热媒水一次水泵自动停止运行。

d．注意烟气高发压力温度变化，防止烟气阀关不严。

e．对机组全面检查。

8）运行注意事项。

a．机组制冷运行时，需定时巡视机组运行情况，并做好运行记录。

b．应常检查机组冷（热）水出口温度，如发现有升高应查找原因。

c．机组循环冷却水出口温度检查，及进、出口压差和温差的变化应分析原因。

d．熔晶管的检查。一般手可触及并可以长时间停留。如手不能长时触摸说明有溶液流过熔晶管，查明原因，如是结晶前兆则及早处理。

e．机组真空检查。如机组能经常抽出不凝性气体，应分析检查原因。如未查出则需进行气密性检查。如机内压力迅速升高，应尽快停机，切断冷水、冷却水，进行气密性检查找漏点。

f．检查屏蔽泵运行声音。

g．检查溶液泵是否有吸空现象。

h．启机制冷前先抽真空间 1～2h 再开机（以真空泵无排气声为准），启机后发现制冷效果差，则进行低负荷抽真空，真空正常后长升负荷运行。

i．机组运行时控制好冷凝温度、冷却水进水温度在正常值内。

9）机组熔晶操作。

a．机组启动时结晶的熔晶操作。在机组启动时，由于冷却水温度过低，机内有不凝性气体等原因，可能使溶液产生结晶。启动时结晶大都在热交换器浓溶液侧，也可能在发生器中产生结晶。熔晶方法如下：

①如是低温热交换器溶液结晶，其熔晶方法参见机组运行期间的结晶。

②发生器结晶时，应使烟气阀门开启 50%，向机组微量供热，加热结晶的溶液。为加速熔晶，可外用蒸汽全面加热发生器壳体。待结晶熔解后，启动溶液泵，待机组内溶液混合均匀后，即可正式启动机组。

③如是低温热交换器与发生器同时结晶，应按上述方法，先处理发生器结晶，再处理热交换器结晶。

b．运行期间结晶的熔晶操作。机组运行期间最易结晶部位是热交换器浓溶液侧及浓溶液出口处。熔晶管发烫是溶液结晶的显著标志。但熔晶管发烫不一定是由于机组结晶引起，溶液循环量不当也会引起熔晶管发烫。若是结晶引起熔晶管发烫，热交换器出口稀溶液温度及热交换器表面温度会降低。结晶时可采用以下方法熔晶：

①将机组转入手动控制后，重新启动，控制好烟气及热源热水阀门的开度。

②关闭冷却水泵，控制稀溶液温度。冷水出口温度大于进口温度后，关冷冻水泵。

③为使溶液浓度降低，或不使吸收器液位过低，可将冷剂水旁通阀慢慢打开，使部分冷剂水旁通至吸收器。持续运行，结晶一般可消除。

④如果结晶严重，一时难以解决，可同时用蒸汽或高温水直接对结晶部位全面加热。

⑤熔晶后机组开始工作。若抽气管路结晶，也应加热直至熔晶。

⑥寻找结晶原因，并采取相应的措施。熔晶后机组全负荷运行熔晶管也不发烫，说明机组已恢复正常运转。

c. 停机期间结晶的熔晶操作。停机期间的结晶是由于溶液在停机时稀释不足或环境温度过低等原因造成的，一旦结晶，溶液泵就无法运行。可用蒸汽对溶液泵壳和进出口加热，直到泵能运转。加热时要注意不让蒸汽和凝水进入电动机和控制设备。切勿对电动机直接加热。

10）机组静态抽真空操作。

a. 确认冷剂水取样阀、加液阀和浓溶液取样阀等通大气阀门关闭。

b. 测试真空泵极限抽气能力。

c. 合格后关闭取样抽气阀，全开真空泵上抽气阀，再慢慢打开真空泵下抽气阀抽气，待机内真空度有所提高后，再全开真空泵下抽气阀抽气。

d. 若机内没有溶液，则在抽至机内压力小于 100Pa 后关真空泵上抽气阀和真空泵下抽气阀并停泵。

e. 若在机内有溶液且停机时抽气，则需在真空泵排气口安装排气转换接头组件和软管，将软管插入注有清水的敞口容器中，启动真空泵，关闭真空泵气镇阀。观察容器中软管出口气泡数量，待气泡数少于每分钟 7 个时关真空泵上、下抽气阀，停运真空泵。

11）机组制冷低负荷抽真空操作。

a. 确认溴化锂机组阀门已切换至制冷模式。

b. 确认相应的燃气内燃机已启动正常。

c. 在溴化锂就地控制屏进入"工况选择"界面。

d. 点按"制冷选择按钮"。

e. 点按"手动选择按钮"。

f. 点按"就地控制按钮"。

g. 查工况选择已正确，按"确认"按钮，进入监视画面（自动）。

h. 在就地控制屏进入"抽真空系统"界面。

i. "抽真空系统"界面的"操作面板"栏选"手动运行"，启动真空泵运行。

j. 真空泵运行稳定后，缓慢开启真空泵下抽气阀抽气。

k. 启动溴化锂冷媒水一次泵，将冷冻水流量控制在合理范围内。

l. 启动冷却水泵后调节冷却水流量，冷却水调节阀开度根据冷凝温度调整（一般控制在 30%～50%）。

m. 点按"启动机组"并按确认启动。

n. 停止冷剂泵运行，待溶液浓度达 53%，再启动冷剂泵。

o. 点按"烟气两通阀开"，待烟气两通阀全开。

p. 点按"烟气三通阀开"，根据高发溶液温度及压力缓慢开启。

q. 点按"热水三通阀开"，根据高发溶液温度及压力缓慢开启。

r. 缓慢开启抽真空系统上抽气阀。

s. 对溴化锂单、双效侧吸收器轮换抽真空。

t. 稍微开启冷剂水旁通阀。

u. 启机过程注意检查熔晶管温度、溶液浓度防止结晶，控制冷水出口温度，冷凝温度不能过低防冷剂水污染，冷剂水蒸发温度不得过低防冷剂水结冰。

（3）离心式冷水机启动与停止。离心式冷水机是利用电作为动力源，如图 3-6 所示，

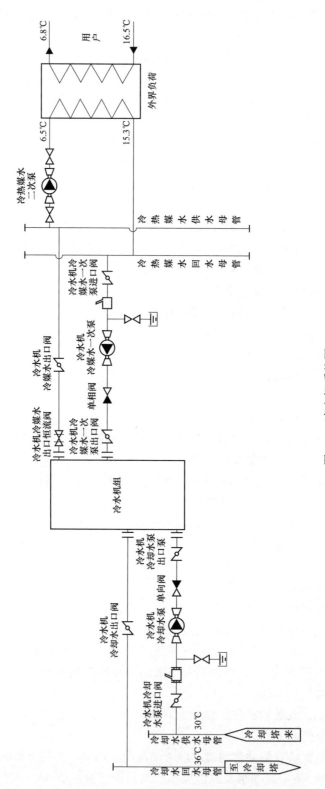

图 3-6 冷水机系统图

制冷剂（R134a、R22、R12、R502 等）在蒸发器内蒸发吸收载冷剂水的热量进行制冷，蒸发吸热后的制冷剂湿蒸汽被压缩机压缩为高温高压气体，经水冷冷凝器冷凝后变成液体，经膨胀阀节流进入蒸发器再循环，从而制取 5～10℃冷媒水。

1）离心式冷水机启动前准备工作。

a. 确认现场无检修及其他维护作业，工作已全部结束，人员已全部撤离。

b. 确认冷水机就地高压启动柜（10kV）已受电，高压带电、电压指示均正常。

c. 确认冷水机低压控制柜（380V）已受电，无报警信号。

d. 确认冷媒水泵、冷却水泵、制冷剂管道水路畅通（阀门开、关状态正确）；冷媒水、冷却水供、回水母管注水、升压至规定值、对冷媒水泵、冷却水泵管道进行排污、排气、冷媒水泵、冷却水泵就地控制柜受电正常，无故障报警。

e. 确认冷水机润滑油油位正常、油温正常。

f. 确认冷水机蒸发器、冷凝器内制冷剂液位正常。

g. 停运 7 天及以上的电动机需进行绝缘测试，测试结果合格者方可投入运行。

h. 确认冷水机控制面板上导叶开度为 0%，避免启动时产生过高的电流、力矩。

i. 确认冷却水塔集水池水温正常，液位正常；冷却塔风机绝缘合格；冷却塔减速机油位正常；冷却塔集水池进、出口阀门打开，水路畅通；冷却塔风机转向正确。

j. 用制冷剂检漏仪检测制冷剂管道、法兰、接头无泄漏现象。

k. 确认冷媒水系统压力正常（定压系统运行正常，系统压力在规定范围内波动；保证系统最高点不倒空、底层设备不被压坏）。

2）离心式冷水机启动操作。

a. 联系用户方开启末端空调。

b. 确认冷媒水管路畅通，启动冷媒水泵（离心式水泵）、缓慢开启冷媒水泵出口阀（后开启出口阀可避免离心泵产生过大的启动电流而跳闸，减少启动对管网的冲击）；检查冷媒水泵进、出口压力正常；冷媒水泵运行正常，无异常震动、杂音；水泵轴承温度正常；电动机电流、电压稳定在额定值；冷媒水泵流量稳定在额定值。

c. 确认冷却水管路畅通，启动冷却塔风机［启动冷却水泵（离心式水泵）、缓慢开启冷却水泵出口阀（后开启出口阀可避免离心泵产生过大的启动电流而跳闸，减少启动对管网的冲击）］；检查冷却水泵进、出口压力正常；冷却水泵运行正常，无异常震动、杂音；水泵轴承温度正常；电动机电流、电压稳定在额定值；冷却水泵流量稳定在额定值。

d. 启动冷水机（根据实际情况可选择远程或者就地启动），冷水机进入启动程序：系统自动建立油压，给压缩机内所有的轴承、齿轮和旋转面提供足够的润滑；预润滑结束后，压缩机自动启动运行，根据外界负荷情况机组将缓慢增大导叶开度。

e. 当冷水机满负荷运行时，检查压缩机电动机电压、电流稳定在额定值；严格控制冷却水供水温度、流量，保持冷凝器冷凝压力在合理范围内，避免压缩机因冷凝器压力过高而发生喘震。冷水机将根据外界负荷自行调整制冷量百分比，应尽量避免机组长期处于低负荷运行，应根据外界实际冷负荷及时调整机组运行台数，确保每台机组在额定工况下运行。

3）离心式冷水机停止操作。

a. 停止机组（根据实际情况可选择远程或者就地停止），机组进入停止程序：逐渐关小导叶开度、减小制冷量，最后停运压缩机；润滑油泵将在压缩机停运后延时几分钟停运，保证轴承、齿轮和旋转面得到润滑。

b. 压缩机停运后，延时数分钟停运冷却水泵、冷媒水泵；防止蒸发器发生冻结现象。停运离心式水泵时，先关泵的出口阀，后停运水泵（先关出口阀后停泵是为了防止出口单向阀不起作用时造成水泵反转）。

c. 冷却水出水温度低于32℃时，停运冷却塔风机。

d. 冷水机停运后检查蒸发器内蒸发温度、制冷剂液位、润滑油油位，机组控制面板上无报警信号。

4）机组运行注意事项。

a. 检查冷媒水、冷却水、制冷剂系统无跑气、冒水、滴液、漏液现象。

b. 过高水温的水不得流经冷水机冷凝器、蒸发器。

c. 检查机组油位、制冷剂液位正常。

d. 监视机组蒸发温度不得低于2℃，防止蒸发器发生冻结；监视蒸发器、冷凝器换热小温差（冷冻水出水温度与蒸发温度的温差、冷却水出水温度与冷凝温度的温差）不得大于2℃，否则检查蒸发器、冷凝器传热管是否有脏堵或结垢现象。

e. 用制冷剂检漏仪检测制冷剂管道、法兰、接头无泄漏现象。

f. 检测各水泵、轴承温度不得高于规定值，各轴承振动不得大于0.05mm，设备无异常震动、异音。

（4）真空热水锅炉启动与停止。参考锅炉运行相关资料、锅炉运行规程，结合燃气真空热水锅炉运行外围条件和运行方式，启停操作、运行调整如下：

1）真空锅炉启动前的检查。

a. 锅炉各项调试（检修）工作确已结束。

b. 检查各电源是否正常。

c. 检查燃气压力是否正常，管道阀门有无泄漏，阀门开关是否到位。

d. 试验燃气报警系统工作是否正常可靠，安全保护装置的校验是否正常。

e. 检查锅炉机组真空，抽真空至对应机组内水温所对应的饱和压力，抽真空时机组保持冷态，真空抽至规定值后保持24h,真空下降不大于133Pa者为合格,真空下降大于133Pa时必须检漏直至合格为止。

f. 试转各辅机是否正常。

g. 检查软化水设备是否能正常运行，保证软水器处于工作状态，水箱水位正常。

h. 检查锅炉、除污器阀门开关是否正常。

i. 启动采暖水泵和生活储热水泵向锅炉及整个一次水系统灌注软化水，同时开启管道系统排气阀排气，直至水灌满空气排尽为止。

j. 检查烟道门的状态，防爆门是否正常。

k. 检查压力表。（压力表经有关部门校检合格，才能安装使用；表盘清晰，指针在零点，压力表应有工作压力红线；照明充足）。

l. 检查安全阀。

m. 检查电控箱面板上的指示灯、仪表是否完好。

n. 检查现场照明、通风良好。

o. 供热网系统水循环正常，需启动的采暖水泵进口门开启，出口门关闭位，启动采暖水泵，慢慢打开泵出口门，调整好流量。

p. 生活热水系统供回水系统循环正常，检查真空锅炉生活水储热泵进口门开启，出口门关闭位，启动真空锅炉生活水储热泵，慢慢打开泵出口门，调整好流量。

q. 上述检查完毕后应做记录。

2) 真空锅炉启动操作。

a. 确认上述检查符合要求后。

b. 接通电控柜的电源总开关、检查控制屏无故障报警，确认无误然后按下启动电钮，锅炉即进入启动点火状态（点火程序将由程序自动控制）。

c. 燃烧器进入自动清扫、点火，部分负荷、全负荷运行状态。

d. 升温过程中根据温度上升情况调整采暖水泵、真空锅炉生活水蓄热泵负荷，确保水温均匀缓慢上升。

e. 如点火连续三次失败，则要停炉检查。

f. 锅炉完成启动后进入正常监控状态。

3) 真空锅炉的运行调整。

a. 锅炉设有炉内热媒水温度、采暖水供水温度、生活水供水温度控制：当锅炉内热媒水温度、采暖水供水温度、生活水供水温度到达此值后（哪个温度先到先停），则自关闭燃烧器工作。即燃烧器的停机温度。

b. 采暖水出水回差设定：即燃烧器复燃温度＝出水目标温度－回差值。

c. 火焰切换温度：当锅炉采暖水出水水温到达此值后，则燃烧器关闭大火处于小火工作。即燃烧器的大火关闭温度。

d. 火焰切换回差：即燃烧机大火开启温度＝燃烧器的大火关闭温度－回差值。

e. 超温保护当温度达到设定的值后，系统自动关闭燃烧器并报警。

4) 正常停止操作。

a. 值班员接到停炉通知后，及时做好停炉前的准备工作。

b. 在真空锅炉操作系统界面按下"停炉"键，锅炉按照设定的程序自动停运。

c. 燃烧器熄火后，关闭锅炉燃气进气手动阀，检查系统无燃气泄漏。

d. 锅炉停炉后，采暖水泵和生活水储热泵继续运行 10min 后停泵。

e. 关闭真空锅炉对应的采暖水泵进、出口阀门。

f. 关闭真空锅炉生活水储热水泵进、出口阀门。

g. 运行中的锅炉发生自动停炉。如果是由于系统工况异常引起锅炉安全保护达到动作值而发生的，应据报警信号确认停炉原因。非人为因素导致的自动停炉，要及时调整、查明原因，根据指令恢复正常运行状态。

5) 紧急停止操作。有下列情况出现时，应紧急停炉（按锅炉停止按钮）：

a. 锅炉出水温度急剧上升，或已发生炉水汽化时。

b. 锅炉采暖水泵/生活水储热泵损坏。

c. 压力表和安全阀全部失灵。

d. 燃烧设备损坏。

e. 受热面爆破及危及安全的异常情况等。

6）真空锅炉联锁保护。

a. 燃气真空锅炉停机保护。

b. 超真空报警及停火保护。

c. 锅炉内热媒水超温保护。

d. 采暖水和生活热水出水温度超温报警及停火保护。

e. 熄火保护。

（5）蓄能水罐系统启动与停止。

1）蓄水罐板换系统启动操作。

a. 确认现场无检修及其他维护作业，工作已全部结束，人员已全部撤离。

b. 确认蓄水罐板换一次泵、蓄水罐板换循环泵就地电控箱（380V）已受电，且无报警信号；停运 7 天及以上的电动机需进行绝缘测试，测试结果合格者方可投入运行。

c. 如图 3-7 所示，确认蓄水罐板换一次泵、蓄水罐板换循环泵管道水路畅通，蓄能/释能模式正确。冷热媒水供、回水母管注水、升压至规定值；对各母管、水泵进行排污、排气。

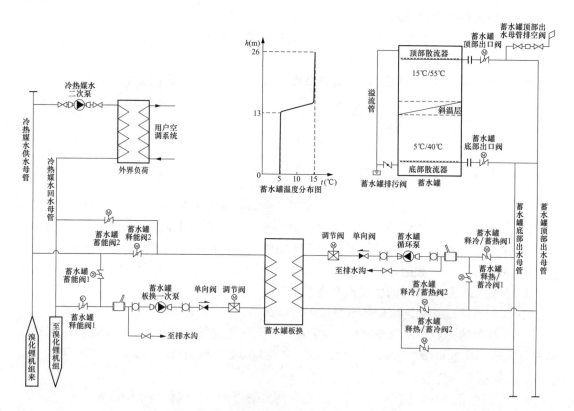

图 3-7　蓄能水罐系统图

d. 确认蓄水罐液位、压力在正常值,蓄水罐顶部出水母管满水,运行中不会出现空管现象。蓄水罐内水温在蓄能时满足溴化锂机组满负荷运行条件;在释能时能满足外界客户需求温度;保证供能、蓄能品质。

e. 确认各水泵出口调节阀能正常调节阀门开度,保证蓄水罐板换换热效率。

f. 确认冷媒水系统压力正常(定压系统运行正常,系统压力在规定范围内波动;保证系统最高点不倒空、底层设备不被压坏)。

g. 确认现场具备启动条件、蓄水罐运行模式,确认相应阀门开/关状态正确。先启动蓄水罐板换循环泵,再开启蓄水罐板换循环泵出口调节阀;启动蓄水罐板换一次泵,再开启蓄水罐板换一次泵出口调节阀。现场确认水泵运行正常,无异音、震动现象。检查水泵运行电流、电压稳定在额定值附近;水泵进口滤网前后无压差,滤网无堵塞,流量正常。

h. 注意冷热媒水供水母管压力不得过高或者过低,供水母管与回水母管压差不宜大于0.1MPa。

i. 检查系统无跑气、冒水、滴液、漏液现象。

j. 调节蓄水罐循环侧流量使得蓄水罐板换换热端差控制在 1.5℃;当端差大于 2℃,调整板换两侧流量均无法控制,检查板换是否有脏堵或结垢现象。

k. 每隔 2h 检测各水泵、轴承温度正常,各轴承振动不得大于 0.05mm,设备、管道无明显震动、异音。

2)蓄水罐板换系统的停止操作。

a. 接令后,关闭蓄水罐板换一次泵出口调节阀,停运蓄水罐板换一次泵;关闭蓄水罐板换循环泵出口调节阀,停运蓄水罐板换循环泵。再关闭其余相关阀门,退出板换运行。

b. 注意冷热煤水供水母管压力不得过高或者过低,供水母管与回水母管压差不宜大于0.1MPa。

c. 就地检查板换系统确已退出,水泵无正转、反转现象。

(6)冷却塔启动与停止。

1)冷却塔启动操作。

a. 确认现场无检修及其他维护作业,工作已全部结束,人员已全部撤离。

b. 确认冷却塔风机、相应的冷却水泵就地电控箱(380V)已受电,且无报警信号;停运 7 天及以上的电动机需进行绝缘测试,测试结果合格者方可投入运行。

c. 确认冷却塔集水池液位正常;防止冷却水泵运行时,空气进入供水母管造成设备损坏。

d. 确认冷却水塔集水池水温正常,冷却塔减速机油位正常,常闭的排污阀、排气阀已关严。

e. 确认冷却水供、回水管道水路畅通,压力正常;对应的冷却水泵已排污。

f. 开启冷却塔供、回水阀,启动对应的冷却塔风机,确认冷却塔风机转向正确,电压、电流稳定在额定值附近。冷却塔风机无明显振动和异音。

g. 启动冷却水泵、缓慢开启冷却水泵出口阀(后开启出口阀可避免离心泵产生过大的启动电流而跳闸,减少启动对管网的冲击)。检查冷却水泵进、出口压力正常;冷却水泵运行正常,无异常震动、杂音;水泵轴承温度正常;电动机电流、电压稳定在额定值附近。

调节出口阀开度，使得冷却水泵流量稳定在额定值。

h. 确认冷却塔布水器水路畅通，无满水、漂水现象；否则调节该冷却塔进水量、检查布水器是否脏堵。

i. 检查冷却水供水温度与冷却水泵进口温度一致。

2）冷却塔停止操作。

a. 关闭相应冷却水泵出口阀，停运对应冷却水泵（先关出口阀后停泵是为了防止出口单向阀不起作用时造成水泵反转）。

b. 待冷却水泵停运后，停运相关冷却塔风机，关闭对应冷却水供、回水阀。

c. 就地检查冷却水泵、冷却塔风机确已停运，水泵无正转、反转现象；冷却水回水阀确已关严。

d. 确认冷却塔集水池液位、各母管压力与启动前一致。

第三节　供热系统故障处理

一、采暖供热系统故障处理

（一）供热系统故障处理原则

（1）供热管网和辅助设施发生故障后应及时进行检查、分析原因和故障处理。

（2）供热管网应按下列原则制定突发故障处理预案：

1）保证人身安全；

2）尽量缩小停热范围和停热时间；

3）尽量降低热量、水量损失；

4）避免引起水击；

5）严寒地区防冻措施；

6）现场故障处理安全措施。

（3）故障处理现场应设置围挡和警示标志，无关人员不得进入。

（4）故障处理后应进行故障分析和制定预防措施，并应建立故障处理档案。

（二）供热系统抢修

在热力网运行过程中，难免会由于多种原因而发生管网、阀件或设备损坏的故障，在多数情况下，关断并检修有故障的区段都会影响对用户的供热，这种检修必须抓紧时间、争分夺秒，具有抢救性质。因此，必须合理地组织抢修工作，从发现热力网事故，判定事故性质，寻找出事点，防止事故扩大，直到最后排除事故，尽量压缩时间，以尽快恢复对用户的正常供热。

这一系列抢修工作是由事故抢修队在中心调度室的统一指挥下进行的。下面对主干管网事故抢修程序进行简单介绍，以供参考。

（1）查出损坏管段并防止其扩大。当热力网值班调度发现补水量突然不正常地剧烈增大时，可初步判定是热力网干管发生损坏，装设在补给水管道和干管上的流量表会记录下这些情况。此时可立即派出事故抢修队去检查干管，查出管路损坏的大致部位，立即用分段阀将其关断，同时关闭与损坏段引出的各个分支管上的全部阀门。在这里，热力网主干线上分段阀的作用很重要。

（2）使干管中未损坏的管段恢复运行。打开热力网主干管始端的阀门，使水流在被关闭的分段阀门前开始循环，再打开损坏管段相邻的备用跨接管上的阀门，以便向位于损坏管段后部的管段供热。

（3）排除故障。通过对损坏管段的外部检查或借助管道故障探测仪确定损坏的具体部位，排出损坏管道区段的存水，用消防车或潜水泵抽出地沟和检查井的积水（如果是直埋管道，则应挖开损坏段），判定管道损坏程度。如轻微裂纹，可以补焊，如损坏严重，应割掉更换新管。

（4）开通管路并恢复对关断用户的供热。抢修完后可立即充水，打开抢修部位的分段阀和各分支管道上的阀门，关闭备用跨接管上的阀门，恢复向关断用户的正常供热。抢修所需的时间取决于损坏管段所在位置及管径，一般应限在 7～40h 内抢修完，否则在寒冷地区，中断供热部位的管段和热用户有冰冻的可能，甚至会造成大的事故。

为了迅速完成抢修工作，事故抢修队要配备一定数量的工作人员、机械设备、车辆和材料储备。抢修队的技术负责人要有抢修经验，对热力网的情况十分熟悉。系统正常运行时，抢修队成员在修配车间从事热力网的其他修理工作，只是在事故时才动员去从事抢修工作。

抢修队应配备：运输车辆、挖土机、推土机、起重车、电焊机、移动式空气压缩机、水泵、通风机、探漏仪等设备。在热力公司中，抢修工作十分重要，人员、物资、器具必须充分保证。

（三）降低供热事故发生率的措施

1. 防止供水管道的腐蚀

目前，供热系统最薄弱的环节是热水供水管道，据有关部门统计：其损坏量约占所有热力网损坏量的 80% 上，主要原因是地下热力管道的外部腐蚀。因此，防止供水管道腐蚀是运行维护重要工作之一。

供水管表面温度高，当供水管道的保温层、保护层破坏后，并与湿度高的空气接触时，会发生腐蚀；而当管道表面干燥时，腐蚀减缓。因此，在地下水位较高的地沟内，非供暖季节最好将地下热力管道保温层经常加以干燥，其方法是将热力网供水管不定期地升温，并保持 30～40h。实践证明：运行管理部门事先查明有可能腐蚀的管段并采取措施，是延长热力网寿命和提高供热可靠性的有效方法之一。

管理人员要对外腐蚀进行预防，对管道的保温层和保护层、补偿器、阀件、接头等处经常进行严密监视。及时抽走地沟积存的雨水，管底部要清理干净，经常疏通排水设施。绝对避免管沟中积水浸泡管道的保护层、保温层。

2. 防止热力网失水

集中供热系统的补给水采用的是经过软化和脱氧处理的水，这需要在热源处设置水处理系统，并在运行中消耗热量、电能。因此，保证供热热力网的严密性和减少补水量是运行管理人员经常性和最为重要的任务。供热系统的补水率是代表热力网运行管理水平的重要经济指标。一般认为，较大型一级网（间接连接用户）的补水量应少于系统总循环水量的1%，二级网（与用户直连）的补水量可以稍大些。

热力网失水原因检测有如下几种：

（1）热力网管路破裂和不严密。当热力网定压点压力降低很多，补水量很大时，运行人员可判断是热力网漏水，应立即采取措施寻找漏水点。首先对热力外表进行检查，即通过地表面融化置雪、地面冒水、热力管道路线和检查井大量冒汽以及从检查井中听到的漏水时的特有声音等方法来发现漏水处。其次是重点检查新投入运行的管线或最老、最易于腐蚀的管段。为了保证能尽快找到漏水点，运管人员应事先制订查漏行动计划，对管区内的地下管网状况了如指掌，并备有查漏仪器。

（2）换热装置泄漏。即使热网加热器中有一根管道破裂，漏水量也相当可观。有三种方法可进行查漏：

1）用化学分析法检查热网加热器凝结水的硬度、碱度，如果硬度、碱度升高，则表明热力网水漏入了热网加热器的凝结水中；

2）把蒸汽量与凝结水量进行比较，两流量差别大时，证明热力网水漏入了凝结水中；

3）观察热网加热器中的凝结水水位，凝结水水位高时，证明热力网漏水。

（3）热用户偷水。这是我国城市集中供热系统（与用户直接连接）中普遍存在的现象，用户偷水不会使热源处定压点压力下降很明显，失水量虽不很大，但具有时间周期性，一般集中在下午下班至睡前，延续时间较长，会导致供热系统补水量长期超过设计标准。如果失水量持续超过补水系统的设计补水能力，需向热力网大量补入未经处理的自来水，会降低加热设备和管网的使用寿命，产生严重后果。

热力网运行管理部门可使用以下几种方法制止热用户偷水：①制定严厉的规章制度处罚偷水的用户，反复检查用户系统，取消用户系统中的水嘴、手动放气阀、手动集气罐及无用的放水阀门。②在二级热力网的水中（进入住户供暖系统）放入色素、异味剂等，但这仅是权宜之策，不宜长期采用。③在各用热单位管理的热力站的补水管上加水表，采取补水收费制度，并采用累进收费法，即补水率超过标准后，提高收费等级。对于多个单位合用一个热力站的，可按各单位供暖面积均摊。⑤利用社会行政力量和新闻媒介的影响力宣传供热系统失水的严重性。

可以预言，防止用户偷水是大中城市供热系统运行管理人员的一项长期而艰巨的任务。

3. 不断对热力网进行水力工况调节

在大中城市供热网中，每年都会有新的用户陆续接到网路上，这将致使热力网的水力工况发生变化，使一部分用户水力工况变坏。为了使供热系统运行经济、可靠，每年都应调整一次水力工况。运行管理部门通常要为此建立专门的调整小组，由热力公司和相关人员组成。

在工况调整前，要弄清热力网的技术现状、实际水力工况，并核准将与热力网连接的用户的计算热负荷、连接方式、用户系统特点等因素，在此基础上进行水力计算并制定新的调整工况。对实际工况与调整工况比较后，制定出排除水力失调的措施。例如：加装节流装置，消除热力管道的堵塞，更换管径。让管道改线，改变用户与网路的连接方式，更换用户热力设备等。

运行管理部门应有一个对本热力网供热区域供热规划负责的常设技术机构，由此机构负责对新接用户的供暖系统、连接方式等与热力网连网有关的重大技术问题进行指导和咨询。凡是想新接入热力网的用户，在自己的系统设计之前，一定要与设计部门的供热专业人员共同去热力网管理部门讨论接入热力网的方案。这样做可以使设计方案更为合理，并可避免许多技术误差，为新用户顺利进网创造有利条件。

（四）换热站常见故障及处理方法

1. 换热器

（1）换热器结垢。

1）换热器结垢的原因：

a. 采暖系统中的水质没有达到软化水所规定的指标。

b. 生活热水系统中，生活热水温度没有严格控制在60℃以下。

2）换热器结垢的现象：

a. 换热器结垢后，换热器的换热能力下降，二级管网供水温度偏低，升温缓慢。一级管网供水与一级管网回水温差减小。一级管网水流量明显增加时，二级管网水温度变化不明显。

b. 当列管式换热器结垢时，换热器阻力增大（设备进、出口压差大），二级管网水流量减小用于生活热水系统时，因二级管网水在管芯中流动，水垢易堵塞换热器。

3）处理方法：增强软化水处理人员的责任心。应经常检查各种软水设备，严格控制、监测水质，认真执行生活热水温度不超过60℃的规定。一旦发现换热器结垢现象，应及时汇报，及时除垢。

（2）换热器串水。

1）换热器串水的原因：换热器串水的主要原因是管壁、板片出现裂纹、穿孔及封头开焊等所致。

2）换热器串水的现象：

a. 采暖系统中，在一级管网水压力高于二级管网水压力的运行状态下，会发生二级管网系统压力增高并接近一级管网水压力或膨胀水箱溢水，及二级管网供水升温快，温度高、二级管网供水温度不易调节的现象。

b. 采暖系统中，在一级管网水压力低于二级管网水压力运行状态下，会发生二级管网水系统补水突然增大，且有一定规律性，补水频率较高的现象。

c. 在生活热水系统中，会发生生活供水温度高，调节作用不明显及在生活热水不供应时，生活热水温度、压力和一级管网水的温度、压力逐渐接近的现象。

3）处理方法：当发现有上述现象时，应关闭站内换热器低压侧两端阀门，观察其压力变化。如果换热器低压系统的压力上升到高压系统工作压力而不再变化时，可初步判断为串水，应通知有关人员立即处理。

（3）板式换热器渗漏、泄漏。

1）板式换热器渗漏、泄漏的原因：

a．主要是固定压板与活动压板压紧尺寸不够，各螺栓之间的紧力不均，不符合换热器新旧板片夹紧尺寸的要求。

b．换热器板片垫圈粘和不良，有异物或胶垫有缺陷等情况。

2）板式换热器渗漏、泄漏的现象：板式换热器渗漏、泄漏主要表现为换热器局部溢水和换热器底部渗水等现象。

3）处理方法：

a．当板式换热器泄漏时，首先应校对固定压板与活动压板是否平行，压紧尺寸是否符合设备标牌上的设定值。如有不当，应泄去换热器压力，待冷却一段时间后，调整固定压板与活动压板的平衡位置，并按对称顺序逐步夹紧。

b．在设备运行过程中，发现渗漏时，应在泄压后按对称顺序均匀夹紧 2～3mm 后再运行。

c．设备在运行过程中，板片经多次夹紧已达到最小夹紧尺寸时，应及时更换垫圈，防止板片被夹坏。换热器遇有严重溢水情况时，应将设备拆开检查，垫圈是否有脱落、缺损或异物存在，并解决。

（4）换热器堵塞。

1）换热器堵塞的原因：换热站站内系统及用户二级管网冲洗不彻底；在系统运行中，管道中遗留的焊渣、污物与杂物进入换热器内。

2）换热器堵塞的现象：换热器进、出口阻力大（板换进、出口压差大），流量减小。堵塞严重时，有明显的过流声。

3）处理方法：在发现换热器堵塞后，应及时拆开换热器，将换热器内的焊渣、污物及杂物彻底清除，并按换热器的安装要求安装，然后恢复运行。

2．水泵

（1）电源接通后，水泵不能启动，且发出低沉的嗡嗡声：

1）电源电压过低，造成启动力矩小，因此无法启动。

2）三相电源有一相断路，不能形成旋转磁场。

3）电动机绕组匝间短路，或绕组有一相断路。

4）电动机与水泵功率不匹配，造成小马拉大车。

5）水泵轴被卡住，造成严重过载。

6）电气控制设备接线错误。

（2）水泵启动后压力无变化，水泵进出口无明显压差：

1）水流通道是否有堵塞；入口阀门是否打开；闸板是否脱落；止回阀阀瓣是否被卡住打不开。

2）水泵转向是否正确，如反转则重新调整。

3）带有旁通连接的水泵系统，旁通阀门是否关闭；并联水泵中，备用水泵止回阀是否严密。

4）水泵叶轮是否损坏；叶轮槽道有无杂物堵塞；叶轮与泵轴的定位键是否有效。

（3）水泵输出流量低于设计要求：

1）水泵进出口阀门开度是否过小；闸板是否脱落；除污器及管道内是否有杂物堵塞。

2）电源电压过低，电动机转速不足，造成输出流量降低。

3）水泵解体检查：密封环是否磨损；叶轮损坏或叶轮槽道中有异物堵塞，造成流量降低。

（4）水泵消耗功率过大：

1）水泵供水量增大，流量超出设计范围，使电动机超负荷运转，造成消耗功率增加。表现为电动机运行电流升高超出额定值，长时间超负荷运转就会损坏电动机。

2）轴封填料装置不当，填料处过热；有填料环装置的填料函中，填料环安装位置不正确，应调整填料环位置，使其正好对准水封管口。水封管堵塞填料函体内如不进水，应疏通水封管。

3）电动机与泵的轴线不同心，联轴器的端面间隙太小，运转中两轴相顶，应找正轴心，调整联轴器端面间隙。

4）水泵解体检查，泵轴是否弯曲；密封环是否磨损；轴承是否损坏；叶轮部分是否有异物；叶轮是否磨损；转动部分与静止部分是否有摩擦。

（5）填料轴封泄漏过多：

1）填料规格不符，填料规格要合适，性能要与工作液面相适应，尺寸大小要符合要求。

2）施加填料方法不当。填料搭接面没有与水流方向垂直，填料每圈接头没有错开要求的角度，或填料加入后不足一个整圈，有短缺或凸起。

3）填料压盖过松或偏紧卡住，应对称匀力上紧，以流水至连续滴渗出为准，填料压盖压入 2～3mm 为宜，压入过多时应补加一层填料。

4）检修更换填料时未做全部更换，使其内部填料使用时间过长，失去弹性或磨损过量，从而造成整体压的不紧密、轴封质量差应更换填料。

5）在有填料环装置的轴封内，填料环装在轴封中的位置正确，液体无法进入。为使轴封处形成水封，只能放松填料压盖，造成泄漏量增大，应调整填料位置使其对正水封管口。

6）轴或轴套磨损，或在填料的位置上有擦伤，轴弯曲或动力与轴线不同心，转子不平衡产生振动均可造成轴封泄漏过多。

（6）轴承过热：

1）轴承、滚珠或轴瓦是否损坏。若损坏，应予以更换。

2）润滑油是否脏污，油的牌号是否符合要求。若脏污或牌号不对应更换标准油。

3）轴承室是否缺油或溢油。润滑脂应充满油室的 2/3 容积。过多过少都会造成轴承过热。滑动轴承中的润滑油应加至标准位线。

4）滑动轴承中的润滑油温度是否过高或过低。

5）轴承与轴配合是否良好。有无过松（走内圆）或过紧。轴承与端盖配合是否过松（走外圆）或过紧。

6）主轴是否弯曲，轴承内有无灰砂等杂质。

7）组装时是否将轴承调到正确位置，有无扭斜、卡阻。

8）联轴器装配是否正确。

9）若精动轴承润滑液不到位，甩油环不起作用。G 型屏蔽电泵的滑动轴承润滑液不到位主要是水泵充水后未进行排汽，过滤器或回液管堵塞，均可造成轴承过热。

（7）水泵在运行中产生振动：

1）蜗壳在小流量时会产生不同程度的振动。这是因为此时转子上有径向力的作用。蜗壳泵在设计工况下运行时，由于蜗壳内液体的速度与液体流出叶轮的速度大小相等、方向一致，液体进入蜗壳较为平顺，叶轮四周液体速度和压力分布均匀，没有径向力。而工作点低于设计工况时（小流量），蜗壳内液体流速减慢，而液体流出叶轮的速度却增大，使流出叶轮的液体与蜗壳内液体发生撞击，并把动能传给了蜗壳里的液体，使压力升高，反作用在叶轮上产生径向力。应将水泵出口门开大，调至正常工作点，振动即可消失。

2）基础不牢，即水泵或电动机地脚螺栓紧固不良产生的震动。水泵出口管道系统内窝气或小型水泵管道支撑不良。

3）轴承损坏或杂质进入轴承体内或轴承滑动部分，有锈蚀、剥皮等，应清洗或更换新轴承。

4）电动机与水泵不同心，造成偏心旋转。叶轮部分堵塞造成的不平衡或转子质量的不平衡泵轴弯曲变形；转动部件松弛或破裂；机泵内部转动部件与静止部分摩擦产生震动。应查明原因，进行调整紧固，或更换损坏部件清除震动。

（8）水泵运行中声音异常与相应的故障点：

1）机泵运行中发出"咯噔、咯噔"带有周期性的撞击声，是由于水泵转动部件在轴上松动破裂、泵轴弯曲变形等因素造成，应立即停机，解体查明原因，属叶轮、轴套松动应进行紧固，属损坏应更换，属泵轴弯曲应对泵轴进行调直或更换。

2）机泵运行中发出"噼噼啪啪"的爆裂声，一般是由于水泵发生汽蚀所造成叶轮吸入端压力低于工作水温的饱和压力，使一部分水发生汽化。当汽泡进入压力较高区域后，受压突然凝结，四周的液体就向此处补充，造成水力冲击即汽蚀，汽蚀对设备危害很大，因此在水泵运行时其入口压力不能低于规定值。同时水泵入口阀门应开满位置，以杜绝此现象的发生。

3）对蜗壳泵而言，有类似汽蚀的声响，好像石子甩到泵壳上。主要原因是水泵工作点低于设计工况，即小流量，使流出叶轮的液体与蜗壳内的液体发生撞击产生，应开大水泵出口阀门，使水泵的工作点符合设计工况。

4）新更换滚动轴承的水泵在运行时，会发出较低的"嗡嗡"声，且轴承温度升高，这是由于装配时轴承盖对轴承施的紧力过大，使滚动轴承失去径向游隙，滚动体转动费力造成的。运行中如滚动轴承发出均匀的哨声，这是由于轴承体内油量不足而产生干磨。运行中如发出较大的"唰唰"声，这是因为滚动体与隔离架间隙过大。如果运行中发出"啪啪啦啦"的破裂声，则滚动轴承彻底损坏。

5）机泵运行中如发出音调或高或低的振动声，一般是由于电动机风扇紧固不良而产生的。

3. 除污器

除污器投入运行后发生故障，多为除污器内部堵塞。施工人员在施工中未将混入、掉入系统中的沙石、焊渣等杂物冲洗干净。投入运行后，在水流作用下将其带入系统落于除污器中。细小颗粒杂物随水继续流动，颗粒直径与除污器滤水网眼直径大小一样的被卡死在滤孔中，造成堵塞。

（1）除污器堵塞的现象：除污器堵塞后，除污器两端压差会明显增大（即阻力大），过水部分流速增大，并发出"噬嗑"的过流声。堵塞的程度不一样，发出的声音强弱则不同。

（2）处理方法：除污器发现堵塞后，应停止运行或打开旁通阀门。关闭除污器两端阀门，打开除污器清理孔来清除污物。可用手锤敲击滤水花管，振落卡在花管上的颗粒，然后打开除污器过水端的阀门，借助水的冲力清除颗粒。进行冲除时，应用大流量，猛冲猛泄，反复几次，直到冲干净为止。

4. 阀门

（1）阀门关闭或开启不动：阀门如果长期关闭或处于某一位置不动时，容易生锈，造成阀门不能开启、关闭或操作不动的现象。遇到这种情况时，可以用振打的方法，使生锈部位松动。如仍然操作不动时，可用扳手或管钳转动手轮，但用力要均匀，缓慢加力转动，不可用力过猛，防止将阀杆扭断或扳弯。为防止阀门生锈，平时应加强维护保养，定期擦拭、上油、转动。

（2）阀门关闭不严：当阀芯与阀座密合面上有径向蚀痕或划伤时，阀门开启、关闭操作感觉不到异常。在阀门关闭后会有泄漏，但流量甚小。当阀芯与阀座上结垢较多时，阀门关闭阻力较大，操作费力，且关闭时不能到位。如有异物卡在阀芯与阀座之间，阀门就无法关严。明杆阀门很容易判别；截止阀的阀杆弯曲变形，使阀瓣与阀座密合面接触出现错位造成不严。当阀门关闭不严时，应缓慢的反复开启、关闭几次，达到关严的目的或起到判明故障点的作用。

（3）闸阀闸板脱落：闸阀闸板脱落后，阀门只能转动手轮，而不能升降阀芯，使阀门失去控制作用。主要表现有：操作阀门手轮时，非常轻便，毫不费力，既可以开到头，又可以关到原位置。发生这种情况要阀门解体检修处理。

（4）阀门的阀盖渗漏：阀门阀盖与阀体结合处，垫有密封圈，并用螺钉上紧。正常情况下此处不会发生泄漏，但在关闭阀门的操作中，由于用力过大，使其受到过分的外力而产生缝隙，造成密封圈表面缺陷或有杂质进入，阀门复原后出现间隙，产生渗漏。阀门在系统压力超过其公称压力时，也会产生泄漏现象，阀门泄漏后，应对阀盖上的坚固螺栓略加紧力，以便消除渗漏。如阀盖仍然泄漏，应及时更换密封材料。

（5）阀门的填料函泄漏：阀门阀杆弯曲变形，使阀杆在升降过程中凸起面挤压填料，形成过大的缝隙；阀门阀杆生锈腐蚀程度较严重，使填料与阀杆密封不良；填料规格尺寸过小；填料的装填方法不正确或填料老化失去弹性等是产生泄漏的主要因素。应根据填料函泄漏的具体情况进行解决。

（6）止回阀不能开启或倒流：止回阀经过长期停用后，重新启动时常发生不能开启现象。这是因为止回阀活动部分如阀瓣升降式或阀瓣转轴（旋启式）被水垢或铁锈等粘住，造成止回阀不能开启的现象。止回阀倒水主要是封闭面接触不良所致。原因有阀瓣处有异物卡塞，使其不能闭合；阀瓣与阀座密封面上有水垢或径向划伤导致，使其密封不严及旋启式阀瓣转轴生锈，使其转动呆笨或出现卡挡或阀瓣脱落。根据以上各种情况，应将止回阀解体，查明原因并解决。对水垢、铁锈等杂物应彻底清除。转轴呆笨或有卡挡现象，应加点机油并反复活动，使其恢复转动灵活，如有损坏部件应及时更换。

5. 电气设备

（1）电动机在运行中温度过高：

1）负载过大。应减轻负载或更换较大容量的电动机。

2）两相运转。应检查熔丝是否熔断、开关接触点的接触是否良好，排除故障。

3）电动机风道阻塞。应清除风道灰尘或油垢。

4）环境温度升高。应采取降温措施。

5）定子绕组匝间或相间短路。用绝缘电阻表或万用表检查二相绕组间的绝缘电阻，也可用短路侦察器检查绕组匝间是否短路。

6）定子绕组接地。可用万用表或指示灯逐项检查，电阻为零的为接地相。

7）电源电压过高或过低。用万用表的电压挡或电压表检查电动机输入端电源电压。

（2）电动机长期低压运行：

1）电源电压过高或过低，都会引起电动机过热，一般要求电动机的电压变动不超过±10%，动机低压运行，转速和定子绕组的阻抗都下降。

2）由于电压降低的幅度比阻抗降低的幅度小所以电流增大。通常，电压越低，电流越大，温升越高，对电动机的危害也越大。

3）如果电动机长期在低电压下运行，应采取措施降低危害程度。当电压下降10%时，应降低电动机输出功率15%，降低输出功率的方法随电动机所传动的生产机械的工作情况而定，使电动机的工作电流不超过额定电流。

（3）电动机轴承过热：电动机的滚动轴承温度超过 100℃，称为轴承过热。电动机轴承过热的原因可以从以下几方面来检查和处理。

1）轴承、滚珠或轴瓦是否损坏。若损坏，应予以更换。

2）润滑油是否脏污，油的牌号是否符合要求。若脏污或牌号不对，应换油。

3）轴承室是否缺油。润滑油应充满油室的2/3容积，若缺油，应加至标准位线。

4）滚动轴承的润滑油是否过多，滑动轴承中的润滑油温度是否过高或过低。根据检查情况给予相应处理。

5）轴承与转轴、大盖配合是否良好。若太紧，易使轴承变形；而太松则易跑套。

6）主轴是否弯曲，轴承内有无灰砂等杂质。

7）组装时是否将轴承调到正确位置，有无扭斜、卡阻。

8）联轴器装配是否正确。

6. 常见系统异常

（1）换热站一级管网总进口出现"无压差"或"倒压差"。当供水压力与回水压力一致时称为"无压差"，当回水压力高于供水压力时称为"倒压差"。

出现"无压差""倒压差"的主要原因是：

1）热源近端的用户供、回水阀门开启过大，或热网上热用户开启的加压泵过多，导致热网出现大面积的水力失调。

2）换热站内一级管网总供、回水阀门，或控制换热站的阀门开启过小。

3）换热站内一级管网管路或除污器有堵塞、流量限制器开启过小等，均能产生"无压差"现象。

（2）二级管网回水温度偏高：

1）如二级管网水温整体（供、回水）均偏高，可能是由于一级管网水流量大、温度高，应适当关小换热器一级管网回水阀门，减少一级管网流量，使二级管网供水温度符合供热曲线图或供热调度指令的要求。

2）热用户采暖热负荷小，使回水温度偏高。应减少二级管网系统循环泵启动台数，或关小循环泵出口阀门减少二级管网流量，同时相应调节一级管网水流量，使二级管网供水温度符合供热调度指令， 达到降低热能消耗和正常供热的目的。

3）当站内二级管网回水温度偏高时，远端用户或多数用户却普遍反映不热或散热器温度相对偏低，而近端用户或其他个别用户出现相对过热的现象。这是由于用户系统出现水力失调或系统障，造成二级管网系统短路循环，或实际的热负荷减少，小于设计热负荷，应合理分配各热用户的流量，并通知其管理部门检修或调节处理。

（3）二级管网回水温度偏低：

1）二级管网供水温度符合供热曲线图，二级管网回水温度偏低。应首先检查二级管网供、回水阀门开度。二级管网供水阀门开度小，使进入用户系统的循环水量不足；二级管网回水阀门开度小，使循环水在用户系统停留时间增加，均会产生二级管网回水温度偏低的现象。一般情况下站内二级管网总供回水阀门应开满，而不做调节用，应以各分支回水温度为基础，调整各分支阀门开度，合理分配流量。

2）二级管网系统主干管有堵塞，造成系统的实际流量低于设计流量。容易堵塞的部位是二级回水阀门和除污器。特别是除污器堵塞较常见，堵塞部位会出现两端压力损失大，并伴有液体快速流动的声音。

3）水泵内部机件磨损或其他故障，使其流量低于标牌上给定的额定值，使系统循环水量降低，应开启备用泵，再逐一检查运行中的水泵，将有故障的水泵查出，并进行修理。

4）除上述原因外，二级管网管沟进水泡管，管道保温脱落、破损，造成二级管网热损失过大，会造成回水温度偏低。

（4）二级管网供、回水温度均偏低：

1）造成二级管网供、回水温度达不到供热曲线图指标的原因有一级管网水温度低、流量小，热网系统补水量大。

2）当站内一级管网水阀门出现故障或开启过小、一级管网外网工况及流量限制器给定流量不能满足二级管网水换热需要时，二级管网供、回水温度均偏低。

3）当二级管网系统补水量过大时，造成系统二级管网水不断泄出，系统内不断地充入冷水，造成热量损失过大，致使二级管网水温度偏低。

4）造成二级管网供、回水温度达不到供热曲线图指标的设备故障有：换热设备结垢严重，使换热能力降低。应对设备进行除垢，恢复正常的换热效率。绝对不可用减小二级管网水流量的办法提高二级管网供水温度。

5）造成二级管网供、回水温度达不到供热曲线图指标的设计问题有：热负荷过大致使换热器换热面积不足，极个别的存在设计时换热能力计算不准确，而更多情况是换热站原有设备没有增加，实际供热面积却增加过多，致使设备换热能力不能满足供热需要，应增加站内供热设备，使其同增加的供热面积相匹配。

（5）二级管网系统非正常性失水：

1）二级管网系统工作压力急剧下降，补水定压困难，说明二级管网或室内采暖系统中管道或管道附件有爆裂，产生跑水。应立即停止运行，迅速查明跑水点，进行紧急处理。

2）当二级管网系统补水频繁且有一定的规律性时，应选择适当时间，停止补水观察压力变化。

a．当停止补水后，压力能保持在本系统的较高的范围内不再下降，则应在二级管网系统的高层查找，判定缺水原因并针对处理，可能的原因有膨胀水箱泄水不严，用户室内的排气阀不严等高点漏水。

b．当停止补水后，二级管网工作压力降至与一级管网工作压力持平，则可能是换热器串水，应对其进行检查。

c．停止补水后，二级管网工作压力降至一级管网工作压力以下，并继续下降，应排除换热器串水问题，着重在低层查找原因，一般用户室内泄漏极少，主要是管道或管存在严重泄漏情况。

3）无规律的大量补水，即补水量大，突发性强，且反复不一致，一般是用户放水所致，应进一步了解情况查明原因。

二、工业供汽系统故障处理

1．供热故障处理原则

（1）迅速消除对人身和设备的威胁，必要时立即解列故障设备。

（2）根据仪表及机组的外部象征，迅速查清故障部位和原因，并采取相关措施。

（3）保证所有未受损害的机组和设备正常运行，尽量满足对用户的要求。

（4）事故发生后，应在值长的统一指挥下进行，值长的指令除威胁人身、设备安全外，必须执行。

（5）事故发生后，现场领导及各专业人员给予必要的指导，但不得与值长的指令相抵触。

（6）事故处理过程中，应暂停交接班工作。

（7）发生规程未列举的事故时，运行人员主动采取对策，迅速处理。

2．机组故障减负荷 RB

（1）现象：

1）机组负荷迅速下降。

2）主汽压、主汽温、再热汽压、再热汽温迅速下降。

3）供热流量在手动方式下，迅速下降。

（2）原因：由于机组辅机跳闸，引起机组 RB 被迫降出力运行。

（3）处理方法：

1）立即检查是否满足供热系统运行约束条件。

2）立即减少本机组对外供热，直至供热系统运行约束条件满足，甚至停止本机组对外供热。同时增加邻机对外供热满足热负荷要求。若邻机对外供热满足不了对外热网供热参数要求，立即通知热网调度人员。

3）若机组高排压力低于 1.5MPa，对外供热抽汽电动阀和气动逆止阀自动关闭。

4）及时查找辅机跳闸原因并处理，尽快恢复供热机组出力正常后，通知热网调度人员，恢复正常运行方式。

3．机组跳闸

（1）现象：

1）发电机跳闸，汽轮机跳闸，锅炉总燃料跳闸 MFT。

2）双机供热模式下本机供热抽汽电动阀和逆止阀因汽轮机跳闸全关，本机组对外供热中断。

3）单机供热模式下本机组 MFT 后，供热抽汽逆止门和电动门不会联关，优先保证供热为主，此时冷再压力将持续下降，冷再管段可能超温；

（2）原因：机组故障。

（3）双机供热模式下处理方法：

1）立即检查汽轮机转速正常下降，中压供热抽汽电动隔绝阀、气动逆止阀、电动调节阀关闭，高排逆止门关闭正常，否则手动关闭，防止汽轮机超速。

2）同时增加邻机对外供热满足热负荷要求。若邻机对外供热满足不了对外热网供热参数要求，立即通知热网调度人员并适当降低供热量。

3）确认机组跳闸原因，故障消除后，尽快点炉并按要求对外供热。

（4）单机供热模式下处理方法：

1）除按正常的停机处理外，还应立即检查高排逆止阀关闭正常，机组转速下降，如转速没下降应立即检查各抽汽是否关闭，如供热影响应立即关闭供热逆止门、电动门。

2）当机组转速下降正常时，供热方面立即关小中压供热调压阀，控制减压阀后压力和流量。

3）若锅炉超压，则检查 PCV 阀、各安全阀动作开启，压力回落后正常关闭。

4）关闭主蒸汽门前和管道疏水、关闭冷再管道疏水、关闭再热器管道、中压主汽门前疏水，关闭分离器三个水位调节阀电动门，保持锅炉憋压状态。

5）启动电动给水泵，并检查电动给水泵至中间抽头手动门在开启位置。

6）监视冷再压力和低温再热器入口温度，做好高旁调节阀开启向冷再供热预想。

7）冷再压力低于 2.0MPa，或低温再热器入口任一侧温度高于 427℃时，开启高旁调节阀向冷再供热。

8）明确锅炉 MFT 原因，尽快吹扫点炉，恢复供热。

4．甩热负荷

（1）现象：

1）中压供热流量迅速减少。

2）若甩中压热负荷，厂内供热系统压力迅速上升，中压供汽联箱安全阀可能动作。

3）再热器安全阀压力迅速上升，安全阀可能动作。

（2）原因：

1）中压供热联箱对外供热电动阀突然关闭。

2）用户突然甩热负荷。

（3）处理方法：

1）在供热约束条件许可范围内，若中压供热甩热负荷，迅速关给水泵汽轮机主控、防止再热器超压。

2）及时降低锅炉燃料量，避免主再热汽压超压。

3）调整供热减温减压装置，使厂内供热系统各安全阀回座。在处理过程中机组不得超电热负荷运行。

三、分布式能源系统故障处理

1. 燃机系统故障

燃气轮机在启动过程中，低压转子不转。

（1）现象：

1）低压转子转速显示为零，现场检查转子不转。

2）机组跳闸，终止继续启动程序。

（2）原因：

1）顶轴油泵未工作或泵出口压力过低。

2）盘车马达没有投入。

3）盘车马达联轴器损坏。

（3）处理方法：

1）顶轴油泵压力过低应联系检修人员处理。

2）若盘车马达没有投入或顶轴油泵未运转，按有关办法提及的方法进行故障处理。

3）若在现场检查发现盘车马达的联轴器损坏，请维修人员处理。

2. 燃烧室爆燃

（1）现象：

1）燃烧室内发出爆破声。

2）压气机出口压力瞬间有上升现象。

（2）原因：

1）停机时关闭阀后的放气阀（排空总）未打开。

2）切断阀或燃料控制阀关闭不严使燃气漏入燃烧室。

3）点火前清吹时间不足。

（3）处理方法：

1）立即停止启动并及时汇报。

2）查明原因待故障消除后，再次启动时应严密监视燃气轮机排气温度是否正常，发现异常应停止启动并及时汇报。

3. 燃烧室熄火，熄火保护动作

（1）现象：

1）熄火报警，保护动作跳机。

2）燃烧室内温度及排气温度下降迅速。

（2）原因：

1）调压站故障无天然气供给或天然气供气压力低。

2）流量计量阀受干扰，造成误动。

3）切断阀故障，前置滤模块出口快关阀被误关或天然气气源被迫中断。

4）天然气杂质过多，热值不够。

5）天然气管道大量泄漏。

（3）处理方法：

1）燃气轮机跳机后注意机组惰走情况，润滑油压力、温度应正常，及时投入盘车进行清吹。

2）检查天然气调压站，查明原因。

3）对天然气供气系统进行全面检查，如阀门误关，应查明原因，消除后方可重新启动。

4）如发生天然气系统大量泄漏，紧急停机后，立即将泄漏部位有效隔离，注意防火并进行自然通风，待检测天然气浓度符合安全标准后，方可进行检修处理。

4. 润滑油母管压力低

（1）现象：润滑油母管压力低于正常值时报警，达到低限值时跳机。

（2）原因：

1）润滑油泵故障或出力不足。

2）油系统泄漏。

3）润滑油箱油位低。

4）润滑油滤网堵塞。

5）润滑油管道上的阀门误关或误动作。

（3）处理方法：

1）当润滑油压力明显低于正常值时，应检查润滑油泵的工作情况，及时启动备用油泵，并检查油箱油位是否正常。

2）检查油系统的泄漏点，设法消除，根据油箱油位降低情况及时进行补油。

3）检查系统阀门处于正常开关状态。

4）检查润滑油滤网前后压差，压差大则切换润滑油滤网。

5. 燃气轮机在运行时润滑油回油温度高

（1）现象：

1）回油温度不正常升高，高报警动作。

2）冷却水回水温度升高。

（2）原因：

1）润滑油冷却水量过小或压力不够。

2）冷却水温度过高造成冷却效果不好。

3）冷却器故障。

4）轴承损坏。

（3）处理方法：

1）采取措施加强对润滑油的冷却（外接水喷洒）。

2）经采取措施后如温度继续升高则应降低燃气轮机负荷，如缓降至最小负荷，3min

后故障仍无法消除，则自动正常停机。

3）经检测确定轴承损坏应申请停机处理。

6. 燃气内燃机缸温异常导致跳机

（1）现象：启动燃气内燃机运行正常后，手动启动溴化锂制冷并进行低负荷抽真空，燃气内燃机运行中跳闸，报"气缸废气温度偏离平均值的最大值"警告，即停止溴化锂运行，检查发现系气缸缸温异常下降。

（2）原因：

1）火花塞点火不正常。

2）预燃室阀堵塞。

3）排烟管破裂高温烟气烧损热电偶导线。

4）测温元件损坏。

（3）处理方法：

1）更换异常火花塞。

2）更换异常预燃室阀。

3）通知维保更换测温元件。

7. 燃气内燃机敲缸故障

（1）现象：燃气内燃机运行中跳机，DCS上报"内燃机敲缸故障"红色报警，立即派人至就地检查发现系缸异常报警引起，DCS上检查缸缸温高，对缸进行检查未发现明显异常情况。

（2）原因：

1）点火系统故障。

2）moris 电源模块故障。

3）测温传感器故障。

4）火花塞异常。

（3）处理方法：

1）检查及更换点火系统。

2）检查及处理 moris 电源模块。

3）更换点火传感执行器。

4）更换火花塞。

8. 燃气内燃机运行中跳机，报"燃气警报"

（1）现象：燃气内燃机运行中跳机，报"燃气警报"红色报警，检查静音箱内未发现异味并进行检漏未发现有泄漏情况。

（2）原因：

1）燃气泄漏。

2）设备误报警。

（3）处理方法：

1）关闭相关燃气阀门，通知相关人员处理泄漏。

2）查清误报原因，并排除问题，方可启机。

9. 燃气内燃机跳机分析

（1）现象：监盘发现燃气内燃机在运行中跳机，红色报警"预燃室压力差最大值"报警发出。立即至就地检查，全面检查天然气压力无异常。

（2）原因：

1）预燃室滤芯可能有堵。

2）天然气进气母管压力变化相对大，瞬间造成进气量不均。

（3）处理方法：

1）更换预燃室滤清。

2）及时联系天然气供应商了解情况。

10. 燃气内燃机发电机驱动端轴承温度高报警

（1）现象：监盘发现燃气内燃发电机传动端轴承温度从 71℃缓慢上升，就地检查润滑油泵在运行但温度仍缓慢上升，最高升至 81.8℃。

（2）原因：

1）驱动端润滑油油路可能堵塞。

2）油位低。

3）驱动端润滑油泵异常。

（3）处理方法：

1）清理润滑油油路。

2）检查油位是否正常。

3）检查润滑油泵。

11. 离心式电制冷机启机即跳闸分析

（1）现象：启动离心式电制冷机失败，就地报"油-变速泵-驱动器开关开路"故障。

（2）原因：

1）油泵变频板异常。

2）油泵电动机故障，电流过大。

（3）处理方法：

1）更换油泵变频板。

2）更换油泵。

12. 离心式电制冷机启动失败

（1）现象：启动离心式电制冷机时失败，报"马达控制器-电流未检出"。

（2）原因：

1）电源开关不正常，电未送至就地。

2）就地降压启动柜接触器故障。

3）冷水机压缩机故障。

（3）处理方法：

1）检查电源开关。

2）检查降压启动柜接触器及相关部件。

3）检查压缩机。

4）检查节流孔板执行器工作是否正常。

13. 冷水机冷却水泵出口压力偏低

（1）现象：监盘发现冷水机冷凝器冷媒压力、冷却水出水温度、排气温度、温槽油温各参数均不同程度上升，立即至就地检查发现冷水机冷却水泵出口压力仅为 0.2MPa（正常为 0.3）。

（2）原因：

1）冷水机冷却水泵断相运行。

2）冷水机冷却水泵泵体集空气。

3）水机冷却水泵进口滤网脏堵。

4）冷却水母管管各水泵抢水造成冷水机冷却水泵入口压力低。

5）冷却塔集水池水位低，水泵入口管部分露出水面，吸入少量空气。

（3）处理方法：

1）提高水位在正常值。

2）及时对水泵排空气。

3）定期对水泵入口滤网进行清洗。

4）定期检查水泵电动机维护。

14. 溴化锂跳机分析

（1）现象：运行过程中溴化锂机组报"高发溶液高温"故障并跳机，高发溶液出口温度超温，高发压力偏高。

（2）原因：

1）高发密封性不良，漏入空气。

2）溴化锂溶液浓度偏高。

3）测温元件测量偏差大。

（3）处理方法：

1）及时查漏并对相关漏气部位进行防漏处理。

2）对测温系统检查。

3）对溶液进行再循环。

15. 释热水泵出口压力偏低

（1）现象：某楼宇式能源站运行人员监盘发现释热水泵出口压力偏低仅为 0.21MPa（正常在 0.44MPa），泵出口调节门开度未变动，对释热水泵测电流之后发现 A 相 10.5A；B 相 12.9A；C 相 17.7A。

（2）原因：

1）三相电流不平衡。

2）水泵三相接线端子松动。

（3）处理方法：

1）加强巡检，及时发现异常现象。

2）对接线进行紧固。

16. 二次泵就地 PLC 控制盘报警

（1）现象：二次泵就地 PLC 控制盘报警闪烁，点击"报警"发现多个报警，发"冷媒水进口压力传感器错误""冷媒水进口压力低低限报警"等报警，立即检查运行冷/热媒水二次泵未发现有故障等异常情况。

（2）原因：

1）PLC 控制线头松动。

2）传感器故障。

3）通信接口松脱。

（3）处理方法：

1）将所有二次泵切为就地变频柜运行。

2）通知维保进行处理。

第四节　供热节能管理

一、供热系统节能管理

我国城市化率的提高促进了建筑面积的不断增长，随之而来的是更大的供热需求，以及日益严峻的环境问题。集中供热不仅要保证供热质量，还要最大限度地降低能耗。因此，寻求更为节能环保的集中供热方式变得势在必行。

供热节能是指供热系统由热源、热网及热力站、热用户三部分组成，其中，热源是供热系统的核心，也是消耗燃料的主要场所。热网是连接热源与热用户的纽带，起着输送和分配热能的作用。热用户是热的消费者和受益者，保证供热品质是一切供热活动的前提。供热节能管理即针对这三部分，在满足生活需求和生产需要的前提下，以提高能源利用效率为核心，以科学管理手段为重点，以节能技术为支撑，促进供热行业探索一条以信息化带动工业化，管控融合且管理先行的绿色发展道路。

（一）一般规定

（1）贯彻执行国家、行业以及上级部门有关节能的方针、政策、法规、标准和制度等，结合企业实际，制定节能管理办法和相关制度。

（2）按照国家和上级主管部门有关指标统计工作的规定，建立健全能源统计制度，完善能源统计指标体系，改进和规范能源统计方法，确保能源统计数据真实、完整，及时向统计部门、节能管理机构和上级主管部门报送有关节能统计报表和资料。

（3）应开展全面、全员、全过程的节能管理，逐项落实节能规划和计划，将各项经济指标依次分解到有关部门，开展运行小指标的监督考核，以保证综合经济指标的完成。

（4）应定期检测供热系统实际能耗，根据供热系统实际能耗和供热负荷实际发展情况，合理确定该供热系统的节能运行方式。

（5）供热系统的动力设备调速装置、供热参数检测装置、调节控制装置、计量装置等节能设施应定期进行维护保养，并应有效使用。

（6）能源计量装置的配置和管理必须严格按国家和行业的有关办法和要求执行。能源计量装置的选型、精确度、测量范围和数量，应能满足能源定额管理的需要，并做好能源计量器具的配备、使用、校验和维护工作。

（7）禁止使用国家明令淘汰的用能设备、生产工艺。

（8）对能耗高的既有建筑和供热系统，应进行节能改造。

（9）积极推广应用节能先进技术和成熟经验，对于重大节能改造项目要进行经济技术可行性研究，认真制定改造方案，落实施工措施，有计划地结合设备检修进行施工，并及时对改造后的效果做出考核评价。

（10）对运行与管理人员加强节能培训工作力度，全面提升全体人员的节能工作水平。

（二）热源

（1）热源运行单位应在运行期间检测下列内容：

1）供热负荷、供热量；

2）供热介质温度、压力、流量；

3）补水量；

4）燃料消耗量及低位发热值；

5）锅炉辅机和辅助设备耗电量、热网循环泵耗电量；

6）锅炉排烟温度；

7）额定功率大于等于 14MW 锅炉应检测排烟含氧量，额定功率大于 4MW 且小于14MW 锅炉宜检测排烟含氧量。

（2）热源运行单位应每日计算下列能效指标，并应逐日进行对比分析：

1）单位供热面积的供热负荷、热网循环水量；

2）单位供热量的燃料消耗量、折算标准煤量；

3）单位供热量的锅炉辅机和辅助设备耗电量；

4）单位供热量的热网循环泵耗电量；

5）热网补水率。

（3）锅炉是供热热源中的主要设备，锅炉运行时，应随室外气温及用户热负荷变化调节燃料消耗量以及供暖供水温度。

（4）燃煤锅炉在运行中应根据负荷变化从炉膛合理配风、炉排速度以及煤层厚度三个方面进行综合调整。供暖（工业供热）期间锅炉的启、停次数和待机时间应尽量减少。

（5）锅炉在运行时应经常检查炉膛、烟道、除尘器、落渣斗、尾部受热面及空气预热器的开口处、管道穿越处的密封状态，采取防止锅炉本体以及烟风道渗漏风的措施，控制合理的排烟过量空气系统。排烟处的过量空气系数不应大于表 3-7 的规定。

表 3-7　　　　　　　　　　　锅炉运行排烟处过量空气系数

锅 炉 类 型		过量空气系数
层燃锅炉	无尾部受热面	1.65
	有尾部受热面	1.75

锅 炉 类 型	过量空气系数
流化床锅炉	1.50
燃油，燃气锅炉	1.20

注 参照《城镇供热系统节能技术规范》（CJJ/T 185—2012）。

（6）锅炉运行时应监测控制合理的排烟温度，锅炉运行时排烟温度不应大于表 3-8 的规定。

表 3-8　　　　　　　　　　　　锅炉运行排烟温度

锅炉容量（MW）	排烟温度（℃）	
	燃油、燃气锅炉	燃煤锅炉
≤1.4	200	180
>1.4	160	

注 参照《城镇供热系统节能技术规范》（CJJ/T 185—2012）。

（7）层燃锅炉炉渣或流化床锅炉飞灰中，可燃物含量重量百分比在额定负荷下运行时不应大于表 3-9 的值。

表 3-9　　　　　　　　　　　　可燃物含量重量百分比

锅炉容量（MW）	可燃物含量（%）		
	烟煤Ⅰ	烟煤Ⅱ	烟煤Ⅲ
≤5.6	15	16	14
>5.6	12	13	11

注 参照《城镇供热系统节能技术规范》（CJJ/T 185—2012），当锅炉在非额定负荷下运行时，可燃物含量最大值可取锅炉负荷率与表中数值的乘积。

（8）锅炉运行时，应检测锅炉水质，在锅炉水质符合有关标准规定的情况下，应控制锅炉的排污时间和排污率。锅炉的排污余热应予以利用。

（9）锅炉运行时，通过正确合理的排污排掉炉水中的杂质、泥污、水垢，控制锅水的碱度及含盐量，使炉水水质符合国家标准，保证锅炉受热面的清洁，防止锅炉结垢。

（10）运行中应定期检查并清除锅炉受热面结渣、积灰、水垢及腐蚀物。

（11）对于多台锅炉母管制并联运行的直接供热系统，应合理调度锅炉运行台数，保证锅炉高效运行。对停止运行的锅炉，燃料停止供给后，应关闭锅炉供回水管上的阀门，停运锅炉不应参与供热系统的水循环，以减少停运锅炉的散热损失。

（12）供热供暖系统运行时，应对水系统的各种设备、管道的腐蚀情况进行定期监测。

（13）在非供暖期，供暖供热系统应充水保养，并定期监测水质。

（14）对于每个独立的供热系统，应根据建筑物类型、围护结构保温状况和热负荷特性，以及室外气象条件、符合的变化对供热系统的一次水、二次水的供、回水温度、循环水流量进行运行调节。运行条件可采用以下方式：

1）在流量不变的情况下，调节一次水或者二次水的供水温度；

2）在用水温度不变的情况下，调节一次水或者二次水的供水流量；

3）分阶段变流量的调节：把供暖季分为几个阶段，在某一阶段内保持流量不变而调节供水温度；

4）质、量并调：随负荷变化调节供水温度也调节循环水量；

5）调节每天的供热时间，即调节锅炉的运行时间的间歇调节。

（三）供热管网

（1）热力网运行单位应在运行期间检测下列内容：

1）各热源及中继泵站供热介质温度、压力、流量；

2）各热源供热量、补水量；

3）中继泵站耗电量；

4）各热力站热力网侧供热介质温度、压力、流量；

5）各热力站供热量。

（2）街区供热管网运行单位应在运行期间检测下列内容：

1）热力站或热源供热介质温度、压力、流量；

2）热力站或热源供热量、补水量；

3）各热力入口供热介质温度、压力、流量；

4）各热力入口供热量。

（3）运行单位在运行期间应定期计算、分析下列能效指标，并应及时对系统进行优化调整：

1）各热力站或建筑入口单位供热面积的供热负荷；

2）各热力站或建筑入口的水力平衡度；

3）热力网或街区供热管网的补水率；

4）管网单位长度的平均温降。

（4）运行中应定期监测各热力站、各用户的流量与室温数据、管网的水力状况和供回水的压力。当各用户室温不均时，进行管网水力平衡调节。当用户负荷发生较大变化或者增加新用户时，应及时进行管网水力平衡调节。

（5）针对用人需求及用热规律不一致的热用户，可采用管网分时区控制技术调节各热用户的供热量。供热系统的循环流量应与管网分区分时控制相适应，以保证正常供热用户的用热量。

（6）严格控制由于室外管道的非正常泄漏引起系统大量失水，系统补水量异常，应及时查找原因，进行处理。

（7）热网设备、附件、保温应定期检查和维护。保温结构不应有破损脱落。管道、设备及附件不得有可见的漏水、漏汽现象。

（8）对于室外管道直埋敷设，应定期检查直埋管道保温结构的状况。

（9）供暖供热系统热力入口的供、回水管及阀门的保温结构应保持完好，管道、阀门不应裸露；应定期清理热力入口处的除污器，保持调节阀门、放气阀、泄水阀、计量仪表无污物堵塞。

（10）地下管沟、检查室中的积水应及时排除。

（四）热力站

（1）热力站运行单位应在运行期间检测下列内容：
1）热力网侧供热介质温度、压力、流量；
2）热力网侧热负荷、供热量；
3）用户侧各系统供热介质温度、压力、流量；
4）用户侧各系统热负荷、补水量；
5）耗电量。

（2）运行单位在运行期间应定期计算、分析下列能效指标，并及时对系统进行优化调整：
1）单位供热面积的热负荷、耗热量、耗电量；
2）热力网侧单位供热面积的循环流量；
3）用户侧各系统单位供热面积的循环流量；
4）用户侧各系统的补水率。

（3）运行中应监测供热系统定压点的压力值、补水量，保持系统满水运行。定压膨胀设备的溢流水应回收利用。

（4）应对热力站内的换热设备、热力管道以及附属阀门采取保温措施，并对保温设施进行日常维护。

（5）运行中应定期清洗换热器，保持换热面清洁。

（6）每年采暖期前应核实供热面积和热负荷。当热负荷或供热参数有变化时，应按预测数据计算并调整循环流量。

（7）应监测循环水泵的实际运行工况与额定工况的匹配程度。根据实测循环水泵的流量、扬程等运行参数校验循环水泵的运行效率。当循环水泵实际运行效率低且实际运行功率与额定功率不匹配时，可通过技术经济分析采取更换循环水泵或者增设变频装置等节能措施。

（8）用户侧供水温度可根据室外气象条件和统一的调度指令设定，并应通过调节热力网流量控制采暖供水温度符合设定值。

（9）蒸汽热力站采暖系统的凝结水应全部回收。

（五）室内采暖系统

（1）运行中，应保持室内供暖系统充满水、管道无堵塞、阀门正常开启、放气阀正常动作。

（2）当采暖系统的布置形式、散热设备、调控装置、运行方式等改变时，应重新进行水力平衡检测和调节。

（3）应定期检查楼梯间公用管道、阀门、计量仪表等的保温以及防冻状况。

（4）供热单位应定期检测、维护或更换热量计量装置或分摊装置。

（5）供热单位应定时巡视记录建筑物热力入口处每个系统的供热参数。当供热参数与规定值偏差较大时，应调节控制阀门。

（6）应采取措施提高热用户的节能意识，避免建筑物保温单元门的常开、封堵建筑物的空调孔、避免室内装修对建筑保温设施的破坏。

（六）监控系统

（1）热源、热网、热力站的运行参数应由热网监控中心进行统一调度，供热参数应根据室外气象条件及热网供热调节曲线确定。

（2）供热调节曲线应根据热用户的用热规律绘制，且应根据实际供热效果进行修正。

（3）每年采暖期前应依据供热面积的增减情况，重新核实新采暖期的热负荷、编制当年的供热系统运行方案、绘制新采暖期的水压图，并应针对每个热用户进行初调节、建立新的水力平衡。

（4）多热源供热系统应根据各热源的能耗指标确定热源的投入顺序。能耗较低的热源应作为基本热源，能耗较高的热源应作为调峰热源。

（5）监控系统采集的热源、热网、热力站、热力入口等处的运行参数应定期进行人工核实，并应及时修正测量误差。

（七）分布式能源系统节能管理

本节前述主要内容为采暖及工业供热系统节能管理，分布式能源系统也基本适合。但分布式能源系统节能管理有其自身需要注意的一些内容，分别为：

（1）应结合企业实际，制定机组启停优化方案，机组启动前，应完成规定试验，所有设备及系统处于良好备用状态，达到启动阶段无缝衔接，避免延长启动时间，合理控制辅机启停时机及顺序。

（2）运行期间应根据用户冷、热负荷变化及时调整机组负荷，确保余热全额利用。

（3）定期对天然气进行化验，根据检测结果对燃气内燃发电机组的空燃比进行调整，确保机组发电效率。

（4）根据燃气内燃发电机组火花塞运行情况，不定期对火花塞间隙进行调整，确保火花塞的点火电压在合格范围内。

（5）加强吸收式溴化锂机组及电制冷机组运行工况的监控，根据供能需求合理启动、停运及切换设备。机组真空、冷却水温等参数偏离正常范围时，应立即进行调整，确保机组效率。

（6）运行人员应加强巡检和对参数的监视，及时进行分析、判断和调整；发现缺陷应按规定填写缺陷单或做好记录，及时联系检修处理，确保机组安全经济运行。

（7）汽轮机冲转前，合理控制机组的背压、疏水，应做好热力设备的疏水、排污及启动、停运过程的排汽和排水的回收。

（8）开展运行班组间的劳动竞赛。以机组运行监测管理系统为基础，统计、耗差分析数据为依据，在运行班组间开展以机组主要指标和小指标为对象的劳动竞赛，充分调动运行人员的积极性，实现精细化操作，有效控制机组各项运行指标。

（9）当各监视段抽汽压力、温度与同负荷工况设计值相比出现异常（压力比设计值高

10%、温度比设计值高 6℃以上）时，应查找原因并进行有效处理。汽轮机低压缸排汽温度应与凝汽器压力对应的饱和温度相匹配。

（10）在满足电网调度要求的基础上，优化机组运行方式，进行电、热负荷的合理分配和主要辅机的优化组合，实现经济运行。

（11）科学、适时安排机组检修，避免机组欠修、失修，通过检修恢复机组性能。建立完整、有效的维护与检修质量监督体系，明确检修工艺和质量要求，加强检修过程中的监督检查，把好质量关，检修后应有质量验收报告。

（12）汽轮机揭缸检修时，对通流部分轴封、隔板汽封、叶顶汽封、径向汽封的间隙按检修规程的要求进行调整，严格验收。对各级汽封宜采用技术先进的汽封装置。汽缸结合面漏汽应得到有效处理。

（13）当真空系统严密性不合格时，检修期间可采用真空系统灌水法，运行期间采用氦质谱检漏法、超声波检漏法或卤素检漏法等进行真空系统查漏，并采取有效措施进行堵漏。对空冷系统也可采用微正压查漏技术进行查漏。

（14）对燃气内燃发电机组火花塞等易损件进行定期维护全更换。

（15）做好设备修前、修后的设备分析。

（16）检修时应对冷却水塔进行彻底清污和整修。当冷却能力达不到设计要求或冷却幅高超标时，及时查找原因；若循环水流量发生变化，应及时调整塔内配水方式；出现淋水密度不均时，及时更换喷溅装置和淋水填料；冬季采取防冻措施，减少冷却水塔结冰程度。

（17）定期清洗、更换燃气轮机润滑油系统进口滤网及供、回油滤网，提高设备运行稳定性。

（18）根据油质化验情况，对燃气轮机、汽轮机润滑油进行滤油、换油。

（19）定期进行常规试验；机组大修必须进行修前、修后热效率试验和各种特殊项目的试验，为设备检修、改进和后评估提供依据；主要参数出现异常时，应及时组织试验分析。

（20）维护热力设备和管道及阀门的保温完好，检修期间应对超温部位进行保温处理，保温工作的技术要求、检修工艺及质量验收见《火力发电厂热力设备耐火及保温检修导则》（DL/T 936—2016）。

（21）积极开展热力系统节能分析，加强主要辅助设备的性能监测工作，为辅助设备的经济运行提供依据，对机组运行参数偏离设计值的现象，可通过试验查找原因，提出定量分析报告。

（22）加强设备维护，及时消除缺陷，提高设备健康水平，降低非计划停运次数。

二、供热技术监督实施细则

为加强供热企业技术监督管理工作，提质增效，提高系统和设备安全可靠性，参照相关标准、规范和规程，结合供热企业的实际状况，可制定供热技术监督细则。供热技术监督工作应贯彻"安全第一、预防为主"的方针，实行技术负责人责任制。按照依法监督、分级管理的原则，对供热设备从设计审查、招标采购、设备选型及制造、安装调试及验收、运行、检修维护、技术改造和停运、备用的所有环节实施闭环的全过程技术监督管理。供热技术监督范围包括热网管辖的区域热源、一次管网（含蒸汽及热水管网）、热力站、二次管网直至用户的工艺系统和设备。

供热技术监督实施细则详见附录 A，本细则规定了供热技术监督的对象、内容和管理要求等。本供热技术监督主要适用于以热电联产机组、区域供热锅炉等为热源的供热企业，供热企业可根据企业实际情况参照执行。

三、供热技术经济指标体系

为进一步健全完善供热企业统计指标体系，规范供热企业指标定义，更好的开展供热企业技术经济指标统计、分析工作，达到技术节能效果，供热企业应制定《供热企业技术经济指标体系》。

供热技术经济指标体系详见附录 B，本指标体系适用于供热技术经济指标体系的统计计算和评价；主要适用于抽凝及背压式供热机组、区域供热锅炉、供热企业等相关的供热企业，供热企业可根据企业实际情况参照执行。

四、供热系统节能评价指标

在供热行业中，供热系统存在三类评价指标，即：反映社会效益的运行指标、反映环境效益的运行指标和反映供热系统节能与经济的运行指标。作为实现能耗数据可视化、节能效果定量化，节能管理指标化的有效手段，节能评价研究具有重大的理论和现实意义。本节结合社会、环境以及经济三方面，选取供热系统的节能评价指标见表 3-10。

表 3-10   供热系统节能评价指标

准则层	指 标 层
社会效益	用户室温合格率
环境效益	SO_2 排放浓度、污水排放达标
经济效益	采暖单位面积耗热量、供热系统输配效率、供热系统补水率、锅炉热效率、单位面积电耗、单位面积水耗、热电比、供热煤耗、发电煤耗

各评价指标的意义和要求如下：

1. 用户室温合格率

用户室温合格率是表示供暖系统热量分配的合理情况，是衡量供热系统供热效果、社会效益的重要指标。《城市供热系统安全运行技术规程》（CJJ/T 88—2000）对于供暖期热用户室温标准做了规定：当热用户无特殊要求时，民用住宅室温不应低于 16℃；用户的室温合格率应为 97% 以上。

2. SO_2 排放浓度

在供暖期或者运行期内，锅炉的各种排放物应该达到国家规定的标准《锅炉大气污染物排放标准》（GB 13271—2014）。不同城市可以根据本身不同的情况规定最高允许排放浓度。

3. 污水排放达标

锅炉水力除尘、除渣、脱硫系统的排水，其 pH 值应在 6～9 之间，悬浮物含量不得超过 300mg/L。

4. 采暖单位面积耗热量

采暖单位面积耗热量是指采暖期内采暖用户单位面积所耗的热量，计算方式详见附录B。该指标体现了供热系统的热效率，是衡量供热系统是否节能的重要指标之一。

5. 供热系统输配效率

供热系统输配效率是指实际采暖度日数下用户侧采暖期最小采暖耗热量与采暖单位面积耗热量的比值，计算公式详见附录B。供热系统输配效率这一指标从总体上反映了供热企业运行调节技术和管理水平的高低，以及调控输配过程热损失的能力强弱。

6. 供热系统补水率

系统补水率表示供热系统循环水量的损失程度，计算公式详见附录B。供热系统损失的水是经过处理的热水，补进来的是冷水，损失的是热水，增加了无谓的能耗，而且容易水力失调，对供热保障和管理也有不利影响。系统补水率是供热管理人员最关心的问题之一，也是评价供热系统好坏的重要尺度。《城镇供热系统评价标准》（GB/T 50627—2010）规定一次网补水率应不大于0.5%，二次网补水率应不大于1%。

7. 锅炉热效率

锅炉热效率是指产生蒸汽或者热水所含的热力与耗用燃料输入锅炉热量的比值，表示燃料输入锅炉总热量的有效部分，计算公式详见附录B。

8. 单位面积电耗

单位面积电耗是指采暖期内为居民生活区或用热设备提供热量时单位面积所消耗的平均电量，计算公式详见附录B。由于电能是供热过程中大量消耗的一种高品位能源，所以，节省电能更有现实意义。此外，耗电量指标是一个客观的指标，可比性较好，可作为节能运行评价的一个指标。

9. 单位面积水耗

单位面积水耗是指单位供热面积的耗水量，计算公式详见附录B。该指标可以衡量循环水泵的电能利用率，是防止小温差大流量运行的重要手段，可防止室内系统的垂直失调。

10. 热电比

热电比是热电联产供热系统主要的技术经济指标之一，反映了热电厂的运行水平和管理效益，计算方式详见附录B。热电比是用来衡量热电机组在运行中热的利用程度和节能效果，从而反映该企业在热电联产事业中的发展水平。

11. 供热煤耗

供热煤耗是热电联产供热主要的技术经济指标之一，反映供热消耗的标煤量，计算公式详见附录B。

12. 发电煤耗

发电煤耗是热电联产供热最主要的技术经济指标之一，是核发电企业能源利用效率的主要指标，计算公式详见附录B。

客观评价供热系统的实际运行状况，是有效开展节能改造工作的前提，也是选择适用节能技术的依据。通过上述指标，查找供热系统节能漏洞，并采取有针对性的节能技术措施，在实践中不断提高供热系统能效和企业的决策管理水平。

思 考 题 及 答 案

1．燃气内燃机试启动过程的注意事项有哪些？

答：（1）环境温度过低必须暖机，自动启机时缸套水温必须达规定值，任何方式启机并网时缸套水温需达到规定值。

（2）连续三次启动不成功，必须关断天然气总阀对发动机盘车吹扫，防止排气系统爆炸。

（3）反复启动过程中应每次间隔一定时间，防止蓄电池过度放电，造成充电器过载和马达过热。

（4）启动过程中如发出故障报警，必须立即停机，查明原因，排除故障后方能继续启机，不得冒险启机操作。

（5）机组启动正常后不允许长时间空载或低载运行。

2．热力网投入运行后，应对系统的哪几项进行全面检查？

答：（1）热力网介质无泄漏。

（2）补偿器运行状态正常。

（3）活动支架无失稳失垮固定支架无变形。

（4）解列阀门无漏水、漏汽。

（5）疏水器喷射泵排水正常。

（6）法兰连接部位应热拧紧。

3．供热系统调度应符合哪些规定？

答：热网系统调度应符合以下规定：

（1）充分发挥供热系统各供热设备的能力，确保正常供热。

（2）保证系统安全、稳定运行和连续供热。

（3）保证各用热单位的供热质量符合相关规定。

（4）结合系统实际情况，合理使用和分配热量。

4．供热系统调度管理的主要工作应包括哪些项目？

答：（1）编制供热系统的运行方案、事故处理方案、负荷调整方案和停运方案。

（2）批准供热系统的运行和停止。

（3）组织供热系统的调整。

（4）指挥供热系统事故的处理，组织分析事故发生的原因，制定提高供热系统安全运行的措施。

（5）参加拟定供热计划和供热系统热负荷增减的审定工作。

（6）参加编制热量分配计划，监视用热计划的执行情况，严格控制按计划指标用热。

（7）对供热系统的远景规划和发展设计提出意见，并参加审核工作，参加系统的监测，通信设备的规划及审核工作。

（8）调度室是对热力网运行进行控制管理的指挥监督性机构，一般包括哪些职责？

（9）制订和优化调节工况和供热工况，并监督热源的运行情况。

（10）制订和优化供热系统的水力工况和热力工况，并监督其执行情况。

（11）对分泵站、中继泵站、干线阀门和分支管阀进行远距离监测和远距离控制。

（12）制订排除热力网、热力站运行事故的行动计划。

5．燃气轮机在启动过程中，低压转子不转，如何处理？

答：（1）顶轴油泵压力过低应联系检修人员处理。

（2）若盘车马达没有投入或顶轴油泵未运转，按有关办法提及的方法进行故障处理。

（3）若在现场检查发现盘车马达的联轴器损坏，请维修人员处理。

6．燃烧室熄火，熄火保护动作该如何处理？

答：（1）燃气轮机跳机后注意机组惰走情况，润滑油压力、温度应正常，及时投入盘车进行清吹。

（2）检查天然气调压站，查明原因。

（3）对天然气供气系统进行全面检查，如阀门误关，应查明原因，消除后方可重新启动。

（4）如发生天然气系统大量泄漏，紧急停机后，立即将泄漏部位有效隔离，注意防火并进行自然通风，待检测天然气浓度符合安全标准后，方可进行检修处理。

7．请简述水力失调的一般原因。

答：（1）在进行管道设计时，由于管道内热媒流速不允许超过限定流速，管径规格有限等，在管网各分支环路或用户系统各立管环路之间，其阻力损失是不可能在设计的流量分配下达到平衡。使热用户实际流量分配不能符合设计所需的流量要求，就会产生水力失调。

（2）由于新接入热用户或停运部分热用户，全网阻力特性改变，也会导致水力失调。

（3）开始运行时没有很好地进行初调节，也会导致水力失调。由于管网近端热用户的作用压差很大，位于管网近端的热用户，其实际流量往往比规定流量要大得多，而位于管网远端的热用户其作用压差和流量将小于规定的数值，这种不一致的失调需要通过管网的初调节来解决，否则，就会产生水力失调。

（4）热用户室内水力工况变化，比如随意增减散热器，随意调整网路分支阀门或用户入口阀门，管网或热用户局部管道堵塞。导致相关热用户流量减少，也会产生水力失调。

8．供热系统调节的基本原则是什么？

答：（1）热水供热系统应采用热源处集中调节、热力站及建筑引入口的局部调节和用热设备单独调节三者相结合的联合调节方式，并宜采用自动化调节。

（2）对于只有单一供暖热负荷且只有单一热源（包括串联调峰锅炉的热源），或调峰热源与基本热源分别运行、解列运行的热水供热系统，在热源处应根据室外温度的变化进行集中质调节或集中"质-量"调节。

（3）对于只有单一供暖热负荷，且尖峰热源与基本热源联网运行的热水供热系统，在基本热源未满负荷阶段，应采用集中质调节或集中"质-量"调节；在基本热源满负荷以后与尖峰热源联网运行阶段，所有热源应采用量调节或"质-量"调节。

（4）当热水供热系统有供暖、通风、空调、生活热水等多种热负荷时，应按供暖热负荷采用（2）（3）的规定在热源处进行集中调节，并保证运行水温能满足不同热负荷的需要，同时应根据各种热负荷的用热要求在用户处进行辅助局部调节。

（5）对于有生活热水热负荷的热水供热系统，当按供暖热负荷进行集中调节时，应保证闭式供热系统供水温度不低于70℃，开式供热系统供水温度不低于60℃；另有规定的生活热水温度可低于60℃。

（6）对于有生产工艺热负荷的热水供热系统，应采用局部调节。

（7）多热源联网运行的热水供热系统，各热源应采用统一的集中调节方式，并应执行统一的温度调节曲线。调节方式的确定应以基本热源为准。

对于非供暖期有生活热水负荷、空调制冷负荷的热水供热系统，在非供暖期应恒定供水温度运行，并应在热力站进行局部调节。

9．供热管网应按哪些原则制定突发故障处理预案？

答：（1）尽量缩小停热范围和停热时间；

（2）尽量降低热量、水量损失；

（3）避免引起水击；

（4）严寒地区防冻措施；

（5）现场故障处理安全措施。

10．哪些方法可以有效制止热用户偷水？

答：（1）制定严厉的规章制度处罚偷水的用户，反复检查用户系统，取消用户系统中的水嘴、手动放气阀、手动集气罐及无用的放水阀门。

（2）在二级热力网的水中（进入住户供暖系统）放入色素、异味剂等，但这仅是权宜之策，不宜长期采用。

（3）在各用热单位管理的热力站的补水管上加水表，采取补水收费制度，并采用累进收费法，即补水率超过标准后，提高收费等级。对于多个单位合用一个热力站的，可按各单位供暖面积均摊。

（4）利用社会行政力量和新闻媒介的影响力宣传供热系统失水的严重性。

11．二级管网供、回水温度均偏低的原因有哪些？

答：（1）造成二级管网供、回水温度达不到供热曲线图指标的原因有一级管网水温度低、流量小，网系统补水量大。

（2）当站内一级管网水阀门出现故障或开启过小、一级管网外网工况及流量限制器给定流量不能满足二级管网水换热需要时，二级管网供、回水温度均偏低。

（3）当二级管网系统补水量过大时，造成系统二级管网水不断泄出，系统内不断地充入冷水，造成热量损失过大，致使二级管网水温度偏低。

（4）造成二级管网供、回水温度达不到供热曲线图指标的设备故障有：换热设备结垢严重，使换热能力降低。应对设备进行除垢，恢复正常的换热效率。绝对不可用减小二级管网水流量的办法提高二级管网供水温度。

（5）造成二级管网供、回水温度达不到供热曲线图指标的设计问题有：热负荷过大致使换热器换热面积不足，极个别的存在设计时换热能力计算不准确，而更多情况是换热站原有设备没有增加，实际供热面积却增加过多，致使设备换热能力不能满足供热需要，应增加站内供热设备，使其同增加的供热面积相匹配。

12．热力网运行单位应在运行期间进行哪些检测？

答：（1）各热源及中继泵站供热介质温度、压力、流量；

（2）各热源供热量、补水量；

（3）中继泵站耗电量；

（4）各热力站热力网侧供热介质温度、压力、流量；

（5）各热力站供热量。

13．供热管网启动前，热水管线注水应符合哪些要求？

答：（1）注水应按地势由低到高；

（2）注水速度应缓慢、匀速；

（3）应先对回水管注水，充满后通过连通管或换热站向供水管注水；

（4）注水过程中应随时观察排气阀，待空气排净后应将排气阀关闭；

（5）注水过程中和注水完成后应检查管线，不得有漏水现象。

14．什么是初调节？

答：初调节就是在热力网正式运行前，将各用户的运行流量调配至理想流量（即满足用户实际热负荷需求的流量）解决热力工况水平失调问题。初调节利用各热用户入口安装的流量调节装置进行，如手动流量调节阀、平衡阀、调配阀及节流孔板等。初调节也称流量调节或均匀调节。

15．简述分布式能源供热（冷）系统调节方式。

答：分布式能源供热（冷）系统的调节方式分为四种，分别是质调节、量调节、分阶段改变流量的质调节和间歇调节。

（1）质调节：就是通过调节供回水温度来改变用户的室内温度，供水系统的流量保持不变。

（2）量调节：就是调节供回水流量来满足用户的用能需求，而不改变供水系统温度。

（3）分阶段改变流量的质调节：就是根据天气和实际情况，把冷热周期分为几个阶段，每一个阶段的供水流量都不一样，但在每一个阶段内，供水流量保持不变，通过调整供回水温度进行调节。

（4）间歇调节：就是在流量和供回水温度不变的情况下，根据室外温度和实际情况，对供冷热时间进行控制。

第四章

供热经营管理

第一节 供热市场开拓

一、供热市场发展趋势

（一）市场开发定义

市场开发是企业把现有产品销售到新的市场，以求市场范围不断扩大，增加销售量。它是现有产品在原来的市场上无法进一步渗透的情况下采取的一种发展战略，一般适用于产品的成熟后期和衰退期。市场开发的形式主要有两种：一是开发新的目标市场，为新的顾客群提供服务；二是扩展市场区域，即从一个区域市场扩展到另一个区域市场，如从城市市场扩展到农村市场、从国内市场扩展到国外市场等。

（二）当前供热市场形势

供热行业肩负着节能减排的重要使命，转变发展方式、优化供热结构、加快技术创新、推进节能减排、全面提升供热保障能力和供热运行效率，努力构建安全、清洁、经济、高效的供热系统已成为我国供热事业发展的关键。发挥行业整体作用，凝聚行业智慧与力量，引领行业的技术进步与企业改革，这将是供热行业今后一个时期的主要任务。

近年来电力市场形势日趋严峻，国家要求大力推进供给侧结构性改革，实现能源梯级利用，不断提升"两低一高"能源供给水平，天然气分布式和生物质热电联产等清洁能源供热比重将持续增长。当前和今后一个时期供热企业主要面临三个方面压力，一是成本压力，包括环境治理成本压力、燃料价格成本压力、劳动价格成本压力；二是社会压力，包括消费需求提高压力、市场竞争加剧压力、政府资金紧缩压力；三是自身压力，包括管理观念陈旧、技术装备落后、综合素质低下等方面压力按照高质量发展要求。因此，供热市场开拓应坚持以质量和效益为中心，注重源、网、荷协调匹配，积极推进热力市场开拓，发挥存量资产效益，充分挖掘供热潜力，全力提升热电联产综合效益。

二、供热市场发展的有利因素

随着技术进步和市场规模扩大，城市集中供热产业的经济属性已发生改变，由原有自然垄断市场结构向寡头垄断、垄断竞争甚至完全竞争的方向转变。产权制度的保护、政策法规的支持以及市场经济体制的确立等条件，都极大地推动着供热产业市场化的进程；国际资本进入和民间资本的壮大，则为我国供热产业市场化提供重要的资金支持。

（一）技术进步降低了供热行业的生产成本

技术进步因素对自然垄断行业的影响，首先表现在成本价格结构的变化上。技术进步使企业的生产成本大幅度降低，许多业务不再具有自然垄断性。

（二）城市规模的扩大利于供热产业市场规模化

随着经济发展水平的提高和需求多样性的增加，城市规模扩大，公用事业的规模效益、范围经济效益和公共物品特性所发生的深刻变化，为我国市政公用事业的市场化提供了一个前所未有的契机。城市供热的公共物品特性会随着市场需求即市场规模的变化而变化，采取排他性的收费形式将外部效应内部化，为城市供热市场化引入竞争机制创造了条件。

（三）资金来源多元化利于供热产业市场壮大

我国市政公用事业基础设施建设发展迅速，市政公用事业的投资逐年上升。城市集中供热项目建设对资金的需求日益增长，吸引其他行业投资、民间资本注入或国外大型企业投资，已成为未来城市供热产业市场化的重要选择，这不仅能解决资金短缺问题，而且能引进国外先进的生产技术和管理经验，促进我国城市集中供热产业实现跨越发展。

（四）供热方式多元化利于供热市场壮大

新能源革命的发展，使供热行业成为朝阳行业。资金、技术、人才开始涌向供热领域，新理念、新技术、新装备、物联网以及资源整合、互联互通的趋势，在新常态下的新经济政策，将更加注重民生需要、基础设施、环境生态、能源建设、科技创新、民营企业等领域。供热方式的多元化将促进供热市场不断壮大。

三、供热市场发展的不利因素

（一）对供热产业的传统认识束缚供热产业市场化

城市供热等市政公用事业作为我国国民经济重要的基础性领域，长期被认为是关系国计民生的关键领域，必须完全由国有资本控制。因此，和竞争性领域的国有资本调整相比，市政公用事业的市场化改革必定面临更多的认识和观念上的束缚。不改变这一现象。市政公用事业领域就不会有真正的市场开放，民间非国有资本也不能顺畅地进入，供热产业的市场化就不可能迈出实质性步伐。

（二）政府定价限制市场发展

我国的供热产业要想实现市场化运行，其供热价格的定价模式必须与客观条件相符合。目前，我国大部分地区的供热价格都是由地方政府根据当地煤炭价格、物价指数、当地平均工资、实际供暖天数等相关指标来确定的，属于政府强制性定价。我国的北方采暖区域分布在北纬 35°~52° 地区，供暖属于民生刚性需求，天气越冷，供暖量越大，不可以限制，也不能停供。但供热收费计入物价指数，不能随燃料价格联动，属于保本微利行业。

近几年新增加的建筑面积大部分集中在中小城镇，而中小城镇人民经济承受力弱。集中供暖方式、使用的燃料、运行成本、可持续性是需要慎重考虑的现实问题。市场化在这种价格形成体系中所占比例甚微，达不到刺激企业提高生产效率、挖掘企业潜能的目的。

（三）电力行业特点限制供热市场化进程

（1）全国发电装机容量过剩，缺热不缺电已成为新常态。在中小城市，由于经济成本和发电量难消纳等现实问题，以背压机为主设备的小型热电联产不易推广。

（2）热源企业供热收益偏低，热力市场开拓受限。供热成本和技术难度集中在热源厂，而终端销售热价和趸售热价的差价利润全部集中在热网，出厂热价普遍偏低，热源企业供热效益不明显。热源企业不掌握终端用户，在地方政府供热政策的参与度和话语权不够，将会发生热用户拖欠热费、供热补贴不到位等情况，使得热力市场开拓受限。

（3）清洁供热优惠政策不明朗，边界条件落实困难。清洁供热主要指以天然气为能源的采暖方式，也包括生物质能、地热、热泵采暖和电采暖等。现阶段，国家对燃气轮机、分布式能源项目在优惠气价、合理的电热冷价格及能源补贴方面缺少明确的支持政策，限制清洁供热市场化的进程。

四、如何做好供热市场开拓

（一）明确供热市场发展方向

供热节能减排，应作为我国推动建筑节能、绿色低碳建筑发展的工作重点之一。安全、舒适、绿色、低碳、智能等应成为供热的发展方向。

（1）提高供热质量。以国家战略调整和公众需求变化为导向，推动分布式太阳能、风能、生物质能、地热能等的多元化规模化应用，利用工业余热供暖，推进既有建筑供热计量和节能改造，优化配置热源，满足城乡居民对适宜室内温度的需求，提升城乡居民生活质量。

（2）建立适合国情的绿色供暖供应链。加强城市供热的绿色供应链管理，促进供暖行业的节能减排，减少能源消耗、污染物和温室气体排放既是发展趋势，也是供热行业可持续发展的必然选择。

（3）加强供暖各环节管理。综合平衡热源，在保证供热前提下，以经济合理、技术可行、环境友好、公众接受的方式，优化热源配置，提高供暖效率，降低污染物排放。

（二）热力市场开发工作原则

（1）坚持市场导向、需求响应原则。时刻关注热力市场形势，紧密跟踪市场变化，采取适宜方式丰富热力产品，优化存量开发增量，满足市场需求；明确供热企业的主力热源地位，取得地区供热特许经营权，提升市场地位，掌握供需主动权。

（2）坚持问题导向、创新驱动原则。认真研究热力市场开拓的障碍和瓶颈，大力推进理念创新、组织创新、技术创新、产品创新、服务创新，调动各方资源解决市场营销中的难题，推动市场开拓取得突破。

（3）坚持政策导向、精准营销原则。高度关注国家和地方政策变化，积极参与地方热电联产规划、城市供热专项规划，争取成为唯一或主力热源项目；与产业园和工业园密切配合，掌握小锅炉和小热电机组关停、替代优惠政策等关键信息和政策；做好用户调研，细分市场类型，精准施策落实用热负荷。

（4）坚持客户导向、优质服务原则。完善客户服务管理体系，强化客户档案管理，通过优质服务、增值服务提升客户体验，提高客户满意度；根据不同客户提供多元化能源供给和差异化服务。

（三）制定终端供热市场开发策略

热力企业的主要终端市场是为广大市民提供可以享受的热力服务。因此，明确城市集中供热行业特点，结合热力企业自身的特点，对企业发展中的可控因素方面进行分析，拟定产品策略、价格策略、销售渠道策略、促销策略等营销策略方式，促进热力企业有效开拓新供热市场，发展新用户，最终推动热力企业的健康稳定持续发展。

1. 供热产品策略

（1）集中供热是清洁供热的重要方式之一。集中供热相对散烧锅炉优势明显。国家能源局发布了多个文件提出要加快淘汰落后燃煤小锅炉和小机组，鼓励发展热电联供、集中供热等供热方式，以各种清洁供热替代分散中小燃煤锅炉供热。

（2）集中供热与传统的分散供热相比，具有减少环境污染、节约能源等优点。用集中热源代替众多分散锅炉，可将污染物从面排放变为点排放，能够集中、有效处理污染物，减少排放量。

2. 供热价格策略

对于城市集中供热的热力企业而言，热价的制定及实施有其自身的特点：政府性、稳定性、统一性，服务性。供热价格标准是由政府物价主管部门制定的，每一次调整都要经过严格的法定程序。在价格策略中，热力企业首先要对服务收费标准统一公示。在执行收费标准时，必须严格统一，公正公开。其次热力企业可以从直接管损标准上间接调整价格。即降低热力企业供热主管网的管损，提高热力企业的公司效益。

3. 供热销售渠道策略

市场营销中的销售渠道指的是一种产品或服务由生产方到达目标顾客所经历的一系列过程方式。就热力企业来说，企业本身是主营产品热量的生产者，同时又是销售者，而企业到目标顾客是随着城市供热管网敷设的区域而确定的。

销售渠道可以采用客户经理制，即通过客户经理与用户进行接触，向顾客提供全程式的服务来进行公司主营产品的销售。前期由客户向热力企业市场部门提出用热需求或由客户经理通过市场调研，发掘潜在用户，主动联系客户用热。之后进行设计施工与安装，待工程竣工后，由热力企业组织相关部门进行工程验收和调试，达到用热条件后，热力企业与用户双方签订《供用热合同》，热力企业按合同约定向用户供应合格的蒸汽。

4. 供热促销策略

市场营销中的促销是指企业以各种有效方式向目标市场及潜在顾客传递有关商品信息，影响、启发顾客对企业商品和服务的需求并激发其潜在的购买和消费欲望，最终达到购买行为的发生等一系列综合活动。针对城市集中供热市场而言，热力企业可以通过广告宣传促销和服务促销等策略来推动热力企业在市场的开发。在扩展供能市场时需要加快热网建设，积极主动与政府协调供热规划，根据城市供热现有情况以及未来规划，加快热网建设工作，将热网管线铺设至目前没有开展集中供热或采用小锅炉供热的区域，先一步占领市场。

（四）供热市场开发流程

1. 供热市场开拓业务流程图

供热市场开拓业务流程如图 4-1 所示。

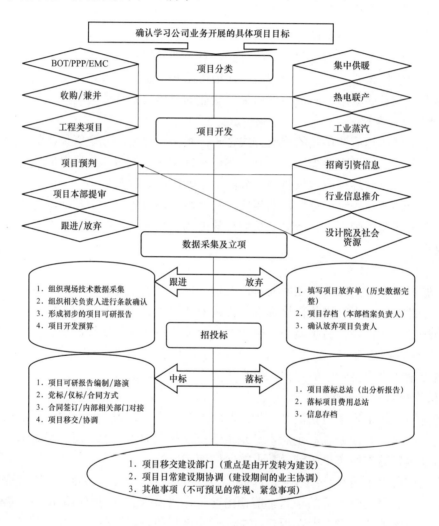

图 4-1　供热市场开拓业务流程图

2. 根据类型进行供热市场开发项目分类

（1）集中供暖市场。集中供热是指以热水或蒸汽作为热媒，由一个或多个热源通过热网向城市、镇或其中某些区域热用户供应热能的方式。目前已成为现代化城镇的重要基础设施之一，是城镇公共事业的重要组成部分。

（2）工商业、工业园区蒸汽供热项目。根据压力和温度对各种蒸汽的分类：饱和蒸汽，过热蒸汽。蒸汽主要用途有加热或制冷；还可以产生动力，作为机器驱动等。重点是工业园区生产需求。

3. 细分项目开发合作模式

（1）BOT 模式，即建设-经营-转让。是企业参与供热基础设施建设，向社会提供供暖公共服务的一种方式。

（2）PPP 模式，即公私合作模式，是公共基础设施中的一种项目融资模式。在该模式下，鼓励供热企业、民营资本与政府进行合作，参与供热设施的建设运营的工作。

（3）EMC 模式，即收购模式，即指一个公司通过产权交易取得其他供热公司一定程度的控制权，以实现一定经济目标的经济行为。收购是企业资本经营的一种形式，既有经济意义，又有法律意义。收购的经济意义是指一家企业的经营控制权易手，行业萧条和经济不景气的时候可以在对方公司的二级市场进行低价股票收购。从法律意义上讲，中国《证券法》的规定，收购是指持有一家上市公司发行在外的股份的30%时发出要约收购该公司股票的行为，其实质是购买被收购企业的股权。

4. 取得市场开发信息资源的方法

（1）招商引资信息，通过负责区域地方招商局、发改委、建设局等部门获取最新的招商引资信息。

（2）行业信息推介，行业关联的第三方信息来源（网络、同行等）。

（3）设计院及社会资源。市政设计院、自身培养社会资源等。

（五）基层企业供热市场开发工作建议

（1）成立供热市场开发专门机构，全面负责市场开发拓展工作。摸索出一套适合本企业开拓供热新市场的营销模式，根据开发市场的情况制定适合的工作方案。先期可对市场进行试运作一段时间，摸清当地供热市场的结构、通路、终端市场、媒体、政府职能部门、竞争对手等，认为该市场有把握开发成功，做好供热市场开发项目建议书。开拓成功后留守少部分人员，其他人员转到另一个新市场。开发新市场的经验可以得到不断的总结，逐步完善企业的营销模式。把市场运作的经验带到了各区域市场，防止出现重复交"学费"的现象。同步完成对营销队伍的培训工作，迅速拉练出一支熟悉市场运作的营销队伍。

（2）供热市场开发人员素质要求。要有一名或多名具备丰富供热生产、营销理论知识和市场实战经验的专业人士作为核心人物，起指导作用。市场开发人员擅长统筹热用户培育、供热管网规划、管网维护等工作。同时认真研究国家和地方政府关于热电联产的有关政策，积极做好用热市场调研，开拓供热市场。优先发展负荷稳定、供热期长的优质热用户，因地制宜落实热源方案。加强与当地政府沟通，提前开发供热区域内待用热客户，力争实现区域范围内优质客户不丢，不断培育新兴市场。提高供热新市场开拓人员的待遇，吸收策划能力强的骨干力量。

（六）做好供热市场开发项目计划书

（1）供热市场开发项目计划书要有明确目的。只有市场开发的目的明确了，才能取得决策者的支持，赢得团队的理解和配合。

（2）供热市场开发项目计划书要能清晰反映市场的特性。供热市场开发计划书在目的明确后找到市场的特性，才能对市场的开发工作具有指导意义，才能让决策者对所要开发的市场有一个大致的认识。

（3）供热市场开发项目计划书要阐明市场开发的原则。市场开发需要有明晰的思路贯穿于市场开发全过程，指导市场开发工作在既定轨道上进行。市场开发计划书的开发原则不仅要符合市场的现状，还要对后期的工作具有前瞻性的指导意义。

（4）供热市场开发项目计划书要写出市场开发的步骤。市场开发不可能是一蹴而就，需要一个渐进的过程，有阶段有目标的去进行，才能夯实市场基础，取得到圆满的成功。市场计划书如果一次性定下过高的目标必然会造成两个弊端：一是业务人员急功近利的思想，二是一次性任务过重完不成会损害业务人员的积极性，不利于市场的开发。

（5）供热市场开发项目计划书要明确所需的支持。市场开发必然会遇到各种困难，单靠业务人员的个人能力是无法完成的，需要企业提供人力支持、费用投入和政策支持，取得决策者认同，才能获取更好的支持与信任。

（6）供热市场开发项目计划书要有可预见效果、目标或对后期市场的影响意义。通过供热收益投入产出比等具体数字和指标，让决策者能更直观了解所开发市场的容量。

（7）供热项目计划书主要结构及内容。具体结构如下：

1）供热市场开发项目概述；

2）供热市场开发项目可行性分析；

3）供热市场开发项目市场分析；

4）供热市场开发项目市场开发策略思路；

5）供热市场开发项目策略设计与评估；

6）供热市场开发项目运营；

7）供热市场开发项目财务分析；

8）供热市场开发项目风险分析与应对措施；

9）供热市场开发项目市场调查。

第二节　供热价格管理

一、供热价格

（一）供热价格定义

供热价格是供热成本的货币表现，即热作为商品在供热企业参加市场经济活动，进行贸易结算货币表现形式，是供热商品价格的总称。热价核算时应考虑供热成本、税金和利润。国家鼓励发展热电联产和集中供热，允许非公有资本参与供热设施的投资、建设与经营，逐步推进供热商品化、货币化。

热价的基本公式为

$$P=C+V+W \qquad (4-1)$$

式中 P——热价；

$\quad$ C——成本；

$\quad$ V——税；

$\quad$ W——利润。

（1）供热成本包括供热生产成本和期间费用。供热生产成本是指供热过程中发生的燃料费、电费、水费、固定资产折旧费、修理费、工资以及其他应当计入供热成本的直接费用；供热期间费用是指组织和管理供热生产经营所发生的营业费用、管理费用和财务费用。输热、配热等环节中的合理热损失可以计入成本。

需经过成本监审核定的供热定价成本。热电联产企业应当将成本在电热之间进行合理分摊。

（2）税金是指热力企业（单位）生产供应热力应当缴纳的税金。

（3）利润是指热力企业（单位）应当取得的合理收益。现阶段按成本利润率核定，逐步过渡到按净资产收益率核定。利润按成本利润率计算时，成本利润率按不高于3%核定；按净资产收益率计算时，净资产收益率按照高于长期（5年以上）国债利率2～3个百分点核定。

（二）供热价格组成

从成本发生的"产-供-销"生产环节来看，热价由出厂价格、管网输送价格和销售价格组成。其中，出厂价格是指热源生产企业向热力输送企业销售的热力价格；管网输送价格是指热力输送企业输送热力的价格；热力销售价格是指热力输送企业向终端用户销售热力的价格。

因成本增加，热价不足以补偿供热成本或政府给予补贴后仍不能消化成本上涨因素，致使供热企业亏损的，在遵循国家发改委、建设部出台的《关于建立煤热价格联动机制的指导意见》（发改价格〔2005〕2000号）文件精神的基础上，及时提出调价申请。

制定和调整居民供热价格时，应当举行听证会听取各方面意见，并采取对低收入居民热价不提价或少提价，以及补贴等措施减少对低收入居民生活的影响。

（三）价格调整条件

符合以下条件的热力企业（单位）可以向政府价格主管部门提出制定或调整热价的书面建议，同时抄送城市供热行政主管部门：

（1）按照国家法律、法规合法经营，热价不足以补偿供热成本致使热力企业（单位）经营亏损的；

（2）燃料到厂价格变化超过10%的。

（四）两部制热价

热力销售价格要逐步实行基本热价和计量热价相结合的两部制热价。基本热价主要反映固定成本；计量热价主要反映变动成本。基本热价可以按照总热价30%～60%的标准确定。新建建筑要同步安装热量计量和调控装置。既有建筑具备条件的，应当进行改造，达到节能和热计量的要求，实行按两部制热价计收热费。

二、供热价格制定原则

热价原则上实行政府定价或者政府指导价，由省（区、市）人民政府价格主管部门或者经授权的市、县人民政府（以下简称热价定价机关）制定。经授权的市、县人民政府制定热价，具体工作由其所属价格主管部门负责。供热行政主管部门协助价格主管部门管理热价。具备条件的地区，热价可以由热力企业（单位）与用户协商确定。具体条件和程序另行制定。

（一）合理补偿成本

合理补偿成本是指热价必须能补偿供热生产全过程和流通全过程的成本费用支出，包括产热成本、供热成本、售热成本。并以不同的用热类别构成不同的成本支出与热价相匹配为原则，以保证供热企业的正常运营。

（二）合理确定收益

一方面工业生产对供热需求日益增长，供热企业须不断发展才能满足日益增长的用热需求；供热企业是资金密集型企业，需要大量的资金建设，而资金必须通过热费收入来获得，因此，要确定供热企业及投资者的应得收益。另一方面由于供热企业具有区域垄断性，如不加控制，热价利润过高超出合理标准，损害了用户的利益；热价利润过低，又会使供热企业失去发展能力。因此，热价中的盈利水平应合理确定，以保证供热生产和供应者以及投资者的合理收益在一定的水平。

（三）依法计入税金

热价中依法计入税金，按照国税法规定纳入热价的税种和税款。根据我国税法规定，税金分为商品价格的价内税和价外税。价内税是直接构成商品价格的税种，价外税属于价外加价部分。合理回收税金，是确保国家财政收入，保证国家机制正常运转的基础。

（四）公平负担

公平负担是指在制定热价时，要从供热的公共性和产、供、销同时完成的特殊性出发，使用户价格负担公平。热价结构的安排要根据供热生产和商品特点，区别用热特性，实行消费者对热费负担与其用热特性相适应；根据热价政策，实行阶梯热价、煤-热联动，在计算综合成本的基础上，把供热成本公平合理地分摊到各用热类别，保证不同用热类别客户的热价公平合理。

（五）促进供热企业建设发展

促进供热企业建设的发展是制定热价的基本出发点。应通过科学、合理地制定热价，促进供热企业资源优化配置，保证供热企业正常生产，具有一定的自我发展能力，推动供热事业的良性循环发展，当好国民经济发展的先行。

第三节 供热经营成本分析

一、供热经营成本

（一）供热成本定义

成本是指可归属于产品成本、劳务成本的直接材料、直接人工和其他直接费用，不包括为第三方或客户垫付的款项。费用是指企业在日常活动中发生的、会导致所有者权益减少的、与所有者分配利润无关的、除成本之外的其他经济利益的总流出。企业应当合理划分期间费用和成本的界限。期间费用应当直接计入当期损益；成本应当计入所生产产品、提供劳务的成本。

供热成本指供热企业为生产和输送热力所发生的各种耗费和支出，包括热源成本和热网成本。供热成本管理的基本任务是：以安全生产为前提，通过对成本的预测、预算、控制、核算、分析和考核，正确归集生产成本，监督费用去向，挖掘降低成本的潜力，努力提高管理水平，增强企业市场竞争能力。

（二）供热成本的特点

供热成本的特点是由供热生产的特点所决定的。

（1）供热的生产经营活动一般可分产热、供热、售热三个环节。因此，反映供热成本的类别有供热生产成本、供热成本和供热销售成本。

（2）供热是二次能源的生产，即实现一次能源的转换，因此在供热成本中燃料费占很大比重。所以供热成本的高低与燃料价格水平密切相关。

（3）供热生产是技术和资金密集型企业，供热成本中固定资产的折旧费和修理费占较大的比重。

（4）工业供热产品的特点是产、供、销同时完成，不能大量储存。热电联产机组同时生产电和热两种产品，因此在供热成本计算上还存在电热产品成本的分摊问题。

（三）供热成本的组成

企业成本费用主要包括生产成本和期间费用。根据企业的行业特点，在生产过程中发生的各项耗费全部作为生产成本，即生产部门和辅助生产部门生产过程中实际消耗的直接材料、直接人工和其他直接支出，全部直接计入"生产成本"科目。期间费用基本就是指财务费用，即为筹集生产经营所需资金等发生的利息支出、汇兑损失以及相关手续费等。当月发生的产品生产费用即为当月产品总成本。成本计算除金额外，凡计算数量的项目，应与生产统计、劳动工资等部门的统计数据相符，以便正确计算成本和考核评价成本预算完成情况。

1. 供热成本组成

从成本与产量的关系考虑，供热成本可分为固定成本和变动成本。固定成本是指在一定范围内总额不受产量变动影响的成本，即与供热企业设备有关，而与供热生产量大小无关的费用。固定成本包括设备折旧费、大修理费、工资、职工福利、管理及其他费用等。变动成本是指其总额随产量变动而相应变动的成本，即与供热企业生产量大小有关而与供热企业设备无关的费用。变动成本包括燃料费、水电费、购热费等。

2. 不同主体供热成本划分

供热生产成本以热源企业为成本核算单位，主要包括燃料费、材料费、水费、工资、职工福利、基本折旧费、大修理费和其他费用等。供热出厂成本应分别计算出总成本和单位成本。

供热生产单位成本=供热生产总成本/厂供热量

供热输送成本以热网企业成本核算单位，主要核算本单位输送过程中所发生的一切费用。主要包括购热费、材料、工资、职工福利费、基本折旧费、大修理费和其他费用。供热输送成本一般只计算总成本。购热费是指购入的热量支付的热费，包括向系统内部热源厂、地方小锅炉、自备热厂等单位购热的热费。

3. 热电联产企业成本核算

热电联产的火力发电企业的电力和热力生产是同时进行的，成本费用发生时不能确定电、热力负担的份额，月末应由财务部将所发生的生产成本按以下原则进行分摊：只为电力或热力一种产品服务的车间或部门，其成本全部分配给电力或热力产品负担，为电力和热力两种产品共同服务的车间或部门，其成本按一定比例加以分摊。

具体方法如下：

（1）变动费用部分。指供热电厂为生产电力、热力直接耗用的燃料。根据发电供热实际耗用的标准煤量比例分摊。供热厂用电耗用的燃料，应由热力成本负担。其计算公式为

发电燃料费=实际燃料费总额×(发电用标准煤量/发电、供热耗用标准煤量)
−供热厂用电耗用燃料费

供热燃料费=实际燃料费总额×(供热用标准煤量/发电、供热耗用标准煤量)
+供热厂用电耗用燃料费

供热厂用电耗用燃料费=实际供热厂用电量×计划发电燃料单位成本(按发电量计算)

（2）固定费用部分。按实际燃料比例分摊的方法，按发电、供热实际耗用的标准煤量的比例进行分摊。其计算公式为

发电固定费用=(发电、供热全部固定费用−热网固定费用)
×(发电用标准煤量/发电、供热耗用标准煤总量)

供热(含热网、热源)固定费用=发电、供热全部固定费用−发电固定费用

热网和热源成本的界定：

燃料费：热力燃料费分配到热源成本。

材料费、修理费：对热网资产进行定期维修、养护所发生的材料费和修理费划分到热网。

职工薪酬：直接从事热网的维护、管理等活动的部门发生的工资及其他人工成本，划分到热网。

折旧费：直接归属于热网的管网及配套设施设备等固定资产发生的折旧费划分到热网。

其他费用：直接用于热网的维护、管理等活动发生的管理费用以及专属于热网业务发生的费用，划分到热网。

二、供热成本核算

（一）供热成本核算原则

成本核算原则是指进行成本核算应当遵循的规范，是人们在成本核算实践中总结的经验。

（1）合法性原则。指计入成本的费用都必须符合法律、法令、制度等的规定。

（2）可靠性原则。包括真实性和可核实性。真实性就是所提供的成本信息与客观的经济事项相一致。可核实性指成本核算资料按一定的原则由不同的会计人员加以核算，都能得到相同的结果。

（3）相关性原则。包括成本信息的有用性和及时性。有用性是指成本核算要为管理当局提供有用的信息，为成本管理、预测、决策服务。及时性是强调信息取得的时间性。及时的信息反馈，可及时地采取措施，改进工作。

（4）重要性原则。对于成本有重大影响的项目应作为重点，力求精确。而对于那些不太重要的琐碎项目，则可以从简处理。

（5）一致性原则。成本核算所采用的方法，前后各期必须一致，以使各期的成本资料有统一的口径，前后连贯，互相可比。

（6）分期核算的原则。企业为了取得一定期间所生产产品的成本，进行分期，分别计算各期产品的成本。

（7）权责发生制原则。应由本期成本负担的费用，不论是否已经支付，都要计入本期成本；不应由本期成本负担的费用，即使在本期支付，也不应计入本期成本。

（8）按实际成本计价的原则。生产所耗用的原材料、燃料、动力要按实际耗用数量的实际单位成本计算、完工产品成本的计算要按实际发生的成本计算。

（二）供热成本核算方法

1. 建立科学的供热成本核算体系

供热成本核算体系的建立，实质上是要改变过去的财务部门独家成本核算的旧模式。实行以财务部门牵头，各专业、各部门分工负责的成本核算体系。它是建立在贯彻落实经营责任制、执行工效挂钩等一系列改革措施基础上的重要管理内容。供热成本是由若干要素组成的，科学的成本核算体系应当充分体现计划、统计、分析、控制的现代成本管理的原则与特征。

供热成本核算体系应当是一种多层级、多环节、多部门的树状核算结构。最基础的一级是消耗部位的核算，这是最重要也是受控最薄弱的一级。建立脉络清晰的成本核算管理网络是保证成本核算准确，真实反映供热实际成本的前提。

2. 供热成本核算要实行动态管理

以往供热成本核算大多体现的是作为年终财务核算的一部分体现出来。它只是一种静态的核算管理。带有明显的单一性和滞后性。不利于进行科学的成本分析和成本控制，应当把成本核算贯穿于供热全过程，进行供热成本核算的动态管理。做到事前预测，事中控制，杜绝"秋后算账"，尽而实现节能降耗，降低供热成本的经营目标。这需要明确两点：一是核算责任的落实，自己的账自己算，干什么、算什么，同时还要下算一级，形成一条成本核算控制链；二是严格成本核算分析例会制度，定期限、定范围、定核算工作流程。形成严肃、科学的供热成本监控程序。

3. 建立健全供热成本指标体系是提高成本管理的关键

供热成本核算不是一种记账式的核算，而是一种比较式的核算。通过与指标的比较找出问题、分析原因、制定措施。建立科学的供热成本考核指标体系是提高成本核算质量的关键，也是强化供热成本管理的有效途径。依照供热企业供热成本管理的条块特性，可相应建立供热投资成本核算指标、供热运行成本核算指标、供热销售成本核算指标。前者是针对供热固定资产投入、投资回收等体现经济效益与社会效益并重的供热企业长期发展战略的核算指标。后者是提高收费率，体现供热收费与供热成本状况，实现供热经营步入良性循环的核算指标。

供热运行成本指标主要涉及能源消耗、维修材料、人工及管理等三部分。这部分指标的建立要符合企业实际。分项要有重点，条块分割要合理，核算边界要清晰，指标的确定对内要考虑三年平均可比单位成本，对外要掌握先进成本指标作为参照，使所定多项指标更带有先进性、指导性、科学性。

4. 建立供热成本执行状况的实时评价考核体系

供热成本执行状况的实时评价考核体系是搞好成本核算的可靠保证。实时对供热成本执行情况进行评价考核非常必要。它可以提供一种成本分析、控制手段。但这必须是对供热成本控制进行规范化、制度化管理为条件来保证实现的。也就是说对供热成本管理不间断地进行考核，根据不同考核层面的需要，可以每月或每半月进行一次。实质是实现对这一过程形成事前预测、事中控制、事后分析、相互制约的监控机制，达到控制成本支出的目的。这种评价考核还应是逐级进行的，属受控和制约并存的责任关系。目标明确、责任明确、工效明确，在此基础之上进行成本核算管理，就显得非常具有实际意义，并将促进成本管理质量的提高。

5. 保证核算基础数据来源准确

保证核算基础数据来源准确，为供热成本核算提供可靠的依据。基础数据的采集是供热核算的薄弱环节。一是计量手段落后，二是统计规则不健全；三是数据来源的随意性过大。综合起来无法形成真实可靠、准确的统计数据。解决问题的方法是完善计量措施和计量手段。对于多项业务交叉或重叠在一起的核算数据（如管理费用等），要制定科学的分摊原则和完备的计算方法。使一些基础数据完成由定性向定量的转化。真正形成计量、统计、分摊、规则、边界等一整套核算数据综合管理框架。以此来保证成本核算数据的真实、准确、科学、合理。

6. 坚持经常性的成本管理

坚持经常性的成本管理，要充分体现供热成本核算的效益性。最终目的是实现成本降低。经济效益的提高。成本核算的结果应当从两个方面显现出来。一是企业供热成本的相对降低。也就是经常所说的经营活动中节流、节支、降耗等概念。通过成本核算保证成本分析和成本控制的作用在管理工作中的正常发挥。供热企业收到成本降低所带来的效益。二是成本的执行者、管理者在这一过程中的作用，也应当用效益性的原则加以体现。可以通过两种方式实现。一种方式是目前经常选用的节奖超罚的激励机制。以节约成本的一部分作为奖励来实施。另一种是采取工效挂钩的分配机制，即指标与工资合一的考核分配形式。后一种方式显得更彻底，符合现代经营管理理念。但也给成本管理、核算、考核工作提出了更高的要求，以及要解决诸多新的问题。

（三）成本费用核算规范

根据发电途径的不同，发电企业分为火电、风电、水电等。各类发电企业是以产品（煤电、气电、风电、热力等）或生产环节为成本核算对象，反映企业生产经营情况及期末财务状况。企业财务部门则应根据发电企业不同的生产组织形式以及生产管理要求，采用相适应的成本计算方法，正确计算各产品、各环节、各要素的成本费用。

（1）加强成本费用管理，严格执行成本费用开支范围，按照国家有关法律法规、企业的规章制度成本计划、消耗定额等，对各项开支进行审核。财务部门在对成本费用的审核中应注意以下事项：

1）严格控制成本费用开支标准，国家政策有规定的，按国家政策执行，国家政策没有规定的，按企业规章制度执行。

2）成本费用应归属正确的成本费用项目。

3）成本费用项目应属于已获批的年度预算项目范围。

4）成本费用金额在定额指标、预算指标等范围内。

5）财务部门相关人员对成本费用金额的合理性应有一定的判断，对于金额明显异常的成本费用应及时提报给财务部门负责人及公司领导。

6）各项目的发生限额以预算下达指标为准进行控制，对于超预算指标的发生费用，财务部门会计人员在审核时应要求费用部门提供已获企业领导批准的报告作为费用单据附件，未得到书面批复同意的超预算费用应退回费用部门（需要建立预算外管理制度，不能仅仅依据于企业领导的审批签字。预算外费用和预算外项目要与预算内费用和项目建立不同的管理流程）。

7）对成本费用的附件进行审核，如发现随附的单据、文件有缺失，应及时退还相关部门补全后再提交复核。

8）对随附的原始凭证单据内容的正确性、真实性进行审核：随附发票的时间、发票金额、发票印鉴等是否真实完整。

9）出纳在对需要支付的成本费用单据付款前，应仔细审核成本费用面单及原始凭证上相关人员签名或印章，保证成本费用的审批流程完备，符合企业规定的审批程序。

10）严格划分收益性支出和资本性支出。

11）严格按权责发生制划分本期及下期成本的界限，不得人为调整成本所属期间，影响成本计算的正确性。

12）规范关联交易，合理确定交易成本。

13）不得以估计成本、定额成本或计划成本代替实际成本。采用计划成本的企业，对于计划成本应每年重新进行审核修订，一旦确定，在年度内不得随意变动。

（2）电热成本费用分摊。供热电厂的电力和热力生产是同时进行的，成本费用发生时不能确定电、热力应承担的份额，月末财务部门会计人员应将所发生的生产费用按以下原则进行分摊：

1）只为电力或热力一种产品服务的车间或部门，其成本全部分配给电力或热力产品负担。

2）同时为电力和热力服务的车间或部门，其成本根据企业实际情况按规定的一定比例进行分摊。财务部门在进行成本费用分摊时应采取的分摊办法是：

a．变动费用：供热电厂为生产电力、热力耗用的燃料、水费、动力费是根据实际耗费的标准煤量比例分摊。

b．固定费用：供热电厂除变动费用以外的各项费用可选用按实耗燃料比例分摊或分项目测算分摊。按实耗燃料比例分摊适用于供热量少，且比较稳定的热电企业。分项目测算分摊适用于供热量大（热力产品所耗标煤量占发电供热总耗费标煤量的10%及以上）的热电企业。

（四）不同成本费用的核算要点

1．燃料成本

（1）正确核算燃料价款。财务部门将燃料部门转来的原始发票、验收资料、结算清单等资料，审核无误后，分类入账。燃油款的结算与材料款相同。

（2）正确进行燃料估收。财务部门根据燃料部门提交的估收单据，审核无误后进行账务处理。燃料暂估应建立专门台账管理，根据合同价格、计价标准、未签订合同的意向信息及实际入场验收情况登记燃料数量、价格、热值等明细，严禁随意调整燃料暂估。严禁随意调整估收基价及计价标准。

（3）正确计算燃料成本。及时发现和解决煤耗、煤质、煤价、煤比和损耗等问题。

2．检修费用

（1）生产附属设施的检修费用不得与生产设备和生产建筑物的检修费用互相调剂使用。

（2）凡不属于检修范围的项目，不得挤占检修费。

（3）对上级公司批复的检修特殊项目费用要专款专用，不得挪用。因故不能实施，应向上级公司汇报并中止项目及费用。

（4）修理费用及时进行账务处理。

（5）修理费按照生产或工程部门确认的实际发生进度确认。财务部门在审核大修费用时，应先查询相关工程进度，审核提交的大修费用是否与当前的工程进度相匹配，如有较大差异，应要求费用业务部门提供原因或提报企业相关部门领导。同时也应核对费用审批手续的完整性。

3．材料费用

（1）材料费不包括以下内容：基建、技改等专项工程以及生产其他产品（电能、热能以外）领用的材料、专用工具等；生产计划检修、事故抢修（冲抵保险费）等耗用的材料；

固定资产拆除清理的材料；其他不属于生产耗用的材料。

（2）财务部门应复核提交的材料费用是否属于专款专用，保证材料款项不挪作他用。

（3）对于维护性材料、消耗性材料与脱硫剂、中水再处理等费用，财务部门在审核的时候要注意分别使用，禁止混用。

4. 水费

正确执行国家水价及水费、水资源费征收政策。

5. 职工薪酬

财务部门负责按预算或规定标准均衡提取、列支，不得以此调剂成本。

6. 折旧费

财务会计人员应按集团确定的折旧政策和规定，正确计提折旧费用，要注意按资产用途的不同分配折旧成本，不得人为调节折旧。

7. 其他费用

其他费用可分为专项管理费用和非专项管理费用。专项管理费包括：除灰补贴、水源地电费、土地租赁费等。非专项管理费包括：一般管理费、排污费、财产保险费、政策性税费、资产摊销、燃料厂后费用。其他费用类都采用定额预算管理，据实列支。

8. 财务费用

合理安排资金支出，减少资金沉淀，降低带息负债规模。准确核算财务利息费用，优化融资结构，降低资金成本率。财务部门应对形成财务费用的贷款利息按合同约定期限支付利息费用，避免超期给企业造成的损失。

（五）供热成本费用核算流程

根据成本费用的财务管理流程，可以分为三个子流程：成本费用预算、成本费用核算、成本费用分析报告及考核监督。针对每个子流程涉及的财会基础工作流程与财务控制相关的环节，制定必要的基础财会工作规范，防范因为业务操作不规范及控制节点不够严密而导致财务监督控制职能的弱化。

（六）供热成本费用定义

1. 燃料费

指供热企业生产用燃料费用，包括燃煤费、燃气费、燃油费。

2. 购热费

指供热企业向热源厂支付的购入热力费用。

3. 电费

各部门为生产经营支付的电费。

4. 水费及水资源费

指为生产而耗用的外购水费和按照国家法律有关规定缴纳的水资源费。

5. 材料费

指生产过程中所耗用的材料、低值易耗品以及不应计入燃料项目的其他各种生产用燃料。

6. 工资

指按规定列入成本的工资、津贴、奖金等，包括基数工资和效益增长工资。

本项目包括：生产、管理人员的工资、奖金、津贴、补贴等；按劳动保险条例规定由企业直接支付的产假、工伤假和六个月以内的病假工资等；按规定发给职工的探亲、婚、丧假以及女职工哺婴请假期间的工资等；按规定从成本中提取的各项奖金；按规定提取的新增效益工资。

7. 工资附加费

指企业根据职工工资总额按照国务院或省级人民政府文件规定的标准提取或缴纳的费用。本项目包括：

职工福利费：指企业根据职工工资总额与国家规定比例提取的福利费。

基本养老保险：指企业按规定比例缴纳的职工基本养老保险费用。

补充养老保险（企业年金）：指企业根据自身能力，按照国务院或省级人民政府文件规定比例为职工建立的基本养老保险以外的养老保险基金。

补充医疗保险：指企业根据自身能力，按照国务院或省级人民政府文件规定比例为职工建立的基本医疗保险以外的医疗保险基金。

住房公积金：指企业按规定比例提取由成本列支的住房公积金。

失业保险：指企业按规定缴纳的失业保险基金。

工会经费：指企业按照当年职工工资总额和规定提取比例提取的拨交给工会的经费。

职工教育经费：指企业按照当年职工工资总额和规定比例控制的用于职工培训的费用。

8. 折旧费

指根据应计提折旧的固定资产原值和规定折旧率计提的资产折旧费。

9. 修理费

指固定资产修理过程中发生的材料、人工（指修理作业中发生的外委人工费）及其他费用等，包括固定资产重大项目修理费和一般修理费。水电厂预提大坝修理费按大坝大修周期核算，一个大修周期结束时根据实际发生额调整当年成本。

10. 其他费用

指不属于以上各成本项目但也应计入成本的费用。明细项目及开支范围如下：

（1）办公费：指生产和管理部门发生的文具、纸张、银行票据购置费，计算机耗材，报纸、杂志、图书、资料购置费，印刷费，邮电通信费，互联网服务费等。

（2）水电费：指生产和管理部门耗用的水费、电费，以及电厂耗用不属于厂用电范围的自用电费等。

（3）差旅费：指员工因公出差发生的交通费、住宿费、补助费和员工上下班交通补助费、员工探亲往返车船费、调职员工本人及批准随行家属的差旅费、行李费等。

（4）低值易耗品摊销：指管理部门领用的不能作为固定资产的各种用具物品，如办公家具、管理用具等的摊销费。采用领取时一次摊销办法，但应加强对在用低值易耗品的实物管理。

（5）劳动保护费：指按规定发给员工的劳保服装、劳保用品，安全防护用品，防暑降温费，高温、高空、有害工作津贴，以及经济民警标志服装费等。

（6）运输费：指生产、管理部门发生的搬运费用、机动车辆的养路费、停车费、过路费等。燃料、材料采购中的运杂费以及车辆消耗的油、物、料不包括在此项目中。

（7）取暖费：指生产和管理部门取暖用热、煤、蒸汽等支付的费用及发给职工的取暖津贴等。

（8）劳动保险费：指未纳入基本医疗保险范围的离退休人员的医药费、企业支付离退休人员参加医疗保险的费用、六个月以上病假人员工资，职工死亡丧葬补助费、抚恤费，按规定支付给离休干部的各项经费等。

（9）保险费：指为财产、物资、特殊工种等参加保险所支付的保险费用。

（10）租赁费：指由于生产经营需要临时租借房屋、机器、设备等所支付的租赁费用。

（11）绿化费：指生产和管理场所环境绿化、植树等支付的费用。

（12）成本性税金：指按照规定支付的房产税、车船使用税、土地使用税、印花税及不形成固定资产价值的耕地占用税等。

（13）研究开发费：指研究开发新技术、新工艺所发生的设计费，工艺规程制定费，设备调试费，技术图书资料费，外委科研试制费及与技术研究有关的其他费用等，包括为开发新技术、新工艺所必需的单台设备价值在10万元以下的测试仪器和试验装置的购置费等。

（14）会议费：指企业召开或参加各种会议发生的费用。

（15）党团活动经费：指按规定支付的企业党团活动发生的有关费用。

（16）董事会费：指企业最高权力机构（股东会、董事会）及其成员为执行职能而发生的各项费用。

（17）业务招待费：指为业务经营的合理需要，在规定的比例和限额范围内，据实列支的招待费用。

（18）业务费：指用于广告、宣传、保护电力设施等支付的费用。

（19）中介费：指委托中介机构进行审计、评估、诉讼、咨询等支付的费用。

（20）物业管理费：指企业将房屋及与之相配套的设备、设施和场地等委托物业公司进行管理、提供服务而支付的费用。

（21）外部劳务费：指外部人员为企业提供劳务，企业按照劳务合同、协议支付的费用。本项目不包括固定资产大、小修理发生的人工费用。

（22）土地使用费：指使用土地而支付的费用，包括土地补偿费、青苗补偿费及土地征收管理费等。

（23）住房补贴：指按照国家或省级人民政府规定，支付给职工用于解决职工住房的费用。

（24）材料盘亏和毁损：指对材料定期或不定期进行的全面盘点清查所发生的盘亏、毁损和报废，扣除过失人或者保险公司赔偿和残料价值之后的部分。材料毁损属于非常损失部分计入"营业外支出"。

（25）无形资产摊销：指按规定应在本会计年度内摊销的专利权、商标权、著作权、土地使用权、非专利技术及计算机软件等无形资产价值。

（26）长期待摊费用摊销：指按规定应在本会计年度内摊销的长期待摊费用。

（27）计提的坏账准备：按照年末应收款项余额和规定比例计提的坏账准备金。

（28）计提的存货跌价准备：指由于存货毁损、陈旧过时或市价低于成本等原因使存货成本高于可变现净值时，按规定计提的存货跌价准备金。

（29）其他：指应列入成本的其他费用。如：公安消防费、团体会费、独生子女保健费、残疾人就业保障金、环卫费、外宾接待费、出国人员经费等，以及按有关规定可以在成本列支的其他费用。

（30）转出费用：指已计入以上成本项目的支出，但按规定应分摊给基建、技改、业扩等工程和其他产品、劳务成本负担，从成本中转出的费用。

11. 下列支出不得列入成本

（1）购置和建造固定资产、购入无形资产和其他资产的支出；

（2）对外投资的支出；

（3）被没收的财物，支付的滞纳金、罚款、违约金、赔偿金等；

（4）对外赞助、捐赠支出；

（5）按规定不得列入成本的其他支出。

（七）影响供热成本的生产指标

1. 煤耗

煤耗影响供热机组降低发电成本。

煤耗影响的效益等于供热影响供电煤耗的降低值（g/kWh）×入炉标煤价（元/t）×供电量（万 kWh）/1000000。

2. 供热损失率

降低购售热管损将降低供热成本。供热损失率确定原则。

（1）热源企业供热损失率

供热损失率（%）=（供热量−售热量−自用热量）/供热量

热源企业供热损失率应不大于 5%。自用热量是指热源企业生产生活用热量。

（2）热网企业供热损失率

供热损失率（%）=（购热量−售热量）/购热量

供热损失率其中汽网不大于 15%，水网不大于 5%。

3. 煤耗

报告期内热源厂每供出 1GJ 热量平均耗用的综合标煤量，包括燃煤、燃气、燃油。

4. 供热厂用电率

报告期内热源厂每供出 1GJ 热量平均耗用的厂用电量。

5. 供热水耗

报告期内热源厂每供出 1GJ 热量平均耗用的水量。

6. 供热能耗

采暖期内每平方米供暖面积所消耗的平均热负荷，即单位建筑面积的耗热量。

三、供热成本管控

（一）阶段性成本管控

1. 供热设计阶段的成本控制

供热企业要想有效的对成本进行控制，在前期的供热设计其科学性和合理性至关重要。此时供热企业必须要深入开展需求研究和分析，能够科学的阐明任务书，之后依照要求规范来制定要求表，最后统筹各方面因素来实施供热方案设计，在方案设计过程中必须能够认识到本质问题，并能够将这些问题归类汇总，可以根据具体的供需求将其具体化，依照供热行业的通用技术标准及经济准则来对方案进行科学严肃的评价，并给出科学有效的供热改进措施，对供热方案的所有细节以及可能遇到的问题必须在这个阶段提出，并给予合理的解决措施，这样才能够从设计阶段来有效控制供热企业的成本。

2. 供热生产阶段的成本控制

在供热企业日常运行过程中要制定详细科学的计划，要能够建设科学合理的定量目标体系，并根据供热企业多年经营的经验来制定所有资源材料的消耗和费用开支的指标，而且需要将其逐层分解。

必须打破传统思想对供热企业的影响，要改变过去那种同工同酬的情况，建立和完善全新的供热企业考核评价体系。能够依据各个岗位职工的具体共享来确定其应该获得的薪酬。供热企业也要不断引进国际先进的管理理念和先进的管理方法，能够不断改变供热企业职工的思想，提高供热企业职工的工作积极性。供热企业也要制定相应的成本控制奖励办法，这样能够在一定程度上提升供热企业职工实施成本控制的动力。

（二）成本的预算与控制

成本预算是财务预算的重要组成部分，成本控制以成本预算为依据，成本预算以成本定额为基础，将批准下达的成本预算指标，分解落实到各责任部门，各个环节，明确控制目标。

1. 成本管理基础工作

建立健全原始记录制度。各单位应规范记录格式，对各项生产经营业务进行系统完整的记录。制订、完善各项定额。各单位应按平均先进原则制订和完善设备、技术经济、劳动、物资储备和消耗及各类费用定额。健全计量验收制度。各发电单位的发电量、上网电量要按照固定抄表时间抄录读数，由专人负责做好记录与统计工作。对各种生产耗费计量装置应定期查验，确保成本计算的正确性。建立健全成本管理规章制度。

2. 加强对成本项目的控制

（1）燃料费用：积极降低燃料标煤单价；加强途损和煤场、油库管理，减少损失；加强计量验收，强化亏吨亏卡和索赔管理；健全燃料、财务部门两级审核制度，正确核算价款，及时发现和解决煤耗、煤质、煤价、煤比和损耗等问题。

（2）水费：严格计量，控制和降低水耗；正确执行国家水价及水费、水资源费征收政策。

（3）材料费用：采用最优批量法、零库存法等降低采购和储存成本；制定合理消耗定额和储备定额，严格按计划控制发料；积极推广修旧利废和节约代用工作；加强材料库存管理，减少盘亏损耗；严格管理车间小材料库。

（4）职工薪酬费用：严格控制定员、工资总额、计划外用工；完善各种工时定额、工作量定额；健全工时记录，做好工资分配。

（5）修理费用：严格大修工程项目的立项和审批管理，对大修外委工程应严格执行招议标制度；修理项目用料应严格执行项目预算；加强项目定额管理，完善预、决算制度，减少"跑、冒、滴、漏"。

（6）其他费用：对折旧费等不可控费用，财务部门负责按预算或规定标准均衡提取、列支，不得以此调剂成本；对经常性费用应按计划指标实行归口管理，采用有效手段，加强过程控制。

建立和完善成本管理的内控制度，坚持成本开支有计划，严格成本支出的审批程序，加强成本控制的过程管理，确保成本管理目标的实现。

（三）成本分析与考核

成本控制应从加强全面经济核算，提高经营管理水平出发，按照统一领导、分级负责的原则，按各职能部门的职责，实行归口管理。财务部门是成本管理的综合部门，负责制定成本管理制度和成本标准定额，参与制定与成本相关的其他定额，编制下达成本预算，控制成本支出。其他各职能部门按其职责分工，做好成本管理与控制。

1. 建立定期和专题分析制度

建立健全经济活动分析制度，定期分析成本预算的执行情况，分析成本指标的升降原因，提出改进措施。

成本分析的内容包括：发电单位成本、供热单位成本等指标，并与同行业先进水平比较，与本企业历史最好水平比较，分析差距原因，以便有针对性地采取改进措施。成本分析采用比较法、因素分析法、典型事例分析法等方法，通过与预算成本、历史同期、同行业先进水平进行比较分析，总结经验、发现问题、制定改进措施，不断提高成本管理水平。

根据行业生产经营的特点，在加强成本预算和控制的同时，不断探索降低成本的途径。

2. 建立成本管理考核体系

建立单位内部成本考核体系，将各部门归口成本管理目标的完成情况纳入经营责任制进行考核。建立成本预算完成情况考核制度，保证成本考核指标的完成。建立成本管理责任追究制。

（四）投资项目成本风险分析

项目风险分析的目的是为建设方进行项目投资决策提供技术依据。项目风险分析应贯穿于项目建设及投产运行后的项目全寿命周期，在项目可行性研究报告中，风险分析应独立成章。项目风险分析主要包括市场风险、工程风险、技术风险、资金风险、政策风险、外部协作风险等。

1. 市场风险分析

市场风险分析应包括以下内容：

（1）燃料供应风险分析：依据可行性研究阶段确定的燃料供应方案，分别分析燃料来源、燃料品质、燃料价格等变化对本项目的影响；

（2）电力产品外送风险分析：根据本项目接入系统方案，结合项目所在地电力需求情况，分析本项目所发电力外送存在的风险；

（3）热（冷）产品外售风险：依据项目所在地区热（冷）负荷的需求，结合本项目生产的热（冷）产品质、量状况，分析市场风险。

2. 工程风险分析

工程风险分析应包括：依据本项目可行性研究报告中提出的主要工程设想，分别从项目厂址安全、投资方、建设方和施工方能力、建设工期控制、建设资金保障、自然条件的影响等方面分析项目建设的风险及对策。

3. 技术风险

技术风险应包括：依据可行性研究报告中拟定的装机方案和主要工艺系统，分析本项目采用的主要技术方案和主要设备的市场运行状况和运行业绩。对本项目采用的新技术和新设备，要分析技术的可靠性和规避风险的措施。

4. 资金风险

资金风险应包括：依据可行性研究报告的项目投资估算和经济分析，从项目建设资金的筹措，资本金比重，未来市场利率变化和项目投产后盈利能力等方面，分析本项目的资金风险及相应对策。对于使用外汇的项目（如进口设备或材料），要分析汇率变化对本项目建设资金方面的风险。

5. 政策风险

政策风险应包括：根据本项目的性质和生产规模，分析与国家政策和地方政策的适配性。对可能的政策变化对本项目建设和运营的影响要进行分析预判。

6. 外部协作风险

外部协作风险应包括：通过对本项目 EPC 承包方、设计分包方、施工分包方、监理方、主要设备供应商，以及与本项目外部接口相关的协作单位的资质、业绩和能力评估，分析本项目建设期间与各个外部协作方合作上存在的风险，提出应对措施和解决方案。

风险分析结论应根据上述各个分项风险发生的概率和各个风险发生的程度，综合分析本项目建设期和运营期的综合风险等级；对于风险较高的事项，提出应对风险的措施。

四、供热项目技术经济分析

供热项目技术经济分析可行性研究阶段和初步设计阶段均应进行财务评价。

（一）供热技术经济分析依据

（1）执行国家发改委和建设部《建设项目经济评价方法与参数（第三版）》；

（2）执行现行的国家财税政策。

（二）技术经济分析的原始数据确定原则

（1）静态投资及增值税抵扣额按投资估算或概算确定值。

（2）项目资本金应不低于项目动态总投资的 20%。

（3）项目融资，资本金之外的资金按项目融资考虑，贷款利率按照与银行签订的协议利率，没有协议的按照近五年银行五年以上长期贷款基准利率按月加权平均值计算。

（4）长期贷款预定还款期按不大于 15 年考虑（不含宽限期）。

（5）还款方式按等额本金还款。

（6）资金流按项目实际情况确定。

（7）固定资产折旧年限按 18 年计算。

（8）固定资产残值率按 5% 计算。

（9）无形资产及其他资产摊销按 10 年计算。

（10）固定资产、无形资产、其他资产形成比例按照实际数额计算确定。

上述中提及的相关数据依据项目的实际情况进行调整。

五、热网工程投资成本估算

（1）热网项目决策主要指标，热力网工程投资估算应根据建设部颁发热力网工程投资估算的现行规定和有关文件。

1）投资估算。

2）主要边界条件及取值：供热价格、购热价格、设计热负荷、年供热量等。

3）主要经济评价指标：资本金内部收益率、投产后前三年净资产收益率。

其中：资本金收益率：资本金收益率也称为资本金利润率，是指项目经营期内一个正常年份的年税后利润总额或项目经营期内年平均税后利润总额与资本金的比率，它反映投入项目的资本金的盈利能力。

（2）热力网、站投资估算指标应根据《全国市政工程投资估算指标第八册集中供热热力网工程》（建标〔2007〕163 号）不足部分可采用项目所在地定额管理部门颁发的热力网工程概算定额。取费依据地方市政工程费用标准。

（3）工程建设其他费用执行《火力发电工程建设预算编制与计算规定（2013 年版）》、《市政工程投资估算编制办法》（建标〔2007〕164 号）等。

一般包括以下内容：

1）编制说明。

2）总估算表，见表 4-1。

3）热力网道管（热水和蒸汽管网）工程汇总估算表（见表 4-2）。汇总估算表分汽网、水网，并在同一管径档次下，按敷设方式和保温材质的不同，分别编制投资。

4）热力站工程汇总估算表，见表 4-2。按供热面积分别编制投资。

5）附属生产工程汇总估算表，见表 4-2。

6）其他费用汇总估算表，见表 4-3。

单项工程估算表。单项工程估算表作为编制表 4-2 的原始资料，格式自定。

表 4-1   热力网工程总估算表

序号	工程或费用名称	估算总额（万元）					技术经济指标			备注
		建筑工程	安装工程	设备及工器具购置	其他费用	合计	单位	数量	单位价值（元）	
一	工程费									
1	热力管网工程									
（1）	热水管网工程									
（2）	蒸汽管网工程									
2	热力站工程									
	小计									
3	附属生产工程									
二	工程建设其他费用									
	合计									
三	预备费									
1	基本预备费									
2	涨价预备费									
四	固定资产投资方向调节税									
五	建设期贷款利息									
六	铺底流动资金									
七	工程总投资									

表 4-2   热力网、热力站、附属生产工程部分汇总估算表

序号	工程或费用名称	估算金额（万元）					技术经济指标			备注
		建筑工程	安装工程	设备及工器具数量	其他费用	合计	单位	数量	单位价值（元）	

表 4-3   其他费用汇总估算表

序号	费用名称	说明及计算公式	金额（元）	备注

（4）其他。

1）小型热电联产项目热力网工程的动态费用[涨价（价差）预备费、建设期贷款利息]和铺底流动资金的计划方法应和项目的经济评价一致。当采取将厂、网作为一个整体项目进行评价时，动态费用和热电厂工程一并计算，并汇总在热电联产项目总估算表中。

2）根据工程需要可计列车辆购置费。当厂、网生产经营管理体制合一时，可与热电厂车辆购置费统一考虑。

3）热力网工程首站位于热电厂厂区围墙内时，首站的投资估算按热电厂工程投资估算编制方法编制投资，费用列在热电厂工程。

六、影响效益的其他因素

（一）供热补贴

供热企业要积极争取地方政府供热补贴、储煤贷款贴息、燃气轮机供热优惠政策等，通过地方政策支持企业经营。

（二）管网建设费

进行成本核算时，要充分考虑管网建设费核算因素。管网建设为一次性热力管网收入减去计提的相关税金，该净收入按期进行递延确认收入，通过营业外收入核算。供热企业应认真核算管网建设成本，争取管网建设费。管网建设费标准不足以补偿管网建设成本，致使供热企业铺设供热管网亏损的，供热企业应向政府价格主管部门提出调整管网建设费标准的请示，争取提高管网建设费标准或要求政府给予相应补贴。供热企业收取的管网建设费应根据国家财政部《关于企业收取一次性入网费会计处理的规定》（财会〔2003〕16号）要求，按照不低于10年期间分摊计入收入。

（三）税收减免

供热企业享受的对居民部分增值税减免做营业外收入，相关成本费用的进项税额转出冲减做营业外收入，房产税和土地使用税减免部分不用进行核算。

七、分布式供热经营成本分析

影响项目成本的主要因素有项目初投资、运营收入、运营成本等。对于分布式能源来说，其收入由供冷、供热、供电收入构成，运营成本由燃气费、水费、运维费用等要素构成。

（一）初投资

影响初投资的主要因素有：投资的范围、项目技术方案、工程的实施管理水平。设定合理的投资范围是控制初投资的有效措施；合理的技术方案是决定项目投资的决定性因素，工程的实施管理水平越高，可减少不必要的支出，投资成本越能得到有效的控制。对于投资来说，项目初投资是对项目经济性影响比较敏感的因素之一。初投资越小，承担的风险越小，在确保能拿下项目的前提下，降低初投资，可以从商业模式、技术方案、工程管理三个方面入手。

分布式能源的初投资包括建筑工程费（指能源系统的厂房、燃气调压站、计量间的投资）、设备购置费（指主机、辅机、调峰设备的投资。主机通常为发电机、余热直燃机，辅机通常为水泵、冷却塔、风机、分集水器、板式换热器、水处理器及电气设施等，调峰设备通常为电空调和燃气锅炉，当存在峰谷平电价也可以考虑蓄冷设备）、安装工程费（指设备的吊装、二次转运、就位安装，管道、电气、阀门的安装等）、工程建设其他费（通常包括勘察设计费、可行性研究费、工程监理费、建设单位管理费、联合试运转费等）等。

（二）运营收入

燃气分布式能源系统收入通常是由供冷收入、供热收入、供电收入组成，表达为公式的形式是

收入=供冷单价×供冷销售量+供热单价×供热销售量+供电单价×供电销售量

采取一个合理的供冷、供热定价方式对于分布式能源系统是非常重要的，主要有以下两种方式的核算方式：①以分布式能源系统为基准，核算供冷供热成本，在保证一定利润的基础上，确定供冷供热价格；②以常规能源供能方式为基准，核算供冷供热成本，在保证一定利润的基础上，确定供冷供热价格。注意在核算能源价格时，包括能源设备初投资的回收。

（三）系统运营支出

燃气分布式能源系统的运营成本，主要包括天然气费用、系统投资折旧、贷款利息、厂用电率、耗水、人工成本、维护费用及管理费用等。

项目的经济性应由全部投资情况下的各项指标来进行判断，其中系统投资折旧是对固定资产进行折旧，是指固定资产在使用过程中逐渐损耗而转移到商品或费用中去的那部分价值，也是企业在生产经营过程中由于使用固定资产而在其使用年限内分摊的固定资产耗费。

影响运维成本的一个重要因素是天然气价格，天然气是燃气冷热电分布式能源系统中最重要的燃料，天然气费用通常会占总成本的 2/3 左右。影响运维成本的另一个重要因素是能源系统的综合利用率，当系统接近设备额定工况时，效率越高，所需的天然气量就越少，运维成本就越少。为了降低风险，应尽可能地获得天然气公司的优惠政策，以获得较低的天然气价格，降低运维成本；在运营期间，应制定周密的运维方案，使系统高效运行，减少不必要的浪费。

第四节　热　费　回　收

一、热费回收方式

（一）热费定义

热费是供热企业向热用户销售热量后取得的收入，包括供热企业向热用户销售热量的热力收入、向入网用户收取的管网建设费、从政府获得的供热补贴以及其他与供热相关优

惠政策获得的收入。主要分为按热量表计量取得的热费和按面积核算取得的热费。

1. 按热量表核算热费

$$热费=热量×热价$$

2. 按供热面积核算热费

$$热费=计费面积×热价$$

3. 供热面积的确定原则

（1）取得《房屋所有权证》《商品房产权面积认定书》等所有权证的，结合现场测量与施工图，确定供热面积。

（2）没有取得《房屋所有权证》《商品房产权面积认定书》等所有权证的，应暂时以双方确认的测量面积为准收费，待条件具备时，依据具有资质的第三方测量机构出具的测量结果，确定供热面积并进行热费调整。

（3）取得《房屋所有权证》《商品房产权面积认定书》等所有权证，但现场测量施工图及《房屋所有权证》《商品房产权面积认定书》等所有权证不符，可委托有资质的第三方测量机构进行复测，依据复测结果，确定供热面积。

（4）供热面积出现争议的应及时向住房行政主管部门申请复测，以主管部门认定的面积为准。

4. 不予办理入网手续情况

（1）对不能提供用热建筑明细的用户，不予办理入网手续。

（2）对用户二次管网进行检查，不符合国家、行业质量技术标准、要求，又不积极整改的用户，不予办理入网手续。

（3）用户因用热建筑逐年开发，在新采暖期供热前尚有陈欠热费，不予办理入网手续。

（二）热费回收原则

（1）对按热量计算热费的用户，热费回收应做到"月结月清"，对于用量大或回收难度大的用户，应及时进行热费回收风险评估，可适当增加收费频次，降低回收风险，建立热费回收台账。跟踪从发票开出到热费资金回笼的全过程，确保当年收回，不产生新欠。

（2）对按供热面积计算热费的用户，热费回收应采用"面积申报→面积核查→面积确定"的方法分三个阶段确认面积、清算热费，制定相应的热费回收计划及措施。供热企业应加强领导、明确责任；员工严格执行相关收费政策，杜绝营私舞弊现象发生；对收费员收费管区实行定期检查和不定期抽查；加强对收费人员的管理，凡涉及热费收缴工作的相关人员要严格按有关规定认真做好热费账目核计等工作。供（用）热应当遵循"先收费后供热"的原则。供热企业在每年的采暖期开始前，确保将上一个采暖期热费结清，并应足额预收本季采暖费热费。

（3）供热企业收取的管网建设费应根据国家财政部《关于企业收取一次性入网费会计处理的规定》（财会〔2003〕16号）要求，按照不低于10年期间分摊计入收入。

（三）工作人员素质要求

（1）必须养成良好的职业道德，牢固树立"敬业爱岗、诚实守信、服务人民、奉献社会"的工作理念。

（2）应掌握国家热费热价政策和热费热价专业知识，熟悉国家供热相关法律法规和政策。

（3）应熟悉和正确掌握供热营销的管理制度、办法。掌握热价、热费计算、供（用）热业务有关的专业知识。

（4）应熟悉相关财务知识并遵守财经纪律。

（5）应熟悉安全工作规程。

（四）热费回收手段

（1）应与各种媒体保持良好的合作关系，借助媒体力量宣传企业形象、催收催缴热费和普及供热常识。

（2）应借助互联网信息化手段增强与用户的互动性，开拓便民缴费的多种渠道，降低人工成本，提高热费回收率。

（3）应增加供热设备治理的投入力度并优化审批流程，提高设备的健康水平和运行安全保障性，提升供热质量并实现节能降耗，特别是二次管网的节能改造。

（4）应保持法律诉讼催收催缴热费的持续性和合理比例，营造依法缴费的舆论氛围，维护供热企业的合法权益。

（五）热费回收方式

热费回收方式主要有供热企业柜台定点收费（简称坐收）、收费员现场收费（简称走收）、银行代收、银行储代扣、非金融机构代收、预付费售热及依托多种方式收资平台实施的热费充值卡、移动 POS 机缴费、电话缴费等自助方式。

1. 供热企业收费方式

（1）坐收：用户到供热企业收费柜台进行热费交纳的收费方式。适用于各类用户。

（2）走收：供热企业根据用户应交热费等金额先开具热费发票，供热企业收费人员持发票到用户所在地进行现场收费的方式。适用于各类用户。

（3）供热企业提供的自助收费方式：自助收费方式是基于企业多元化收费平台，借助于综合自助终端、简易自助终端、移动 POS 机等设备，实现用户自主使用现金、银行卡、充值券等完成交费的方式。适用于小额热费回收。

2. 金融机构收费方式

（1）银行柜台收费：是用户在各合作银行营业网点柜台完成交费的方式。

（2）银行批扣：是通过签订三方协议（供热企业、银行与用户签订委托扣款协议）或者双方协议（银行与用户签订委托扣款协议），由用户委托其开户银行每月根据营销信息系统提供的应收热费信息，直接从其指定账户上划出热费款并转到供热企业的热费专用账户上的交费方式。

（3）网上银行交费：办理了网上银行服务的用户，通过登录银行网上服务平台，选择服务项目完成交费的方式。

（4）委托银行代收：用户在受托银行签订三方交费协议后，由银行按时从其指定账户上划出热费款并转到供热企业的热费专用账户上的交费方式。

3. 非金融机构收费方式

（1）非金融机构柜台代收：用户到签约代收点购买充值券或者用现金交纳热费的方式。

（2）微信或支付宝收费：通过微信支付平台，或者支付宝平台，充分利用集成在客户端的支付功能，用户可以通过手机完成快速的热费支付。

（六）热费回收措施

（1）供热企业热费应以现金结算，特殊情况下需要票据结算的，应严格控制结算金额和票据期限，严控资金成本，提高票据周转变现速度，减少风险。

（2）供热企业要定期对热费回收情况进行分析，包括热费回收额、回收率、票据占比等，重点分析未收回的热费，并制定回收策略。

（3）供热企业应建立热费催缴制度，根据不同情况制定催缴措施。组织专门人员进行催收催缴。

（4）供热企业应建立配套的应急措施，积极应对各种突发情况，搜集有利证据，争取政府部门的理解与支持，借助法律手段，维护企业的合法权益，化解热费回收风险，减少损失。

（5）并网项目需按相关合同约定的时间及方式足额缴纳并网费，除特殊情况外，经供热企业投资决策通过的新增热负荷项目，开工前并网费收取不得低于60%，否则不得开工建设；开栓前必须100%收取，否则不予开栓供热；对由地方财政代收并网费的供热企业，应取得申请并网单位向地方财政足额缴纳并网费的相关依据，并经审核无误后，视同达到要求。

（七）热费回收存在的问题

1. 供热企业常见问题

（1）供热企业普遍对用户的管控手段不足。大部分不能实现"分户管理"，缺少这方面的投资，对恶意欠费用户没有有效管控手段，强制性的法律途径成本高昂且效率低下。与地方政府和产权单位的沟通协调方面缺乏有效的政策和资金支持。

（2）受企业制度影响，与第三方支付等机构合作的机制不能建立，用户缴费方式单一，影响对用户服务的"便民性"。

（3）由于供热存在地域性和非普遍性，因此在营销管理信息化建设上的资金投入十分有限，造成与电力、燃气、电信等类似的基础性行业差距比较大。

（4）票据管理制度需要优化，供热企业对票据量大的问题未能找到很好的解决办法，劳动效率较低。

2. 用户常见违规行为

（1）擅自在室内供热设施上安装排水阀、排汽阀，改动和增设散热器、供热管道等。

（2）擅自扩大用热、改变用热性质。

（3）擅自排放或者取用供热蒸汽和热水。

（4）恶意拖欠热费，多次催缴拒不缴纳。

（5）已办理并实施断热，又私自恢复用热。

（6）其他违反国家及地方政府颁布的法律、法规或经地方政府供热主管部门认定的违规用热行为。

（八）热费回收工作重点

1. 加强企业管理

（1）做好企业公关，加强与政府的沟通，营造良好的企业形象。增加营销专项费用，用于支持热费回收和市场开拓。

（2）加大二次网采暖用户的分户改造力度，增强用户管控手段。放宽政策增加二次网技改投资。

（3）分析研究热费回收率个性化指标建立和考核的可行性。

（4）推进供热企业营销信息化建设，完善收费、客服、用户管理等大数据库和平台搭建，实现多渠道收费和服务。进一步完善票据管理制度和要求，优化流程和标准，提高劳动效率。

2. 加强用户管理

供热企业要加强对用户的管理，防止出现下列行为：

（1）擅自将自建的用热设施与供热管网连接。

（2）擅自增加水循环设施，影响其他用户正常供热。

（3）擅自在室内采暖系统上安装放水阀、排汽阀、移动和增大散热器。

（4）擅自转供热、扩大用热、改变用热性质及运行方式。

（5）擅自排放或取用供热管网蒸汽和热水。

（6）阻碍供热企业工作人员对供热设施进行巡查、维护和检修。

（7）其他有损用热设施或影响供热的行为。

二、热费回收策略

（一）热费回收预警

供热企业应对热费回收情况进行分析，并按政策性、经营性、管理性原因对发生热费回收风险的可能性、必然性、变动性和不确定性进行预测，确定相应的预警点和对应预案。

供热企业应建立热费回收风险预警机制，做到早发现、早预警、早介入、早处理，在用户对热费计算、面积核实、供热质量产生质疑拒交热费时，查明原因，予以处理，对于跨年度未结清的热费欠费，应专门建立台账，与欠费户定期对账签字盖章确认，确保诉讼时效。

（二）热费回收策略

1. 热费回收基本策略

（1）达标供热是前提、优质服务是基础、政策支持是保障、科技引领是方向。

（2）应加大与地方政府的沟通，引导有利政策制定和出台，日常工作中与政府保持协作和联动。

（3）应加强内部制度建设，制定标准化作业流程，提高内部管理水平，提升员工个人素养。

（4）应强化制度的执行，建立有效奖惩机制，从物质上和精神上对工作突出的员工予以鼓励，树模范、建标杆，带动全员工作热情。

（5）应加强相关数据的分析，抓住用户心理，制定有针对性的催收方案，利用关键时间段加大催收力度。

2. 热费回收全过程管理

（1）供热企业应明确入网审批流程。接到用户要求并网的申请后，应及时进行核实并办理并网手续，对不符合并网条件的应尽快给予答复。

（2）供热企业在开始供热前，应做好管网设备检查，并按照地方政府的规定，由政府计量管理部门授权的计量检定机构对各贸易结算计量表计进行检定并做好初始记录；非贸易结算计量表计可由供热企业自行组织检定。

（3）供热企业根据供热负荷、天气变化等制定热力需求指标，编写经济运行调度曲线表，在确保供热机组设备安全的情况下，合理安排机组运行方式，实现经济运行。

（4）供热企业与用户签订并网协议，登记造册，列入并网管理。用户签订并网协议后，供热企业应与用户签订《热力购销合同》，并建立用户信息档案。供（用）热合同应符合《中华人民共和国合同法》的有关规定，明确双方的权利和义务。由于用户原因，未能签订供热合同的，供热企业有权拒绝供热。

（5）热力销售是指供热企业将合格的热能出售给用户，并由用户支付热费的行为。热力销售方式分为直供和趸售两种。

（6）《热力购销合同》应当包括下列内容：①供、停暖日期；②供热参数；③室内温度；④事故及维护；⑤收费标准、交费方式和结算办法；⑥违约责任和双方应当遵守的其他规定。

（7）供热企业要加强计量管理。加强计量装置的配置管理，根据容量、负荷性质和负荷变化情况，科学配置计量装置。计量管理部门应定期对计量装置进行检查，发现问题按有关规定及时处理，同时建立热能计量表台账，统一按周期修校轮换，提高表计计量的准确性。

（8）供热企业要建立定期抄表制度，要按规定的日期对热能计量表进行实抄，通过使用现代化手段，提高实抄、核查、验收的工作效率和工作质量。热能计量表实抄率应达到100%；按照用热面积收费的，应定期核定供热面积。

（9）供热企业热力价格按照国家《城市供热价格管理暂行办法》及《××企业热力收入管理办法》规定的原则测算，并向政府物价部门报批。申报程序按照《××企业热力价格管理办法》有关规定执行。

（10）供热企业要严格执行政府物价部门批复的热价或供、用热双方签订的协议热价，接受政府价格主管部门的监督、检查、管理，并根据政府价格主管部门的要求定期提供生产经营及成本情况，并接受成本监审。

（11）实行基本热价和计量热价相结合的两部制热价的供热企业，基本热价主要反映固定成本，计量热价主要反映变动成本。

（12）供热企业应建立完善的热费回收管理体系，建立奖惩机制，量化收费指标，落实责任。要根据用户信息档案建立热费回收台账，加强热费回收的分析，做到热费回收的可控、在控。按照面积收费的应采取有力措施确保冬季供热开栓前结清上一个供热期热费，并预收部分当期热费，力争陈欠逐年下降。

（13）供热企业应明确主管部门负责热力营销及合同管理工作，努力开拓热力市场，争取合理热价水平，确保热费回收。

3. 热费回收行为规范

（1）热费债权担保、热费违约金、欠费停热、以物抵债、申请支付令、起诉等都是热费回收最为有效的法律手段，要使合法的手段切实发挥实效，关键是操作程序也要合法、规范。

（2）明确热费告知，通过不同的方式告知用户热费情况。

（3）做好每次催收热费的记录，发放热费催缴通知单、发送催缴信息。

（4）用户逾期未交纳热费，营销信息系统将自动计算热费违约金，原则上违约金不得减免，特殊情况减免违约金必须严格执行审批程序。

（5）严格通过营销信息系统启动停热流程，要严格按照停热管理办法的规定程序进行。

（6）在行使热费债权担保、以物抵债、申请支付令、起诉等权利时，要严格按照国家的法律法规程序进行，依法催收。

第五节　用户服务及品牌建设

用户服务是供热企业能否赢得用户和社会认可的关键，是缔造和维护企业良好形象的主导，是助推企业发展壮大和打造供热品牌的有力保障。供热是一种服务，优质服务适应供热行业的实际需求，满足用户的需要，不仅有利于提高整个供热行业的效益，更重要的是保障民生，实现社会稳定的效益。同时，优质服务是供热行业的发展途径。在人们生活水平越来越高、市场竞争越来越激烈的现代化社会，供热行业要想生存和发展，就必须提高服务质量，塑造良好的行业形象，提高企业的美誉度，以优质的产品和服务来满足人们的需求，提高供热企业的市场竞争力，促进供热企业的品牌形象建设。

供热企业要设置热力服务窗口，制订服务程序，规范礼貌用语，提供优质服务，让热力用户满意，树立供热企业品牌形象，开拓热力市场。

一、用户服务

（一）建立用户服务窗口

1. 用户服务中心建设

供热企业应建立用户服务中心，通过制订各岗位职责分工与用户服务标准，拟定标准的服务工作流程，协调企业各部门之间的工作，发挥良好的窗口辐射作用，为企业所拥有的用户提供优质服务，维护企业良好的形象和信誉。通过提供完善、良好的服务，帮助用户解决实际需求和问题，保持和不断提升用户对企业的满意度，提升企业品牌知名度和用户满意度。

2. 客服中心建设

（1）现场设置专门的供热咨询服务窗口，设置办公区平面位置图，方便用户办事。供热企业应制作供热片区便民服务卡，服务卡应明确写明供热企业名称和地址、归属服务人员电话及 24h 服务电话、供热投诉电话及投诉受理机构、监督服务电话等内容。

（2）在收费大厅设立意见箱，公布投诉电话；为用户发放《供热收费供热维修服务指南》、公布供热客服中心、各供热站热线服务电话、企业网址、微博、微信等公众号码，各换热站要安装便民服务公示板，方便群众及时咨询、报修。

（3）供热客服中心服务电话保持 24h 畅通，接受群众监督和投诉。耐心解答用户的咨询，如不能立即解答，应做好记录，并尽快回复。

（4）及时处理用户投诉和做好用户回访工作，确保投诉处理率和用户回访率达到 100%，提高用户满意度。

（5）客服工作人员要统一着装，树立企业良好形象，优化服务质量。要求当天事情当天办，疑难事情热心办，分外事情协助办，所有事情依律办；处理信访及时，言谈举止文雅。客服人员接到用户来访或电话时，做到热情接待或接听。遵循先外后内的原则，有用户来办理业务，应当立即停止内部业务，马上接待用户。

（6）检修部门必须组织内、外管网抢修队，至少保证两辆抢修车 24h 在岗值班，随时准备提供检修服务，维修、维护人员服务语言应统一规范。

（二）搭建客服一体化平台

1. 客服平台作用

（1）开辟多条诉求渠道：包括电话、在线客服、手机 APP、微博、微信、短信、邮箱、网页表单在内的多种业务受理途径，方便不同年龄段的用户群体，保证了用户信息的畅通，让用户享受到随时随地的贴身服务。

（2）开拓多样化缴费方式。为便于不同用户群体缴纳热费，供热企业多采用每个用户配发一张用户卡的方式，卡中有用户的全部信息，其中编号也是该用户的缴费账号，持该号可以到企业的收费厅缴费，可以到银行缴费，可以在网上用网络银行转账缴费，也可以用手机电子银行缴费，还可以用支付宝、微信缴费，形式多样，不受时间和空间的限制。用户可以足不出户完成交费，有效地提升了资金的回笼速度，提高了热费回收率，同时也缓解了缴费高峰期的排队拥挤现象。

2. 客服平台基本功能

（1）业务受理功能。用户服务一体化管理平台受理在线报修、咨询投诉等信息，工单系统会根据用户登记号码自动显示具体信息，并以短信、微信等形式下发至维修人员，提高工作效率。

（2）全回访功能。任务处理完成后上传至用户服务一体化管理平台，客服中心将第一时间对用户进行回访，对未解决的或不满意的问题传入督办处理模块，此模块是对回访不满意或未解决问题的，根据实际情况，给出解决方案，可有效杜绝推诿现象，使工单形成全面闭环管理。

（3）信息发布功能。企业信息可通过用户服务一体化管理平台中的语音、短信、微信、网站、系统公告等渠道进行工况发布，可在第一时间让用户和工作人员了解。

（4）统计分析功能。用户服务一体化管理平台中的报表数据统计齐全，方便对用户需求、改进工作、维修检修等工作进行分析。

（5）查询和宣传功能。用户服务一体化管理平台企业概况介绍，办事流程、违章查询、当地天气等查询功能；平台通过微信、网站等每天推送企业新闻、供热常识、服务资讯，供热小视频等普及供热常识，让用户更加了解企业供热动态。

（三）对客服人员的要求

1. 客服人员基本要求

（1）外表形象好，气质佳，具有很好的语言表达能力和沟通能力。

（2）具有基本的生产和供热业务处理经验。

（3）最好懂得用户心理学。

（4）少数民族地区的人员最好能掌握本地民族语言，便于及时顺畅沟通。

2. 当面接待要求

（1）当来访用户较多的时候，应当做好用户情绪安抚工作。工作人员应首先起身迎接用户，礼貌示坐，主动问候，使用普通话，遵循首问责任制，无论用户咨询问题是否对口，都要认真倾听，了解用户需求，热心引导、不得推诿。

（2）用户填写登记表时，应将表格文字正面向上，双手递接。协助用户填写相关内容，详细说明用户填写的方法，若用户填写错误，应礼貌的请用户重新填写，并给予热情的指导和帮助。业务办理期间，应注意聆听用户的需求和提出的问题，并有针对性的进行答复。受理结束后，应主动问询用户是否还有其他需求。并告知用户业务需求时间、注意事项及下一步的流程。

（3）用户离开柜台时应起身、微笑点头与用户道别。为用户提供服务时，无论何时均应面带微笑、和颜悦色、给人以亲切感；与用户谈话时，应聚精会神、注意倾听，给人以受尊重感；应坦诚待人，不卑不亢，给人以真诚感；应神色坦然、轻松、自信、给人以宽慰感；应沉着稳重，给人以镇定感。

（4）用户之间交谈时，不要走近旁听，也不要在一旁窥视用户的行动；对容貌体态奇特或穿着奇异服装的用户切忌交头接耳或指手画脚，更不许围观，不许背后议论、模仿、讥笑用户；当用户提出超出自己职责范围内的服务要求时，应尽可能为用户提供力所能及的帮助，切不可说"这与我无关"之类的话。

（5）与用户交谈时，要全神贯注用心倾听，要等对方把话说完，不要随意打断对方谈话。对没听清楚的地方要礼貌地请对方重复一遍；对用户的问询应尽量圆满答复，若遇不知道或不清楚的事，应请示有关领导尽量答复对方，不许以"不知道、不清楚"作回答。回答问题要尽量清楚完整，不许不懂装懂，模棱两可、胡乱作答。与用户交谈，态度要和蔼，语言要亲切，声调要自然、清楚、柔和、亲切，音量要适中，不要过高，也不要过低，以对方听清楚为宜，答话要迅速、明确。需要用户协助工作时，首先要表示歉意，并说"对不起，打扰您了。"事后应对用户的帮助或协助表示感谢。对于用户的困难，要表示充分的关心、同情和理解，并尽力想办法解决。对于用户质询无法解释清楚时，应请上级处理，不许与用户争吵；任何时候都不得对用户有不雅的行为或语言。

3. 客服人员岗位纪律规范

（1）要廉洁自律，团结协作，文明礼貌，热爱学习。

（2）爱岗敬业，按时上岗，在岗尽职，不得擅离职守。

（3）上岗时须穿工作服，佩戴统一规定的标志，着装应端庄整洁、严禁披衣、敞怀、挽袖、卷裤、穿拖鞋、赤脚穿鞋。

（4）上岗时应当微笑服务，讲普通话，注意礼貌用语。

（5）用户对收费有疑问时，要耐心解释，态度和蔼，不能表露不满情绪。

（6）如收费发生差错，要主动诚恳地向用户道歉。

（7）如出现收费投诉与纠纷，要保持冷静与克制，不得与用户争吵，应立即向上级领导汇报。

（8）严禁非当班人员在收费室内停留、闲谈。

（9）严禁酒后上岗，禁止在岗吃零食、吸烟、酗酒。

（10）系统出现故障而影响业务办理时，如短时间内可以恢复的，应请用户稍候，并致歉；需较长时间才能恢复正常工作时，除向用户道歉外，应留下用户的联系方式后另行预约，及时主动与用户联系。

（11）临下班时，对于正在处理中的业务应照常办理完后方可下班。下班时仍有等候办理业务的用户，不可生硬拒绝，应将事情办理完后方可离开。

（12）行为举止规范端庄大方。

4. 用户常见问题答疑

（1）供热前用户应做哪些准备工作？

1）检查家中的散热器及管道连接是否完好；采暖系统阀门、手动排气阀是否完整、耐用，是否处于关闭状态。待供热注水时用户应将采暖系统阀门开启。

2）供热注水期间保证家中有人，观察注水情况，以免发生跑水现象。

3）为了保证用户的安全，用户应将电源线和电源插座悬挂在墙上，以免家中跑水引发触电事故。

（2）停暖后用户应注意哪些问题？

停暖后用户要留意观察自家供热设施是否有跑冒滴漏情况，一旦发现问题请及时处理。温馨提示：用户家中的暖气片是一个承压部件，也是有使用寿命的，随着使用时间的延长其内部结构也会逐渐老化，易引起破裂漏水问题，建议用户家暖气片使用年限较长的应及时更换，否则易发生因暖气片老化爆裂漏水，会给自己或相邻用户造成不必要的损失。

（3）为何不能擅自扩大供热面积？

供热系统的设计是根据设计要求经过严格科学计算确定的。如果擅自扩大供热面积会破坏原设计参数，使得供热管网系统的水力工况发生变化，破坏水力平衡，从而影响到整个系统的供热效果，会产生局部或部分区域供热温度不良现象，因此任何人或单位不得擅自扩大供热面积，否则后果自负，严重者将承担法律责任。

（4）为什么不能擅自改装采暖设施？

因为居民室内采暖系统是严格根据供热规范设计、施工、安装的。擅自改动往往会使设计参数改变，从而改变系统的运行条件，将造成用户不热或影响到相邻用户不热，这种情况依据供热条例，供热企业将不承担责任。

（5）为什么不能遮盖暖气？

房间内靠近暖气片的地方要保留一定的散热空间，不要在暖气片上或暖气片前堆放杂物，加上"包装"的散热设施，阻碍了热能的传导，从而影响了供热效果。经过实验，有"包装"比没有"包装"室温大约低一至三度。另外，不能及时发现暖气设施故障和不便于检查、检修及维护，这种情况造成的损失或室内温度不达标，供热企业依据供热条例将不承担责任。

（6）为什么供热房间要做好保温？

采暖设计的主要依据就是根据房屋建筑的保温性能设计散热器散热面积的。建议用户冬季做好门窗密封，若门窗关闭不严冷风渗入量多，会造成室内温度过低，严重还会冻坏室内供热设施。

（7）为什么不能擅自放掉或取用暖气中的循环水？

供热系统里的水是经过化学处理的软化水。用水、放水，系统就必须用软化水补充，势必造成浪费，如果使用这种软化水用于生活用水，有害身体健康。

供热系统要有足够的循环水量才能保持正常运行，水是热的载体，没水了就无法进行热传输，泄放循环水容易导致系统水压不足或形成气堵，影响供热系统的正常运行。若大量失水，就会降低供热温度，影响供热质量，甚至造成供热系统不能运行的严重事故。

（8）用户供热系统排气装置的作用？

采暖系统在运行过程中，当停电、停热或事故停运时管道内部有气体存在，这些气体会产生"气堵"现象，阻碍水的流动，导致散热器不热。因此，在供热运行中一旦发生上述现象要及时进行排气处理。温馨提示：当空气排出，出水稳定后，要及时关闭排气阀门，保证系统压力稳定，慢慢循环运行，如果不及时关闭，长时间排水，系统因失压而无法正常运行。

（9）为什么不能在供热设施上私自安装循环泵？

供热管网是经过严格的水力计算后设计确定管径、流量及压力的，如果用户私自安装循环水泵，会严重破坏系统的水力平衡，造成供热系统出现局部或区域不热现象，给其他相关联用户造成损失。违反者将按当地城市供热相关条例，依法承担责任。

（10）采暖温度不佳问题的分析。

目前，集中供热已经普及大小城镇，涉及千家万户，但多数用户对集中供热知识了解甚少，当室内出现温度偏低情况后，不能准确判断原因。其实室内出现温度较低情况的原因较多，可能有供热部门的原因，也可能有自身的原因。需要客服人员有一定的判断能力：

1）用户不热排查原则。

2）原因排查：热源—换热站—用户端。

3）用户端一般需要明确采暖系统、排气装置是否正常；根据用户提供的信息判断处理。

5. 用户报修、投诉、举报管理规定

为进一步规范管理供热市场，树立良好的企业形象，确保与用户沟通渠道的畅通，信息的及时传递与反馈，提高服务效率及质量，提高用户的满意度，规范报修、投诉举报处理程序，供热企业应建立严格的管理制度。

（1）管控指标。

1）用户室温合格率。在供热范围内，选择有代表性的居民用户进行检测，根据供热系统的不同和当地实际，选取一定比例的检测面积，保证室内温度合格。

a. 用户室温合格率=检测合格户数/检测总户数×100%。

b. 用户室温合格率应不低于99%。

2）用户报修处理及时率。

a. 用户报修处理及时率=及时处理次数/用户报修总次数×100%。

b. 发现漏水或接到相关报告后，应在1h内到达现场处理，并及时修复，报修处理及时率应达到100%。

3）运行事故率。因供热设施、设备故障造成供热中断，中断时间超过规定小时数即为运行事故。

$$运行事故率=\frac{\sum 事故延续k\times 由事故造成中断供热的面积}{供热k\times 总供热面积}\times 100\% \tag{4-2}$$

式中　事故延续k——出现供热中断的时间，h；

供热k——总供热时间，h。

供热企业应定期对其管理和受委托管理的供热设施进行巡视检查，运行事故率应低于2%。

4）投诉处结率

$$投诉处结率=处结次数/投诉总次数\times 100\% \tag{4-3}$$

供热企业应明示办事程序，设立投诉受理机构，公开供热投诉服务电话，安排人员24h值守。在采暖期内接到用户投诉，应在1个工作日内与投诉人联系沟通，在2个工作日内处结并反馈办理结果；非企业原因，无法在规定时间内办理的，应向投诉人做出解释。处结率应达到100%，因未能及时处理用户的投诉，给用户造成损失的，供热企业应根据《供热管理办法》等规定或供用热合同约定承担相应责任。

（2）供热服务专线。供热服务专线用于用户咨询、投诉及特殊事项处理时来电，为保证通信畅通，禁止私人在任何时间以任何理由占用客服专线。杜绝电话无人接听，全天24h客服专线保证畅通。

1）用户的投诉和举报方式：用户服务电话或专设的投诉举报电话、营业场所设置意见箱或意见簿、信函、领导对外接待日、其他渠道。

2）接访处理：接到用户投诉或举报时，应向用户致谢，详细记录具体情况后，立即转至相关部门或领导处理。处理用户投诉应以事实和法律为依据，以维护用户的合法权益和保护国有财产不受侵犯为原则。严格保密制度，尊重用户意愿，满足用户匿名请求，为投诉举报人做好保密工作。

（四）注意事项

1. 信息公开

企业内部信息要及时公开，不说假话的同时，要说好真话。坚持用政策说话、用典型说话、用事实说话。做到客观实在、全面准确努力做到有针对性，有说服力。

2. 舆情监督

供热企业应加强对舆情的监督和引导：

（1）针对不实信息尤其是恶意招摇诽谤，企业要及时处理澄清，用公开真相快速破解谣言。

（2）如报道或网络传言确有其事或存在部分问题，应立即表明态度，马上行动，诚恳改正，争取原谅并欢迎公众监督整改措施的落实。

（3）如已酿成大错，即使立即改正也无法挽回企业声誉，也要立即表明态度，诚恳改正，勇于担责，积极处理后续问题。

3. 制度作保障

供热企业应建立首问负责制、干部接访制度、回访制度、走访制度、责任追究制度、供热客服中心工作标准、供热客服中心管理标准、供热客服中心接待制度、接线员管理制度、用户投诉管理制度等。

4. 用户信息保密

供热企业应做好对用户信息的保密工作：

（1）开展用户信息保密工作排查，重点对涉密信息的储存、保管、传输等进行检查，对办公电脑处理涉密信息的情况进行自查，对自查中发现的问题，采取有效措施及时整改，做到保密工作无死角。

（2）加强涉密计算机信息系统的安全防范，严格执行有关法规和标准，强化对涉密网络、涉密计算机、涉密介质的保密管理。

（3）加强对邮箱的保密管理，对含有用户信息文件进行加密储存、传输。

（4）加强纸质资料管理，除规定放置用户档案信息资料地方以外，任何办公场所均不得有存放涉及用户信息的纸质资料。

（5）做好保密培训，提高员工保密意识。

5. 强化考核管理

供热用户来自方方面面，对服务的要求也是纷繁复杂的，企业应从细节入手，针对供热不同时期发生的问题，制定实施专项制度，并认真执行，同步完善相关台账管理，使各项基础工作做到有规可依、有据可寻，从制度层面为供热品牌建设提供有力保障。供热企业的服务准则要明确企业生产、销售、服务的综合原则和工作人员必须遵守的基本原则。服务规范要指导各级服务人员的日常工作，包括服务礼仪、办公礼仪等行为规范。服务流程要建立服务、监督、反馈闭环式工作流程，包含咨询、投诉、报修、停暖等业务流程，并严格按照制度执行、定期对执行情况进行考核。

二、供热品牌建设

品牌建设不是一项单一的工作，是一个系统工程，是品牌拥有者对品牌进行的设计、宣传、维护的行为和努力。内容包括品牌资产建设、信息建设、渠道建设、用户拓展、媒介管理、品牌搜索力管理、市场活动管理、口碑管理、品牌虚拟体验管理等。供热品牌建设更是企业文化和员工精神面貌的双重体现，是社会对企业供热质量和服务的认知和认同。

（一）供热管理理念

供热企业要转变服务思想，树立与用户"双赢"的理念，以用户需求为工作目标，以用户满意为衡量标准。培训教育员工与企业共荣辱，树立以能为企业做出贡献为荣的观念，供热管理人员、运行人员、检修人员、稽查人员等，从上到下，在做好本职工作的同时，都应时刻做好服务和宣传，同心协力，共同打造供热品牌。服务理念要明确服务目标，体现供热企业的社会责任；供热企业的服务宗旨要明确服务方向，体现以用户为本的人性化服务；供热企业的服务方针要明确服务方法，体现企业严谨、规范的标准化服务。

（二）品牌建设实施方案

制定企业供热品牌建设实施方案是一个很重要的步骤，供热品牌建设实施方案的可行与否很大程度上决定了品牌建设的成功与否。

1. 规划企业发展蓝图

规划企业发展的宏伟蓝图，推动企业的转型与升级。首先，突出抓好供热安全，强化经济运行，推进技术升级，全面实现由规模思维向价值思维转变，由粗放管理向精益管控转变，由亏损企业向盈利企业转变。实现企业总资产、供热能力、盈利能力的整体提升。完成、启动有关基础设施建设，实现热源的交流互备。完善机制、文化建设，提升员工幸福指数。以专业化为前提、技术化为保证、数据化为标准、信息化为手段，获得更高效率、更高效益和更强竞争力，实现管控水平、指标体系、盈利能力行业一流，构建供热新局面。

2. 制定措施提升品牌管控

品牌建设过程中，是一个暴露问题、持续改进的过程，也是展现实力、提升信誉的过程。供热企业以敢于认错的勇气全面查找工作中的问题，从外部环境上，寻求政策争取突破口，成立政策争取攻关组，向政策要效益；从内部因素上，深刻认识到生产管理手段的落后是制约企业效益提升的瓶颈，通过查找管理短板，找准扭亏为盈关键点。

3. 保持企业创新

创新是企业发展的不竭动力。供热企业应加大管理创新、技术创新力度，推进体制机制改革，有效整合管理资源，发挥集群效益，形成整体合力。

创新管理理念，提升管控水平，实现管理一流。建立配套制度，建立科学量化的标准和可操作、易执行的作业程序，实现管理由粗放型向精益化的转变；做好供热市场开发，优化市场结构，保持供热能力和供热规模的有效匹配，实现投资收益最大化。

坚持技术创新，推动技术升级，实现装备技术一流。企业围绕促进安全供热、提高经济效益，全力推进智能热网建设工程项目，实现热网经营的专业化；建立高温水网多热源联网运行，提高供热安全保障和经济运行水平；建立运行管理体系和检修管理体系；强力推进技术进步，探索研究新型热网施工技术、先进的计量技术，实现科技进步和现代化管理水平的全面提高。

创新人才管理，释放发展活力，实现员工队伍一流。牢固树立人才是第一战略资源的理念，建立健全科学高效、充满活力的人才培养、配置、评价和激励机制。

4．企业与员工共赢

供热企业面向社会，服务千家万户，对外树立品牌形象，提升企业美誉度，是实现形象一流的基础。为此，不断完善服务设施，加强"窗口"建设，更新服务理念，规范服务流程，温暖人心，树立知名度高、社会美誉度高的现代化大型供热企业形象。

（三）品牌建设重点工作

1．抓好供热质量管理

抓好供热质量是打造企业供热品牌的基础和前提，因此，供热品牌建设需要供热运维人员及管理人员的共同努力，提高供热质量，精心调整供能参数，在保证最大效益的同时实现用户用能参数达标。

2．抓好供热客服工作

抓好供热客服工作是实现供热品牌建设的保障。在建设先进的客服中心和及时、高效、前沿的智能客服平台的前提下，供热企业可适时开展接访活动，积极解决用户诉求，从而完善和弥补客服工作对新接待的用户宣传和服务的不及时，从而更好的推动供热品牌建设。

3．做好宣传工作

供热企业要制订高效、系统的宣传方案，创造良好环境氛围，以加速推动供热品牌建设。要因地制宜，利用有线电视、网络、短信、微信、微博、报纸等宣传媒介，宣传企业背景、供热能力、服务理念、服务宗旨、服务承诺等，借助媒体力量扩大企业知名度。

供热企业要规范企业名称、标识；规范供热服务品牌应用标识；规范服务大厅门楣、形象墙、墙面、柜台、办公应用及服务人员着装；体现企业服务的专业形象。

供热企业应加强与新闻媒体的沟通，随时做好供热政策宣传、舆论引导工作，公开服务承诺、服务标准、服务流程和客服电话，及时通过地方新闻媒体宣传报道各阶段的工作进展，加强供热服务亮点工作的宣传。供热前，供热企业应向当地政府供热管理部门专题汇报企业供热能力、供热负荷及热费收缴情况，并组织用户召开供热协调会，明确事故情况下供热系统运行调度方式。

4．做好全员参与工作

培训教育员工与企业共荣辱，树立以能为企业做贡献为荣的观念，供热管理人员、运行人员、检修人员、稽查人员等，从上到下，在做好本职工作的同时，都应时刻做好服务和宣传，同心协力，共同打造供热品牌。

5．供热标准化工作

严格按照工作流程开展各项工作，按标准完成任务目标。

6. 制度保障

制定实施专项制度，并认真执行，同步完善相关台账管理，使各项基础工作做到有规可依、有据可寻，从制度层面为供热品牌建设提供有力保障。

7. 应急保障

制定本单位供热应急预案和应急事件处理规定，成立应急事件领导小组，并做好新闻宣传解释工作。对供热设备制定详细的处理预案，加强运行管理，确保供热机组及管网的安全、稳定、经济运行。

（四）品牌建设常见问题

1. 人员配置问题

人员配置不足和人员培训不够：

（1）多数企业有定编没人员，人员紧缺，胜任人员更是捉襟见肘。

（2）多数供热从业人员所学专业与供热工作不匹配。

（3）没有专门对供热生产人员、客服人员及管理人员进行过系统的培训，影响了工作效率和质量。

2. 管理层问题

领导对供热品牌建设工作重视不够。对品牌建设的必要性认识不足，将品牌建设等同于几个抽象、空洞的口号，等同于思想政治工作、等同于举办文体活动或将品牌建设运动化，"一阵风"，一拥而上；"风一过"，一哄而散。而没有意识到品牌建设是一项艰巨的工程，需要企业的所有成员付出长期艰巨的努力。

3. 资金投入不足

（1）对供热设施的治理、改造投入不足，尤其是热电联产企业常常是为保发电而削减供热维修费或技改项目。

（2）对供热客服中心及客服一体化平台投入不足，致使其无法实现需要的功能，更无法发挥其真正的作用。

（3）对供热品牌的宣传投入不足，无法达到预期的效果和知名度。

（4）基本没有设置对供热从业人员的培训科目，没有列支培训所需费用，致使供热从业人员长期得不到培训。

供热企业良好的品牌可以有效地拓展企业的外在生存空间，体现在企业内的是供热质量的提高和凝聚力的增强；体现在企业外的是用户的认可和社会的认知。供热品牌与企业共存亡，是企业的一项长期战略投资，非一朝一夕可以完成，是一项长期的系统工程，必须不断完善，需要企业全体成员长期坚守和维护。在市场经济条件下，在信息社会，拥有良好企业品牌无疑是企业一笔巨大的隐形财富。

思 考 题 及 答 案

1. 简述哪些因素制约了供热的发展。

答：（1）热力产业规划不合理；

（2）实际热负荷和设计热负荷相差较大；

（3）市场开拓力度不够，项目竞争力不足；

（4）热力产业系统化管控不到位；

（5）热力产业精益化管理不强。

2．如何有效进行热力市场开拓？

答：（1）规划引领，超前布局，是热力市场开拓的首要保障；

（2）存增统筹，优化结构，是热力市场开拓的重要途径；

（3）量价结合，以量补价，是热力市场开拓的有效手段；

（4）电热兼顾，以热定电，是热力市场开拓的总目标；

（5）加强组织保障，强化监督考核。

3．如何根据类型进行供热市场开发项目分类？

答：（1）集中供暖市场。集中供热是指以热水或蒸汽作为热媒，由一个或多个热源通过热网向城市、镇或其中某些区域热用户供应热能的方式。目前已成为现代化城镇的重要基础设施之一，是城镇公共事业的重要组成部分。

（2）工商业、工业园区蒸汽供热项目。根据压力和温度对各种蒸汽的分类为：饱和蒸汽，过热蒸汽。蒸汽主要用途有加热/加湿；还可以产生动力；作为机器驱动等。重点是工业园区生产需求。

4．简述供热市场开拓不利因素。

答：（1）对供热产业的传统认识束缚供热产业市场化。

（2）政府定价限制市场发展。

（3）电力行业特点限制供热市场化进程。

5．供热项目计划书主要结构及内容是什么？

答：（1）供热市场开发项目概述；

（2）供热市场开发项目可行性分析；

（3）供热市场开发项目市场分析；

（4）供热市场开发项目市场开发策略思路；

（5）供热市场开发项目策略设计与评估；

（6）供热市场开发项目经营；

（7）供热市场开发项目财务分析；

（8）供热市场开发项目风险分析与应对措施；

（9）供热市场开发项目市场调查

6．供热价格定义是什么？

答：供热价格是供热成本的货币表现，即供热这个商品在供热企业参加市场经济活动，进行贸易结算中的货币表现形式，是供热商品价格的总称。热价核算时应考虑供热成本、税金和利润。国家鼓励发展热电联产和集中供热，允许非公有资本参与供热设施的投资、建设与经营，逐步推进供热商品化、货币化。

7．热价核定中关于利润的确定原则是什么？

答：利润是指热力企业（单位）应当取得的合理收益。现阶段按成本利润率核定，逐步过渡到按净资产收益率核定。利润按成本利润率计算时，成本利润率按不高于3%核定；按净资产收益率计算时，净资产收益率按照高于长期（5年以上）国债利率2～3个百分点核定。

8．成本费用核算流程是什么？

答：根据成本费用的财务管理流程，可以分为三个子流程：成本费用预算、成本费用核算、成本费用分析报告及考核监督。针对每个子流程涉及的财会基础工作流程与财务控制相关的环节，制定必要的基础财会工作规范，防范因为业务操作不规范及控制节点不够严密而导致财务监督控制职能的弱化。

9．成本核算的原则是什么？

答：按照权责发生制原则，成本计算必须划清本期成本与下期成本的界限，不得相互混淆，影响成本的准确性与真实性。

成本计算必须以正确的原始凭证和会计记录为依据，不得以估计成本、定额成本或计划成本代替实际成本。

成本计算的会计期间一般为：一个月为成本计算期，一年为成本决算期。

同一计算期内的产品产量、收入与相关的耗费应相匹配，以真实反映当期损益。

成本计算方法以及核算程序、分配标准等，一经确定，不得随意变动。

10．供热企业热费回收工作中有哪些策略？

答：（1）达标供热是前提、优质服务是基础、政策支持是保障、科技引领是方向。

（2）应加大与地方政府的沟通，引导有利政策制定和出台，日常工作中与政府保持协作和联动。

（3）应加强内部制度建设，制定标准化作业流程，提高内部管理水平，提升员工个人素养。

（4）应强化制度的执行，建立有效奖惩机制，从物质上和精神上对工作突出的员工予以鼓励，树模范、建标杆，带动全员工作热情。

（5）应加强相关数据的分析，抓住用户心理，制定有针对性的催收方案，利用关键时间段加大催收力度。

11．简述用户投诉回访工作流程。

答：（1）进入用户房门之前，先敲门，讲明来意，出示工作证，用户同意进入。

（2）针对用户投诉的内容，开展回访工作。

（3）当用户投诉属温度低时，先测温，让用户在测温登记册上签字，根据测温情况，比对当地《城市供热条例》室温标准，如室温达到标准，对用户出示相应条例规定并解释清楚；确实室温不达标，应协助用户查明原因，属用户自身原因（如用户阀门未开、过滤网堵塞等）的，向用户提出解决建议；属供热企业原因（如设备故障或停电等）造成供热温度低的投诉，还要向用户讲明原因，并承诺恢复正常供热的时间。

（4）属室温不达标以外的其他投诉（如暖气设施漏水等用户室内设施故障等），也应向用户讲明供用热常识、政策，让其尽快自行维护，使用户全面掌握供用热常识，解除供热中投诉的疑虑。

（5）回访以投诉回访为主，平时随机或有计划地回访为辅进行，尤其是供热企业自身原因导致温度低，更要及时回访告知到位。

12．用户常见违规用热行为有哪些？

答：（1）擅自在室内供热设施上安装排水阀、排气阀，改动和增设散热器、供热管道等；

（2）擅自扩大用热、改变用热性质；

（3）擅自排放或者取用供热蒸汽和热水；

（4）恶意拖欠热费，多次催缴拒不缴纳；

（5）已办理并实施断热，又私自恢复用热；

（6）其他违反国家及地方政府颁布的法律、法规或经地方政府供热主管部门认定的违规用热行为。

13．对客服人员的基本要求有哪些？

答：（1）外表形象好，气质佳，具有很好的语言表达能力和沟通能力。

（2）具有基本的生产和供热业务处理经验。

（3）最好懂得用户心理学。

（4）少数民族地区的客服人员最好能讲本地民族语言，便于及时顺畅沟通。

（5）有过在文工团、保险企业或营销工作从业经历的人员应优先录用。

（6）负责舆情监督和平台、网站管理的人员最好有一定的计算机操作系统和网络系统的维护能力。

14．客服一体化平台具备哪些功能？

答：（1）业务受理功能。用户服务一体化管理平台受理在线报修、咨询投诉等信息，工单系统会根据用户登记号码自动显示具体信息，并以短信、微信等形式下发至维修人员，提高工作效率。

（2）全回访功能。任务处理完成后上传至用户服务一体化管理平台，客服中心将第一时间对用户进行回访，对未解决的或不满意的问题传入督办处理模块，此模块是对回访不满意或未解决问题的，根据实际情况，给出解决方案，可有效杜绝推诿现象，使工单形成全面闭环管理。

（3）信息发布功能。企业信息可通过用户服务一体化管理平台中的语音、短信、微信、网站、系统公告等渠道进行工况发布，可在第一时间让用户和工作人员了解。

（4）统计分析功能。用户服务一体化管理平台中的报表数据统计齐全，方便对用户需求、改进工作、维修检修等工作进行分析。

（5）查询和宣传功能。用户服务一体化管理平台企业概况介绍，办事流程、违章查询、当地天气等查询功能；平台通过微信、网站等每天推送企业新闻、供热常识、服务资讯，供热小视频等普及供热常识，让用户更加了解企业供热动态。

15．简述品牌建设的服务理念、服务宗旨、服务方针。

答：（1）服务理念：以用户需求为工作目标，以用户满意为衡量标准。

（2）服务宗旨：提供洁净能源，让社会满意；保障优质供热，让公众满意；实现多边共赢，让用户满意；打造幸福企业，让员工满意。

（3）服务方针：放心的质量，为用户提供专业的供热服务；贴心的服务，为用户提供优质的用热服务；诚心的交流，为用户提供完善的后续服务。

16. 品牌建设重点工作包括哪些？

答：（1）抓好供热质量管理；

（2）抓好供热客服工作；

（3）做好宣传工作；

（4）做好全员参与工作；

（5）供热标准化工作；

（6）制度保障；

（7）应急保障。

第五章

供热节能技术及应用

第一节 能量梯级利用原理

一、总能系统定义

总能系统是近年来提倡的高效合理的能源利用系统，它是一种根据"能的梯级利用"原理来提高能源利用水平的能量系统及其相应的概念与方法。概念最初于 20 世纪 80 年代初由我国著名科学家吴仲华先生倡导提出，至今已有近四十年历史。

总能系统的概念，从早期针对热工领域的狭义总能系统上升至多功能互补的广义总能系统。狭义总能系统是指传统的总能系统，如传统的发电系统，热电联产系统以及冷热电多联产系统等。吴仲华先生对能源的品质和能量的品位概念与梯级利用，以及传统的总能系统概念都做过深入浅出的阐述。狭义总能系统可以这样定义：从总体上安排好功、热（冷）与物料热力学能等各种能量之间的配合关系与转换使用，在系统高度上总体地综合利用好各种能源，以取得更好的总效果，而不仅是着眼于单一生产设备或工艺的能源利用率或其他性能指标的提高。狭义总能系统（尤其是燃气轮机总能系统）因强大的竞争力和更好的总体性能，得到电力、石化、冶金等部门的广泛应用。其主要应用方式有联合循环、功热并供、余能利用、先热利用以及能源综合体等。

广义总能系统（资源—能源—环境一体化的多功能能源系统），在狭义总能系统基础上发展而来，面对更多领域以实现更多功能需求目标而扩展形成的能量转换利用系统，它是多种能源、资源输入，并具有多功能或联产输出的能源利用系统。它是在接受不同物料、能源等输入而完成热工功能的同时，既生产出化工产品及清洁燃料等，又对污染物进行有效回收与利用，把热工过程和污染控制过程一体化，从而协调兼顾了能源动力、化工、石化、环境等诸多领域的问题。另外，广义总能系统也是在能源利用方面发展循环经济的最重要的方式之一，因为能源综合体就是以一个企业或一个地区为体系的能量系统，它基于能量综合梯级利用原理，以能源资源高效利用与综合循环利用为核心，以系统集成为主要手段，来实现与发展该企业或地区低消耗、低排放、高效率等特征的循环经济。

二、能源动力系统的发展

能源动力系统的发展，迄今为止经历了三个阶段：

第一阶段：以热力学第一定律为基础，处于简单循环的热机层面，以追求更高的总能利用率为目的。

第二阶段：以热力学第二定律为基础，注意到能量的品位差别与梯级利用，开始提出热力循环组合的总能系统，不过还是实现一种或多种热工功能的能量系统，属于狭义的总能系统，是基于"温度对口，梯级利用"原理集成的能量转换利用系统，可达到更高的能源利用率，但还不太注重环保性能，对大幅减少 CO_2 排放常常也是无能为力。

第三阶段：在可持续发展的大背景下全面发展的广义总能系统，是与环境相容协调的总能系统，它是新世纪能源动力系统发展的主流方向和前沿。

三、能的梯级利用原则及在火电厂的应用

吴仲华先生在 20 世纪 80 年代的狭义总能系统中，提出了著名的"温度对口、梯级利用"原则，包括：通过热机把能源最有效地转化成机械能时，基于热源品位概念的"热力循环的对口梯级利用"原则；把热机发电和余热利用或供热联合时，大幅度提高能源利用效率的"功热并供的梯级利用"原则；把高温下使用的热机与中温下工作的热机有机联合时，"联合循环的梯级利用"原则等。

将常规的热力循环与其他用能系统有效结合，合理利用系统的各种余能、废热，遵照能的梯级利用原则构成新的系统，可大幅提高总的能源利用水平。

当前火力发电厂的大量排汽冷凝热通过凉水塔或空冷岛等直接排入大气，形成巨大的冷端损失，这部分热量品位低且集中，难以直接利用。此外，汽轮机的疏水系统存在较大的热量损失，电厂锅炉（含余热锅炉、热水炉等）的烟气也蕴藏了较大余热未能充分回收利用。基于"温度对口，梯级利用"原则，充分回收上述中低品位的汽轮机乏汽余热、疏水余热或锅炉烟气余热，发挥设备的最大潜力，实现资源利用最大化，具有很大的现实意义。

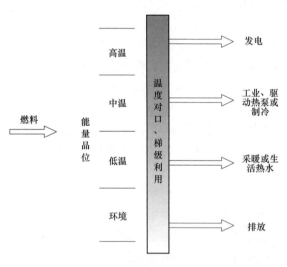

图 5-1 能量梯级利用原理图

图 5-1 为能量梯级利用原理图，依据"温度对口，梯级利用"的原则，高品位的热能首先用于发电，中品位热能根据具体需求可以向工业用户供热，或驱动热泵回收余热用于供热或制冷，低品位热能可以直接向用户提供采暖或者生活热水，品位更低的余热可考虑回收，以期实现能量多级高效利用。

下面以热泵回收电厂低温余热为例简述能量梯级利用原理在火电厂的应用。传统的热电联产系统原理图如图 5-2 所示，进入汽轮机的高温蒸汽，一部分用于发电，一部分用于供热，其余的以冷源损失的方式被汽轮机排出。汽轮机抽汽温度一般要远高于供热温度，两者之差一般为几十甚至上百摄氏度，大的传热温差造成了大的㶲损失。在正逆耦合循环中，利用抽汽与热网水之间的换热过程存在的㶲作为驱动力，以热泵为杠杆将汽轮机

30℃左右的低品位排汽热量提升至 80℃ 左右，用于加热热网回水。从整个系统来看，实现了热网水的两级加热，减小了换热温差，提高了系统的㶲效率，其原理图如图 5-3 所示。

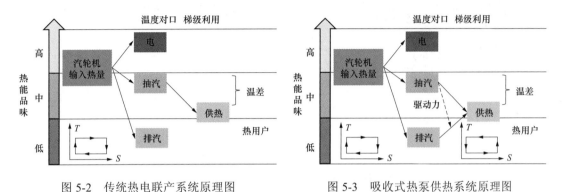

图 5-2　传统热电联产系统原理图　　　　　图 5-3　吸收式热泵供热系统原理图

第二节　热源侧供热节能技术

一、热源侧节能潜力分析

火力发电厂排入大气的冷凝热损失一般占一次能源总输入热的 30% 以上，这部分热量品位低并且集中，但是难以直接利用。下面以 300MW 亚临界机组为例，分析不同状态下机组能量利用情况。300MW 亚临界纯凝机组、300MW 亚临界抽汽供热机组和 300MW 亚临界抽汽供热机组低温余热回收能流图如图 5-4～图 5-6 所示。

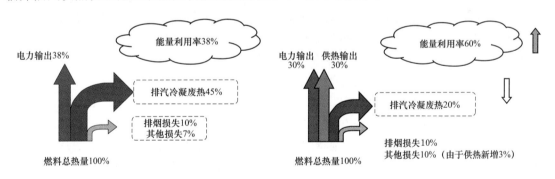

图 5-4　300MW 亚临界纯凝机组能流图　　　图 5-5　300MW 亚临界抽汽供热机组能流图

可知，300MW 亚临界供热机组与纯凝机组相比，机组的能量利用率可提高至 60% 左右，但仍有 20% 的排汽冷凝废热、10% 的排烟损失和 10% 的其他损失，节能潜力巨大。若采用热泵或高背压供热技术回收排汽冷凝废热，可使机组的能量利用率普遍提高至 80% 以上。

热源侧供热节能技术是以实现集中供热系统综合效率最大化为目标，对热电厂存在的排汽冷凝热直接排放、锅炉排烟温度高、热网循环水泵耗电量大、热网加热器并联需较高抽汽压力等问题进行深入分析，以深挖集中供热系统节能潜力，充分回收电厂各类型中低

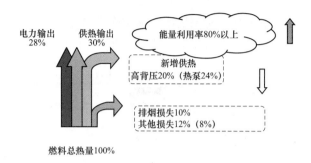

电力输出
28%

供热输出
30%

能量利用率80%以上

新增供热
高背压20%（热泵24%）

排烟损失10%
其他损失12%（8%）

燃料总热量100%

图 5-6   300MW 亚临界抽汽供热机组
低温余热回收能流图

温余热、减少能耗。从电厂整体角度评价经济性，用耦合调节理论指导运行，最终实现全厂集中供热系统综合效率的最优。

众多的热源侧供热节能技术中，与采暖供热相关的有吸收式热泵供热技术、汽轮机高背压供热技术、低压光轴供热技术、新型凝抽背供热技术、NCB供热技术、烟气余热回收技术等；与工业供热相关的有打孔抽汽供热技术、抽汽扩容技术、背压式小汽轮机供热技术、抽汽压力匹配技术等。此外，还有疏水优化供热技术、热网循环泵电泵改汽泵等首站供热节能优化技术。

下面对各项供热节能技术及典型案例进行简要介绍。

二、采暖供热节能相关技术

（一）吸收式热泵供热技术

1. 基本原理

吸收式热泵以高温热源（蒸汽、热水、燃气、燃油、高温烟气等）为驱动，提取低温热源（地热水、冷却循环水、城市废水等）热量，最终输出中温热能。

典型的蒸汽型溴化锂吸收式热泵，以高温蒸汽为驱动热源，溴化锂浓溶液为吸收剂，水为制冷剂，利用水在真空状态下沸点降低而蒸发吸热的特性，提取低温热源的热量。通过溴化锂吸收剂浓溶液的稀释放热和加热蒸发的特性，回收热量制取工艺或采暖用的热媒。溴化锂吸收式热泵在回收低品位热能方面有显著的节能效果，被广泛应用于纺织、化工、医药、冶金、机械制造、石油化工等行业。

吸收式热泵由发生器、吸收器、溶液泵、溶液阀、冷凝器、蒸发器、节流阀、溶液热交换器等部件组成封闭系统，在其中充注液态工质对（循环工质和吸收剂）溶液，循环工质和吸收剂的沸点差很大，且吸收剂对循环工质有极强的吸收作用。其工艺流程如图 5-7 所示，利用高温热能加热发生器中的工质对浓溶液，产生高温高压的循环工质蒸汽，进入冷凝器；在冷凝器中循环工质凝结放热变为高温高压的循环工质液体，进入节流阀；经节流阀后变为低温低压的循环工质饱和汽与饱和液的混合物，进入蒸发器；在蒸发器中循环工质吸收低温热源的热量变为蒸汽，进入吸收器；在吸收器中循环工质蒸汽被工质对溶液吸收，吸收了循环工质蒸汽的工质对稀溶液经热交换器降温后被不断放入吸收器，维持发生器和吸收器中液位、浓度和温度的稳定，实现吸收式热泵的连续制热。

吸收式热泵在热电联产中的应用如图 5-8 所示。

2. 技术方案

针对湿冷机组和空冷机组，热泵供热技术方案有一定的区别，下面对不同类型机组的热泵供热技术方案进行介绍。

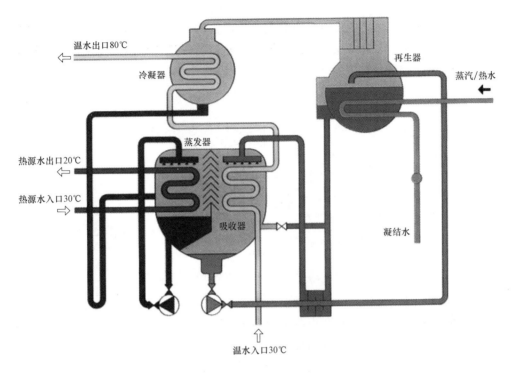

图 5-7 吸收式热泵工作原理图

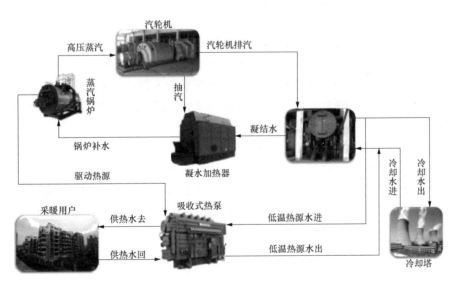

图 5-8 吸收式热泵在采暖中的应用

（1）湿冷机组闭式循环。典型吸收式热泵供热系统在湿冷机组中的应用如图 5-9 所示，该系统由吸收式热泵、尖峰加热器、普通的换热器以及相应的供热管网和附件组成。来自汽轮机中低压缸连通管的抽汽驱动吸收式热泵，换热后产生的凝结水进行回收再次进入锅炉；汽轮机低压缸排汽通过凝汽器向循环水冷凝放热，循环水作为低温热源，进入吸收式热泵后加热一次网回水，循环水放热后返回汽轮机凝汽器吸热，周而复始进行放热吸热的循环；一次网回水在吸收式热泵内加热升温为中温热源，并根据热用户需求利用尖峰加热器进一步加热，成为一次网供水；一次网通过换热器将热量传递给二次网，最终输送给采暖用户。

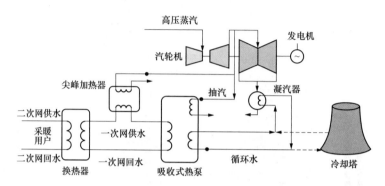

图 5-9　典型吸收式热泵供热系统流程图

这种方式可以回收部分或全部汽轮机乏汽余热，具有较好的节能效果。当湿冷机组采用闭式循环时，需新增一个冷凝器设备或原有机组冷凝器采用双侧运行方式，一侧流经上塔循环水，另一侧则流经热泵系统循环水。

该技术实现了正逆耦合循环及热电联产机组的"温度对口，梯级利用"，使低品位的余热得以充分回收利用，减少了热量损失。在电厂实施后，对汽轮机低压缸影响较小，同时还兼具节能环保等优点。

（2）湿冷机组开式循环。当电厂循环水系统采用开式循环时，系统中无冷却塔，循环水直接来源于江水（海水等），在吸收式热泵供热系统中，进入凝汽器的开式循环水余热全部被吸收式热泵回收，形成闭式循环；若处于供暖季初末期，吸收式热泵不能回收循环水全部余热时，可在吸收式热泵供热系统中增加一个水-水换热器，将流经凝汽器的不能全部被吸收式热泵吸取的循环水余热带走。

（3）空冷机组。空冷机组是指利用空气作为冷源的火电机组，与湿冷机组不同的是，其凝结水系统通过空冷凝汽器直接冷却汽轮机排汽。利用吸收式热泵回收空冷机组的冷端余热时，不能直接利用空气冷源作为吸收式热泵的低温热源，此时有两种方法：一是利用吸收式热泵替代冷凝器，以汽轮机排汽作为吸收式热泵的低温冷源，如图 5-10 所示；二是新增一套水冷凝汽器系统，利用冷却水作为冷却介质，与吸收式热泵之间形成一套闭式循环水系统，如图 5-11 所示。

3. 应用情况

吸收式热泵供热技术已经在国内火电厂大范围推广，全国已有几十余家电厂应用。它在国内火电行业的应用始于 2008 年 10 月内蒙古赤峰富龙热电厂的小规模工业性实验，其承担了 16 万 m^2 小区住宅的供暖任务。随后，山西国阳新能股份有限公司、京能热电和国电大同二热相继完成了循环水余热利用的工程建设。华电集团于 2010 年开展电厂低温余热回收技术研究，2011 年底在新疆苇湖梁电厂首次成功实现商业应用，这是吸收式热泵技术在国内 125MW 水冷机组上的首次工程应用，随后在佳木斯热电、包头东华热电、北京热电等多家电厂成功应用，均取得突出的经济和社会效益。2013 年起，华电集团首次将吸收式热泵技术应用于集团外的大唐长春二热、大唐哈一热、大唐双鸭山等电厂，树立了该技术在华电集团外的良好口碑，使其更具广泛的应用前景。

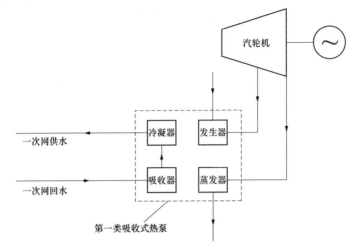

图 5-10　吸收式热泵取代凝汽器供热系统 A

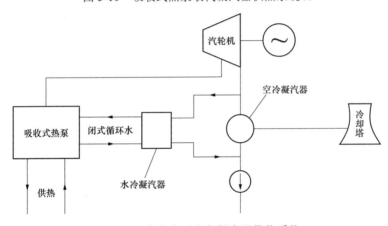

图 5-11　吸收式热泵取代凝汽器供热系统 B

（二）大温差热泵供热技术

大温差热泵供热技术，也称基于 co-ah 循环的热电联产集中供热技术，是指在二级换热站处以吸收式换热机组代替传统的板式换热器，从而使一次管网回水温度降低至 30℃以下，增大供回水温差的供热技术。大温差热泵供热系统的主要设备为吸收式热泵机组。与集中式吸收式热泵供热技术相比，它将热泵应用于二次热网，提高了供/回水温差，增加了管网输送能力。

1. 技术原理

基于吸收式热泵的大温差热泵供热系统如图 5-12 所示。该系统由蒸汽吸收式热泵、汽—水换热器、热水吸收式热泵、水—水换热器以及相应的供热管网和附件组成，与典型吸收式热泵供热系统的构造、原理以及循环流程基本相同。其不同之处在于：用户端采用热水吸收式热泵和水—水换热器组合的方式加热二次网热水，其中一次网高温热水作为热泵驱动热源进入热水吸收式热泵，放热后温度降低进入水—水换热器加热二次网热水，温度再次降低后作为热水吸收式热泵低温热源返回热泵加热二次网热水。该系统能够有效的降低一次网回水温度，增大一次网供回水温差，供热温差较常规热网运行温差增大近50%。

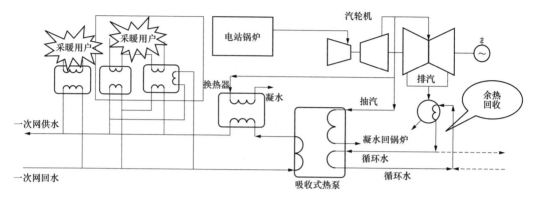

图 5-12 大温差集中供热系统流程图

大温差热泵供热技术将吸收式热泵与常规换热器供热技术相结合，在保证二次管网供热效果不变的前提下，可使供热一次管网回水温度最低可降低至30℃左右，扩大供回水温差。其主要技术特点及优势如下：

（1）大温差热泵供热技术可使一次网供回水温度由原来的110℃/70℃变为110℃/30℃，温差由原来的40℃增加至80℃，管网的热量输送能力增大约1倍。与常规的板式换热器相比，新建管道直径减小，管网建设投资降低。

（2）因采用大温差吸收式机组而增加的热量，可为新建项目提供热源或补充到其他更需要的系统中，提高热网可调性。

（3）连接一次网和二次网的传统板式换热器传热温差大、不可逆损失严重。而吸收式换热机组有效利用了一、二次热网间的可用势能，驱动吸收式换热机组，使能量得到充足利用。

（4）由于一次网回水温度降低到30℃，增大了与电厂换热器间的温差，有利于回收凝汽器余热，提高能源利用效率。

2. 应用情况

大温差热泵供热技术可深挖机组节能潜力，但改造工程量较大，同时还需统筹协调电厂和热网侧开展各项工作。该技术先后于2011年1月和2013年11月在华电山西大同一热和忻州广宇电厂进行了工程应用，取得较好效果。其中大同一热的大温差热泵改造项目为国内首例135MW空冷供热机组的余热回收供热工程，新增供热能力132MW，新增供热面积200万m²，供热期间，两台机组的平均供电煤耗下降为61g/kWh；忻州广宇两台余热回收机组设计最大回收乏汽余热228MW，可以使电厂整体供热能力达到463MW，整个供热季全厂供电煤耗率下降约67g/kWh。

（三）汽轮机高背压供热技术

1. 基本原理

汽轮机高背压供热技术，就是将原有的汽轮机组的背压提高，即适当降低凝汽器的真空，提高排汽压力、温度，并利用排汽加热热网回水，从而提高循环水温度，利用循环水作为热媒向热用户供暖的一项节能技术。

汽轮机高背压运行时，凝汽器的排汽温度提高，排汽与冷却水发生热交换凝结成水，凝结水回到锅炉；一次网回水通过循环泵进入凝汽器中吸收汽轮机排汽热量，再通过尖峰加热器进行二次加热，成为一次网供水，一次网通过换热器将热量传递给二次网，最终输送给采暖用户。

2. 不同类型的高背压供热技术

（1）直接高背压供热技术。抽汽供热机组改造为高背压供热机组，可根据湿冷机组和空冷机组的不同，采用不同的技术路线。

1）湿冷机组。湿冷机组的运行背压一般较低，为 5kPa 左右，背压提高过多，会影响汽轮机运行安全，或达不到供热需求。湿冷机组进行高背压改造时有两种方式：低压转子去掉末级叶片方式和低压转子一次性改造方式。

低压转子去掉末级叶片方式是在供热期间，低压转子拆除末一级或两级叶片，提高凝汽器背压，实现高背压供热和"零"冷源损失，节能效果显著。但每年需要两次停机更换叶片以及动平衡试验等，检修工期较长，检修费用相对较高。

低压转子一次性改造方式是通过更换静叶栅、动叶栅、叶顶汽封、末级叶片以及调整低压通流的级数实现对机组的改造，使机组背压高于纯凝工况的普通背压，此方式经济性好，供热期间的冷端损失基本消失，供热期与非供热期切换时，也不需要停机。但由于只改造了低压转子及隔板等通流部件，且是一次的，在非供热期，将极大地影响机组出力，经济损失将增大。此种方案在原转子上改造，改造后非供热期运行时低压缸效率低，热耗升高，部分供热期节能收益会被非供热期升高的热耗抵消。

湿冷抽汽供热机组改造前后系统如图 5-13 所示。

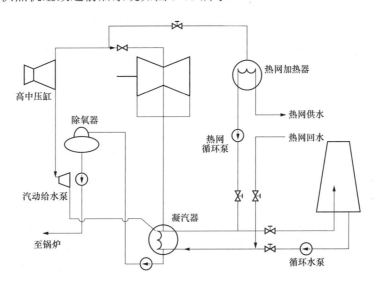

图 5-13　高背压循环水供热系统图

改造过程中，最大的变化即为汽轮机主体。低压缸转子级数、通流面积、隔板等均需要重新设计或调整，由于更换低压缸转子，所带来的轴系稳定性与标高也需要顾及到。除此之外，还需要考虑供热管线、回热、辅助、控制系统等的变化。在供热期，凝汽器接入热网，对热网回水进行加热，凝汽器实现换热器功能；在非供热期，机组凝汽器的热网侧阀门关闭，实现普通凝汽器的功能。

2）空冷机组。

a. 直接空冷机组。直接空冷机组为汽轮机低压缸排汽直接引入空冷岛翅片管束，在管束中与空气换热冷凝成水。直接空冷机组的总热效率较低，其中通过空冷岛排放到大气的能量约占总能量的50%以上，大量余热未被利用。

若将直接空冷机组的热网水系统引入机组凝结系统进行加热，需加入新的凝汽器设备，用于回收汽轮机排汽余热，最终实现对热网循环水的加热。直接空冷机组高背压供热系统图如图5-14所示。

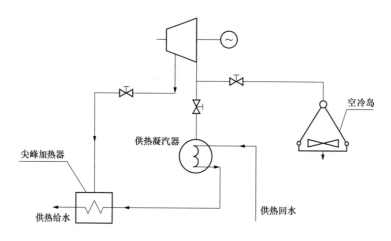

图5-14　直接空冷机组高背压供热系统图

由直接空冷机组改造为高背压供热机组，除增加供热凝汽器外，还需对热网循环水泵、厂内供热管道、阀门等进行部分改造。供热期，根据供热需求情况，调整部分或全部乏汽进入供热凝汽器，实现高背压供热；非供热期，供热管道上的阀门关闭，汽轮机乏汽全部进入空冷岛。

b. 间接空冷机组。间接空冷机组类似于纯凝机组，它有凝汽器，乏汽在凝汽器中冷凝，循环水通过空冷塔换热。可采用间接空冷机组双温区凝汽器供热技术进行供热，它不改变汽轮机本体和间冷塔现状。供热期，适当提高汽轮机背压，利用热网循环水通过凝汽器回收汽轮机排汽余热进行供热；在非供热期，切换到间冷塔进行纯凝工况运行。

（2）双转子双背压供热技术。湿冷机组高背压供热改造另一种方案是将湿冷机组维持夏季背压5kPa不变，冬季供热时，更换转子，使供热背压提高，比如50kPa左右，供热期结束后再次更换回夏季转子。由于供热期和非供热期采用的是不同的两根低压缸转子，该方式称为双转子双背压方式。"双背压双转子互换"供热改造技术由常规的高背压供热方式发展而来，较好地克服了高背压供热在安全性方面的诸多缺陷，是一种比较适合于大型机组的循环水余热回收技术。但采用这种方式，需要有很大的、较稳定的供热面积，否则无法消化掉进入凝汽器乏汽的巨大余热量。

实施双转子双背压供热改造后，每年需要更换 2 次转子，在冬季供热期使用新转子，非供热期使用旧转子，因而必须保证新、旧转子具备完全互换性，以满足轴系对转子的连接要求一致。常规汽轮机联轴器安装时，转子在现场需要同时铰孔，然后配准螺销，如果更换转子，一般需要重新铰孔。这使得此种供热改造方式需配备较强的专业检修队伍。

3. 应用情况

汽轮机高背压供热改造投资相对较小，能最大限度地对外供热，理论上可实现很高的能效，但它采用"以热定电"的方式，类似于背压机组，只适合于热负荷比较稳定的供热系统，背压过大又会引起发电负荷下降及机组安全，此外改造还需要较强的专业检修队伍。

国内外已有较多成功的高背压供热改造项目。2011 年 11 月，华电十里泉电厂在 5 号机组实现了"低压缸双背压双转子互换"高温循环水供热改造在 135MW 机组的首次成果应用，改造完成后年供热面积实际可增加 400 万 m^2，与改造前纯凝工况相比，每个供热季理论计算可节约标煤 4.87 万 t；2013 年 11 月，华电青岛电厂完成了 2 号机组的高背压供热改造，它是国内首个 300MW 机组双转子双背压改造项目，改造完成后机组新增供热能力135MW，机组的发电煤耗降至 140g/kWh 左右，机组节能降耗效果显著；华电鹿华热电 1号机组直接空冷高背压供热改造，相比改造前增加供热量 143MW 机组的供热能力大幅提升；新疆喀什热电进行了国内首台 350MW 超临界间接空冷机组高背压供热改造，改造后机组可在不停机情况下实现纯凝、抽汽、背压供热等多种运行工况的在线切换、厂内双机背压供热互换，解决了汽轮机末级叶片的保护及停热不停机等问题。在相同电热负荷下煤耗可降低 122g/kWh，供热能力提高 189MW。

（四）低压光轴转子供热技术

1. 基本原理

低压光轴转子供热改造时，仅保留汽轮机的高、中压缸做功，低压缸内双分流的全部通流拆除，设计一根新的光轴转子，只起到在高、中压汽轮机和发电机之间的连接和传递扭矩的作用。图 5-15 所示为无冷却蒸汽的光轴供热系统示意图。

在冬季供热运行时，更换原中低压联通管，增加供热抽汽管道进行供热。同时为了保证机组安全，机组抽汽采用非调整抽汽，抽汽压力与原机组同等工况相持平。为保证原低压转子与新设计低压光轴转子的互换性，中低联轴器和低发联轴器均采用液压螺栓结构。机组在供热运行期间，在低压缸隔板或隔板套槽内安装新设计的保护部套，以防止低压隔板槽档在供热运行时变形、锈蚀。

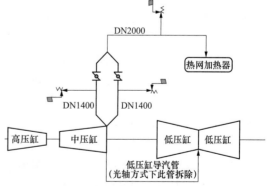

图 5-15　无冷却蒸汽的光轴供热系统示意图

如图 5-16 和图 5-17 分别为改造前后的低压转子示意图。

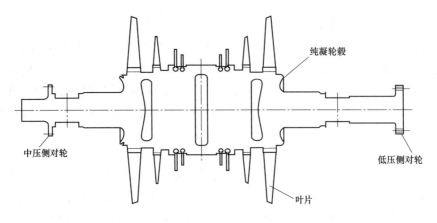

图 5-16　改造前的低压转子示意图

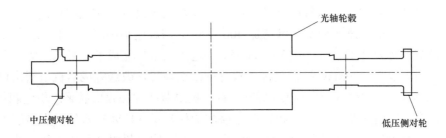

图 5-17　改造后的光轴转子示意图

在夏季非供暖期，低压汽轮机改为原转子，切换为凝汽机组。改造后机组供热期和非供热期运行方式不一样，每年在季节交换时机组需停机，进行低压缸揭缸，更换低压转子、低压隔板、隔板套和联通管等设备部件。

采用低压光轴改造供热技术能够尽可能减少对原机组辅助系统的改造，充分利用汽轮机排汽供热，减少冷源损失，增大供热量，运行安全可靠，降低了机组供电煤耗，实现机组节能减排、节约用水的目的。对于三北区域近年来存在电网低谷时段热电矛盾十分突出、弃风弃光现象严重，同时还有一定的调峰辅助政策地区，具有较为广泛的现实意义。

2. 应用情况

国内近年来有不少汽轮机光轴供热改造的案例，如烟台发电有限公司于 2014 年 3 月将 4 号汽轮机组改造为背压供热机组，采用低压缸光轴抽汽方案，改造后全部排汽进入热网供热，回收了全部冷端损失，供热量增大 122t/h 左右；河南濮阳第二发电厂改造 200MW 机组采用低压缸光轴方案，机组改为背压机后全部排汽进入热网供热，回收了全部冷端损失，机组成功运行。此外，华电富发电厂、华电牡二电厂也有多台机组实施了低压光轴供热改造，大大增加了机组供热能力，实现了机组深度调峰。尤其是牡二电厂的光轴供热改造是国内首次对苏制 200MW 等级汽轮机进行低压光轴供热改造，机组在供热期采用低压光轴供热技术，无需蒸汽冷却系统，可最大限度的提高对外供热量，减少对原机组本体及相关辅助系统的改造。改造后供热期可实现煤耗降低 163g/kWh 以上，机组电负荷深度调峰能力增加 30% 以上。

（五）新型凝抽背供热技术

近年来我国经济进入新常态，能源结构发生变化，传统火电与新能源矛盾突出，部分地区出现了严重的弃风弃光问题。传统热电联产机组认为低压缸必须保证足够的进汽量以维持汽轮机正常运行，也就是通常所说的必须保证低压缸最小进汽流量。而为了保证供热，热电机组必须有较高的电负荷，这使得热电无法解耦，运行灵活性缺乏。

2016 年 8 月，在国家能源局的带领下，电规总院组织国内多家电力集团公司的技术骨干赴丹麦、德国等国家调研，发现欧洲许多火电厂的效率均超过 90%，经华电电科院供热技术团队的充分研究论证，发现此种汽轮机低压缸基本不进汽。结合国内外汽轮机设计理念、参数的差异，团队原创性地开发出适应国内汽轮机的新型凝抽背供热技术，形成完整的专利技术群，并实现了在华电集团多家电厂的示范应用。

1. 基本原理

新型凝抽背供热技术是一种可在线实现汽轮机在纯凝（N）、抽汽（C）与背压（B）三种工况间灵活切换的供热技术，是对国产热电机组运行理念的重大突破，具有投资少、改造范围小、经济效益显著等优势。

图 5-18 为新型凝抽背供热技术系统示意图。当外界热负荷需求急剧增长时，可以通过关断中低压缸联通管上的液压蝶阀来切除低压缸进汽，实现汽轮机中压缸的排汽全部对外供热，迅速提升机组的供热能力。此时汽轮机低压缸不再进汽做功，机组的出力迅速降低，可快速响应电力调峰的灵活性运行；同时它还可以通过调整阀门，在满足供热需求的前提下将机组负荷迅速降低，快速响应电网调峰运行灵活性。技术最大难点在于将凝汽器维持在一个较高的真空值，同时保留低压缸一小股冷却汽流，维持低压缸的"空转"运行。

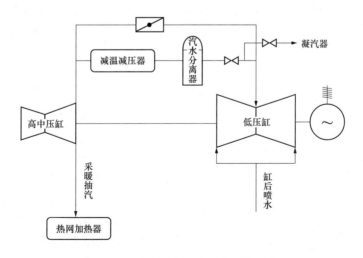

图 5-18　新型凝抽背供热技术系统示意图

新型凝抽背供热技术不同于加装有 3S 离合器的 NCB 型热电机组，它可以在低压转子不脱离、整体轴系始终同频运转的情况下，通过中低压缸连通管上新加装的全密封、零泄漏的液压蝶阀启闭动作，实现低压缸进汽与不进汽的灵活切换。同时它设计加装了一种可以对蒸汽参数进行调节的旁路控制系统，将小股中压排汽作为冷却蒸汽通入低压缸，后缸喷水长期投运，控制排汽温度在正常运行范围内，保证了低压缸在切除进汽的工况下安全运行。

2. 应用情况

新型凝抽背供热技术紧密贴合当前国家的火电灵活性调峰政策，具有改造投资小、热电解耦能力强等特点。2017年，该技术在华电集团的金山热电分公司和哈密热电成功投运，实现了一个采暖季连续切缸运行。其中金山热电分公司200MW机组在保持供热能力不变的情况下，通过采用新型汽轮机凝抽背供热技术切除低压缸进汽，机组发电负荷可降至50MW，达到额定负荷的30%以下；哈密公司135MW机组在保持供热能力不变的情况下通过切除低压缸进汽，发电负荷可降至40MW，也降到额定负荷30%以下。两台机组作为当前国内首次实现长周期运行的机组，对其他机组的供热改造和灵活性改造具有重大的技术引领和示范意义。

（六）其他热源侧供热节能技术

1. 压缩式热泵供热技术

压缩式热泵在电厂低温余热利用方面的应用可分为分布式电动热泵供热和集中式电动热泵供热两种。

分布式电动热泵供热技术，将热泵分散置于各小区热力站中，电厂凝汽器出口的低温循环水引至各热力站，热泵回收循环水余热加热二次网热水为用户供暖或提供生活热水。这种方式能收到一定的节能效果，但是管道投资巨大，输送泵耗高，无法远距离输送，供热半径仅限制在电厂周边3～5km范围以内。

集中式电动热泵供热技术，热泵机组设置于电厂内，凝汽器出口的部分循环水进入热泵作为低温热源，一次网回水由热泵加热至80～90℃，进入汽-水换热器进行二次加热后，再送入城市热网。此系统中，电能作为热泵驱动热源推动压缩机做功，压缩机为热泵制热循环提供动力。这种集中式热泵供热形式初投资低，但厂用电耗量大，也给电厂带来了用电增容的巨大压力。

2. "NCB" 新型机组供热技术

徐大懋、何坚忍等专家针对300MW大型供热机组提出了"NCB"新型专用供热汽轮机，具有背压式和抽凝式供热机组的优点，又可同时克服两者的缺点。其特点是在抽凝供热机的基础上，采用两根轴分别带动两台发电机，如图5-19所示。在非供热期，供热抽汽控制阀全关、低压缸调节阀全开，汽轮机呈纯凝工况（N）运行，具有纯凝式汽轮机发电效率高的优点；在正常供热期，上述两阀都处于调控状态，汽轮机呈抽汽工况（C）运行，具有抽凝汽轮机优点，不仅对外抽汽供热而且还可以保持高的发电效率；

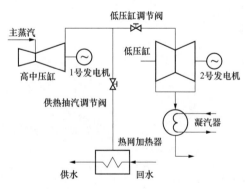

图5-19 "NCB"新型供热机组工作流程图

在高峰供热期，供热抽汽调节阀全开、低压缸调节阀全关，汽轮机呈背压工况（B）运行，具有背压供热汽轮机的优点，可做到最大供热能力，低压缸部分处于低速盘车状态，可随时投运。整个机组的特点是在供热期和非供热期都具有很高的效率。

"NCB"新型供热机组可最大限度地利用品位适中的高中压缸排汽，大大减少了冷源损失，这是一种大容量机组高背压运行的新思路，只适用于新建电厂；而对于已建成投产的电厂来说，无法进行推广应用，目前国内暂无实际运行案例。

3. 热网疏水系统优化

进行加热蒸汽疏水路由的改造，可以减小主机加热系统的㶲损失，符合能量梯级利用原理。以某 300MW 机组为例，热网疏水温度约 95℃，回到主机除氧器（160℃左右），换热温差大，除氧器抽汽增加，主机热耗率变大。因而可对热网疏水系统进行优化，通过增设疏水换热器，将余热用于加热一次热网回水，再回到主机凝结水系统，如图 5-20 所示。

根据"温度对口"原则，疏水接口改至汽轮机 4 号低加入口（入口凝结水温约 80℃），原疏水至除氧器管路备用，改造后全年统计煤耗率下降约 2g/kWh。此外，由于热网回水温度较低，而热网疏水温度较高，温差可达到 40～50℃，因此热网疏水可进一步加热热网回水后再回至更低级低加入口，进一步降低主机煤耗。

4. 热网循环泵电动改汽动

热网循环水泵选型不合理，很容易造成泵运行效率低的问题。可考虑对热网循环水泵进行叶轮改造，改成给水泵汽轮机驱动。汽源为采暖抽汽，按照梯级利用原则，小机排汽用于加热热网回水，其原理图如图 5-21 所示。

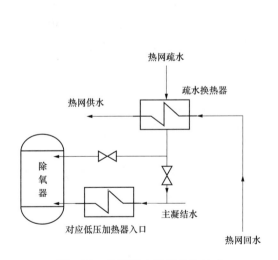

图 5-20 热网疏水系统优化技术

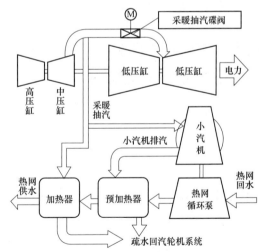

图 5-21 热网循环泵电动改汽动原理图

对于单台泵功率为 1000kW 的循环泵来说，运行一个采暖季耗电约 300 万 kWh。实施热网循环泵电动改汽动方案后，单台给水泵汽轮机改造费用约 180 万元，每个采暖季单台机组收益约 81 万元，厂用电率下降 0.4%，投资收益比 2.3 年。

5. 热网疏水泵改变频技术

采暖期热负荷变化较大，容易造成疏水流量变化较大，很难保证疏水泵一直在高效区

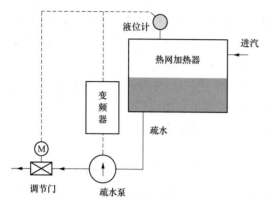

图 5-22 热网疏水泵改变频技术原理图

运行，可对热网疏水泵实施变频改造，减少能耗。其原理图如图 5-22 所示。

经调研，发现单台 185kW 疏水泵变频改造费用约 25 万元，采用变频技术后，一个采暖季预计可以获得节电收益约 6 万元，投资收益比 4.2 年。

6. 烟气余热回收利用技术

在火电厂锅炉的各项热损失中，锅炉排烟损失是其中最大的一项，一般占到热量的 5%～10%，占锅炉总热损失 80% 甚至更高。通常情况下，尾气排烟温度每升高 10℃，锅炉的热损失就会相应增加约 1%，发电煤耗将增加 2g/kWh 左右。

烟气余热的有效利用是燃煤电站锅炉节能的主要途径。当前烟气余热回收利用的技术主要有三类：一是基于低温省煤器技术的常规余热利用集成方案，该方案在空气预热器之后增设低温省煤器，降低了排烟温度的同时也提高了机组的热功转换效率；二是通过增设换热器吸收烟气余热用以加热燃烧用空气，提高进入锅炉的空气温度，从而提高炉膛燃烧温度、燃烧效率，降低排烟温度；三是在烟道上增加换热装置，通用吸收烟气余热用以加热锅炉给水、凝结水、除盐水、热网水等水系统的工质，减少除氧器、低压加热器等的加热蒸汽消耗量，从而提高了整个机组的经济性。

针对电厂烟气余热来说，未来的烟气余热利用研究方向是如何实现烟气温度降低至 90℃以下，甚至更低，实现烟气余热的深度利用。而烟气余热深度利用所面临的最大困难就是低温烟气带来的腐蚀问题，耐腐蚀材料的选择将是一个亟待解决的重要问题。

三、工业供热节能技术

我国集中供热从 20 世纪 90 年代开始，得到了快速的发展。对于早期已经实现工业抽汽集中供热的热电厂，由于供热技术粗放、简单，造成能量损失严重，许多已经进行工业供热的热电厂并没有实现盈利，甚至出现严重亏损的情况。目前，主要存在的问题有：设计工况偏离实际运行工况、联通管调节阀节流损失严重、旋转隔板节流损失严重、管网设计不合理、不同用户侧所需参数的差异带来的能量损失等。因此，进行工业供热技术的研究与创新，降低供热过程的能量损失是大势所趋。

（一）打孔抽汽供热技术

当电厂周边有工业用汽需求时，通过打孔抽汽节能改造，可使电厂满足用汽需求，改善电厂经营环境。打孔抽汽是指在凝汽式汽轮机的调节级或某个压力级后引出一根抽汽管道，接至工业抽汽管网。一般打孔抽汽为不可调整抽汽，在电负荷变化时会引起抽汽压力变化，可将打孔抽汽改为可调整抽汽，从而提高打孔抽汽供热机组的适用性和运行稳定性。

一般工艺流程图如图 5-23 所示，打孔抽汽改造后会引起机组轴向推力发生变化，改造前须进行推力轴承改造及轴向推力核算，确保改造后可以满足各纯凝工况和抽汽工况下汽轮机本体的安全运行。

此外，改造前还需对中压调节阀与油动机强度、汽轮机的通流、汽缸及抽汽口、转子临界转速及锅炉受热面等进行全面校核；对相应工业抽汽部位的热工逻辑和机组的辅助系统如补水系统等进行相应的改造。

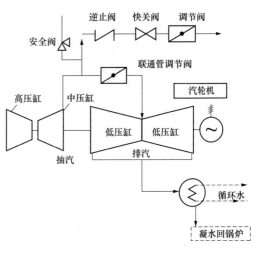

图 5-23　汽轮机打孔抽汽改造示意图

（二）抽汽扩容技术

随着外界工业热负荷需求的逐渐增大，原有汽轮机机组的供热能力受限；机组根据热负荷变化调整供热压力及供热量后，在低负荷供热时由于供热蝶阀开度小，蒸汽在高节流状态下产生汽流激振引起连通管共振，影响机组安全运行。

抽汽扩容技术是在通流级数不变、本体基础不动，尽量利用现有机组部套的原则下，调整部分低压通流正反静叶通流面积，提高中低压分缸压力，增加机组的抽汽能力，增大低负荷供热时调节阀开度，并通过对汽轮机通流强度及本体的校核，及轴向推力的校核计算，提高机组运行的安全性。

原有机组通过抽汽扩容技术改造后，增加了机组供热能力，降低了机组煤耗，提高了供热安全性。以福建某电厂 2×300MW 机组改造为例，在最大抽汽工况时，机组热耗与改造前相比降低 53kJ/kWh。

（三）背压式给水泵汽轮机供热技术

对于一些有较稳定工业抽汽用户的电厂来说，经常面临的问题主要有：一是低负荷时抽汽量不足，二是抽汽参数不能很好匹配，工业抽汽参数较低，需要用高压抽汽经减温减压后才能满足，存在较大的节流损失。例如，某 300MW 机组，如果利用高压缸排汽对外供热，需要将冷段蒸汽的参数（THA 工况为 3.5MPa）节流降压到 1.0MPa，存在较大节流损失，造成发电做功能力损失。

针对这种情况，若能通过给水泵汽轮机将高压抽汽先做功，再利用排汽作为工业抽汽汽源，将节约大量能源。电厂内通常有引风机、循环水泵等大型设备，占用电厂大量厂用电率，若能通过合适的参数选型方案设计采用给水泵汽轮机驱动这些设备，则能达到降低厂用电率，改善电厂指标，同时可增加电厂上网电量，提高盈利能力。如图 5-24 所示。

通过背压式给水泵汽轮机驱动厂内大型耗电设备如引风机等，利用给水泵汽轮机排汽作为工业抽汽汽源是一种较理想经济的手段。

（四）减温减压供热技术

减温减压装置可对热源输送来的一次（新）蒸汽的压力和温度进行减温减压，使其二次蒸汽压力和温度达到生产工艺的要求。

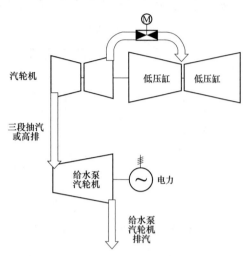

图 5-24　背压式小汽机供热示意图

减温减压装置由减压系统（减温减压阀、节流孔板等）、减温系统（高压差给水调节阀、节流阀、止回阀等）、安全保护装置（安全阀）等组成。

热电厂可以利用高压蒸汽经过减温减压装置后产生工业用汽所需的二次蒸汽。技术具有技术成熟、改造周期短、投资时等优点，得到了广泛的使用，但是该技术存在一个严重的缺点，就是直接将高参数蒸汽减温减压，节流损失较大，造成了能源的直接浪费。

（五）集成优化供热技术

在工业抽汽供热中，由于机组的抽汽压力单一，缺乏多样性，往往存在机组蒸汽压力与工业供热压力不匹配的情况，目前，热电厂一般采用高压蒸汽节流和低压蒸汽憋压的方式进行供热，而这种方式存在较大的能量损失，采用压力匹配技术可以解决该问题。

压力匹配技术主要是利用压力匹配器，通过高压蒸汽经喷嘴喷射产生的高速气流，将低压蒸汽吸入；两种蒸汽混合后可形成工业抽汽所需压力与温度的蒸汽，如图 5-25 所示。

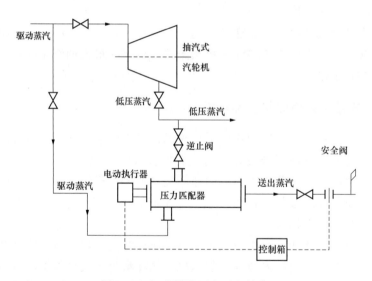

图 5-25　工业抽汽压力匹配技术

压力匹配器中装有针型调节阀，能保证蒸汽压力在流量 30%～100% 的范围内不变。该设备应用在热电联产系统中经济效益显著，以 30 万供热机组为例，采用压力匹配技术后可节煤 1696t，实现全年统计煤耗下降 1.2g/kWh。

采用优化选择抽汽端口的方式，可以降低联产机组供热和发电煤耗，提高供热的经济性，可使机组煤耗下降 10～20g/kWh 左右。图 5-26 所示为工业供热抽汽全工况集成系统图。

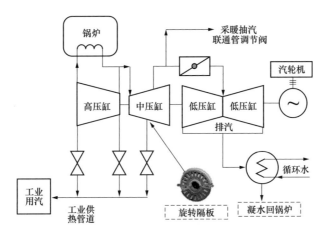

图 5-26　工业供热抽汽全工况集成系统图

四、供热节能技术典型案例

（一）华电大同第一热电厂热乏汽余热回收利用项目

1. 项目概况

华电大同第一热电厂乏汽余热回收利用项目，采用吸收式热泵供热技术，提高同煤集团棚户区和沉陷区（简称两区）的集中供热能力。项目通过安装 2 台 57.5MW 的乏汽型吸收式热泵回收电厂两台 135MW 空冷机组乏汽余热，实现了单机余热回收量 65MW；此外，对 48 座热力站中的 14 座（合计采暖面积 220 万 m^2）进行改造，站内安装 18 台吸收式换热机组，首次将吸收式换热机组成功大规模应用于热力站中，使该站的一次网回水温度降低至 20℃左右，为我国大型热电机组远距离高效供热和对城市既有热网扩容改造开辟了新途径。项目于 2010 年 9 月开始进行供热系统改造，2011 年 1 月投入运行，由于政策等原因，该电厂于 2018 年关停。

2. 技术方案

通过系统集成技术将基于吸收式换热的大温差供热技术和厂内热泵余热回收技术有机结合，构成基于吸收式换热的新型热电联产集中供热技术，如图 5-27 所示。

其中厂内热泵余热回收系统的主要设备为电厂余热回收专用机组，其原理是：以部分汽轮机采暖抽汽为动力驱动余热回收机组，回收低温乏汽余热，用其加热热网回水。热网水得到的热量为消耗的蒸汽热量与回收的乏汽余热量之和。流量为 4000t/h、温度为 37℃的热网回水进入电厂后由余热回收机组加热至 73℃，再由尖峰热网加热器加热至 120℃。两台汽轮机的乏汽进入相对应的余热回收机组，放热降温后凝结水返回空冷岛排汽装置。设计工况下单台机组回收乏汽流量 100t/h，剩余的乏汽排热量仍然通过空冷岛散到环境，以保持汽轮机正常的背压。

其中基于吸收式换热的大温差供热技术充分利用了一次热网高温热水中蕴藏的高位热能的做功能力，借助设置在热力站处的吸收式换热机组显著降低一次网回水温度。在保持二次网运行参数不变的情况下，一次网供回水温度由传统的 130~70℃变为 130~20℃，供回水温差由约 60℃提高至约 110℃。该技术的应用将带来如下突出优点：

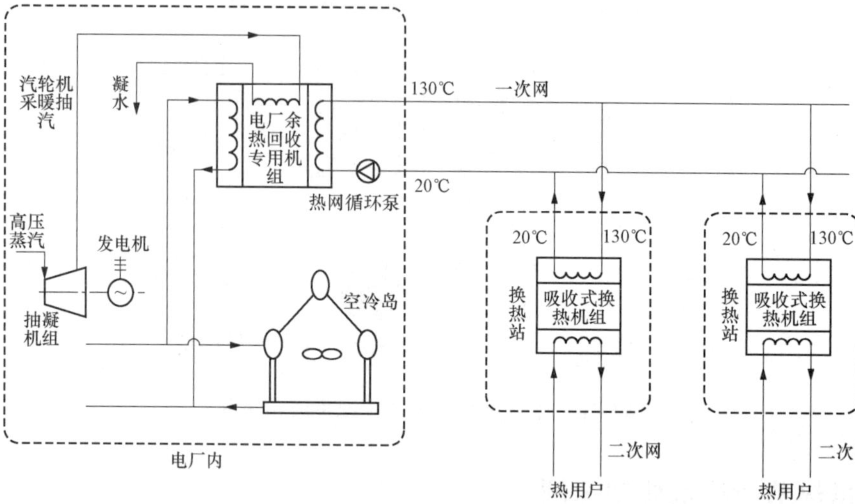

图 5-27 基于吸收式换热的热电联产集中供热系统示意图

（1）一次网供回水温差由 60℃增加到 110℃，既有热网输配能力可提升 80%。

（2）减小新建大型热网管径、免除回水管网的保温措施，大幅降低管网投资。

（3）一次网回水温度降至 20℃左右，为高效回收电厂余热创造了条件。

3．项目实施效果

吸收式热泵用于直接空冷机组进行乏汽余热回收，通过西安热工院现场试验，在机组背压 39kPa、热网循环水流量 3500t/h 的运行工况下，可回收乏汽余热 60MW，即在不增加燃料消耗，不降低机组出力的情况下，单台机组可增加供热面积 100 万 m²。

此外，每采暖季凝汽余热回收量约为 180 万 GJ，占到总供热量的一半以上，燃煤锅炉效率按 80%计算，这部分余热相当于节约 7.5 万 t 标准煤。相应每年可减少 CO_2 排放量 21 万 t，SO_2 排放量 1266t，NO_x 排放量 410t，灰渣量 1.6 万 t。同时由于大部分汽轮机乏汽通过余热回收机组凝结降温，可节约大量的空冷散热器的风机电耗。

电厂热网首站的改造投资为 4731 万元，2011 年采暖季回收乏汽余热 180.027 万 GJ，售热单价按 24.34 元/GJ（不含税）计算，年收益可达 4381.13 万元，静态投资回收期约 1.07 年左右。考虑到在热网用户热力站处安装了 18 台吸收式换热机组，其改造投资约为 4460 万元，则整个项目总投资约为 9000 万元，年收益仍按 4381.13 万元计算，静态投资回收期约 2.1 年左右，经济效益显著。

（二）包头东华电厂低温循环水余热回收项目

1．项目概况

包头东华电厂一期 2×300MW 供热机组的最大设计能力为 860 万 m²。截至 2012 年底，实际需求供热面积超过 920 万 m²，未来还将持续新增，现有供热能力远不能满足城市发展的热用户需求。针对以上供热问题，在电厂内设置吸收式热泵，采用汽轮机五段抽汽作为热泵驱动汽源，循环冷却水作为低温热源。通过余热回收改造，不仅减少了排放损失，还提高了整机热效率，增强了经济性。

2．技术方案

项目利用吸收式热泵将乏汽热量提取出来，对热网循环水进行加热。只改造一台机组，在满足机组最大安全抽汽量条件（汽轮机额定抽汽工况 430t/h）和热网管道的最大输热能力（现有热网管道的热网水最大允许流量为 10000t/h）条件下计算采用热泵供热方式的最大收益。其具体方式为根据电厂现有机组的实际情况，选择从中低压缸连通管（即现有采暖抽汽管道，蒸汽品质为 0.35MPa/248℃）抽取蒸汽用于热泵和尖峰加热器。其中用于热泵的驱动汽源的驱动蒸汽量为 267t/h，可完全回收#1 机组的循环水余热 134MW，在供暖初末期，可依靠热泵将热网水从 50℃加热至 78℃用于供暖；在供暖高寒期通过引入 1 号机组剩余蒸汽和 2 号机组供暖抽汽，进入尖峰加热器将 10000t/h 的热网水从 78℃加热至所需的热网水供暖温度（最高可加热至 113℃）。

改造后的系统流程图如图 5-28 所示。

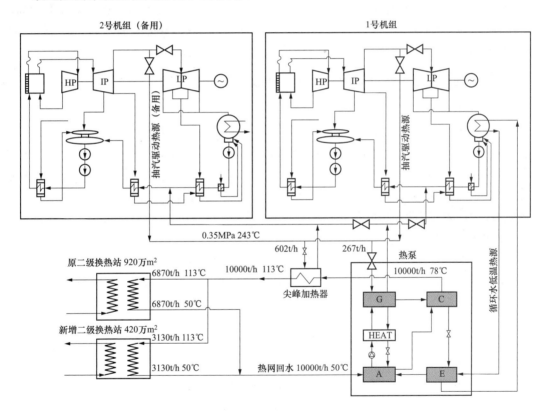

图 5-28　热泵系统流程图

3．项目实施效果

包头东华热电厂 2×300MW 机组循环水余热利用改造项目，系统共设 8 台单机容量 40.7MW 的吸收式热泵，回收一台机组的循环水余热，另一台机组备用。项目于 2013 年 1 月正式投运，如图 5-29 和图 5-30 是热泵房内机组和疏水系统布置情况，它是华电集团首个 300MW 闭式循环机组的热泵余热利用项目。

图 5-29　热泵房内机组布置情况　　　　　图 5-30　热泵房内疏水系统布置情况

项目实施后，可实现新增供热能力 134.1MW（206.6 万 GJ），可实现新增供热面积 243.6 万 m²。最大供热工况时，单机供热量达到 544MW，机组最大综合热效率大于 83%。项目还具有较好的社会效益，年可节约标煤 7.25 万 t，减少 CO_2 排放 18.6 万 t/a，减少 SO_2 排放 1132t/a，减少 NO_x 排放 1197t/a，减少粉尘排放 1451t/a。

（三）华电（北京）热电有限公司能量梯级利用项目

1. 项目概况

华电（北京）热电有限公司有 2×254MW 燃气-蒸汽联合循环供热机组，3×419GJ/h 燃气热水尖峰炉。冬季采暖期两台燃气蒸汽联合循环机组带基本热负荷，以热定电，三台燃气热水炉带尖峰热负荷。电厂担负着中南海、人民大会堂、毛主席纪念堂、国家部分部委、北京市委、市政府等国家机关和重要单位以及市区 70 多万户居民的采暖供热艰巨任务。全厂总供热能力约为 2260GJ/h，总供热面积达到 1200 万 m²，年发电约 19 亿 kWh 时，是北京市重要的热源电厂之一。

为解决机组供热能力不足、减少汽轮机排汽损失和减少天然气消耗，降低供热燃料成本等问题，同时为了提高系统能源利用效率，充分回收锅炉排烟余热，电厂委托华电电科院于 2012～2014 年开展联合循环机组能量梯级利用示范项目。

2. 技术方案

项目主要从联合循环能量梯级利用示范的角度出发进行节能分析，从吸收式热泵、余热锅炉改造、运行优化、天然气预热等方面进行深度研究回收烟气余热，项目内容主要包括新增吸收式热泵、余热锅炉侧改造和热水炉侧改造部分，余热锅炉侧改造部分包含新增换热器、天然气预热和循环泵优化等内容。系统流程图如图 5-31 所示。

（1）吸收式热泵供热。采用吸收式热泵回收汽轮机排汽后凝汽器循环水余热，驱动汽源来自余热锅炉低压补汽，参数为（52t/h，0.58MPa，210℃），单台凝汽器循环水流量为 8500t/h，根据回收的余热量，所有的低压补气用完，可以回收循环水余热量的 62%，故而两台机组进入热泵的凝汽器循环水总流量为 10400t/h，进出口水温为 31.5℃/36℃，而热网水进出热泵的温度 55℃/75.11℃，流量为 5400t/h。热网循环水在热网循环泵后分成三路，一路进入余热锅炉热网加热器，一路进入热泵系统，另一路直接与经过热泵系统加热的热网水混合后进入热网加热器。热网加热器的出水与余热锅炉热网加热器出水混合后进入热水炉进一步加热，并向用户供出。方案中主要考虑将两台余热锅炉的低压补气全部用完，以尽可能多的回收两台汽轮机组的低温乏汽余热。

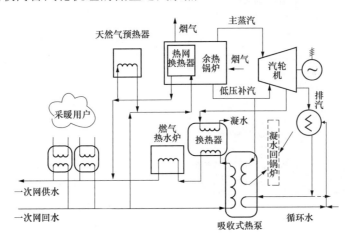

图 5-31　联合循环能量梯级利用系统流程图

（2）余热锅炉排烟余热回收。综合考虑余热锅炉的设计理念和电厂的运行特点，增加低压省煤器增加发电量，提高发电效率；增加热网换热器降低排烟温度，回收余热锅炉无法回收的热量。

（3）天然气预热方案。由于天然气气源温度较低，需要对其加热至工作温度，将余热锅炉回收的烟气余热作为一个天然气的热源。烟气余热将天然气从 2℃ 加热至 55℃，可回收两台机组约 2MW 的余热。

（4）低压省煤器再循环泵优化。在非供热工况下，根据实测数据和实际运行中低压省煤器进水温度的变化情况，采取适当关小低压再循环泵的方式降低排烟温度；在供热工况下，热网疏水与冷凝水混合后的温度在 60℃ 以上，大于设计给水温度 60℃，故冬季工况下可关停低压再循环泵。

（5）热水炉改造方案。由于热泵和余热锅炉新增换热器投入运行后，采暖季需要热水炉提供的热量大大减少，三台热水炉总的利用时间由原来的 4253h 降至 2450h。从整个采暖季看，改造后 2 台热水炉即可满足电厂供热需求。最终方案是按热水炉设计工况改造三台热水炉，两台投入运行，一台备用。改造方案为在热水炉侧烟气尾部增加烟气换热器。

3. 项目实施效果

华电（北京）热电有限公司 2×254MW 联合循环机组能量梯级利用示范项目，是国内首台吸收式热泵与联合循环机组相结合的项目，实现了吸收式热泵技术在国内联合循环电厂中的首次集成应用，为热泵技术在电厂的推广应用开辟了新的方向。该项目从系统角度出发，通过将汽轮机、余热锅炉和热泵有机结合，实现了联合循环机组能效的飞跃，为国内外分布式能源项目提供了提高热电比和能效的新途径。

项目的示范分两个阶段进行：吸收式热泵供热改造于 2011 年 8 月开展实验，2012 年

12 月底完成正式投运；项目的余热锅炉及热水炉排烟余热深度回收项目于 2013 年 5 月启动，2014 年 11 月完成正式投运，经济和社会效益显著。图 5-32 所示为吸收式热泵房的内景。

图 5-32　吸收式热泵房内景

通过联合循环机组能量梯级利用示范，项目在供热期采用 2 台 60.92MW 的吸收式热泵充分回收一台机组的循环水余热，可实现余热回收 52.87MW；回收余热锅炉排烟余热用于新增低压省煤器的做功和热网换热器的供热，使得排烟温度由原来的 122.7℃降至 90℃；热水炉经过改造后排烟温度也从原来的 118℃降至 90℃；此外，回收的余热锅炉和热水炉烟气余热不仅用于供热，还可实现天然气预热，使其从 2℃加热至 55℃，节省了大量燃料费。在非供热期，吸收式热泵、热水炉烟气余热回收等停止工作，余热锅炉增设的低压省煤器还将继续工作，使得锅炉排烟温度下降约 10℃左右。

综上，电厂可以实现低温余热回收约 100MW，年节约标准天然气超过 2000 万 m³，相应年减排 CO_2 5.9 万 t 以上。该联合循环机组在纯凝工况时，联合循环热效率约为 50%；在供热模式时，机组最大发电功率为 230MW，供热功率为 228MW，机组能源利用率达到 90%以上。

（四）喀什热电超临界间冷机组高背压循环水供热项目

1. 项目概况

新疆华电喀什热电有限责任公司超临界间冷机组高背压循环水供热项目，采取基于在线切换的双温区凝汽器高背压循环水供热技术，项目于 2016 年 6 月开始进行供热系统及机组循环水系统的改造，2016 年 11 月开始投入运行。

2. 技术方案

项目基于间接空冷超临界供热机组既有的技术特征，研发了汽轮机本体不改造且基于在线切换的双温区凝汽器高背压循环水供热技术。项目中汽轮机本体方面采用"本体不改造直接高背压供热"技术，是在不改变汽轮机本体、间冷塔现状，在采暖期，提高汽轮机的背压，利用热网循环水回水通过主机凝汽器回收汽轮机排汽的余热进行一级加热和通过热网加热器利用机组采暖抽汽进行二次加热，满足热网供水要求，实现机组采暖供热能力的提高。在非供热期，切换到间冷塔进行纯凝工况运行。主要技术原理图如图 5-33 所示。

该系统中凝汽器采用两路独立冷却水源，各半侧运行，两个温区换热。即凝汽器半侧通过热网循环水，实现对外供热，半侧通过空冷岛冷却循环水，作为备用冷却系统。

间接空冷机组双温区凝汽器在线切换供热技术主要工作原理为供热系统中，热网回水通过阀门控制，将凝汽器半侧的主机循环水切换至热网循环水，经调整变频循环泵的运行

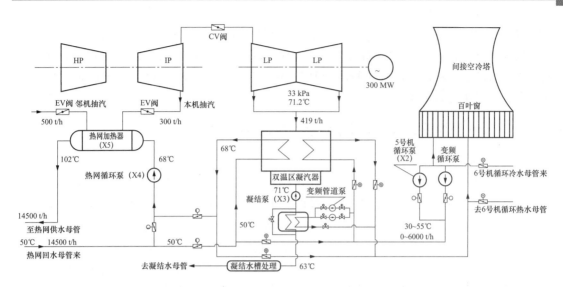

图 5-33　基于在线切换的双温区凝汽器供热系统

频率逐步减少另一侧主机循环水量，汽轮机排汽背压提高至 33kPa（允许背压），提高排汽温度至对应 71.3℃，对热网回水进行一次加热（热网回水温度 50℃考虑），14000～14500t/h流量可以满足凝汽器最佳通流量流速，可以带走设计工况下低压缸排气余热，背压不超限，凝汽器出水温度可达到 67～68℃满足供热初、末期基本供热要求，供热中期根据热网需求，热网回水再经热网首站的加热器通过抽汽进行二次加热，加热到热网需要的温度，对外供热。

凝汽器另一侧冷却系统（循环水）中，利用原间冷塔的循环水系统和管道，通入凝汽器一个通道，增设流量为 6000t/h 变频水泵并列至原循环水系统，适应 140MW 到 300MW之间的电负荷调峰，通过新增的变频把水泵转速的调速范围来满足上述冷却水流量调节需求。安全监控系统根据背压限制计算给定需求指令，需求指令进入 DCS 系统调节变频循环水泵转速，使冷却水通过凝汽器的另一侧半边，调节和控制机组安全背压和负荷，保证汽轮机高背压情况下低压级叶片的安全。

3．项目实施效果

项目提出了基于在线切换的双温区凝汽器换热高背压循环水供热技术，实现了超临界间冷机组不停机情况下纯凝发电、抽汽供热、背压供热等多种运行工况的在线切换、厂内双机背压供热互换，解决了高背压工况下汽轮机末级叶片的保护及停热不停机等问题，提升了大型高背压循环水供热机组的安全性及调峰灵活性。如图 5-34 为超临界高背压机组精处理凝结水板式换热器系统。

图 5-34　超临界高背压机组精处理凝结水板式换热器系统

经过 2016～2017 年一个采暖季的运行，机组运行平稳，可使现有机组供热能力提高

189MW，可供热面积增加 378 万 m²，可增加的供热量达到 220 万 GJ，实施后一个采暖期机组供电煤耗降低约 86.7 g/kWh，全年供电煤耗可降低约 29.7g/ kWh。经过折算，电厂一个采暖期节约 5.6 万 t 标煤，经过折算，相应减排量为 SO₂137.3t/a、NOₓ252.4t/a、烟尘 16.6t/a，具有良好的节能减排效益。

（五）金山热电分公司新型凝抽背供热改造示范项目

1. 项目概况

金山热电分公司的汽轮发电机组为哈汽的超高压中间再热双缸双排汽抽汽凝汽供热式汽轮机，其为双抽汽式汽轮机，整个汽轮机分为高、中、低三个部分，但是高、中压缸采取合缸布置，整体分为两个缸。新汽进入高中压部分做功，膨胀至一定压力后分为二股，一股抽出直至热网首站加热器，一股进入低压缸继续膨胀做功，最后排入凝汽器。

为进一步扩大电厂现役 200MW 机组的供热能力，有效提高电厂机组的调峰能力和缓解突出严重的热电矛盾，项目拟采用华电电科院的新型凝抽背供热技术进行改造。

2. 技术方案

新型凝抽背供热技术使得低压缸在采暖期不进汽做功，能在高真空条件下"空转"运行；高中压缸为背压运行，中压缸排汽全部通入供热系统。项目主要改造和增设的内容有：

（1）更换两个中低压缸连通管处液压蝶阀，目的是实现阀门关到零位后达到全密封的功能。

（2）增设低压缸冷却蒸汽管道及相关减温减压设备，将鼓风所产生的热量顺利带走，同时开启排汽缸喷水减温系统，降低缸温防止因超温膨胀发生胀差超限、不平衡振动以及密封性能降低等危险。

（3）对低压缸喷水系统改造，使其能满足背压运行期间机组自身快速反馈调节的能力。

3. 实施效果

2017 年 11 月在金山热电分公司 2 号机组实现凝抽背不同工况的顺利切换，是国内首个完成机组背压工况 168h 运行的凝抽背供热项目。项目实施后，在保持供热能力不变的情况下，发电负荷降至为 50MW，降到额定负荷的 30%以下。可增加对外供热能力 97MW，相比于原工况，供热能力提升了 48%；在相同工况下，机组电负荷调峰能力增加 20%以上。

项目经过一个采暖季的运行后，于 2018 年 6 月实施开缸检查，与改造前汽轮机运行相比，发现转子、叶片及拉筋等均无明显损伤，金山公司 200MW 机组采暖季结束开缸检查如图 5-35 所示。

该项目为华电集团乃至国内首个成功商业化运行的凝抽背供热项目，它实现了机组在纯凝、抽汽与背压工况之间的实时切换；特别是在背压工况下，实现了机组低压缸不进汽做功的稳定运行，极大提升了机组的对外供热能力及电负荷调峰能力。在这之后，华电集团还进行了华电新疆哈密热电有限公司 135MW 机组的凝抽背供热技术改造，也实现了一个采暖季连续切缸运行。两台实现长周期运行的机组对华电集团乃至全国范围内其他供热机组的灵活性改造具有重大的技术引领和示范意义。

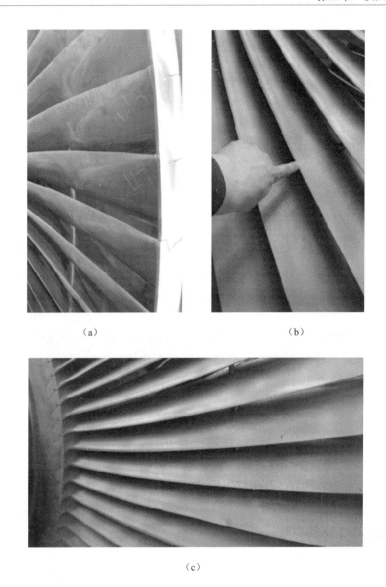

（a） （b）

（c）

图 5-35 金山公司 200MW 机组采暖季结束开缸检查

（a）切缸前水蚀范围离拉筋有约 10cm 远； （b）切缸后水蚀范围与拉筋平齐；

（c）切缸后总体损伤图末级叶片出汽边水蚀对比（损伤增长速率在可预见范围内）

（六）渠东公司工业供热节能优化项目

1. 项目概况

华电渠东发电有限公司处于华中、华北和西北三大电网交汇处，是全国形成联网的重要电源支撑点。一期 2×33 万 kW 工程是河南省"十一五"规划建设的重要电源项目，是新乡市的城市热电联产项目，配套建设城市热网采暖 1100 万 m²，工业供汽 200t/h；其中1 号机组于 2012 年 11 月 14 日正式投产发电供热，2 号机组于 2013 年 7 月 20 日通过 168h满负荷试运行，正式投产发电。华电渠东发电有限公司机组现有工业供热约 15t/h，蒸汽压力约 0.81MPa，温度 200℃，工业用汽来自四段抽汽，管网总长度约 5.8km。

由于现有工业供热采用调整旋转隔板的方式来保证供汽压力，使机组内部存在较大的节流损失，需要通过改造进行优化。另外，电厂已与地方达成协议，需向新乡娃哈哈生产基地提供工业蒸汽 30t/h 以上，保证用户蒸汽压力约 0.7MPa。由于娃哈哈不在现有管网的供热范围内，且与现有供热管网最短距离（在现有管网末端位置）约 4km，总体沿程阻力较大，现有抽汽口的抽汽参数和管网长度都不符合新增供热要求，需要进行改造，对抽汽口进行优化。

2. 技术方案

通过不同方案对比，最终选择从高排冷段抽汽从机组高排蒸汽去锅炉的截止阀后引出，该位置处于 6m 层立管处，通过增加热压三通和接口阀门将 1 号机组和 2 号机组的高排冷段蒸汽引出（压力 2.25MPa，温度 326.4℃），而后将管路由 DN425 变径为 DN300 后在 6m层汇合成 DN300 母管后进入 0m 层，通过两条途径进入蒸汽母管，一条为经过减压装置后进入 DN720 的工业蒸汽母管，减温则利用工业蒸汽母管原有减温系统。

3. 实施效果

项目针对当前火电厂电负荷较低，波动较大的特点，首次对工业供热的抽汽流程进行有效集成，将原有供热抽汽由单一位置改为两个位置，提高了工业抽汽的灵活性。渠东公司 300MW 热电机组工业供热优化项目于 2015 年 12 月底正式投运，机组年煤耗下降 10.3g/kWh，以年运行小时 4500h 计算，每年可以节约标煤 1.4 万 t，折合成减排效益为：可减排 $CO_2$3.7 万 t/年，NO_x10^{4}t/年，$SO_2$120t/年，粉尘 281 t/年，经济效益和环保效益显著。

第三节　热网侧供热节能技术

一、热网侧供热存在的主要问题

当前，我国集中供热系统的控制理念与国外差异较大，如图 5-36 所示。国外的供热控制方式是总量保障、各取所需，即供给侧（热网首站）根据需求侧（各换热站）的实际需求进行调节；而我国的供热控制方式是总量控制、均匀供热，即供给侧给定热网水总流量，各换热站进行均匀分摊，然而由于集中供热系统管网庞大，这种调节方式实现全网平衡难度较大，很容易引起部分换热站供热过量或欠供的现象。

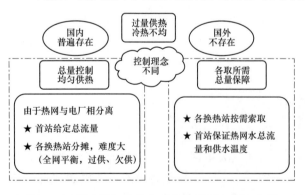

图 5-36　国内外集中供热系统控制理念对比分析

我国集中供热存在的主要问题可以分为技术、装备、设计、管理等方面。

（一）技术方面存在的主要问题

（1）一次网：普遍采用分阶段改变流量的质调节，供水温度一般一天调整 1～2 次，甚至几天不调；同时，受机组电负荷限制，缺乏调节手段。

（2）换热站：一般为手动控制，或根据设定温度自控运行；也有根据环境温度自动调节的自控系统，但容易造成管网震荡，不敢投自动。

（3）二次网：在供热初期进行平网调整后，一般不再进行调整，而采用定流量方式运行，存在不同楼宇、不同单元、不同楼层之间的供热不平衡现象。

（4）终端用户：室温监测靠人工入户监测，或是在室内安装用户温度测点，但坏点较多，失去参考价值，同时也加大了维护量，造成固定资产流失。

（二）装备方面存在的主要问题

（1）自动化程度低：换热站自动化程度偏低，自控站占 2/3 左右，其他以人工手动调节为主；未设置站内热计量装置或计量不准确。

（2）设备选型不合理：管网阀门流量系数选择不合理或质量不过关，近端和远端采用相同的调节阀；二次网循环泵扬程选择过高，流量过大，效率偏低，电耗较高。

（3）设备老旧，测点不准确：阀门、二次管网老旧，承压受热能力差，跑冒滴漏严重；远程控制测点不准确，温度压力流量等与实际偏差较大。很多热力公司的一网调节阀开度偏小，甚至低于 20%，未在有效控制区域内。

（三）设计方面存在的主要问题

（1）设计时，对管网水力平衡情况分析不够准确，实际运行水力存在偏差。

（2）设计负荷裕量过大（超 50%），设计约 60℃，实际约 45℃。

（3）原小锅炉接带管网管径偏小，改造后与现有集中供热系统不匹配。

（4）供热市场增长较快，但管网敷设时未预留足够的后期扩建能力。

（四）其他方面存在的主要问题

（1）智能供热的理念得到了广泛的认可，但大都停留在控制本身，对技术本质的认识不到位，智能控制的节能效益未能充分发挥。

（2）目前的改造大都在强调自动控制，而对控制的依据"负荷调节曲线"关注度不够，造成舍本逐末现象。

（3）管网设计、阀门选型过程中考虑不周全。造成很多换热站的一网调节阀开度偏小，甚至低于 10%，未在有效控制区域内。

（4）自控站的控制效果未能充分发挥。由于缺少系统考虑，自控站投入比例较大时容易产生管网震荡，部分换热站即使改造成了自控站，实际上也未能投入。

（5）换热站未实现根据环境温度的实时调控功能，热源侧与热网侧分离，热源侧未能跟踪热网侧的实际热负荷。

总体来说，国内供热技术路线还较为模糊，国家希望进行分户计量（控制），而热力公司则希望平均分配。分户控制是国家希望引领的方向，但是分户控制的技术体系未形成。分户控制应包括换热站实时控制、楼宇实时控制、用户实时控制三个层面，然而目前对这三个层面的认识还不到位，也缺少统一的规划。当前仅停留在二次网的分户控制上，对影响供热的根源，即一次网的实时控制还未形成。

二、热网侧供热技术路线

如图 5-37 所示，二次管网冷热不均和过量供热产生的损失约占总损失的 30%，主要分布在如下方面：换热站间不均匀热损失约 3%，用户间不均匀热损失约 7%，楼宇间不均匀热损失约 7%，过量供热约占 13%。

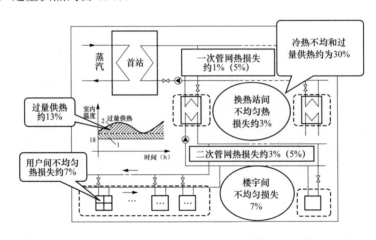

图 5-37 热网侧热损失分布图

针对各种热损失，总结出几种热网系统节能主要技术路线，见表 5-1。

表 5-1 热网系统节能主要技术路线

主要损失	管理手段	技术路线
管网损失	查漏补漏、保温	在线监测
换热站间不均匀损失	一网平网（大量人力投入）	智能换热站
楼宇间不均匀损失	二网平网（大量人力投入）	分楼宇控制
用户间不均匀损失	二网平网（大量人力投入）	分户控制
过量供热	增加热源侧调节频率 负荷预测	热源负荷实时调整 制定准确的调节曲线

表 5-2 为一次网实时调节、分楼宇控制和分户控制三种不同热网侧技术路线的对比分析。结合我国当前集中供热现状，可知一次网（含换热站）实时调节可初步推广实施，分楼宇控制需选择经济合理方案，分户控制由于初投资过大，需结合国家和地方政府政策而定。

表 5-2 热网侧供热技术路线比较

目标	一次网（含换热站）实时调节	分楼宇控制	分户控制
功能	（1）各换热站负荷实时计算； （2）各换热站可自动调节； （3）首站热负荷可实时变化； （4）一次网流量可随最不利环路压差自动调节	（1）楼宇负荷实时计算； （2）楼宇间二次网可自动调节； （3）换热站二次网流量可随最不利环路压差自动调节	（1）用户端二次网流量可实时控制； （2）可实现用户端热计量
工作内容	（1）二网平网及节能升级改造； （2）换热站自动控制改造； （3）搭建生产调度管理及能耗采集分析系统； （4）完成首站热网循泵变频改造； （5）建设蓄热系统	（1）楼宇前安装调节阀，可自动调节； （2）完成二次网循泵变频改造	（1）用户安装温控调节阀； （2）楼宇前安装自力式压差平衡阀
效益	减少换热站间不均匀损失和过量供热（约16%）	减少楼宇间不均匀损失（约7%）	减少用户间不均匀损失（约7%）
经济性	1860/3360 万（以 500 万 m²，50 站计）	2600 万（以 500 万 m²，50 站，1000 栋楼计）	1 亿以上（以 500 万 m² 计）
建议	建议推广	需选择经济合理方案	视政府政策而定

三、热网侧供热节能主要技术

（一）水力平衡技术

供热系统实际运行中，水力工况难以做到平衡，往往造成水力失调。水力失调进而导致热力失调，造成近端用户过热，末端用户过冷，供热不均、过量供热现象发生。如图 5-38 所示。

热网系统一般既存在静态水力失调，也存在动态水力失调，因此必须采取相应的水力平衡措施来实现系统的水力平衡。

静态水力平衡的判断依据是：当系统所有动态水力平衡设备均设定到设计参数位置（设计流量或压差），所有末端设备的温度控制阀门（温控阀、电动二通阀和电动调节阀等）均处于全开位置时（这时系统是完全定流量系统，各处流量均不变），系统所有末端设备的流量均达到设计流量。

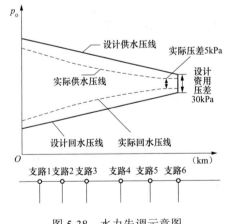

图 5-38　水力失调示意图

从上可以看出，实现静态水力平衡的目的是保证末端设备同时达到设计流量，即设备所需的最大流量。避免了一般水力失调系统一部分设备还没有达到设计流量，而另一部分已远高于设计流量的问题。实现静态平衡是系统能均衡地输送足够的水量到各个末端设备的保证。通过在相应的部位安装静态水力平衡设备，即可使系统达到静态水力平衡。

动态水力平衡通过在相应部位安装动态水力平衡设备，使系统达到动态水力平衡。它包含两方面内容：

（1）当系统其他环路发生变化时，自身环路关键点压差并不随之发生变化，当自身的动态阀门（如温控阀、电动调节阀）开度不变时，流量保持不变；

（2）当外界环境负荷变化导致系统自身环路变化时，通过动态水力平衡设备的作用，使关键点压差并不发生变化，以减少对其他并联支路流量的影响。

水力失调需通过合理的运行调整和采用流量平衡设备来克服，实现水力平衡。首先通过整个管网的水力工况计算分析，得到各管路的水力特性。

（二）"一站一优化曲线"智能调节

目前，国内同一区域的供热系统中，一方面设计负荷裕量过大，另一方面温度调节曲

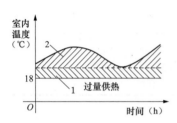

图5-39 供热系统中的过量供热

线只考虑了当地室外气温单一因素的影响，而未考虑太阳辐射、屋内散热器面积、建筑物热惰性、小区及小区建筑物特性等影响因素，并且各换热站往往采取统一的温度调节曲线，仅根据经验进行调节。以上两个方面，往往造成供热系统的过量供热问题。如图5-39所示。因此，"一站一优化曲线"的制定十分必要。

1. 调节曲线优化数学模型

"一站一优化曲线"智能调节技术，它是通过综合考虑室外气温、太阳辐射以及建筑物热惰性对供热负荷的影响，折算成一个综合环境温度，实现对温度调节曲线的优化，并建立数学模型：

（1）太阳总辐射能通过墙体的热量传递，增加建筑物的得热量，进而影响其热负荷。考虑到保证北面房间的温度，因此，以北面太阳总辐射计算综合室外环境温度。

$$t_z = t_w + \frac{\rho I}{\alpha} \tag{5-1}$$

式中　t_z——综合环境温度，℃；

　　　t_w——气象温度，℃；

　　　ρ——墙体对辐射的吸收率；

　　　α——外墙表面传热系数，W/（m²·℃）；

　　　I——太阳总辐射强度，W/m²。

（2）建筑物外墙具有蓄热和导热两种特性，而这两种特性间的关系就是建筑物外墙的热惰性。由于建筑物外墙热惰性的存在，当外界环境条件变化时，需要一定的时间才能影响至内墙和室内，即存在延迟时间，并且这种影响存在衰减性。通过试验研究确定延迟时间τ和衰减系数ν，并在得到的建筑物室外综合温度的基础上，建立式（5-2）计算综合环境温度t_z'。

$$t_z' = \frac{t_{z,\tau} - \overline{t}_{z,24}}{\nu} + \overline{t}_{z,24} \tag{5-2}$$

式中 $t_{z,\tau}$ ——τ 小时前的建筑物室外综合温度；

$\overline{t}_{z,24}$ ——一个周期（通常为 24h）前的建筑物室外综合温度。

在优化措施建立的综合环境温度的基础上，结合室内设计温度和当前室外温度，建立供回水平均温度的调节曲线。供回水平均温度 t_m 计算公式如（5-3）所示

$$t_m = at'_z + bt_w + ct_n'\qquad(5-3)$$

式中 t_n' ——室内设计温度，℃；

t_z' ——综合环境温度，℃；

t_w ——气象温度，℃。

2. 智能曲线调节方式

为了实施"一站一优化曲线"控制策略，实现换热站精细化智能自动调节，需要建设一套智能曲线调节控制系统。热力公司一般都可实现每个换热站的常规自动控制以及远程集中监控，本着经济性原则，在最大限度利用现有自控设备资源，在现有自控软硬件的基础上增加必要的设备。"一站一优化曲线"智能曲线调节主要实施方案有两种，一种是在各换热站端进行扩展，另一种是在集中控制中心端进行扩展，两种各有优缺点和各自的使用范围。

如图 5-40 为基于换热站智能曲线调节系统示意图，在各换热站室外安装气象监测设备，在站内安装智能曲线调节控制器。控制器与气象监测设备及现有换热站控制器相连接，智能曲线调节控制器用于采集储存气象及供热参数，并根据"一站一优化曲线"计算模型对所采集数据进行实时计算，计算出当前换热站最佳供水温度，最终将目标供水温度输入换热站现有 PLC，换热站 PLC 接收到智能曲线调节控制器目标供水温度后启动现有 PID 算法，自动调整换热

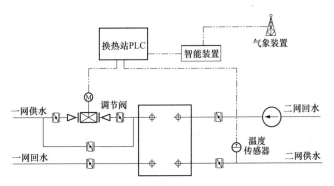

图 5-40　基于换热站智能曲线调节系统示意图

站供水温度为目标值。这种方法需在热力公司每个换热站架设一套气象采集、智能控制器及配套电源等设备，并需要对原换热站 PLC 的曲线调节程序进行逐一修改，设备成本相对较高，工作量相对较大，但由于换热站之间系统是独立的，站与站之间不会相互干扰，整体可靠性相对较高。

另一种是在监控中心端安装气象监测站，在监控中心架设高性能服务器，安装智能曲线调节系统软件，如图 5-41 所示。智能曲线调节系统软件与气象监测站相连接，采集、储存及计算气象监测数据，系统根据"一站一优化曲线"智能调节原理及各换热站建筑物特征建立每个站的调节控制模型，通过实时监测及计算得出每个换热站最佳供水温度目标值，最终通过标准通信方式将各换热站目标值输入监控系统软件 WINCC，热网监控系统利用现有功能块及通信系统将目标值下达到各换热站，各换热站根据接收到的目标温度值进行自动调节。

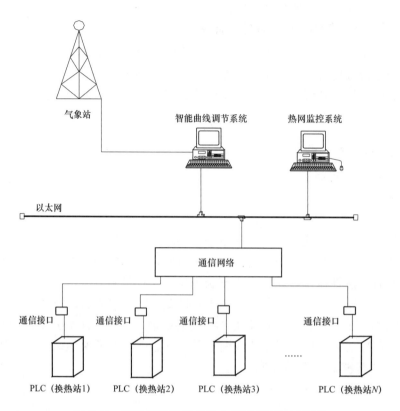

图 5-41　基于监控系统智能曲线调节系统示意图

此方案安装设备较少，成本相对较低。不需对各换热站现有 PLC 程序进行修改，对原系统的影响也相对较小。就可靠性而言，由于调节系统是外置的，遇到不可抗力等紧急情况可以无障碍将系统切换至热网集中控制系统，调节系统中的冗余设计也提高整体可靠性。

（三）分时段温控调节阀

为了节约热能，提高能源利用率，需要对部分换热站所辖区域中含有的学校、企事业机关等非常规用热单位进行单独的分时段调节，目前常用的方法是在其二网母管支线上加装手动阀门或者电动阀门进行人工控制调节，由于调节的频率及其他人为因素，这种方法效果并不十分明显。因此采用分时段温控调节阀进行自动控制，可提高调节效率。

分时段温控调节阀的原理是：常用的分时段温控阀主要由阀门、执行器、时间控制器和水温传感器几部分组成。将水温传感器安装在二次网支线回水管上，控制阀安装在二网支线供水管上，通过时间控制器设置通断时间进行阀门开关的分时段操作。以学校为例，寒假时基本不用热，因此就可以通过时间控制器设置通断时间，不用热时将阀门关小，降低通流的流量，降低热量浪费，在正常用热时，将阀门全开，根据设置的"一站一优化曲线"进行调节控制。

分时段温控阀的安装要求：

（1）阀体应水平安装在热媒的入口处，阀杆朝上，确保执行器可垂直于水平面安装。

（2）阀体前应安装过滤器，且直接与阀体对接，选用高目数过滤器。

（3）阀前后安装手动截止阀。

（4）阀侧面应安装旁通，并安装手动截止阀。

（5）若阀前压力过高，应安装减压阀，将压力调至设计或最佳工作范围内。

分时段温控阀的使用要求：不能当截止阀使用，系统不需关闭热媒介质；温控阀前必须安装过滤阀，防止杂质损坏阀门影响工作。

（四）智能热网控制技术

目前在城市集中供热中，尤其是一些中小城市，新旧热网并存，热力站没有自动化设备，需人工手动调节负荷，调节时间长，劳动强度大。此外，随着供热面积的扩大和热用户数量的增加，用户服务、热费收缴、设备管理等各项业务的难度与日俱增。因此需要对热网系统进行智能改造，包括热网监控中心和热力站的升级建设，具体可分为生产调度管理子系统、能耗分析子系统、客户服务子系统、电子设备终端监视、供热综合管理信息系统和二次网节能控制系统。某热力公司监控系统网络结构如图 5-42 所示。

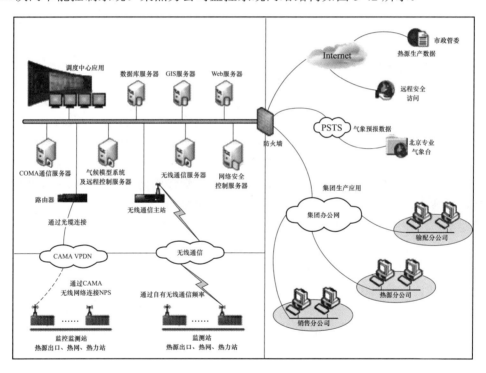

图 5-42　某热力公司监控系统网络结构图

对于热力站的升级，在硬件方面通过进行调节阀改造，加装变频器，和控制反馈系统，最终实现自动调节，无人值守。通过对热网的温度、压力、流量、开关量等进行信号采集测量、控制、远传，实时监控一次网/二次网温度、压力、流量，循环泵、补水泵运行状态，及水箱液位等各个参数状态，进而对供热过程进行有效的监测和控制。

热网监控中心升级主要是通过仿真系统对热网进行水力、热力计算，热网的控制运行分析，使热网运行达到最优化。同时利用故障诊断、能耗分析了解管网保温和阻力损失等情况，使设备的使用效率，热网的管损达到最小值，最终达到热网在最经济条件下运行。通过对历史数据和实时数据的比较，分析管网是否存在泄漏，设备是否需要维修，以达到最安全运行。

1. 水力计算模型

使用供热系统设计优化软件，模拟热网实际运行情况。针对不同工况，对水压图，流量、压差等参数分布图进行分析，找出热网工况失调的具体原因所在，指导热网调节和热网改造。

2. 报警故障诊断系统

植入上位故障诊断分系统，使故障信号反馈到监控系统，快速找出管道泄漏位置。

3. 地理信息

在上位机植入全管网地理信息管理软件，可方便查询全管网所有管线、热力站及阀门等的位置以及管线标高等详细信息。

4. 电子设备终端监视

通过 GPRS 将各个换热站的实时运行数据和画面远程传输至手机等电子设备终端，进行远程监控。

（五）热负荷实时调节

目前热网首站调节方式存在的主要问题在于：一是大热网系统的热惯性较大，首站对热量的调节反应抵达末端建筑需要较长时间，调节周期较长，首站在一天之中一般调节一到两次负荷，有时甚至几天不调，滞后于负荷需求，与实际不符。然而环境温度、太阳辐射等因素在一天中都在变化，因此供热需求也在实时变化。另一个问题是首站根据热负荷预测结果进行调节，但是环境温度预测难度较大，仅凭经验调节很难做到热量供需平衡，为保证供热效果，容易造成系统整体过量供热，在供热初末寒期相对更明显。

针对上述存在的问题，可采用分阶段定压差、定供水温度的调节模式。查找系统最不利环路，分析最不利环路压差。由于系统管道管径大小，弯头、变径数量，管道长度均为已知，可以得到不同流量段的最不利环路的压差阶段曲线。在满足热负荷的情况下，根据曲线实时调整热网循环水泵，使其处于最经济的运行状态，同时将不同热力站的不均匀损失降到最低。压力控制同时，自适应控制热网水供水温度。通过热负荷曲线分析，制定合理的供水温度和流量，根据实际运行调节热网水流量，自适应调节供水温度，待系统稳定后，制定供水温度为 PID 系统的目标值，通过控制多种执行机构，维持目标值。

目前，蓄热系统和抽汽调节可实现热负荷的实时调节。国外较为普遍的是采用蓄热系统进行热负荷实时调节。

（六）调峰蓄热技术

蓄热技术是一项提高能源利用效率和保护环境的重要技术，旨在解决热能供求之间在时间和空间上不匹配的矛盾。在区域供热领域中利用蓄热罐将暂时不用或多余的热能通过一定的介质存储起来，当需要时再加以利用，达到资源的合理分配利用。

1. 蓄热罐基本原理

蓄热罐内部储存热水，因为工作压力为常压，最高工作温度不高于98℃。水温不同，水的密度不同，在一个足够大容器中，热水在上，冷水在下，中间为过渡层，这就是蓄热罐内水的分层原理。蓄热罐就是根据水的分层原理设计和工作的，并使其工作保持在高效率。蓄热时，热水从上部水管进入，冷水从下部水管排出，过渡层下移；放热时，热水从上部水管排出，冷水从下部水管进入，过渡层上移。

蓄热罐工作过程的实质就是其蓄热放热过程，在用户低负荷时，将多余的热能吸收储存，等负荷上升时再放出使用。蓄热罐工作时，应保证其进出口水量平衡，保持其液面稳定，使其处于最大工作能力。另外，为避免蓄热罐内的水溶解氧而被带入热网，降低热网水质，蓄热罐内的液面上通常充入蒸汽（或氮气），保持微正压，使蓄热罐内的水和空气隔离。蓄热罐结构和温度分布示意图如图5-43所示。

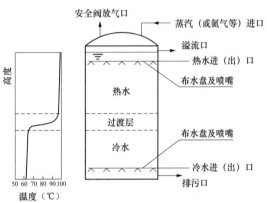

图 5-43　蓄热罐结构和温度分布示意图

2. 蓄热系统连接方式

蓄热罐在热网中有直接和间接两种连接方式，具体采用哪一种连接方式，应结合整个热网系统综合考虑确定。图5-44为蓄热罐与热网直接连接系统示意图，此时蓄热罐直接并入热网系统。图5-45为间接连接系统示意图，此时蓄热罐的循环水通过换热器与热网中循环水换热，将热量储存或释放。

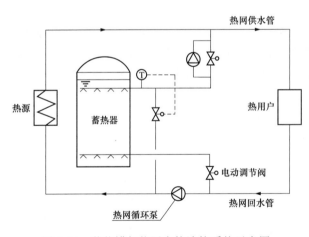

图 5-44　蓄热罐与热网直接连接系统示意图

直接连接系统相对简单，较间接连接系统设备投资少，运行也相对简便。但直接连接系统中热网水直接流入蓄热罐系统，若蓄热罐微正压控制不好，容易在水中混入空气，流入热网，造成管网水质下降。

间接连接系统相对复杂，较直接连接系统投资有所增加，运行也相对复杂，但该系统中的热网水与蓄热罐系统中的水不混合，对水质没有影响。

3. 蓄热主要作用

蓄热罐能够在低负荷的时候将多余的热量吸收储存，等负荷上升时再放出使用。若用户热负荷波动大且比较频繁，蓄热罐将起重要作用，它不仅可以满足供热系统高峰负荷，减少装机容量，提高系统储热能力，实现最大经济效益；还可以在热网出现大的泄漏时，提供紧急补水，增强供热系统的安全性和稳定性。蓄热罐可最大限度的发挥热电联产优势，降低供热系统的运营成本，使热电厂与热力公司收益最大化。

带有蓄热系统的热网首站运行方式为通过蓄热系统来控制供水温度，根据不利环路压差调节热网循环水泵转速。该技术可实现如下好处：实现一次网负荷实时调节，减少过量供热；根据外界需求调节蓄热量或供热量，保持供热机组电负荷稳定，满足机组热负荷调节的需要；可用于紧急补水和定压，提高管网安全性；增强调节的灵活性。

热电联产机组增加蓄热系统可以实现一定程度的热电解耦。对热电厂而言，如果用户侧热负荷波动大且比较频繁，蓄热罐在低负荷时能将多余的热能吸收贮存，等热负荷上升时再放出使用。蓄热罐蓄热时相当于一个热用户，使得用户热负荷需求曲线变得更加平滑，有利于机组保持在较高的效率下运行，提高经济性。放热时，储热罐相当于一个调峰热源，可以单独供热或与原主热源联合供热。

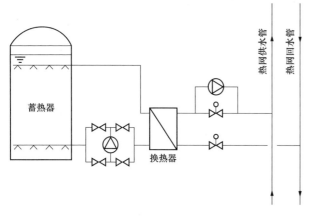

图 5-45 蓄热罐与热网间接连接系统示意图

（七）长距离输送供热技术

长距离输送供热是采用有效的技术措施扩大热源的供热输送半径，增加热源的对外供热量。伴随着我国城市和电力行业的快速发展，热电厂的装机容量逐步趋于大型化，并逐步向城市外延迁移，以热电厂为热源的供热管网随之向长距离、大管径、较高参数发展。长距离供热包括采暖供热和工业供热。

常规设计的热电厂蒸汽供热半径一般为 6~8km，最长不超过 10km，极大限制了蒸汽输送范围，且输送压降大，温降大，输送过程能耗损失较高。当选用长距离供热时，管网的设计温度和压力等级、管材和管件的选择、保温厚度、热补偿方式、运行调节方式等都与常规供热方式存在着明显的差异，需重新选择设计。图 5-46 为长距离输送供热技术示意图。

图 5-46 长距离输送供热技术示意图

发展长距离供热技术的关键是：①突破传统常规设计，优化选择长输供热热水管道的经济比摩阻，降低压降；②优化选择设计长距离供热管道的保温方法，降低温降；③对于采暖供热，结合水力计算，优化设置中继泵站，提升管网输送能力和降低管网的运行能耗。

长输供热技术可使供热输送距离延伸至 18～24km，总能量损失降为常规设计的 1/3；温降降至每千米 5～7℃，压降降至每千米 0.02～0.03MPa。已在华电望亭、章丘实现了长距离输送热网建设，使工业和采暖供热的覆盖半径分别达到 40km 和 50km，极大的拓展了供热市场。

四、智能热网典型案例

（一）邹城热力公司智能热网项目

邹城热力公司智能热网项目自 2016 年起进行了 80 座自管热力站的改造，主要进行的具体工作包括：首站热负荷实时调节、供热管理系统信息化升级、"一站一优化曲线"智能调节、二网动态平网等技术实施，项目涉及的各项改造内容如下：

1. 供热系统智能化改造

通过能耗及经济运行分析系统实现对邹城 80 个热力站运行数据的实时采集及分析，实现能耗水平的实时化呈现对比，确保供热系统低能耗、经济化运转。对能耗水平较高的热力站提供报警信号，指导运行人员进行调节处理。

2. 供热管理系统信息化升级

打通公司收费系统、客服系统、检修系统、行政办公系统、热网监控系统等不同部门系统之间的信息通道，使得信息在企业内部实现快速流转及公司各部门按照权限、分层次共享，提高企业整体运行效率。

3. "一站一优化曲线"智能调节

在热力公司总部及部分热力站加装独立气象站，实时监测室外气象参数；对热力公司监控系统进行升级改造，加装华电电科院独立研发的"一站一优化曲线"智能调节模块，该模块充分考虑了室外温度、建筑物热惰性、太阳辐射等因素对供热质量的影响，最终实现每个热力站供水温度的差异化调节。

4. 二网动态平网

根据对热力公司 80 座热力站的能耗评估、室温监测及水力计算的结果分析，在供热不均衡单元（主要是供热近端）加装自力式压差平衡阀，实现二网的动态水力平衡。

换热站一次侧供水流量偏大的现象较为普遍，多数换热站均存在过量供热的现象，同时，部分换热站实际流量低于理论流量，换热站点存在欠供现象。

5. 用户侧室温监控反馈

在具有代表性的热用户内加装室内温度监测测点，实时监测用户室内温度变化情况，对智能曲线的调节进行闭环反馈。

以上各系统相辅相成，共同实现了邹城热网信息化、智能化的运行及控制。通过具体措施的实施，实现了热网的精细化运行及管理，同时也给热力公司带来了良好的经济效益与社会效益。使单位面积耗热量由 0.438GJ/（m²·a）下降到 0.342GJ/（m²·a），按照供热煤耗 40kg/GJ，每个采暖季可实现节标煤 2.44 万 t，以标煤价 630 元/t 计算，可实现节煤收益约 1537 万元；同时，实现减排 CO_2 为 6.4 万 t，SO_2 为 585.6t，NO_x 为 170.5t，粉尘 1.7 万 t。根据 2016 年 11 月至 2017 年 3 月第三方性能评估考核结果，公司平均节能率为 14.65%，满足可研方案中节能率不低于 10% 的要求。

（二）石热集团智能热网项目

石家庄华电供热集团有限公司 2011 年 7 月成立，截止到 2017 年合同供热面积约 8100 万 m²，其中高温水网供热面积 6600 万 m²，一次管网总长 640km，主热源厂为河北华电石家庄、裕华、鹿华热电有限公司，另外还有石热、裕西区域供热锅炉 4 台，水网换热站 1138 座，是华电集团旗下最大的供热企业。供热集团的智能热网建设经过三个采暖季的运行，使企业的生产和管理水平实现了跨越式发展，同时极大地促进了华电河北区域整体经济效益的提升，增强了区域供热市场的可持续发展能力。

综合 2013～2014 年、2014～2015 年两个采暖季数据分析，设计温度下（−8℃）热指标由项目实施前（2012～2013 年采暖季）的 54.52W/m² 降至 48.50W/m²，节能率为 11.04%，年平均节约购热量 1008104GJ，折合年平均节约标煤 34440t，每年减少碳排放量 89544.9t。

该项目对"智能热网"概念进行了系统的理论研究并应用于工程实践、建成了具有开放性和可扩展性的大型城市集中供热管网远程监控系统，进行了具有完整性、功能性和创新性的供热企业版 MIS 系统的研究和开发，建立了区域性热源、热网统一调度机制。具体内容包括：

将无线通信技术、网络技术、地理信息（GIS）、水力计算、模拟仿真、自动控制、专家决策系统等先进技术有机融为一体，提高了供热系统的优化运行水平和保障能力；确立了现代化供热企业的发展模式。

智能化热网涵盖了热源、热网、换热站、热用户整个供热管理环节，从一次管网和换热站管理出发，将换热站计算机远程监控系统作为项目建设重点，在此基础上实现全区域统一调度、联网运行，实现了区域网源协同发展；同时建设供热综合管理信息系统，打造覆盖全业务的供热企业生产、经营、管理的信息系统，为企业精益化管理提供科学高效的渠道。

1. 换热站远程监控系统（SCADA）

SCADA 系统的网络架构、通信系统和监控系统分别如图 5-47～图 5-49 所示。

（1）SCADA 系统的建设，使石家庄供热集团生产管理水平实现跨越式发展。

1）管网运行调整由计算机自动调节代替了人工调节，实现了运行控制自动化，即在热源、热网、热力站负荷分配、流量调节等控制策略统一协调优化的基础上，进行源、网、站、户之间热介质温度、压力、流量等的自动调整和控制，实现大热网的一体化协调控制。

供热集团调度中心通过对全区域约 1033 个换热站安装流量、温度、压力测量装置、PLC 控制器、无线通信设备等实现对所有换热站的数据采集和远程全过程自动调节，彻底告别了全部依靠手工操作的时代，供热初期换热站水力平衡调整时间由 1 个月缩短到了一周以内，变工况和事故工况下可以随时实现水力平衡。

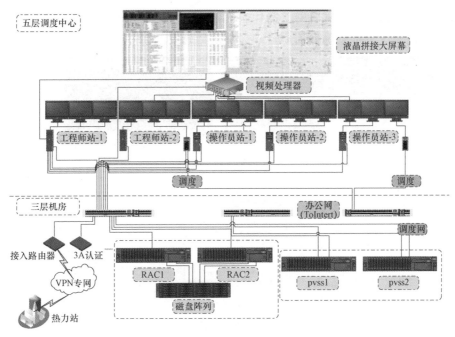

图 5-47　SCADA 系统网络架构

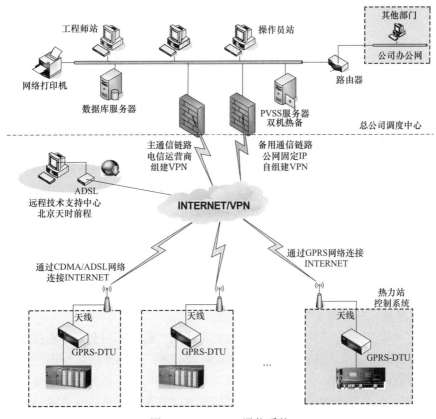

图 5-48　SCADA 通信系统

2）换热站实现了智能化管理。实现了换热站运行数据的全面采集和实时共享，支撑热网实时控制、智能调节；通过全网平衡控制策略的应用，实现了换热站的自适应调节；在热源发生故障的情况下可以确保用户达到最低供热要求；通过对换热站一、二次网供回水

图 5-49　SCADA 监控系统

平均温度的控制，可以实现对用户室内温度的实时监控，确保其在供热企业承诺的室温范围内，防止过冷或过热，实现真正的节能；换热站作为全网的神经末梢和控制终端，实现了全站信息数字化、通信平台网络化、运行监控可视化。

3）建立了与华电管理模式相匹配的智能调度体系，实现了热源、热网、热力站调度的规范化、流程化、智能化。具体来说就是数据传输实现了网络化，实现了热网运行信息和生产管理信息的快速、可靠传输以及系统的应急备用，为热网的安全稳定运行提供可靠的数据通信保障。运行监视实现了全景化，能够从时间、空间、业务等多个层面和多个维度，实现调度生产各环节的全景监视、智能报警，实现热网运行、分析结果的全面整合、数据共享和多角度可视化展示，使热网调度能够全面、快速、准确、直观地掌握热网的运行状况。

（2）SCADA 系统的建设，极大促进了华电河北区域整体经济效益的提升。

1）以供热为纽带，建立了河北区域统一的发电、供热生产调度管理体系和指挥体系。

2）实现了区域供热资源的优化配置。即石热、裕华、鹿华三大热源厂联网运行并承担基本负荷，石热 2×168MW、裕西 2×116MW 热水锅炉承担尖峰负荷的经济运行模式；同时根据各热源的供热能力，制定了裕华—石热—鹿华供热负荷安排的优先次序。目前石家庄市正在积极筹划西柏坡电厂、上安电厂长输供热工程，基于多热源联网的生产调度平台的建立为应吸纳长输热能奠定了基础。

3）实现了华电河北区域发电、供热效益的最大化。通过采用全网平衡控制策略，实现了热源厂和热网分开调节，热源侧负责热电负荷调节和厂网热能供需平衡，热网负责换热站热量分配和用户达标供热。从 2013 年开始连续三个采暖季，热源厂供热量与热网需热量（负荷需求预测值）之间的偏差始终保持在 3%以内；供热业务对热源企业的贡献度（供热量和热电厂装机容量的比值）均在 100%以上。

4）实现了发电和供热协调运行。在高寒期，根据外界供热负荷需求"以热定电"；在

初寒和末寒期，充分利用热电联产机组的特点和供热系统巨大的热惯性，在确保每天的供热总量满足供热需求的前提下，采用"电、热错峰"运行方式，即每天电负荷高峰时段抢发电量、夜晚电负荷低谷时段充分供热。

2. 综合管理信息系统

（1）建设完成具有华电特色的供热数据中心。对供热集团整体信息架构进行了设计和完善，通过虚拟化系统的建设和有关硬件设备的更新，目前供热集团网络架构清晰，实现调度网络、办公网络的分离。SCADA系统数据通过网闸设备传输到办公网的核心数据库，初步实现了基础数据业务数据向核心数据库的汇集和共享。

（2）建成供热集团基础档案信息库。通过供热设施及资产管理系统的建设，摸清了供热管网设备的整体情况，系统中设计的用热合同、检修记录、档案记录、换热站影像等栏目也为企业进一步细化台账、设备管理提供条件。

首次建设完成供热集团热用户基础档案库，用户的面积等档案信息在各个系统中同步更新，使生产、经营分析的基础数据来自同一个基础数据库，与FAM、税控系统的对接也采用统一的编码，保证数据出口一致、分析方法一致，企业获得良好的管理效益，在企业长远的发展提供重要的基础保障。

（3）业务处理进入了规范化、信息化轨道。通过建设综合管理信息系统，实现了客服、收费、常规业务流程的信息化，结束了供热集团手工处理客服、收费业务的局面，将常规业务在网上实现流转，提高了工作效率，如图5-50所示。

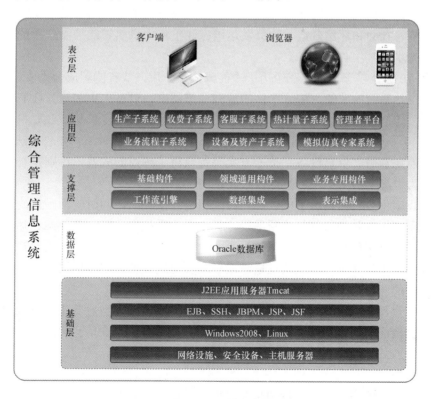

图 5-50　综合管理信息系统架构

提供了更为便捷的数据统计分析手段，原来的手工抄表、Excel 统计变成了系统自动统计，日报自动生成，从原来的数据独自分析，变成生产、客服、经营多维度共同分析，不仅仅服务于业务、更服务于管理决策。

通过建设供热设施及资产管理系统和在线仿真系统，为长期困惑供热企业的水力调节难题引入更为科学智能的辅助手段，降低了供热企业对于管网故障的处理时间，使运行方案也更为科学合理。为供热企业未来的发展趋势（如直管到户、网银收费、多热源接入、计量收费）预留了技术接口。

（4）模拟仿真系统的应用推动了生产运行方式的优化和决策的科学化。GIS 系统和水力模拟仿真系统的融合，在多热源联网调度方案的制定、热网运行工况诊断与分析、管网技术改造方案的制定和优化、以及新建热网的规划与设计中发挥着越来越重要的作用。

第四节 "互联网+"智能供热技术

一、项目背景

国外集中供热起步较早，经历了单纯管理阶段、基础建设阶段、综合发展阶段和自动化控制阶段。20 世纪 70 年代后，丹麦、挪威、俄罗斯、波兰和德国等国家开始致力于发展多能源供热，天然气、燃料油、垃圾、生物质、热泵技术等应用于城市集中供热，取得了显著的经济、社会和环保效益。欧美发达国家注重集中供热智能控制技术的发展应用，处于行业领先水平。

20 世纪 70 年代以来，丹麦在经历了"能源危机"后，节省能源成为丹麦的必然选择，其中就包括供热系统的节能。依靠严格的能源政策法案，以及中央和地方政府、供热公司和一些私营公司的协作努力，在能源危机后的一段时期内，丹麦供热产业取得了一些节能成果。经过 40 多年的发展和不断创新，丹麦在集中供热的相关领域，如政策法规、系统组成、可再生能源利用、供热设备、技术方案等都获得了辉煌的成就，特别是智能供热技术方面，已成为世界范围内集中供热方面最先进的国家之一。

当前，我国供热智能化水平低、供热方式粗放、能耗高，同时管网跑冒滴漏、水力失衡等现象严重，无有效的监测与诊断手段；集中供热系统中电厂、换热站、热用户之间信息相对孤立，难以实现分户控制与热计量；传统粗放的供热方式，无法实现热网系统的实时调节，导致热用户端供热不足或过量，居民采暖舒适度低，造成居民投诉较多；而且，集中供热系统的管网延伸达几十千米，甚至上百千米，供热区域广，换热站与热用户分散，各板块之间相对孤立，现有热网调节方式的信息关联度较差，当对其中之一板块进行调节时，则必然会造成其他已完成板块的调节失效。传统的供热企业信息化应用和分散控制、人工调网的粗放式管理模式已经不能满足新时期供热企业生产、经营、服务等诸多方面的要求。

数字信息技术的高速发展，特别是互联网技术的全面普及，给供热行业带来了整体业务流程改进的机会。利用互联网、大数据、人工智能等手段对供热系统进行升级改造，可有效降低热网损失，提高网侧的能源利用效率。它通过先进的节能技术、信息技术与自动化技术的深度融合，深度挖掘热电机组的调峰能力，提升火电机组灵活性，实现供热系统的整体节能降耗，最终建立一个"安全、清洁、高效、经济、智慧"的供热体系。

二、集中供热系统自动化

根据供热系统的组成，可将集中供热系统的自动化分为热源部分、管网、泵站、热力子站等部分。这几部分并不是在孤立地运行，而是相互结合构成的联动系统。

（一）调度中心

调度中心一般包括计算机及网络通信设备，计算机包括操作员站、网络发布服务器、数据库服务器。网络通信设备包括交换机、防火墙、路由器等。

操作员站：负责所有数据的采集及监控、调度指令的下发、历史数据的查询、报警及事故的处理、报表打印等功能。

网络发布服务器：所有采集的数据及信息汇集到网络发布服务器，然后把相关的数据及画面发布到互联网上，不论是局域网的用户还是 INTERNET 的用户，都可以在远程访问该服务器。

数据库服务器：负责所有历史数据的归档，因此数据库服务器需要配套大容量的硬盘，并配套刻录装置，定期把备份的数据刻成光盘存档保存。

调度中心的主要功能是：

（1）综合显示字符和图像信息，运行人员通过人机界面（CRT）实现对整个热网运行过程的操作和监视；

（2）可显示热网系统内所有过程点的参数；

（3）提供对设备运行工况的画面显示，以便操作人员能全面监视、快速识别和正确进行操作；

（4）提供对运行人员的操作指导；

（5）自动生成各种参数报表；

（6）自动生成报警记录；

（7）运行人员可通过操作键盘或鼠标，对画面中的任何被控装置进行手动控制或自动控制；

（8）远方人工设定换热站的供热量设定值或者根据室外温度自动下发目标控制值；

（9）基于 Windows 操作系统，通过 IE 浏览器可以根据权限无论在什么地方均可实时访问热网监控系统，不同的权限具有不同的职能；

（10）系统预留和关系数据库的接口，如 SQL Server、Oracle Access 等；

（11）系统预留和地理信息软件、收费软件等的接口。

（二）通信网络平台

通信网络平台是连接调度中心和子站控制系统的桥梁，通信网络的选择主要根据本地区的实际情况，考虑通信距离、施工难度、初期投入成本、以后运营成本等，选取一个切合实际的通信网络。

通信网络分为有线网络和无线网络两种。

1. 有线网络

有线网络尤其适用于子站之间距离比较近的场合，具有技术成熟、稳定的优点。有线网络按通信的广度与地域可划分为：局域网（各种工业总线）和广域网（各种公用通信网络，如 PSTN、ISDL、ADSL、DDN、光纤等）。

（1）局域网方式：工业总线网络的特点是运行稳定，安全可靠，不用付使用费。工业总线网络当采用介质为双绞线时，应用受通信距离的限制；采用光纤通信时，距离可以达到几十千米，通信介质的敷设可以和一级管网并行。目前光纤的成本不是很贵，在有些地方是可以考虑这种通信方式的，缺点是布线施工量较大。

（2）广域网方式：当子站之间距离比较远时，可以借助于宽带网进行通信，这也是目前较常用的一种通信方式，具体做法如下：由于在调度中心数据流大，需要足够的带宽，所以一般都采用光纤接入。当子站通信量相对较小时，一般采用 ADSL 宽带介入，设置具有 VPN 功能的路由器，调度中心和子站组成虚拟局域网，通过 INTERNET 公共网络进行数据交换，特点是通信速度快，稳定性好。仅需要每月向运营商缴纳一定的使用费，资费标准各地区差别很大，在运营成本能承受的情况下，这种通信方式也是目前的一个最佳通信方式。

2. 无线网络

无线网络通信的方式可分为无线专网与无线公网。无线专网常采用数传电台方式，无线公网可采用 GPRS、CDIVIA 及 GPS 的方式。

（三）热力子站控制系统

热力子站控制系统包括热源控制器、管网数据控制器、热力站控制器、中继站控制器、热计量控制器。

热源控制器，一般的热源为锅炉房或热网首站，热源控制器的主要功能是完成热源参数的监控，由于热源的控制比较复杂，测量点也比较多，所以热源控制器一般都选用 DCS 或中大型 PLC 系统。

管网数据控制器，在供热管网的最不利处设监控点，便于系统的统一指挥。有时也可以把管网数据接入距离较近的换热子站控制器中。

热力站控制器，完成局部换热站的数据采集及监控。

中继泵站控制器，当供热管网的输送距离较长时，由于管路的阻力或者海拔高度的影响，造成系统的供回水压力值不足以维持管网循环，这时要在管路上增设加压泵，建立中继泵站。并且把中继泵站的数据接入中继站控制器。

热计量控制器，由于涉及卖热方和买热方的贸易结算，所以要求热计量装置要具有极高的可靠性和精确度，能够通过计量部门的强制检定。所供设备必须是计量部门批准使用，用于贸易计量的计量器具，具有省级以上计量主管部门颁发的《计量器具试验合格证》和《计量器具生产许可证》。

（四）自控系统设计原则

自控系统设计原则如下：

（1）城市热力网应具备必要的热工参数检测与控制装置。规模较大的热力网应该有相应的调度中心，配备完善的自动化系统，实现调度中心和所有热源、中继泵站、换热子站控制系统的双向远程通信。

（2）热源自动化系统应该按照负荷的需求自动调整热源的输出参数，实现经济运行。换热站自动化系统在选择控制系统及配套仪表时，应该本着性能可靠，简单实用，便于维护的原则。

（3）换热站自动化系统在选择控制系统及配套仪表时，应该本着性能可靠，简单实用，便于维护的原则。

（4）在设计整个供热系统自动化时，要充分考虑到系统的兼容性、开放性、可扩展性。

（5）在热源的出口，应装有贸易计量的热量仪表。

（6）根据系统规模及系统的复杂程度，选用高性价比的自控系统，比如 DCS（集散控制系统）或 PLC（可编程序控制器）系统。

（7）在设计自控系统网络时，要充分考虑到系统的稳定性以及将来系统的扩容，通信协议选用在国际上或者在国内已经广泛应用的通信协议。宜优先选用有线网络，有条件时应尽可能利用公共通信网络。

三、"互联网+"智能供热技术

（一）定义和特点

近几年来，国内外随着工业 4.0、互联网+、物联网、大数据、云平台、智慧交通、智能电网等概念及技术的兴起，智能热网的概念也逐渐被行业及各研究机构提出，但并没有形成一个统一完整的定义，正处于不断探索、发展、完善的阶段。

目前，智能供热主要是通过将热网自动化和信息化进行有效融合，是建立在基于多数据集成、跨平台、高速双向通信网络的基础上，通过先进的传感和测量技术、先进的设备技术、全自动的控制手段和融入科学高效管理方法的信息平台相结合且支持辅助决策、远程监控和移动管理的技术综合应用。实现热介质安全、可靠、经济、高效、环境友好的生产、分配、输送、使用；形成热网环境友好、舒适节能、自动化和信息化有机融合、智慧辅助决策融为一体的"互联网+"智能供热的模式。

"互联网+"智能供热充分体现了热能量流、控制数据流、业务管理信息流高度契合和相互支撑的特点。具体表现为：

（1）信息技术、传感器技术、自动控制技术、管理流程和热网基础设施有机融合，通过图形技术可获取精细的热网运营状态图并可呈现完整的热网经营生产全景信息，及时发现、预见热网经营和生产运营过程中可能发生的各类问题。快速诊断和隔离故障隐患，自我修复，保证设备安全，在经受波动后仍能正常运行，避免大规模热力事故的发生，提高热网运行的可靠性，从而实现供热企业管理运营的准确驾驭。

（2）通信、信息和现代管理技术的综合运用，将大大提高热网设备使用效率，系统控制装置可调整，根据室内舒适度需求变化调整供热模式，选择最小成本的能源输送系统，降低热能损耗，使热网运行更加经济和高效。

（3）实现实时和非实时信息的高度集成、共享与利用，应用大数据计算模型将运行管理中的各指标进行分析预测，为企业提供了精准的决策支持、控制实施方案和应对预案。

（4）建立双向互动的服务模式，用户可以实时了解供热能力、供热质量、热价状况，结合物联技术合理安排用热；热力公司可以获取用户的详细用热信息，为其提供更多的增值服务。

"互联网+"智能供热的目标是实现用户的安全、可靠、经济、舒适供热，达到无人值守、少人值班。它以物理热网与信息网组成的新型网络为基础，利用数据挖掘技术、数据辨识技术、人工智能技术等过滤处理信息，通过智能决策支持，为运行管理人员提供辅助决策，在保证供热安全、满足供热需求的前提下，所形成的闭环运行供热系统。智能供热系统包括智能决策层、智能控制层和智能设备层。图 5-51 所示为其系统图。

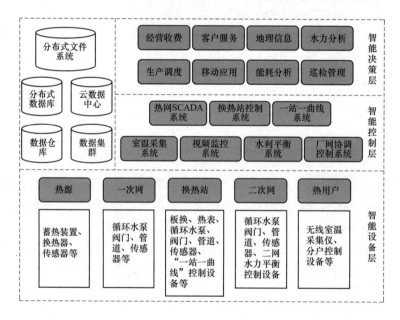

图 5-51　智能供热系统图

智能供热系统在基本数据存储整理的基础上，利用 GIS 分析、模拟的强大功能，根据热力工作需求，与专业理论、方法以及遥测、网络、多媒体等技术相结合，实现热力管网规划设计、工程施工、管网管理以及供热综合业务、生产实时监控、用户收费、用户测温、供热客户服务系统的计算机一体化；辅助使用者更加方便、有效、节约的管理热力设施、组织生产、了解用户使用情况。

智能供热是一种一体化的系统网络，按照硬件结构划分，可分为六大部分：供热首站、一次网、换热站、二次网、热用户和外界环境；按照软件结构划分，可分为：自动化控制系统、数据采集系统、热网建模与分析系统、热网运行管理系统等。智能热网的硬件系统如图 5-52 所示。

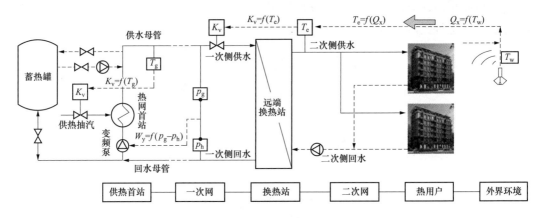

图 5-52　智能热网硬件系统

T_w—环境温度；Q_x—用户所需总热量的约束函数；T_e—二次网供水温度的约束函数；K_v—阀门开度的约束函数；

T_g—一次供水温度；p_g—一次供水压力；p_h—一次回水压力；W_y—循环泵功率的约束函数

（二）建设内容

智能供热基于"互联网+"的理念，以高效、精细化管理的思路为核心，集供热计量、室温控制、系统控制于一体化，将供热计量、分户控温及系统控制平台化统一管理，实现从热源、换热站、管网到热用户的整个供热系统的监控，达到供热计量智能化、住户用热自主化、系统调控自动化、政府监管科学化。将上述各项智能供热建设的内容集成于发电集团总部的供热大数据平台，在集团总部、区域分公司、基层热力企业实现三级应用体系，基于信息通信技术与互联网云平台，开展各基层热力企业及各区域公司各指标的有效对标管理，推进各热力企业的生产运营管理规范化，促进各企业在生产与经营过程中各类资源的高效利用，为供热板块进一步体质增效打下坚实基础。

智能供热的主要建设内容有：智能热网平台、热力生产运行智能化、网源一体化协调控制、火电机组灵活性提升、企业管理智能化、客户管理智慧化等。详细内容介绍如下：

1. 智能热网平台建设

按照分层、低耦合、高复用、接口开放、规范化等思想科学构建智能热网平台。系统开发平台包括基础技术平台、通用业务组件、软件安全体系、系统计算模型、工作流平台、图形平台、报表平台等，也包括系统的发布技术、构建技术、备份技术以及测试技术等，是集互联网、移动、短信、微信、自动化技术等为一体的跨平台融合。

2. 热力生产运行智能化

利用基于互联网的智能水力分析系统，实现一次网、二次网水力智能调节，达到水力平衡。

利用基于互联网的一站一优化控制系统，实现换热站热负荷按需分配，智能调节。

利用基于互联网的信息化管理系统，实现供热生产无人化管理。

结合上述各项技术进行热网节能优化，并实施供热系统硬件设施的自动化升级改造，建立包括负荷预测、全网平衡、能耗分析等循环管控为一体的智能热网调度中心。图 5-53 所示为能耗及运行经济分析系统网络结构。

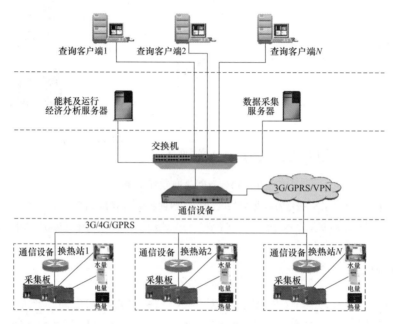

图 5-53　能耗及运行经济分析系统网络结构

3. 网源一体化协调控制

通过互联网技术，将热电厂、热泵、蓄热系统、孤立热力站与分散管网，集成于一个大数据系统，进行数据挖掘，统计分析，合理分配，按需供热；同时建立用户侧数据库与热源侧数据库，利用大数据处理技术，对各类数据进行实时分析与反馈，实现智能化实时调节。实现多热源联网以及网源一体化控制，根据城市热负荷实时智能调节总供热量，实现节能降耗。

4. 火电机组灵活性提升

（1）通过信息技术与自动化技术的融合，充分发挥锅炉系统、回热系统等各设备的蓄热能力，深度挖掘火电机组的调峰能力。

（2）借助于蓄热系统，在达到热网削峰填谷的同时，实现热电机组的热、电解耦，充分发挥热电机组的调峰能力。

（3）基于"互联网+"，进行热网管网的温度、流量等信息分析，实时掌握管网的动态，在低负荷时，可以借助管网系统的蓄热能力，进一步发挥热电机组的调峰能力。

5. 企业管理智能化

（1）流程梳理及企业信息化建设规划，结合企业未来业务发展对信息化系统的要求，基于企业现有的信息技术的应用和组织机构的状况，识别企业信息化应用系统的不足，对企业流程进行梳理和优化，制定企业经营标准化制度。根据企业梳理后的流程要求以及公司信息化现状进行信息化建设整体规划，避免孤立地设计或实施某项管理，防止形成信息孤岛和重复投资。

（2）业务系统建设，主要包括：收费系统、营销系统、能耗分析系统、设备动态台账与运行管理系统、设备缺陷及工作票管理系统、地理系统管理（GIS）系统，以及分析决策部分（实现管理系统和自动化系统的数据的抽取和加工）。图 5-54 所示为收费系统的组成。

（3）安全生产工作全过程的智能化，主要包括：基于"设备全生命周期管理"理念的智能化设备管理、对关键设备实施动态诊断、建立设备参数异常时的智能化快速反应机制、智能化的故障停暖公告通知、基于"互联网+"理念的便携式作业记录仪、基于智能化的数据支撑进行陈旧管网改造等。

6. 客户管理智慧化

（1）多维度客服系统研究及建设，通过热网服务的智能化建设，提供多种服务平台，包括：智能营业厅、

图 5-54　收费系统组成

网站客服、微信客服、热线客服、手机客服等，企业可随时随地为客户提供服务，从而提高了企业服务响应速度和抢修效率。

（2）多元化缴费渠道研究及建设。考虑系统整合了现有的多种缴费方式，可支持手持 POS 机收费、自助缴费终端、联网收费、移动公司代收、委托代收、微信支付系统、网银缴费等，统一数据接口，实现了各类缴费渠道的统一规划、统一接入、统一管理。

（三）主要创新

与传统的供热自动化相比，基于"互联网+"的智能供热技术实现了多方面的创新，主要体现在：

（1）通过互联网技术，将热电厂、热泵、蓄热系统、孤立热力站与分散管网等集成于一个大数据系统，通过数据挖掘、统计分析，实现合理分配，按需供热。

（2）进行整体系统各板块之间的有效集成，基于"云"技术与信息化平台，达到各供热区域的互通互联，进行电厂、换热站、用户之间的智能实时调节，真正实现了网源协调，达到机组电负荷调峰与热网削峰填谷。

（3）通过建设信息化平台，利用互联网，进行远程在线诊断、技术监督、民生服务等，达到供热的远程智能化管理与信息共享，实现供热企业的高效管理。

（4）利用"云"平台，将热电机组、供热系统、蓄热系统集成于一体，充分挖掘了机组的调峰能力，为电网消纳新能源电力提供了更大空间，促进了电力行业优化能源消费结构。

（5）节能技术与信息技术的结合，促进热电企业的深度节能，改变了传统行业人工操作与管理的模式，实现了热电企业的生产、销售与管理的高效化与智慧化；基于信息化平台，实现了在线缴费、实时反馈等，取消了以前人工操作、人工录入信息及传统缴费等管

理方式，促进居民服务向着信息化时代的转型。智能供热改变了传统供热方式，引领供热产业向着信息化、智慧化时代的转变。

（6）将互联网引入供热行业，降低了供热的能源消耗，减少了运营与管理人员，重新优化了能源、人力等资源的配置，为热电企业节约了燃料、人力等资源成本；同时，机组参与深度调峰，可以获得国家政策性财政补贴，实现了效益的最大化。

（7）利用云平台，进行各层级企业之间的在线信息传递、远程监视、诊断与经营，实现集团系统内部各基层企业之间的智慧化运营管理。

四、"互联网+"智能供热项目典型案例

丹东金山热电有限公司为国家能源局实施"互联网+"智能供热的示范工程之一。主要进行的具体工作分为厂内和厂外两部分，厂内改造内容主要包括：汽轮机循环水余热回收系统和调峰蓄热系统，厂外热网升级改造内容主要包括：换热站设备改造、"一站一优化曲线"智能控制、能耗分析系统、热力公司信息化平台建设。通过这些改造内容，提高了电厂能源利用率，实现了热网的智能化运行调节，提高了企业供热的经济效益与社会效益。

（一）汽轮机循环水余热回收系统

2015 年 8 月，开工建设该厂 1 号汽轮机组循环水余热回收供热工程，新建一座 35m×35m 热泵房，安装 6 台单机容量为 52.34MW 吸收式热泵机组及附属设备，回收电厂 1 号机循环水余热用于供热，如图 5-55 所示。项目于 2015 年 11 月 1 日顺利投产，电厂供热能力提高显著，供热期可使汽轮机综合热效率从 60%提高到 80%以上，整个采暖季可回收循环水余热量约为 150 万 GJ，年可节约 5.6 万 t 标准煤，节煤收益约 3316 万元。

图 5-55　厂内吸收式热泵现场图

（二）换热站自控改造

2016 年开展部分手动换热站自控改造。在硬件方面通过调节阀改造，加装变频器和控制反馈系统，最终实现自动调节，无人值守。改造后，改变了原先人工手动调节的粗放方式，实现了利用电动调节阀调节一次网侧热网水流量，水泵变频调节换热站二次网流量，换热站的能耗水平下降 10%。

（三）智能热网监控中心建设

2016 年开展热网监控中心建设，主要包括智能热网平台建设和热力生产运行智能化。监控中心建成后，实现了在热网监控中心对整个热网（包括管道和换热站）进行集中管控，可对每个换热站的负荷，参数进行远程调节设置，和原来相比大大提高了热网运行管控水平。

（四）"一站一优化曲线"智能控制

2016～2017 年对 12 座试点换热站进行了"一站一优化曲线"改造。图 5-56 所示为"一站一优化曲线"智能控制系统工作原理图。在各换热站端进行功能扩展，主要流程是在各换热站室外安装高精度气象监测设备，在站内安装智能曲线调节控制器。智能曲线调节控制器用于采集储存气象及供热参数，并根据"一站一优化曲线"计算模型对所采集数据进行实时计算，计算出当前换热站最佳供水温度，最终将目标供水温度输入换热站现有 PLC，换热站 PLC 接收到智能曲线调节控制器目标供水温度后启动现有 PID 算法，自动调整换热站供水温度为目标值。改造后试点换热站无论是热负荷还是热耗都有比较明显的下降，上一采暖期高寒期修正热负荷平均值为 $42.61W/m^2$，修正热耗平均值为 $0.555GJ/m^2$，本采暖季修正热负荷平均值为 $33.45W/m^2$，修正热耗平均值为 $0.435GJ/m^2$，与上一采暖季相比分别减少 21.5% 和 21.6%，整个采暖季可节热 5388GJ，节电 83481kWh。电厂"一站一优化曲线"投入前后能耗情况对比见表 5-3。

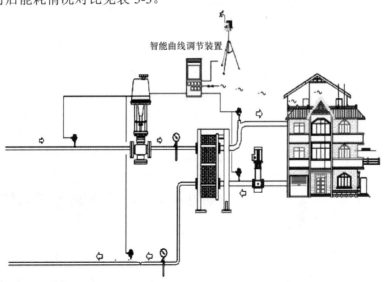

图 5-56　"一站一优化曲线"智能控制系统工作原理图

表 5-3　　　　　　　　　　"一站一优化曲线"投入前后能耗情况对比

参数日期	即时热负荷（W/m²）	修正热负荷（W/m²）	即时热耗（GJ/m²）	修正热耗（GJ/m²）	修正后采暖季节热（GJ）	修正后采暖季节电（kWh）	状态
2014.12.12	56.97	46.01	0.74	0.597	—	—	"一站一优化曲线"投入前
2014.12.13	57.74	44.9	0.75	0.583			
2014.12.14	54.13	40.59	0.71	0.532			
2014.12.15	51.55	43.30	0.67	0.562			
2014.12.16	52.83	38.25	0.69	0.499			
2016.01.10	36.9	29.80	0.48	0.387	5388	83481	"一站一优化曲线"投入后
2016.01.11	39	29.25	0.51	0.382			
2016.01.12	42	31.5	0.55	0.412			
2016.01.13	41.1	30.82	0.53	0.397			
2016.01.14	47.2	38.12	0.61	0.492			
2016.01.15	44.4	39.67	0.57	0.509			
2016.01.16	42	37.53	0.55	0.491			
2016.01.17	41.2	30.90	0.54	0.405	5388	83481	"一站一优化曲线"投入后

（五）智能客服一体化平台

丹东公司建立了由呼叫系统、门户网站、微信平台组成的智能客服一体化平台，实现了处理查询、报修接待、派发安排、反馈统计等闭环流转功能，彻底解决了客户服务规范性管理难题。在收费系统基础上，研发了电子缴费渠道（微信、门户网站、热付通、自助缴费机、POS 机），实现用户足不出户完成热费交易，缓解收费集中压力、提高资金安全系数、提升服务质量，打造华电金山供热品牌。让老百姓足不出户就可以进行缴费、报修、咨询等功能的操作。并与经营收费模块、远程测温模块、能耗分析模块、调度中心控制模块、一站一曲智能控制模块、无人值守视频监控全面衔接。同时，建设数据采集模块、热网数据监控模块、供热地理信息及水力计算模块、生产管理模块、智能供热巡检模块、智能供热 APP 模块、综合业务报表模块等多个供热智能模块。通过流程化协作，统一集成一套全新模式的智能供热信息管理系统。系统建成后，将以安全、节能、高效的功能，满足不同用户的需求，为全面推进供热企业的科学化、精细化、智能化管理，实现供热板块管理奠定技术装备基础。图 5-57 和图 5-58 分别为丹东公司的客服一体化流程图和电子渠道缴费方式。

（六）电蓄热锅炉

2016～2017 年厂区内建设"高电压固体电蓄热设备"。固体电蓄热装置是利用新型

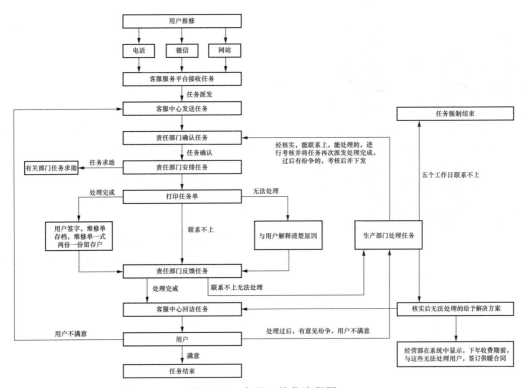

图 5-57 客服一体化流程图

图 5-58 电子渠道缴费方式

图 5-59　电锅炉蓄热内部图

是电锅炉蓄热内部图。

耐高温材料进行低谷电或弃风电采取固体储热，可直接在 66kV 电压等级下工作。设备可以全部消纳弃风电，实现了大规模和超大规模城市区域 24h 连续供热能力，可以完全替代目前广泛使用的燃煤、燃气、燃油锅炉，使用过程中没有任何废气、废水、废渣产生，实现了二氧化碳零排放，是供热领域环保升级换代产品。

电蓄热锅炉项目于 2017 年 3 月份投产，共安装 3 台 60MW 和 1 台 80MW 电蓄热锅炉，合计 260MW。项目建成后，电厂根据电网调峰需求，利用电蓄热锅炉实现了降低机组上网电量，并满足外界供热需求，满足了电网对火电机组灵活性调峰要求。图 5-59

第五节　热电解耦技术

一、项目背景

目前，我国风电、太阳能发电等新能源电源规模均居世界首位，"十三五"规划进一步提出，2020 年，我国风电、太阳能发电规模分别增加至 2.1 亿、1.1 亿 kW 以上，新能源进入快速发展时期。然而，近年来三北区域出现了严重的弃风弃光问题，引起社会关注。造成此现象的主要原因有：

（1）风电特性。风电具有很强的间歇性以及随机波动性。

（2）热电约束。热电厂"以热定电"的运行模式，导致在冬季供暖时，为了满足供热的需求，机组出力被迫上升，使得发电量大于电负荷需求，或者热电机组大量占用电网上网容量。

（3）机组调峰能力不足。热电机组受锅炉最小稳燃负荷限制，以及国内纯凝机组及热电机组的调峰能力的不足，造成"电热矛盾"。供热期夜间负荷低谷，供热需求高，热电联产机组出力较高，剩余电力空间减少，而此时往往是风资源较好时段，由此造成"弃风"。

（4）新能源消纳空间有限。电网项目核准滞后于新能源项目，新能源富集地区都存在跨省跨区通道能力不足问题。

当前我国"三北"地区的民生采暖主要依赖燃煤热电机组，冬季供暖期调峰困难。而解决燃煤热电机组的调峰问题，是未来相当长一段时期内减少弃风弃光，实现热电解耦的关键。煤电机组不仅总量大，其灵活性潜力也十分可观，通过灵活性改造，煤电机组可以增加 20% 以上额定容量的调峰能力。同时，煤电机组灵活性改造经济性也具有明显优势，灵活性改造单位投资远低于新建调峰电源投资。因此，提升我国火电机组（尤其是热电机组）的灵活性运行能力，挖掘燃煤机组调峰潜力，有效提升电力系统调峰能力，破解当前和未来的新能源消纳困境，减少弃风弃光现象，是符合我国实际的优化选择。

二、热电解耦主要技术

当前，德国和丹麦在提升火电灵活性方面有着丰富的经验，值得我们去学习和借鉴。德国火电机组多为纯凝机组，主要开展纯凝机组灵活性运行工作。丹麦火电机组全部为供热机组，通过灵活运行手段实现热电解耦以及低负荷运行，机组运行灵活运行性较高。

火电灵活性改造即提升燃煤电厂的运行灵活性，具体涉及到增强机组调峰能力、提升机组爬坡速度、缩短机组启停时间、增强燃料灵活性、实现热电解耦运行等方面。火电机组灵活性的改造技术分为纯凝机组和热电机组两大方面。

纯凝机组的关键系统为：锅炉系统、汽机系统和控制系统；热电机组关键系统为：锅炉系统、汽机系统、控制系统以及蓄热系统。

提升火电机组灵活性还需全面考虑机组的排放、寿命以及效率等关键性能指标。主要措施有：

（1）增加储热装置实现"热电解耦"。安装大型蓄热装置，以水为蓄放热介质，当热电机组降低出力时，输出热量弥补热负荷缺口；当热电机组增加出力时，储存富裕热量，实现"热电解耦"运行。蓄热装置可以解决电负荷和热负荷之间存在的时间上的矛盾，还可以起到对热网负荷变化的实时调节功能。

（2）对热电/纯凝机组本体进行深度改造，降低锅炉最小出力以及机组最小技术出力。其中对机组的深度改造的主要技术措施有：

1）锅炉系统。锅炉低负荷安全运行措施主要从降低着火热、强化着火供热两方面着手。对于燃烧系统，优化燃烧器及给水流量控制策略；对于磨煤机，优化控制策略，双磨、单磨运行；对于间接燃烧系统，加装储煤设备、调整连接方式、降低燃烧系统惯性。

2）汽机系统。对于热电机组，通过对汽路进行改造（例如合理利用各类旁通装置），增加供热能力，降低最小技术出力。

火电灵活性改造的主要措施中，与供热关系最为密切的是"热电解耦"。它是指通过一定技术手段，减少机组对外供热量与机组出力之间的相互限制，实现机组电、热负荷的相互转移，大幅度提高机组热电比，改变热电机组"以热定电"的运行模式。

热电解耦关键技术，除了前面章节提到的热泵供热技术、高背压供热技术、新型凝抽背供热技术、低压光轴转子供热技术、蓄热调峰技术之外，还包括配置电蓄热锅炉、主蒸汽减温减压供热、机组旁路供热与高参数蒸汽多级抽汽减温减压供热等。下面对前面章节中未提及的技术进行简要介绍。

1. 电蓄热锅炉

该技术是指在电源侧设置电锅炉、电热泵等，在低负荷抽汽供热不足时，通过电热或电蓄热的方式将电能转换为热能，补充供热所需，从而实现热电解耦。在发电机组计量出口内增加电加热装置，装置出口安装必要的阀门、管道连接至热网系统。在热电联产机组运行时，根据电网、热网的需求，通过调节电锅炉用电量（转化为热量）实现热电解耦，达到满足电热需求的目的。机组采取加装电锅炉改造后，电锅炉功率可以根据热网负荷需求实时连续调整，调整响应速率快，运行较为灵活，电负荷甚至可降至"0"，机组深度调峰幅度较大。

热电厂配置电蓄热锅炉后，可利用夜间用电低谷期的富裕电能，以水为热媒加热后供给热用户，多余的热能储存在蓄热水箱中，在负荷高峰时段关闭电锅炉，由蓄热水箱中储存的热量和机组抽汽共同供热。

电蓄热锅炉在夜间将电能转化成热能进行供热，一方面，减小了供热机组热负荷，机组最小发电出力随热负荷的减小而降低，运行灵活性提高；另一方面，增加了负荷低谷时段的电厂用电负荷，进一步增大了供热机组发电出力调节范围，起到了双重调峰作用。

该技术的优点是能最大程度地实现热电解耦，对原机组的改造少；不足之处在于改造投资大，且机组热经济性较差。电锅炉在国外有着广泛地应用，主要用于电网中富余的"垃圾电"的消化，而在我国东北地区，受电力辅助调峰市场奖励机制的影响，也有少量电厂采取合同能源管理的模式开展电锅炉供热改造，实现热电解耦。

2. 主蒸汽减温减压供热

一般情况下，热电厂在机组检修或出现故障时，供热量不足，会首先调度其他抽凝机组加大抽汽量满足供热，若还无法满足供热需要，需考虑开启减温减压器，即部分主蒸汽在进入汽轮机前直接通过减温减压器供热，剩余的蒸汽进入汽轮机做功，这样汽轮机侧做功蒸汽流量则不受供热蒸汽流量的影响，主要受最小冷却流量限制，可解耦以热定电运行的约束。

减温减压器是安装在主汽母管和供热母管之间的装置，通过节流降压、喷水降温，将来自锅炉的高温高压蒸汽减温减压到供热所需的参数来供热。

3. 机组旁路供热

汽轮机旁路分为高压旁路和低压旁路，其主要作用是在机组启停过程中，通过旁路系统建立汽水循环通道，为机组提供适宜参数的蒸汽。机组旁路供热方案即通过对机组旁路系统进行供热改造，使机组正常运行时，部分或全部主再热蒸汽能够通过旁路系统对外供热，实现机组热电解耦，降低机组的发电负荷。机组旁路供热改造后系统如图 5-60 所示。

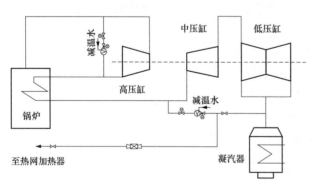

图 5-60　机组旁路供热改造后系统示意图

受锅炉再热器冷却的限制，单独的高压旁路供热能力有限，受汽轮机轴向推力的限制，单独的低压旁路供热能力也有限，二者均无法单独实现热电解耦和深度调峰。采用高低压旁路联合供热改造方案可提高机组供热能力，但运行时需考虑机组轴向推力、高压缸末级叶片强度限制，再热蒸汽温度偏低等问题。

高、低旁路联合供热方案是当前热电解耦最常见的方案之一，主要利用部分过热蒸汽经高旁减温减压至高压缸排汽，经过再热器加热后经低旁减温减压后从低压旁路抽出作为供热抽汽的汽源。该方案主要通过匹配高、低旁路蒸汽的流量的方式避免高、中压缸轴向推力不平衡等风险，能够满足机组灵活性改造的目标要求，技术上可行，且其投资较小，但经济性较低。技术能最大程度地实现热电解耦，达到"停机不停炉"的效果，同时改造投资也较小，不足之处在于供热经济性较差。此外，在方案设计中应注意各路蒸汽流量的匹配，保持汽轮机转子的推力平衡，确保高压缸末级叶片的运行安全性，防止受热面超温，同时应确保旁路供热时的运行安全性。

4. 高参数蒸汽多级抽汽减温减压供热

主要是结合"温度对口、梯级利用"的用能原则，对热电机组包含主蒸汽、再热蒸汽、工业抽汽、采暖抽汽等不同抽汽方式的高效集成，在满足供热与调峰的同时，优先选择低品位能来供热，实现热电机组的"热电解耦"，解决了热电机组受"以热定电"限制的问题。

综上各种实现热电解耦的技术，将其体现在图 5-61 中。

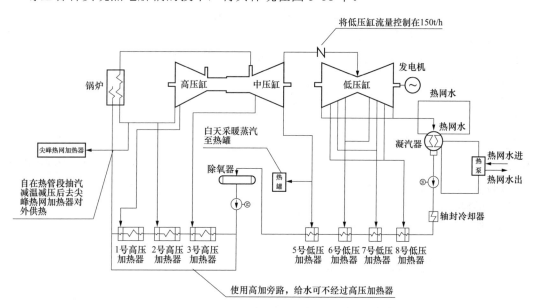

图 5-61　热电解耦技术示意图

三、试点情况

"十三五"电力规划提出了 2.2 亿 kW 的全国煤电灵活性改造规模目标，预计提升电力系统调峰能力约 4600 万 kW。如图 5-62 所示。火电灵活性提升的实施共分三个阶段：示范工程、中等规模推广和大规模推广阶段。

2016 年，国家能源局先后启动了两批煤电灵活性改造示范试点工程，共涉及 22 个试点电厂，总容量超过 1700 万 kW。目前，部分试点机组灵活调节能力已经达到和接近国外先进水平。试点项目也开始在解决弃风问题方面发挥积极作用。比如，辽宁省 7 个电厂完成灵活性改造后，2017 年第一季度，全省风电发电量同比增加 47.4%，弃风电量同比减少 57.1%。

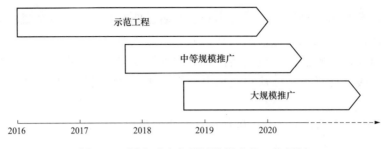

图 5-62　国家对火电灵活性提升的工作规划

思 考 题 及 答 案

1．"温度对口、梯级利用"原则是什么？

答："温度对口、梯级利用"原则，包括：通过热机把能源最有效地转化成机械能时，基于热源品位概念的"热力循环的对口梯级利用"原则；把热机发电和余热利用或供热联合时，大幅度提高能源利用效率的"功热并供的梯级利用"原则；把高温下使用的热机与中温下工作的热机有机联合时，"联合循环的梯级利用"原则等。

2．热源侧供热节能技术都有哪些？

答：热源侧供热节能技术，其中与采暖供热相关的主要有吸收式热泵供热技术、汽轮机低真空供热技术、低压光轴供热技术、新型凝抽背供热技术、NCB 供热技术、烟气余热回收技术等；与工业供热相关的主要包括打孔抽汽供热技术、抽汽扩容技术、背压式小汽轮机供热技术、抽汽压力匹配技术等。此外，还有疏水优化供热技术、热网循环泵电泵改汽泵等首站供热技能优化技术。

3．简述吸收式热泵与蒸汽压缩式热泵的区别？

答：吸收式热泵与蒸汽压缩式热泵的不同点在于将低压蒸汽变为高压蒸汽所采用的方式。蒸汽压缩式热泵是通过压缩机完成，而吸收式热泵则是通过发生器、节流阀、吸收器和溶液泵，即发生器-吸收器组来完成的。发生器-吸收器组起着压缩机的作用，故称为热化学压缩器。

4．热泵余热水进、出口温度及余热水流量确定原则有哪些？

答：（1）余热水流量由热泵回收的余热量及凝汽器循环水泵的流量决定。

（2）热泵余热水进、出口温度应综合考虑机组的安全性、经济性及热泵性能的要求。

（3）对于空冷机组，热泵机组回收乏汽的流量由热泵回收的余热量决定，同时应考虑空冷器最冷期最小防冻流量的要求。

5．大温差热泵供热技术的定义和特点？

答：大温差热泵供热技术，也称基于 co-ah 循环的热电联产集中供热技术，是指在二级换热站处以吸收式换热机组代替传统的板式换热器，从而使一次管网回水温度降低至 30℃以下，增大供、回水温差，故称为大温差热泵供热技术。大温差吸收式热泵系统中主要设备为吸收式热泵机组。与集中式吸收式热泵供热技术相比，它将热泵应用于二次热网，提高了供/回水温差，增加管网输送能力。

6．汽轮机高背压运行循环水供热技术的定义？

答：汽轮机高背压运行循环水供热技术，就是将原有的汽轮机机组的背压提高，即适当降低凝汽器的真空，提高排汽压力、温度，并利用排汽加热热网回水，从而提高循环水温度，利用循环水作为热媒向热用户供暖的一项节能技术。

7．汽轮机低压光轴转子供热技术的定义？

答：低压光轴转子供热改造为在冬季采暖期，仅保留高、中压缸做功，低压缸内双分流的全部通流拆除，设计一根新的光轴转子，只起到在高、中压汽轮机和发电机之间的连接和传递扭矩的作用。

8．新型凝抽背供热技术的特点？

答：新型凝抽背供热技术不同于加装有 3S 离合器的 NCB 型热电机组，它可以在低压转子不脱离、整体轴系始终同频运转的情况下，通过中低压缸连通管上新加装的全密封、零泄漏的液压蝶阀启闭动作，实现低压缸进汽与不进汽的灵活切换。同时它设计加装了一种可以对蒸汽参数进行调节的旁路控制系统，将小股中压排汽作为冷却蒸汽通入低压缸，后缸喷水长期投运，控制排汽温度在正常运行范围内，保证了低压缸在切除进汽的工况下安全运行。

9．减温减压装置的定义和组成是什么？

答：减温减压装置可对热源输送来的一次（新）蒸汽压力、温度进行减温减压，使其二次蒸汽压力、温度达到生产工艺的要求。减温减压装置由减压系统（减温减压阀、节流孔板等）、减温系统（高压差给水调节阀、节流阀、止回阀等）、安全保护装置（安全阀）等组成。

10．蓄热罐在热网中有哪几种连接方式？各有何优缺点？

答：蓄热罐与热网系统有直接和间接两种连接方式。蓄热罐与热网直接连接时，蓄热罐直接并入热网系统；蓄热罐与热网间接连接时，蓄热罐中的循环水通过换热器与热网中循环水换热，将热量进行储存或释放。直接连接系统相对简单，较间接连接系统设备投资少，运行也相对简便。但是直接连接系统中热网水直接流入蓄热罐系统，如果蓄热罐微正压控制不好，容易在水中混入空气，流入热网，造成管网水质下降。间接连接系统相对复杂，较直接连接系统投资有所增加，运行也相对复杂，但该系统中的热网水与蓄热罐系统中的水不混合，对水质没有影响。

11．何为水力失调？管网水力失调对供热质量有何影响？

答：供热系统水力失调是指供热管网各热用户在运行中的实际流量与设计流量不一致的现象。也就是说，供热管网不能按用户需要的流量分配给各个用户，导致不同位置的冷热不均现象

12．"一站一优化曲线"智能调节方式有哪几种？各种优缺点是什么？

答："一站一优化曲线"智能曲线调节主要方式有两种，一种是在各换热站端进行扩展，是基于换热站的智能曲线调节。它在各换热站室外安装气象监测设备，在站内安装智能曲线调节控制器。这种方法需在热力公司每个换热站架设一套气象采集、智能控制器及配套电源等设备，并需要对原换热站 PLC 的曲线调节程序进行逐一修改，设备成本相对较高，工作量相对较大，但由于换热站之间系统是独立的，站与站之间不会相互干扰，整体可靠

性相对较高。

另一种是在集中控制中心端进行扩展，监控中心端安装气象监测站，架设高性能服务器，安装智能曲线调节系统软件，此方案安装设备较少，成本相对较低，不需对各换热站现有 PLC 程序进行修改，对原系统的影响也相对较小。就可靠性而言，由于此调节系统是外置的，遇到不可抗力等紧急情况可以无障碍将系统切换至热网集中控制系统，调节系统中的冗余设计也提高整体的可靠性。

13．长距离输送供热技术的定义和特点是什么？

答：长距离供热就是采用有效的技术措施扩大热源的供热输送半径，增加热源的对外供热量。它可使供热输送距离延伸至 18～24km，总能量损失降为常规设计的 1/3；温降降至每千米 5～7℃，压降降至每千米 0.02～0.03MPa。

14．"互联网+"智能供热的定义和主要建设内容是什么？

答："互联网+"智能供热以物理热网与信息网组成的新型网络为基础，利用数据挖掘技术、数据辨识技术、人工智能技术等过滤处理信息，通过智能决策支持，为运行管理人员提供辅助决策，在保证供热安全、满足供热需求的前提下，所形成的闭环运行供热系统。它包括智能决策层、智能控制层和智能设备层。

智能供热的主要建设内容有：智能热网平台、热力生产运行智能化、网源一体化协调控制、火电机组灵活性提升、企业管理智能化、客户管理智慧化等。

15．什么是热电解耦，它的关键技术有哪些？

答：热电解耦是指通过一定技术手段，减少机组对外供热量与机组出力之间的相互限制，实现机组电、热负荷的相互转移，大幅度提高机组热电比，改变热电机组"以热定电"的运行模式。热电解耦关键技术，有热泵供热技术、高背压供热技术、新型凝抽背供热技术、低压光轴转子供热技术、蓄热调峰技术、电蓄热锅炉、主蒸汽减温减压供热、机组旁路供热与高参数蒸汽多级抽汽减温减压供热等。

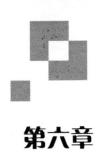

第六章

供热典型案例

本章介绍三类典型的供热案例：综合性案例、运行事故处理案例和供热设备故障案例，供供热行业的技术人员参考。

第一节 综 合 性 案 例

一、蒸汽吹扫

（一）蒸汽管道吹扫的相关要求

（1）蒸汽管道的吹扫应符合《工业金属管道工程施工及验收规范》（GB 50235—2010）的规定。

（2）蒸汽吹扫的具体做法可参考《工业金属管道工程施工及验收规范》（GB 50235—2010）第 8.4 条。

（3）为蒸汽吹扫安装的临时管道应按蒸汽管道的技术要求安装，安装质量应符合相关规范要求。

（4）蒸汽管道应以大流量蒸汽进行吹扫，流速不应低于 30m/s。

（5）蒸汽吹扫前，应先进行暖管、及时排水，并应检查管道热位移。

（6）蒸汽吹扫应按加热、冷却、再加热的顺序，循环进行。吹扫时宜采取每次吹扫一根，轮流吹扫的方法。

（7）通往汽轮机或设计文件有规定的蒸汽管道，经蒸汽吹扫后应检验靶片。

（8）蒸汽管道还可用刨光木板检验，吹扫后，木板上无铁锈、脏物时，应为合格。

（二）案例——某供热企业新蒸汽管道吹扫方案

案例说明：某供热企业应某市北部工业园某公司的用汽申请，独资新建一条蒸汽供热支线管道（10 号供热支线），该管道处于南方某市北部工业园区内，新建管道由 2 号供热母管引出，管道规格 $\phi 273 \times 7$，材质为 20 号钢（符合《输送流体用无缝钢管》（GB/T 8163—2008）的要求），管道全长 800m，管道设计压力 1.6MPa、设计温度 280℃，与其引出母管设计运行参数相同，操作压力 1.0MPa、温度 250℃，末端用户参数压力 0.8MPa、温度 250℃、流速在 30m/s 时最大流量 28t/h。

请根据以上情况，以纲要形式编制管道蒸汽吹扫试验方案。

供热支线管道蒸汽吹扫试验方案如下：

1. 项目简介

某供热企业应某市北部工业园某公司的用汽申请，独资新建一条蒸汽供热支线管道（10 号供热支线），该管道处于南方某市北部工业园区内，新建管道由 2 号供热母管引出，管道规格 ϕ273×7，材质为 20 号钢［符合《输送流体用无缝钢管》（GB/T 8163—2008）要求］，管道全长 800m，管道设计压力 1.6MPa、设计温度 280℃。

实施地点：某市南部工业园区　实施时间：2017 年 3 月 11 日 9：00。

试验方案审查相关代表会签：施工单位、设计单位、监理单位、建设单位。

方案编制单位：某供热企业（建设单位）。

2. 编制依据

本项目设计图纸技术规范；国家和行业相关技术规范标准；本项目施工组织设计方案。

3. 试验现场组织机构和职责分工

试验现场总指挥：项目负责人。

成员：各参建单位技术质量负责人、安全负责人、施工负责人、操作人员、巡查人员、记录人员。

设备：蒸汽管道吹扫现场需配备高频对讲机 1～2 对，参与人员均有移动电话 1 部。

建设单位：负责热源侧和用户侧的协调联系，负责现场蒸汽吹扫的操作。

施工单位：负责吹扫管道的检查调整、消缺和吹扫质量检验，做好临时安全防护措施和试验记录。

4. 管道吹扫目的

检查管道的安装质量，支架安装是否按设计的要求和吹扫情况进行支架的调整。基本掌握管道膨胀方向、位移，以及吹掉管道内的杂物。

5. 吹扫条件

（1）现场已划定安全区，设置警示标志，现场专人巡视看守，禁止无关人员进入吹扫区。

（2）该管线所有管道、管件、阀门安装结束，焊缝质量合格。

（3）该管线管道保温完整，并通过检验合格。

（4）蒸汽吹扫汽源符合管道蒸汽吹扫要求：供汽压力不小于 1.0MPa，但不应大于管道工作压力的 75%，蒸汽吹扫时管内蒸汽流量为额定值的 50%～70%，吹扫流速不小于 30m/s，汽源稳定。

（5）蒸汽管线吹扫试验已通报当地环保、监检部门。并通知当地企业、群众，严禁在夜间进行。

（6）末端排汽管口已固定并与水平成 30°角左右，向空排汽。

（7）管道沿线滑动支架、导向支架、补偿器等有受热位移量的设备已做好零位标记。

（8）管线末端已准备好排汽阀门和靶板装置。

（9）已办理好相关作业票。

6. 吹洗试验方案

（1）对吹洗的管段缓慢升温进行暖管，暖管速度严格按照规定并及时疏水。

（2）暖管过程中，应检查管道热伸长、补偿器、管路附件及设备、管道支撑等有无异常，工作是否正常等，恒温 1h。

（3）暖管升温时，应缓缓开启总进汽阀，勿使蒸汽的流量、压力增加过快。否则，将产生对管道强度所不能承受的应力，导致管道破坏。由于蒸汽流量增加过快，系统中的凝结水来不及排出而产生水击、振动，造成阀门破坏、支架垮塌、管道振动、位移等严重事故。此外由于系统中的凝结水来不及排出，使得管道上半部是蒸汽，下半部是凝结水，在管道断面上产生悬殊温差，导致管道向上拱曲，损害管道结构，破坏保温结构。

（4）在暖管结束，汽源条件稳定时，管道末端阀门缓慢至全开，然后逐渐开大进汽总阀，增加蒸汽量进行吹扫，蒸汽吹洗的流速不低于 30m/s，每次吹扫的时间事不少于 20min，吹扫的次数为 2～3 次，当吹扫口排出的蒸汽清洁时，可停止吹扫。

（5）具体吹扫时间可根据板靶的干净程度进行调整，其质量检验标准见表 6-1。

表 6-1   吹 洗 质 量 检 验 标 准

项目	质量标准
靶片上痕迹大小	0.6mm 以下
痕深	<0.5mm
粒数	1 个/cm²

（6）吹扫完毕，临时性吹扫设施进行拆除，各部恢复原状。

7. 吹扫记录

（1）记录管道支架和补偿器位移数据记录，此数据作为技术档案。

（2）记录管道吹扫蒸汽参数，即全过程的蒸汽参数、时间、流量。

（3）记录吹扫过程，管道是否存在缺陷，结束后进行消除。

8. 严密性试验相关标准

（1）用 1.25 倍工作压力进行水压试验，5min 内无渗漏现象。

（2）用 1.5 倍工作压力进行严密性试验，5min 内压力降低值不应大于 0.5%。

（3）用 0.1～0.15MPa（表压）压缩空气试压无渗漏，然后降至 6kPa，5min 内压力降低值不应大于 50Pa。

（4）用 0.1～0.15MPa（表压）压缩空气进行试验，15min 内压力降低值不应大于试验压力的 3%。

（5）仪表管路及阀门随同发电机氢系统作严密性试验，试验标准按《电力建设施工及验收技术规范》（DL/T 5190.4—2015）中的规定。

二、水压试验

某供热企业 5 号供热支线管道水压试验方案如下：

1. 项目简介

某供热企业应某市北部工业园某公司的用汽申请，独资新建一条蒸汽供热支线管道（5号供热支线），该管道处于南方某市北部工业园区内，新建管道由1号供热母管引出，管道规格$\phi273mm\times7$，材质为20号钢《输送流体用无缝钢管》（GB/T 8163—2008），管道全长800m，管道设计压2.8MPa、设计温度280℃，与其引出母管设计运行参数相同，管道敷设无较大落差。当前该支线管道已完成安装施工，进入水压试验阶段，设计规定强度试验压力为设计压力的1.5倍，严密性试验压力为设计压力的1.25倍，当地环境温度10～15℃。请根据以上情况，以纲要形式编制该条管道的整体水压试验方案。

实施地点：某市南部工业园区实施时间：2017年3月10日10:00。

试验方案审查相关代表会签：施工单位、设计单位、监理单位、建设单位方案。

方案编制单位：施工单位。

2. 编制依据

（1）本项目设计图纸技术规范；

（2）国家和行业相关技术规范标准；

（3）本项目施工组织设计方案。

3. 试验前准备工作

（1）本方案已经监理（建设）单位和设计单位审查同意。已对项目有关技人员、操作人员进行技术交底、安全交底。

（2）管道的各种支架（座）已安装调整完毕。回填土已满足设计要求。

（3）焊接质量外观已检查合格，焊缝无损检验合格。

（4）管道附件（如安全阀、仪表组件等）已拆除（或已加设盲板隔离）。加设的盲板处应有明显的标记并做记录，且安全阀应处在全开状态。

（5）管道自由端的临时加固装置已经完成，经设计核算与检查确认安全可靠，试验管道与无关系统已采用盲板或其他措施隔离（已办理好相关施工作业票）。

（6）试验用的2块压力表已经校验，精度不低于1.5级，表的量程能满足试验压力的1.5～2.0倍，并已安装在试压泵的出口和试验系统的末端。

（7）现场已准备可靠的清洁水源。

（8）已对试验区域进行隔离，现场清理完毕，并设立了警示标志，无关人员不得入内。

（9）试验前该管道的设计资料、施工资料、材料质量证明资料等均已批准。

（10）已通知当地质监部门（或单位）委派代表到场监督。

4. 水压试验方案

水压试验分为两部分，第一部分为强度试验，试验压力为设计压力的1.5倍（4.2MPa）；第二部分为严密性试验，试验压力为设计压力的1.25倍（3.5MPa）。严密性试验应在强度试验合格下进行。

（1）强度试验。分三个阶段进行：

1）第一阶段：充水。先将管道系统中的阀门全部打开，关闭最低点的疏水阀，打开最高点的放气阀，打开上水阀，对试压系统充水。待最高点的放气阀连续不断地出水时，说明系统已充满水，确认无漏点后，关闭上水阀，水注满后不要立即升压，先对系统全面检查，确认管道有无异常，有无泄漏、漏水现象，如有应修复后再行试压。

2）第二阶段：升压。升压过程要缓慢，要逐级升压。打开升压阀并启动对系统升压，当压力升至试验压力的 1/2（2.1MPa）时，停止打压，进行一次全面的检查，如有异常，应泄压修复，若无异常，则继续升压；当达到试验压力的 3/4（3.15MPa）时，停止升压，再次检查，如有异常，应泄压修复，若无异常，则继续升压。

3）第三阶段：强度的检验。当升压至试验压力（4.2MPa）时，停止升压，稳压 10min，全面检查系统，无渗漏、无压力降、系统无异常、管道无变形、破裂。然后降压至设计压力（2.8MPa），稳压 30min，无渗漏、无压力降为合格。在此阶段，后背顶撑、管道两端严禁站人，发现缺陷，应做出标记，卸压后进行修复，严禁对管身、接口处进行敲打或带压修补缺陷。

（2）严密性试验。在强度试验合格后，再将当压力升至试验压力（3.5MPa），维持该压力至少 30min，进行全面的外观检查，抽查焊缝，用质量为 1.5g 的小锤子轻轻敲击焊缝，压力降不大于 0.05MPa，且连接点无渗漏为合格。

试验结束，系统压力卸至零，水压试验结束，恢复系统，拆除试验用临时设施和加固措施，排尽管内积水，现场工完、料净、净场地清。

5. 试验记录

应详实记录试验过程情况，编制并形成水压试验报告。

三、工业供汽计量

1. 工业供汽计量的有关规定

（1）根据流量计及蒸汽参数进行简单相关计算比对，试分析其是否正常。并立即联系专业技术人员对流量表计进行检查，查找计量表计出现问题的原因。

（2）当问题原因为表计断电，通知客服经理、热工人员进行检查，了解断电原因并重新校对表计。

（3）当问题原因为表计发生零点漂移，联系热工重新标定计量表计。

（4）当问题原因为表计零部件出现故障，应通知热工更换零部件，或者与用户协商联系厂家返厂检修；当表计重要部件发生故障，无法检修，应立即更换合格流量计。

（5）针对计量表计故障期间出现的计量偏差，可与用户协商，按照该用户的用汽趋势，选取热用户恢复正常生产后某一段时间（3~7 天）内单位时间耗汽量的平均值作参考，对计量偏差量多退少补。

（6）若出现用汽量过小的热用户经常性出现流量计无法计量的情况，可根据其生产情况，与用户协商签订保底用汽量，按保底量进行计费。

2. 工业供汽计量的计算分析案例之一

（1）已知条件。在公司能耗平台某用户实时数据显示为温度 183℃、压力 0.72MPa、瞬时流量 2.12t/h，变送器电流 4.95mA（用户设计参数：量程 16t/h；设计温度、绝对压力：160℃、0.4MPa；密度 2.0674），粗略分析用户仪表是否正常（仪表流量低于 25% 按照 25% 计算）。

（2）计算分析。

1）用户实际运行工况高于设计参数，所以实际运行介质密度大于设计密度，补偿后流量只会大于设计工况补偿电流对应流量。

2）按照协议计算，仪表最低流量=16t/h×25%=4t/h，在不考虑密度补偿及最低流量限制情况下，4t/h流量对应变送器电流5mA，因此5mA以下电流输出流量都会显示4t/h。

（3）综合考虑以上两点，无论流量计算是否考虑密度补偿，都不会出现2.12t/h的流量，可以认为：用户仪表不正常。

3. 工业供汽计量的计算分析案例之二

（1）已知条件。某用户流量计的设计参数：刻度上限为16t/h时，差压上限为40kPa。该用户差压变送器铭牌上差压范围在（0～99.99kPa），用户实际变送器电流显示4.16mA，在保证仪表精度和稳定性的前提下，该用户仪表参数是否可以调整实现？

（2）计算分析。用户实际流量一般在仪表量程的30%～70%，对应仪表使用流量合理范围为5～12t/h，变送器电流4.16mA对应流量在1.6t/h，明显不在量程合理范围内。在实际运行中变送器量程最低可以调整为10～16kPa，对应仪表量程为8～10t/h，调整后的仪表流量使用范围为2.5～7t/h。

（3）结论。仪表量程只通过调整仪表参数，无法满足仪表精度要求。

4. 工业供汽计量的计算分析案例之三

（1）已知条件。接某热用户反馈，该用户怀疑流量计示数偏大，要求及时到场进行处理（设计参数：量程16t/h；设计温度160℃、绝压0.4MPa；密度2.0674kg/m³）。

（2）处理。

1）当客服人员接到用户投诉流量计计量示数问题后，立即联系专业技术人员对流量表进行检查，检查内容包括：是否有断电情况、是否零点漂移、表计本身是否存在故障等。

2）经检查，若确认表计确没有问题，客服经理与客户进行沟通，在技术方面向客户解释说明具体情况；若表计确实存在问题，要立即更换新流量计。

3）若客户对检查结果仍有异议，可由表计生产厂家或双方协商认同的检定机构，对流量表进行检定，所产生费用由责任方承担。

四、热费回收

1. 情况

某园区政府招商引资用热企业，年平均蒸汽用汽量22.5万t，由于受到市场经济波动的影响，导致该企业流动资金短缺、资金回收期延长，拖欠供热企业6个月蒸汽热量款累计达到700万元。

2. 沟通措施

针对这种情况，供热企业应该采取以下沟通措施确保拖欠款项的回收。

（1）供热企业首先应与欠费企业真诚沟通，了解欠费企业的诉求、主观欠费原因以及该企业下一步对欠款的处理措施。

（2）供热企业应深入该用户，掌握该用户实际的生产经营情况、欠款的原因，是否存在恶意欠费，是否因下家货款回收造成资金回收困难，是否面临破产倒闭风险，以及银行对该企业信用程度的评估、是否有给予金融支持意向等。

（3）供热企业应及时向政府相关部门汇报欠费情况。

3. 预采取措施

（1）经调查确认该企业确因客观原因导致的欠费，非恶意欠费，且无倒闭风险。则除增多催款次数外，供热企业与该企业可以签订还款计划单，在不产生新的欠款的情况下，分期还清所欠的款项，同时派专人实时跟进还款进度。

（2）经调查确认该企业系因经营不善导致经营状况恶化，对外负债较高，银行对其信用评价差，无贷款可能，该企业自身无力偿还相关欠款，供热企业应果断采取停汽措施，对其下达三天后停汽通知书，将损失降到最低，同时采取法律途径依法追讨相关欠款。

4. 措施效果分析

采取上述追款措施，可提高热费回收率，确保资金回收，既保证大流量用户的生产用热，又保证了供热企业本身的资金安全，实现双赢。同时获得了社会利益，使供热企业生产经营人性化，彰显国有企业服务社会，对用热企业认真负责的态度。

建议慎重采取停汽的措施，这将导致用热企业生产停滞，从而产生更大亏损，更有可能导致该企业倒闭。

五、舆情事件处理

供热工作涉及千家万户，涉及人民群众的切身利益，关系社会和谐稳定。"保障和改善民生是新时代坚持和发展中国特色社会主义的一项基本方针策略。"热力公司作为供热服务单位，可能突发供热管道爆裂漏泄、换热站停止运行等导致的大面积停热的生产安全事件；由于供热质量不佳、服务不到位、服务态度恶劣等原因致使用户不满意，情绪激动而引发集体上访、拨打市长热线、新闻媒体报道供热问题等舆情事件。

新媒体时代下的舆情事件具有放大、扩散、连锁效应，若不及时解决或得到有效疏导，就会产生敏感话题或爆发重大危机，导致民众在网站、论坛、博客、微博、微信等媒体进行各种评论，甚至散布谣言、蛊惑人心、恶意攻击、扩大事态，对企业生产经营和声誉带来严重的影响，给企业造成不可估量的经济损失，影响企业供热服务形象。

下面介绍与供热有关的舆情事件的处理要点。

1. 事故发生的区域、地点或装置的名称

（1）电视、报刊、网络、微信、微博、QQ等媒体对公司进行的负面报道。

（2）社会上存在的已经或将给公司造成不良影响的传言或信息。

（3）热力公司办公楼、各检修班组、政府部门等。

2. 事故可能发生的时间，事故的危害程度及其影响范围

（1）供热设备发生故障造成停热时间较长或供热质量下降时，用户室温不达标，用户情绪激动，向媒体或便民热线投诉，对公司造成负面影响。

（2）供热服务不及时或服务态度较差，用户不满意，情绪激动，向媒体或便民热线投诉，对公司造成负面影响。

（3）现供热标准温度较低，用户对温度达标仍不满意，聚众或投诉，对公司产生负面影响。

3. 事件处理要点

（1）快速反应、迅速行动。公司应保持对舆情信息的敏感度，快速反应、迅速行动；

快速制定相应的媒体危机应对方案。

（2）协调宣传、真诚沟通。公司在处理危机的过程中，应协调和组织好对外宣传工作，严格保证一致性，同时要自始至终保持与媒体的真诚沟通。在不违反信息披露规定的情形下，真实真诚解答媒体的疑问、消除疑虑，以避免在信息不透明的情况下引发不必要的猜测和谣传。

（3）勇敢面对、主动承担。公司在处理危机的过程中，应表现出勇敢面对、主动承担的态度，及时核查相关信息，低调处理、暂避对抗，积极配合做好相关事宜。

（4）系统运作、化险为夷。公司在应对舆情的过程中，应有系统运作的意识，努力将危机转变为良机，化险为夷，塑造良好社会形象。

4. 事故时可能出现的征兆

（1）热用户聚焦在热力公司或政府部门；

（2）在新闻媒体上出现负面报道；

（3）在微信、微博等出现负面传言。

5. 事故可能引发的次生、衍生事故

（1）因热用户聚集，容易发生踩踏等人身事故；

（2）因热用户情绪激动，容易发生争执、谩骂、群殴事件。

6. 应急工作机构

（1）应急处置领导小组：

组长：热力公司经理

副组长：热力公司分管经理

成员：当值调度、热力公司专工、热力公司安全员、检修人员、新闻发言人、客服中心

（2）应急小组成员职责：

组长：是事故现场的总指挥，负责组织应急组进行事故应急处理，具体承担应急指挥工作。经理不在岗时由供热公司分管副经理代替履行相关职责。

副组长：负责组织与本部门有关的事故应急处理，尽快恢复供热并最大限度的减少事故损失。

安全员：负责应急现场的安全监督、事故分析总结等相关工作。

当值调度：负责恢复供热等热网运行设备的调度、协调工作，及时进行参数调整。

检修人员：负责调动本班组的人员、物资，负责对自己分管的设备进行事故抢险工作，防止事故进一步扩大。

新闻发言人：对企业公共关系事务进行专业处理。涉及公司治理、信息披露、内外协调等事务，由综合部负责人担任新闻发言人；涉及生产安全、环境污染等内容，由安全生产部负责人担任新闻发言人；涉及综治维稳等内容，由党总支负责人担任新闻发言人；涉及重大生产安全、群体性等事件，由经理担任新闻发言人。当各新闻发言人在公开场合发表不当言论后，由厂供热管理部门出具声明，或要求新闻发言人重新表述。

客服人员：对用户申请办理的服务事项或提出的咨询，实行一次性告知、一站式服务。对用户反映的问题要及时登记并转至相关部门进行落实。以主动、礼貌、热情，不推诿、

不搪塞标准接待用户。对用户诉求问题及时回访，确保闭环管理。

（3）应急救援办公室。发生舆情事件应设应急救援办公室，由供热公司经理兼任办公室主任，负责应急处理预案的执行和日常管理工作。

7. 某供热检修所长被新闻报道的案例

（1）时间：2017~2018 年采暖期。

（2）地点：某供热检修所。

（3）异常情况或现象描述。

供暖初期，一直忙于抢修任务的某职工值完夜班后并未回家休息，处于疲劳状态，在单位值班略作休息，并在办公室将脚放桌子上并玩手机。而用户向其报修时，当事人态度冷淡，极其不耐烦。被用户投诉到当地媒体公开报道，造成负面影响。

（4）原因分析。公司品牌服务建设还存在盲区，供热服务有待于进一步提高；供热管网腐蚀老化漏泄严重，刚投入热网运行时，大量的缺陷使检修人员处于疲惫状态。

（5）解决措施。

1）服务窗口工作区、接待区和服务区分割规范，门头标识统一，体现企业风格特色。设施应满足用户服务需求，保持室内、外环境整洁，不放置与服务无关的物品。

2）服务窗口应公示营业时间、服务制度、服务项目、办事流程、办理时限、质量标准、收费标准、社会服务承诺制度、服务电话和监督电话等内容。

3）对用户申请办理的服务事项或提出的咨询，实行一次性告知、一站式服务。

4）接听客服电话的工作人员必须在电话铃响 3 声内接听来电，电话交流完毕应礼貌道"再见"。通常情况下，接听电话的工作人员不得中途挂断用户电话。对用户反映的问题要及时登记并转至相关部门进行落实。

5）接待要求。服务窗口人员在企业营业时间内和上门服务时，应当身着整洁的企业标识服，配戴有企业统一标志的工作牌。应具有良好的职业道德意识、熟练的业务技能，接待用户时，应主动、礼貌、热情，不推诿、搪塞。

6）供热服务质量投诉处理应参照《投诉处理指南》（GB/T 17242—1998）规定程序进行。供热企业应明示办事程序，设立投诉受理机构，公开供热投诉服务电话，安排人员 24h 值守。在采暖期内接到热用户投诉，应在 1 个工作日内与投诉人联系沟通，在 2 个工作日内处结并反馈办理结果；非企业原因，无法在规定时间内办理的，应向投诉人做出解释。处结率应达到 100%。因未能及时处理热用户的投诉，给热用户造成损失的，供热企业应根据各省市发布的"供热管理条例"等规定或供用热合同约定承担相应责任。

7）利用夏季技改、大修资金，对供热管网系统进行改造，夏季做好管网维护、保养和检修，提高管网和设备、设施的健康水平。

（6）为防止此类事件再次发生，具体措施如下：

1）加强舆情应对专业人才培养，组织专业知识和技能培训，开展舆情应急培训及演练，组织舆情典型案例交流会，不断提升网络舆情管理业务能力。

2）各级人员发现舆情立即上报本部门领导，并根据问题及时出处理意见，第一时间与用户做好沟通。各部门领导密切跟踪媒体言论，及早发现倾向性、苗头性问题，及时收集、分析、核实对公司有重大影响的舆情，研判和评估风险，将舆情信息和处理情况及时报送厂主管部门、政府相关职能部门，发布命令必须经应急总指挥批准后方可对外发布。

3）完善舆情分析研判体系，对舆情进行分类、分级和定位，实施全方位动态监控，开展专题性、综合性分析，研判舆情走向、发展趋势和网民关注点、关注热度。

4）根据舆情发生的时期（潜伏期、爆发期、解决期、恢复期），分析舆情严重性、损失相关性分析，拟定舆情处理方案。

5）主动提升平台建设，努力形成互联网信息内容主管部门总体协调、实际工作部门主动应对、重点新闻网站发挥主渠道作用的网上舆情应对工作格局。

6）建立与市、区政府和市、区内主流媒体应对舆情协调联动机制，动态更新媒体管理信息，逐步形成全天候、一体化、立体式的工作态势。

7）协调和组织各类舆情处理过程中对外宣传报道工作，负责组织新闻发布会相关工作。

8）负责做好向上级公司、区政府及区供热燃气办等职能部门的舆情信息报送工作。

9）加强供热检修、收费等服务人员的专业知识、服务礼仪等的培训，并将服务纳入绩效考核，严格遵守《城镇供热服务标准》（GB/T 33833—2017）。

10）积极打造供热品牌形象，着力构建供热一体化管理体系，通过评先创优、对标管理等手段，持续强化经营管理成效；将客户满意作为服务成效的重要标准，持续提升优质服务保障能力，使"心系用户，情暖万家"供热品牌形象深入人心。

第二节 运行事故处理案例

一、供暖中断事故

1. 对事故类型的描述

（1）热源出力不足或中断，造成对外限热或中断；

（2）一次网循环泵、换热站循环泵等供热主设备损坏，造成对外供热出力不足或中断；

（3）一、二次管网主干线、补偿器及阀门因腐蚀或外力破坏发生泄漏，无法正常供热；

（4）因系统停电、停水，造成多数热力站不能正常工作，使部分区域供热中断或降低供热质量；

（5）供热管网支线、分支线等设计时管径偏细，部分用户供热质量下降。

2. 事故发生的区域、地点或装置的名称

热源厂、热力站、供热管道相关道路、桥梁及铁路等公共设施。

3. 事故可能发生的时间，事故的危害程度及其影响范围

（1）在采暖期，供热机组非计划停运。

（2）在采暖期，供热管道的投入、退出操作时压力波动易引发水冲击，造成管路破裂，热水喷出易发生人身伤亡事故。主要是影响用户的取暖，尖寒期必须做好防寒防冻工作，否则易造成管路冻害。

（3）热力站停电、停水及失控，介质超压引起爆管，影响部分供热的中断。可能造成腐蚀管泄漏，也可能造成部分用户暖气爆裂，管道断裂有可能危害人身的安全，还可能伴

随着经济赔偿损失。

（4）发生火灾、强烈地震，管道支墩倒塌管道断裂，导致供热中断。

（5）管道途经山体边坡的管道，因山体滑坡冲跨支墩造成管道破裂，导致供热中断。

（6）管道途经国道、省道的管道，因支墩管道被汽车撞击造成的管道破裂，导致供热中断。

4. 事故分级

（1）大事故：供热机组装机容量 200MW 以下的电厂，在当地人民政府规定的采暖期内同时发生 2 台以上供热机组因安全故障停止运行，造成全厂对外停止供热且持续时间 48h 以上。

（2）统计事故：

1）发生全厂对外停止供热持续时间超过 12h，对当地居民正常生产造成影响。

2）虽然未发生全厂对外停止供热，但由于持续低温供热超过 48h，对当地居民正常生活造成影响。

3）供热电厂中断工业热负荷供应，引发纠纷，遭受经济索赔。

5. 事故时可能出现的征兆

（1）供热管网爆裂时，供热管网供水量增加，回水量减少，供、回水压力下降，补水量急剧增多。

（2）热源厂故障时，供热管网供、回水压力或温度出现急剧下降。

（3）热力站故障时，站内保护系统发生报警。

6. 事故可能引发的次生、衍生事故

（1）因供热热水管道破裂，热水泄漏引发烫伤等人身事故；

（2）因供热热水管道破裂，热水外漏衍生的公路、铁路交通事故；

（3）因铁路边热水管道破裂，热水泄漏引发、衍生的火车交通事故；

（4）尖寒期停热时间长造成管路发生冻害。

7. 应急工作

应组建应急处置领导小组、应急救援办公室。

如果供热管道的故障影响道路的交通时启动二级预案，通知政府相关部门一起协助处理事故。

8. 大面积供暖中断事故的案例

（1）时间：2016～2017 年采暖期。

（2）地点：某热电厂一级网东线——DN800 供水利旧管线泄漏，故障点：中心联络站线与向阳大街线汇流前。

（3）异常情况或现象描述。热源厂一级网供、回水压力均下降，补水量大量增加；东线所带换热站一级网供、回水压力均下降；因是一补二补水，当一级网回水压力低于 0.3MPa 时，二级网补水不足，导致供、回水压力降低，影响二级网运行，直至停运。

（4）原因分析。2016 年某热电厂开工建设热网改扩建工程，将原有重、钢、区网三条直供管线更改为东、西网两条线。西线为新铺设 DN900 管线；东网利旧，为原区网 DN800 管线。采用一补二补水系统。此段管线已运行 16 年，补偿器未进行更换，并且原直供网管网庞大，热网首站压力的变化对管网影响较小；而改扩建后变为间接供热管网，供热管网较小，热源厂的变化直接给管线带来冲击，最终造成一级网利旧管线发生泄漏。

（5）解决措施。

1）快速设置临时围栏及警示标志，在现场悬挂安全告知事项，设监护人，确保行人安全。

2）停热抢修，站前、春阳、兴盛和金鑫都切换至西线带。关闭该厂至东线供水总门、中心联络站 DN800 供水截门及向阳大街线供水截门，保证东线回水压力 0.25～0.3MPa。富江换热站及向阳大街线所带换热站均需要降低循环水泵频率，维持低频运行，无法维持时进行停站。

3）通过新闻媒体、政府、供热宣传车及小区粘贴禁止放水通知，说明放水严重性，呼吁广大用户不要放水，避免造成恶性循环。同时请用户自行做好防寒、防冻措施。

4）对二级管网阀门与管道连接、管道焊接等重点部位进行排查，避免出现大面积管道冻裂事件。

5）当失水量超过管网承受能力时，按照失水量大小停止部分换热站运行，尽量缩小停热范围。

6）加强与各新闻媒体的联系沟通，及时互通信息，加大企业正面宣传的力度，把握舆论引导的主动权。

7）畅通应急联络通道，公布应急电话，保证热用户及时了解供热事故恢复情况，消除恐慌，避免舆情事件的发生。

8）与政府部门、社区协调，为孤寡老人调用应急物资——散热器、电褥子等。

（6）后续措施。为防止此类事件再次发生，采取后续的措施如下：

1）停暖后对该段管线进行挖点检查，如腐蚀超过原管壁厚的 1/3，无法满足现运行参数的要求，应通过技改、大修进行更新改造，以提高管网可靠性。

2）采暖期运行时热源厂要保持运行参数稳定，尽量不要让供、回水压力波动过大，以保证管网安全运行。

3）加强管网巡检工作，发现异常及时报告，并快速设置临时围栏及监护人，确保行人安全。

4）在技改、大修及工程建设时，要严格建设质量保证体系，严格执行质量大纲、作业程序和质量计划，组织项目部监查活动，编制内审计划，对质量计划的实施情况进行监察，组织质量审核，维持质量体系有效运行，确保施工符合国家和行业的质量标准，在安装过程的质量检查和验证工作，实施三级验收。

二、水击事故处理

1. 水击事故的描述

在压力管道中，由于液体流速的急剧改变，从而造成瞬时压力显著、反复、迅速变化的现象，称为水击，也称水锤。封闭管道中液体流速突然变化引起的压力急剧变化或波动，是封闭管道中的一种非定常压力流。事故情况下甩负荷停机、泵站断电停泵和启闭阀门过快，都会出现这种现象，并伴随发生机械撞击声。水击可导致管道系统的强烈震动。

2. 水击事故危害

水击引发的压强的升高或降低，有时会达到很大的数值，处理不当将导致管道系统发生强烈的震动，引起管道严重变形甚至爆裂。因此，在压力管道引水系统的设计中，必须进行水击压力计算，并研究防止和削弱水击作用的措施。

3. 预防措施

为了防止水锤现象的出现，可增加阀门启闭时间，尽量缩短管道的长度，在管道上装设安全阀门或空气室，以限制压力突然升高的数值或压力降得太低的数值。

4. 某支线管道水击的案例

（1）时间：2014 年 02 月。

（2）地点：福建地区某供热厂区支线管道。

（3）事故描述：该支线全长 808m，管径 ϕ425mm，全线地面敷设，设计压力 1.6MPa，温度 280℃，流量 40t/h，2011 年 12 月投产，实际输送蒸汽压力 0.95MPa，温度 260℃，末端热用户要求到户压力不低于 0.8MPa，温度不低于 200℃。

如图 6-1 所示，其中末端 200m 没有用汽，管线标高高低相关 6m 阶梯式降低，形成二个积水区域，如图中的 *CD* 和 *DE* 段，且该两个区域没有热用户，长时间的运行造成管道积水，2013 年春节，退出该支线管网的某用户厂区内，运操人员在切断汽源后，在开疏水时发生了严重的水击事故。

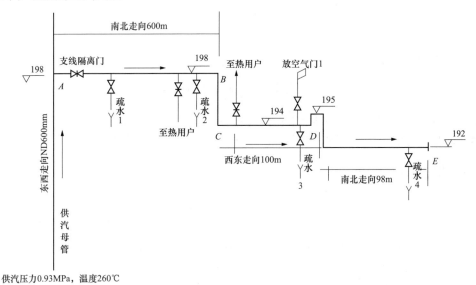

供汽压力0.93MPa，温度260℃

图 6-1　某支线管道水击的案例图

（4）原因分析。蒸汽管道输送的蒸汽压力为 0.86MPa，温度为 240℃，当阀门关闭后管道内的蒸汽仍有膨胀做功能力，在密闭容器内没有开水时，蒸汽是不流动的，当疏水门打开时管道内的蒸汽膨胀流动，操作人员先开启 4、3 疏水门。蒸汽管道 *CD*、*DE* 段在运行中因蒸汽长期不流动，管道积满了水，当疏水 4 门放水的过程容器会形成负压，此时管道蒸汽会向压力低的区域流动，在流经 *CD* 管段时，蒸汽流动夹带积水造成水冲击，末端管道强烈振动。

1）存在的系统问题是：支线末端热用户后仍有约长 200m 因没有蒸汽流动造成死管段，运行中蒸汽不断冷却积水，应该在支线末端热用户后加装隔离门，有效消除死管段。

2）在退出支线运行时，操作人员对系统认识不足，操作前未做事故预控，先开启最末端的疏水门造成水击。

（5）后续措施。本案例中，工业供热输送的是蒸汽，当蒸汽没有流动时会发生相变，过热蒸汽温度降低，相变为饱和蒸汽，饱和蒸汽再相变为热水，最终变为常温水。

1）对没有流动的蒸汽管道应安装隔离门，确保没有死管段，见图 6-2。

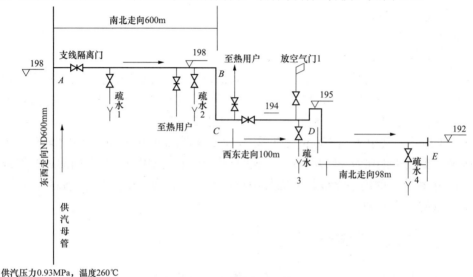

图 6-2 在某支线管道 CD 段安装隔离阀防止水击

2）当管道内有蒸汽时死水段的疏水门不开，待管道内蒸汽压力到零后再开启放水门。

3）应加强培训，熟练掌握蒸汽系统的特点，各蒸汽管道系统的差异。

三、供汽中断事故

1. 事故基本情况

（1）企业供热参数严重偏离热用户的生产用汽参数，达不到热用户的生产要求；

（2）供热管网支线管道爆破部分供热中断或供热全部中断，热用户无法生产的停产事故；

（3）供热管网的母管爆破造成供热全部中断；

（4）供热汽站装置、管道爆破造成供热全部中断；

（5）汽源侧发生爆管等重大故障，无法继续维持供热运行。

2. 事故可能发生的地点

事故发生区域的相关道路、桥梁、铁路等公共设施处。

3. 事故可能发生的时间、危害程度及影响范围

（1）事故发生时，供热管道的投入、退出可能引发水击，这可能导致企业用汽中断，影响企业正常生产，管道断裂有可能危害人身安全。

（2）减温减压站减温水失控，蒸汽超温引起的爆管，这可能导致企业用汽中断，影响

企业正常生产，管道断裂有可能危害人身安全。

（3）发生强烈地震，管道支墩倒塌蒸汽管道断裂。这可能导致企业用汽中断，影响企业正常生产，管道断裂有可能危害人身安全。

（4）管道途经山体边坡的管道，因山体滑坡冲垮支墩造成管道破裂。这可能导致企业用汽中断，影响企业正常生产，管道断裂有可能危害人身安全。

（5）管道途经国道、省道的管道，因支墩管道被汽车撞击造成的管道破裂。这可能导致企业用汽中断，影响企业正常生产，管道断裂有可能危害人身安全。

（6）管沟因暴雨排水不及、不畅等引发的管道破裂，这可能导致企业用汽中断，影响企业正常生产，管道断裂有可能危害人身安全。

4．事故分级

（1）大事故：供热机组装机容量200MW以下的电厂，同时发生2台以上供热机组因安全故障停止运行的事故，造成全厂对外停止供热且持续时间48h以上。

（2）统计事故：发生全厂对外停止供热持续时间超过12h，对当地居民正常生产造成影响。虽然未发生全厂对外停止供热事故，但由于持续低温供热超过48h，对当地居民正常生活造成影响。工业热负荷供应被迫中断，引发纠纷，遭受经济索赔。

5．事故前可能出现的征兆

（1）供热管网没有明显的征兆，主要体现在供热管网的温度变化。

（2）主要的供热管网安全管理不到位，供热管道安全警示和告知不清。

6．事故可能引发的次生、衍生事故

（1）因供热蒸汽管道破裂，蒸汽泄漏引发的烫伤、灼伤人身事故。

（2）因供热蒸汽管道破裂，蒸汽外漏衍生的公路、铁路交通事故。

（3）因供热蒸汽管道破裂，蒸汽外漏引起高压线短路，引发、衍生停电事故。

（4）因铁路边蒸汽管道破裂，引发、衍生的火车交通事故。

四、地埋套管进水事故的案例

1．时间

2015年春节。

2．地点

某支线。

3．异常情况或现象描述

2015年春节过后恢复工业供汽，在投运过程中地埋管疏水通道有大量的水溢出，随暖管时间的增加溢水量也越大，溢出的水中有保温棉，外套管水位低于蒸汽管道位置后，疏水通道开始冒蒸汽，蒸汽管道运行后疏水通道一直冒蒸汽。

如图6-3所示，地埋管道全长120m，分别埋深2、4m，外套管ϕ1100mm，蒸汽管道ϕ425mm。在管道停运时，因外套管泄漏，大量的水渗入地埋外套管内。当蒸汽管道通蒸汽后，随着蒸汽管道温度的升高，套管内的积水被加热后膨胀，水从疏水通道管溢出。水沸腾后溢水量变大，当外套管内的积水位低于蒸汽管道后，溢出的是常压下的饱和蒸汽。

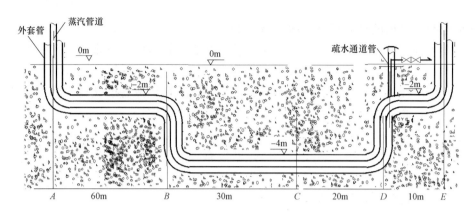

图 6-3 地埋套管进水事故示意图

4. 原因分析

2016 年利用国庆放假三天对管道 *DE* 段进行检查，未发现漏点，投运时疏水通道仍有水溢出。

该地埋管道施工条件恶劣，天气正值雨季，地埋处之前是池塘回填地，池塘是农民的生活污水排放点，地埋挖坑 5m 多深，下雨中频繁塌方，加上当地农民的阻挠，施工难度大，为尽快完成地埋工作，质量监控检验工作有所放松。

5. 解决措施

2017 年春节对最低处的 *BD* 段进行检查，分别在 *BC* 段和 *CD* 段各挖一个坑，如图 6-4 所示。检查发现 *BC* 段无泄漏，将 *BC* 段切除吊上地面，再把 *CD* 段切割抽出，发现 *CD* 段外套管有裂缝，打磨后发现拼接的焊缝有裂开。由于拼接处间隙大，用了 $\phi 8mm$ 的不锈钢材质的钢筋填缝，未采用不锈钢焊条焊接。焊条材质与被焊接的材质不匹配，焊接性能差，焊缝抗拉性能差，是造成这次事件的主要原因。焊接当事人说钢筋填缝是从附近的汽车修理厂要的材料，尚未进行材质验证。

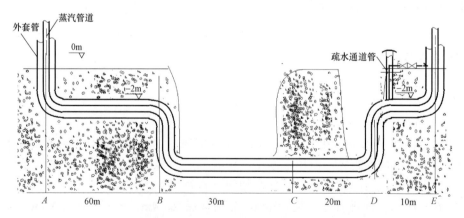

图 6-4 地埋套管进水事故处理方案图

6. 建议

为了防止此类事件再次发生，提出建议如下：

（1）地埋施工前的准备工作要充分，人力、物力、技术力量、对外协调到位。

（2）选择好的天气，尽量避免雨天气施工，并做好突发性洪汛的相关工作。

（3）与周边的村民协调好，避免施工过程中村民的干扰，取得当地政府的支持，并制定防村民干扰的措施，必须明确规定项目管理执行岗位职责、管理权限、联络渠道及其相互接口的关系，确保施工顺利进行。

（4）质量保证体系，严格执行质量大纲、作业程序和质量计划，组织项目部监查活动，编制内审计划，对质量计划的实施情况进行监查，组织质量审核，维持质量体系有效运行，确保施工符合国家和行业的质量标准，在安装过程的质量检查和验证工作，具体实施三级验收，保证对工艺的控制水平。

第三节 供热设备故障案例

一、天然气增压机电动机损坏

天然气增压站将来自上游长输供气管道的天然气增压，使天然气在所要求的压力和流量下连续稳定的输入下游燃气轮机天然气前置模块中并进入燃气轮机。天然气调压（增压）站能有效地将所输送的天然气中的固体颗粒杂质及液滴清除出来，使之能满足燃气轮机正常燃烧时的清洁度要求。

增压机是天然气增压站的心脏，一旦增压机出现问题，将会带来燃气轮机的非停，增压机由增压机主机及电动机构成，这就要求对增压机主机及电动机的维护、检修更加重视，确保其安全、稳定运行。

1. 故障描述

（1）时间：2017年11月15日。

（2）地点：上海地区某燃气轮机天然气增压站。

（3）异常情况或现象描述。燃气轮机负荷38.4MW，汽轮机负荷8MW，机组抽汽供热，其余设备按正常运行方式运行，尖锋锅炉备用。8时01分，燃气轮机发"气体燃料供应压力低"报警，DCS中增压机电动机电流为0，燃气轮机跳闸，联跳汽轮机。DCS增压机通信画面发"电动机前轴承温度异常""电动机后轴承温度高高"报警（DCS报警栏无声光报警），就地检查发现增压机PLC电控间盘面显示"电机前轴承温度异常""电机后轴承温度高""机身振动高"等报警且无法复位。

现场打开天然气增压机舱体门，有异味，增压机10kV开关柜保护装置显示过流保护动作，测量绝缘为1.5MΩ。

增压机部分参数及报警值：额定电流28.6A、轴承温度小于或等于80℃、增压机壳体振动小于8mm/s。正常运行中电流15～16A。

（4）具体数据。7时43分1号增压机电机电流从15.4A突升到23.01A，随后电机前轴承温度在7时48分由47.5℃升高到85℃（高Ⅰ值报警），7时49分轴承温度升至95℃温度（高Ⅱ值报警），7时51分升至149℃后变为坏点，7时56分增压机轴承振动由2.11mm/s升至8:00的8mm/s报警，8时01分，增压机振动9.51mm/s，增压机因电动机过流动作跳机。随后增压机电机后轴承温度升高，8时12分升到127.33℃后缓慢下降，期间增压机轴向位（1.039mm）未变。

2．原因分析

（1）增压机电机厂家《隔爆型三相异步电动机使用说明书》中规定："2P电动机每运行2000h应加油25～45g"。经检查电机给油脂记录，发现2016年8月至今未对天然气增压机电机加注润滑油脂。设备维护不到位，电动机定期加油脂管理存在漏洞导致电机轴承过热。

（2）电动机绝缘下降或缺相，故障电流突升，造成内部磁场不平衡，引起振动、轴承温度升高等。查看电机电流波形，明显有两个突增时段，前一突增波形显示电流在7时43分异常上升（17.15A），7时44分到达峰值（33.649A），随后下降，此波形判断为电机绝缘下降，故障电流突升。后一突增波形显示电流在7时59分开始异常上升，8时01分达到10kV开关过流保护定值，开关跳闸，断开故障设备。此波形判断为电机定、转子碰磨，损坏了电机绝缘，比较电机电流和负荷端轴承温度波形，7时43分电流突升时，温度显示值为49.07℃（正常值），随后平稳上升，7时46分到达70℃（异常值），从两者变化时间趋势判断电流突升为此次事件的首发起因。

（3）防爆壳松动，电动机轴承与转子外径间隙过小，造成动静碰磨，是造成本次事件的另一原因。

3．解决措施

增压机停机，电动机解体大修，更换线圈、主轴、轴承，电动机大修后试验。

4．建议

为防止类似事件再次发生，具体措施如下：

（1）严格按照各项设备管理标准，加强设备管理和预防性检查，重点加强对电机的给油脂管理，完善重点部位、重点设备的定期维护检修计划。

（2）对直接影响机组运行的关键主、辅设备必须采购成熟可靠产品，同时还应加强设备从采购、到货、安装、调试、运行、维护等各个环节的管理工作。

（3）采购备品电动机，并举一反三，对影响机组正常运行的重要设备进一步梳理，做好事故备品备件的储备及管理工作。

（4）优化增压站PLC系统、DCS系统热工报警逻辑，在控制室DCS报警窗增加增压机一般报警、系统总故障、系统总联锁信号声光报警，保障运行人员故障判断和应急处理的时间。

（5）优化天然气增压站系统配置，确保调压站系统安全可靠运行。

二、循环水泵与管网的匹配问题

设置在热力站的二级热水循环泵是热力站最主要的设备之一，其选择得是否合适，对供热系统的正常运行至关重要。以下介绍热水循环泵的工作性能曲线与热网特性曲线的匹配问题。

在一些实际工程中，由于多种原因，常出现循环水泵的工作性能曲线与管网特性曲线不匹配的问题（即水泵工作点偏移设计期望点），导致循环水泵不能正常运行，影响供热。

下面，以一个工程实例来分析引起这一问题的原因、出现的后果及几种可采取的补救措施和经验教训。

1. 系统概况

某小区热力站供热系统图，如图 6-5 所示。热源为热电厂，城市集中供热一级网与该热力站间接连接，一级网供回水温度为 100/80℃，热力站内设板式换热器，二级网设计供回水温度为 80/60℃。供热系统计算所需循环水量 420m³/h，二级网为利用原有的区域锅炉房供热系统，管径较大，最远用户距热力站 600m，二级热网的循环水泵为两台，一台运行一台备用，型号为 250S-65A，其主要特性如下：流量 420m³/h，扬程 0.48MPa（48mH₂O），转速 1450r/min，叶轮直径 400mm，配用电动机 Y280M-4，电动机功率 90kW，额定电流 164A。

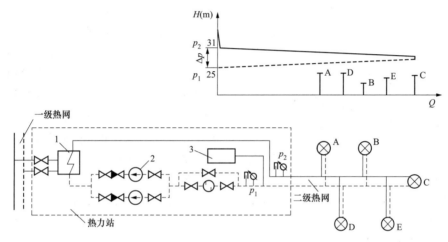

图 6-5　某小区热力站供热系统图及水压图

1—板式换热器；2—二级热网循环水泵；3—补水定压装置；

A、B、E—一般热用户；C—最远热用户；D—最大热用户

从水泵选择看，流量基本符合设计流量，扬程较富裕，且两台水泵，一台运行一台备用，应该是没有问题的。

2. 实际运行情况

此供热系统运行一段时间后，发现最远用户 C 和最大用户 D 的室内温度明显低于其他用户，虽经反复调整也没有好转。实测热力站入口总回水管上的压力 p_1=0.25MPa，出口总供水管上的压力 p_2=0.31MPa，作用压差 Δp=0.06MPa（6mH₂O），此时热网循环水泵流量为437m³/h，二级网供回水温度正常（即符合质调节曲线）。但有一个反常的情况：热网循环水泵出口管上的蝶阀仅能打开全开度的 1/4 左右，而此时电动机的电流为 171A，已超过了额定电流 164A，如果再开大出口阀，电动机就会过热。于是，只能在热网循环水泵出口阀仅开 1/4 的状态下运行。

3. 存在的问题和可能引发的后果

由于二级热网循环水泵提供的扬程消耗在水泵出口阀门的节流损失上，致使热力站出入口压力差很小，如图 6-5 中上半部位水压图所示，虽然热网中循环水量能满足设计要求，但由于热网获得的作用压力差过小，必将影响这个供热系统中的最大用户 D 和最远用户 C 使

这两个用户的实际流量少于设计流量，室温低于其他用户。在这种水压图形下运行的热网，网端作用压力仅 0.06MPa（6mH₂O）用一般的调节用户入口阀门的办法是很难有效果的。

这一分析与实际运行情况是一致的。

由于水泵在其出口管阀门关 3/4 的状况下长期工作，水流时刻冲刷阀芯（水泵出口管的流速是系统中流速最大的），将潜伏隐患：因为水泵出口阀的主要作用是关闭，不允许长期大关度作节流阀使用，一旦阀芯在水流冲刷下变型，轻者是失去关断功能，重者还会失去节流作用，致使电动机过热而烧坏。

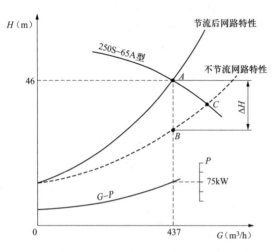

图 6-6　水泵与热网的特性曲线分析

A—水泵节流后的工作点；B、C—理想的水泵工作点

4. 原因分析

造成这种状况的根源在于循环水泵特性曲线与网路实际特性曲线无交点，如图 6-6 所示。左上部分 G-H 线为 250S-65A 型的流量-扬程曲线，中部的虚线为供热管网特性曲线，它与 G-H 曲线无交点，在此虚线上方的实线为水泵出口阀门节流后的网路特性曲线，它与 G-H 曲线的交点 A 即为水泵现在的实际工作点，对应流量为 437m³/h，扬程为 0.46MPa（46mH₂O）图的下方为轴功率曲线和效率曲线，水泵工作点对应轴功率 $P=75kW$。图中 ΔH 为节流损失。

5. 采取的措施

针对现在的实际状况，根本的解决途径是使水泵实际工作点能从图 6-6 中的 A 点向右下方移动，移到 B 点或 C 点附近，这样，可使热网流量增加，节流损失减少，泵出口阀门开度变大，热力站进出口压差提高，从而解决热用户 C、D 温度不足的问题。为达此目的可采取以下四种措施：

（1）更换水泵。从 S 型水泵样本上查出，如果采用 250S-39 型水泵，其性能为：流量 485m³/h，扬程 0.39MPa（39mH₂O），转速 1450r/min，配用电动机 Y280S-4，功率 75kW。此时，水泵与管道特性曲线交点将向右下方移动，肯定会使运行效果有所改善。但实施此方案将有一定难度：需重新购买两台泵（电动机可以不更换），需两万多元，因 250S-39 型与 250S-65A 型泵的泵体不同，地脚螺栓位置不同，故需去掉原先的泵基础重新制作，显然，此措施不够经济。

（2）更换电动机。将 250S-65A 型配用的电动机 Y280M-4 型改为 JR115-4 型，配用功率由 90kW 增至 135kW。此时，水泵与网路曲线的交点可落在 C 点附近，流量增加，运行效果改善。但两台电动机价格超过三万元，且需去掉电动机基础重做，此方案也不经济。

（3）改变运行方式。让两台 250S-65A 型泵并联运行，如图 6-7 所示。此时，泵与网路的交点在 D 处，而单台泵的工作点在 E 点附近，单台泵工作的功率点在 F 点处，对应 $P=62kW$，水泵配用电动机均不超电流。而此时热网流量增加，热力站进出口压差提高，不必对水泵出口节流，供热效果改善。但双泵并联运行，没有了备用泵，不安全，且总的耗电量增加，超过热力站的电负荷，热力公司一般不允许。

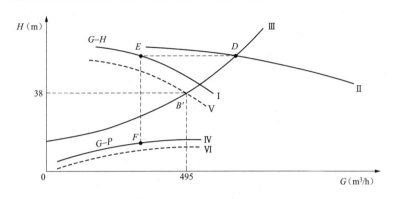

图 6-7 水泵的工作点

Ⅰ—单台泵 250S-65A 型的 G-H 特性曲线；Ⅱ—并联双泵 250S-65A 型的 G-H 特性曲线；

Ⅲ—管网特性曲线；Ⅳ—水泵 250S-65A 型的 G-P 特性曲线；Ⅴ—切削后的 250S-65A 型的 G-H 特性曲线；

Ⅵ—切削后的 250S-65A 型的 G-P 特性曲线；D—双泵并联的工作点；E—单泵的工作点；

F—并联工作时单台泵的功率点；B'—切削后的 250S-65A 型泵的期望工作点

（4）切削 250S-65A 型泵的叶轮。根据水泵特性，切削叶轮直径后的水泵特性将向原特性曲线的左下方变化，如图 6-7 中所示的虚线Ⅴ，我们期望其工作点与网路特性曲线交于图 6-7 中的 B' 点，此点对应流量约 495m³/h，扬程 0.38MPa（38mH₂O），则电动机功率、电流均不超标，电动机不必更换。如能实现此方案，不用换泵或电动机，不动基础，不增电负荷，可净增流量约 60m³/h，减小节流损失，泵出口阀可开大。显然这是最为经济也是最易于实现的措施了。

6. 实施过程

S 系列水泵的生产厂家是上海水泵厂，厂家样本上仅有 250S-65、250S-65A 型水泵。根据上述措施（4）做出一条假想的水泵特性曲线如图 6-7 所示的虚线，并在此虚线上标出一期望工作点 B'，把此曲线定为 250S-65B 型水泵（非标产品）的工作特性曲线，经上海水泵厂技术人员计算［切削公式：$Q_1/Q_2=n_1/n_2(D_1/D_2)^3$］，250S-65B 型水泵的叶轮直径应为 375mm，于是把 250S-65A 型水泵的标准定型叶轮的直径由 400mm 切削成 380mm（考虑安全因素，把 375 改作 380），于是非标产品水泵 250S-65B 型的叶轮就制成了。当时每个叶轮切削后的价格约为 1325 元。

把切削过的叶轮换到 250S-65A 型泵壳体后，经试运行，结果与预想的基本一致，经实测水泵流量 498m³/h，热力站供回水压力差 Δp=0.11MPa（11mH₂O），泵出口管道上的阀门可以全部打开，电动机轴功率 P=67kW，实际电流 149A，小于额定值 164A。最远用户 C 和最大用户 D 的室温有明显提高。

7. 原因分析

泵网不匹配的原因主要有：

（1）由于是利用原有的小区热网，设计时缺少原有管网的阻力计算资料，无法做出管网特性曲线，只能根据经验数据估算管网阻力，这往往会使估算的阻力大于实际值。

（2）原有管网是锅炉房供热，多年来一直是大流量、小温差运行，管径已比正常值偏大。

（3）250S-65A 型泵配用的电动机功率偏小，从厂家提供的 250S-65A 型泵曲线看，水泵最大流量可达 560m³/h，配用电动机功率应为 108kW 方可满足此流量要求。但该泵实际所配电动机的功率为 90kW，此功率对应流量约为 430m³/h，也就是说，用 250S-65A 型泵和厂家配的电动机只能在小于 430m³/h 的流量下运行（即 G-H 曲线最高效率点的左半部分）。然而水泵生产厂配用电动机功率并不是按 G-H 曲线上最大流量考虑的，有时是按比最高效率点流量稍大的值来配用电动机容量的。

8. 经验与教训

（1）对于这类利用原有小区管网的集中供热工程的设计，应了解原有热网的基本情况，虽然不必做出网路特性曲线，但应对原有热网的阻力有个基本准确的估值。像本案例中，若当初设计时选用 250S-39 型水泵（流量 485m³/h，扬程 39mH₂O，电动机功率 75kW），流量扬程均可满足要求，电功率亦小，是很理想的。

（2）对于选定的泵型，应画出其 G-H 曲线，并与假想的网路特性曲线进行分析，使所选择的泵与网路具有可匹配性。

（3）注意泵所配用电动机的功率是否可满足水泵最大流量的要求。有的厂家对泵配用的电动机功率没有按最大流量考虑，只是按比水泵最高效率点稍大的流量配电动机功率，这种泵的工作点在特性曲线图中就不能过分向右偏。例如本案例中，250S-65A 型泵的最高效率点流量为 420m³/h，但其配用电动机的功率为 90kW，仅能满足最大流量 430m³/h。如果所选择的水泵有可能在最高效率点的右边运行，就要认真核算下厂家配用的电动机功率是否满足供热系统可能出现的最大流量。

（4）注意在选水泵时，应使水泵的最高效率点流量比系统设计流量稍大些。例如，系统设计流量为 320m³/h，水泵流量宜选 350m³/h 左右。这样在运行调节上较灵活，还不会使配用电动机超过额定电流。

附录 A 供热技术监督实施细则

一、规范性引用文件

下列标准所包含的条文，通过在本细则中引用而成为本细则部分条文。凡不注明日期的引用文件，其最新版本适用于本细则。

GB 50019 采暖通风与空气调节技术规范

GB 16409 板式换热器

GB 50265 泵站设计规范

GB/T50627 城镇供热系统评价标准

GB/T 29529 泵的噪声测量与评价方法

GB/T 29531 泵的振动测量与评价方法

GB/T 30948 泵站技术管理规程

GB/T 50893 供热系统节能改造技术规范

CJJ 28 城镇供热管网工程施工及验收规范

CJJ 34 城镇供热管网设计规范

CJJ/T 81 城镇直埋供热管道工程技术规程

CJJ/T 55 供热术语标准

CJJ/T 88 城镇供热系统安全运行技术规程

CJJ/T 185 城镇供热系统节能技术规范

DL/T 561 火力发电厂水汽化学监督导则

DL/T 657 火力发电厂模拟量控制系统验收测试规程

DL/T 658 火力发电厂开关量控制系统验收测试规程

DL/T 659 火力发电厂分散控制系统验收测试规程

DL/T677 火力发电厂在线工业化学仪表检验规程

DL/T 774 火力发电厂热工自动化系统检修运行维护规程

DL/T 934 火力发电厂保温工程热态考核测试与评价规程

DL/T 1056 发电厂热工仪表及控制系统技术监督导则

DL/T 5175 火力发电厂热工控制系统设计技术规定

DL/T 5182 火力发电厂热工自动化就地设备安装、管路、电缆设计技术规定

DL/T 5190.5 电力建设施工及验收技术规范 第五部分：热工自动化

DL/T 5210.4 电力建设施工质量验收及评价规程 第四部分：热工仪表及控制装置

DL/T 5295 火力发电建设工程机组调试质量验收及评价规程

DL/T 5437 火力发电建设工程启动试运及验收规程

JGJ 26 严寒和寒冷地区居住建筑节能设计标准

JGJ 134 夏热冬冷地区居住建筑节能设计标准

JGJ 173　供热计量技术规程

JJF 1033　计量标准考核规范

SL 317　泵站设备安装及验收规范

二、总则

（1）为加强供热企业技术监督管理工作，提质增效，提高系统和设备安全可靠性，参照相关标准、规范和规程，结合供热企业的实际状况，特制定本细则。

（2）供热技术监督工作贯彻"安全第一、预防为主"的方针，实行技术负责人责任制。按照依法监督、分级管理的原则，对供热设备从设计审查、招标采购、设备选型及制造、安装调试及验收、运行、检修维护、技术改造和停备用的所有环节实施闭环的全过程技术监督管理。

（3）供热技术监督范围包括热网管辖的区域热源、一次管网（含蒸汽及热水管网）、热力站、二次管网直至用户的工艺系统和设备。

（4）供热技术监督主要适用于以热电联产机组、区域供热锅炉等为热源的供热企业，其他采用燃气冷热电三联供机组、水源热泵、地源热泵等热源方式的供热企业可参照执行。

（5）供热技术监督工作以安全和质量为中心、以标准为依据、以计量为手段，建立质量、标准、计量三位一体的技术监督体系。

（6）供热技术监督工作要依靠先进的技术手段，采用和推广先进可靠的设备和成熟的技术管理经验，不断提高供热系统的安全、经济、稳定运行水平。

（7）供热技术监督工作月度、季度及年度报表总结、综合经济指标、预警通知单等相关格式见表 A-1～表 A-5 要求编写。

三、监督对象

监督对象包括供热设备及系统：

（1）一次管网；

（2）二次管网；

（3）热力站；

（4）仪表及控制系统；

（5）智能热网系统；

（6）水质监督；

（7）节能监督。

四、一次管网监督

（一）监督范围

（1）一次管网的设计、安装调试、运行检修、技术改造等工作。

（2）一次管网包括从热源出口至热力站或用户入口前的管道及附属设备。

表 A-1　　　　　　　　　　　　　供热技术监督月度总结

报表单位　　　　　　　　　　　　　　　　　　填报日期：　　　年　　月　　日

项　目	情　况　简　述
监督工作计划和监督指标完成情况（包括主要综合经济技术指标和运行小指标情况）	
供热管理工作概况	
供热技术改造及措施	
供热热力试验及检修情况	
监督工作存在的主要问题	
下阶段重点工作	

负责人联系方式	姓名	办公电话	手机	QQ 号

填表：　　　　　　　　　审核：　　　　　　　　　批准：

表 A-2　　　　　　　　　　　　　供热技术监督季度总结

报表单位　　　　　　　　　　　　　　　　填报日期：　　　年　月　日

项　目	情　况　简　述
监督工作计划和监督指标完成情况（包括主要综合经济技术指标和运行小指标情况）	
供热管理工作概况	
供热技术改造及措施	
供热热力试验及检修情况	
监督工作存在的主要问题	
下阶段重点工作	

负责人联系方式	姓名	办公电话	手机	QQ 号

填表：　　　　　　　审核：　　　　　　　批准：

表 A-3   供热技术监督年度总结

报表单位   填报日期：   年   月   日

项　目	情　况　简　述			
监督工作计划和监督指标完成情况（包括主要综合经济技术指标和运行小指标情况）				
供热管理工作概况				
供热技术改造及措施				
供热热力试验及检修情况				
监督工作存在的主要问题				
下阶段重点工作				
负责人联系方式	姓名	办公电话	手机	QQ 号

填表：   审核：   批准：

表 A-4

供热技术监督综合经济指标月度报表

发电企业供热技术监督综合经济指标月度报表

报表单位：

年　　　月

用户侧年采暖最小耗热量 [GJ/(m²·采暖期)]	采暖单位面积耗热量 [GJ/(m²·采暖期)]	供热系统输配效率（%）	供热量（GJ）	售热量（GJ）	热源供热损失率（%）	一次供热管网售热量（GJ）	一次供热管网供热损失率（%）	一次供热管网单位热耗（W/m²）	热能损失（GJ）	耗电量（kWh）	一次供热管网沿程温降（℃/km）	一次供热管网沿程压降（kPa/km）	一次供热管网泄漏率 [t/(h·km)]
二次供热管网单位耗（W/m²）	单位热量电耗（kWh/GJ）	单位面积电耗（kWh/m²）	单位热量水耗（kg/GJ）	单位面积耗水量（kg/m²）	二次供热管网供热损失率（%）	二次供热管网万平方米耗热量（GJ×10⁴m²）	换热站板式换热器效率（%）	二次供热管网循环水泵效率（%）	二次供热管网沿程温降（℃/km）	二次供热管网沿程压降（kPa/km）	二次供热管网泄漏率（t/(h·km)）		
采暖全年耗水量（kg）						采暖全年耗热量（GJ）		采暖全年耗电量（kWh）					

备注：

表 A-5   供热技术监督预警通知单

编号   填报日期：   年   月   日

单位名称	
存在问题	
整改要求	
提出单位	签发人
整改情况	
整改负责人	

填表：   审核：   批准：

（3）一次管网的水利平衡分析和水力工况优化调整等工作。

（二）监督内容

1. 设计阶段

（1）供热规划应贯彻执行国家节约能源、环境保护的政策，合理布局，优化用能。确定合理的年耗热量、设计热负荷、采暖综合热指标、一次网供回水温度等设计指标。

（2）供热企业技术监督专责工程师应参加设计审查、招标文件审查、设计联络会等设计阶段相关的审查工作。

（3）对设计阶段可行性研究报告的内容和深度进行检查，内容应包括详细的热负荷分析、水力分析过程以及一次管网主要的设备材料清册，图纸应包括一次管网系统图和水压图。

（4）水力计算应包括最不利环路压降的计算过程和结果，一次管网系统补水定压压力。

（5）监督、审查一次管网管材、管件、阀门、补偿器、固定支架、保温等的选型设计方案，主要校核管径大小、管道壁厚、保温材料厚度、管道热伸长及补偿、固定支座的跨距及受力等。

（6）设备选型时，不使用已公布的淘汰设备，确保所选设备在满足设计要求的基础上，结合供货厂家的方案和图纸等，优先采用高性能、低能耗的设备，通过经济技术方案比较，确定最佳的设备选型方案。

2. 施工阶段

（1）所有阀门、补偿器、支座、除污器等设备器具必须有制造厂的产品合格证。

（2）所有预制保温管、弯头、三通、套管等管件必须由制造厂家提供，严禁施工现场自行制作。

（3）使用的补偿器应符合《金属波纹管膨胀节通用技术条件》（GB/T 12777）、《城市供热管道用波纹管补偿器》（CJ/T 3016）、《城市供热补偿器焊制套管补偿器》（CJ/T 3016.2）的有关规定。

（4）直埋保温管道的施工和安装应符合《城镇供热管网工程施工及验收规范》（CJJ 28）、《城镇直埋供热管道技术规程》（CJJ/T 81）的规定。

（5）直埋保温管道和管件应采用工厂预制，并应分别符合《高密度聚乙烯外护管聚氨酯泡沫塑料预制直埋保温管》（CJ/T 114）、《高密度聚乙烯外护管聚氨酯泡沫塑料预制直埋保温管件》（CJ/T 155）和《玻璃纤维增强塑料外护管聚氨酯泡沫塑料预制直埋保温管》（CJ/T 129）的规定。

（6）对施工质量进行监督、检查，必须严格按设计要求进行施工，包括管道埋深、焊接，管道安装坡度、回填要求等。如遇到实际施工与设计不符的情况，应及时通知设计，在出具设计方案后才可施工，严禁自行操作。

3. 运行与维护阶段

（1）运行、维护应制定相应的管理制度、岗位责任制、安全操作规程、设施和设备保养手册及事故应急预案。

（2）运行、维护应符合《城镇供热系统安全运行技术规程》（CJJ/T 88）、《城镇供热直埋热水管道技术规程》（CJJ/T 81）等行业标准。

（3）一次管网沿程架空管架、支座、支墩等应定期巡查，并记录有支座位移、支墩沉降等情况。

（4）一次管网沿程管道保温、管道壁厚、阀门、补偿器、人井等进行监督、检查和记录。

（5）一次管网启动时，热水供热管网温升每小时不超过 20℃，每次升压不得超过 0.3MPa。

（6）一次管网启动时，蒸汽管网检修完毕，在投入运行前，须先行暖管，暖管的恒温时间不少于 1h。

（三）监督管理

（1）重大技术改造要求及时上报，具体内容包括：一次网管道、阀门概况、改造前现状、改造措施、改造后效益分析，及时提交技改项目效益评估分析专题报告。

（2）一次管网建设和改造应建立健全以下资料档案：

1）城市热负荷规划资料；

2）一次管网设计竣工图纸，及设计变更清单；

3）一次管网接口保温施工检验记录；

4）一次管网水压试验、冲洗、探伤等报告；

5）一次管网技改报告、热力试验报告、水力平衡试验报告；

6）一次管网管件、设备器具产品检验合格证书；

7）一次管网建设或改造例会记录。

五、二次管网监督

（一）监督范围

（1）二次管网的设计、安装调试、运行检修、技术改造等工作。

（2）二次管网包括从热力站出口至用户入口前的管道及附属设备。

（3）二次管网的水利平衡分析和水力工况优化调整等工作。

（二）监督内容

1．设计阶段

（1）二次管网设计应贯彻执行国家的节约能源、环境保护政策，合理布局，优化用能。确定合理的供热负荷、设计热负荷、二次网供回水温度等设计指标。

（2）供热企业技术监督专责工程师应参加设计审查、招标文件审查、设计联络会等设计阶段相关的审查工作。

（3）对设计阶段可行性研究报告的内容和深度进行检查，内容应包括详细的热负荷分析、水力分析过程以及二次管网主要的设备材料清册，图纸应包括二次管网系统图和水压图。

（4）水力计算应包括最不利环路压降的计算过程和结果，二次管网系统补水定压压力。

（5）监督、审查二次管网管材、管件、阀门、补偿器、除污器、固定支架、保温等的选型设计方案，主要校核管径大小、管道壁厚、保温材料厚度、管道热伸长及补偿、固定支座的跨距及受力等。

（6）设备选型时，不使用已公布的淘汰设备，确保所选设备在满足设计要求的基础上，结合供货厂家的方案和图纸等，优先采用高性能、低能耗的设备，通过经济技术方案比较，确定最佳的设备选型方案。

2．施工阶段

（1）所有阀门、补偿器、支座、除污器等设备器具必须有制造厂的产品合格证。

（2）所有预制保温管、弯头、三通、套管等管件必须由制造厂家提供，严禁施工现场自行制作。

（3）使用的补偿器应符合《金属波纹管膨胀节通用技术条件》（GB/T 12777）、《城市供热管道用波纹管补偿器》（CJ/T 3016）、《城市供热补偿器焊制套管补偿器》（CJ/T 3016.2）的有关规定。

（4）直埋保温管道的施工和安装应符合《城镇供热管网工程施工及验收规范》（CJJ 28）、《城镇直埋供热管道技术规程》（CJJ/T 81）的规定。

（5）直埋保温管道和管件应采用工厂预制，并应分别符合《高密度聚乙烯外护管聚氨酯泡沫塑料预制直埋保温管》（CJ/T 114）、《高密度聚乙烯外护管聚氨酯泡沫塑料预制直埋保温管件》（CJ/T 155）和《玻璃纤维增强塑料外护管聚氨酯泡沫塑料预制直埋保温管》（CJ/T 129）的规定。

（6）对施工质量进行监督、检查，必须严格按设计要求进行施工，包括管道埋深、焊接，管道安装坡度、回填要求等。如遇到实际施工与设计不符的情况，应及时通知设计，在出具设计方案后才可施工，严禁自行操作。

3．运行与维护阶段

（1）运行、维护应制定相应的管理制度、岗位责任制、安全操作规程、设施和设备保养手册及事故应急预案。

（2）运行、维护应符合《城镇供热系统安全运行技术规程》（CJJ/T 88）、《城镇供热直埋热水管道技术规程》（CJJ/T 81）等行业标准。

（3）二次管网沿程架空管架、支座、支墩等应定期巡查，并记录有支座位移、支墩沉降等情况。

（4）二次管网沿程管道保温、管道壁厚、阀门、补偿器、人井等进行监督、检查和记录。

（三）监督管理

（1）重大技术改造要求及时上报，具体内容包括：二次网管道、阀门概况、改造前现状、改造措施、改造后效益分析，及时提交技改项目效益评估分析专题报告。

（2）二次管网建设和改造应建立健全以下资料档案：

1）二次管网设计竣工图纸，及设计变更清单；

2）二次管网水压试验、冲洗、探伤等报告；

3）二次管网技改报告、热力试验报告、水力平衡试验报告；

4）二次管网管件、设备器具产品检验合格证书；

5）二次管网建设或改造例会记录。

六、热力站监督

热力站技术监督范围包括泵组、换热器、除污器、二次网补水系统等设备。

（一）泵组监督

1. 监督范围

（1）泵组的设计、安装调试、运行检修、停机检查等工作。

（2）泵组包括热力站内循环泵、补水泵、电动机、供配电系统及其他附属设备。

2. 监督内容

（1）设计阶段。

1）泵的设计选型应按照《泵站设计规范》（GB 50265）、《城镇供热管网设计规范》（CJJ 34）等技术标准有关要求，择优选用技术成熟、运行业绩良好的产品，并符合节能要求。

2）泵的流量和扬程选择应根据管路特性进行合理的选择。

3）泵本体应满足以下要求：

a. 水泵厂提供的设计特性曲线在水泵设计工况范围内的流量、扬程、效率不允许有负偏差，扬程的正偏差不超过 5%；

b. 热水循环泵一台事故停运时，另一台水泵立即自动投入运行，水泵及电动机的设计和结构允许电动机在各种运行条件下全电压直接启动；

c. 全部泵组配套设备（含电动机）的接口、振动、噪声、工厂试验等均由水泵厂负责统一归口；

d. 水泵机组的最大振动双振幅极限值符合国家有关标准；

e. 根据《泵的噪声测量与评价方法》（GB/T 29529）规定，在水泵外壳 1.5m 处的噪声不大于 85dB；

f. 泵组各可调换部件具有互换性；

g. 泵轴的临界转速至少要比额定转速大 30%以上；

h. 泵组倒转速度不大于额定转速的 1.2 倍，此时保证泵组各部件无任何损害；

i. 热水循环泵效率不低于 60%。

4）电动机应选择资质齐全、业绩突出厂家的产品，且均需带有国家节能标识，杜绝使用技术落后即将淘汰的产品。

5）电动机散热风扇应采用同轴连接，不单独配置电源，同时满足变频调速的要求。

6）电动机性能应符合电动机周围工作环境的要求。针对地下、半地下或是地方环境湿度大的热力站（或中继泵房）电动机应配置空间加热装置。

7）电动机性能应符合电动机周围工作环境的要求。

8）电动机安装设计应符合：电动机基础、地脚螺栓孔、沟道、孔洞、预埋件及电缆管位置、尺寸和质量，应符合设计和国家现行有关标准的规定。

9）变频器作为电动机的驱动设备，变频器的额定参数要与电动机的额定参数相匹配。

10）变频器应选择可靠性高、效率高的产品，变频器应配有电抗器，电源输入侧的功率因数达到 0.9 以上，变频器本体还应自带散热风扇。

11）变频器安装设计应符合：

a. 变频器与电动机应采用一拖一形式；

b. 变频器柜宜布置在独立的电气间；

c. 变频器下口应配置隔离开关，方便检修及绝缘测试；

d. 变频器上口应配置电流表计，并将电流数据上传至监控系统；

e. 变频器频率应上传至监控系统；

f. 对于湿度大的地区，变频器柜内宜配置加热装置。

（2）安装调试阶段。

1）泵的安装应符合设计要求，安装要求参照《泵站设备安装及验收规范》（SL 317）和《城镇供热管网工程施工及验收规范》（CJJ 28）等。泵的设备调试可参照《火力发电建设工程启动试运及验收规程》（DL/T 5437）和《火力发电建设工程机组调试质量验收及评价规程》（DL/T 5295）规定执行。

2）新建或技改工程泵安装调试应有监督专责人参加，严格按行业标准及规程规定执行。

3）泵组投运时，系统所有设备应安装完毕，不得使用临时设备或只投入手动功能。

4）泵的调试要求：

a. 泵的出力（扬程、流量）符合设计要求；

b. 泵的振动测量执行《泵的振动测量与评价方法》（GB/T 29531），泵的噪声测量执行《泵的噪声测量与评价方法》（GB/T 29529）；

c. 泵的轴承温度符合厂家设计要求；

d. 泵的连续试转时间不应低于 2h；

e. 泵的润滑油正常。

5）电动机安装时，电动机的检查应符合下列要求：

a. 盘动转子应灵活，不得有碰卡声；

b. 润滑脂的情况正常，无变色、变质及变硬等现象。其性能应符合电动机的工作条件；

c. 电动机的引出线鼻子焊接或压接应良好，编号齐全，裸露带电部分的电气间隙应符合国家有关产品标准的规定。

6）电动机试运行前的检查应符合下列要求：

a. 建筑工程全部结束，现场清扫整理完毕；

b. 电动机本体安装检查结束，启动前应进行的试验项目已按《电气装置安装工程 电气设备交接试验标准》（GB 50150）试验合格；

c. 冷却、调速、润滑、密封等附属条件完毕，验收合格；

d. 变频器的参数设置与电动机参数相一致，电动机的保护、控制、测量、信号等回路的调试完毕，动作正常；

e. 盘动电动机转子时应转动灵活，无碰卡现象；

f. 电动机引出线应相序正确，固定牢固，连接紧密；

g. 电动机外壳油漆应完整，接地良好。

（3）运行维护阶段。

1）泵组的运行维护可参照《泵站技术管理规程》（GB/T 30948）。

2）检查记录泵的出力、效率、振动、轴承温度、电缆温度、电动机功率、电动机电流等参数指标。

3）泵轴的径向跳动值不应大于 0.05mm。

4）电动机宜在空载情况下做第一次启动，空载运行时间宜为 2h，并记录电动机的空载电流。

5）电动机在验收时，应提交下列资料和文件：

a. 设计变更的证明文件和竣工图资料；

b. 制造厂提供的产品说明书、检查及试验记录、合格证件及安装使用图纸等技术文件；

c. 安装验收技术记录、签证及干燥记录等；

d. 调整试验记录及报告。

（4）停机检查阶段。

1）在非供热期，应每周至少对泵组巡检一次。

2）电动机应定期盘动转子；对安装有空间加热器的电动机，在换热站湿度较大的时期还应开启加热器。

3）在换热站湿度较大的时期，应开启变频柜的柜体的风扇及加热器。

3. 监督管理

（1）各供热企业应按监督内容执行"产品选型、安装施工、运行维护、停机检查"的相关工作，并形成档案记录，按供热期和非供热期制定工作计划，工作计划中应涵盖本节中所有监督内容。

（2）各供热企业应建立健全下列资料档案：

1）与泵组相关的现行有效的国家和行业标准、规程及反事故措施；

2）检修、预试计划记录；

3）图纸及文件资料；

4）说明书、出厂试验报告、交接试验报告。

（二）板式换热器监督

1. 监督范围

（1）板式换热器的设计、安装调试、运行检修、停机检查等工作。

（2）板式换热器包括板片、胶条、紧固螺栓及其他附属设备。

2. 监督范围

（1）设计阶段。

1）板式换热器应是技术先进、经济合理，成熟可靠的产品，具有较高的运行灵活性。

2）板式换热器应能在规定的环境条件下长期安全、可靠、平稳运行。

3）板式换热器选型时应根据工程需要提供板式换热器的介质参数及一次侧与二次侧水的水质条件。

4）板式换热器必须具有不低于 1.6MPa 的工作压力和 150℃的工作温度。进出口压降应低于 0.05MPa，并满足各种工况条件下的性能要求。

5）换热器端差设置合理，保证较高的换热效率，换热器热回收效率不低于 95%。

6）板式换热器板换面积在满足设计工况条件下应有 20%导热面积的污垢余量，且必须至少留有 10%额外的传热板位置，作为新增负荷的扩充。

7）板式换热器传热系数不宜超过 3500。

（2）安装调试阶段。

1）换热器设备不应有变形，紧固件不应有松动或其他机械损伤。

2）属于压力容器设备的换热器需带有国家技术监察部门有关检测资料，设备安装后不得随意对设备本体进行局部切、割、焊等操作。

3）换热器应按照设计或产品说明书规定的坡度、坡向安装；换热器安装的允许偏差及检验方法应符合《城镇供热管网工程施工及验收规范》（CJJ 28）的要求。

4）换热器附近应留有足够的空间，满足拆装维修的需要。试运行前应排空设备内的残液，并应确保设备系统内无异物。

5）换热器应进行水压试验，强度试验压力应为 1.5 倍设计压力，严密性试验压力应为 1.25 倍设计压力，且不低于 0.6MPa。

6）板式换热器性能试验一般在供热系统试运后半年内进行。

（3）运行检修阶段。

1）板式换热器在运行中泄漏时，不得带压夹紧，必须泄压至零后方可进行夹紧至不漏，但夹紧尺寸不得超过装配图中给定的最小尺寸。

2）板式换热器的板片应逐块进行检查与清理，一般的洗刷可不把板片从悬挂轴上拆下。洗刷时，严禁使用钢丝、铜丝等金属刷，不得损伤垫片和密封垫片。

3）严禁使用含 Cl^- 的酸或溶剂清洗板片。板片洗刷完毕后必须用清水洗干净。

4）换热器一、二次侧不得有串水现象。

5）换热管泄漏的数量不大于总量的 5%时可进行维修，否则应更换换热器。

3．监督管理

（1）各供热企业应按监督内容执行"产品选型、安装施工、运行维护、停机检查"的相关工作，并形成档案记录，按供热期和非供热期制定工作计划，工作计划中应涵盖本节中所有监督内容。

（2）换热器应建立健全下列资料档案：

1）换热器监督有关文件、现行国家和行业标准及反事故措施；

2）换热器设备检修、检验计划，监督会议记录；

3）设备缺陷记录和异常、事故分析记录；

4）培训制度、计划、记录；

5）试验报告、图纸资料；

6）换热器系统备品、备件清单；

7）换热器计算书。

（三）除污器监督

（1）监督范围：除污器的设计、安装调试、运行检修、停机检查等工作。

（2）除污器设计时应考虑通流面积、实际安装尺寸、位置等参数进行合理选型。

（3）除污器应按设计或标准图组装。安装除污器应按热介质流动方向，进出口不得装反，除污器的除污口应朝向便于检修的位置，宜设集水坑。

（4）热网回水管上应装设除污器。

（5）除污器的承压能力应与管道的承压能力相同。

（6）运行时滤网孔限应保持 85%以上畅通，流通面积低于设计的 80%时应及时清洗。

（7）除污器应提供通流能力计算书并备案。

（四）二次网补水系统监督

（1）二次网补水系统的设计、安装调试、运行检修、停机检查等工作。

（2）二次网补水系统包括补水水箱、软化水系统、加药系统等。

（3）设计时，闭式热力网补水装置的流量，不应小于供热系统循环流量的 2%；事故补水量不应小于供热系统循环流量的 4%。

（4）补水箱材质宜采用不锈钢水箱或玻璃钢水箱。

（5）补水箱容量应是正常补给水量的 4～5 倍。

（6）间接连接采暖系统的补水质量应保证换热器不结垢，当不能满足要求时应对补给水进行软化处理或加药处理。当采用化学软化处理时，水质标准应符合《城镇供热管网设计规范》（CJJ 34—2010）4.3.1 规定［浊度≤5.0FTU、总硬度≤0.6mmol/L、溶解氧≤0.1mg/L、油≤2mg/L、pH(25℃)=7～11］，当采暖系统中没有钢板制散热器时可不除氧；当采用加药处理时，水质标准应符合如下要求：浊度≤20FTU、总硬度≤6mmol/L、含油量≤2mg/L、pH(25℃)=7～11。

七、仪表及控制系统监督

（一）监督范围

（1）仪表及控制系统的设计、安装调试、运行检修、停机检查等工作。

（2）仪表及控制系统监督包括关口计量仪表、一次网、热力站、二次网、用户所有热工仪表设备、控制系统及热网集中监控系统。

（3）热工仪表及设备包括：

1）热工参数检测、显示、记录仪表；

2）检测元件（温度、压力、流量、转速、振动、物位等的元件及其他的一次元件）；

3）仪表取源管路（一次门后的管路）；

4）二次线路（补偿导线、补偿盒、热控电缆及槽架和支架、二次接线盒及端子排）；

5）二次仪表及控制设备（显示、记录、累计仪表，数据采集装置，调节器，操作器，执行器，运算、转换和辅助单元，热控电源和汽源等）；

6）显示、记录仪表及控制设备；

7）保护、联锁及工艺信号设备（保护或联锁设备、信号灯及音响装置等）；

8）顺序控制装置（顺序控制器、顺序控制用电磁阀、开关信号装置等）；

9）过程控制计算机［可编程序控制器（PLC）、远程终端单元（RTU）、远程控制服务器等计算机控制设备］；

10）视频监控摄像头、视频服务器；

11）计算机网络服务器及设备；

12）热工计量标准器具及装置。

（4）控制系统：

1）参数测量及显示、报警、记录系统；

2）自动调节控制系统；

3）保护、联锁及工艺信号系统；

4）顺序控制系统；

5）视频监视系统。

（二）监督内容

1. 设计阶段

（1）新建、扩建、改建的热网热工控制系统的设计应符合《城镇供热管网设计规范》（CJJ 34）、《供热系统节能改造技术规范》（GB/T 50893）等其他有关热网热工控制的设计改造规范。

（2）新建、扩建、改建的热网热工控制系统的设计应根据工程特点、工艺系统、主辅机可控性及自动化水平确定。热工控制系统应完成热力站机组控制系统的检测、控制、报警、联锁保护等功能，实现机组启/停、正常运行操作、事故处理和操作指导等。

（3）热网热工控制系统的设计宜采用无人值守的设计原则，在集中控制室内实现机组及设备的启动、运行调整、停机和事故处理等功能。

（4）宜设置视频监视系统作为辅助集中监视手段，监视点应根据生产运行、消防监控及必要的安全警卫等方面的实际需要确定。

（5）引进的热工仪表及控制装置应具有先进性、可靠性、可扩展性和开放性，不应选用面临淘汰的以及接口不开放的产品；所有指示、显示参数均应采用法定计量单位。

（6）设备的选型在满足工艺系统要求的情况下，应确保设备的兼容性。

（7）仪表的选择应满足程控、联锁的要求，其动作必须安全、可靠。

（8）就地热工设备的设计应满足《火力发电厂热工自动化就地设备安装、管路、电缆设计技术规定》（DL/T 5182）的要求。

（9）计算机监控系统的配置应能满足机组任何工况下的监控要求（包括紧急故障处理），在设计时，应采用合适的冗余配置并具有自诊断功能，具备较高的可靠性。

（10）热工联锁和保护。

1）热工保护系统的设计应有防止误动和拒动的措施，保护系统电源中断或恢复时不会误发动作指令。

2）控制回路设计应按照保护、联锁控制优先的原则，以保证人身和设备的安全。

3）重要的开关量仪表宜根据设备实际情况冗余配置。

（11）热工模拟量控制。

1）各模拟量控制系统的控制回路都应按实用可靠的原则进行设计，采用成熟的优化控制新技术，改善调节系统品质指标，提高设备运行的经济性。

2）重要模拟量仪表宜根据设备实际情况冗余配置。

2．制造安装阶段

（1）安装前监督：热工设备安装前技术监督的内容及要求见表 A-6。

表 A-6　　　　　　　　　热工设备安装前监督的内容及要求

序号	监督项目	监督内容	监督要求
1	到货验收	按合同规定验收和开箱检查	按装箱单和到货单核对设备数量、型号，严禁将不合格的热工设备及控制装置安装使用、投入运行
		技术资料和工具妥善保管	
2	设备保管	分类妥善保管	防止丢失、破损、受潮、受冻、过热及浸污
3	施工图纸	应全面核对热控系统的设备布置、电缆接线、盘内接线和端子接线图	若发现有关设计问题，可经施工单位负责人同意后进行施工，并通知设计单位复核追补设计变更手续；对于设计变更，须有设计变更通知单方可施工
4	施工组织	进行技术交底	各级技术负责人、技术人员和施工负责人应将施工组织设计作为技术交底的主要内容之一，分级进行交底，使全体施工人员了解并付诸实施
5	外包工程管理	涉及热工技术监督的项目	热工技术监督负责人参与对承接方施工设备、施工人员、项目管理等相关资质的评定和审查
6	热工仪表	应进行检查和检定	达到仪表和控制设备本身精度等级的要求，并符合现场使用条件；所有检定证书、综合误差报告（包括节流装置尺寸复核数据）和竣工图应在机组投入运行时一并移交生产单位建档存查
7	热工报警装置	应进行调试	确保音响效果和响应方式符合现场使用要求
8	执行机构及阀门	应进行检查调试	确保传动部件动作灵活，无空行程和卡涩现象
9	仪表管路和线路	应进行耐压试验和回路校验	试压、管路及阀门严密性试验应符合标准要求

（2）施工和验收监督：热控设备施工及验收的常用标准与管理办法见表 A-7，热控设备施工技术监督的内容见表 A-8。

表 A-7　　　　　　　　　施工及验收的常用标准与管理办法

序号	项目	标准与管理办法
1	就地设备安装	《火力发电厂热工自动化就地设备安装、管路及电缆设计技术规定》（DL/T 5182）
2	计算机监控系统的验收	《火力发电厂分散控制系统验收测试规程》（DL/T 659）
		《火力发电厂热工自动化系统检修运行维护规程》（DL/T 774）

序号	项目	标准与管理办法
3	高温高压部件的安装及焊接	《电力建设施工及验收技术规范 管道篇》（DL/T 5031）
		《火力发电厂焊接技术要求》（DL/T 869）
4	热工仪表及控制装置施工质量管理和验收	《电力建设施工及验收技术规范（热工仪表及控制篇）》（DL/T 5190.5）

表 A-8 　　　　　　　　　　　　热控设备施工技术监督的内容

序号	监督项目	监 督 要 求
1	就地设备的安装	采取措施防止损坏已装设备
		应保证测量与控制系统能准确、灵敏、安全、可靠地工作，且注意布置整齐美观，安装地点采光良好，维护方便
		满足设备对环境温度和相对湿度的要求
		避开振动源、磁场源、干扰源、热源及潮湿和腐蚀场所
		在露天场所应有防雨、防冻措施
		在有粉尘的场所应有防尘密封措施
		应标志正确、清楚、齐全
2	电缆敷设和接线	严格按正确的设计图册施工，做到布线整齐，各类电缆按规定分层布置，电缆的弯曲半径应符合要求，避免任意交叉并留出足够的人行通道
		应尽量减少电缆中间接头的数量。如需要，应按工艺要求制作安装电缆头，经质量验收合格后，再用耐火防爆槽盒将其封闭
3	电源的熔断器或开关的容量	符合使用设备的要求，并有标志
4	电气回路接线	接线正确，布线整齐、美观，端子固定牢固，性能良好，标志清楚
5	机柜内的端子排和端子	应有清晰的标志，并与图纸相符
6	电缆孔洞和盘面之间的缝隙	控制室、开关室、计算机室等通往电缆夹层、隧道、穿越楼板、墙壁、柜、盘等处的所有电缆孔洞和盘面之间的缝隙（含电缆穿墙套管与电缆之间缝隙）必须采用合格的不燃或阻燃材料封堵

3. 调试阶段

（1）新建管网及热力站的热工仪表及控制装置的调试工作应由具备相应资质的调试单位承担。

（2）调试前，调试单位应编制详细的调试措施及调试计划。

（3）检定和调试校验用的标准仪器、仪表必须合格，并符合等级规定。凡无有效检定证书的标准仪器、仪表不得使用。

（4）设备试运结束后，设计、施工、调试单位应按照有关规定，按时移交有关的技术资料、专用工具、备品备件、图纸和施工校验、调试记录、调试总结等。

（5）就地热工设备：调试阶段就地热工设备检查项目及内容见表 A-9。

表 A-9　　　　　　　　　　就地热工设备检查项目及内容

序号	检查项目	检查内容
1	测量元件、取样装置	安装应符合《火力发电厂热工自动化就地设备安装、管路及电缆设计技术规定》（DL/T 5182）的要求
2	检测、显示、记录仪表及控制设备	检查校验记录
3	仪表管路	检查严密性试验记录及防护措施
4	执行机构（包括电动门、电磁阀、和电动执行机构等）	检查安装情况及远方操作试验记录

（6）计算机监控系统：

1）规范计算机监控系统的系统软件和应用软件的管理，软件的修改、更新、升级必须履行审批受权及责任人制度。在修改、更新、升级软件前，应对软件进行备份。未经测试确认的各种软件严禁下载到已运行的计算机监控系统中使用，必须建立有针对性的计算机监控系统防病毒措施。

2）计算机监控系统调试结束后，对所有微机内组态信息，应备份在光盘或其他存储设备上，一式两份，并按有关规定妥善保管。

（7）热工联锁和保护：调试单位应按有关规定对热工联锁和保护系统进行试验，试验项目及执行标准参照《火力发电厂开关量控制系统验收测试规程》（DL/T 658），《火力发电厂模拟控制系统验收测试规程》（DL/T 657）的要求。

4．运行阶段

（1）总的要求：热工仪表及控制装置的检修、运行维护应符合《火力发电厂热工自动化系统检修运行维护规程》（DL/T 774）的要求。

（2）热工人员必须对运行中的热工仪表及控制装置定期巡检，并做好巡检记录。

（3）未经许可，运行中的热工仪表及控制装置盘面或操作台面不得进行施工作业。热工人员对运行中的热工设备进行试验、检修、消缺处理时，应做好安全措施，并严格执行工作票制度。

（4）建立、健全电缆维护、检查及防火、报警等各项规章制度。对电缆中间接头定期测温，按规定进行预防性试验。

（5）热工就地设备应保持整洁、完好，标志正确、清晰、齐全。

（6）计算机监控系统：

1）加强计算机监控系统的管理，对主要外围设备进行定期检查及维护，并做好计算机监控系统使用、维修和故障记录。

2）建立计算机软件组态修改制度，修改前应提出修改申请，经批准后，由专人进行修改，修改结束后提交修改报告并存档。对计算机系统的应用软件应进行定期存盘。

3）应建立计算机监控系统的防病毒措施。未经测试的各种软件，严禁下载到已运行的系统中使用；禁止使用笔记本电脑等电子设备作为系统维护工具；操作员站的外部接口应封死，且不应具有工程师站的系统维护功能。

4）应制定在各种情况下计算机监控系统失灵后的紧急停运措施。

（7）热工联锁和保护：

1）热工保护系统应准确可靠地投入运行，未经批准不得退出。

2）联锁、保护定值如需更改，必须由有关部门事先提出正式修改申请，经批准后，由热工专业人员执行，并通知有关人员验收，经验收确认后方可投入。

（三）监督管理

（1）各供热企业应按监督内容执行"产品选型、安装施工、运行维护、升级更新"的相关工作，并形成档案记录，按供热期和非供热期制定工作计划，工作计划中应涵盖本节中所有监督内容。

（2）各供热企业应建立健全下列资料档案：

1）热工仪表及控制装置设备的清册、台账及出厂说明书；

2）热工计量标准仪器仪表清册；

3）热工仪表及控制装置系统图、原理图、实际安装接线图；

4）热工仪表及控制装置电源系统图；

5）主要仪表测点实际安装图；

6）流量测量装置（孔板、超声波等）的设计计算原始资料及加工图纸；

7）备用热工设备及零部件清册；

8）各种技术改进图纸和资料；

9）监控系统硬件配置清册；

10）热工设备运行日志；

11）热工设备缺陷及处理记录；

12）热工仪表及控制装置检修、检定和试验调整记录；

13）热工标准仪器仪表维修、检定记录；

14）计算机监控系统软件和应用软件备份；

15）计算机监控系统故障及死机记录。

八、智能热网系统监督

（一）监督范围

（1）智能热网系统的规划设计、安装调试、运行维护及更新等阶段。

（2）供热企业智能热网系统范围内的管网水力平衡分析系统、"一站一优化曲线"系统，生产调度及能耗分析系统，地理信息系统，生产管理系统，用户服务系统等。

（3）硬件方面主要包含机房环境、主机硬件系统、存储与备份系统、辅助系统、终端计算机用户设备等；软件方面包含各类智能热网系统的软件、安全系统、数据。

（二）监督内容

1. 智能热网系统规划、设计

（1）新建、扩建、改建的智能热网系统的设计应符合《计算机软件测试文档编制规范》（GB/T 9386）、《计算机软件需求规格说明规范》（GB/T 9385）、《数据中心设计规范》（GB 50174）、其他有关规范。

（2）新建、扩建、改建的智能热网系统的设计应根据企业自身组织机构特点、规模及实用性确定。智能热网系统应完成供热企业管网水力平衡分析系统、一站一优化曲线系统，生产调度及能耗分析系统，地理信息系统，用户服务系统，生产管理系统等方案设计，实现企业生产、服务、企业运行的信息共享、信息安全、提升企业服务质量、生产及管理效率。

（3）设计应遵循成熟性原则，即软件在行业内有较成熟的应用，在总体技术框架和应用逻辑结构上具良好的成熟性与可验证性。

（4）应遵循可扩展性原则，即随着数据量的增加和运行节点的扩展，应用系统能够随着硬件和系统软件的升级和增加，具有良好的可扩展性。与此同时，应用软件应具有良好的开放性，必须具有开放的标准接口，能根据业务需求的不断变化对软件进行调整和二次开发。

（5）应遵循兼容性原则，能充分利用现有资源，与原有系统无缝连接。

（6）关键业务的系统主机采用双机备份，能够自动切换，涉密主机应具有防信息泄密措施。

（7）机房应配备不间断电源设备，其容量应保证机房设备和关键设备在采用双回路供电时，无备用发电机时，不间断电源设备应能够持续供电不少于 2h。

（8）如果供电系统无双路供电无备用发电机时，不间断电源设备应能够持续供电不少于 4h，并考虑 40%的负荷余量。

2. 智能热网系统安装调试

（1）设备和服务器应该安装在机柜内。

（2）服务器应摆放在统一集中的中心机房内，所有服务器应关闭与业务无关的服务及端口。

（3）安装软件、系统补丁软件、系统安装详细操作说明、系统设置的详细参数及设置步骤等一切必备的系统安装软硬件以及机柜钥匙等附属配件必须集中放置在安全、易取的地方。

（4）安装时应对 IP 地址进行统一规划、分配，IP 地址的分配应采用静态方式进行分配，入网设备的 IP 地址与 Mac 地址必须进行登记并绑定。

（5）新系统入网必须经过严格的审查，并须经有关部门批准。

（6）服务器本身必须采取足够的安全防护措施，禁止远程配置，取消不必要的网络协议、服务与接口。

（7）生产实时及控制系统与管理信息系统之间应有隔离措施。

（8）应用软件、系统正式投运或上线后，应指定专人进行管理，删除或者禁用不使用的系统缺省账户、测试账号，杜绝缺省口令账号。

3. 智能热网系统运行维护

（1）系统投入运行前，应对系统运行的稳定性、安全性进行严格测试。包括检查应用系统自身是否存在安全漏洞和隐患，系统是否安装最新的补丁软件，是否已关闭所有不必要的服务端口，是否已关闭所有不必要的服务进程等。

（2）投入运行的应用系统服务器和终端上的软、硬件配置不得随意更改。应用系统的管理和维护人员应严格按照各自的权限和业务流程使用系统。应用系统服务器及工作站不得随意调整其网络连接。

（3）关键业务服务器不得安装其他用途的应用软件。

（4）在应用系统出现意外情况确需恢复原有系统时，应根据系统数据恢复管理规程完成相关审批流程后再进行操作，不允许单人进行恢复操作，必须有应用系统管理员和数据库管理员同时在现场方能进行。

（5）建立合理的备份策略，对应用系统服务器操作系统参数和应用系统软件做改动时，应在改动前及改动后各做一次完全备份。

（6）定期检查服务器、防火墙、入侵检测等重要设备的日志记录文件，并做好相应处理。建立完整的计算机运行日志、操作记录及其他与安全有关的资料。

（7）系统口令要足够强健（长度不得少于 8 位，由字符和数字或特殊字符组成），要及时更新。

（三）监督管理

（1）各供热企业应按监督内容执行"产品选型、安装施工、运行维护、升级更新"的相关工作，并形成档案记录，按供热期和非供热期制定工作计划，工作计划中应涵盖本节中所有监督内容。

（2）各供热企业应建立健全下列资料档案：

1）与智能热网系统有关的技术文件、图表、程序和数据，包括信息技术系统建设规划、网络设计方案、软件设计方案、安全设计方案、源代码及相关技术资料；

2）设备台账、网络设备的配置参数、服务器及网络设备的各级密码记录；

3）服务器及网络设备的运行维护及操作记录；

4）网络拓扑图与机柜图纸等资料；

5）UPS 蓄电池测试记录、机房接地电阻测试记录。

九、水质监督

（一）监督范围

（1）软化水处理系统的设计、安装调试、运行检修、停机检查等工作。

（2）供热系统一次网、热力站、二次网水、汽品质。

（3）分析解决供热系统水质异常问题。

（二）监督内容

1. 设计阶段

（1）补水系统及加药系统的工艺设计要满足安全生产、经济合理、技术水平和环境保护的要求；

（2）水质在线仪表配置和选型，测点布置合理；

（3）水汽取样系统、排污系统等配置合理；

（4）化学材料、药品的选择恰当；

（5）设备选型依据选型标准和有关技术标准要求，监督设备选型及招、评标环节所选设备符合安全可靠、技术先进、运行稳定、高性价比的原则。

2. 安装调试阶段

（1）软化水装置管路的管材宜采用塑料管或复合管不得使用引起树脂中毒的管材。

（2）所有进出口管路应有独立支撑不得用阀体做支撑。

（3）两个罐的排污管不应连接在一起每个罐应采用单独的排污管。

3. 运行检修阶段

（1）每周对一次网补水水质和补水水质化验分析一次，符合《城镇供热管网设计规范》（CJJ 34—2010）。以热电厂和区域锅炉房为热源的热水热力网，补给水水质应符合如下要求：悬浮物小于或等于 5mg/L、总硬度小于或等于 0.6mmol/L、溶解氧小于或等于 0.1mg/L、含油量小于或等于 2mg/L、pH(25℃)7～11；当采用加药处理时，水质标准应符合如下要求：悬浮物小于或等于 20mg/L、总硬度小于或等于 6mmol/L、含油量小于或等于 2mg/L、pH(25℃)7～11。

（2）固定床水处理设备的维护、检修应符合下列要求：

1）离子交换器本体内壁的防腐涂料、衬胶或衬玻璃钢不得有破损或脱落；

2）进水装置水流分布均匀，水流应不直接冲刷交换剂层；

3）应确保再生液均匀地分布在交换剂中；

4）进、出孔眼应通畅；

5）底部排水装置应出水均匀，无偏流和水流死区，不得使交换剂流失；

6）观察孔、人孔应严密封闭，无泄漏。

（3）浮动床水处理设备的维护、检修应符合下列要求：

1）上部装置中的滤网不得被破碎的树脂堵塞；

2）下部装置在运行时布水均匀，当再生与反洗排出废液时树脂不得漏出；

3）空气管上的水帽或滤网无破损；

4）窥视孔应能清楚地观察交换器内部树脂的数量与活动情况。

（三）监督管理

（1）各供热企业应按监督内容执行"产品选型、安装施工、运行维护、停机检查"的相关工作，并形成档案记录，按供热期和非供热期制定工作计划，工作计划中应涵盖本节中所有监督内容。

（2）各供热企业应建立健全下列资料档案：

1）软化水系统设备到厂验收资料（包括说明书、检验报告、配件明细等）；

2）设备保管领用记录；

3）设备安装施工图；

4）设备调试记录；

5）化学设备各种运行记录和试验报告；

6）备品备件台账；

7）设备检修记录；

8）设备技术改造记录；

9）化学监督专业人员岗位责任制；

10）化学设备运行规程；

11）化学设备检修规程；

12）热力设备停（备）用防锈蚀管理办法；

13）化学药品（及危险品）管理制度。

十、节能监督

（一）监督范围

（1）供热能耗设备及主要经济指标。

（2）与供热系统经济运行有关的调整、试验、分析、改造及能源计量。

（二）监督内容

1. 规划、设计及基建阶段

（1）供热企业的建设规划和设计应贯彻执行国家的节约能源、环境保护政策，合理布局，优化用能。确定合理的热负荷需求、采暖综合热指标、一次网供回水温度等设计指标。

（2）供热企业节能监督专责工程师应参加设计审查、招标文件审查、设计联络会等设计阶段节能相关的审查工作。

（3）设计阶段的可行性研究报告应包括节能部分，通过监督审查设计方案、供货厂家的方案和图纸等，与同容量、同参数、同类型设备比，选出最优设计方案。在设计及安装时，应设必要的热力试验测点，以保证热力系统进行热力性能试验数据的完整、可靠。

（4）设备选型时，不使用已公布的淘汰设备，确保所选设备在满足设计要求的基础上，优先采用高性能、低能耗的设备，通过经济技术方案比较，确定最佳的热耗、电耗、水耗、环保等设计指标，获得最大的经济效益。

（5）基建阶段，应严格按照设计图纸安装设备，整套换热机组以及重要辅机试验测点及检测装置的安装位置、数量及安装质量，保证设备性能可靠、初始值正确。

（6）一二次网管道、循环泵、换热器等设备选型时应设置合理的裕量。

（7）新投产的循环泵、换热器等设备，按照合同约定的主要性能试验项目，委托有资质的单位进行测试，并出具性能试验报告。

（8）当蒸汽管道采用直埋敷设时，应采用保温性能良好、防水性能可靠、保护管耐腐蚀的预制保温管直埋敷设；当热水管道采用直埋敷设时，应采用钢管、保温层、保护外壳结合成 一体的预制保温管道。

（9）关口表计量的选型应符合《热量表》（CJ 128）和《供热计量技术规程》（JGJ 173）规定。

2. 运行阶段

（1）供热企业应结合本厂实际情况制定中长期节能规划和年度节能计划，并确定综合经济指标和运行小指标。

（2）各供热企业应开展全员、全过程的节能管理，逐项落实节能规划和计划，将各项经济指标逐级分解，制定相应的指标考核制度，以保证综合经济指标的完成。

（3）开展能耗指标对标工作，将实际完成值同设计值、历史最好水平以及同类系统、设备的最优值作比较和分析，找出差距，提出改进措施。

（4）对影响输配效率、单位面积热耗、水耗、电耗以及系统经济性能的问题要制定解决方案，进行处理，积极采用先进的节能技术，进行必要的检修和技术改造，降低系统能耗。

（5）应不断提高整体节能意识和运行操作水平，优化运行方式，使输配效率、单位面积热耗、水耗、电耗等经济数据在不同的热负荷下处于最优水平。

（6）根据不同的室外温度，编制优化运行曲线，确定热网循环泵的运行方式，作为经济运行的依据。

（7）加强对换热站板式换热器的管理，监视换热器上、下端差并记录，发现异常要查明原因并及时处理。

（8）加强换热站的能耗分析，对单位面积热耗、水耗和电耗高的换热站进行及时的运行调整和技术改造。

（9）开展小指标竞赛活动，提高运行人员参与节能工作的积极性。

（10）建立供热调度机制，实现厂网供需平衡。

（11）按照供热相关要求，生产运行阶段供热企业考核的主要综合经济指标包括：

1）供热系统指标：用户侧年最小采暖耗热量、采暖单位面积耗热量、供热系统输配效率。

2）一次供热管网系统指标：售热量、管网供热损失率、单位热耗、热能损失、电能损耗、管网沿程温降、网沿程压降、泄漏率。

3）二次供热管网系统指标：单位热耗、单位电耗、单位水耗、管网供热损失率、换热器效率、水泵组效率、管网沿程温降、网沿程压降、泄漏率、采暖全年耗热量。

（12）加强关口计量表计的管理，加强换热站计量表计的管理。

3. 检修维护阶段

（1）坚持"应修必修，修必修好"的原则，科学、实时安排供热机组及设备的检修，并保证检修质量，确保供热设备长时间连续稳定运行。

（2）合理安排检修计划，进行检修全过程节能监督，确保检修质量。

（3）建立健全设备维护、检修管理制度，从计划、方案、质量、关键过程检查、验收、评价、考核等各个方面进行规范，建立完整、有效的检修质量监督体系。设备技术档案和台账应根据检修情况进行实时动态维护。

（4）利用检修机会，进行以下主要节能项目：

1）板式换热器等换热设备的清洗；

2）一、二次网管道和阀门的泄漏消除；

3）计量装置校对更换；

4）电气系统和控制系统维护检查；

5）循环泵、补水泵等设备的节电改造。

（5）应制定一、二次网管道及附属设备的泄漏检查制度，减少系统泄漏。

（6）做好供热设备保温工作，保证热力设备、管道及阀门的保温良好，尽量降低散热损失。按照规定《火力发电厂保温工程热态考核测试与评价规程》（DL/T 934），当周围环境温度不大于 25℃，保温层表面不得超过 50℃；当周围环境温度大于 25℃，保温层表面与环境温度的温差不得超过 25℃。

（7）按照计量管理制度，做好热工测量设备的校验工作，保证测量结果准确。发现不准确的及时校验或更换。

4. 技术改造阶段

（1）对改造项目，改造前要进行节能技术可行性研究，认真制定改造方案，落实施工措施，改造后应有后评估报告。

（2）应定期分析评价企业生产系统、设备的运行状况，根据设备状况、现场条件、改造费用、预期效果等确定节能技改项目，编制中长期节能技术改造项目规划和年度节能改造项目计划，依据计划来实施节能技术改造项目。

（3）对效率较低的循环泵，可视情况实施节能技术改造，循环泵应积极开展变频技术改造。

5. 节热监督

（1）应每月进行换热站热耗率及其影响因素分析，制订主要节热计划并考核落实。

（2）应积极开展一二次网的水力平衡调节工作，通过平网来降低冷热不均现象，避免因末端不热而造成的过量供热。

（3）加强换热站的热计量管理工作。

（4）加强用户温度测量，及时根据用户室温情况进行供热调整。

（5）积极采用"一站一优化曲线"的运行调整模式，在保证供热质量的前提下降低供热热耗。

6. 节电监督

（1）应每月进行换热站耗电量及其影响因素分析，制定循环水泵、补水泵等用电设备节电计划并考核落实。

（2）积极推广先进的节电技术、工艺、设备，依靠先进技术，降低设备用电量。

（3）对效率低下的循环泵，根据自身情况，采取变频改造或更换设备等措施，进行有针对性的技术改造，以便提高运行效率。

（4）对运行时间长、耗能较高的电动机，应结合检修机会，进行节能改造或者更换节能型设备。

7．节水监督

（1）供热企业应加强用水的定额管理和考核，采取有效措施，节约用水。

（2）应加强供热一次、二次管网的查漏工作，及时进行检修堵漏。

（3）加强二次管网水力平衡调整，提高供热质量，减少用户私自放水行为。

（4）加强一次管网水力平衡调整，增大供回水温差，降低单位面积流量。

（5）管线支路应设置关断阀，加强阀门的检修维护，保证阀门的严密性，优化系统解列方式，减少检修放水量。

8．节能评价

（1）根据《城镇供热系统评价标准》（GB/T 50627）加强供热企业节能评价工作。

（2）通过对标考核，使供热企业了解企业的节能状况和国内先进水平，便于供热企业内部及供热企业之间节能工作的比较和经验交流。

（3）节能评价是围绕供热煤耗以及单位面积热耗开展，对热水炉小指标、首站指标、换热站、输配管网等，通过层层分解，找出影响煤耗和热耗的主要因素，提出措施建议。

（三）监督管理

（1）重大技术改造要求及时上报，具体内容包括：机组设备概况、改造前现状、改造措施、改造后效益分析，及时提交技改项目效益评估分析专题报告。

（2）供热企业应建立健全以下资料档案：

1）节能监督现行有效国家和行业有关常用标准、规程及企业制度等。

2）节能监督计划和中长期规划，大小修计划，月度、季度及年度报表总结，技术监督会议记录。

3）节能技改报告、热力试验报告。

4）重大节能技改项目效益评估分析报告。

5）节能、节电、节水管理相关制度。

6）培训制度、计划、培训记录及培训合格证书。

7）节能例会记录。

8）设备规范、试验数据和文件资料：

a．供热技改设计书；

b．循环泵的设计规范和特性曲线；

c．性能试验报告；

d．仪器设备台账；

e．仪器设备使用说明书；

f．仪器设备操作规程；

g．校验计划；

h．检定证书。

附录 B　供热技术经济指标体系

一、规范性引用文件

下列文件对于本文件的应用是必不可少的。凡是注日期的引用文件，仅注日期的版本适用于本文件。凡是不注日期的引用文件，其最新版本（包括所有的修改单）适用于本文件。

GB/T 23331—2009　能源管理体系要求

GB/T 50893—2013　供热系统节能改造技术规范

CJJ 28—2004　城镇供热管网工程施工及验收规范

CJJ 34—2010　城镇供热管网设计规范

CJJ/T 55—2011　供热术语标准

CJJ/T 88—2000　城镇供热系统安全运行技术规程

CJJ/T 185—2012　城镇供热系统节能技术规范

DL/T 904—2004　火力发电厂技术经济指标计算方法

JGJ 26—2010　严寒和寒冷地区居住建筑节能设计标准

JGJ 134—2010　夏热冬冷地区居住建筑节能设计标准

JGJ 173—2019　供热计量技术规程

建标 112—2008　城镇供热厂工程项目建设标准

二、供热技术经济指标体系

供热技术经济指标体系见表 B-1。

表 B-1　　　　　　　　　　　　供热技术经济指标体系

供热系统指标					
序号	指标名称	单位	序号	指标名称	单位
1	用户侧年最小采暖耗热量	GJ/（m²·采暖期）	3	供热系统输配效率	%
2	采暖单位面积耗热量	GJ/（m²·采暖期）			
热源系统指标					
序号	指标名称	单位	序号	指标名称	单位
1	供热量	GJ	5	标准煤量	t
2	发电量	kWh	6	供热煤耗	kg/GJ
3	供热比	%	7	发电煤耗	g/kWh
4	热电比	%	8	供热厂用电量	kWh

序号	指标名称	单位	序号	指标名称	单位
9	供热厂用电率	kWh/GJ	30	供热抽汽温度	℃
10	发电厂用电率	%	31	供热回水压力	MPa
11	供电煤耗	g/kWh	32	供热回水温度	℃
12	综合供电煤耗	g/kWh	33	供水流量	t/h
13	热源售热量	GJ	34	回水流量	t/h
14	热源供热损失率	%	35	热泵单位时间制热量	MW
15	售热标准煤耗	kg/GJ	36	热泵单位时间回收余热量	MW
16	供热油耗	t	37	热泵系统热网水压损	kPa
17	发电油耗	t	38	热泵机组性能参数	—
18	供热耗水率	t/GJ	39	凝汽器热负荷	MW
19	供热水耗	t	40	凝汽器真空	kPa
20	发电水耗	t	41	凝汽器初始端差	℃
21	供热（汽）补水率	%	42	凝汽器端差	℃
22	全厂补水率	%	43	凝汽器总体传热系数	W/（m² · K）
23	首站热网加热器效率	%	44	热网水压损	kPa
24	首站热网加热器上端差	℃	45	凝结水温度	℃
25	首站热网加热器下端差	℃	46	过冷度	℃
26	首站热网循环泵单耗	kWh/GJ	47	热电厂综合热效率	%
27	首站热网循环泵（组）效率	%	48	锅炉热效率	%
28	首站热网疏水泵单耗	kWh/GJ	49	电厂效率	%
29	供热抽汽压力	MPa	50	最低供热保证率	%

一级供热管网系统指标					
序号	指标名称	单位	序号	指标名称	单位
1	一级供热管网售热量	GJ	5	电能损耗	kWh
2	一级供热管网供热损失率	%	6	一级供热管网沿程温降	℃/km
3	一级供热管网单位热耗	W/m²	7	一级供热管网沿程压降	kPa/km
4	热能损失	GJ	8	一级供热管网泄漏率	t/（h·km）

二级供热管网系统指标					
序号	指标名称	单位	序号	指标名称	单位
1	二级供热管网单位热耗	W/m²	2	单位热量电耗	kWh/GJ

序号	指标名称	单位	序号	指标名称	单位
3	单位面积电耗	kWh/m²	9	二级供热管网循环水泵（组）效率	%
4	单位热量水耗	kg/GJ	10	二级供热管网沿程温降	℃/km
5	单位面积水耗	kg/m²	11	二级供热管网沿程压降	kPa/km
6	二级供热管网供热损失率	%	12	二级供热管网泄漏率	t/（h·km）
7	二级供热管网万平方米耗热量	GJ/（10⁴m²）	13	采暖全年耗热量	GJ
8	换热站板式换热器效率	%			

三、供热系统指标

（一）用户侧采暖期最小采暖耗热量

计量单位：GJ/（m²·采暖期）。

指标定义：是指在设计采暖度日数下，当地在采暖期中所需的单位面积采暖最小耗热量。

计算公式

$$Q_r = \frac{24 \times Z \times q_H \times 3600}{\eta_1 \times \eta_2 \times 10^9} \qquad （B\text{-}1）$$

式中　　Q_r——用户侧采暖期最小采暖耗热量，GJ/（m²·采暖期）；

Z——计算采暖期天数，d；

q_H——建筑物耗热量指标，W/m²；

η_1——室外管网输送效率，取 1；

η_2——锅炉运行效率，取 1。

在设计室外计算温度下，部分典型供热城市的所需最小采暖耗热量见表 B-2。

表 B-2　　　　部分典型供热城市所需最小热耗（设计采暖度日数下）

序号	城市名称	采暖耗热量（GJ/m²）		采暖度日数（d·℃）
		建筑物高层（14 层及以上）	建筑物低层（3 层及以下）	
1	北京	0.12	0.16	2699
2	天津	0.13	0.17	2743
	河北省			
3	石家庄	0.10	0.13	2388
4	丰宁	0.17	0.25	4167
5	承德	0.20	0.28	3783
	山西省			

序号	城市名称	采暖耗热量（GJ/m²）		采暖度日数（d·℃）
		建筑物高层（14层及以上）	建筑物低层（3层及以下）	
6	太原	0.14	0.19	3160
7	大同	0.17	0.24	4120
8	河曲	0.16	0.23	3913
9	原平	0.16	0.23	3399
10	离石	0.17	0.23	3424
	内蒙古			
11	呼和浩特	0.17	0.25	4186
12	图里河	0.39	0.47	8023
13	阿尔山	0.33	0.40	7364
14	通辽	0.21	0.29	4376
	辽宁省			
15	沈阳	0.18	0.26	3929
16	彰武	0.19	0.27	4134
17	清原	0.23	0.33	4598
18	朝阳	0.19	0.27	3559
19	本溪	0.19	0.27	4046
	吉林省			
20	长春	0.23	0.33	4642
21	前郭尔罗斯	0.24	0.34	4800
22	长岭	0.24	0.34	4718
23	敦化	0.24	0.33	5221
24	四平	0.21	0.30	4308
	黑龙江省			
25	哈尔滨	0.24	0.33	5032
26	漠河	0.40	0.49	7994
27	呼玛	0.34	0.41	6805
28	黑河	0.31	0.37	6310
29	孙吴	0.32	0.40	6517
30	伊春	0.29	0.35	6100
	江苏省			
31	徐州	0.07	0.10	2090
	山东省			
32	济南	0.08	0.11	2211

序号	城市名称	采暖耗热量（GJ/m²）		采暖度日数（d·℃）
		建筑物高层（14层及以上）	建筑物低层（3层及以下）	
33	德州	0.11	0.14	2527
34	潍坊	0.11	0.16	2735
	河南省			
35	郑州	0.07	0.10	2106
36	安阳	0.09	0.12	2309
37	孟津	0.07	0.11	2221
	陕西省			
38	西安	0.08	0.10	2178
39	延安	0.14	0.20	3127
40	榆林	0.18	0.25	3672
41	宝鸡	0.08	0.11	2301
	甘肃省			
42	兰州	0.13	0.18	3094
43	敦煌	0.17	0.23	3518
44	酒泉	0.14	0.21	3971
45	张掖	0.15	0.21	4001
46	平凉	0.14	0.20	3334
47	合作	0.16	0.22	5432
48	天水	0.10	0.15	2729
	青海省			
49	西宁	0.15	0.21	4478
50	大柴旦	0.19	0.26	5616
51	格尔木	0.14	0.21	4436
52	刚察	0.19	0.28	6471
	宁夏回族自治区			
53	银川	0.16	0.23	3472
54	盐池	0.17	0.24	3700
55	中宁	0.15	0.21	3349
	新疆维吾尔自治区			
56	乌鲁木齐	0.20	0.28	4329
57	哈巴河	0.23	0.33	4867
58	克拉玛依	0.21	0.29	4234

序号	城市名称	采暖耗热量（GJ/m²）		采暖度日数（d·℃）
		建筑物高层（14 层及以上）	建筑物低层（3 层及以下）	
59	北塔山	0.22	0.30	5434
60	吐鲁番	0.30	0.40	2758
61	哈密	0.20	0.26	3682
62	巴伦台	0.16	0.23	3992

计算依据：《严寒和寒冷地区居住建筑节能设计标准》（JGJ 26—2010）。

实际由于采暖度日数的不同，需对该指标进行修正，修正后的最小耗热量计算公式为

$$Q_r' = \frac{Q_r}{\theta} \times \theta' \qquad (B-2)$$

式中　Q_r'——实际采暖度日数下最小采暖耗热量，GJ/（m²·采暖期）；

　　　θ——设计采暖度日数，℃·d；

　　　θ'——实际采暖度日数，℃·d。

（二）采暖单位面积耗热量

计量单位：GJ/（m²·采暖期）。

指标定义：是指采暖期内采暖用户单位面积所耗的热量。

计算公式

$$Q_h = \frac{\Sigma Q_{sr}}{A} \qquad (B-3)$$

式中　Q_h——采暖单位面积耗热量，GJ/（m²·采暖期）。

　　　Q_{sr}——统计期内热源总售热量，GJ/采暖期。

　　　A——统计期内供热面积，空置房全部计入供热面积；应考虑非全采暖期用户（晚开栓）的供热面积，进行折算（按建筑面积计算），m²。

（三）供热系统输配效率

计量单位：%。

指标定义：是指实际采暖度日数下用户侧采暖期最小采暖耗热量与采暖单位面积耗热量的比值。

计算公式

$$\eta_L = \frac{Q_r'}{Q_h} \times 100 \qquad (B-4)$$

式中　η_L——供热系统输配效率，%。

供热系统输配效率是供热企业供热经济性的重要指标。

供热企业从热源（热网首站）出口至用户终端存在着各种损失，包括管网损失（一、二级供热管网）、过量供热、冷热不均损失（换热站间、楼宇间、用户间）等。供热企业管

理和技术水平的高低决定了其输配过程热损失的大小。按照《严寒和寒冷地区居住建筑节能设计标准》（JGJ 26—2010），用户侧所需求的采暖耗热量都有明确的计算公式和说明。因此，采用供热系统输配效率这一指标从总体上反映供热企业运行调节技术和管理水平的高低，以及调控输配过程热损失的能力强弱。

四、热源系统指标

（一）供热量

计量单位：GJ。

指标定义：是指统计期内热源厂生产的用于供热的总热量（采用热电联产机组或区域锅炉出口的流量、压力和温度进行计算）。

计算公式

$$\Sigma Q_{gr} = \Sigma Q_{gr1} + \Sigma Q_{gr2} \qquad\text{（B-5）}$$

式中　Q_{gr}——统计期内热源厂机组供热量，GJ；

　　　Q_{gr1}——统计期内热源厂机组直接供热量，GJ；

　　　Q_{gr2}——统计期内热源厂机组间接供热量，GJ。

1. 直接供热量

计量单位：GJ。

指标定义：是指统计期内热电联产机组或区域锅炉直接供出的蒸汽或热水的热量。

计算公式

$$\Sigma Q_{gr1} = [\Sigma(D_i h_i) - \Sigma(D_j h_j) - \Sigma(D_k h_k)] \times 10^{-3} \qquad\text{（B-6）}$$

式中　D_i——统计期内的供汽（水）量，t；

　　　h_i——统计期内供汽（水）的焓值，kJ/kg；

　　　D_j——统计期内的回水量，t；

　　　h_j——统计期内回水的焓值，kJ/kg；

　　　D_k——统计期内用于供热的补充水量，t；

　　　h_k——统计期内用于供热的补充水（自然水）的焓值，kJ/kg。

2. 间接供热量

计量单位：GJ。

指标定义：是指统计期内热电联产机组通过热网加热器供出的热量。

计算公式

$$\Sigma Q_{gr2} = \frac{\Sigma(D_i h_i) - \Sigma(D_j h_j) - \Sigma(D_k h_k)}{\eta_{rw}\eta_{gd}} \times 10^{-3} \qquad\text{（B-7）}$$

式中　η_{rw}——统计期内的热网加热器效率；

　　　η_{gd}——统计期内机组供热管道效率，即汽轮机从锅炉得到的热量与锅炉输出的热量的百分比。

（二）发电量

计量单位：kWh。

指标定义：是指统计期内机组的发电量，用 W_f 表示。

（三）供热比

指标定义：是指统计期内热源厂的供热量与发电、供热总耗热量的比值。

计算公式

$$\alpha(\%) = \frac{\Sigma Q_{gr}}{\Sigma Q_{zr}} \times 100\% \quad （B-8）$$

式中　α ——统计期内热电联产机组的供热比，%；

Q_{gr} ——统计期内机组的供热量，GJ；

Q_{zr} ——统计期内机组汽轮机发电、供热总耗热量，GJ，其计算公式如下

$$Q_{gr} = [(D_0 h_0 - D_{gs} h_{gs}) + D_{zr}^{zq}(h_{zr}^{zq} - h_{gp}) - D_{jw} h_{jw} + D_{zr}^{jw}(h_{zr}^{zq} - h_{zr}^{jw})] \times 10^{-3} + Q_{zg} \quad （B-9）$$

式中　D_0 ——统计期内进入汽轮机的主蒸汽流量积算，t；

h_0 ——统计期内进入汽轮机的主蒸汽焓，kJ/kg；

D_{gs} ——统计期内锅炉主给水流量积算，t；

h_{gs} ——统计期内锅炉主给水焓，kJ/kg；

D_{zr}^{zq} ——统计期内进入冷再热蒸汽流量积算，t；

h_{zr}^{zq} ——进入汽轮机中压缸再热蒸汽焓，kJ/kg；

h_{gp} ——汽轮机高压缸排汽焓，kJ/kg；

D_{jw} ——统计期内锅炉过热器减温水流量积算，t；

h_{jw} ——统计期内锅炉过热器减温水焓，kJ/kg；

D_{zr}^{jw} ——统计期内再热蒸汽用减温水流量积算，t；

h_{zr}^{jw} ——统计期内再热蒸汽用减温水焓，kJ/kg；

Q_{zg} ——统计期内进入汽轮机前锅炉主蒸汽管道直接供热用（如减温减压器）的耗热量，GJ。

计算发电、供热总耗热量时，如果过热蒸汽减温水、再热蒸汽减温水抽取点在锅炉主给水流量计量点之前的，应计入公式，抽取点在锅炉主给水流量计量点之后的，则不再计入公式。汽轮机中压缸再热蒸汽流量没有计量装置的，可按规程中再热蒸汽占主蒸汽流量比例的设计值计算。

（四）热电比

指标定义：是指统计期内热电厂总供热量与发电量折热量的比值。

计算公式

$$I(\%) = \frac{\Sigma Q_{gr} \times 10^6}{\Sigma W_f \times 3600} \times 100\% \tag{B-10}$$

式中　I——统计期内热电联产机组热电比，%；

　　　Q_{gr}——统计期机组的供热量，GJ；

　　　W_f——统计期内机组的发电量，kWh。

（五）标准煤量

计量单位：t。

指标定义：是指统计期内用于生产所耗用的燃料折算至标准煤的燃料量。

计算公式

$$B_a = B_{rl} - B_f \tag{B-11}$$

$$B_{rl} = \frac{B_m Q_m + B_y Q_y + B_q Q_q}{29271} \tag{B-12}$$

式中　B_a——统计期内发电和供热总耗用标准煤量，t；

　　　B_{rl}——统计期内耗用燃料总量（折至标煤），包括燃煤、燃油及其他燃料，t；

　　　B_m——统计期内入炉燃煤用量，t；

　　　B_y——统计期内入炉燃油用量，t；

　　　B_q——统计期内入炉其他燃料用量，t；

　　　Q_m——统计期内入炉燃煤实测低位发热量，kJ/kg；

　　　Q_y——统计期内入炉燃油实测低位发热量，kJ/kg；

　　　Q_q——统计期内入炉其他燃料的实测低位发热量，kJ/kg；

　　　B_f——统计期内应扣除的非生产用燃料量（折至标准煤），t。

标准煤量应包括锅炉点火、助燃用油量，并将统计期内所耗用的燃油量折算成标准煤，一同计入。应扣除的非生产用燃料包括如下：

（1）新设备或大修后设备的烘炉、煮炉、暖机、空载运行的燃料；

（2）新设备在未移交生产前的带负荷运行期间耗用的燃料；

（3）计划大修以及基建、更改工程施工用的燃料；

（4）发电机做调相运行时耗用的燃料；

（5）运输用自备机车、船舶等耗用的燃料；

（6）修配车间、副业、综合利用及非生产用的燃料。

（六）供热煤耗

计量单位：kg/GJ。

指标定义：是指统计期内机组每对外供热一吉焦热量所消耗的标准煤量。

计算公式

$$b_{gr} = \frac{B_r \times 10^3}{Q_{gr}} \tag{B-13}$$

式中 b_{gr} ——供热标准煤耗，kg/GJ；

B_r ——统计期内供热用标准煤量，t；

Q_{gr} ——统计期内机组供热总量，GJ。

（1）热电联产机组热源厂供热标准煤量计算：

计量单位：t。

计算公式

$$B_r = B_a \times \alpha = (B_{rl} - B_f) \times \alpha \qquad (B\text{-}14)$$

式中 B_a ——统计期内发电和供热总耗用标准煤量，t；

α ——统计期内热电联产机组的供热比，%；

B_{rl} ——统计期内耗用燃料总量（折至标煤），t；

B_f ——统计期内应扣除的非生产用燃料量（折至标准煤），t。

（2）区域性锅炉热源厂供热标准煤量计算时，α 取 100%。

（七）发电煤耗

计量单位：g/kWh。

指标定义：是指统计期内机组每发一千瓦时电量所消耗的标准煤量。

计算公式 1（根据标准煤量计算）

$$b_f = \frac{B_a(1-\alpha)}{W_f} \times 10^6 \qquad (B\text{-}15)$$

式中 b_f ——发电标准煤耗，g/kWh；

B_a ——统计期内发电和供热总耗用标准煤量，t；

α ——统计期内热电联产机组的供热比，%；

W_f ——统计期内机组发电量，kWh。

计算公式 2（根据电厂效率计算）

$$b_f = \frac{3600}{29271\eta_c} \times 10^3 \qquad (B\text{-}16)$$

式中 b_f ——发电标准煤耗，g/kWh；

η_c ——电厂效率，%。

（八）热电联产机组供热厂用电量

计量单位：kWh。

指标定义：是指发电供热混合厂用电量中为供热使用的厂用电量与纯供热厂用电量之和。

计算公式

$$W_r = (W_{cy} - W_{cd} - W_{cr})\alpha + W_{cr} \qquad (B\text{-}17)$$

式中 W_r ——统计期内供热耗用的厂用电量，kWh；

W_{cy} ——统计期内发电、供热总耗用的厂用电量，kWh；

W_{cd} ——统计期内纯发电耗用的厂用电量，kWh；

W_{cr} ——统计期内纯供热耗用的厂用电量，kWh；

α ——统计期内热电联产机组的供热比，%。

纯发电厂用电量是指循环水泵、凝结水泵、励磁用电量等只与发电有关的设备用电量；纯供热用电量是指热网循环水泵、热网疏水泵等只与供热有关的设备用电量。

（九）区域性锅炉供热厂用电量

计量单位：kWh。

指标定义：是指统计期内区域供热锅炉生产总耗电量。

（十）供热厂用电率

计量单位：kWh/GJ。

指标定义：是指统计期内热源厂每供出一吉焦热量平均耗用的厂用电量。

计算公式

$$L_{gcy} = \frac{W_r}{\Sigma Q_{gr}} \tag{B-18}$$

式中　L_{gcy} ——供热厂用电率，kWh/GJ；

W_r ——统计期内供热耗用的厂用电量，kWh；

Q_{gr} ——统计期内热源厂机组供热量，GJ。

计算供热厂用电率时，下列电量不应计入厂用电量：

（1）新设备或大修后设备的烘炉、煮炉、暖机、空载运行的电量；

（2）新设备在未正式移交生产前的带负荷试运行期间耗用的电量；

（3）计划大修以及基建、更改工程、扩建新机组等施工用的电量；

（4）发电机做调相运行时耗用的电量；

（5）运输用自备机车、船舶等耗用的电量；

（6）修配车间、副业、综合利用及非生产用的电量；

（7）输配用升、降压变压器（不包括厂用变压器）、变频机、调相机等消耗的电量。

（十一）发电厂用电率

指标定义：是指统计期内发电厂生产电能过程中消耗的电量与发电量的比率。

计算公式

$$L_{fcy}(\%) = \frac{W_d}{W_f} \times 100\% \tag{B-19}$$

$$W_d = W_{cy} - W_{kc} - W_r \tag{B-20}$$

式中　L_{fcy} ——发电厂用电率，%；

W_f ——统计期内机组发电量，kWh；

W_d ——发电耗用的厂用电量，kWh；

W_{cy} ——统计期内发电、供热总耗用的厂用电量，kWh；

W_{kc}——统计期内按规定应扣除的电量，kWh；

W_r——统计期内供热耗用的厂用电量，kWh。

（十二）供电煤耗

计量单位：g/kWh。

指标定义：是指统计期内机组每对外提供一千瓦时电能平均耗用的标准煤量。

计算公式

$$b_g = \frac{b_f}{1 - L_{gcy}} \tag{B-21}$$

式中　b_g——供电煤耗，g/kWh；

b_f——发电标准煤耗，g/kWh；

L_{gcy}——发电厂用电率，%。

（十三）综合供电煤耗

计量单位：g/kWh。

指标定义：是指统计期内机组每生产一千瓦时电能平均耗用的标准煤量。

计算公式

$$b_{zh} = \frac{B_a}{W_{gk} - W_{wg}} \times 10^6 \tag{B-22}$$

式中　b_{zh}——综合供电煤耗，g/kWh；

B_a——统计期内耗用标准煤量，t；

W_{gk}——统计期内全厂的关口电量，kWh；

W_{wg}——统计期内全厂的外购电量，kWh。

（十四）热源售热量

计量单位：GJ。

指标定义：是指统计期内热源厂出售给下一级用户的热量，即用于结算的热量。售出蒸汽、热水的热量，以热源厂与热网结算点的热量表计量为准；如未装热量表，以热源厂与热网结算点的流量、温度和压力进行计算。

计算公式

$$\Sigma Q_{sr} = \Sigma Q_{gq} + \Sigma Q_{rw} \tag{B-23}$$

式中　Q_{sr}——统计期内热源厂的售热量，GJ；

Q_{gq}——统计期内热源厂蒸汽的售热量，GJ；

Q_{rw}——统计期内热源厂热水的售热量，GJ。

1. 热源厂蒸汽售热量

计量单位：GJ。

指标定义：是指统计期内热源厂出售给下一级用户的蒸汽热量，即用于结算的蒸汽热量。

计算公式

$$\Sigma Q_{gq} = [\Sigma(D_{gq}h_{gq}) - \Sigma(D_{ns}h_{ns})] \times 10^{-3} \qquad \text{（B-24）}$$

式中　D_{gq}——统计期内热源厂结算点供蒸汽的流量积算，t；

　　　h_{gq}——热源厂结算点供蒸汽的供汽焓，kJ/kg；

　　　D_{ns}——统计期内蒸汽供热凝结水回水量，t；

　　　h_{ns}——热网凝结水回水焓，kJ/kg。

2. 热源厂热水售热量

计量单位：GJ。

指标定义：是指热源厂出售给下一级用户的热水热量，即用于结算的热水热量。

计算公式

$$\Sigma Q_{rw} = [\Sigma(D_{rw}h_{rw}) - \Sigma(D_{hs}h_{hs})] \times 10^{-3} \qquad \text{（B-25）}$$

式中　D_{rw}——统计期内热源厂热网加热器供出热水量，t；

　　　D_{hs}——统计期内热网供热回水量，t；

　　　h_{rw}——热源厂热网加热器供水焓，kJ/kg；

　　　h_{hs}——热源厂热网加热器回水焓，kJ/kg。

供热量与售热量的关系为供热量等于售热量、厂内自用汽（热）量以及厂内供热损失量之和。有售热量关口表计量的企业，售热量也可从关口表直接读取。

（十五）热源供热损失率

指标定义：是指统计期内供热过程中损失的热量（即不考虑厂用汽时，供热量与售热量的差额）占供热量的比率。

计算公式

$$\eta_{rs}(\%) = \frac{\Sigma Q_{gr} - \Sigma Q_{sr}}{\Sigma Q_{gr}} \times 100\% \qquad \text{（B-26）}$$

式中　η_{rs}——热源供热损失率，%；

　　　Q_{gr}——统计期内机组的供热量，GJ；

　　　Q_{sr}——统计期内机组的售热量，GJ。

（十六）售热标准煤耗

计量单位：kg/GJ。

指标定义：是指统计期内机组每对外售热一吉焦所消耗的标准煤量。

计算公式

$$b_r = \frac{B_r}{Q_{sr}} \times 10^3 \qquad \text{（B-27）}$$

式中　b_r——售热标准煤耗，kg/GJ；

　　　B_r——报告期内供热用标准煤量，t；

　　　Q_{sr}——报告期内热源厂的售热量，GJ。

（十七）供热油耗

计量单位：t/GJ。

指标定义：是指统计期内热源厂每供出一吉焦的热量所消耗的燃油量。

计算公式

$$b_{yr} = \frac{B_y \times \alpha}{\Sigma Q_{gr}} \tag{B-28}$$

式中　b_{yr}——热源厂供热油耗，t/GJ；

B_y——统计期内热源厂耗用总燃油量，t；

α——统计期内热电联产机组的供热比，%；

Q_{gr}——统计期内机组的供热量，GJ。

（十八）发电油耗

计量单位：t/亿 kWh。

指标定义：是指统计期内发电厂每生产一亿千瓦时电能所消耗的燃油量。

计算公式

$$b_{yf} = \frac{B_y(1-\alpha)}{\Sigma W_f \times 10^{-8}} \tag{B-29}$$

式中　b_{yf}——发电油耗，t/亿 kWh；

B_y——统计期内热源厂耗用总燃油量，t；

α——统计期内热电联产机组的供热比，%；

W_f——统计期内机组发电量，kWh。

（十九）供热水耗

计量单位：t。

指标定义：是指统计期内热源厂用于供热所消耗的水量。

计算公式

$$G_{sg} = (G_{xs} - G_b)\alpha + G_b \tag{B-30}$$

式中　G_{sg}——供热水耗，t；

G_{xs}——统计期内全厂耗用新鲜水总量，t；

α——统计期内热电联产机组的供热比，%；

G_b——统计期内热网系统补水量，t。

注：工业抽汽的机组，抽汽量要折算成新鲜水量；有返回水系统的，要扣除返回水量。

（二十）发电水耗

计量单位：t。

指标定义：是指统计期内热源厂用于发电所消耗的水量。

计算公式

$$G_{sf} = (G_{xs} - G_b)(1 - \alpha) \tag{B-31}$$

式中　G_{sf}——发电水耗，t；

　　　G_{xs}——统计期内全厂耗用新鲜水总量，t；

　　　G_b——统计期内热网系统补水量，t；

　　　α——统计期内热电联产机组的供热比，%。

（二十一）供热耗水率

计量单位：t/GJ。

指标定义：是指统计期内热源厂每供出一吉焦热量所耗用的新鲜水量，用 d_r 表示。

1. 热电联产机组供热耗水率

计量单位：t/GJ。

指标定义：是指统计期内热源厂每供出一吉焦热量所耗用的新鲜水量。

计算公式

$$d_r = \frac{G_{sg}}{\Sigma Q_{gr}} \tag{B-32}$$

式中　d_r——统计期内供热耗水率，t/GJ；

　　　G_{sg}——供热水耗，t；

　　　Q_{gr}——统计期内机组供热量，GJ。

2. 区域性锅炉供热耗水率

计量单位：t/GJ。

指标定义：是指统计期内区域性锅炉热源厂每供出一吉焦热量所耗用的新鲜水量。

计算公式

$$d_r = \frac{G_{xs}}{Q_{gr}} \tag{B-33}$$

式中　d_r——统计期内供热耗水率，t/GJ；

　　　G_{xs}——统计期内全厂耗用新鲜水总量，t；

　　　Q_{gr}——统计期内热源厂总供热量，GJ。

（二十二）供热（汽）补水率

指标定义：是指统计期内热源厂向社会供热（汽）时，没有回收的水（汽）量与锅炉总蒸发量的比率。

计算公式

$$L_{gr}(\%) = \frac{D_{gr}}{\Sigma D_L} \times 100\% \tag{B-34}$$

式中　L_{gr}——供热（汽）补水率，%；

D_{gr} ——统计期内供热凝结水损失量，t；

ΣD_L ——统计期内全厂锅炉实际总蒸发量，t。

（二十三）全厂补水率

指标定义：是指统计期内补入锅炉、汽轮机设备及其热力循环系统的除盐水总量与锅炉实际总蒸发量的百分比。全厂补水量由生产补水量、非生产补水量等组成。

计算公式

$$L_{qc}(\%) = \frac{D_{qc}}{\Sigma D_L} \times 100\% \tag{B-35}$$

式中 L_{qc} ——全厂补水率，%；

D_{qc} ——统计期内全厂补水总量，t；

ΣD_L ——统计期内全厂锅炉实际总蒸发量，t。

（二十四）首站热网加热器效率

指标定义：是指统计期内供热首站热网加热器进行热交换时热能的利用程度（率）。

计算公式

$$\eta_{rw}(\%) = \frac{D_{jr}(h_{gr} - h_{rk})}{D_{wq}(h_{rq} - h_{ss})} \times 100\% \tag{B-36}$$

式中 η_{rw} ——首站热网加热器效率，%；

D_{jr} ——统计期内热网加热器的加热水量，t；

h_{gr} ——热网加热器供出的热水焓，kJ/kg；

h_{rk} ——热网加热器入口热水焓，kJ/kg；

D_{wq} ——统计期内热网加热器用汽量，t；

h_{rq} ——热网加热器的进汽焓，kJ/kg；

h_{ss} ——热网加热器的疏水焓，kJ/kg。

（二十五）首站热网加热器端差

1. 首站热网加热器上端差

计量单位：℃。

指标定义：是指统计期内供热首站加热器进口蒸汽压力下的饱和温度与水侧出口温度的差值。

计算公式

$$\Delta t_{sd} = t_{bh} - t_{cs} \tag{B-37}$$

式中 Δt_{sd} ——热网加热器上端差，℃；

t_{bh} ——热网加热器进口蒸汽压力下的饱和温度，℃；

t_{cs} ——热网加热器水侧出口温度，℃。

2. 首站热网加热器下端差

计量单位：℃。

指标定义：是指统计期内供热首站加热器疏水温度与水侧进口温度的差值。

计算公式

$$\Delta t_{xd} = t_{ss} - t_{js}$$（B-38）

式中　Δt_{xd}——热网加热器下端差，℃；

　　　t_{ss}——热网加热器疏水温度，℃；

　　　t_{js}——热网加热器的水侧进口温度，℃。

（二十六）首站热网循环泵单耗

计量单位：kWh /GJ。

指标定义：是指统计期内供热首站热网循环泵耗电量与供热量的比值。

计算公式

$$L_{rx} = \frac{W_{rw}}{\Sigma Q_{gr}}$$（B-39）

式中　L_{rx}——首站热网循环泵单耗，kWh/GJ；

　　　W_{rw}——统计期内热网循环泵耗电量，kWh；

　　　ΣQ_{gr}——统计期内机组的供热量，GJ。

（二十七）首站热网循环泵（组）效率

指标定义：是指统计期内供热首站热网循环泵（组）进行机械做功时电能的利用程度。

计算公式

$$\eta_{sp}(\%) = \frac{H \times D_i \times 9.81}{3600 \times W_{rw} \times \eta_{di}} \times 100\%$$（B-40）

式中　η_{sp}——首站热网循环泵（组）效率，%；

　　　H——统计期内热网循环泵平均扬程，m；

　　　D_i——统计期内的热网供水量，t；

　　　W_{rw}——统计期内热网循环泵耗电量，kWh；

　　　η_{di}——热网循环水泵电动机效率，%。

（二十八）首站热网疏水泵单耗

计量单位：kWh/GJ。

指标定义：是指统计期内供热首站热网疏水泵耗电量与供热量的比值。

计算公式

$$L_{ss} = \frac{W_{ss}}{\Sigma Q_{gr}}$$（B-41）

式中　L_{ss}——热网疏水泵单耗，kWh/GJ；

W_{ss}——统计期内热网疏水（基加、尖加）泵耗电量，kWh；

Q_{gr}——统计期内机组的供热量，GJ。

（二十九）供热抽汽压力

计量单位：MPa。

指标定义：是指热源厂统计期内从汽轮机汽缸抽出用于供热的蒸汽压力，用 p_{cr} 表示。

（三十）供热抽汽温度

计量单位：℃。

指标定义：是指热源厂统计期内从汽轮机汽缸抽出用于供热的蒸汽温度，用 T_{cr} 表示。

（三十一）供热回水压力

计量单位：MPa。

指标定义：是指统计期内下一级用户返回到热源厂结算点处的回水压力，或工业蒸汽用户凝结水返回到热源厂结算点处的压力，用 p_{hr} 表示。

（三十二）供热回水温度

计量单位：℃。

指标定义：是指统计期内下一级用户返回到热源厂结算点处的回水温度，或工业蒸汽用户凝结水返回到热源厂结算点处的温度，用 T_{hr} 表示。

（三十三）供水流量

计量单位：t/h。

指标定义：是指统计期内结算点处热源厂向下一级用户提供的高温供水流量，用 Q_{gs} 表示。

（三十四）回水流量

计量单位：t/h。

指标定义：是指统计期内结算点处由下一级用户返回热源厂的回水流量，或工业蒸汽用户凝结水回到热源厂结算点处的流量，用 Q_{hs} 表示。

（三十五）热泵机组技术指标

1. 热泵单位时间制热量

计量单位：MW。

指标定义：是指采暖期中热泵机组单位时间内在外界驱动下对外供出的热量。

计算公式

$$Q_{\text{zrl}} = \frac{G_{\text{RW}}(h_2 - h_1)}{3600} \tag{B-42}$$

式中 Q_{zrl} ——热泵单位时间制热量，MW；

      G_{RW} ——实际热网水流量，t/h；

        h_2 ——热泵出口热网水焓值，kJ/kg；

        h_1 ——热泵进口热网水焓值，kJ/kg。

2. 热泵单位时间所需驱动蒸汽热量

计量单位：MW。

指标定义：是指采暖期中热泵机组运行单位时间内所需驱动蒸汽的热量。

计算公式

$$Q_{\text{qz}} = \frac{G_{\text{WC}}(h_{\text{WC}} - h_{\text{C}})}{3600} \tag{B-43}$$

式中 Q_{qz} ——热泵运行单位时间所需驱动蒸汽热量，MW；

      G_{WC} ——驱动蒸汽疏水流量，t/h；

      h_{WC} ——驱动蒸汽焓，kJ/kg；

       h_{C} ——驱动蒸汽疏水焓，kJ/kg。

3. 热泵单位时间回收余热量

计量单位：MW。

指标定义：是指采暖期中单位时间内通过热泵所提取的汽轮机乏汽余热量。

计算公式 1

$$Q_{\text{FQ}} = Q_{\text{zrl}} - Q_{\text{qz}} \tag{B-44}$$

式中 Q_{FQ} ——热泵单位时间回收余热功率，MW；

      Q_{zrl} ——热泵单位时间制热量，MW；

      Q_{qz} ——热泵运行单位时间所需驱动蒸汽热量，MW。

计算公式 2

$$Q_{\text{FQ}} = \frac{G_{\text{XH}}(h_{\text{o1}} - h_{\text{i1}})}{3600} \tag{B-45}$$

式中 G_{XH} ——热泵低温循环水流量，t/h；

       h_{o1} ——热泵出口低温循环水焓，kJ/kg；

       h_{i1} ——热泵进口低温循环水焓，kJ/kg。

4. 热泵机组性能系数

指标定义：是指采暖期中热泵制热量与所需的驱动蒸汽热量的比值。

计算公式

$$COP = \frac{Q_{\text{zrl}}}{Q_{\text{qz}}} \tag{B-46}$$

式中 COP ——热泵机组性能系数；

      Q_{zrl} ——热泵单位时间制热量，MW；

      Q_{qz} ——热泵运行单位时间所需驱动蒸汽热量，MW。

5. 热泵系统热网水压损

计量单位：kPa。

指标定义：是指采暖期中热泵入口热网水压力与热泵出口热网水压力之差。

计算公式 1（实际流量下的压损）

$$\Delta p = p_i - p_o \tag{B-47}$$

式中　Δp ——实际热网水系统压损，kPa；

　　　p_i ——热泵入口热网水压力，kPa；

　　　p_o ——热泵出口热网水压力，kPa。

计算公式 2（设计流量下的压损）

$$\Delta p' = \Delta p \frac{G'_{RW}}{G_{RW}} \tag{B-48}$$

式中　$\Delta p'$ ——设计流量下热网水系统压损，kPa；

　　　Δp ——实际热网水系统压损，kPa；

　　　G'_{RW} ——设计热网水流量，t/h；

　　　G_{RW} ——实际热网水流量，t/h。

（三十六）低真空供热机组技术指标

1. 凝汽器热负荷

计量单位：MW。

指标定义：是指采暖期中凝汽器在单位时间内传给热网水的总热量。

计算公式

$$Q_c = \frac{D_c(h_o^c - h_i^c)}{3600} \tag{B-49}$$

式中　Q_c ——凝汽器热负荷，MW；

　　　D_c ——凝汽器热网水流量，t/h；

　　　h_i^c ——凝汽器热网水进水焓，kJ/kg；

　　　h_o^c ——凝汽器热网水出水焓，kJ/kg。

2. 凝汽器真空

计量单位：kPa。

指标定义：是指采暖期中凝汽器内乏汽的绝对压力与当地大气压的差值。

3. 凝汽器初始端差

计量单位：℃。

指标定义：是指采暖期中凝汽器压力下的饱和水温度和热网水入口温度的差值。

计算公式

$$\Delta t_{xd}^c = t_c^s - t_i^c \tag{B-50}$$

式中　Δt_{xd}^c ——凝汽器初始端差，℃；

　　　t_c^s ——凝汽器压力下的饱和水温度，℃；

t_i^c——凝汽器热网水入口温度，℃。

4. 凝汽器端差

计量单位：℃。

指标定义：是指采暖期中凝汽器压力对应的饱和温度和热网水出口温度的差值。

计算公式

$$\Delta t_{sd}^c = t_c^s - t_o^c \tag{B-51}$$

式中　Δt_{sd}^c——凝汽器端差，℃；

t_c^s——凝汽器压力下的饱和水温度，℃；

t_o^c——凝汽器热网水出口温度，℃。

5. 凝汽器总体传热系数

计量单位：W/（m²·K）。

指标定义：总体传热系数是指采暖期中单位时间、单位面积、每一度对数平均温差下凝汽器传递的热量，反映了凝汽器换热性能。

计算方法

$$HTC_c' = \frac{Q_c}{A_F^c T_k^c} \times 10^6 \tag{B-52}$$

$$T_k^c = \frac{\Delta t_{sd}^c - \Delta t_{xd}^c}{\ln\left(\dfrac{\Delta t_{sd}^c}{\Delta t_{xd}^c}\right)} \tag{B-53}$$

式中　HTC_c'——凝汽器总体传热系数，W/（m²·K）；

Q_c——凝汽器热负荷，MW；

A_F^c——凝汽器换热面积，m²；

T_k^c——凝汽器对数平均温差，℃；

Δt_{sd}^c——凝汽器端差，℃；

Δt_{xd}^c——凝汽器初始端差，℃。

6. 热网水压损

计量单位：kPa。

指标定义：是指采暖期中热网水通过凝汽器换热前后的压力降。

计算公式：

$$\Delta p^c = p_i^c - p_o^c \tag{B-54}$$

式中　Δp^c——热网水压损，kPa；

p_i^c——凝汽器热网水出口压力，kPa；

p_o^c——凝汽器热网水进口压力，kPa。

7. 凝结水温度

计量单位：℃。

指标定义：是指采暖期中蒸汽加热热网水后凝结成水后的温度。

8. 过冷度

计量单位：℃。

指标定义：是指采暖期中凝汽器压力对应的饱和温度与凝结水温度的差值。

（三十七）热电厂全厂热效率

指标定义：是指统计期内热电厂产出的总热量与生产投入总热量的比率，即热电厂能源利用率。

计算公式

$$\eta_{rc}(\%) = \frac{\Sigma Q_{gr} + 0.0036\Sigma W_{f}}{29.271 B_{a}} \times 100\% \qquad （B-55）$$

式中　η_{rc}——热电厂综合热效率，%；

　　　Q_{gr}——统计期内的机组供热量，GJ；

　　　W_{f}——统计期内机组发电量，kWh；

　　　B_{a}——统计期内发电、供热耗用总标准煤量，t。

（三十八）锅炉热效率

指标定义：是单位时间内锅炉有效利用热量占锅炉输入热量的百分比。

计算公式 1：

根据锅炉有效利用热量与单位时间内所消耗燃料的输入热量的百分比来计算锅炉热效率。

对于锅炉效率计算的基准，燃料以每千克燃料量为基础进行计算，输入热量以燃料的收到基低位发热量来计算，即

$$\eta_{g}(\%) = \frac{Q_{1}}{Q_{L}} \times 100\% \qquad （B-56）$$

式中　η_{g}——锅炉热效率，%；

　　　Q_{1}——每千克燃料的锅炉输出热量，kJ/kg；

　　　Q_{L}——每千克燃料的锅炉输入热量，kJ/kg，其值为入炉煤收到的基低位发热量。

有关 Q_{1} 的计算，详见《火力发电厂技术经济指标计算方法》（DL/T 904—2004）。

计算公式 2：

先求出各项热损失，从 100%中扣除各项热损失反求锅炉热效率，其锅炉热效率按下式进行计算（基准温度采用送风机入口空气温度），即

$$\eta_{g}(\%) = \left(1 - \frac{Q_{2} + Q_{3} + Q_{4} + Q_{5} + Q_{6}}{Q_{r}}\right) \times 100\% = 100\% - q_{2} - q_{3} - q_{4} - q_{5} - q_{6} \qquad （B-57）$$

式中　Q_{2}——每千克燃料的排烟损失热量，kJ/kg；

　　　Q_{3}——每千克燃料的可燃气体未完全燃烧损失的热量，kJ/kg；

　　　Q_{4}——每千克燃料的固体未完全燃烧损失热量，kJ/kg；

Q_5——每千克燃料的锅炉散热损失热量，kJ/kg；

Q_6——每千克燃料的灰渣物理显热损失热量，kJ/kg；

q_2——排烟热损失，%；

q_3——可燃气体未完全燃烧损失，%；

q_4——固体未完全燃烧损失，%；

q_5——锅炉散热损失，%；

q_6——灰渣物理显热热损失，%。

（三十九）电厂效率

指标定义：是指组成发电系统的锅炉、汽轮机、发电机及其系统在发电、供热过程中热能的利用率。

计算公式

$$\eta_c(\%) = \eta_g \eta_{gd} \eta_q + \eta_g \eta_{gd} \alpha (1 - \eta_q) \tag{B-58}$$

式中　η_c——电厂效率，%；

η_g——锅炉热效率，%；

η_{gd}——管道效率，%；

η_q——汽轮发电机组热效率，%；

α——统计期内热电联产机组的供热比，%。

（四十）最低供热量保证率

指标定义：是指保证事故工况下用户采暖设备不冻坏的最低供热量与设计供热量的比率。事故工况下的最低供热量保证率见表 B-3。

表 B-3　　　　　　　　　　　事故工况下的最低供热量保证率

采暖室外计算温度 t（℃）	最低供热量保证率（%）
$t > -10$	40
$-10 \leqslant t \leqslant -20$	55
$t < -20$	65

来源：《城镇热力网设计规范》（CJJ34—2010）。

五、一级供热管网系统指标

（一）一级管网售热量

1. 一级供热管网售热量

计量单位：GJ。

指标定义：是指采暖期内一级供热管网系统向用户实际售出的热量，一般以热力站结算点计量表数据为准。

计算公式

$$Q_{sr} = Q_{ss} + Q_{sq} \qquad (B-59)$$

式中 Q_{sr} ——一级供热管网售热量，GJ；

$\quad Q_{ss}$ ——一级水网售热量，即采暖期内水网热力站购热量总和，GJ；

$\quad Q_{sq}$ ——一级汽网售热量，即采暖期内汽网热力站购热量总和，GJ。

2. 一级水网售热量

计量单位：GJ。

指标定义：是指在采暖期内一级水网向用户实际售出的热量。

计算公式：

$$Q_{ss} = \Sigma Q_{zs} \qquad (B-60)$$

$$Q_{zs} = (H_1 \times D_{zgs} - H_2 \times D_{zhs}) \times 10^{-3} \qquad (B-61)$$

式中 Q_{ss} ——一级水网售热量，GJ；

$\quad Q_{zs}$ ——水网热力站购热量，GJ；

$\quad H_1$ ——一级供热管网平均供水温度对应的焓值，kJ/kg；

$\quad H_2$ ——一级供热管网平均回水温度对应的焓值，kJ/kg；

$\quad D_{zgs}$ ——一级供热管网供水量，t；

$\quad D_{zhs}$ ——一级供热管网回水量，t。

3. 一级汽网售热量

计量单位：GJ。

指标定义：是指在采暖期内一级汽网向用户实际售出的热量。

计算公式：

$$Q_{sq} = \Sigma Q_{zq} \qquad (B-62)$$

$$Q_{zq} = (D_{zq} h_{zq} - D_{zhs} h_{zhs}) \times 10^{-3} \qquad (B-63)$$

式中 Q_{sq} ——一级汽网售热量，GJ；

$\quad Q_{zq}$ ——汽网热力站购热量，GJ；

$\quad D_{zq}$ ——采暖期内热力站蒸汽用量，t；

$\quad h_{zq}$ ——供给热力站蒸汽焓值，kJ/kg；

$\quad D_{zhs}$ ——采暖期内供给热力站蒸汽凝结水回水量，t；

$\quad h_{zhs}$ ——蒸汽凝结水焓值，kJ/kg。

以上数据以供热企业与二级热力站结算点计量表数据为准。一级热网售热量等于各二级热力站总购热量，是供热企业进行技术经济分析的基础数据。

（二）一级供热管网供热损失率

指标定义：是指在采暖期内热力网热损失量与购热量的比。

计算公式

$$\eta_{y}(\%) = \frac{Q_{lr}}{\Sigma Q_{grl}} = \frac{\Sigma Q_{grl} - \Sigma Q_{sr}}{\Sigma Q_{grl}} \times 100\% \tag{B-64}$$

式中　　η_y——一级供热管网热损失率，%；

　　　　Q_{lr}——热网损失量，GJ；

　　　　Q_{grl}——热网购热量，GJ；

　　　　Q_{sr}——热网售热量，GJ。

该指标是评价热力网运行经济性的综合指标，水网、蒸汽管网系统计算公式相同。

（三）一级供热管网单位热耗

计量单位：W/m^2。

指标定义：是指在采暖期内整个热网中每平方米供热面积所消耗的平均热负荷，即单位建筑面积的耗热量。

计算公式

$$q_{n} = \frac{Q_{gr}}{3600 \times A \times h} \times 10^9 \tag{B-65}$$

式中　　q_n——采暖期内热网平均热耗，W/m^2。

　　　　Q_{gr}——采暖期内热网购热总量，GJ。

　　　　A——采暖期内供热面积，供热的空置房计入供热面积；不供热的空置房不计入供热的面积，空置率按 100%；非采暖期供热面积按供热天数折算，m^2。

　　　　h——采暖小时数，h。

（四）热网耗能指标

计量单位：GJ。

指标定义：是指主要包括热能损失、电能损失及水力不平衡造成的局部过热或不热产生的水力失调损失。

1. 数据采集规范

热网耗能指标数据采集要遵循以下规范：

（1）采暖天数。根据各个地区实际运行情况，确定其采暖天数。

（2）数据检测要求。

1）耗能指标数据检测期间，采暖系统应处于正常运行工况，热源供水温度的逐时值不应低于 35℃（二级供热管网为 20℃）。

2）如管网出现安全事故，则自安全事故报检之时起，到安全隐患完全排除后并达到条件的运行时间不在考核范围之内。

（3）热能损失测量要求。

1）管网热能损失率的检测应在采暖系统正常运行 120h 后进行，检测持续时间不应少于 72h。

2）检测期间，采暖系统应处于正常运行工况，供水温度的逐时值不应低于 35℃。

（4）流量测量要求。管网流量检测应在采暖系统正常运行 120h 且流量稳定后进行，检测持续时间不少于 30min，每 5min 记录一次，将记录数据导入计算机，计算平均值。

1）对于二级供热管网，将流量检测仪表设置在热力站（换热站、热力分配站等）出口以及各建筑热力入口处的供水直管段上，两侧的流量检测应同步进行。

2）对于一级供热管网，将流量检测仪表设置在热源（热电厂、锅炉房等）出口以及各热力站入口处的供水直管段上，两侧的流量检测应同步进行。

（5）温度测量要求。管网温度检测应在采暖系统正常运行 120h 后进行，检测持续时间不少于 72h，温度每 2min 记录一次，将记录数据导入计算机，计算平均值。

1）对于二级供热管网，将温度检测仪表安装在热力站（换热站、热力分配站等）出口以及各热力入口处的供回水直管段上，两侧的温度检测应同步进行。

2）对于一级供热管网，测量位置为热源（热电厂、锅炉房等）出口以及各热力站入口处的供回水直管段上，两侧的温度检测应同步进行。

（6）计算编号。

1）假设热网共有 n 个热力站，对每一个站逐一标号（1、2、3、4、…、n）。

2）将热网运行划分为 m 个时段，每个时段时间长度为 t（h）。

2．热能损失

热源输出热能。

计量单位：GJ。

指标定义：是指采暖期内某测定时段内循环水输出总耗能和补水总耗能之和。

计算公式

$$Q_m = \sum_{j=1}^{m}(Q_j + P_j) \tag{B-66}$$

$$Q_j = G_j t \rho (h_j - h_j') \times 10^{-6} \tag{B-67}$$

$$P_j = S_j \rho (h_j' - h_s) \times 10^{-6} \tag{B-68}$$

式中　Q_m ——检测时间内热源输出的总热能，GJ；

G_j ——某测定时段内循环水输出总耗能，GJ；

P_j ——某测定时段内补水总耗能，GJ；

G_j ——某测定时段内供水介质的平均流量，m³/h；

S_j ——某测定时段内补水介质的平均流量，m³/h；

t ——某测定时段检测时间，h；

ρ ——供热介质的密度，kg/m³；

h_j ——热源供水平均焓值，kJ/kg；

h_j' ——热源回水平均焓值，kJ/kg；

h_s ——补水平均焓值，kJ/kg。

3．失水热损

（1）供水失水热损。

计量单位：GJ。

指标定义：是指采暖期内一级供水管网由于失水所消耗的总热能。

计算公式

$$Q_{sj} = \left(G_j - \sum_{i=1}^{n} q_{ij} \right) t\rho c_p (T_j - T_s) \tag{B-69}$$

式中　Q_{sj}——某测定时段内供热管网供水失水热损失，GJ；

　　　G_j——某测定时段内供水介质的平均流量，m^3/h；

　　　q_{ij}——某测定时段内第 i 个用户的循环水量（总共 n 个用户）；

　　　T_j——某测定时段内供水温度平均值，℃；

　　　T_s——某测定时段内补水温度平均值，℃。

（2）回水失水热损。

计量单位：GJ。

指标定义：是指在采暖期内一级回水管网由于失水所消耗的总热能。

计算公式

$$Q_{sj}' = \left(\sum_{i=1}^{n} q_{ij} - G_j' \right) t\rho c_p (T_j' - T_s) \tag{B-70}$$

式中　Q_{sj}'——某测定时段内供热管网回水失水热损，GJ；

　　　G_j'——某测定时段内供热管网回水介质的平均流量，m^3/h；

　　　T_j'——某测定时段内回水温度，℃。

（3）失水总热损。

计量单位：GJ。

指标定义：是指在采暖期内一级供热管网供回水总的失水能耗。

计算公式

$$Q_s = \sum_{j=1}^{m} (Q_{sj} + Q_{sj}') \tag{B-71}$$

式中　Q_s——测定时间内供热管网失水总损失热量，GJ；

　　　Q_{sj}——某测定时段内供热管网供水失水损失热量，GJ；

　　　Q_{sj}'——某测定时段内供热管网回水失水热损，GJ。

式（B-71）可简化为

$$Q_s = S_j \rho c_p \sum_{j=1}^{m} [(T_j - T_s)\chi + (T_j' - T_s)(1-\chi)] \tag{B-72}$$

式中　χ——供水失水量比例，热力站进水总流量与热源循环水泵出口流量之比。

（五）管网散热损耗（温度损耗）

1. 供水管网散热损耗

计量单位：GJ。

指标定义：是指在采暖期内一级供水管网由于散热作用所消耗的总热能。

计算公式

$$Q_{wj} = t\rho c_p \sum_{i=1}^{n} [q_{ij}(T_j - t_{ij})]$$ （B-73）

式中　Q_{wj}——某测定时段内管网供水散热损失热量，GJ；

　　　t_{ij}——某测定时段第 i 个用户的供水平均温度（总共 n 个用户）。

2. 回水管网散热损耗

计量单位：GJ。

指标定义：是指在采暖期内一级回水管网由于散热作用所消耗的总热能。

计算公式

$$Q_{wj} = t\rho c_p \sum_{i=1}^{n} [q_{ij}(t_{ij}' - T_j')]$$ （B-74）

式中　t_{ij}'——某测定时段第 i 个用户的回水平均温度（总共 n 个用户）。

3. 管网散热总损耗

计量单位：GJ。

指标定义：是指采暖期内一级供热管网供回水总的散热能耗。

计算公式

$$Q_w = \sum_{j=1}^{m} (Q_{wj} + Q_{wj}')$$ （B-75）

式中　Q_w——某测定时段内供热管网散热总损耗，GJ；

　　　Q_{wj}'——某测定时段内管网回水散热损失热量，GJ。

（六）用户总耗热能

计量单位：GJ。

指标定义：是指采暖期内一级供热管网用户侧所消耗的总热能。

计算公式

$$Q_z = \sum_{j=1}^{n} Q_{zj}$$ （B-76）

$$Q_{zj} = \sum_{i=1}^{n} Q_{zij}$$ （B-77）

$$Q_{zij} = q_{ij}(t_{ij} - t_{ij}')\rho c_p$$ （B-78）

式中　Q_z——用户总耗热能，GJ；

　　　Q_{zj}——某测定时段内所有用户总耗热能，GJ；

　　　Q_{zij}——某测定时段内第 i 个用户总耗热能，GJ；

　　　t_{ij}——某测定时段内第 i 个用户的供水平均温度（总共 n 个热力站）；

　　　t_{ij}'——某测定时段内第 i 个用户的回水平均温度（总共 n 个热力站）。

（七）电能损耗

1. 热网电耗总和

计量单位：kWh。

指标定义：是指采暖期内一级供热管网所消耗的总电量。

计算公式

$$W = \sum_{j=1}^{m} W_j \qquad (B\text{-}79)$$

$$W_j = G_j(H_j - H_j') \times t/3.6 \qquad (B\text{-}80)$$

式中　W——检查时间内热网总耗电量，kWh；

　　　W_j——某测定时段内热网总耗电量，kWh；

　　　G_j——某测定时段内供热供水介质的平均流量，m^3/h；

　　　t——测定时段时间，h；

　　　H_j——热源供热管网供水压力计算时间内平均值，MPa；

　　　H_j'——热源供热管网回水压力计算时间内平均值，MPa。

2. 用户所耗电能

计量单位：kWh。

指标定义：是指采暖期一级供热管网用户侧所消耗的总电能。

计算公式

$$w = \sum_{j=1}^{m} w_j \qquad (B\text{-}81)$$

$$w_j = \sum_{i=1}^{n} w_{ij} \qquad (B\text{-}82)$$

$$w_{ij} = t \times q_{ij} \times (h_{ij} - h_{ij}')/3.6 \qquad (B\text{-}83)$$

式中　w——检查时间内总耗电量，kWh；

　　　w_j——某测定时段内所有用户（总有 n 个用户）应耗电能，kWh；

　　　w_{ij}——某测定时段内第 i 个用户（总有 n 个用户）应耗电能，kWh；

　　　q_{ij}——某测定时段内第 i 个用户供热介质的平均流量，m^3/h；

　　　h_{ij}——测定时段内用户进口压力平均值，MPa；

　　　h_{ij}'——测定时段内用户出口压力平均值，MPa。

3. 失水所耗电能

计量单位：kWh。

指标定义：是指采暖期内一级供热管网由于失水所消耗的总电能。

计算公式

$$w_s = \sum_{j=1}^{m} w_{sj} \qquad (B\text{-}84)$$

$$w_{sj} = \left[1 - \left(\frac{G_j - S_j}{G_j} \right)^3 \right] w_j \tag{B-85}$$

式中　w_s——检查时间内热网总失水额外电耗，kWh；

$\quad\quad w_{sj}$——某测定时段内热网失水额外耗电能，kWh。

（八）一级供热管网沿程温降、压降

1. 一级供热管网沿程温降

计量单位：℃/km。

指标定义：是指一级供热管网供热介质首端与末端温度之差和一级供热管网首端与末端之间的管网长度的比值。

计算公式

$$\Delta t_L = \frac{t_{L1} - t_{L2}}{L_y} \tag{B-86}$$

式中　Δt_L——一级供热管网沿程温降，℃/km；

$\quad\quad t_{L1}$——一级供热管网首端供热介质温度，℃；

$\quad\quad t_{L2}$——一级供热管网末端供热介质温度，℃；

$\quad\quad L_y$——一级供热管网首端和末端之间的管网长度，km。

2. 一级供热管网沿程压降

计量单位：kPa/km。

指标定义：是指一级供热管网供热介质首端压力与末端压力之差和供热管网首端与末端管网长度的比值。

计算公式

$$\Delta p_L = \frac{p_{L1} - p_{L2}}{L_y} \tag{B-87}$$

式中　Δp_L——一级供热管网沿程压降，kPa/km；

$\quad\quad p_{L1}$——一级供热管网首端供热介质压力，kPa；

$\quad\quad p_{L2}$——一级供热管网末端供热介质压力，kPa；

$\quad\quad L_y$——一级供热管网首端和末端之间的管网长度，km。

（九）一级供热管网泄漏率

计量单位：t/（h·km）。

指标定义：是指一级供热管网首端供热介质流量与末端流量之差和一级供热管网首端与末端管网长度的比值。

计算公式

$$\eta_{gw} = \frac{G_{L1} - G_{L2}}{L_y} \tag{B-88}$$

式中　η_{gw} ——一级供热管网泄漏率，t/（h·km）；

　　　G_{L1} ——一级供热管网首端供热介质流量，t/h；

　　　G_{L2} ——一级供热管网末端供热介质流量，即各热力站输入流量之和 t/h；

　　　L_y ——一级供热管网首端和末端管网之间的管网长度，km。

六、二级供热管网系统指标

（一）二级供热管网单位能耗

1. 二级供热管网单位热耗

计量单位：W/m^2。

指标定义：是指在采暖期内二级供热管网每平方米供热面积所消耗的平均热负荷，即单位建筑面积的耗热负荷。

计算公式

$$q = \frac{Q_{grl}}{3600 \times A \times h} \times 10^9 \tag{B-89}$$

式中　q ——采暖期内采暖建筑平均热耗，W/m^2。

　　　Q_{grl} ——采暖期内热力站购热总量，GJ。

　　　A ——采暖供热面积，供热的空置房计入供热面积；不供热的空置房不计入供热面积，空置率按 100% ，m^2。

　　　h ——供热小时数，h。

该指标是评价热力站技术经济管控水平的综合指标。

2. 单位热量电耗

计量单位：kWh /GJ。

指标定义：是指采暖期内为居民生活区或用热设备提供单位热量时所消耗的平均电量。

计算公式

$$e_0 = \frac{E}{Q_{grl}} \tag{B-90}$$

式中　e_0 ——热力站热量电耗，kWh/GJ；

　　　E ——采暖期内热力站耗电总量，kWh；

　　　Q_{grl} ——采暖期内热力站购热总量，GJ。

3. 单位面积电耗

计量单位：kWh /m^2。

指标定义：是指采暖期内为居民生活区或用热设备提供热量时单位面积所消耗的平均电量。

计算公式

$$e_1 = \frac{E}{A} \tag{B-91}$$

式中　e_1 ——热力站单位面积电耗，kWh/m^2；

E——采暖期内热力站耗电总量，kWh；

A——采暖期内供热面积，空置房全部计入供热面积，应考虑非全采暖期用户（晚开栓）的供热面积，进行折算（按建筑面积计算），m^2。

4. 单位热量水耗

计量单位：kg/GJ。

指标定义：是指采暖期内为居民生活区或用热设备提供单位供热量时所消耗的平均水量。

计算公式

$$L_0 = \frac{L}{Q_{grl}} \qquad (B-92)$$

式中　　L_0——单位热量水耗，kg/GJ；

L——采暖期内热力站耗水总量，kg；

Q_{grl}——采暖期内热力站购热总量，GJ。

5. 单位面积水耗

计量单位：kg/m^2。

指标定义：是指采暖期内为居民生活区或用热设备提供热量时单位面积所消耗的平均水量。

计算公式

$$L_1 = \frac{L}{A} \qquad (B-93)$$

式中　　L_1——单位面积水耗，kg/m^2；

L——采暖期内热力站耗水总量，kg；

A——采暖期内供热面积，空置房全部计入供热面积，应考虑非全采暖期用户（晚开栓）的供热面积，进行折算（按建筑面积计算），m^2。

（二）供热管网供热损失率

指标定义：是指采暖期内二级供热管网热损失量与热力站购热量的比率。（该指标是评价热力网运行经济性的综合指标，水网、蒸汽管网系统计算公式相同。）

计算公式

$$\eta_2(\%) = \frac{Q'}{Q_{grl}} \times 100\% = \frac{Q_{grl} - \Sigma Q}{Q_{grl}} \times 100\% \qquad (B-94)$$

式中　　η_2——二级供热管网输送效率，%；

Q'——二级供热管网供热损失量，GJ；

Q_{grl}——采暖期内热力站购热总量，GJ；

ΣQ——采暖期内用户总的用热量，GJ。

（三）二级供热管网万平方米耗热量

计量单位：$GJ/10^4 m^2$。

指标定义：是指采暖期内每万平方米建筑面积所消耗的热量。（该指标是评价热力站技术经济管控水平的综合指标。）

计算公式

$$Q_{\text{w}} = \frac{Q_{\text{grl}}}{A} \qquad\qquad (\text{B-95})$$

式中　Q_{w}——采暖期内每万平米耗热量，$\text{GJ}/10^4\text{m}^2$；

　　　Q_{grl}——采暖期内热力站购热总量，GJ；

　　　A——采暖供热面积，即建筑面积，10^4m^2。

（四）换热站板式换热器效率

指标定义：是指采暖期内换热站板式换热器进行热交换时热能的利用程度。

计算公式

$$\eta_{\text{bs}}(\%) = \frac{D_{\text{ec}} \times (h_{2\text{o}} - h_{2\text{i}})}{D_{\text{yc}} \times (h_{1\text{i}} - h_{1\text{o}})} \times 100\% \qquad\qquad (\text{B-96})$$

式中　η_{bs}——换热站板式换热器效率，%；

　　　D_{yc}——换热站板式换热器的一级供热管网水量，t；

　　　$h_{1\text{i}}$——板式换热器一级供热管网供水焓，kJ/kg；

　　　$h_{1\text{o}}$——板式换热器一级供热管网回水焓，kJ/kg；

　　　D_{ec}——换热站板式换热器的二次供热管网水量，t；

　　　$h_{2\text{i}}$——板式换热器二次供热管网回水焓，kJ/kg；

　　　$h_{2\text{o}}$——板式换热器二次供热管网供水焓，kJ/kg。

（五）二级供热管网循环水泵（组）效率

指标定义：是指采暖期内换热站二级供热管网循环水泵（组）进行机械做功时电能的利用程度。

计算公式

$$\eta_{\text{sp}}{}'(\%) = \frac{H' \times D_{\text{i}}' \times 9.81}{3600 \times W_{2\text{p}} \times \eta_{\text{dj}}'} \times 100\% \qquad\qquad (\text{B-97})$$

式中　η_{sp}'——换热站二级供热管网循环水泵（组）效率，%；

　　　H'——二级供热管网循环水泵平均扬程，m；

　　　D_{i}'——二级供热管网供水量，t；

　　　$W_{2\text{p}}$——采暖期内二级供热管网循环水泵耗电量，kWh；

　　　η_{dj}'——换热站二级供热管网循环水泵电动机效率，%。

（六）二级供热管网沿程温降、压降

1. 二级供热管网沿程温降

计量单位：℃/km。

指标定义：是指采暖期内二级供热管网供热介质首端与末端温度之差和二级供热管网

首端与末端之间的管网长度的比值。

计算公式

$$\Delta t_{\mathrm{L}} = \frac{t_{l1} - t_{l2}}{L_{\mathrm{e}}} \qquad (\text{B-98})$$

式中　Δt_{L} ——二级供热管网沿程温降，℃/km；

　　　t_{l1} ——二级供热管网首端供热介质温度，℃；

　　　t_{l2} ——二级供热管网末端供热介质温度，℃；

　　　L_{e} ——二级供热管网首端与末端之间的管网长度，km。

2. 二级供热管网沿程压降

计量单位：kPa/km。

指标定义：是指采暖期内二级供热管网供热介质首端压力与末端压力之差和二级供热管网首端与末端管网长度的比值。

计算公式

$$\Delta p_1 = \frac{p_{l1} - p_{l2}}{L_{\mathrm{e}}} \qquad (\text{B-99})$$

式中　Δp_1 ——二级供热管网沿程压降，kPa/km；

　　　p_{l1} ——二级供热管网首端供热介质压力，kPa；

　　　p_{l2} ——二级供热管网末端供热介质压力，kPa；

　　　L_{e} ——二级供热管网首端与末端间的管网长度，km。

（七）二级供热管网泄漏率

计量单位：t/（h·km）。

指标定义：是指采暖期内二级供热管网供热介质首端流量与二级供热管网末端流量之差和二级供热管网首端与末端管网距离的比值。

计算公式

$$\eta_{\mathrm{gwe}} = \frac{G_{l1} - G_{l2}}{L_{\mathrm{e}}} \qquad (\text{B-100})$$

式中　η_{gwe} ——二级供热管网泄漏率，t/（h·km）；

　　　G_{l1} ——二级供热管网首端供热介质流量，t/h；

　　　G_{l2} ——二级供热管网末端供热介质流量，即各热力站输入流量之和，t/h；

　　　L_{e} ——二级供热内管网首端和末端之间的管网长度，km。

（八）采暖全年耗热量

计量单位：GJ。

指标定义：是指全年采暖所消耗的总热量。

计算公式

$$Q_{\mathrm{h}}^{\mathrm{a}} = 0.0864 N Q_{\mathrm{hh}} \frac{t_{\mathrm{i}} - t_{\mathrm{a}}}{t_{\mathrm{i}} - t_{\mathrm{oh}}} \tag{B-101}$$

式中　$Q_{\mathrm{h}}^{\mathrm{a}}$——采暖全年耗热量，GJ；

　　　N——采暖期天数，d；

　　　Q_{hh}——采暖设计热负荷，kW；

　　　t_{i}——采暖期室内计算温度，℃；

　　　t_{a}——采暖期室外平均温度，℃；

　　　t_{oh}——采暖期室外计算温度，℃。

参 考 文 献

[1] 沈维道，童钧耕．工程热力学．4版．北京：高等教育出版社，2007.

[2] 刘学来，赵淑敏，等．城市供热工程．北京：中国电力出版社，2009.

[3] 贺平，孙刚，王飞，等．供热工程．4版．中国建筑工业出版社，2009.

[4] 李岱森．简明供热设计手册．北京：中国建筑工业出版社，1998.

[5] 陆耀庆，等．实用供热空调设计手册．北京：中国建筑工业出版社，1993.

[6] 胡润青，等．可再生能源供热市场和政策研究．北京：中国环境出版社，2016.

[7] 吴耀伟．暖通施工技术．北京：中国建筑工业出版社，2005.

[8] 张子慧．热工测量与自动控制．北京：中国建筑工业出版社，2007.

[9] 蒋英．暖通系统的运行与维护．北京：中国建筑工业出版社，2014.

[10] 李善化，康慧．实用集中供热手册．北京：中国电力出版社，2014.

[11] 马志彪．供热系统调试与运行．2版．北京：中国建筑工业出版社，2015.

[12] 郭晓克，康慧．集中供热设计手册．北京：中国电力出版社，2017.

[13] 杨旭中，康慧，孙喜春．燃气三联供系统规划设计建设与运行．北京：中国电力出版社，2014.

[14] 华贲．天然气冷热电联供能源系统．北京：中国建筑工业出版社，2010.

[15] 彭苏萍，张博，王佟，等．煤炭可持续发展战略研究．北京：煤炭工业出版社，2015.